# Physik im 21. Jahrhundert

Werner Martienssen · Dieter Röß
*Herausgeber*

# Physik im 21. Jahrhundert

Essays zum Stand der Physik

*Herausgeber*

Prof. Dr. Dr. Werner Martienssen †
Universität Frankfurt
Physikalisches Institut
Max-von-Laue-Straße 1
60438 Frankfurt

Prof. Dr. Dieter Röß
Fasanenweg 4
63768 Hösbach-Feldkahl
*dieter.roess@t-online.de*

Dieses Buch hat seinen Ursprung in Gesprächen im Freundes- und Beraterkreis der Wilhelm und Else Heraeus-Stiftung, zu deren Anliegen die Förderung der Ausbildung auf dem Gebiet der Physik zählt. Es ist daher keineswegs Zufall, dass der Stiftung nahestehende Wissenschaftler maßgeblich beigetragen haben.

Zusatzmaterialien zu diesem Buch finden Sie auf extras.springer.com.

ISBN 978-3-642-05190-6          e-ISBN 978-3-642-05191-3
DOI 10.1007/978-3-642-05191-3
Springer Heidelberg Dordrecht London New York

Die Deutsche Nationalbibliothek verzeichnet diese Publikation in der Deutschen Nationalbibliografie; detaillierte bibliografische Daten sind im Internet über http://dnb.d-nb.de abrufbar.

© Springer-Verlag Berlin Heidelberg 2011
Dieses Werk ist urheberrechtlich geschützt. Die dadurch begründeten Rechte, insbesondere die der Übersetzung, des Nachdrucks, des Vortrags, der Entnahme von Abbildungen und Tabellen, der Funksendung, der Mikroverfilmung oder der Vervielfältigung auf anderen Wegen und der Speicherung in Datenverarbeitungsanlagen, bleiben, auch bei nur auszugsweiser Verwertung, vorbehalten. Eine Vervielfältigung dieses Werkes oder von Teilen dieses Werkes ist auch im Einzelfall nur in den Grenzen der gesetzlichen Bestimmungen des Urheberrechtsgesetzes der Bundesrepublik Deutschland vom 9. September 1965 in der jeweils geltenden Fassung zulässig. Sie ist grundsätzlich vergütungspflichtig. Zuwiderhandlungen unterliegen den Strafbestimmungen des Urheberrechtsgesetzes.
Die Wiedergabe von Gebrauchsnamen, Handelsnamen, Warenbezeichnungen usw. in diesem Werk berechtigt auch ohne besondere Kennzeichnung nicht zu der Annahme, dass solche Namen im Sinne der Warenzeichen- und Markenschutz-Gesetzgebung als frei zu betrachten wären und daher von jedermann benutzt werden dürften.

*Einbandentwurf:* eStudio Calamar, Girona/Berlin

Gedruckt auf säurefreiem Papier

Springer ist Teil der Fachverlagsgruppe Springer Science+Business Media (www.springer.com)

# Vorwort

Physik ist eine höchst lebendige Wissenschaft!

Einmal gewonnene Grundlagen-Erkenntnisse lassen sich auf unübersehbar viele Anwendungsbereiche anwenden. Auf diese Weise wächst experimentell gesichertes Detailwissen bei der heutigen Kapazität weltweiter Forschung in wenigen Dekaden lawinenartig in Größenordnungen, die selbst für den Fachmann nur noch schwer zu überschauen sind.

Ein Beispiel: Die im ersten Viertel des 20. Jahrhunderts entstandene Quantentheorie erschien anfänglich als schwer verständlicher Versuch einiger Theoretiker, wenige, für die Praxis unwichtige Widersprüche der klassischen Physik zu überbrücken. In der Mitte des Jahrhunderts führte darauf aufbauendes Wissen über die Struktur der Materie zu wissenschaftlich-technischen Durchbrüchen wie der Realisierung von atomaren Verstärkern für elektrische Ströme (Halbleiter) und von Strahlung (MASER und LASER). Am Ende des Jahrhunderts beruhen große Zweige klassischer Technik wie die Telekommunikation und völlig neue Techniken wie Datentechnik, Software und Internet auf dieser z. B. um 1900 noch völlig ungeahnten Wissensbasis.

Darüber hinaus offenbart die Natur bei ihrer Erforschung mit kontinuierlich verfeinerten Werkzeugen der Physik unerwartet Rätsel, welche den Grundlagenforscher immer wieder neu herausfordern.

Auch dazu ein Beispiel: In der Mitte des 20. Jahrhunderts erschien der Kosmos in seiner kleinräumigen und kurzzeitigen Dynamik (*Sonnensystem*) ebenso wie in seiner großräumigen und langzeitlichen (*Urknall*) als verstanden. Dann brachten die inzwischen verfeinerten teleskopischen Beobachtungen der Astronomie die überraschende Erkenntnis, dass wir nur wenige Prozent der im Kosmos wirksamen Gravitationselemente überhaupt mit bekannten Materiebausteinen identifizieren können. Die Kombination von Beobachtung und moderner Rechentechnik lässt inzwischen Schlussfolgerungen über Eigenschaften der die Raumstruktur ganz überwiegend bestimmenden *Schwarzen Materie* und *Schwarzen Energie* zu, ohne dass wir heute wissen, was deren elementaren Träger sind. Sie zu identifizieren ist eine nächste Herausforderung.

Forschung erzeugt immer weitere Forschung, und die Anwendungen dieser Forschung dringen immer schneller und massiver in unsren Alltag. Darin liegt eine un-

[1] Galileo Galilei – *Il Saggiatore* Capitolo VI Absatz 6

„La filosofia è scritta in questo grandissimo libro che continuamente ci sta aperto innanzi a gli occhi (io dico l'universo), ma non si può intendere se prima non s'impara a intender la lingua, e conoscer i caratteri, ne' quali è scritto. Egli è scritto in lingua matematica, e i caratteri son triangoli, cerchi, ed altre figure geometriche, senza i quali mezi è impossibile a intenderne umanamente parola; senza questi è un aggirarsi vanamente per un oscuro laberinto."

geheure Faszination begründet. Aber sie überträgt sich keineswegs selbstläuferisch auf das breite Publikum. Im Gegenteil: Physik wird als sehr bedeutsam respektiert, aber auch in respektvoller Distanz gemieden. Woran liegt das?

Galileo Galilei formulierte in seiner 1632 veröffentlichten Schrift *Il Saggiatore*[1] einen berühmten Satz über den Zusammenhang von Physik – damals als (Natur-)Philosophie bezeichnet – und Mathematik, der meist verkürzt so zitiert wird: *Das Buch des Universums ist in der Sprache der Mathematik geschrieben ... Das Buch kann aber nicht verstanden werden, bevor man gelernt hat, diese Sprache zu verstehen ... Ohne deren Kenntnis bewegt man sich orientierungslos in einem dunklen Labyrinth.*

Für Galilei war Physik das, was wir heute als *Mechanik* bezeichnen, und die ihr adäquate Mathematik war die *Geometrie*, also Wissensgebiete, deren Grundlagen in der Schule erworben werden.

Die Mathematik der modernen Physik geht sowohl nach der Vielfalt ihrer Einzelgebiete wie auch nach der Komplexität in ihnen weit darüber hinaus und wird normalerweise von den Studierenden erst am Ende eines langen und intensiven Universitätsstudiums beherrscht. Das erschwert für Schüler, Studienanfänger oder gebildete Laien den Zugang zu den Zusammenhängen der modernen Physik ungemein, zumal es dem Fachmann meist schwerfällt, eigenes Wissen in einer anderen als seiner Fachsprache weiterzugeben, hier also in den Begriffen der *Höheren Mathematik*.

Wie kann man angesichts solcher Hürden diesem Kreis die Faszination der modernen Physik nahebringen und Einsicht in das moderne physikalische Weltbild verschaffen? Man muss offensichtlich starke Reduktionen gegenüber dem Inhalt eines Fachstudiums akzeptieren. Soll man die Breite des Stoffes beibehalten und auf Tiefe verzichten? Das ist ein trivialisierender Weg, der in der Schule vielfach versucht wurde – offensichtlich mit sehr begrenztem Erfolg. Die Physik wird dabei leicht zu einem Labyrinth von Einzelphänomenen und zu einer Sammlung unverstandener Rechenformeln. Aus einem Verständnisfach der Aha-Erlebnisse wird ein weiteres verhasstes Paukfach! In diesem Werk versuchen wir einen anderen Weg: Beschränkung auf wenige, exemplarische Teilgebiete der modernen Physik bei Darstellung ihrer Zusammenhänge in aller Tiefe.

In Verkennung der großen gesellschaftlichen Bedeutung ihrer Funktion wurde die fachliche Ausbildung zukünftiger Physiklehrer an den Hochschulen lange Zeit als verdünntes Anhängsel an die Ausbildung späterer Forscher betrieben. Lehrer brauchen aber keine alles überdeckende Kenntnis von Details der Physik, sondern in erster Linie ein ganzheitliches Verständnis ihrer wesentlichen Zusammenhänge, das sie Kindern und Jugendlichen an exemplarischen Beispielen weitergeben können. Die Deutsche Physikalische Gesellschaft fordert aus dieser Einsicht heraus ein speziell an den Anforderungen des Lehrberufs angepasstes Studium *sui generis* für Lehrer. Dieses Werk ist ein Versuch, auch hierfür Material aus berufener Hand zur Verfügung zu stellen.

Die Auswahl der Themen ist mit Sicherheit subjektiv und könnte bei späteren Ausgaben dieses Buchs anders getroffen werden. Aber es werden jeweils bedeutende, in sich zusammenhängende Gebiete präsentiert, die unter den Aspekten

- *Staunen über die Zusammenhänge in der Natur*
- *Einsicht in die Möglichkeit und Grenze von Erkenntnis*
- *Faszination des über das Alltägliche Hinausgehenden*
- *Demonstration von Schönheit und Ästhetik in der Physik*

- *Lebendigkeit der Forschung*
- *Anwendungsrelevanz*

bedeutend sind. Jeder Beitrag steht exemplarisch für mehrere diese Aspekte. – In diesem Verständnis bietet das Werk Inspiration für alle, die einen Zugang zu der bedeutenden „Kulturleistung Physik" suchen. In gleichem Rang bietet es aber auch Orientierung gebende Vertiefungen im Rahmen einer professionellen Beschäftigung mit Physik. Namentlich Lehrerinnen und Lehrer sowie Lehramtsstudierende werden es mit Gewinn lesen.

Die Herausgeber haben für die Charakterisierung der Beiträge den Begriff „naturwissenschaftlicher Essay" gewählt, um die Freiheiten hervorzuheben, die sich die Autoren bei ihrer persönlichen Auseinandersetzung mit dem gewählten Thema nehmen sollten. Alle Gestaltungsmittel sollten zugelassen sein, wenn sie nur dem Zweck dienten, dem Leser auf einer soliden Wissensbasis Denkanstöße zu geben und die großen Linien eines Fachgebietes aufzuzeigen. Mit dieser anspruchsvollen Aufgabe konnten wir nur herausragende Wissenschaftler und Experten mit großer Lebenserfahrung betrauen. Die Begeisterung, mit der sie sich dieser Herausforderung stellten, hat uns in unserem Ansatz bestärkt. Ihre Bereitschaft, dem Leser Zusammenhänge zu erschließen und Ausblicke in zukünftige Möglichkeiten zu eröffnen, ist ein Zeichen der Wertschätzung, die sie dem Nachwuchs entgegenbringen – nicht nur den angehenden Forschern, sondern auch und gerade den künftigen Lehrern und Lehrerinnen ihrer Kinder- und Enkelgeneration. Wir sind ihnen zu großem Dank verpflichtet.

Wie hält man es dabei mit der Sprache? Die Verabredung mit den Autoren war, einerseits in einem reichen Forscherleben gesammeltes Wissen ohne Abstriche an den Erkenntniswert zu formulieren, andererseits in langjähriger Lehrtätigkeit gesammelte Erfahrung dafür einzusetzen, dass dieses Wissen von einer elementaren Basis aus zugänglich ist.

Wichtig erschien es uns, bei einer solchen Zielsetzung über die Welt der Physik selbst hinauszublicken und in drei Beiträgen eine Verbindung zu der sie tragenden Gesellschaft herzustellen. Wolfgang Frühwald diskutiert ethische Fragen, welche der Fortschritt der naturwissenschaftlichen Erkenntnis und die persönliche Verstrickung in gesellschaftliche Fehlentwicklungen aufwirft, Klaus Heinloth analysiert das gesellschaftlich brennende Problem der Energieversorgung einer global wachsenden Weltbevölkerung, und Hermann Schunck beschreibt die komplexe deutsche Forschungslandschaft und Forschungspolitik. Die sieben weiteren Beiträge sind jeweils einem modernen Fachgebiet der physikalischen Forschung gewidmet.

Die Serie beginnt mit einem Beitrag von **Wolfgang Frühwald** über *Hoffnung und Gefahr – Physik im Diskurs der Gesellschaft*. In dem dynamischen Diskurs über Heil und Unheil der Naturwissenschaft und ihrer technischen Anwendungsformen stand zu Beginn des 19. Jahrhunderts der aufkommende Enthusiasmus für Wissenschaft und Technik noch im Einklang mit Alexander von Humboldts Beschreibung der Welt und des Menschen in ihr. Humboldts „Entwurf einer physischen Weltbeschreibung" war aber der letzte (vergebliche) Versuch, die explodierenden Ergebnisse des Erfahrungswissens zu bündeln und die zersplitternde Welt noch einmal als ganze zu denken. Zwar ist es ihm dabei gelungen, die Sprache der Weimarer Klassik für die Naturbeschreibung (und damit für eine deutsche Wissenschaftssprache) fruchtbar zu machen, doch verkehrte er zugleich die bisher gültigen Werteordnungen. Nun leiteten nicht mehr Literatur und Philosophie die Naturwissenschaften an, sondern diese errangen in der Welt der sich spezialisierenden Disziplinen die Definitionshoheit. Erst der „technisierte Massenmord" des Ersten Weltkriegs zerstörte die naiven Erwartungen einer beständigen Übereinstimmung von Technikentwicklung und Fortschrittsoptimismus. Da im gleichen Zeitraum mit den Erkenntnissen der Quantentheorie die verständliche Mitteilung physikalischer Ergebnisse zunehmend verlorenging, war der Weg in Konflikte vorgezeichnet, die auch innerhalb der Physik selbst aufbrachen. Die Kontroversen um die Konstruktion einer rassenideologisch ausgerichteten „Deutschen Physik" erreichten zwar nie wissenschaftliches Niveau, hemmten aber, zusammen mit der Vertreibung einer großen Zahl von Forscherinnen und Forschern aus Europa, die Entwicklung der physikalischen Grundlagenforschung. Die Konstruktion und der Einsatz der Atombombe schließlich führten international zu einem gewaltigen Diskurswandel. Der von den Militärs diskutierten „Atomstrategie" wurde eine „Atommoral" übergeordnet, der sich 1957 in der *Göttinger Erklärung* auch die führenden Kernforscher Deutschlands verpflichteten. Experimentell gewonnenes physikalisches Wissen wird seither innerhalb und außerhalb der Physik stets auch unter dem Vorzeichen der Bedrohung gelesen. Frühwald belegt, dass das Gedächtnis der modernen Zivilisation in Drama, Roman und Film insofern lesbar wird, als im Verlauf der Debatte um die Herstellung einer „Atommoral" die Figur des Physikers als eine tragische Gestalt in die Kunst einzieht, zum Beispiel bei *Brecht, Dürrenmatt, Frayn, Houellebecq*. Diese Gestalt ist zerrissen zwischen der unstillbaren Neugier, immer tiefer in das Innere der Natur vorzudringen, und dem erschreckenden Bewusstsein, dass die Anwendungen der auf diesem Weg gewonnenen Erkenntnisse die Existenz der Menschheit aufs Spiel setzen. Am Vergleich der Kunstfiguren mit historisch belegbaren Gewissensängsten der Physiker wird deutlich, dass in der Moderne die Wirklichkeit der literarischen Phantasie oftmals weit vorauseilt und die Wechselwirkungen zwischen Wissenschaft und Gesellschaft geschichtsmächtig sind. Die suggestive Kraft des alten Mythos von der einmal geöffneten *Büchse der Pandora*, deren Unheil unwiederbringlich in die Welt entlassen scheint, ist – nach *Richard Sennett* – verantwortlich für das weltweit entstehende „Klima rationaler Furcht". In der Physik erfährt sich der von Experiment und Wissenschaft zugleich geängstigte und faszinierte Mensch der Moderne in allen seinen Möglichkeiten, – das heißt auch in der Fülle der Chancen, die eine geduldige, nachdenkliche, sich selbst korrigierende und verantwortungsbewusste Forschung schenkt.

**Siegfried Großmann** variiert mit dem Titel seines Beitrags *Was heißt und zu welchem Ende studiert man Chaos?* eine berühmte Frage Friedrich Schillers, um auszudrücken, dass Forschung über nichtlineare, komplexe, chaotische Systeme ähnlich disziplinübergreifend ist wie die von Schiller in seiner Antrittsvorlesung behandelte *Universalgeschichte*. Tatsächlich geht es um tiefliegende physikalische Zusammenhänge und Begriffe ebenso wie um die in die Erkenntnistheorie reichende Frage, wie weit die Vorgänge in der Natur vorhersehbar und im Ausgang eindeutig sind, wenn nur deren zugrundeliegende physikalische Theorie wohldefiniert und verstanden ist. Im mechanistischen Weltbild des 19. Jahrhunderts sah man keinerlei Grenze von Kausalität, Determiniertheit und Vorhersagbarkeit (Laplacescher Dämon). Inzwischen haben wir durch zahlreiche Beobachtungen und Erfahrungen – z. B. Orkan- und Schneechaos-Vorhersagen – gelernt, dass diese unbegrenzte Vorhersage nur unter der Fiktion linearer Gesetze gilt. Da aber alle wichtigen Naturgesetze nichtlineare Verknüpfungen enthalten, weisen Vorhersagbarkeit und kausale Verknüpfung in der klassischen Physik nur endlich lange zeitliche Reichweiten auf. Großmann behandelt die mit den mathematischen Eigenschaften der Naturgesetze unvermeidlich verbundenen Zusammenhänge mit großer Gründlichkeit bei hoher Anschaulichkeit und mathematischer Eleganz. Er arbeitet den Unterschied zwischen dem deterministischen mathematischen Modell und seiner Anwendung auf die Natur heraus, bei der man notwendig Anfangswerte angeben muss, die nur mit einer gewissen Genauigkeit feststellbar sind, so dass wiederholte Abläufe sich auseinanderentwickeln. Verblüffend ist, dass die Nichtlinearität der Bewegungsgleichungen nicht nur Chaos im dynamischen Ablauf, sondern auch Ordnung und Strukturbildung mit geometrischer Selbstähnlichkeit hervorruft. Großmanns Beitrag spricht ganz unterschiedliche Leserkreise an: Er führt dem am allgemeinen Zusammenhang Interessierten mit behutsamer Hand und elementarer Mathematik in die Welt des Chaos ein, er arbeitet aber auch Abschnitte aus, die für den Fachmann eine Delikatesse sind.

**Dieter Bimberg**, **Sven Rodt** und **Udo W. Pohl** beschreiben in ihrem Beitrag *Halbleiter-Quantenpunkte – ein Blick in die Welt der Nanos* eine neuartige Materialgruppe, bei der einzelne in eine Matrix kohärent eingebaute Cluster aus einigen tausend Atomen bestehen und damit größer sind, als die sie bildenden atomaren Bausteine. Diese Quantenpunkte verhalten sich in ihren elektronischen und optischen Eigenschaften jedoch sehr ähnlich wie das einfachste aller Atome, Wasserstoff, und werden daher „künstliche Atome" genannt. Ihre Eigenschaften, wie die Wellenlänge, bei der sie Licht emittieren, hängen nicht mehr allein von der chemischen Zusammensetzung, sondern vor allem von der Quantenpunktgröße und Geometrie der atomaren Anordnung ab. Zwar kennt auch die Natur Nanopartikel wie das Pigment der Schmetterlingsflügel, und die Farbe der antiken Rubingläser war durch Gold-Nanopartikel bedingt. Aber erst durch die moderne Physik versteht man, wie diese Eigenschaften zustande kommen, und mit der Nanotechnologie hat man gelernt, maßgeschneiderte Nanopartikel zu erzeugen. Aus der Fülle der Möglichkeiten wählen die Autoren Halbleiter-Quantenpunkte aus, welche zum Beispiel die Grundlage völlig neuartiger Laser für ultraschnelle Datenkommunikation sind. Ihre Wellenlänge kann nunmehr bei gleichbleibendem Grundmaterial durch die Größe der Partikel und ihre Geometrie festgelegt werden. Die gleichzeitige Herstellung von vielen Milliarden geometrisch selbstähnlicher Strukturen gelingt dabei in verblüffend einfacher Weise durch Selbstorganisation an der Oberfläche epitaktisch wachsender Schichten. Physikalische Eigenschaften, Herstellungsverfahren, Messtechnik und Anwendungen werden detailliert dargestellt. Während die Eigenschaften von Quantenpunkten heute gut verstanden sind, steht ihre technische Nutzung am Anfang. Die Autoren beschreiben ein hoch innovatives Gebiet, das dem Nachwuchs für Jahrzehnte viele Möglichkeiten zur Entwicklung neuer Ideen und von Erfindungen bieten wird.

**Markus Schwoerer** führt den Leser mit *Organische Elektronik* in eine neue Materialklasse ein. Nach vielen Jahren geduldiger Grundlagenforschung kann man heute in Folien Bauelemente wie Transistoren oder Leuchtdioden, die bisher den Einsatz anorganischer kristalliner Materialien wie Silizium oder Galliumarsenid voraussetzten, bei befriedigender Lebensdauer aus organischen Materialien realisieren. Man kann erwarten, dass sich in der Funktion vergleichbare Elemente mit organischen Folien wesentlich billiger herstellen lassen, es entfallen Beschränkungen von Baugröße und Geometrie, und man gewinnt die in der organischen Chemie gegebene Freiheit zum Herstellen maßgeschneiderter Grundstoffe. Schwoerer beschreibt die historische Entwicklung und analysiert die physikalischen Grundlagen von Stromfluss, Stromsteuerung und Lichterzeugung in organischen Halbleitern. Er geht ausführlich auf die technischen Möglichkeiten ein, mit den drei Grundtypen OLEDs

(Organic Light Emitting Devices), OFETs (Organic Field Effect Transistors) und Organischen Solarzellen. Kleine selbstleuchtende OLED-Farb-Displays werden schon seit einiger Zeit in Mobiltelefone und MP3-Player eingebaut. Im Vergleich zu LCD-Bildschirmchen haben sie geringere Energieverluste, deutlich größeren Blickwinkel, eine höhere Schaltgeschwindigkeit und sind dünner. Großflächige OLEDs werden z. Zt. als potentielle energiesparende Lampen entwickelt. Für gedruckte Schaltungen („von der Rolle auf die Rolle") und Solarzellen wurden beachtliche Zwischenergebnissen erzielt; weitere Fortschritte sind notwendig. Organische Elektronik ist ein erfolgreiches Beispiel einer intensiven Kooperation von Physikern und Chemikern. Schwoerer führt den Leser in ein interdisziplinäres Forschungsfeld ein, das erste Möglichkeiten technischer Innovationen bereits erwiesen hat, aber bei weitem noch nicht ausgeschöpft ist, dem jungen Forscher also vielfältige Entwicklungsmöglichkeiten bietet.

**Ernst O. Göbel** geht in *Quantennormale: Neue Fundamente des Internationalen Einheitensystems* von einem Grundproblem der Messtechnik aus: Absolutmessungen können grundsätzlich nicht genauer sein als die Unsicherheit der entsprechenden Einheit. Die ersten der sieben Grundeinheiten des heute gültigen SI-Systems (Sekunde, Meter, Kilogramm, Ampere, Kelvin, Mol, Candela) wurden nach der Französischen Revolution auf der Basis von als leicht reproduzierbar angenommenen Messgrößen definiert, so die Sekunde ursprünglich als der 1/86400. Teil des mittleren Sonnentags; wie man später erkannte schwankt dessen Dauer allerdings im Lauf der Zeit. Ähnliches gilt für andere „künstliche" Fundamente der Einheiten, weshalb die Metrologen sich bemühen, Grundeinheiten auf Naturkonstanten z. B. auf die Lichtgeschwindigkeit zurückzuführen. Da auch Naturkonstanten nur mit endlicher Genauigkeit gemessen werden können und in Kombination in die Grundeinheiten eingehen, müssen hochpräzise Messverfahren für sie entwickelt werden, damit einmal getroffene Festlegungen einen optimalen Abgleich unter fixierten Werten der Naturkonstanten enthalten. Dies geschieht im Rahmen globaler Zusammenarbeiten und Abstimmungen: Bessere Standards müssen ja mit den bestehenden Techniken kompatibel sein, und am alltäglichen, technischen Messvorgang soll sich nichts ändern. Konzeptionell geschieht jedoch etwas sehr Fundamentales, denn die Definitionen der Einheiten werden über die Anbindung an die Naturkonstanten unabhängig von Raum und Zeit. Einerlei, ob eine Messung in Japan, USA, Deutschland oder auf dem Mars vorgenommen wird, sie wird auch ohne identische Messgeräte das gleiche Ergebnis liefern. Göbel skizziert den historischen Gang der metrologischen Standards und analysiert für die Grundeinheiten im Detail die Bemühungen, sie auf Naturkonstanten zurückzuführen. Sein Beitrag führt den Leser zu grundsätzlichen Betrachtungen über das Fundament quantitativer Aussagen und vermittelt die Faszination geduldiger Forscherarbeit auf dem Weg zu einer von Ort, Zeit und Person unabhängigen Präzisionsmessung.

**Klaus Heinloth** († 15.7.2010) gibt in *Energie für unser Leben: Nahrung, Wärme, Strom, Treibstoffe (früher – derzeit – künftig)* in der für ihn charakteristischen präzisen, knappen und mit Zahlen und Fakten unterfütterten Form einen Gesamtüberblick über das gesellschaftlich so wichtige und heftig diskutierte Gebiet Energie. Er beginnt mit einem Rückblick auf die Erdgeschichte, die sich gegenseitig bedingende Entwicklung von Klima, Lebewesen, Nahrungs- und Energiebedarf. Mit dem Auftreten des Menschen und der von ihm eingeleiteten technischen Entwicklung wird er zum bestimmenden Faktor weiterer Veränderungen. Mit der heutigen Weltbevölkerung werden die sich regenerierenden natürlichen Ressourcen weitgehend für die

Deckung seines Bedarfs an Nahrung und Energie ausgeschöpft; urzeitliche Reserven wie Kohle und Öl werden in absehbarer Zeit erschöpft sein. Bei einer weiter wachsenden Bevölkerung, der globalen Angleichung der Lebensbedingungen und einer menschenbedingten Klimaänderung wird eine zunehmende Lücke im Energieangebot nachhaltig mit neuen Techniken zu füllen sein. Heinloth analysiert alle Alternativen des Energieverbrauchs und der Energieerzeugung, begründet quantitativ ihre jeweiligen Möglichkeiten, Grenzen und Risiken. Er gibt Hinweise, welche technischen Durchbrüche notwendig sind, damit heute diskutierte neue Lösungsansätze einen wesentlichen Beitrag leisten können und wirtschaftlich realisierbar werden, und endet mit einem temperamentvollen Plädoyer für eine Grundlagenforschung, die Freiheit für wirklich neue Ideen hat. Sein Beitrag ist eine Fundgrube voller Fakten und Zahlen und gibt Anregungen zur weiteren Forschung.

**Günther Hasinger** rekonstruiert in *Strukturentstehung im Kosmos* die zeitliche Entwicklung von Strukturen im Kosmos. Aus einem nach dem Urknall vorliegenden Gas nahezu konstanter, extrem hoher Dichte bilden sich unter dem Einfluss der Gravitation erst langsam, dann bei zunehmender Massenanhäufung immer schneller komplexe Zusammenballungen aus, deren Struktur die ursprünglichen Dichteschwankungen widerspiegelt: Galaxienhaufen, Galaxien, Schwarze Löcher, Nebel, Sternsysteme, Planetensysteme. Der sich über Milliarden Jahre erstreckende Prozess kann heute in Supercomputern im Zeitraffer simuliert werden; dabei zeigt sich, dass die Ergebnisse den mit Teleskopen beobachteten Strukturen dann bis ins Detail entsprechen, wenn man in die Rechnung außer der Wechselwirkung der bekannten Materie auch die Massenanziehung der *Dunklen Materie* einschließt, deren Elementarteilchen heute noch unbekannt sind. Vielfach werden solche Simulationsprozesse in Filmen visualisiert, die unter extras.springer.com aufgerufen werden können. Weitere Filme sind an Supercomputern aus Aufnahmen von Weltraumteleskopen zusammengesetzt, so dass man dreidimensionale Reisen durch den Kosmos, etwa zum Virgo-Haufen oder zum Orion-Nebel mit seinen Proto-Planetensystemen, unternehmen kann. In der zeitgerafften Darstellung ist die ungeheure Dynamik der von der Schwerkraft induzierten Bewegungen faszinierend, mit laufenden Katastrophen wahrhaft kosmischen Ausmaßes, die im Gegensatz zu unserer kurzfristigen Beobachtung eines scheinbar stabilen Universums steht. Alles ist eine Frage des Zeitmaßstabs! Im Ausblick vergleicht Hasinger die kosmischen Zeitskalen mit denen des Menschen. Der Blick in den galaktischen Sternenhimmel fasziniert uns schon als Kinder. Das hier gezeigte Eintauchen in die Tiefe von Raum und Zeit, wirkungsvoll unterstützt durch die verwendete Visualisierungstechnik, erweitert für den Leser diesen Blick auf den Gesamtkosmos.

**Joachim Trümper** entwickelt in *Endzustände der Materie im Kosmos* die faszinierende Geschichte der kompakten Objekte im Universum. Auf kosmischer Skala führt die Gravitation zur Bildung von Galaxien und kompakten Sternen (siehe auch Beitrag *Hasinger*). In diesen setzen Kernverschmelzungsprozesse in Wechselwirkung mit Gravitation, Strahlungsdruck und quantenmechanischen Begrenzungen eine Entwicklungskette in Gang, bei der die leichten Atome (im wesentlichen Wasserstoff und Helium) aus dem Urknall unter Fusion und Neutroneneinfang das ganze Periodische System von Elementen ausbrüten. Nach dem Erlöschen der Fusion geht der Stern unter dem Einfluss der Gravitation je nach seiner Masse in einen Weißen Zwerg, einen Neutronenstern oder ein Schwarzes Loch über. Der Kollaps massereicher Sterne ist von einer riesigen Explosion begleitet, bei der ein großer Teil seiner Materie in den Weltraum geblasen wird, aus der neue Sterne mit ihren Planeten entstehen. Auch unser Sonnensystem, uns eingeschlossen, ist auf diese Weise entstanden. Die Eigenschaften der kompakten Endzustände übersteigen normale menschliche Maßstäbe: So besitzen Neutronensterne Dichten von Milliarden Tonnen/cm$^3$, Magnetfelder von Milliarden Tesla, Rotationsperioden von Millisekunden und können Röntgenquellen mit der 5000fachen Strahlungsleistung der Sonne bilden. Trümper beschreibt die Geschichte der schrittweisen Verbesserung der Beobachtungstechnik, die dadurch ermöglichten Entdeckungen und die sie erklärenden Theorien. Er analysiert für alle wichtigen Typen von kompakten kosmischen Objekten die physikalischen Prozesse und die daraus resultierenden Eigenschaften. Dabei werden zur Visualisierung der dynamischen Prozesse auch Filme eingesetzt, die man unter extras.springer.com abrufen kann. Besonders wichtig für den Fortschritt der Erkenntnis war die Überwindung der Atmosphärenbarriere durch Instrumente im Weltraum bei Ausweitung des Beobachtungsspektrums ins tiefe Infrarot und in den Röntgen- und Gammabereich, an der Trümper selbst maßgebend beteiligt war. Die Messungen der Umlaufperioden von Doppel-Pulsaren ermöglichte u. a. die Bestätigung von Aussagen der Allgemeinen Relativitätstheorie mit der Genauigkeit von 0,02 %: der Kosmos als Experimentallabor! Der Beitrag klingt mit einer Spekulation über die langfristige Entwicklung des Kosmos ($10^{68}$ bis $10^{100}$ Jahre!) aus. Er ist auch ein überzeugendes Beispiel dafür, welche komplexen Phänomene sich aus wenigen, einfachen Naturgesetzen ergeben und wie universell diese gültig sind.

**Herwig Schopper** beginnt seinen Beitrag *Elementarteilchen – oder woraus bestehen wir?* mit der Frage „Gibt es letzte Bausteine der Materie?", über die schon die antiken Naturphilosophen nachgrübelten. Die sich schließlich durchsetzende atomistische Vorstellung ließ tiefe Widersprüche offen: Wenn die Atome endlich groß sind, warum sind sie dann nicht teilbar – wenn sie punktförmig sind, wie können Punkte Masse oder Ladung tragen? Was sollte Kräfte zwischen Ihnen vermitteln? Die Quantenmechanik beschreibt heute die experimentell gefundene innere Struktur der Atome, die Quantenfeldtheorie die Vermittlung der Kräfte über den Austausch von Feldquanten; die Frage der Punktförmigkeit löste sich mit der Wellenmechanik als irrelevant auf. Mit Stoßprozessen in Beschleunigern als „Mikroskop" der Atomphysik wurde bei immer höheren Stoßenergien ein ganzer Zoo von Elementarteilchen gefunden, der heute im sog. Standardmodell in einer übersichtlichen Zahl von symmetrischen Partnern geordnet wird. Als neue *first principles* setzte sich in der Physik dabei immer mehr der Symmetriebegriff durch: Naturgesetze sollen bei gewissen Symmetrieoperationen (z. B. Vertauschen des Ladungsvorzeichens) unverändert bleiben. Allerdings lässt auch das Standardmodell Fragen offen: Es enthält mehr als 18 freie Parameter und ist nicht in der Lage, einige fundamentale Fragen zu beantworten, wie die nach dem Ursprung der Teilchenmassen und der relativen Stärke der verschiedenen Kräfte. Außerdem erklärt es nicht die beobachteten Verletzungen von Symmetrien (kosmologisch wichtig die von Materie/Antimaterie). Schopper beschreibt im Detail die verzahnte Entwicklung von Theorie und Experimenten an immer größeren Maschinen, wie LEP und LHC. Als langjähriger Generaldirektor von DESY und CERN gibt er spannende Einblicke in diese beispielhaften Großforschungsprojekte und das sie antreibende Streben nach Erkenntnis, bei Einordnung des Einzelforschers in die Gruppenarbeit Vieler mit gleichem Ziel.

Die Serie schließt mit einem Artikel von **Hermann Schunck**, mit dem Titel *Bundesweite Förderung der Physik in Deutschland*. Er definiert die wissenschaftspolitische Einordnung physikalischer Forschung mit der Forderung der Bundesregierung nach einem effizienten Forschungssystem als heute unverzichtbarer Voraussetzung für die wirtschaftliche, gesellschaftliche und kulturelle Entwicklung eines Landes. Eine komplexe Landschaft von Forschungseinrichtungen in Universitäten, Großforschungseinrichtungen und Industrie wird detailliert analysiert, mit Schwerpunkt auf Deutschland, aber auch in der Verbindung zu europäischen und internationalen Programmen. Wechselnde politische Bewertungen und Einflüsse werden am Beispiel der staatlichen Förderung der Kernenergie beschrieben, der schwierige Entscheidungprozess im forschungspolitischen Raum am Beispiel des Münchener Forschungsreaktors. Schunck zeigt die vielfältigen Möglichkeiten und Programme staatlicher Förderung im Bereich der Grundlagen- wie der Anwendungsforschung auf und weist besonders auf die Programme zur Förderung des wissenschaftlichen Nachwuchses hin. Forschung wird von der gesamten Gesellschaft getragen und auch finanziert. Daraus ergibt sich ganz natürlich ein Geflecht von Wünschen, Begründungen, Urteilen und Strukturen, das sich mit den gesellschaftlichen Verhältnissen langsam verändert. Der Beitrag gibt eine faktenreiche Orientierung in den heutigen Verhältnissen, vermittelt aber auch ein Gefühl für evolutionäre Verlagerungen und deren Zeithorizonte.

Dieses Buch hat seinen Ursprung in Gesprächen im Freundes- und Beraterkreis der Wilhelm und Else Heraeus-Stiftung, zu deren Anliegen die Förderung der Ausbildung auf dem Gebiet der Physil zählt. So wird nachvollziehbar, dass der Stiftung nahestehende Wissenschaftler maßgeblich daran mitgewirkt haben.

Hanau, im Juni 2011

*Werner Martienssen* († 29.1.2010)
*Dieter Röß*

# Inhaltsverzeichnis

| | | |
|---|---|---|
| **1** | **Hoffnung und Gefahr – Physik im Diskurs der Gesellschaft** | 1 |
| | *W. Frühwald* | |
| 1.1 | Vorbemerkung | 1 |
| 1.2 | Das Zeitalter der Naturforschung | 2 |
| 1.3 | Naturwissenschaft als Teil der allgemeinen Geschichte | 5 |
| 1.4 | Fachkongresse und ihr „geselliger Zweck" | 9 |
| 1.5 | Theorie, Erfahrung, Experiment | 12 |
| 1.6 | Kontexte der Naturwissenschaft | 17 |
| 1.7 | Die Bombe | 22 |
| 1.8 | Historisches und physikalisch-naturwissenschaftliches Denken | 31 |
| 1.9 | Ein (mögliches) Fazit | 37 |
| | Hinweise | 42 |
| | Bildquellen | 45 |
| | | |
| **2** | **Was heißt und zu welchem Ende studiert man Chaos?** | 47 |
| | *S. Großmann* | |
| | Vorwort | 47 |
| 2.1 | Einleitung | 47 |
| 2.2 | Chaos: Das Phänomen | 49 |
| 2.3 | Deterministisches Chaos | 59 |
| 2.4 | Determinismus und Wahrscheinlichkeit | 63 |
| 2.5 | Kausalität – im Kurzen | 64 |

| | | | |
|---|---|---|---|
| 2.6 | Kontinuierliche chaotische (Hydro-)Dynamik | | 69 |
| | 2.6.1 | Das Lorenzmodell | 69 |
| | 2.6.2 | Dynamische Qualitäten | 71 |
| | 2.6.3 | Diskussion des Lorenzmodells | 71 |
| | 2.6.4 | Lösungsverläufe beim Lorenzmodell | 72 |
| | 2.6.5 | Beschränktheit des verfügbaren Phasenraums | 77 |
| 2.7 | Lyapunov-Exponenten | | 78 |
| 2.8 | Aspekte – Einsichten – Reichtümer | | 80 |
| | 2.8.1 | Ordnung und Strukturbildung durch Nichtlinearität | 81 |
| | 2.8.2 | Diskrete nichtlineare Dynamik | 86 |
| | 2.8.3 | Selbstähnlichkeit | 92 |
| 2.9 | Numerische Genauigkeit, „wahre" Schatten, Klimavorhersage | | 93 |
| | 2.9.1 | Pseudotrajektorien | 93 |
| | 2.9.2 | Beschattung durch wahre Bahnen | 95 |
| | 2.9.3 | Klimavorhersage | 96 |
| 2.10 | Statistische Physik | | 98 |
| 2.11 | Schlussbemerkungen | | 104 |

Zusätze .............................................................. 105

Literaturverzeichnis ................................................. 107

## 3 Halbleiter-Quantenpunkte – ein Blick in die Welt der Nanos ....... 109
*D. Bimberg, S. Rodt, U. W. Pohl*

Vorbemerkung ......................................................... 109

| | | | |
|---|---|---|---|
| 3.1 | Einleitung – Der Nanokosmos | | 110 |
| | 3.1.1 | Abstieg in die Nanowelt | 110 |
| | 3.1.2 | Phänomene im Nanokosmos | 111 |
| | 3.1.3 | Nanotechnologie im Altertum | 112 |
| 3.2 | Elektronen in Halbleitern | | 113 |
| | 3.2.1 | Das Bändermodell | 113 |
| | 3.2.2 | Leiter – Halbleiter – Nichtleiter | 115 |
| | 3.2.3 | Dotierung von Halbleitern | 116 |
| | 3.2.4 | Exzitonen in Halbleitern | 116 |
| 3.3 | Halbleiter-Quantenpunkte | | 118 |
| | 3.3.1 | Herstellung von Quantenpunkten | 118 |
| | 3.3.2 | Struktur von Quantenpunkten – Von außen betrachtet | 120 |
| 3.4 | Elektronische Eigenschaften von Quantenpunkten – „der Blick ins Innere" | | 122 |
| | 3.4.1 | Geometrie als Designparameter | 123 |
| | 3.4.2 | Ein Ladungsträger im Quantenpunkt | 126 |
| | 3.4.3 | Untersuchungsmethoden zur elektronischen Struktur | 127 |
| | 3.4.4 | Sind alle Quantenpunkte gleich? | 128 |

|   |   |   |   |
|---|---|---|---|
| | 3.4.5 | Der Zoo der Exzitonischen Komplexe | 130 |
| | 3.4.6 | Rekombinationskaskaden | 132 |
| | 3.4.7 | Polarisationsverschränkung | 133 |
| 3.5 | Anwendungen | | 133 |
| | 3.5.1 | Laser und Leuchtdioden: Bausteine für die digitale Datenverarbeitung | 134 |
| | 3.5.2 | Optische Verstärker | 137 |
| | 3.5.3 | Einzelphotonenemitter | 138 |
| | 3.5.4 | Der Nano-Flash-Speicher | 139 |
| | 3.5.5 | Marker für biologische Prozesse | 140 |
| 3.6 | Zusammenfassung und Ausblick | | 141 |
| | Referenzen | | 142 |

## 4 Organische Elektronik . . . . . . . . . . . . . . . . . . . . . . . . . . . . . . . 143
*M. Schwoerer*

|   |   |   |   |
|---|---|---|---|
| 4.1 | Einleitung | | 143 |
| 4.2 | Woraus bestehen Organische Halbleiter? | | 146 |
| 4.3 | Was die Moleküle zusammenhält – Kräfte und Strukturen | | 149 |
| 4.4 | Innere Dynamik – Molekülschwingungen und Phononen | | 154 |
| 4.5 | Fluoreszenz und Phosphoreszenz – Excitonen und Energietransport | | 159 |
| | 4.5.1 | Isolierte Moleküle – Singulett- und Triplett-Zustände | 159 |
| | 4.5.2 | Festkörper-Excitonen | 161 |
| | 4.5.3 | Energieübertragung | 164 |
| 4.6 | Der elektrische Strom in Organischer Materie | | 166 |
| | 4.6.1 | Historische Vorbemerkungen | 166 |
| | 4.6.2 | Ladungsträger: Dichte und Beweglichkeit | 167 |
| | 4.6.3 | Photogeneration und TOF-Methode | 169 |
| | 4.6.4 | Beweglichkeiten in Einkristallen | 172 |
| | 4.6.5 | Beweglichkeiten in Ungeordneten Schichten | 174 |
| | 4.6.6 | Injektion und Raumladungsbegrenzte Ströme | 176 |
| | 4.6.7 | Elektroden und Kontakte – Ein- und Ausgangstore für die Ladungsträger | 178 |
| 4.7 | Organische Elektronik und Optoelektronik | | 180 |
| | 4.7.1 | Elektrolumineszenz: OLEDs | 180 |
| | 4.7.2 | Bildschirme – Große fürs Fernsehen und Kleine für alles Mögliche | 185 |
| | 4.7.3 | Lichtquellen | 186 |
| | 4.7.4 | Solarzellen | 187 |
| | 4.7.5 | Organische Transistoren – Gedruckte Schaltungen | 190 |
| 4.8 | Rück- und Ausblick | | 192 |
| Literaturverzeichnis | | | 193 |

| 5 | Quantennormale: Neue Fundamente des Internationalen Einheitensystems | | 195 |
|---|---|---|---|
| | *E. O. Göbel* | | |
| 5.1 | Kurze Geschichte des SI | | 195 |
| 5.2 | Das heutige SI und seine Grenzen | | 198 |
| | 5.2.1 | Die Sekunde, Einheit der Zeit | 198 |
| | 5.2.2 | Das Meter, Einheit der Länge | 201 |
| | 5.2.3 | Das Kilogramm, Einheit der Masse | 203 |
| | 5.2.4 | Das Ampere, die Einheit der elektrischen Stromstärke | 204 |
| | 5.2.5 | Die Einheit der thermodynamischen Temperatur: das Kelvin | 208 |
| | 5.2.6 | Das Mol, die Einheit der Stoffmenge | 210 |
| | 5.2.7 | Die Candela, die Einheit der Lichtstärke | 211 |
| 5.3 | Das neue SI | | 212 |
| | 5.3.1 | Das neue Kilogramm | 214 |
| | 5.3.2 | Das neue Mol | 219 |
| | 5.3.3 | Das neue Kelvin | 220 |
| | 5.3.4 | Das neue Ampere und das metrologische Dreieck | 221 |
| 5.4 | Schlussbemerkungen | | 225 |
| Häufig verwendete Abkürzungen | | | 226 |

| 6 | Energie für unser Leben: Nahrung, Wärme, Strom, Treibstoffe (früher – derzeit – künftig) | | 227 |
|---|---|---|---|
| | *K. Heinloth* | | |
| 6.1 | Entwicklung aus der Vergangenheit bis heute | | 227 |
| | 6.1.1 | Naturraum Erde | 227 |
| | 6.1.2 | Homo sapiens | 229 |
| 6.2 | Deckung unseres Energiebedarfs heute | | 232 |
| | 6.2.1 | Deckung des Bedarfs an Nahrung | 232 |
| | 6.2.2 | Deckung des Energiebedarfs für Wärme, Strom und Treibstoffe | 234 |
| 6.3 | Aussichten in Zukunft | | 237 |
| | 6.3.1 | Kulturraum Erde | 237 |
| | 6.3.2 | Deckung unseres künftigen Energiebedarfs: Notwendigkeiten und Möglichkeiten | 238 |
| Anregende, weiterführende Literatur | | | 263 |

| 7 | Strukturentstehung im Kosmos | 265 |
|---|---|---|
| | *G. Hasinger* | |
| 7.1 | Einleitung | 265 |
| 7.2 | Die Inflation | 267 |

| | | |
|---|---|---|
| 7.3 | Dunkle Materie und Dunkle Energie | 268 |
| 7.4 | Die Entstehung der normalen Materie | 270 |
| 7.5 | Kernfusion | 271 |
| 7.6 | Akustische Oszillationen | 271 |
| 7.7 | Das kosmische Netz | 274 |
| 7.8 | Der Flug zum Virgo-Haufen | 278 |
| 7.9 | Die Entstehung von Galaxien | 280 |
| 7.10 | Schwarze Löcher bei der Hochzeit von Galaxien | 282 |
| 7.11 | Sternentstehung | 284 |
| 7.12 | Protoplaneten im Orion-Nebel | 287 |
| 7.13 | Ausblick | 289 |

## 8 Endzustände der Materie im Kosmos ... 291
*J. Trümper*

| | | |
|---|---|---|
| 8.1 | Einleitung | 291 |
| 8.2 | Geburt, Leben und Tod der Sterne | 295 |
| 8.3 | Endstadien der Sternentwicklung – Braune Zwerge | 296 |
| 8.4 | Die Magnetfelder und Rotationsperioden kompakter Sterne | 297 |
| 8.5 | Weiße Zwerge | 297 |
| 8.6 | Tanzende Sterne I: Weiße Zwerge in Doppelsternsystemen | 298 |
| 8.7 | Supernovae und Neutronensterne | 300 |
| 8.8 | Supernova-Explosionen und die chemische Evolution im Kosmos | 305 |
| 8.9 | Pulsare und andere einzelne Neutronensterne | 307 |
| 8.10 | Strahlung von der heißen Oberfläche der Neutronensterne | 310 |
| 8.11 | Tanzende Sterne II: Neutronensterne in Doppelsternsystemen | 314 |
| 8.12 | Doppel-Neutronensterne | 316 |
| 8.13 | Schwarze Löcher | 317 |
| 8.14 | Supermassive Schwarze Löcher | 319 |
| 8.15 | Gammastrahlen-Ausbrüche und Hypernovae – die Geburt von Schwarzen Löchern | 320 |
| 8.16 | Zusammenfassung und Ausblick in die sehr ferne Zukunft | 322 |

| | | |
|---|---|---|
| **9** | **Elementarteilchen – oder woraus bestehen wir?** | 325 |
| | H. Schopper | |
| 9.1 | Gibt es letzte Bausteine der Materie? | 325 |
| 9.2 | Das Standardmodell der Teilchenphysik und seine Symmetrien | 327 |
| 9.3 | Das Periodische System der Elementarteilchen | 329 |
| 9.4 | Am Anfang war die Kraft | 333 |
| 9.5 | Was kommt nach dem Standardmodell? | 335 |
| 9.6 | Gibt es eine ‚Urkraft'? | 338 |
| 9.7 | Materieerzeugung statt Atomzertrümmerung | 341 |
| 9.8 | Kollisionsmaschinen ersetzen Beschleuniger | 343 |
| 9.9 | LEP – der größte Ring | 348 |
| 9.10 | LHC – die Weltmaschine | 355 |
| 9.11 | Elektronische Kammern ersetzen Nebelkammern | 356 |
| 9.12 | Große Detektoren und internationale Zusammenarbeit | 358 |
| 9.13 | Teilchenphysik und Kosmologie | 360 |
| 9.14 | Physik, Philosophie und Religion | 361 |
| 9.15 | Die Physik von heute, die Technik von morgen | 364 |
| | | |
| **10** | **Bundesweite Förderung der Physik in Deutschland** | 367 |
| | H. Schunck | |
| 10.1 | Physik in Deutschland | 368 |
| | 10.1.1 Physik – ein Fach mit großen Chancen | 368 |
| | 10.1.2 Eine komplexe Landschaft der Förderung der Physik | 369 |
| | 10.1.3 Ein Exkurs: die Entwicklung der Kerntechnik und die Rolle der Physik | 371 |
| | 10.1.4 Vom unendlich Kleinen zum unendlich Großen | 373 |
| 10.2 | Förderung der Physik in Deutschland | 375 |
| | 10.2.1 Eine Milliarde Euro für die Physik – Warum? | 375 |
| | 10.2.2 Großgeräte der naturwissenschaftlichen Grundlagenforschung | 376 |
| | 10.2.3 Helmholtz-Gemeinschaft | 379 |
| | 10.2.4 Deutsche Forschungsgemeinschaft | 381 |
| | 10.2.5 Nachwuchsförderung | 383 |
| | 10.2.6 Physikförderung im internationalen Vergleich | 384 |
| 10.3 | Großgeräte und Infrastruktur | 386 |
| | 10.3.1 Großgeräte auf dem Prüfstand | 386 |
| | 10.3.2 Eine wettbewerbsfähige Forschungsinfrastruktur | 388 |
| | 10.3.3 Europäisierung und Internationalisierung | 390 |

| | | | |
|---|---|---|---|
| 10.4 | Nutzen und Neugier | | 392 |
| | 10.4.1 | Von der Forschung zum Produkt | 392 |
| | 10.4.2 | Das Jahr der Physik | 394 |
| 10.5 | Der Münchner Forschungsreaktor II – ein besonderer Fall | | 396 |
| 10.6 | Ist Alles gut wie es ist? – Bilanz und Ausblick | | 399 |
| Literatur | | | 402 |

**Herausgeber und Autoren** .......................................... 405

**Personenregister** ...................................................... 419

# 1 Hoffnung und Gefahr – Physik im Diskurs der Gesellschaft

Wolfgang Frühwald

## 1.1 Vorbemerkung

Der Versuch, die Naturforschung fest und unverrückbar in den Diskursen der Gesellschaft zu verankern, ist vermutlich erstmals Alexander von Humboldt gelungen. Unter Diskursen versteht David Gugerli dabei „kollektive Problematisierungen und Wegweiser bei der Suche nach Lösungen". Er zitiert die Wissenschaftsforscher Adalbert Evers und Helga Novotny, wonach die „theoretische" Struktur solcher Diskurse, „die Art, wie Wissenselemente zusammengefügt werden, [wiedergibt], was einer Gesellschaft aus der Vielzahl von erlebten historischen Brüchen und Veränderungen jeweils als Problem erscheint und was sie als Problem definiert. Aber auch, welchen Fortgang die Suche nach Lösungen genommen hat". Es liege in der Natur solcher Diskurse, dass sie beweglich sind, dass ihre „Dynamik im Hin und Her liegt und nicht in starren, linearen Entwicklungslinien zu begreifen ist". Sie sind deshalb besonders gut geeignet, komplexe Sachverhalte zu beschreiben und aufzuklären.

Im gesellschaftlichen Diskurs seiner Zeit, der äußerlich noch vorrangig durch Philosophie, Literatur und Kunst bestimmt schien, in dem sich aber die Erfahrungswissenschaften immer stärker bemerkbar machten, hat Humboldt die Naturforschung, ihre Erkenntnisse, ihre Probleme und deren Lösungsversuche, als gleichberechtigt plaziert. Diese Tendenz hat im Laufe des 19. Jahrhunderts an Einfluss derart zugenommen, dass im letzten Drittel dieses Jahrhunderts bereits das „naturwissenschaftliche Zeitalter" gefeiert werden konnte. Rudolf Virchow hat, als Rektor der Berliner Universität (1893), den Beginn dieser Epoche in das Jahr 1827 verlegt, als Alexander von Humboldt aus Paris nach Berlin zurückkehrte und sich dort mit einem „kräftigen Stamm echter Naturforscher vereinigte". Die Physik als die Leitdisziplin der „naturwissenschaftlichen Zeit" wurde zunächst noch unter der Perspektive der Hoffnung und sogar des Triumphes des Menschen über die Zwänge der Natur gesehen, ehe im 20. Jahrhundert, mit dem Beginn des Ersten Weltkriegs und der zunehmenden Bedeutung aller Anwendungsformen von Physik, Chemie und Biologie für die Kriegsführung, sich die Zeichen von Gefahr und Bedrohung mehrten. Manche Diskursele-

---

Wolfgang Frühwald (✉)
Römerstädter Straße 4k, 86199 Augsburg, E-mail: wolfgang.fruehwald@v-w-fruehwald.de

mente des 19. Jahrhunderts aber haben sich verstetigt, so dass auch im modernen Wissenschaftsgeschehen die Erinnerung an die Anfänge noch gegenwärtig ist.

## 1.2 Das Zeitalter der Naturforschung

Alexander von Humboldt wurde durch seine erfolgreiche Expedition nach Lateinamerika (1799–1804), bei der er nicht wie einer der vielen Weltumsegler nur die Küstenländer erforschte, sondern das Innere des Kontinents bereiste, zum bekanntesten Naturforscher seiner Zeit. Er war ein „Naturforscher", was bedeutet, dass in dieser Zeit die naturwissenschaftlichen Disziplinen, zu denen auch die Medizin gerechnet wurde, noch nicht getrennt waren, sondern, entsprechend der Theorie von der Einheit der Natur und des Wissens um die Natur, als ein großes, zusammenhängendes Forschungsgebiet betrachtet wurden. Den Ruhm Alexander von Humboldts belegt dabei, dass ihn Goethe noch zu Lebzeiten mit vollem Namen in den Roman „Die Wahlverwandtschaften" (1809) aufgenommen hat. Wie ein Monument aus der klassisch-romantischen Epoche der deutschen Kultur ragt Humboldt in die Zeit der Spezialisierung, der Technisierung, des Eisenbahnverkehrs und der Revolutionen hinein. Als er 1827, auf Wunsch des preußischen Königs, Paris, die Stadt seiner Liebe und seiner Wissenschaft, mit dem ungeliebten und langweiligen Hofleben in Potsdam vertauschen musste, blieb er – wie gesagt wurde – auch dort der Mann, der „den goldenen Schlüssel des Kammerherrn an der Seite, aber die Ideen [der Revolution] von 1789 im Herzen trug". Er war, 1769 in Berlin geboren, nur zehn Jahre jünger als Friedrich Schiller, der immerhin Ehrenbürger der Französischen Republik war, der aber, im Unterschied zu dem (1749 geborenen) gemeinsamen Freund Goethe, die Verehrung, die ihm Humboldt entgegenbrachte, nicht erwiderte. Bis zuletzt tätig und wach, starb Alexander von Humboldt mit 90 Jahren (1859) in seiner Wohnung in der Oranienburgerstraße in Berlin.

**Abb. 1.1** Alexander von Humboldt (1769–1859), etwa 1832 (Lithographie von F. S. Delpech nach einer Zeichnung von Francois Gérard) [1]

Wenige Jahre nach der Rückkehr von der Lateinamerika-Reise machte Humboldt den Naturforscher der Möglichkeit nach zum kreativen Mitschöpfer einer deutschen Kulturnation. Mit diesem Begriff wird jene Sonderentwicklung bezeichnet, die den Aufbruch des Geisteslebens in der Mitte Europas, an der Wende vom 18. zum 19. Jahrhundert, beschreibt, als parallel zur politischen Zersplitterung Deutschlands, vermutlich sogar kompensatorisch zum Untergang des Heiligen Römischen Reiches deutscher Nation, der Gedanke einer durch Sprache, Kunst und Wissenschaft ideell geeinten Nation geboren wurde. Noch auf dem Höhepunkt der Spaltung Deutschlands in der Mitte des 20. Jahrhunderts haben Künstler und Schriftsteller versucht, den Gedanken einer West und Ost verbindenden Kulturnation neu zu beleben und die politisch, wie ökonomisch und weltanschaulich, tiefgreifende Spaltung Deutschlands dadurch zu überwinden. Als dieser Gedanke zuerst gedacht wurde, war die klassische Literatur der Maßstab, an dem Entfaltung, internationaler Einfluss und das erreichte geistige und sittliche Niveau der Kulturnation gemessen wurden. Das heute (nach dem gleichnamigen Jenaer Sonderforschungsbereich) so genannte „Ereignis Weimar", das heißt u. a. die Zusammenarbeit von Goethe, Schiller, den Brüdern Wilhelm und Alexander von Humboldt, Herder, Wieland und anderen am Hof des kleinen Herzogtums Sachsen-Weimar-Eisenach, bildete im Jahrzehnt zwischen 1795 und 1805 das Zentrum eines Aufbruchs, der den napoleonischen Plänen einer Einigung Europas unter französischer Vorherrschaft widerstand. In Jena, der Universitätsstadt des Weimarer Herzogtums, erreichte die Idealisierung der Kulturnation im klassisch-romantischen Denken ihren Höhepunkt. Schillers Vorstellung einer „ästhetischen Erziehung" des Menschen (1795) und Friedrich Schlegels Postulat einer „progressiven", das heißt einer nach und nach alle Lebensbereiche erfassenden „Universalpoesie" (1798), waren nur zwei der miteinander konkurrierenden Lebensentwürfe, die aus diesem Gedankengebäude erwuchsen. Theodore Ziolkowski hat das Jahr 1794/95 das „Wunderjahr in Jena" genannt, weil sich dort in diesem Jahr ein Kreis von Gelehrten und Poeten traf, der die deutsche Kultur dann über mehr als ein Jahrhundert geprägt hat. Schiller und Fichte lehrten in Jena, später (1798) auch Schelling und Hegel (1801), Friedrich Hölderlin begegnete dort (im November 1794), in der Wohnung Schillers Goethe, ohne ihn zu erkennen, und konzipierte während der Jenaer Station seinen Roman „Hyperion". Wilhelm von Humboldt lebte seit 1794 in der Stadt, in regem Verkehr mit Schiller und mit Goethe, der häufig aus Weimar angereist kam. Gerhard Müller hat gezählt, dass Goethe sich im Jahr 1796 volle 138 Tage lang in Jena aufgehalten hat, „und selbst 1797, als er in der zweiten Jahreshälfte ausgedehnte Reisen nach Süddeutschland und in die Schweiz unternahm, waren es immerhin noch 83 Tage"; die Mehrzahl davon betraf den Verkehr mit den Brüdern Humboldt. Die „Stapelstadt des Wissens und der Wissenschaft" hat Goethe 1800 Jena genannt, wo er die Universität zielbewusst und mit einer qualitätsbewussten Berufungspolitik, auch in Medizin und Naturforschung, als eine tonangebende Stätte von Forschung und Wissenschaft ausgebaut hat.

Alexander von Humboldt besuchte im Dezember 1794 und im April 1795 seinen Bruder in Jena, ehe er 1797 – inmitten der Reisevorbereitungen für die Südamerika-Expedition – für mehrere Monate dorthin gegangen ist. Seither gelten Schiller, der Dramatiker und Theoretiker, der die Philosophie Kants ganz in sein Werk eingeschmolzen hat, und sein Freund Goethe, in dessen Werk Kunst und Naturforschung eine Symbiose eingegangen sind, als die Lehrer der Brüder Humboldt. Dabei war Wilhelm, der Diplomat und Politiker, zugleich der bedeutendste vergleichende Sprachforscher des Jahrhunderts, und sein Bruder Alexander stand vor dem Aufbruch zu einer Forschungsreise, die das Verhältnis von Kunst und Naturwissenschaft grundlegend veränderte. Nach der Philologie (durch Wilhelm von Humboldt und andere) erreichte nun auch die deutsche Naturforschung (durch Alexander von Humboldt) Weltruhm. Ihr Aufstieg begann in Deutschland nach Humboldts Rückkehr aus Lateinamerika und nach Schillers Tod (1805). Nicht mehr Kunst und Philosophie leiteten die Naturwissenschaften an, sondern diese belehrten nun Kunst und Literatur schon in den ersten Dekaden des 19. Jahrhunderts. Auch nachdem Alexander von Humboldt 1797 Jena wieder verlassen hatte, gab es Höhepunkte der Entwicklung. 1799 fand sich dort zum Beispiel der Kreis der Frühromantiker zusammen: Friedrich und August Wilhelm Schlegel, mit ihren Frauen Dorothea und Caroline, dazu Tieck und Novalis. Jena galt um die Wende vom 18. zum 19. Jahrhundert, neben Göttingen, als die herausragende Universität in Deutschland. Weil es in der Stadt kaum Vergnügungsstätten gab, blieb den Studenten nichts anderes übrig als – zu studieren. Nach Schillers Einschätzung war dieses Jena „die letzte lebendige Erscheinung ihrer Art auf Jahrhunderte".

Franz Wieacker hat den Rechtsgelehrten Friedrich Carl von Savigny (1779–1861) zu einem maßgebenden Mitschöpfer der Kulturnation deshalb erklärt, weil er als erster „juristische Bücher zu einem Bestandteil unserer Nationalliteratur" gemacht habe. Nach dieser Definition hat Alexander von Humboldt Ähnliches und Größeres geleistet als Savigny. Er hat die Naturforschung seiner Zeit, die sich durch eine hermetische Fachsprache von der Verbreitung ihrer Schriften selbst ausgeschlossen hatte, so mit der in Jena und Weimar erlernten, ästhetisch anspruchsvollen Sprache verschmolzen, dass ein neuer Wissenschaftsstil entstand. Dieser Stil war an französischer Eleganz, an deutscher philosophischer Gründlichkeit, am poetischen Glanz von Goethes und Schillers Poesie geschult und begründete den Ruhm der deutschen Wissenschaftssprache bis hinein in die ersten Dezennien des 20. Jahrhunderts. Humboldts Darstellung beruhte dabei zugleich auf wissenschaftlicher Empirie, das heißt auf Erfahrung, Beobachtung und Messung. So legte er methodisch und sprachlich der Naturforschung ein neues Fundament. Alexander von Humboldt war kein Physiker im modernen Sinn, dazu fehlte es seinem Denken noch zu sehr an Spezialisierung und Mathematisierung. Doch hat er mehr für die Verwurzelung naturwissenschaftlichen Denkens in den „höheren Classen" der Gesellschaft getan und erreicht als viele Generationen spezialisierter Forscher nach ihm. Er war ein universal gelehrter Naturforscher, der Pflanzengeographie ebenso betrieb wie Bergkunde, Geologie, Geodäsie, physische Geographie, Klimakunde und Astronomie, der den Biomagnetismus und den Erdmagnetismus erforschte, der den Elektromagnetismus in seiner Wirkmächtigkeit erkannte, der die Natur der Erdoberfläche erkundete, dem Vulkanismus gegen den herrschenden Neptunismus der Zeit Ansehen verschaffte und die Lage der Erde im Sonnensystem beschrieb. Von den Spekulationen der zu seinen Lebzeiten durch die Naturwissenschaft nach und nach verdrängten Naturphilosophie unterschied sich seine Wissenschaft durch strenge und selbstkritische Beobachtung, durch eigene Expeditionserfahrung und große Sammlungen, durch ein über die ganze Welt ausgespanntes Korrespondentennetz und durch ein breites Kenntnisspektrum, das alles in den Schatten stellte, was heute unter Transdisziplinarität (also der notwendigen Grenzüberschreitung innerhalb wissenschaftlicher Einzeldisziplinen) verstanden wird. In der Tat: er hat zusammen mit seinem kauzigen Freund Carl Friedrich Gauß, dem vielleicht begabtesten und vielseitigsten Mathematiker der Neuzeit, die Erde vermessen. Aber die unterhaltsamen und klugen Karikaturen, die Daniel Kehlmann in seinem Bestseller „Die Vermessung der Welt" (2005) von Humboldt und von Gauß zeichnet, treffen deren Genie nicht.

**Abb. 1.2** Carl Friedrich Gauß (1777–1855). Ausschnitt aus einem Gemälde von Gottlieb Biermann, 1887, nach einem Original von C. A. Jensen 1840 [2]

Humboldt, auf einem Höhenkamm zwischen zwei Zeitaltern stehend, von dem er weit in die Vergangenheit und ebenso weit in die Zukunft sah, hat die Summe aus den für die Moderne brauchbaren Ergebnissen der bisherigen Naturforschung gezogen und diese dann so im Denken seiner Zeit verankert, dass von nun an die Förderung naturwissenschaftlicher Neugier nicht mehr als bedrohlich, sondern als zwingend geboten erschien. Sie mehrte den Wohlstand und war das einzige Heilmittel, um die (nach den Cholerawellen des 19. Jahrhunderts) rasch anwachsende Zahl der Menschen Europas zu ernähren. „Wissen und Erkennen", schrieb er fast prophetisch schon 1845, als die Auswanderungswellen aus Deutschland den geringen Geburtenüberschuss noch aufzehrten, „sind die Freude und die *Berechtigung* der Menschheit; sie sind Teile des National-Reichtums, oft ein Ersatz für die Güter, welche die Natur in allzu kärglichem Maße ausgeteilt hat." Er hat, lange vor Max Weber, den Wettbewerb der Völker um die knapper werdenden Rohstoffe vorausgesehen und die vielfältigen Möglichkeiten, die aus der wirtschaftlichen Verwertbarkeit wissenschaftlicher Forschungsergebnisse entstanden, präzise eingeschätzt: „Diejenigen Völker, welche an der allgemeinen industriellen Tätigkeit, in Anwendung der Mechanik und technischen Chemie, in sorgfältiger Auswahl und Bearbeitung natürlicher Stoffe zurückstehen, bei denen die Achtung einer solchen Tätigkeit nicht alle Klassen durchdringt, werden unausbleiblich von ihrem Wohlstande herabsinken."

Humboldts Fürsprache verdankte z. B. der erst 21 Jahre alte Chemiker Justus Liebig seine erste Professur an der Universität Gießen, Humboldt hat, unter Aufopferung seines Vermögens und seiner Lebenskraft, ungezählten jungen Menschen den Weg in die Wissenschaft geebnet. Um diese Facette seiner Tätigkeit auch nach seinem Tod am Leben zu erhalten, haben seine Freunde ihm kein Denkmal aus Bronze oder Stein errichtet, sondern eines in den Herzen junger Forscher. Sie haben 1860 eine Alexander von Humboldt-Stiftung für Naturforschung und Reisen gegründet, die – nach mehreren Neugründungen – bis heute besteht.

## 1.3 Naturwissenschaft als Teil der allgemeinen Geschichte

Dem Wirken von Menschen wie Alexander von Humboldt ist es zu danken, dass die Naturwissenschaft nicht nur zu einer mächtigen Produktivkraft der modernen Welt geworden ist, sondern auch Einfluss auf die allgemeine historisch-kulturelle, politisch-soziale und ökonomische Entwicklung der Völker genommen hat. Die Historiker, welche, außerhalb der Wissenschaftsgeschichte, die allgemeine politische und soziale Geschichte des 19. Jahrhunderts als die Herrschaftsphase des Bürgertums beschrieben, haben deshalb in ihren Standardwerken der Wissenschaft, der Bildung, der Industrie, der Technik, ihren Trägern und Institutionen, breiten Raum gegeben. Franz Schnabel und Thomas Nipperdey z. B. waren der festen Überzeugung, dass Alexander von Humboldt, Carl Friedrich Gauß und Joseph Fraunhofer, zusammen mit wenigen anderen, das naturwissenschaftlich-technische Zeitalter in Deutschland heraufgeführt haben. In dieser Epoche, an der Wende vom 18. zum 19. Jahrhundert, galten gründliche erfahrungswissenschaftliche Kenntnisse, das heißt Kenntnisse in Weltbeschreibung *und* Weltgeschichte, als Ausweis von Bildung und Kultur. Die Begeisterung für Naturwissenschaft und dem darauf beruhenden, die Welt verändernden, technischen Fortschritt ergriff breite Teile der Bevölkerung. Gegen die Technik- und die Wissenschaftseuphorie der Zeit kam der von Schopenhauer und Nietzsche angeleitete philosophische Pessimismus nicht an. Er hat aber die Entwicklung der technisierten Welt als ein drohender Unterton begleitet, bis ihm die großen Kriege und die Menschheitsverbrechen des 20. Jahrhunderts, in welche alle Wissenschaften manifest verwickelt waren, recht zu geben schien.

Humboldt wusste, dass die am Ende des 18. Jahrhunderts noch relativ unverbunden nebeneinander stehenden Erkenntnisse der Physik im heraufdämmernden naturwissenschaftlichen Zeitalter miteinander verbunden würden und maßgeblich jene Erkenntnisexplosion vorbereiteten, die sich dann im letzten Drittel des 19. Jahrhunderts bis hinein in die beiden ersten Dekaden des 20. Jahrhunderts ereignete:

**Abb. 1.3** Das von Joseph Fraunhofer (1787–1826) selbst kolorierte und gezeichnete Spektrum des Sonnenlichts (mit den Fraunhoferlinien) auf einer Briefmarke der Deutschen Bundespost von 1987

„Es ist ein sicheres Kriterium der Menge und des Wertes der Entdeckungen, die in einer Wissenschaft zu erwarten sind", schrieb er in der Einleitung seines Alterswerkes „Kosmos", 1845, „wenn die Tatsachen noch unverkettet, fast ohne Beziehung auf einander dastehen, ja wenn mehrere derselben, und zwar mit gleicher Sorgfalt beobachtete, sich zu widersprechen scheinen. Diese Art von Erwartungen erregt der Zustand der Meteorologie, der neueren Optik und besonders, seit *Melloni's* und *Faraday's* herrlichen Arbeiten, der Lehre von der Wärmestrahlung und vom Elektro-Magnetismus. Der Kreis glänzender Entdeckungen ist hier noch nicht durchlaufen, ob sich gleich in der Voltaischen Säule schon ein bewunderswürdiger Zusammenhang der elektrischen, magnetischen und chemischen Erscheinungen offenbart hat. Wer verbürgt uns, dass auch nur die Zahl der lebendigen, im Weltall wirkenden Kräfte bereits ergründet sei?"

Die Arroganz des Wissens und des Wissensbesitzes, die Humboldt hier andeutet, war eine der unangenehmen Beleiterscheinungen der Ausbreitung des positiven Wissens. Noch Max Planck, mit dessen Erkenntnissen ein völlig neues Kapitel im Buch der Physik aufgeschlagen wurde, hat einer seiner Professoren am Ende des 19. Jahrhunderts, als er sich in Physik habilitieren wollte, von einem solchen Plan abgeraten, weil bereits alles erforscht sei. Humboldts Prophezeiung weiterer „glänzender Entdeckungen" aber hat sich erfüllt. Seit der erste Hauptsatz der Thermodynamik, der Satz von der Erhaltung der Energie, durch Robert Mayer (1842) erstmals formuliert, durch James Joule (1843) unabhängig von der Entdeckung Mayers bestätigt und von Hermann Helmholtz „durch alle Gebiete der Physik und in mathematischer Form durchgeführt" wurde, hat die Zahl der medizinischen, physiologischen, physikalischen und chemischen Entdeckungen überproportional zugenommen. An allen diesen Entdeckungen waren deutsche Forscher maßgebend beteiligt. Thomas Nipperdey, der sich ausdrücklich gegen jede nationalstolze Deutung verwahrt, verweist auf Untersuchungen Paul Forman's, wonach um 1900 „ein Drittel der physikalischen Abhandlungen und 42 % der Entdeckungen von Deutschen" stammten. Zwischen 1901 und 1925 befanden sich unter den 31 ersten Nobelpreisträgern für Physik zehn Deutsche. Schon in den dreißiger Jahren des 19. Jahrhunderts aber hatten die Deutschen an wesentlichen Entdeckungen im Bereich der Physiologie, der Wärme-, Elektrizitäts- und Magnetismuslehre sowie der Optik, auch an medizinischen Entdeckungen, einen höheren Anteil als jede andere Nation. Deutschland, die politisch „verspätete Nation", hat durch kulturelle Nationsbildung ersetzt, was ihr an politischer Einigung verwehrt war. Vermutlich war der Hauptgrund dafür (so hat es Nipperdey gesehen) die Forschung und Lehre glücklich miteinander vereinende Organisation der deutschen Universität, in der die Naturwissenschaften, zunächst noch in die Philosophischen Fakultäten eingebunden, den von den Geisteswissenschaften ausgehenden Gedanken „von der Wissenschaft als Selbstzweck und vom Primat der Forschung" übernahmen und damit eigene zukunftsfähige (wissenschaftliche) Innovationszyklen entwickeln konnten, die von den Zyklen der Produktinnovation erheblich unterschieden waren. Ulrich Wengenroth hat einleuchtend beschrieben, dass und wie die Innovationszyklen der Grundlagenforschung zwar Berührungs- und Schnittpunkte mit den Zyklen der Produktinnovation hatten (und haben), dass aber beide Zyklen nicht aufeinander abgebildet werden können. Alexander von Humboldt hat noch die Entdeckung des zweiten Hauptsatzes der Thermodynamik (durch Rudolf Clausius, 1850) erlebt, er lebte noch, als Wilhelm Weber (1856) die Lichtgeschwindigkeit berechnete, und er war selbst daran beteiligt, aus dem Physiologen und Mediziner Hermann Helmholtz einen international erfolgreichen Physiker zu machen. Fast ein Jahrhundert lang schien es demnach, als spreche die Welt der Physik deutsch, ehe sich in der Folge der Vertreibung der Physikereliten aus dem nationalsozialistisch beherrschten Europa in die neue Welt, vor allem in die USA, der Einfluss des Englischen durchsetzte.

Im ersten Drittel des 19. Jahrhunderts war diese Wissenschaftsblüte erst keimhaft zu erkennen. Doch war es mehr als nur der Taumel von Dampfkraft und Maschinenwesen, der die Menschen damals ergriff. Als Alexander von Humboldt in der Mitte der zwanziger Jahre zuerst in Paris in französischer Sprache und dann vom 3. November 1827 bis zum 26. April 1828 „zu Berlin in unserer vaterländischen Sprache fast gleichzeitig in der großen Halle der Singakademie und in einem der Hörsäle der Universität [insgesamt 61] Vorlesungen über die physische Weltbeschreibung" hielt, konnten die Säle die Menge der Zuhörer kaum fassen. Von 800 bis zu 1000 Hörern ist die Rede und die Sensation der Zeit war, dass auch Frauen zu den öffentlichen Vorträgen zugelassen waren.

Am 23. Dezember 1827 schrieb Fanny Mendelssohn aus Berlin an den Diplomaten Karl Klingemann: „Dass Alexander von Humboldt ein Kollegium an der Universität liest (physikalische Geographie), ist Ihnen vielleicht bekannt, wissen Sie aber auch, dass er auf Höchstes Begehren einen zweiten Kursus im Saal der Singakademie begonnen hat, an dem alles teilnimmt, was nur einigermaßen auf Bildung und – Mode Anspruch macht, vom König und ganzen Hof, durch alle Minister, Generale, Offiziere, Künstler, Gelehrte, Schriftsteller, schöne und hässliche Geister, Streber, Studenten und Damen bis zu dero unwürdiger Korrespondentin herab?" Auch einen zweiten, vor allem von Damen besuchten Kursus erwähnt sie, gehalten „von einem Ausländer [...] über Experimentalphysik". Die Menschen, insbesondere auch die von der Wissenschaft ferngehaltenen Frauen, wollten wissen, wo sie lebten, wie die Welt in anderen Erdteilen aussah, wie sie sich den Lauf der Erde um die Sonne und ihre Lage in der Galaxie vorzustellen hatten. Sie wollten wissen, wie das Innere der Materie beschaffen war, sie waren neugierig zu erfahren, dass und wie die Erde nicht aus Wasser, wie es noch die Überzeugung Goethes war, sondern aus Feuer entstanden war, aus jenem lange Jahrhunderte ungebändigten und bedrohlichen Element, das nun in den Dampfmaschinen und den Lokomotiven, den Entwürfen zu maschinen-getriebenen Luftschiffen, in der Gasbeleuchtung der Städte und der Häuser und schließlich in der Erzeugung elektrischen Stroms ihren Plänen dienstbar gemacht wurde. Am Ende seines Lebens hat Humboldt in dem Fragment gebliebenen Werk „Kosmos. Entwurf einer physischen Weltbeschreibung" (5 Bände 1845–1862) versucht, in der schriftlichen Ausarbeitung dieser Vorträge (die er freilich sämtlich in freier Rede, ohne Manuskript gehalten hatte) die Summe seines Lebens zu ziehen und – nach dem Vorbild der „Exposition du Système du Monde" von Pierre-Simon Laplace (1796), in dessen anregender Nähe er in Paris zwanzig Jahre lang gelebt hatte – eine „vergleichende Erd- und Himmelskunde" zu entwerfen. Sie sollte auch anderen als nur den gebildeten Schichten der Gesellschaft den Zugang zum naturwissenschaftlichen Denken eröffnen.

**Abb. 1.4** Die Komponistin und Pianistin Fanny Mendelssohn (1805–1847) in einer Zeichnung von Wilhelm Hensel (1794–1861), den sie 1829 heiratete

Es mag sein, dass Humboldts „Kosmos" wissenschaftlich schon zum Zeitpunkt der Erstpublikation innerhalb der mit Sturmschritt voraneilenden, experimentellen Wissenschaften überholt war und der Autor dies selbst noch gespürt hat. Zwei Verdienste aber sollten seiner monumentalen Weltbeschreibung nicht bestritten werden: (1.) der gelungene Versuch, (nach Goethes Wort) mit einem ästhetischen Funken den rauchenden Holzstoß in Flammen zu setzen, oder, weniger pathetisch ausgedrückt, die Naturwissenschaft durch ästhetisch bewusst eingesetzte Sprache dem Verständ-

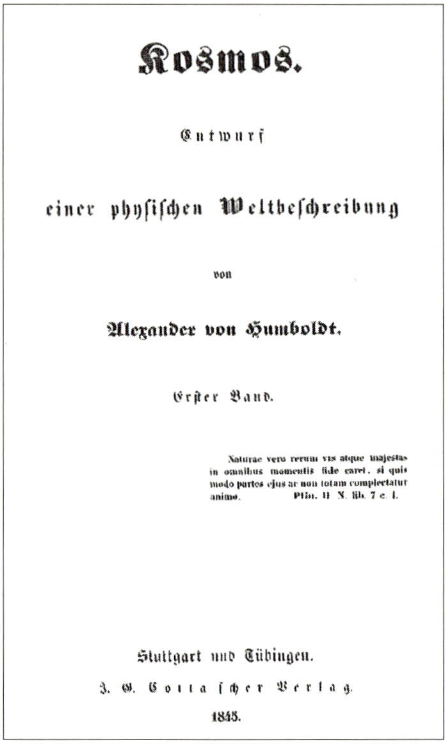
Kosmos.

Entwurf

einer physischen Weltbeschreibung

von

Alexander von Humboldt.

Erster Band.

Naturae vero rerum vis atque majestas in omnibus momentis fide caret, si quis modo partes ejus ac non totam complectatur animo. Plin. H. N. lib. 7 c. 1.

Stuttgart und Tübingen.
J. G. Cotta'scher Verlag.
1845.

**Abb. 1.5** Titelblatt der Erstausgabe des ersten Bandes von Alexander von Humboldts „Kosmos" (1845)

nis der Menschen so nahe zu bringen, dass nicht nur der Verstand, sondern auch das Gemüt der Leser davon ergriffen wurde und die Tiefe des ästhetischen Genusses der Tiefe der Erkenntnis entsprach; und (2.) ein Weltbild zu entwerfen, welches, auf erfahrungswissenschaftlicher Grundlage, die menschliche Gefühlswelt mit einbezog und den Anspruch stellen konnte, auch in der Korrespondenz von Innen- und Außenwelt auf dem Höhepunkt des Wissens der Zeit zu stehen. Humboldt selbst war die sprachliche Vermittlung, wegen der dadurch möglichen Gewinnung vieler unterschiedlicher Schichten der Gesellschaft als Leser naturwissenschaftlicher Bücher, ein Anliegen, das sich seit der Begegnung mit den Weimarer Klassikern wie ein roter Faden durch sein Werk zieht. Schon in der „Vorrede" und den „Einleitenden Betrachtungen" zum ersten Band des „Kosmos" hat er darauf hingewiesen, „dass eine gewisse Gründlichkeit in der Behandlung der einzelnen Tatsachen nicht unbedingt Farbenlosigkeit in der Darstellung erheischt". Es ist fast rührend zu lesen, wie er noch in der Einleitung zum letzten Band, im Jahr vor seinem Tod (1858), daran erinnerte, dass auf der „Vervollkommnung der Form [. . . ] die innige Verwandtschaft zwischen einzelnen Teilen wissenschaftlicher und rein literarischer Werke [beruht], eine Verwandtschaft und Behandlungsweise, die den ersteren keinesweges Gefahr bringt". Die strenge Sprachschulung hat Humboldts Schüler durch ihr Leben begleitet, auch als die Physik mathematisiert wurde. Bis in die Mitte des 20. Jahrhunderts hinein (in der Person von Manfred Eigen auch darüber hinaus) setzten viele große Naturwissenschaftler, von Hermann Helmholtz über Max Planck bis zu Werner Heisenberg und Carl Friedrich von Weizsäcker, ihren Ehrgeiz darein, irgendwann und irgendwie einmal etwas über Goethe zu schreiben und die Einheit des Wissens so zu bekräftigen.

## 1.4 Fachkongresse und ihr „geselliger Zweck"

Vor nicht allzu langer Zeit las ich im Empfangsraum des „Deutschen Elektronen-Synchrotons DESY" in Hamburg an der Wand das Motto der dort arbeitenden Hochenergiephysiker: „Dass ich erkenne, was die Welt im Innersten zusammenhält." Das Zitat, entnommen Goethes „Faust" und datierbar in die Aufbruchzeit der Naturwissenschaft im letzten Drittel des 18. Jahrhunderts, verbindet offenkundig die moderne Physik mit Wünschen und Sehnsüchten, die zweihundert Jahre früher formuliert wurden. Es überbrückt damit gleich mehrfach eine Entwicklung, die nicht mehr rückgängig zu machen ist, denn es führt über die Zeiten von Abstraktion und Mathematisierung zurück in die Zeit der Anschaulichkeit, es führt aus der Hochspezialisierung zurück in die Zeit des Glaubens an die Einheit alles Wissens, aus der Zeit, in welcher – nach Franz-Xaver Kaufmann – die Welt als ganze nicht mehr zu denken ist, in die Zeit, als die letzten Universalentwürfe der belebten und der unbelebten Welt scheiterten, aus der Zeit der Quantenmechanik zurück in die Zeit der klassischen Physik, aus der Zeit der Teamforschung zurück in die Zeit, als noch große Einzelne das Geschehen in der Physik zu bestimmen schienen.

Das Zeitalter der Persönlichkeit, das Goethe als „seine" Zeit betrachtet hat, war zugleich das Zeitalter der Freundschaft. Erst als das von Goethe so genannte „ewig verdammenswerte 19. Jahrhundert" begann, das heißt in seiner Sicht: die Ära der Massen, der Erfahrungsbeschleunigung, der oberflächlichen Kenntnisse, schien die Wirkung der Freundschaftsbünde nachzulassen. Schon die großen Einzelnen, auch Alexander von Humboldt, auch Hermann Helmholtz und Joseph Fraunhofer, waren zeitlebens eingebunden in Freundschaftszirkel, die mehr leisteten als bloße Geselligkeit, aus denen vielmehr der Weg in die modernen Fachgesellschaften vorgezeichnet war. Die „Gesellschaft Deutscher Naturforscher und Ärzte" (gegründet 1822) und die „Physikalische Gesellschaft zu Berlin" (1845) waren wesentlich am Fortschritt der Physik und der Verbreitung ihrer Ergebnisse beteiligt, aber durch ihre die Disziplinen übergreifende personelle Zusammensetzung auch daran, dass der Gedanke von der Einheit der Natur nicht verlorenging. In diesen Freundes- und Kollegenzirkeln fanden (und finden) wissenschaftliche Entdeckungen und Theorien ein erstes, kritisches Publikum, beginnt die Verbreitung und die Diskussion wissenschaftlicher Erkenntnisse, die somit rasch über den engen Kenntniskreis der Fachkollegen hinausgelangen. Ohne die in der Berliner „Physikalischen Gesellschaft" grundgelegte Freundschaft zwischen Werner Siemens und Hermann Helmholtz wäre die Gründung der Physikalisch-Technischen Reichsanstalt (PTR) in Berlin vermutlich an der preußischen Sparsamkeit gescheitert, ohne die Freundschaft von Joseph Mendelssohn mit Alexander von Humboldt hätte dieser im Alter seine Wohnung und damit seine Arbeitsbasis verloren. Werner Siemens hat nicht nur das Grundstück in Charlottenburg gestiftet, auf dem die PTR errichtet wurde, sondern auch die Baukosten für das Laborgebäude übernommen, so dass der Staat nicht mehr anders konnte, als seine Versprechungen für die Errichtung eines „Institutes für die experimentelle Förderung der experimentellen Naturforschung und die Präcisionstechnik" einzulösen. Siemens ging wie selbstverständlich davon aus, dass sein Freund Helmholtz diese erste Großforschungseinrichtung Deutschlands als Präsident leiten werde und hat sich darin nicht getäuscht. Helmholtz war eben nicht nur für ihn „der erste Physiker unserer Zeit", die Berufung zum Präsidenten der PTR daher im Verständnis vieler geboten. Sebastian Hensel, der Sohn Fanny Mendelssohns, berichtet eine ähnliche Geschichte aus dem Freundschaftsbund zwischen Alexander von Humboldt und

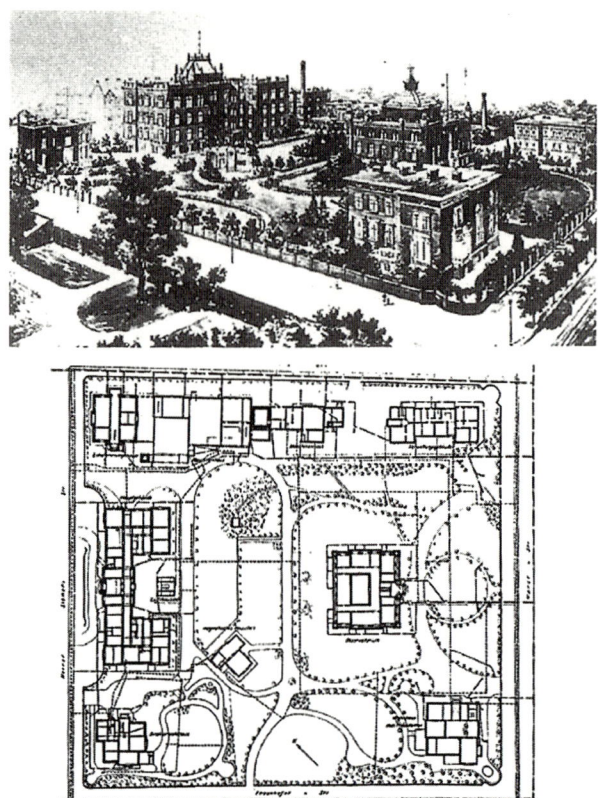

**Abb. 1.6** Entwurfzeichnung für die im wilhelminischen Stil errichtete Physikalisch Technische Reichsanstalt und Lageplan der Gebäude 1906, vorn rechts die Villa des Präsidenten

dem Berliner Bankier Joseph Mendelssohn. Als Humboldt im Alter – er schrieb am „Kosmos" – seine Wohnung in der Oranienburger Straße gekündigt wurde, erzählte er Joseph Mendelssohn von der Misere, mit Tausenden von Büchern, Sammelobjekten und Karten umziehen zu müssen und damit die letzten Lebensjahre vielleicht mit der Neuordnung der Materialien statt mit produktiver Arbeit verbringen zu müssen. Joseph Mendelssohn hörte ruhig zu und antwortete zunächst nichts. Am Nachmittag dieses Tages aber überbrachte ein Bote Humboldt einen Brief seines Freundes, „er solle ungestört, solange er wolle, wohnen bleiben, er (Joseph) sei jetzt sein Wirt, er habe das Haus gekauft".

Diese mäzenatische Art der Freundschaftsbündnisse reicht ins 18. Jahrhundert zurück. Sie war schon in den ersten Jahrzehnten des 19. Jahrhunderts eine Ausnahmeerscheinung, weil nur wenige Gelehrte noch willens und in der Lage waren, unter Preisgabe ihres Vermögens der Wissenschaft so selbstlos zu dienen wie Alexander von Humboldt. An dem von ihm geleiteten Kongress der „Gesellschaft Deutscher Naturforscher und Ärzte" (GDNÄ) 1828 in Berlin nahm die internationale Elite der Naturforscher teil. Den Mathematiker Gauß konnte Humboldt nur dadurch aus Göttingen nach Berlin locken, dass er ihn „als seinen persönlichen Gast bei sich aufnahm", aber auch der schwedische Chemiker Jöns Jakob Berzelius, der dänische Physiker Hans Christian Oersted, der britische Mathematiker Charles Babbage nahmen teil. Humboldt war ein Weltbürger, in vielen Sprachen und Ländern zuhause, als Mitglied der Pariser Akademie der Wissenschaften international bekannt und vernetzt. Die Weltläufigkeit der Wissenschaft war für ihn eine Selbstverständlichkeit, im Pariser Wissenschaftsmilieu lebte er wie der Fisch im Wasser. Seine Eröffnungsrede des Berliner Kongresses setzte das bis heute gültige, moderne Prinzip der Wissenschaft in sein Recht ein: die Autorität des Zweifels, ausgedrückt in der Divergenz der wissenschaftlichen Meinungen, „weil die Wahrheit nicht in ihrem ganzen Umfange auf einmal und von allen zugleich erkannt wird". Nach Berlin hat Humboldt den Kongress geholt, weil er dem preußischen Hof und den tonangebenden Schichten der Hauptstadt die Bedeutung der Naturforschung in der modernen Welt nahebringen wollte. So hat er auch auf eigene Kosten für den Kongress ein Fest veranstaltet, „wie es gewiss diese Stadt noch nicht gesehen hat". Am 12. September 1828 berichtete Fanny Mendelssohn über das Ereignis: „Das Lokal ist der Konzertsaal, der Gäste siebenhundert, unter ihnen der König, sechs Studenten, drei Primaner von jeder höhern Schule, sämtliche Schuldirektoren, sämtliche Naturforscher *et le reste*." Allerdings bedauert sie, dass „das Naturforscher-Paradies ein frauenleeres, mahomedisches ist", und damit selbst der von ihrem Bruder Felix Mendelssohn Bartholdy komponierte Festchor „nur aus den besten Männerstimmen hiesiger Residenz" besteht. Die Mischung aus „Krähwinkelei und Großstädterei", die sie in diesem Zusammenhang erwähnt, also auf der einen Seite „die Vereinigung großer Namen zu einem (wenn immerhin auch nur geselligen) Zweck" und andererseits das Interesse der Berliner, „was Humboldt die Aufnahme seiner Gäste kostet und wie die Erfrischungen beschaffen sein werden", die zu erwarten waren, ist so nebensächlich nicht, wie es auf den ersten Blick scheinen mag. Humboldt wusste durchaus, dass erst die Mischung aus geselligem und wissenschaftlichem Zweck den Erfolg solcher Tagungen garantierte und sich besonders die jungen Teilnehmer daher mit Recht über die „Krähwinkelei" und die neidischen Fragen nach den Kosten ärgerten.

Bis heute ist der „gesellige Zweck" von Fachtagungen und Fachkongressen, der Karrieremarkt, die Anbahnung von Kooperationen, der Austausch von Informationen, das entspannte Gespräch, mehr als ein Nebenzweck. Eine stimulierend gesellige Atmosphäre wird zum Beispiel auch dem Kopenhagener Arbeitskreis von Niels Bohr zugeschrieben und noch Reimar Lüst erzählt (2008) im Rückblick Ähnliches über die Atmosphäre am Göttinger Max Planck-Institut für Physik (bei Werner Heisenberg, Carl Friedrich von Weizsäcker und Ludwig Biermann). Das Institutsseminar am Samstagvormittag, die nachmittägliche Teestunde, das Tischtennisspiel im Kolloquiumsraum und die Institutsfeste schufen das Klima kreativer Zusammenarbeit, für das Göttingen berühmt war. Die Berliner Tagung von 1828 aber war der erste Kongress der GDNÄ, bei der es außer Plenarsitzungen auch Sektionsverhandlungen gab und sich damit das Zeitalter der Spezialisierungen vordeutete. Heute sind die ehemaligen Sektionen der GDNÄ gleichsam in Fachgesellschaften ausdifferenziert, so dass die zweijährlichen Versammlungen wieder dem ursprünglichen Zweck, der Reflexion der Einheit der naturwissenschaftlichen Fächer, dienen können.

Aus der „Physikalischen Gesellschaft zu Berlin", einer Gründung im kleinen Kreis, ist 1899 die „Deutsche Physikalische Gesellschaft" (DPG) hervorgegangen, inzwischen weltweit nicht nur die älteste, sondern auch die größte aller Physikalischen Gesellschaften. Ihr soziales und wissenschaftspolitisches Gewicht, vom Deutschen Kaiserreich bis in die jüngste Gegenwart, ist nur schwer zu überschätzen. Sie regt jene Diskurse an und gestaltet sie mit, in welche Wissenschaft als ein großer sozialer Wertbereich eingebettet ist und eingebettet sein muss, aus denen sie in avancierten Gesellschaften die Kraft zur Weiterentwicklung und die Ausstrahlung gewinnt, die junge Menschen für ihre Probleme und ihre Lösungsmodelle begeistert. Ein Beispiel dafür, wie stark die DPG in den allgemeinen wissenschaftspolitischen Diskurs eingreift, ist ihr Umgang mit den immer wieder aufkommenden Vorwürfen von Fälschung und Betrug. Als die deutsche Wissenschaft 1997 mit einem ersten größeren Fälschungsfall konfrontiert wurde und die Deutsche Forschungsgemeinschaft (DFG) innerhalb weniger Wochen Regeln für gute wissenschaftliche Praxis erarbeitete, war die DPG die erste aller Fachgesellschaften, die im Gefolge dieser Regeln schon im März 1998 einen Verhaltenskodex für ihre Mitglieder erließ. Er hat, 2003 und nochmals 2007 überarbeitet, der Gesellschaft sicheren Grund auch für die Behandlung eines gravierenden Fälschungsvorwurfs im eigenen Fach gegeben. Dieser Fall erschütterte seit 2002 die Gemeinschaft der Physiker vor allem deshalb, weil er Zweifel an der Funktionsweise des bis dahin als gesichert angesehenen Systems des „Peer-Review-Verfahrens" und damit der Urteilsbildung in einem Fach weckte, das auf seine Verfahren der Qualitätssicherung zurecht stolz war. Zwar ist – wegen der hohen Spezialisierungsrate – auch in der Physik der Gebrauch von Kennziffern (Zitationsindices, Impact-Faktoren, Hirschzahlen etc.) für den internationalen Rang der einzelnen Forscherinnen und Forscher kaum entbehrlich, doch ist seit 2002 das gesunde Misstrauen gegen den mechanischen Gebrauch solcher Faktoren gewachsen, die nur allzu häufig, auch und gerade bei Berufungen, die eigene Lektüre der von den Bewerbern eingereichten Arbeiten ersetzen.

Die Zahl der Mitglieder der DPG hat die der GDNÄ rasch überrundet. Die DPG zählt heute etwa 55.000 Mitglieder, die GDNÄ knapp zehn Prozent davon. Dieses Zahlenverhältnis ist u. a. ein einfach zu verstehendes Bild für die veränderten Verhältnisse von Fachwissenschaft und allgemeiner Naturforschung, die sich seit Humboldts Zeiten umgekehrt haben. Dabei hat die DPG, als eine Fachgesellschaft von Rang, mit großem Mut zur Selbstkritik ihre wenig begeisternde Geschichte in der Zeit der nationalsozialistischen Herrschaft aufgearbeitet. Sie hat im gleichen Zusammenhang auch verdeutlicht, dass und wie sie sich (im Unterschied zur Mehrzahl deutscher Universitäten) nach dem Krieg aktiv bemühte, die vertriebenen und verbannten Mitglieder der Gesellschaft wieder als Mitglieder und Ehrenmitglieder zu gewinnen. Solche Bemühungen haben die Physik, die in Deutschland lange Zeit die Königsdisziplin unter den Naturwissenschaften war, nach 1945 so rasch in den Kreis der internationalen Wissenschaft zurückgeführt, dass Wolfgang Paul (in den neunziger Jahren des 20. Jahrhunderts) sein Fach „eine ambulante Wissenschaft" nennen konnte.

## 1.5 Theorie, Erfahrung, Experiment

Dass Fächer mit einem so starken Einfluss auf allgemein politische und soziale Entwicklungen auch von inneren Auseinandersetzungen erfasst werden, liegt auf der Hand. Nicht immer nehmen diese Kämpfe Ausmaße an wie der manische Kampf der u. a. von dem Nobelpreisträger (1919) Johannes Stark propagierten „deutschen Physik" gegen die von ihm so genannte „jüdische Physik", das heißt gegen Quanten- und Relativitätstheorie. Stark versuchte, seine experimentalistische Sicht der Physik mit Hilfe einer als Mittel der Unterdrückung eingesetzten Rassenideologie zu monopolisieren. Auch nicht-jüdische Kollegen, die sich der modernen Physik erschlossen, beziehungsweise diese mitbegründet haben, wie Max Planck, Werner Heisenberg und Arnold Sommerfeld, wurden (am 15. Juli 1937) in der SS-Wochenzeitung „Das schwarze Korps" als „weiße Juden" diffamiert. Von der „Diktatur der grauen Theorie" war da die Rede, und Heisenberg wurde als „der ‚Ossietzky' der Physik" geschmäht. Das war 1937 lebensbedrohend. Carl von Ossietzky nämlich, der ehemalige Herausgeber der „Weltbühne", galt als einer der Hauptgegner des Nationalsozialismus. Ihm war 1936 (rückwirkend für 1935) der Friedensnobelpreis verliehen worden, den er aber auf Anordnung der Geheimen Staatspolizei nicht persönlich entgegennehmen durfte. Ossietzky starb am 4. Mai 1938 in einem Berliner Krankenhaus. Erst im Olympiajahr 1936 war er aus der KZ-Haft entlassen worden.

Zusammen mit dem Nobelpreisträger (1905) Philipp Lenard schloss sich Stark schon 1924 öffentlich dem Nationalsozialismus an und begann den (durch berufliche Misserfolge mitbedingten) Kampf gegen Einstein und die Theoretische Physik, den er allerdings auch innerdeutsch bereits 1940 verlor. Im Führungsduo der „Arischen Physik" war Philipp Lenard der Ideologe und Johannes Stark der Machtpolitiker, der das Führerprinzip des Nationalsozialismus nahtlos in die Wissenschaft zu übertragen suchte. Stark wurde zu Beginn der nationalsozialistischen Herrschaft Präsident der PTR, dann auch Präsident der „Notgemeinschaft der Deutschen Wissenschaft", ehe er durch sein Temperament auch mit dem Reichserziehungsminister und der SS in Konflikt geriet und sich dem scheinwissenschaftlich verbrämten Mystizismus Alfred Rosenbergs ergab, der selbst unter überzeugten Anhängern des Nationalsozialismus als eine „Lachnummer" galt. Lenard aber, der noch bei Helmholtz studiert hatte und Assistent von Heinrich Hertz gewesen war, verfiel um 1922 (mit 60 Jahren) der Rassenlehre Hans F. K. Günthers, der unter Rechtsradikalen bis heute als Autorität in „Rassenfragen" angesehen wird. Die Wissenschaft erschien Lenard nun „wie alles, was Menschen hervorbringen, rassisch, blutmäßig bedingt". Die von ihm und Stark 1936 propagierte „Physik der nordisch gearteten Menschen" war der letzte gewaltsame Aufstand gegen die Zerstörung des Weltbilds der klassischen Physik, woran früher auch Lenard selbst mit eigenen Experimenten beteiligt war. Die Rebellion einer dogmatisch erstarrten Experimentalphysik gegen die zunehmende Übermacht der Theoretiker, der Aufstand der machtbesetzten Anschaulichkeit gegen die mathematisierende Abstraktion, verbündete sich mit dem rassistischen Antisemitismus, um Einfluss und Macht auch im Feld der Wissenschaft zu gewinnen. Dort aber zählen nur die Argumente, nicht der Befehl und nicht die ideologische Anpassung. Die „Deutsche Physik", die sich dem in den Naturwissenschaften unumschränkt herrschenden Fortschrittsprinzip strikt verweigerte, suchte durch Kommando und Denunziation zu ersetzen, was ihr an Argumentationskraft fehlte. Sie hat sich damit in der weiten Welt der Wissenschaft selbst das Urteil gesprochen.

Die kurzlebige Geschichte der „Deutschen Physik" ist nur ein krasses Beispiel dafür, wie und dass auch die exakten Wissenschaften anfällig sind für Versuchungen der Macht und dem Zeitgeist dort in die Hände spielen, wo sich ein scheinbar bequemer und mit Mehrheitsmeinungen gepflasterter Weg zur Durchsetzung eigener Theoreme öffnet. Wenn man für einen kurzen Moment der Überlegung versucht, den Antisemitismus und den starren Experimentalismus der „Arischen Physik" voneinander zu trennen, so wird deutlich, dass sich beide deshalb so gut ineinander fügten, weil der Antisemitismus als eine (durchaus verbrecherische) Partei- und Staatsdoktrin das bequemste zeitgenössische Vehikel war, an überlieferten und gewohnten, durch die moderne Physik revolutionär infragegestellten Denkmodellen festzuhalten. Die vom Zweifel angeleitete Wissenschaft fällt den Dogmatikern dann umso leichter in die Hände, wenn diese nicht fähig sind, der weit vorausgeeilten Theorie experimentell zu folgen. Freilich ist auch die umgekehrte Situation möglich, dass theoretisch nicht erklärt werden kann, was experimentell nicht nur erprobt und bestätigt, sondern bereits anwendungsreif geworden ist. Auf allen diesen verschlungenen Erkenntnispfaden aber scheint der dynamische Diskurs das adäquate Modell der Kommunikation, weil er der komplexer werdenden Welt auch dort zu folgen vermag, wo andere Denkmodelle versagen.

Die Welt- und Wirklichkeitsbilder der Physik, die sich innerhalb von rund 200 Jahren entwickelt haben und denen die Anhänger einer „Deutschen Physik" einen archimedischen Punkt *vor* der Auflösung der Kategorien von Raum, Zeit und Kausalität verschreiben wollten, bewegten sich bis zum Zeitpunkt dieser Auflösung im Umkreis der Vorstellung eines Kontinuums, in dem auch die menschlichen Kräfte und Fähigkeiten, vielleicht sogar die Phantasie und die Gefühle, durch Werkzeuge, Maschinen und durch Eingriffe in den Organismus, das Dasein erleichternd, verstärkt und verändert werden können. Der Mensch sollte – in der Vorstellung des frühen 19. Jahrhunderts – sich durch eigene Kraft eine Welt erschaffen, die dem Paradies nahekommt, er sollte, nun freilich reflektierend und nicht mehr naiv, jenen Zustand der Harmonie mit der Natur wieder erreichen, den er durch Adams Schuld verloren hatte. Die Phantasien einer Welt ohne Krankheit, die im Wissenschaftsvertrauen des 19. Jahrhunderts wurzelten, oder die einer Welt ohne individuellen Tod, wie sie im Szientismus des 20. und des 21. Jahrhunderts, nicht nur im Umkreis der Klonierungssekten, von Zeit zu Zeit erscheinen, blieben in einem kategorial gebundenen Weltbild verhaftet. Seit Max Plancks Behauptung einer „Energiequantelung" (am 14. Dezember 1900) und Einsteins darauf basierender Erklärung des photo-elektrischen Effekts, fünf Jahre später, ist dieses Bild ins Wanken geraten.

Max Planck selbst ist die durch ihn und Einstein eingeleitete Auflösung des alten physikalischen Erkenntnisrahmens unheimlich gewesen. Wenn nämlich nicht mehr alle Phänomene in der Natur kontinuierlich ablaufen, wie die neue Theorie verlangte, dann bedeutete dies letztlich die Zerstörung des überlieferten Weltbildes. Max Planck, Albert Einstein, Louis de Broglie, Niels Bohr, Erwin Schrödinger, Werner Heisenberg und viele andere haben diese Konsequenz sehr deutlich gesehen und die Quantenmechanik gelegentlich – mit Schrödinger – „als formale Theorie von ab-

**Abb. 1.7** Max Planck (1858–1947) um 1908 [3]

schreckender, ja abstoßender Unanschaulichkeit und Abstraktheit" bezeichnet. Die inzwischen von der Wiener Gruppe um Anton Zeilinger experimentell, aber nicht theoretisch bewiesenen und angewandten Vorgänge der Lichtquanten- oder Photonenverschränkung hat Einstein noch als eine „spukhafte Fernwirkung" bezeichnet, an die zu glauben er sich weigerte. „Wir können davon ausgehen", sagte Anton Zeilinger (2005), „dass die Welt tatsächlich so verrückt ist, wie Einstein hoffte, dass sie *nicht* ist." Aus hochspekulativen Vorhersagen also, an die jene, die sie machten, selbst nicht so recht glauben wollten, in einem abstrakten Wirklichkeitsmodell werden nun Techniken entwickelt, für welche die popularisierende Berichterstattung keine anderen Bezeichnungen mehr findet als die aus der Science-Fiction-Literatur. Das ist so abwegig nicht, denn Klaus Mainzer hat festgestellt, dass dieses Genre der Literatur geeignet ist, den modernen Menschen an die Gedankensprünge zu gewöhnen, die ihm die moderne Physik und die auf ihr beruhenden Technologien abverlangen. Die Bestsellererfolge der Bücher des Cambridger Astrophysikers Stephen Hawking, die Erfolge populärwissenschaftlicher Darstellungen zum Beispiel von Freeman J. Dyson, von Ernst Peter Fischer, von Anton Zeilinger oder die Gründung ganzer Textreihen, wie etwa der „edition unseld", welche die Vermittlung komplexer naturwissenschaftlicher Sichtweisen an ein größeres Publikum versuchen, der Versuch der „Frankfurter Allgemeinen Zeitung", Ergebnisse der Naturwissenschaft nicht mehr ausschließlich auf den Wissenschaftsseiten vorzustellen, sondern im Feuilleton auch kulturell zu bewerten, sind Belege dafür, dass die Fachdiskurse, auch und gerade die der Physiker, die Zirkel des akademischen Gesprächs verlassen haben und in der Mitte der Gesellschaft angekommen sind. Schließlich ist die Elektronik allgegenwärtig in den mit Informations- und Unterhaltungsmedien jeder Art durchsetzten Informationsgesellschaften der Welt, von Asien über Europa bis in die Länder der amerikanischen Kontinente und nach Australien, und nur wenige der zahllosen Kinder und Jugendlichen, die das neueste Videospiel ausprobieren, machen sich deutlich, wie viel Physik in diesen Spielen steckt. Stephen Hawking, der an amyotropher Lateralsklerose leidet und trotzdem unermüdlich weiter publiziert, ist unter tätiger Mithilfe seiner selbst längst zum Objekt von Science-Fiction-Filmen und populären Fernsehserien geworden. Da die Diskurse der Naturwissenschaft den Laien nicht abnehmend, sondern zunehmend vor erhebliche Verständnishindernisse stellen, beginnen die Zeitungen vor einem „schleichenden Surrealismus in den Wissenschaftsdebatten" zu warnen. „Gerade wenn sich Halbwissen und Unkenntnis mit politischem Populismus und religiöser Demagogie vermengen", war in der „Süddeutschen Zeitung" vom 21. Juli 2008 zu lesen, „kann dieser Surrealismus zu folgenschweren Entscheidungen von Staat und Gesellschaft führen." Ähnlich hat Sandra Mitchell, Wissenschaftshistorikerin an der University of Pittsburgh, davor gewarnt, überheblich und vereinfachend dort ein Ganzes denken zu wollen, wo „das Universelle [...] dem Kontextbezogenen, Lokalen Platz gemacht [hat], und das Streben nach der einen, einzigen, absoluten Wahrheit [...] verdrängt [wird] durch den demütigen Respekt vor der Pluralität der Wahrheiten, die unsere Welt partiell und pragmatisch abbilden".

Der Hinweis von Jürgen Habermas, dass die großen Kränkungen, die nach Sigmund Freud das neuzeitliche Subjekt durch Kopernikus, Kepler, Darwin und Freud erfahren hat, bis hinein in die jüngste, biotechnische Kränkung unserer Eigenliebe, sämtlich Erscheinungen der „*De*zentrierung" gewesen seien, ist in diesem Zusammenhang unmittelbar einsichtig. Diese Dezentrierungen haben die Erde aus dem Mittelpunkt des Universums, den Menschen aus der Mitte der Welt, das Bewusstsein aus der Mitte des Lebensvollzugs, den Leib aus der Mitte unserer Ich-Vorstellung

**Abb. 1.8** Treffen in Berlin 1931, von links nach rechts: Walther Nernst (Nobelpreis für Chemie 1920) sowie die Nobelpreisträger für Physik: Albert Einstein (Nobelpreis 1921, verliehen 1922), Max Planck (Nobelpreis 1918, verliehen 1919), Robert A. Millikan (1923), Max von Laue (1914) [4]

genommen. Die Quantenphysiker aber, so sagt Niels Bohr in Michael Frayn's genialem Bühnenstück „Copenhagen" (1998), stellen den Menschen als Beobachter wieder zurück in die Mitte der Welt, zumindest in die Mitte „seiner" Welt. Damit könnte der Nachweis der Nichtlokalität, der Nichttemporalität und der Nichtkausalität in der Quantentheorie aber bedeuten, dass das Subjekt, dessen Entmachtung wir seit fast hundert Jahren hilflos und ratlos zugesehen haben, wieder in seine Rechte eingesetzt wird? Das wäre eine Erkenntnis, welche die Erfahrungen der neueren Jahrhunderte auf den Kopf stellt. Nach der Kopenhagener Deutung der Quantenmechanik, zu der Werner Heisenberg die Unbestimmtheitsrelation und Niels Bohr die Komplementarität als zentrale Theorien beigesteuert haben, ist – in der Formulierung von Zeilinger – „der quantenphysikalische Zustand eines Systems nicht ein Feld oder eine sonstige Entität, die sich in Raum und Zeit, sozusagen ‚da draußen', ausbreitet. Im Gegenteil. Sie ist lediglich unsere Darstellung des Wissens, das wir über die konkrete physikalische Situation, die wir untersuchen, besitzen". Es gibt eine Fülle von Zitaten, die dieser populären Darstellung der Abhängigkeit messbar existierender kleinster Einheiten von der Situation der Beobachtung vorausgehen. Zum Beispiel das berühmte, von Aage Petersen überlieferte Wort von Niels Bohr, wonach es „keine Quantenwelt" gibt. „Es gibt nur eine abstrakte quantenphysikalische Beschreibung. Es ist falsch zu glauben, es sei die Aufgabe der Physik herauszufinden, wie die Natur beschaffen ist. Die Physik betrifft, was wir über die Natur sagen können." Noch radikaler hat diesen Befund Erwin Schrödinger formuliert, wenn er den Grund dafür, „dass unser fühlendes, wahrnehmendes und denkendes Ich in unserem naturwissenschaftlichen Weltbild nirgends auftritt", in fünf Worten zusammenfasst: „Es ist selbst dieses Weltbild." Zeilinger hat demgemäß konsequent auch Ludwig Wittgensteins berühmten Satz aus dem „Tractatus logico-philosophicus" (1921), wonach die Welt alles sei, was der Fall ist, wie folgt korrigiert: „Die Welt ist alles, was der Fall ist, und auch alles, was der Fall sein kann."

Für Menschen, die mit Kunst leben, ist dies keine fremde Erfahrung. Fremd könnte dabei anmuten, dass hier auch eine Wurzel exakt-naturwissenschaftlichen Denkens liegen soll. Aber Künstler und Menschen, die mit Kunst leben, halten sich häu-

**Abb. 1.9** Werner Heisenberg (1901–1976) während einer Vorlesung [5]

fig in virtuellen Welten auf (im Gedicht, im Roman, in einem Bildarrangement, einem Klangraum), in Welten also, die sind, *als ob* sie seien, und die deshalb sind. Die Menschen des 18. Jahrhunderts haben in ihren Hainen nicht nur real gestorbene Menschen begraben und betrauert, sondern mit gleicher Inbrunst auch Gestalten der Literatur, also erfundene Menschen, „wie sie die bittere Erde nicht hegt". Sie haben um diese Menschen geweint, als hätten sie unter ihnen gelebt. Dem 18. Jahrhundert ging es um die Erschütterung des Herzens, um den „mitleidigsten Menschen als den besten Menschen", nicht nur um das Anschauen dessen, was ist.

## 1.6 Kontexte der Naturwissenschaft

Die Frage, wie sich das allgemeine kulturelle und soziale Klima einer Gesellschaft auf die Entwicklung der Wissenschaft auswirkt, ist häufig gestellt und kaum jemals befriedigend beantwortet worden. Carl Friedrich von Weizsäcker hat zwar das sich hier eröffnende Dilemma trennscharf benannt, aber er hat es nicht gelöst, weder in den humoristischen Versuchen, noch in der Parallelisierung der modernen Physik mit der Philosophie Heideggers, – vielleicht auch deshalb nicht, weil er in der Analyse der Quantenmechanik weniger ein wissenschaftliches als ein ontologisches Problem vermutete:

„Einerseits meinen wir immer wieder zu spüren, dass auch die großen Naturforscher Kinder ihrer Zeit sind und dass ihre Begriffe das spiegeln, was ihre Zeit überhaupt zu denken vermag. Andererseits hat gerade die Naturwissenschaft mit noch immer unerschütterter Kraft und Naivität dem Versuch einer historischen Relativierung widerstanden. Wir meinen, dass *Archimedes, Galilei* und *Einstein* Sätze ausgesprochen haben, die, möchten sie auch in ihre Zeit passen, vor allem wahr, und zwar für alle Zeiten wahr waren."

Trotzdem ergeht es der Physik anders als der Evolutionstheorie, von der Odo Marquard 1985 gesagt hat, sie habe „ihren Historismus noch vor sich". Während die Evolution nämlich noch immer „nur als Alleingeschichte hin auf den Menschen erzählt wird", ist die Physik durch frühe Mathematisierung und durch die Erforschung von Weltinnen- und Weltaußenräumen, in deren Unendlichkeiten sich alle Spuren des Lebendigen rasch verlieren, dieser Form des Anthropismus gegenüber relativ immun. Auch ist ihr durch die Unbestimmtheitsrelation schon früh die Relativität des „anthropischen Prinzips" bewusst geworden. Vielleicht also liegt die Lösung des Problems nicht am Inhalt solcher „Wahrheiten", sondern an der Form, an den Methoden, mit denen sie erarbeitet werden, vielleicht sogar daran, wann und wie die richtigen Fragen gestellt werden, die oftmals wichtiger sind als die Antworten. Die Mathematik kennt Probleme, Gleichungen, Vermutungen (zum Beispiel diophantische Gleichungen), die über viele Hundert Jahre hin nicht gelöst wurden, bis jemand eine völlig neue Mathematik erfand und damit ein Problem zu lösen vermochte, an dem sich Generationen vor ihm die Zähne ausgebissen haben. Diese gleichsam zeitlosen Fragen aber sind Ausnahmen im Feld der Wissenschaft, das als ein Subsystem der Gesellschaft von deren Diskursen ebenso beeinflusst ist, wie es deren Diskurse mitbestimmt. Das beginnt bei der institutionellen Verfassung von Wissenschaft, bei ihrer Abhängigkeit von Ökonomie und Finanzen, bei der Zustimmung oder der Ablehnung ihrer Ziele durch breite Einflussgruppen und endet noch längst nicht bei der Generierung von Fragen, Problemen und Lösungsvorschlägen, die das Subsystem, wie das Gesamtsystem berühren.

Da die Entwicklung der Naturwissenschaft in der Moderne ein Prozess geworden ist, der sich weitgehend aus sich selbst heraus fortschreibt, in dem einzelne Forscherinnen und Forscher nur noch geringen Einfluss auf die Bewegungsrichtung haben, ist die unscharfe Überschneidungszone zwischen den Wertsystemen der Gesellschaft und der Wissenschaft ein eigenes Forschungsfeld geworden. Die Gründung der PTR (zum Beispiel) und die herausgehobene Stellung ihres ersten Präsidenten, des schließlich (1883) geadelten Physikers Hermann von Helmholtz (1821–1894), ist ohne die Machtpolitik des Bismarck-Reiches nicht zu denken. Nicht zufällig wurde Helmholtz von dem Münchner Maler Franz von Lenbach als „Reichskanzler der Wissenschaft" bezeichnet. Als solchen zeigt ihn das Denkmal von Ernst Herter (1846–1917) vor der Humboldt-Universität in Berlin. Der Helmholtz gegebene Beiname verweist dabei auf die Autorität und das Ansehen, das er als Person genossen hat, aber auch darauf, dass die Physik zur Leitwissenschaft des naturwissenschaftlichen Zeitalters geworden ist; er benennt den politischen, den gesellschaftlichen und sogar den weltanschaulichen (mechanistischen) Einfluss naturwissenschaftlich-physikalischen Denkens auf das Weltbild des Bürgertums. Der schwäbische Landarzt Robert Mayer (1814–1878), der nachweislich 1842 den Satz von der Erhaltung der Energie als *erster* formuliert und damit eine neue Epoche der Technik- und der Wissenschaftsgeschichte eröffnet hat, hat dies am eigenen Leib zu spüren bekommen. Die mathematische Formulierung des Energieerhaltungs-Prinzips durch Helmholtz wurde gerühmt und allgemein anerkannt. Mayer aber wurde als ein „spekulativer Theoretiker" abgetan und der daraus entstehende öffentliche Skandal unterdrückt. „Die moderne Physik", schreibt Franz Schnabel, „ruht auf dem Satze, dass die Wärme aus mechanischen Kräften entsteht und dass zwischen der verbrauchten Arbeit und der entstandenen Wärme ein konstantes Verhältnis ist. Das moderne Weltbild ist ohne Robert Mayer ebenso wenig zu denken wie ohne Galilei und Newton. Abermals öffnete sich ein neuer Zugang in die Wunder und Kräfte der Natur und in ihre Einheit."

Die Begeisterung über die Anwendungsmöglichkeiten physikalischer Forschungsergebnisse hat vermutlich im letzten Drittel des 19. Jahrhunderts seinen Höhepunkt erreicht. Damals, nach der Gründerkrise von 1873, entstand in Europa

**Abb. 1.10** Porträt Hermann von Helmholtz (1821–1894) von Ludwig Knaus (1881) [6]

jenes trügerische, von Stefan Zweig so benannte „goldene Zeitalter der Sicherheit", das die Vermögenswerte ebenso zu sichern glaubte, wie die moralischen Werte. Es wurde angeleitet vom „Erzengel des Fortschritts", der Wissenschaft. Der durch Ernst Haeckel begründete Monismus galt als eine „wissenschaftliche" Religion, die Zeit der Sicherheit, die auch eine Ära sehr konkret verstandener Versicherungen aller Art gewesen ist, wurde als eine durch Vernunft und Fortschritt geprägte Welt gesehen, als eine Zeit ohne Hast, in der „alles Radikale, alles Gewaltsame [...] bereits unmöglich" schien. Die Gründung der PTR hatte insofern nicht nur eine wissenschaftlich normierende, sondern auch eine industrielle und sogar eine kulturelle Bedeutung. In diesem Zeitalter der Sicherheit, schrieb Stefan Zweig im Rückblick auf seine Kindheit (im brasilianischen Exil, kurz vor seinem freiwilligen Tod 1942), hatte alles „seine Norm, sein bestimmtes Maß und Gewicht. Wer ein Vermögen besaß, konnte genau errechnen, wieviel an Zinsen es jährlich zubrachte, der Beamte, der Offizier wiederum fand im Kalender verlässlich das Jahr, in dem er avancieren und in dem er in Pension gehen würde".

Die Elektrotechnik durch Werner Siemens und die Nachrichtentechnik auf der Basis der Entdeckungen von Heinrich Hertz waren damals, neben den medizinischen Fortschritten, die für die Menschen vermutlich folgenreichsten Anwendungsgebiete der Wissenschaft. „Auf den Straßen", so beschreibt Zweig das neue Lebensgefühl, „flammten des Nachts statt der trüben Lichter elektrische Lampen, die Geschäfte trugen von den Hauptstraßen ihren verführerischen Glanz bis in die Vorstädte, schon konnte dank des Telephons der Mensch zum Menschen in die Ferne sprechen, schon flog er dahin in pferdelosen Wagen mit neuen Geschwindigkeiten, schon schwang er sich in die Lüfte im erfüllten Ikarustraum." David Gugerli hat anschaulich beschrieben, welche Begeisterung in Europa durch die Erfindung der Bogenlampen, ihrer Lichtfülle und ihrer Wärmeleistung, ausgelöst wurde. Sie galten als „ein durchaus taugliches Sonnenmodell". Denn sie brachten „(realiter) das Tourismusgeschäft zum

Blühen, sie sollten aber auch (idealiter) Wolken vertreiben, Heu trocknen und in kalten englischen Winternächten Pfirsiche, Melonen und Erdbeeren reifen lassen". Kein Wunder also, dass die Romane von Jules Verne (1828–1905), die Musterbücher aller Zukunftsromane, vom Autor selbst als „wissenschaftlich belehrende Romane" verstanden, nicht nur in Frankreich, sondern in zahllosen Übersetzungen (auch und gerade im fortschrittsgläubigen deutschen Sprachraum) das Leseerlebnis der Zeit waren. Das erste von einem Reaktor angetriebene Unterseeboot der US Navy trug den Namen des von Jules Verne erfundenen U-Boots („Nautilus") des Kapitäns Nemo und noch die Namen von Raumschiffen wurden seinen Zukunftsromanen entnommen. Mit der Mondlandung (1969) waren alle diese Visionen überholt. Die Realität hatte die Fiktion überrundet, Jules Verne wurde als ein belächelter Science-Fiction-Autor des 19. Jahrhunderts im Archiv der Literaturgeschichte abgelegt.

Der Dreißigjährige Krieg der Moderne (1914–1945) zeigte die dunklen Seiten der naturwissenschaftlich fundierten Technik. Der von Fritz Haber maßgeblich mit organisierte Gaskrieg (seine Frau, Clara Immerwahr, eine promovierte Physiko-Chemikerin, nahm sich nach dem ersten deutschen Giftgaseinsatz 1915 das Leben), der Verwaltungsmassenmord an den europäischen Juden und der Abwurf der Atombomben über Hiroshima und Nagasaki haben den Traum der Sicherheit wie eine Seifenblase zerplatzen lassen. Doch auch jetzt, da Monsterkanonen die Hauptstädte der Zivilisation bedrohten, da die Menschen zu Tausenden unter den Schwaden der Giftgasgranaten erstickten, da gepanzerte, schier unverwundbare Raupenfahrzeuge die Schutzgräben überrollten, da sich im Nationalsozialismus eine Steinzeitmoral mit der avancierten Technik des 20. Jahrhunderts verbündete, da die „Wunderwaffen" ihr Potential zur Weltzerstörung bewiesen, haben gesellschaftliche Verschiebungen größten Ausmaßes an der Entstehung weitreichender physikalischer Theorien mitgewirkt. Der Oxforder Kulturkritiker George Steiner meinte, dass „das umgebende Klima kulturell-gesellschaftlicher Verschiebung der ‚Relativität' sowohl im technischen, Einsteinschen Sinne als auch in demjenigen moralischer und ästhetischer Werte [...] einen großen Teil der Atomtheorie, des Unschärfeprinzips, der Komplementarität hervorgebracht [habe], welche in den zwanziger und dreißiger Jahren des 20. Jahrhunderts mit unglaublicher Geschwindigkeit aus dem Boden schossen. Insbesondere lässt sich schwer vorstellen, dass ein Unschärfeprinzip hätte behauptet werden können, bevor infolge der Katastrophe von 1914–18 die Zuversicht und der rationale Determinismus in menschlichen Angelegenheiten zusammengebrochen waren". In der gleichen Zeit des Umbruchs nach dem Ersten Weltkrieg wurde auch die Zerstörung des Individuums diskutiert, die Spaltung des unteilbaren und unbenennbaren Personkerns, und damit die Bestimmung des Menschen als eines sozial teilbaren Wesens (des „Dividuums"). Der österreichische Dramatiker Hugo von Hofmannsthal legte einem der Schauspieler (in seinem Vorspiel zur Aufführung von Bertolt Brechts Jugenddrama „Baal", in Wien am 21. März 1926) den prophetischen Satz in den Mund, „dass alle die ominösen Vorgänge in Europa, denen wir seit zwölf Jahren beiwohnen, nichts sind als eine sehr umständliche Art, den lebensmüden Begriff des europäischen Individuums in das Grab zu legen, das er sich selbst geschaufelt hat". Die vom modernen Theater verdeutlichte Spaltung des Personkerns ging der Spaltung des Uranatoms voraus. Zumindest mittelbar sind Beziehungen zwischen den elementaren Spaltungsvorgängen im mentalen und im materiellen Bereich wahrscheinlich. Das seit der Antike als unteilbar Angenommene, das „Individuum", das „Atom(on)", wurde als spaltbar erkannt und mit ihm das Innere des Lebens und der Materie.

# 1 Hoffnung und Gefahr – Physik im Diskurs der Gesellschaft

Die Interdependenz von Gesellschaft, Naturwissenschaft und Technik ist innerhalb des letzten halben Jahrhunderts nicht schwächer, sondern stärker geworden. Seit der Mensch die ersten Schritte über die Erde hinaus in den Weltraum getan und die Grenzen menschlicher Besiedelung in die Galaxie verlegt hat, ist die wissenschaftliche Phantasie mit der Vorstellungskraft der Filmemacher und der Schriftsteller verschmolzen. Wissenschaftler und Ingenieure arbeiten am realen, nicht am romanhaften Szenario eines bemannten Marsfluges, am Entwurf einer Zwischenstation auf dem Mond; sie untersuchen die Bedingungen, wie aus dem Marsboden selbst Material für Siedlungsbauten gewonnen werden könnte, weil der Transport des Baumaterials von der Erde zum Mars noch immer zu lange dauern würde. Die moderne Kommunikationstechnologie ist als ein Nebenprodukt der Raumfahrttechnik entstanden, das World Wide Web als Projekt am CERN und das Internet aus einem Projekt des amerikanischen Verteidigungsministeriums. Erstmals in der Geschichte der Wissenschaft scheint die friedliche Nutzung den militärischen Zweck überholt zu haben. Das moderne Kommunikationsnetz, das auch Astronauten die Möglichkeit gibt, räumlich weit voneinander entfernt, am Simulator gemeinsam den Weltraumausflug zu üben, das Zusammenwirken großer Arbeitsgruppen an unterschiedlichsten Orten der Welt bei einem einzigen Massenexperiment, beeinflussen den Entwurf und die Durchführung von Großversuchen in solchem Ausmaß, dass die Folgen noch kaum abzusehen sind. Robert Landua, Physiker am Europäischen Kernforschungszentrum

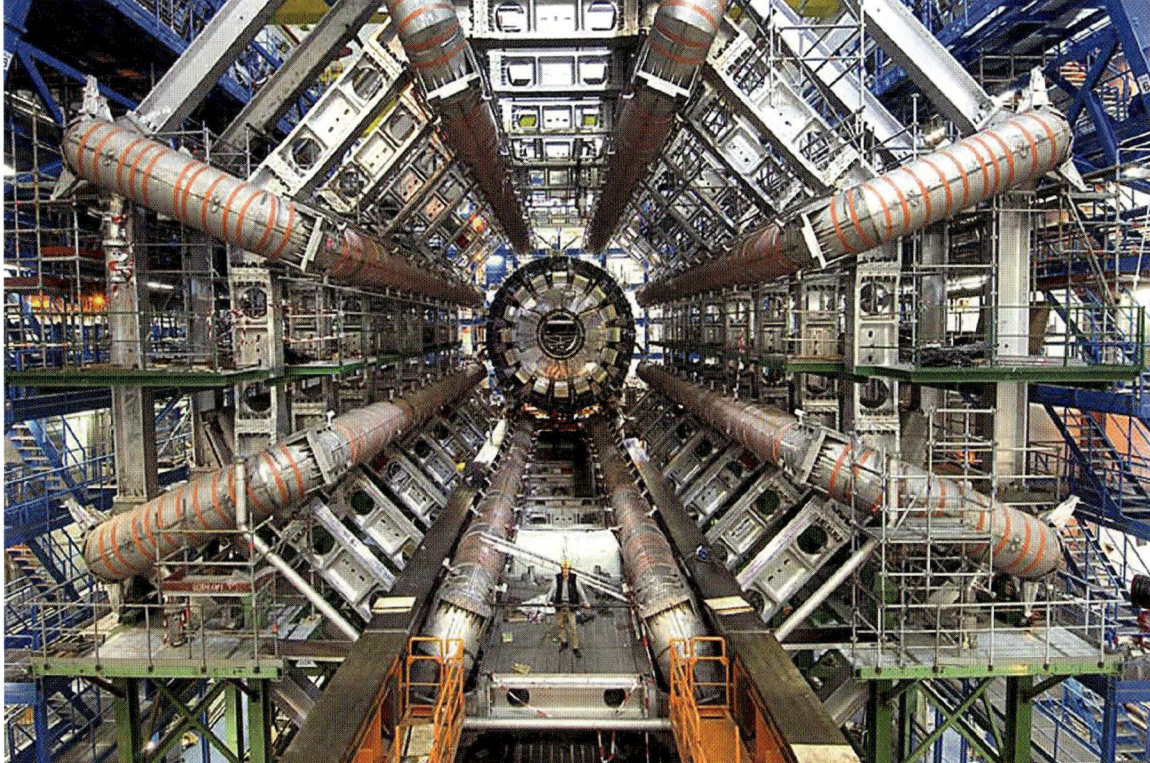

**Abb. 1.11** Der Atlas-Detektor des Large Hadron Colliders am CERN. Nach Robert Landua sind am Bau des Detektors mehr als 2000 Physiker von 150 Physik-Instituten aus 35 Ländern beteiligt (Quelle: CERN)

in Genf (CERN), beschreibt zum Beispiel die Entwicklung eines komplexen Detektors, des Atlas-Detektors, für den Large Hadron Collider und meint, man könne eine LHC-Kollaboration, an der 2000 Physiker und mehr teilnehmen, „am ehesten als eine Gruppenintelligenz betrachten, in der jeder Wissenschaftler mit seiner Expertise zum Gesamterfolg beiträgt. Dies gilt sowohl für die Konstruktion des Detektors als auch für die Analyse der Teilchenkollisionen". Deutlich ist, dass die Physiker heute (wie alle Naturwissenschaftler, auch die Mathematiker) in einem Raum der Gemeinsamkeit arbeiten, der alle Globalisierung und insbesondere die Globalisierung der Wirtschaft weit übersteigt. Die Naturwissenschaften, meinte George Steiner, kommunizierten selbst dort, wo sie als Konkurrenten aufträten, „in einem ‚Cyberspace' wechselseitiger Wahrnehmung, die den heutigen tatsächlichen Netzen informationeller Unmittelbarkeit um tausend Jahre voraus ist". In bestimmten historischen Momenten sei die Gemeinschaft der Naturwissenschaftler dabei „einer Politik der Reife, des interesselosen Fortschritts wahrscheinlich so nahe gekommen wie nur eine in der Sozialgeschichte des Abendlandes". Der Austausch von Ideen und Informationen kennt (freilich nur idealiter) keine nationalen, weltanschaulichen, religiösen oder politischen Grenzen. Es gehört zum Ethos der internationalen Gemeinschaft der Physiker, die erzwungene, die erschlichene, die wirtschaftlich sanktionierte Geheimhaltung von Forschungsergebnissen zu ächten, so dass sich der Bazillus des freien Denkens und der weltweiten Kommunikation vielleicht auch in Arbeitsgruppen einschleicht, die unter den Bedingungen staatlicher Diktaturen arbeiten.

## 1.7 Die Bombe

Der Zeitpunkt, zu dem die Physik sich mit der durch Forschung gewonnenen Autorität unmittelbar in die Tagespolitik einmischte, ist (zumindest in Deutschland) punktgenau zu bestimmen. Als der damalige deutsche Bundeskanzler Konrad Adenauer, in der Auseinandersetzung um die Ausrüstung der Bundeswehr mit taktischen Atomwaffen, erklärte, diese Waffen seien nichts anderes als eine „Weiterentwicklung der Artillerie", übergaben 18 renommierte Kernphysiker und physikalische Chemiker am 12. April 1957 ein „Göttinger Manifest" der Presse, in dem sie die Öffentlichkeit nicht nur über die Wirkung solcher Waffen aufklärten, sondern auch darauf hinwiesen, dass für die „Entwicklungsmöglichkeit der lebensausrottenden Wirkung der strategischen Atomwaffen [...] keine natürliche Grenze bekannt" sei und keine „technische Möglichkeit, große Bevölkerungsmengen vor dieser Gefahr sicher zu schützen". An diesem Manifest ist nicht nur bemerkenswert, dass es von mehreren Nobelpreisträgern mit unterschrieben wurde, sondern dass sich die Elite der deutschen Kernforschung, zunächst noch ohne rechte Einschätzung der Wirkung eines solchen Manifestes, politisch zu Wort meldete, dass sich dabei ein Angehöriger des „anderen Deutschland", wie Max Born, der erst 1953 aus dem britischen Exil nach Deutschland zurückgekehrt war, mit Angehörigen der inneren Emigration (wie etwa Max von Laue) und mit den führenden Mitgliedern des ehemaligen deutschen Uranvereins verbündete, um einer Entwicklung entgegenzutreten, von der er und seine Kollegen die Welt bedroht wussten. Bemerkenswert ist auch, dass jene Wissenschaftler (wie Otto Hahn), welche die Ideologie der Nichtideologie erfunden, welche die inzwischen widerlegte These von der „objektiven Wissenschaft", von einer wissenschaftlichen Substanz vertreten hatten, die durch die Zeit des Verbrechens hindurch unversehrt gerettet worden sei, jetzt politisch handeln und jede Beteiligung „an der Herstellung, der Erprobung oder dem Einsatz von Atomwaffen" öffentlich verweigerten. Den Sätzen, mit denen die „Einmischung" gerechtfertigt wurde, ist anzumerken, dass sie etwas gequält Abschied nehmen von einer lange gehegten Selbsttäuschung, dass sie einen Wandel in der Auffassung von Wissenschaft und ihren gesellschaftlichen Wurzeln einleiten:

„Wir wissen, wie schwer es ist, aus diesen Tatsachen die politischen Konsequenzen zu ziehen. Uns als Nichtpolitikern wird man die Berechtigung dazu abstreiten wollen; unsere Tätigkeit, die der reinen Wissenschaft und ihrer Anwendung gilt und bei der wir viele junge Menschen unserem Gebiet zuführen, belädt uns aber mit einer Verantwortung für die möglichen Folgen dieser Tätigkeit. Deshalb können wir nicht zu allen politischen Fragen schweigen. [...] Wir leugnen nicht, dass die gegenseitige Angst vor den Wasserstoffbomben heute einen wesentlichen Beitrag zur Erhaltung des Friedens in der ganzen Welt und der Freiheit in einem Teil der Welt leistet. Wir halten aber diese Art, den Frieden und die Freiheit zu sichern, auf die Dauer für unzulässig, und wir halten die Gefahr im Falle des Versagens für tödlich."

Auf dem Höhepunkt des Kalten Krieges also haben diese Atomforscher für sich den Standpunkt beansprucht, den die Wissenschaft seit eh und je behauptet, der ganzen Menschheit zu dienen, nicht nur einem privilegierten Teil. Die unterschiedlichsten Friedensbewegungen (ideologisch angeleitete und seriöse), die Technologiefolgen-Abschätzung, die immer von neuem anschwellende Debatte um die notwendige Laisierung und Popularisierung wissenschaftlicher Ergebnisse, die von Helmut Schmidt eingeforderte „Bringschuld" der Wissenschaft, ihre Ergebnisse und Bedürfnisse im Umgang mit der Politik verständlich zu machen, die von Reimar Lüst dagegen gesetzte „Holschuld" der Politik, die ausufernden Debatten um das Verhältnis von angewandter Forschung zu Grundlagenforschung und Produktion erhielten durch das „Göttinger Manifest" einen kräftigen, wenigstens ein halbes Jahrhundert nachschwingenden Impuls. Die Physik war in der Tagespolitik angekommen und hat sich das Recht zur Mitsprache von nun an nicht mehr nehmen lassen. Sie hat allerdings die Messlatte für die Einmischung der Wissenschaft in die Politik sehr hoch angelegt: die nachweisbar tödliche Bedrohung der Existenz der Menschheit. Deutschland verzichtet seither bekanntlich, obwohl Mitglied der NATO, freiwillig auf den Besitz von Atomwaffen jeder Art. So hatte es das Manifest gefordert und damit eine Bewegung ausgelöst, die – stets angefochten und machtpolitisch denunziert, aber auch mit sichtbaren Erfolgen – alle Abrüstungsmühen begleitet.

Seit Otto Hahn zusammen mit Fritz Straßmann 1938 die Spaltung des Uranatomkerns gelungen ist und Lise Meitner zusammen mit Otto Frisch (1939) nicht nur die theoretisch-physikalische Erklärung dieser Entdeckung, sondern auch die Folgen, nämlich die Entfesselung gewaltiger Energien bei der Kernspaltung, beschrieben hat, sind die Physiker und ihr Fach zu bevorzugten Gestalten der Literatur geworden. Das deutschsprachige Physiker-Drama schuf eine neue Ausdrucksform im gesellschaftlichen Diskurs der Physik. Die kulturelle Bewertung der Physik erreichte mit diesen Dramen und Dokumentarspielen (aber auch in Romanen und Erzählungen) deshalb eine neue Qualität, weil die Physiker, als literarische Protagonisten (anonym, unter Chiffren oder mit Namen), zunächst mythisiert und dann oftmals diffamiert wurden, in jedem Fall aber als der vollkommene Spiegel, auch als der Zerrspiegel, eines neuen Verhältnisses der Menschen zum selbst geschaffenen Wissen erschienen. Erst Michel Houellebecq hat in dem auch verfilmten Roman „Les particules élémentaires" (1998) die Wandlung des Physikers zum Biologen beschrieben und damit die

**Text des Göttinger Manifests der Göttinger 18**

Die Pläne einer atomaren Bewaffnung der Bundeswehr erfüllen die unterzeichnenden Atomforscher mit tiefer Sorge. Einige von ihnen haben den zuständigen Bundesministern ihre Bedenken schon vor mehreren Monaten mitgeteilt. Heute ist eine Debatte über diese Frage allgemein geworden. Die Unterzeichnenden fühlen sich daher verpflichtet, öffentlich auf einige Tatsachen hinzuweisen, die alle Fachleute wissen, die aber der Öffentlichkeit noch nicht hinreichend bekannt zu sein scheinen.

1. Taktische Atomwaffen haben die zerstörende Wirkung normaler Atombomben. Als "taktisch" bezeichnet man sie, um auszudrücken, daß sie nicht nur gegen menschliche Siedlungen, sondern auch gegen Truppen im Erdkampf eingesetzt werden sollen. Jede einzelne taktische Atombombe oder -granate hat eine ähnliche Wirkung wie die erste Atombombe, die Hiroshima zerstört hat. Da die taktischen Atomwaffen heute in großer Zahl vorhanden sind, würde ihre zerstörende Wirkung im ganzen sehr viel größer sein. Als "klein" bezeichnet man diese Bomben nur im Vergleich zur Wirkung der inzwischen entwickelten "strategischen" Bomben, vor allem der Wasserstoffbomben.

2. Für die Entwicklungsmöglichkeit der lebensausrottenden Wirkung der strategischen Atomwaffen ist keine natürliche Grenze bekannt. Heute kann eine taktische Atombombe eine kleinere Stadt zerstören, eine Wasserstoffbombe aber einen Landstrich von der Größe des Ruhrgebietes zeitweilig unbewohnbar machen. Durch Verbreitung von Radioaktivität könnte man mit Wasserstoffbomben die Bevölkerung der Bundesrepublik wahrscheinlich schon heute ausrotten. Wir kennen keine technische Möglichkeit, große Bevölkerungsmengen vor dieser Gefahr sicher zu schützen.

Wir wissen, wie schwer es ist, aus diesen Tatsachen die politischen Konsequenzen zu ziehen. Uns als Nichtpolitikern wird man die Berechtigung dazu abstreiten wollen; unsere Tätigkeit, die der reinen Wissenschaft und ihrer Anwendung gilt und bei der wir viele junge Menschen unserem Gebiet zuführen, belädt uns aber mit einer Verantwortung für die möglichen Folgen dieser Tätigkeit. Deshalb können wir nicht zu allen politischen Fragen schweigen. Wir bekennen uns zur Freiheit, wie sie heute die westliche Welt gegen den Kommunismus vertritt. Wir leugnen nicht, daß die gegenseitige Angst vor den Wasserstoffbomben heute einen wesentlichen Beitrag zur Erhaltung des Friedens in der ganzen Welt und der Freiheit in einem Teil der Welt leistet. Wir halten aber diese Art, den Frieden und die Freiheit zu sichern, auf die Dauer für unzuverlässig, und wir halten die Gefahr im Falle des Versagens für tödlich. Wir fühlen keine Kompetenz, konkrete Vorschläge für die Politik der Großmächte zu machen. Für ein kleines Land wie die Bundesrepublik glauben wir, daß es sich heute noch am besten schützt und den Weltfrieden noch am ehesten fördert, wenn es ausdrücklich und freiwillig auf den Besitz von Atomwaffen jeder Art verzichtet. Jedenfalls wäre keiner der Unterzeichnenden bereit, sich an der Herstellung, der Erprobung oder dem Einsatz von Atomwaffen in irgendeiner Weise zu beteiligen. Gleichzeitig betonen wir, daß es äußerst wichtig ist, die friedliche Verwendung der Atomenergie mit allen Mitteln zu fördern, und wir wollen an dieser Aufgabe wie bisher mitwirken.

Fritz Bopp, Max Born, Rudolf Fleischmann, Walther Gerlach, Otto Hahn, Otto Haxel, Werner Heisenberg, Hans Kopfermann, Max v. Laue, Heinz Maier-Leibnitz, Josef Mattauch, Friedrich-Adolf Paneth, Wolfgang Paul, Wolfgang Riezler, Fritz Straßmann, Wilhelm Walcher, Carl Friedrich Frhr. v. Weizsäcker, Karl Wirtz

**Abb. 1.12** Text des Göttinger Manifestes von 1957 [7]

**Abb. 1.13** Der Dramatiker und Lyriker Bertolt Brecht (1898–1956) [9]

Genetik zur Erbin der Physik erklärt, die Biologie zur neuen Leitwissenschaft des Zukunftsromans.

Das moderne Physiker-Drama beginnt mit Bertolt Brechts „Leben des Galilei". Brecht hat sich dabei in den unterschiedlichen Fassungen des Stücks (die zwischen 1938 und 1955 entstanden) noch des Konflikts des Protophysikers Galileo Galilei (1564–1642) mit der Inquisition bedient, um unter dem bewusst nachlässig aufgelegten Deckmantel der Historie das moderne Dilemma von Wahrheit, Wissen und Macht zu beschreiben. Er hat die Schwierigkeiten reflektiert, das wissenschaftlich als wahr Erkannte auch dort öffentlich („wie ein Liebender, wie ein Betrunkener, wie ein Verräter") zu sagen, wo den Herrschenden dessen soziale Folgen nicht gefallen. Die Figur des Galilei wurde im Laufe der Überarbeitungen, die dem Geschehen

**Abb. 1.14** Lise Meitner (1878–1968) und Otto Hahn (1879–1968), aufgenommen ungefähr 1935 [8]

der Zeit von der Kernspaltung bis zum Abwurf der Atombomben im August 1945, bis zur Konstruktion der Wasserstoffbomben, dem Kalten Krieg und der Debatte um die Wiederbewaffnung der beiden Teile Deutschlands folgten, immer profilschärfer in die eines angepassten Schreibtischtäters verwandelt, der handelnd die hehren Sätze seiner Moral verrät. Zumal die immer wieder zitierten Sätze über den Bruch im Technikvertrauen, über die jähe Verwandlung der Wissenschaft aus einem „Erzengel des Fortschritts" in einen Dämon des Abgrunds, sind als ironisch deshalb nicht mehr zu erkennen, weil sie meist sentenzartig, isoliert vom umgebenden Text des Dramas, zitiert werden:

„Ich halte dafür, dass das einzige Ziel der Wissenschaft darin besteht, die Mühseligkeit der menschlichen Existenz zu erleichtern. Wenn Wissenschaftler, eingeschüchtert durch selbstsüchtige Machthaber, sich damit begnügen, Wissen um des Wissens willen aufzuhäufen, kann die Wissenschaft zum Krüppel gemacht werden [...]. Ihr mögt mit der Zeit alles entdecken, was es zu entdecken gibt, und euer Fortschritt wird doch nur ein Fortschreiten von der Menschheit weg sein. Die Kluft zwischen euch und ihr kann eines Tags so groß werden, dass euer Jubelschrei über irgendeine neue Errungenschaft von einem universalen Entsetzensschrei beantwortet werden könnte."

Dieser Galilei – den poète malgré lui konnte Brecht in seinem Werk nur selten unterdrücken – hat so auch in den späteren Fassungen die ihm früh von seinem Autor mitgegebene Tragik nicht verloren. Galileo Galilei, dem Denken ein sinnlicher Genuss ist (wie es auch von modernen Physikern erzählt wird), bei dem erst das leibliche Wohlgefühl die Lust am Denken stimuliert (und umgekehrt), wird von der Macht bedroht, ihm mit dem körperlichen Wohlbefinden auch die Basis seines Denkens zu entziehen: „Er denkt aus Sinnlichkeit [sagt der Papst von Galilei]. Zu einem alten Wein oder einem neuen Gedanken könnte er nicht nein sagen." Gerade weil Brecht darin die eigene Schreibsituation seit der Vertreibung aus seiner deutschen Heimat und der Rückkehr in die sowjetisch besetzte Zone Deutschlands spiegelt, erfasste er das individuelle Dilemma der modernen Naturwissenschaft im Bannkreis der Diktaturen des 20. Jahrhunderts recht präzise. Zwischen Widerstand und Anpassung war die moderne Physik gefangen, und beides betraf nicht nur das Privatleben, sondern vor allem die Arbeitsmöglichkeiten, die Mitarbeiter, den freien Gedankenaustausch. Die Entwicklung der Naturwissenschaften vollzog sich, nach George

Steiner, umgekehrt proportional zur Entwicklung der Einsamkeit. Fast durchgängig seien dabei den Naturwissenschaften, „den theoretischen wie den angewandten, geistige Gesundheit und das Gemeinschaftliche dienlich. [...] Eine gewisse Demokratie des Wohlbefindens scheint für naturwissenschaftliche Forschung unentbehrlich zu sein".

Mit Brechts „Leben des Galilei" begann eine Textreihe, die das Geschehen um den Bau der Atombombe ins literarische Gedächtnis der Menschheit eingeschrieben hat: den Verrat der Konstruktionsgeheimnisse an die UdSSR, die ertappten und die zu unrecht verdächtigten Spione, die Gewissenszweifel der Physiker, die an den Bomben-Projekten, dem deutschen Uranverein und dem amerikanischen Manhattan Project, beteiligt waren, ihre Ratschläge zur Konstruktion der Waffe und ihr Entsetzen beim ersten Test der Bombe, dem Trinity-Versuch am 16. Juli 1945. „Now I [have] become death, the destroyer of worlds", will J. Robert Oppenheimer, der Chefkonstrukteur der ersten amerikanischen Atombombe, im Anblick der von ihm und seinem Team ausgelösten Apokalypse in der Wüste von New Mexico, die Bhagavad Gita zitierend, gedacht haben. Im NBC-Interview (1965), aus dem ein Ausschnitt im Internet dokumentiert ist, fügte er hinzu: „I suppose we all thought that one way or another", und: „We knew the world would not be the same". Die Reaktionen der im britischen Farm Hall (in der Nähe von Cambridge) internierten deutschen Kernphysiker bei der Nachricht vom Abwurf der Atombombe auf das japanische Hiroshima – die Gespräche der deutschen Forscher wurden vom britischen Geheimdienst abgehört und aufgezeichnet – waren ebenso zwiespältig. Sie reichten vom wissenschaftlichen Erstaunen Heisenbergs, wie „die" das geschafft haben, über stummes Entsetzen bis zu Tränen des Mitleids und zu Schuldgefühlen. Die 1993 publizierten Farm Hall-Protokolle und das NBC-Interview Oppenheimers sollten zur Pflichtlektüre im Physik- und Geschichtsunterricht unserer Schulen gemacht werden.

**Abb. 1.15** J. Robert Oppenheimer (1904–1967) [10]

Eva Horn hat (2007) darauf hingewiesen, was geschieht, wenn „ganze Disziplinen oder Fachgebiete, allen voran die Kernphysik, zu ‚waffenfähigem' Wissen [mutieren], deren Vertreter zu wandelnden Geheimnisträgern (und damit Sicherheitsrisiken) werden". Große und mächtige Staaten, die stolz sind auf ihre demokratischen Traditionen, geraten dann in einen öffentlichen Strudel der Spionage-Hysterie, wie etwa die USA im Jahrzehnt zwischen 1947 und 1956. Wenn der Rüstungswettlauf, wie Eva Horn postuliert, ein Wissenswettlauf war, dann haben die Atomspione (im Zeitalter der Geheimhaltung und des Verrats) tatsächlich nur getan, „was normale Forscher tun, wenn sie ihre Forschungsergebnisse veröffentlichen, um Kollegen auf den Stand der Dinge zu bringen. Die großen Verräter im 20. Jahrhundert restituieren Wissenschaft in Zeiten der Klassifikation". In der zweiten Hälfte des 20. Jahrhunderts aber haben sich die gesellschaftlichen Rahmenbedingungen für Wissenschaft und Wissensgenerierung so verändert, dass Wissen selbst zur Bedrohung werden kann und seine Weitergabe zu einem todeswürdigen Verbrechen. Damit aber verändert sich der Diskurs zwischen Wissenschaft und Gesellschaft radikal, – nicht nur in der Physik.

Da sich der Verrat der Konstruktionsdaten der Atombombe an die UdSSR mit der Kommunisten- und der Intellektuellenhatz in den USA während der McCarthy-Ära verband und die Hysterie wegen einer angeblichen kommunistischen Unterwanderung des amerikanischen Regierungs- und Wissenschaftsapparates auch den Justizmord (an Ethel Rosenberg) auslöste, ist der in den fünfziger Jahren des letzten Jahrhunderts entstandene Aufruhr um die Bombe, ihre Konstruktion und deren Verrat, zum Sujet des politischen Theaters ebenso geworden, wie des Dokumentartheaters,

1 Hoffnung und Gefahr – Physik im Diskurs der Gesellschaft

**Abb. 1.16** Test einer Atomgranate (der sogenannte "Grable" Versuch) am 25. Mai 1953 in Nevada, wenige Augenblicke nach der Explosion [11]

des grotesken Dramas, des zeitkritischen Kinos, des Spionageromans und einer kaum noch zu überschauenden Fülle an Sach- und Fachliteratur. Carl Zuckmayer, Friedrich Dürrenmatt, Hans Henny Jahnn, Heinar Kipphardt, Edgar Lawrence Doctorow, Robert Coover und Michael Frayn sind nur wenige Namen aus der großen Zahl der Autoren, die nachdenklich und noch immer des Nachdenkens wert über die vom Umgang mit Naturwissenschaft und Technik ausgelöste Tragödie des Jahrhunderts geschrieben haben.

„Strahlungen. Atom und Literatur" hat deshalb Helga Raulff 2008 eine aufschlussreiche Ausstellung im Deutschen Literaturarchiv in Marbach genannt, die den Widerschein des Blitzes der Atombombe in der Literatur anschaulich machte und an bekannten wie unbekannten Texten noch einmal die nachhaltige Erschütterung des öffentlichen Bewusstseins demonstrierte. Die Apokalypse, die sich nach den ersten Atombombenversuchen am Horizont abzeichnete, war kein Durchgangsstadium mehr zu einem neuen Himmel und einer neuen Welt, sie führte zurück in jenes Dunkel, das war, ehe Leben die Erde erfüllte. Im Begleitbuch zur Marbacher Ausstellung ist ein Gedichtentwurf Erich Kästners aus dem Jahr 1951 zitiert, in der die Vision einer unbewohnbaren Erde (nach dem zweiten Vers des Buches Genesis) gezeichnet wird:

**Abb. 1.17** Der Dramatiker Carl Zuckmayer (1896–1977) [12]

„Als sie, krank von den letzten Kriegen,
tief in die Erde hinunterstiegen,
in die Kellerstädte, die drunterliegen,
war noch keinem der Völker klar,
dass es der Abschied für immer war. [...]

Sie flohen aus Gottes guter Stube.
Sie ließen die Wiesen, die Häuser, das Meer,
den Hügelwind und den Wald und das Wehr.
Sie fuhren mit Fahrstühlen in die Grube.
Und die Erde ward wüst und leer."

**Abb. 1.18** Vordere Einbandseite der Taschenbuchausgabe von Friedrich Dürrenmatts „Die Physiker" [13]

Unter den aufschlussreichen, unveröffentlichten Texten, die das Begleitbuch zur Marbacher Ausstellung enthält, findet sich auch ein Aufsatz des jungen Doktoranden Hans Blumenberg aus dem Jahr 1946, der als Antwort auf einen „Atomstrategie" überschriebenen Artikel des französischen Admirals Pierre Barjot den Titel trägt „Atommoral. Ein Gegenstück zur Atomstrategie". Blumenberg hat den radikalen Diskurswandel vorausgesehen und erkannt, dass die Übermacht der Anwendungsaspekte auf Wissen und Forschung zurückschlagen musste: „Die Überführung der elementaren Energie in die technische Realität bedeutet eine Krise der ethischen Kraft der Menschheit. Die Atomtechnik ist ein eminentes Problem, an dem sich die moralphilosophische Besinnung der Gegenwart zu bewähren hat." Daran hat sich auch nach mehr als einem halben Jahrhundert nichts geändert, es sei denn, dass sich die Krise aus dem Ost-West-Konflikt durch die Verbreitung der Atomwaffen in viele Weltgegenden verlagert hat und seit den jüngsten Reaktorkatastrophen (1986 und 2011) das verbreitete Gefahrenbewusstsein auch die friedliche Nutzung der Kernenergie betrifft. Unter literarischem Aspekt aber wurde an der Marbacher Ausstellung nochmals deutlich, dass die veröffentlichten Texte nur die Oberfläche eines Fundus sind, der, nur scheinbar im Dunkel der Archive aufbewahrt, ein eigenes Leben führt und den gesellschaftlichen Diskurs insgeheim mitbestimmt.

Das Echo von Blumenbergs kurzem Aufsatz wäre in den vierziger und fünfziger Jahren des letzten Jahrhunderts vermutlich vom Theaterdonner übertönt worden, unter dem sich das große Drama des Themas von Atombombe und Atomverrat angenommen hat. Carl Zuckmayer zum Beispiel hat sich vergeblich dagegen gewehrt, dass sein Drama „Das Kalte Licht" (1955) als ein Schauspiel über die Kernspaltung oder gar nur als ein Spionagedrama (um die Person des 1950 enttarnten und verurteilten deutsch-britischen Kernphysikers Klaus Fuchs) gelesen und gesehen wurde. Klaus Fuchs, der in England und den USA am Projekt der Bombe mitarbeitete, soll seit 1942 regelmäßig an den sowjetischen Geheimdienst berichtet haben. Er wurde 1959 begnadigt und in die DDR entlassen. Dort hatte er in Rossendorf und Dresden großen Einfluss auf die Kernforschung der DDR, wurde mit hohen Orden ausgezeichnet und starb ein Jahr vor dem Fall der Mauer (1988). Zuckmayers Protagonist Kristof Wolters trägt deutliche und für die Zeitgenossen vor allem an seinen inneren Konflikten kenntliche Züge von Klaus Fuchs. Dieser hatte stets behauptet, aus Gewissensgründen gehandelt zu haben, weil das Gleichgewicht des Schreckens aus der Balance geriete, wenn nur einer der Machtblöcke über die Vernichtungswaffe verfügte. Zuckmayer aber hatte versucht, an der Kernspaltung und ihren technischen Folgen eine von Metaphysik freie, säkularisierte Tragödie zu schreiben und ist am eigenen Anspruch gescheitert. Die literarische Gestaltung des von seiner Verantwortung zerrissenen Physikers versagte vor der Realität des Kalten Krieges ebenso, wie vor der von Otto Hahn, im Unterschied zu Lise Meitner, nicht vorhergesehenen Entfesselung der Kernenergien. Die Realität, und dies scheint ein zentrales Charakteristikum der Moderne zu sein, überholt die literarische Phantasie mit solcher Schnelligkeit, dass Erfahrung und Phantasie den wissenschaftlich geschaffenen und in mathematischen Formeln verborgenen Fakten nicht mehr nachzukommen vermögen. Trotzdem hat Zuckmayer, theoretisch, nicht im Drama selbst, recht genau die Zertrümmerung des Gewissens, die Denk- und Vertrauenskrise der fünfziger Jahre beschrieben, die (auch Hans Henny Jahnn, 1959) literarisch zu gestalten (noch) nicht gelingen wollte. Zuckmayers Rückgriff auf die Religionskriege verdeutlicht dabei die verzweifelte Suche nach Vorbildern für einen doch beispiellosen und vorbildlosen Bruch im Verhältnis des Menschen zur Natur, für das Ende des Kontinuums nicht nur im physikalischen, sondern auch im bislang gültigen moralischen Sinn.

„Hier – beim Tatbestand des ‚ideologischen' oder gar ‚idealistischen' Verrats, [schrieb Zuckmayer 1955 im Programmheft zur Hamburger Uraufführung seines Stücks] – ergibt sich ein menschlicher Gewissenskonflikt, der höchstens in Zeiten der Religionskriege Parallelen findet. Der moderne ist jedoch spezifisch abgewandelt und charakterisiert durch die Abwesenheit des metaphysischen oder religiösen Motivs. An seine Stelle tritt zweierlei: der Totalitätsanspruch einer gesellschaftlichen Doktrin, – und die Prädominanz der wissenschaftlichen Erkenntnis. Beide gemeinsam üben eine Faszination aus, deren greller Schein den sittlichen Aspekt verdunkelt, die einfachen Grundlagen menschlichen Rechts- und Ehrgefühls verwirrt und verblendet."

Die literarische Reflexion über die Kluft zwischen der wissenschaftlich-technischen Entwicklung und der verantwortungsbewussten Anwendung naturwissenschaftlichen Wissens erreichte in der schwarzen Komödie „Die Physiker" (Uraufführung 1962, Neufassung 1980) des Schweizer Dramatikers Friedrich Dürrenmatt einen grotesken Höhepunkt. Die Rücknahme des einmal gewonnenen Wissens oder gar die Wissens-Verweigerung, behauptet diese Komödie, sei deshalb unmöglich, weil „alles Denkbare einmal gedacht [wird]. Jetzt oder in Zukunft". Dürrematt mischt das Spionagedrama mit dem Technikdrama so kunstvoll ineinander, dass sich die dargestellten Welten, die des Irrenhauses und die des Alltags, verkehren. Nur in der Psychiatrie scheint der Physiker Johann Wilhelm Möbius sein die Welt bedrohendes Wissen und sich selbst verbergen zu können, wenn nicht auch hier die Ärztin, die alle scheinbar vernichteten Unterlagen längst kopiert hat, durch Zufall in den Besitz der Weltformel und damit in den Besitz der Macht gelangte. Eine Geschichte, meinte Dürrenmatt in den „21 Punkten zu den Physikern", sei erst „dann zu Ende gedacht, wenn sie ihre schlimmstmögliche Wendung genommen hat". Da er als Dramatiker nicht von einer These, sondern von einer Geschichte ausgeht, lautet die Botschaft seines Dramas, dass ein auf die Weltformel zustrebendes Wissen und das aus diesem Wissen angesammelte Vernichtungspotential durch grotesken Zufall in die Hände von Verbrechern fallen kann. Brechts Frage nach der nicht zu tragenden Verantwortung des Physikers für die Existenz der Welt, nach dem Verschweigen des Wissens, nach dessen Aufbewahrung im Bedürfnis der Vielen, hat Dürrenmatt angesichts des sich unaufhaltsam voranwälzenden Prozesses der Wissenschaft *ad absurdum* geführt. Ob die Punkte 16 bis 18 seines epigrammatisch abgekürzten Nachworts zu den „Physikern" tatsächlich den Spalt einer Hoffnungstür öffnen, weil die allen bewusst gewordene Bedrohung auch alle zur Lösung mahnt, ist unsicher. Sicher ist, dass in der modernen Wissenschaft die Verantwortungsketten derart verlängert sind, dass Einzelnen die Gesamtverantwortung für komplexe Vorgänge nicht mehr aufgebürdet werden kann: „Der Inhalt der Physik geht die Physiker an, die Auswirkungen alle Menschen. Was alle angeht, können nur alle lösen. Jeder Versuch eines Einzelnen, für sich zu lösen, was alle angeht, muss scheitern."

Die Kernphysiker jedenfalls (nicht nur die in der Schweiz) fühlten sich und ihr Fach durch dieses Drama angegriffen. Sie haben sich aber nicht in die Schmollecke zurückgezogen, sondern die öffentliche Auseinandersetzung gesucht. Dürrenmatt wurde 1974 zusammen mit dem Schriftsteller Albert Vigoleis Thelen eingeladen, die „Europäische Organisation für Kernforschung" (CERN) in Genf zu besuchen. Den aus dieser Erfahrung entstandenen Text hat Dürrenmatt 1976 die „Erzählung vom CERN" genannt. Sie nimmt zwar die Spitzen und Schärfen der grotesken Komödie nicht wieder auf, benennt aber nochmals ironisch jenes Erschrecken vor den Möglichkeiten der modernen Physik, das dem kosmischen Erschrecken des 19. Jahrhunderts (über das Bewusstsein von der Einsamkeit des Lebens im All) in nichts nachsteht. Auf dem Aussichtsturm der „unermesslichen Industrieanlage" in Genf steht dem Erzähler plötzlich ein Bild des bescheidenen Arbeitstisches von Otto Hahn „vor Augen, auf welchem die erste Atomspaltung glückte [...], er hätte auch in Doktor Fausts Kabinett gepasst: einige Batterien, Glühbirnen, Spulen, ein Paraffinschutzring; und nun diese Ungeheuerlichkeit, die Experimentalphysik braucht nicht zu sparen, hier bastelt sie mit Zyklopenarmen und Millionenkrediten". An der Genfer physikalischen Großforschungsanlage fand Dürrenmatt vieles staunenswert, aber auch vieles fragwürdig, und vielleicht war es nur die Nostalgie eines an alten Forschungsbegriffen hängenden Schriftstellers, wenn er beim Gang durch die Anlage über die Menge der Techniker ebenso staunte, wie über die vergleichsweise geringe Zahl der Physiker, wenn er unentwegt den einen genialen Gelehrten suchte, der das alles noch überschaut und versteht. So fand er endlich den CERN-Mathematiker, von dem ihm sein Begleiter erklärte, dass dieser „ebenfalls ein Rechengenie sei wie der Computer, wenn auch nicht ein so geschwindes, dafür ein intelligenteres, weil eben ein menschliches, der ungefähr, mehr instinktiv, er wisse selbst nicht wie, abzuschätzen wisse, ob seine elektronischen Brüder richtige oder falsche Resultate fabrizierten, ein Computerpsychiater also oder Computerseelsorger". Die ironisch-anthropomorphe Beschreibung der Rechnerwelt belegt den vergeblichen Versuch zur Humanisierung und zur Individualisierung eines Forschungsvorgangs, der sich als prozesshaft und industrieartig dem Fassungsvermögen des Einzelnen entzieht. In der Ironie aber ist das Erschrecken enthalten, dass nicht nur ein altes Weltbild zerfallen ist, sondern auch die alten Forschungsziele entschwunden sind, dass die alten Fragen und die individualistischen Arbeitsstile nicht mehr hinreichen, um den in Umrissen erkennbaren neuen Bildern einer Welt ohne Kontinuum nahezukommen. So tritt zum Erschrecken vor der kaum noch zu deutenden und zu beherrschenden Datenflut, der Anonymisierung und der Entsubjektivierung der naturwissenschaftlichen Forschung auch die Erkenntnis, dass im Bereich der Physik, aber ebenso in Teilen der Chemie und der Biologie, die noch immer verbreitete Vorstellung einer *Natur*wissenschaft, als einer nomothetisch verfahrenden, nach den Gesetzen der Natur fragenden und sie formulierenden Wissenschaft, weitgehend ausgedient hat. Der menschliche Verstand, heißt es in Dürrenmatts Erzählung, laufe Gefahr, „schließlich Ur-Teilchen zu erfinden, statt zu finden"; im Blick auf „das Geheimnis eines Teilchens, das zwar eine Energie, doch keine Masse aufweise oder fast keine Masse", werde hier Natur konstruiert, nicht Realität entschleiert.

Dürrenmatt hat das Genfer Synchrotron eine „philosophische Maschine" genannt. Das war 1976. Auf die Frage, wie man sich denn „ein Elektron – oder ein anderes Elementarteilchen – konkret vorstellen" könne, antwortete Rolf Landua 2008: „[...] keiner von uns Physikern weiß, was ein Elementarteilchen eigentlich *ist*. Natürlich kennen wir die messbaren Eigenschaften aller Teilchen genau, wie die Masse, die elektrische Ladung, den Spin und noch ein paar andere Zahlen. Aber *was* es ist, bleibt ein Rätsel." So gibt es für die Neugier der Laien, vermutlich sogar für die Neugier der Wissenschaftler, die an Hochenergiephysik nicht unmittelbar interessiert sind, nur die, angesichts der Kosten, etwas unbefriedigende Antwort, die einer der CERN-Physiker schon Friedrich Dürrenmatt gegeben hat: „So unwahrscheinlich und paradox das Ganze auch sei [...], es stelle bis jetzt das weitaus Sinnvollste dar, was

Europa hervorgebracht habe, weil es das scheinbar Sinnloseste sei, im Spekulativen, im Abenteuerlichen angesiedelt, in der Neugierde an sich."

Der Diskurs über Physik in der modernen Gesellschaft, beispielhaft zu verdeutlichen am Gespräch der intellektuellen mit der ästhetischen Vernunft, ist nicht ans Ende gelangt. Er steht immer wieder vor neuen Anfängen, und die Bitte der mehr oder weniger staunenden Beobachter der modernen Physik lautet, den einzelnen Menschen im Gigantismus der technischen Maschinerien nicht aus den Augen zu verlieren.

## 1.8 Historisches und physikalisch-naturwissenschaftliches Denken

Als der geschichtsphilosophische Schriftsteller Reinhold Schneider im Winter 1957/58 in Wien (kurz vor seinem Tod) ein letztes Buch geschrieben hat, das heiter werden sollte, melancholisch und trotzdem heiter, ähnlich dem ihm vorausgegangenen Buch „Der Balkon" (1957), hat er einen geschichtspessimistischen Text geschrieben: „Winter in Wien. Aus meinen Notizbüchern 1957/58". In diesem Winter nämlich begegnete Reinhold Schneider der modernen Naturwissenschaft so intensiv wie niemals vorher. Die Form des Buches, seine Zersplitterung in scheinbar unzusammenhängende „Notizen" statt eines fortlaufenden Gedankengangs, verweist auf die Verwirrung, in die der Autor bei der Begegnung mit dem Weltbild der Physik geriet, konkret: bei der Begegnung mit dem skeptischen Wissenschaftsbild des späten Erwin Schrödinger und mit Robert Jungks (1956 erschienenem) Bestseller „Heller als tausend Sonnen. Das Schicksal der Atomforscher". Die Existenz von Atomwaffen hielt dieser zutiefst pazifistische Autor für eine Perversion wissenschaftlichen Denkens. Einer zersplitternden Welt, schrieb er wenige Tage vor seinem Tod (am 25. März 1958) mit Bezug auf „Winter in Wien" an seinen Freund Werner Bergengruen, könne er „nur Splitter bringen". Unter diesen Splittern aber findet sich als ein schwach sichtbarer, roter Faden der Versuch, jenes Problem bewusst zu machen, welches das 19. Jahrhundert am Weg des Fortschritts hatte liegen lassen: das historische mit dem naturwissenschaftlichen Denken zu vereinen, nachdem sich letzteres mit gewaltigen Schritten von Erinnerung und Gedächtnis, als der gemeinsamen Basis, entfernt hatte. Schneider notierte:

„Unser Versagen an der Zeit, ihrem vorherrschenden Problem besteht darin, dass es uns bisher nicht gelungen ist, die Technik des von Max Planck eröffneten Jahrhunderts und ihre etwa erahnbaren Entwicklungen in den Rahmen einer zureichenden Vorstellung von Geschichte zu fassen. Die Wissenschaft in ihrem Übergang in die Technik, in ihrem Einssein mit ihr, wird, ganz verkehrterweise, als Einzelphänomen gesehen, während sie sich doch aus geschichtlichen Prozessen herausgearbeitet hat und unablenkbar in solche zielt."

Nun mag das tragische Geschichtsdenken Schneiders ebenso überholt sein, wie sein Technikpessimismus und seine Skepsis gegenüber der modernisierungstypischen Erfahrungsbeschleunigung, – das Phänomen der Abkoppelung des Wissenschaftsprozesses von einem wie immer gearteten Geschichtsverständnis, also der Rückbindung an das Gedächtnis, an das Emanzipations- und das Freiheitsverlangen der Menschen, hat er wohl richtig erkannt. Der naturwissenschaftliche Fortschritt, als ein globaler und selbsttätig gewordener Prozess, generiert Regeln und Notwen-

**Abb. 1.19** Verleihung der Nobelpreise in Stockholm am 10. Dezember 1933. Von links nach rechts: der im französischen Exil lebende russische Schriftsteller Ivan Bunin (Preisträger für Literatur), die Physiker Erwin Schrödinger und Paul Dirac, die sich den Nobelpreis für 1933 teilten, sowie Werner Heisenberg, der nachträglich mit dem Nobelpreis für 1932 ausgezeichnet wurde [14]

digkeiten, die zur Entstehung von elitären Expertenkulturen führen. Sie sind sich selbst genug und fügen sich nur ungern dem als Kontrolle beargwöhnten Laisierungswunsch der Öffentlichkeit. Die schon im 16. Jahrhundert angestoßene Rationalisierung, die Säkularisierung und die Ausdifferenzierung aller Wertbereiche des Lebens, das heißt der Prozess der Modernisierung, schreitet so rasch voran, dass ihm die notwendige Reflexion (immanent und in den dazu aufgerufenen Fächern der Geisteswissenschaften) kaum zu folgen vermag. Die heute beklagte Trennung von Forschung und Lehre an unseren Universitäten ist nur *ein* Symptom dieser sich beschleunigenden Entkoppelung von faktenschaffender Wissenschaft und ihrer Bewertung. Nach Jürgen Habermas haben dabei als Kriterien der Modernisierung „weder die Säkularisierung der Weltbilder noch die strukturelle Differenzierung der Gesellschaft [...] per se unvermeidliche pathologische Nebenwirkungen. Nicht die Ausdifferenzierung und eigensinnige Entfaltung der kulturellen Wertsphären führen zur kulturellen Verarmung der kommunikativen Alltagspraxis. Sondern die elitäre Abspaltung der Expertenkulturen von den Zusammenhängen kommunikativen Alltagshandelns".

Bei der verbreiteten Suche nach den Ursachen für diese Abspaltung und für die voranschreitende Isolierung eines gesellschaftlich so zentralen Systems, wie dem der Naturwissenschaften, zeigt der dicke Finger meist auf die Fächer der Naturwissenschaften. Er zeigt auf Mathematik zuerst, aber auch auf Physik, Molekularbiologie, Biochemie etc., da deren Ergebnisse nicht ohne weiteres in Standardsprache übersetzt werden können. Auch ist es des Fragens schon wert, *welche* Ergebnisse denn übersetzt werden sollen und müssen und ob tatsächlich jedes einzelne, vielversprechende Experiment schon *im Ansatz* der kulturellen Bewertung durch die Öffentlichkeit zu unterwerfen sei? Besonders die Stammzellenforscher und nach wie vor die Teilchenphysiker haben es heute schwer, im grellen Licht einer im Wortsinne neugierigen Berichterstattung Ergebnisse auszudiskutieren, zu kontrollieren und reifen zu lassen. Die Nanophysiker, die im Bereich von $10^{-9}$ m arbeiten, sind seit Jahren durch eine geschickte Öffentlichkeitsarbeit darum bemüht, dem Schicksal der Stammzellenforschung und der sogenannten grünen Gentechnologie zu entgehen, die gesellschaftlich nicht akzeptiert sind und auf wachsende Widerstände bei der Verfolgung wissenschaftlicher Ziele stoßen.

Nun gibt es in jüngerer Zeit Literaten und Geisteswissenschaftler, die bei der Ursachensuche für die Entfremdung von Wissenschaft und Gesellschaft nicht mehr nur auf Physik und Biologie deuten, sondern auf den (vielleicht allzu) bedächtigen Schritt der Geschichtswissenschaft. Wäre es anders, so könnten durchaus notwendige und zurecht verbreitete Bildungsführer, wie etwa Ernst Fischers „Die andere Bildung" (2001), das Dilemma leicht im Alleingang lösen. Seit nämlich Geschichtsbewusstsein und Geschichtswissenschaft nicht mehr nur fragen, was war oder was ist oder auch, wie und warum es so und nicht anders gekommen ist, sondern auch fragen, wie das, was einst gewesen ist, heute erinnert wird, wie also Vergangenheit, als eine Konstruktion des Beobachters, in der Gegenwart präsent ist, gibt es eine methodische Näherung von literarisch-geisteswissenschaftlichen und physikalisch-biologischen Denkweisen. Sie stimulieren gemeinsam den gesellschaftlichen Diskurs neu und haben ihn rasch auf ein ganz anderes Niveau gehoben als auf das der endlosen und fruchtlosen Debatten um die schnelle oder zögerliche Popularisierung naturwissenschaftlich-technischer Erkenntnisse.

Michael Frayn's Dreipersonenstück „Copenhagen" (1998), über den Besuch von Werner Heisenberg im Jahr 1941 bei Niels und Margrethe Bohr in dem von deutschen Truppen besetzten Kopenhagen, hatte vielleicht deshalb einen Welterfolg, weil mit ihm die naturwissenschaftlich seit Heisenberg und Bohr eingewöhnte Polyphonie so in Geschichte (und Literatur) eingezogen ist, dass sie den Menschen rational und emotional als ihre eigene Lebenssituation verständlich wurde. Am Broadway sollen die Menschen die Inszenierung dieses Stückes (schon vor *nine-eleven*) tränenüberströmt verlassen haben. Äußerlich ist dieses Gesprächsdrama noch ein Kind des Physikerdramas der fünfziger und sechziger Jahre des letzten Jahrhunderts. Noch einmal und wieder einmal, so scheint es zunächst, wird die Frage nach der Verantwortung des Naturwissenschaftlers am Beispiel der modernen Physik abgehandelt. Bei genauerem Zusehen aber wird der dramatisch geschürzte Knoten nicht aufgelöst, es gibt keine Katharsis. Frayn diskutiert vielmehr unterschiedliche Möglichkeiten des Gesprächs zwischen zwei genialen Physikern, ohne sich letztlich für eine zu entscheiden. Er verlegt die Entscheidung in die Person des Zuschauers oder des Lesers und führt so das Prinzip der Unbestimmtheitsrelation in die Geschichte ein.

Bekanntlich kennen wir den Inhalt der Gespräche zwischen Heisenberg und Bohr bis heute nicht, obwohl 2002 (zusammen mit anderen Dokumenten) auch der lange umrätselte, nie abgesandte Brief von Bohr an Heisenberg, mit dessen Widerspruch zu Heisenbergs Erinnerung, erschienen ist. Heisenbergs Erinnerungen an den Inhalt des Gesprächs sind seit der Diskussion um Robert Jungks Buch „Heller als tausend Sonnen" 1956/57 bekannt. Aber auch Bohrs spät bekannt gewordene Version ist nur ein Segment aus dem Fächer des Gewesenen, des Erinnerten, des Möglichen. Ernst Peter Fischer hat schon im Februar 2002 von „trügerischer Erinnerung" gesprochen, und Otto Gerhard Oexle hat im Jahr darauf die nach wie vor offene Debatte dem

**Abb. 1.20** Niels Bohr (1885–1962) während einer Vorlesung [15]

Horizont der Erinnerungsgeschichte eingeschrieben. Er hat sich damit (ähnlich wie Klaus Hentschel und Richard Beyler) Frayn's Lösungsvorschlag der gefächerten und standpunktabhängigen Erinnerung zu eigen gemacht und sie (als Historiker) als eine Methode der Wahrheitsfindung anerkannt. Frayn hat in „Copenhagen" wenigstens vier plausible Möglichkeiten des Gesprächsinhalts von 1941 angenommen und sie alle dramaturgisch so in den Zusammenhang seines Stückes eingebettet, dass sie gleichermaßen glaubwürdig erscheinen: die Mitteilung Heisenbergs, dass der Versuch, den deutschen Atomreaktor kritisch werden zu lassen, gescheitert sei; die Mitteilung bewusster Verzögerung der Forschungsarbeiten in Deutschland; der Versuch Heisenbergs, Bohr von der Beteiligung an einem alliierten Atomwaffenprojekt abzuhalten, und sogar Margrethe Bohrs spöttische Behauptung, Heisenberg sei nur nach Kopenhagen gekommen, „um anzugeben". Ob Frayn damit, wie Oexle meint, den „Triumph der Kunst über die Archive" belegt, ist so sicher nicht. Als Dramatiker nämlich hat Frayn versucht, in seiner Figur des Werner Heisenberg einen Charakter zu gestalten, der durch blitzschnelles Denken gekennzeichnet ist, dem aber die Formulierung der Unbestimmtheitsrelation deshalb gelungen sei, weil er – nach Margrethe Bohrs Worten im Stück – „eine natürliche Affinität dazu" gehabt habe. Dem hat Martin Heisenberg, ein Sohn des Physikers, 2001 beim Bamberger Kolloquium der Alexander von Humboldt-Stiftung aus Anlass des 100. Geburtstages von Werner Heisenberg, nachdrücklich widersprochen: Sein Vater sei ein sehr bestimmter und bestimmender Charakter gewesen, Frayn's Heisenberg sei nicht sein Vater. „Richtig", antwortete Michael Frayn damals, „das ist nicht Ihr Vater, das ist *mein* Heisenberg."

Werner Heisenberg, sein Leben und sein Verhalten während der nationalsozialistischen Herrschaft in Deutschland und Europa, seine Freundschaft mit Niels Bohr, der auf der „anderen Seite der Barrikade" stand, sein Einfluss auf die Entwicklung der modernen Physik und deren moralische Beurteilung, ist zu einem modernen Mythos geworden. Heisenberg wurde von der Literatur, der fiktionalen sowohl wie der wissenschaftsgeschichtlichen, zu einem modernen Galilei stilisiert, zur Inkarnation des zwischen Unabhängigkeit, freiem Denken und Verführbarkeit zerrissenen Physikers. Die wissenschaftsgeschichtlichen und die fachwissenschaftlichen Urteile unterscheiden sich dabei erheblich von den familiengeschichtlichen Zeugnissen (Heisenbergs selbst, seiner Frau, seiner Kinder) und auch von den literarischen Darstellungen. Anna Maria Hirsch-Heisenberg, die älteste Tochter des Physikers, hat zwar Frayn's Theaterstück als „sehr anregend und differenziert" gelobt, aber auch bei ihm das über ihren Vater vorherrschende Klischee gefunden, der „den anderen immer um eine Nasenlänge voraus sein musste". Das Beispiel, das sie zum Beweis ihrer Version vom Charakter des Vaters wählte, umfasst in einem anrührenden Bild den ganzen Unterschied zwischen der öffentlichen und der familiären Einschätzung Heisenbergs. Frayn, so Anna Maria Hirsch, berichte, dass sich „Heisenberg das Herz seiner zukünftigen Frau dadurch gewonnen [habe], dass er auf einem Kammermusikabend in Leipzig den letzten Satz eines Beethoven-Klaviertrios – ein Presto – mit besonderem Tempo hingelegt habe. Dabei war es in Wirklichkeit der langsame Satz dieses Trios – ein sehr inniges, gesangvolles ‚Largo con espressione' –, mit dem er meine Mutter erobert hat". Beide Bilder, das der Familie und das von Michael Frayn, müssen sich nicht unbedingt widersprechen, denn der Künstler, der Denker, der Professor Heisenberg war ganz offensichtlich nicht nur im Kreis der Familie ein dem Leben, der Musik, der Dichtung, dem Sport zugewandter Kommunikator, gäbe es da nicht noch ein anderes literarisches Bild von Werner Heisenberg: das des bürgerlichen „Übervaters", eines „Riesen" in der Diskussion und der Argumentation, vor dem sich die Gesprächspartner regelmäßig klein vorkamen. Dieses Bild stammt von Heisenbergs Schwiegersohn Frido Mann, dem Enkelsohn von Thomas Mann. Er hat es in zwei bedeutenden Büchern, dem autobiographischen Roman „Professor Parsifal" (1985) und der Autobiographie „Achterbahn" (2008), entworfen. Zumal die Gespräche über die Studentenbewegung des Jahres 1968 zeigen „den Professor" als eine Thomas Mann ähnliche, in der schneidenden Logik ihrer Argumentation nicht zu widerlegende, aber emotional fremde Autorität einer vergangenen Zeit. Der Triumph der Kunst über die Archive könnte demnach auch ein Triumph der Kunst über die Wirklichkeit sein? Denn die Kunst und die Medien legen Erinnerungsbilder fest, auch gegen unsere Erfahrung und selbst gegen die historische Realität. Sie festigen die „Unbestimmtheitsrelation" als ein Lebensprinzip.

Wer die jüngere Diskursentwicklung im Umkreis von Naturwissenschaft und Gesellschaft beobachtet, findet eine Gewichtsverlagerung von der Physik auf die Biologie. Auch sie geht aus von der charismatischen Persönlichkeit des Niels Bohr. Der viel gelobte französische Romancier Michel Houellebecq nämlich veröffentlichte im gleichen Jahr, in dem Frayn's Stück erschienen ist, einen großen weltdeutenden Roman, der 1999 unter dem Titel „Elementarteilchen" ins Deutsche übersetzt wurde.

Die Brüder Michel und Bruno Djerzinski sind die Hauptfiguren des Romans, in Lebensentwurf und Lebenshaltung sind sie so extrem unterschieden, dass sie wie eine Satire auf den asketisch-wissenschaftlichen Verstand einerseits und die Gier nach allen Facetten des Lebensgenusses andererseits erscheinen. Bezieht man die Frauenfiguren des Romans mit ein, entsteht eine Art Musterkarte des Menschlichen, vom Fanatismus des Erkennens bis zum Fanatismus des Opfersinns. Houellebecq hat – darin Frayn wegen der Quellenlage ähnlich – die intellektuelle Atmosphäre im Umkreis von Niels Bohr eindringlich beschrieben, wobei nicht der Entdeckergeist dieses Physikers Stimulus der Darstellung im Roman ist, sondern dessen Teamfähigkeit, dessen gemeinschaftsbildende Kraft, aus der alle genialen Entdeckungen entstanden sind. Houellebecq hat das Institut für Theoretische Physik in Kopenhagen, das Bohr 1919 gegründet hat und das zu einem Treffpunkt der jungen europäischen Physiker wurde, mit dem legendenumstellten Beginn des abendländischen Denkens verglichen. „Seit den Anfängen der griechischen Philosophie [habe] es nichts Vergleichbares gegeben. In diesem außergewöhnlichen Kontext wurden in den Jahren 1925 bis 1927 die grundlegenden Begriffe der ‚Kopenhagener Deutung' formuliert, die die bestehenden Kategorien Raum, Kausalität und Zeit weitgehend aufhoben." Dieser begeisterten Schilderung gemeinschaftlichen Denkens stellt Houellebecq die Einsamkeit des Denkens von Michel Djerzinski gegenüber, der als Physiker begonnen hat, um physikalisches Wissen dann auf die neue Leitwissenschaft, die Molekularbiologie, anzuwenden. Auch diesem Romancier also geht es um den Zusammenhang des Getrennten, um die Zusammenführung von Expertenkulturen zu einer neuen Weltsicht. Der Autor steht nicht an, sie, im Gefolge des Chiliasmus, als eine dritte Weltwende – nach der Wende von der Antike zum Christentum und vom Mittelalter zur wissensbestimmten Neuzeit – zu beschreiben, als die „in vieler Hinsicht radikalste metaphysische Wandlung, die eine neue Epoche in der Weltgeschichte einleiten sollte". Michel Djerzinski nämlich legt in der erzählten Zeit des Jahres 2009 die theoretischen Grundlagen zur Abschaffung des Menschen durch sich selbst. Das einsame, ganz auf seinen Intellekt zurückgeworfene und nahezu emotionslose Genie entwirft nicht wie die Gruppe um Niels Bohr ein neues, abstraktes Weltbild, sondern – eine neue Spezies. Sie scheint das genaue Gegenbild zu Brechts Galilei zu

**Abb. 1.21** Umschlag der deutschsprachigen Erstausgabe des Romans „Elementarteilchen" von Michel Houellebecq (geb. 1958) unter Verwendung einer Porträtfotografie des Autors [16]

sein, nur dem Denken, nicht mehr den Sinnen ergeben. Auf der Basis von Djerzinskis hinterlassenen Aufzeichnungen wird eine intelligente Spezies geschaffen, der mit Alter, Krankheit, Tod und sexueller Fortpflanzung auch alle sinnlichen Genüsse abhanden gekommen sind. Die erste Schrift, in der dieses Projekt der Öffentlichkeit vorgestellt wird, trägt den Titel „Michel Djerzinski und die Kopenhagener Deutung" und ist trotz des Titels wie eine „lange Meditation über die folgende Bemerkung von Parmenides aufgebaut: ‚Der Akt des Denkens und der Gegenstand des Denkens verschmelzen miteinander'". Das erste Exemplar der neuen Spezies, die der Mensch „ihm zum Bilde, zum Bilde des Menschen" schafft, wird unter großer Medienpräsenz am 27. März 2029 in einem Labor des Instituts für Molekularbiologie in Palaiseau erzeugt. Die scheinbar ungewöhnlichen Endziffern „neun" beziehen sich dabei jeweils auf das Jahr 1969, das Jahr, in dem der erste Mensch den Mond betreten hat, und schließen (bewusst oder unbewusst) an die Strategie der NASA an, die den bemannten Marsflug bekanntlich für das Jahr 2019 plant. Gefeiert wird jetzt die Menschheit, die sich rühmen dürfe, „die erste Spezies der bekannten Welt zu sein, die die Bedingungen geschaffen hat, sich selbst zu ersetzen". So weit klingt Houellebecqs Roman wie eine leidlich spannende Erzählung aus dem Genre der Science-Fiction-Literatur, einer Literatursorte, die heute ins Triviale abgerutscht ist, weil die Realität inzwischen der Phantasie immer einen Schritt voraus ist.

Doch dann gibt es da, fast unmerklich, am Schluss des Buches, noch eine Art von Nachruf, gesprochen von der neuen Spezies auf die Menschen, von denen sie geschaffen wurde, gut 50 Jahre später, also um das Jahr 2079, als nur noch wenige Menschen „der alten Rasse" leben, deren Fortpflanzungsquote sich aber von Jahr zu Jahr verringert. Es ist ein Nachruf auf „jene schmerzbeladene, nichtswürdige Spezies, die sich kaum vom Affen unterschied und dennoch so viele edle Ziele angestrebt hat. Jene gequälte, widersprüchliche, individualistische, streitsüchtige Spezies mit grenzenlosem Egoismus, die manchmal zu Ausbrüchen unerhörter Gewalt fähig war, aber nie aufgehört hat, an die Güte und Liebe zu glauben". Damit gibt sich dieser Roman als ein Text zu erkennen, der beschreibt, was der Fall sein könnte, wenn die jetzt lebende Menschheit sich dem reinen Intellekt ergäbe und sich damit selbst so wandelte, dass keine neue Entwicklungsstufe, sondern eine Mutation stattfände. Allenthalben beginnen ja Wissenschaftler, Genetiker, Klonierungsenthusiasten, Roboterideologen, die Propheten der Biocomputer etc. davon zu träumen, dass intelligente Maschinen, lebende Rechner, egoismusfreie Klone die jetzt lebende Menschheit „als ein gescheitertes Experiment" zurücklassen werden. Michel Houellebecqs Roman beschreibt die Langeweile und die Öde eines solchen „Paradieses" aus Menschenhand. Seine Erzählung ist, auch in der Schnelligkeit der Zeitabläufe, eine Warnung davor, die letzten noch existierenden Grenzen zu überschreiten und den Organismus des Menschen selbst so zu verändern, dass der Mensch nichts anderes mehr ist als ein intelligenter Knoten in dem, was man als „das Bodynet" bezeichnet hat, in einer „Molekülkette, die theoretisch ununterbrochen sein könnte". Houellebecqs Roman ist ein schwaches Gegengewicht gegen den wachsenden Einfluss naturwissenschaftlich gewonnenen Wissens, das Wissen aus Wissen produziert und deshalb (nach G. Steiner) „ein grenzenloses Morgen vor sich" hat. Der letzte Satz der „Elementarteilchen" lautet: „Dieses Buch ist dem Menschen gewidmet." Es ist dem Menschen gewidmet, das heißt den jetzt lebenden Menschen und denen, die nach ihnen kommen werden, die, von der Wissenschaft geängstigt und zugleich fasziniert, immer noch Wesen sein werden, die mit Sinnen und Verstand die Welt, den Kosmos und sich selbst zu erkennen suchen. Die alte Leibnizfrage, „warum denn da nicht nichts" sei, ist in diese Neugier mit eingeschlossen. Sie gehört aber nicht mehr zum Fragenkanon der Physik.

## 1.9 Ein (mögliches) Fazit

Das kollektive Gedächtnis unserer Zivilisation wird unter dem Vorzeichen der Druckkultur, so jedenfalls behauptet der vorstehende Text, in belletristischer Literatur lesbar. Wenn dies aber so ist, dann hat sich die Physik, über ihre fachwissenschaftlichen Ergebnisse hinaus, tief in die kulturelle Erinnerung der Menschheit eingeschrieben. Denn die Physik ist eine wissenschaftliche Disziplin, in welcher die untilgbare Neugier und das Bewusstsein von der Begrenztheit des menschlichen Verstandes unmittelbar aufeinandertreffen. Sie ist eine Disziplin, die sich relativ leicht der Anwendung öffnet, weil im physikalischen Denken das Ganze der Naturgesetze und das daraus abgeleitete Einzelne, die Technik, noch nahe beieinanderliegen. Im Umgang mit der Natur sind schließlich in der Physik Können und Sollen des Menschen sichtbar miteinander verbunden. Seit der Konstruktion der Atombombe gingen die stärksten wissenschaftsethischen Impulse gerade von *den* Physikern aus, die an der Konstruktion der Bombe beteiligt waren und bei den ersten Tests sinnenhaft erfuhren, welche Kräfte sie zu binden und zu entfesseln in der Lage waren. Dieses nur scheinbare Paradox ist Spiegel einer Grundkonstante der Spannung, welche die menschliche Entwicklung begleitet. Die modisch gewordene Versuchung aber, naturwissenschaftliche Neugier und ihre Ergebnisse vor allem unter dem Zeichen der Bedrohung zu lesen, wie dies zum Beispiel Bill Joy, Stephen Hawking und sogar ein so scharfsinniger und angesehener Astrophysiker wie Martin Rees tun, scheint mir wenig nützlich zu sein. Bill Joy's aufsehenerregender Artikel „Why the future doesn't need us" (von April 2000) konnte noch den chiliastischen Ängsten am Beginn eines neuen Jahrtausends zugeschrieben werden. Aber auch Martin Rees, der die Forderung von Bill Joy nach einem Forschungsmoratorium für „ein wenig naiv" hält, entwarf 2003 detailgetreu und kenntnisreich mögliche Szenarien des Weltuntergangs, in denen er unserer Zivilisation im 21. Jahrhundert eine Überlebenschance von lediglich 50 % gab. Selbst die Befürchtung, dass die Welt durch ein Schwarzes Loch gefährdet werden könnte, welches ein Teilchenbeschleuniger erzeugt, ist bei Martin Rees (2003) schon vorgedacht. Im Interview mit Max Rauner (in: „Die Zeit", 2.10.2003) hat er diese Gefahr zwar heruntergespielt, sie aber doch als ein „interessantes Beispiel" bezeichnet, weil der Extremfall die Situation veranschauliche: „Hier haben wir eine sehr, sehr kleine Wahrscheinlichkeit für eine sehr sehr schlimme Katastrophe. Macht man ein physikalisches Experiment und jemand fragt: ‚Wird das die Welt zerstören?', dann muss man diese Person davon überzeugen, dass die Wahrscheinlichkeit kleiner ist als zum Beispiel eins zu einer Trillion." Ich bezweifle, dass sich die Menschen von einer solchen Wahrscheinlichkeitsrechnung beruhigen lassen, wenn ihnen vorher die Extremsituation so anschaulich und bedrohlich wie möglich vor Augen geführt wurde. Die suggestive Kraft des alten Mythos von der Büchse der Pandora, die der Soziologe Richard Sennett als Grund für das heute um sich greifende „Klima rationaler Furcht" anführt, wirkt noch immer lähmend und gefährdend. Ähnlich wie die Geschichte vom Sündenfall des ersten Menschenpaares vermengt der altgriechische Mythos von der Büchse, die aus Neugier geöffnet wird und das in ihr enthaltene Unheil in die Welt entlässt, Risiko und Gefahr und verschleiert die im Risiko mitgegebene Chance.

Den Gefahrenszenarien, die dem Blauen Planeten aus dem All und von seinen Bewohnern drohen, hat der Münchner Astrophysiker Gerhard Börner das tröstliche und wissenschaftlich mindestens ebenso zutreffende Bild vom „Sternenstaub" entgegengesetzt. „In den ersten Vorstufen von Galaxien", sagte er, „die sich formten als das Universum etwa ein Siebtel seiner heutigen Größe aufwies und 300mal dichter war als heute, entstanden auch die ersten Sterne. Im Inneren dieser massereichen Sterne wurden die schweren Elemente – Kohlenstoff, Sauerstoff, Eisen etc. – gebraut. Jedes Kohlenstoff- und Sauerstoffatom in unserem Körper entstand im Inneren eines Sterns, wurde nach dessen Explosion in den innerstellaren Raum geschleudert, um schließlich bei der Entstehung des Sonnensystems auf der Erde zu enden. Wir bestehen buchstäblich aus Sternenstaub. Wir sind Sterne einer zweiten Generation, bei deren Entstehung schon die schweren Elemente zur Verfügung standen [...]." Nach den Jahrhunderten, in denen – Schleiermachers bekanntem Wort zufolge – das Christentum mit der Barbarei, die Wissenschaft mit dem Unglauben gegangen ist, klopft hier die Gottesfrage wieder an die Tür. Der „Mensch" wird vielleicht im neuen Jahrhundert neu erfunden werden und die Wissenschaft wird dabei leitend sein. Aber ihn neu zu erfinden, bedeutet auch, dass alle seine Bilder neu geschaffen werden, die Bilder des Menschen von sich selbst, die Bilder der Natur, der Schöpfung und des Schöpfers. Der Wissenschaftspessimismus erzeugt in diesem Zusammenhang selbst die Gefahren, vor denen zu warnen er vorgibt.

Inmitten der Horrorszenarien, die seit dem Beginn des neuen Jahrhunderts wieder zu wuchern beginnen und durch die von einer Naturkatastrophe ausgelöste Kernschmelze in drei Reaktoren im japanischen Fukushima (2011) reiches und politisch unmittelbar wirksames Anschauungsmaterial bekamen, scheint mir das Denken von Hans Jonas noch immer klärend. Es ist fortschrittskritisch, aber es ergibt sich nicht der neuerdings wieder gepflegten Lust am dramatischen Gemälde kommender Apokalypsen. Jonas plädiert für eine Entschleunigung des Wissenschaftsprozesses, um die Geschwindigkeit dieses Prozesses an die Wirkungszeiten des Irrtums anzupassen. Das ist alles andere als naiv. Eine solche Entschleunigung nämlich scheint mir – trotz aller Unkenrufe – möglich, wenn der Prozess der Erkenntnisgewinnung (also der Prozess der Wissenschaft) zunächst dem Prozess des wirtschaftlichen Wettbewerbs entzogen wird, wenn Wissens- und Produktinnovationen nicht gierig und voreilig aufeinander abgebildet werden. Bei der Grundlagenforschung sei, so lautet die Allerweltsweisheit, immer die Hälfte des Geldes zum Fenster hinausgeworfen. Welche Hälfte, wisse man erst in zehn Jahren. Genau auf diese zehn Jahre kommt es an. Sie könnten der Puffer sein, der die Geschwindigkeit des Fortschritts (strukturell) den Zeiten des Irrtums anpasst. Im Unterschied zu Molekularbiologie und Informationswissenschaften, in denen Erkenntnisse der Grundlagenforschung häufig direkt wirtschaftliche Bedeutung haben, gibt es in der Physik, in der sich Theorie und Experiment ständig gegenseitig kontrollieren, noch Zeiten der Überlegung, das heißt eine Fülle von wissenschaftlichen Fragestellungen und Prozessen, die auf lange Fristen hin angelegt sind und gerade deshalb die nachdenkliche Neugierde stärker fesseln als kurzfristige wirtschaftliche Erfolge.

So ist die Physik eine alte und zugleich eine junge Wissenschaft, die den Menschen deshalb unmittelbar berührt, weil sie die Gesetze der Natur erforscht, unter denen auch der Mensch entstanden ist. Sie beschreibt systematisch alles, was wir über die Natur zu sagen vermögen. Sie betrachtet den Menschen am äußersten Ende einer langen Evolutionsstrecke nicht als das Gegenüber, sondern als Teil der Natur und als eines ihrer Produkte. Deshalb greift zum Beispiel die Erfahrung einer totalen

Sonnenfinsternis so tief in den Haushalt menschlicher Erlebnisfähigkeit ein, weil sie sichtbar belegt, dass und wie die Naturgesetze funktionieren. Die Physik ist auf ein Wissen hingeordnet, das zunächst nicht nach Nutzen und Zweck, nach Kosten und Preis fragt, sondern nach der Möglichkeit, die Grenzen menschlicher Erkenntnis so weit wie möglich hinauszuschieben. Dabei konstituiert der Impuls der Neugier und des Wissens den Menschen als Menschen und ist damit selbst ein Wert, der nicht in Gegensatz zu ethischen Entscheidungen gesehen werden sollte, sondern integrierender Teil jeder dieser Entscheidungen ist. Als ich in den frühen neunziger Jahren des letzten Jahrhunderts das Mainzer Microtron besuchte, das damals als ein Sonderforschungsbereich der Deutschen Forschungsgemeinschaft betrieben wurde, sah ich mich einer großen Schar fortgeschrittener Studenten gegenüber, die als Diplomanden und Doktoranden mit dieser Wundermaschine die Struktur der Materie im subatomaren Bereich zu erforschen strebten. Ich fragte einige an der Maschine arbeitende Studenten, was sie denn hier machten, und erhielt die prompte Antwort: „Wir suchen etwas Neues zu finden." Das war die genaueste Antwort, die gegeben werden konnte. Auch bei der Frage nach dem Nutzen der größten Maschine, die auf der Welt jemals gebaut wurde, des Large Hadron Colliders in Genf, kann die Antwort im Grundsatz nicht anders lauten. Das Kontinuum der Physik also besteht in der Kontinuität ihres Fragens, auch wenn die Methoden zur Lösung dieser Fragen sich im Laufe von 3000 Jahren verändert haben.

Hoch begabte theoretische Physiker wie Heisenberg und Carl Friedrich von Weizsäcker haben nicht zufällig in ihrem Werk immer wieder auf Aristoteles und Platon zurückgegriffen. Heisenberg hat – nach David Cassidy's Formulierung – seine Erinnerungen „in Form eines platonischen Dialogs" abgefasst und über die Vereinbarkeit der symmetrischen Körper Platons mit der Teilchenphysik nachgedacht. Dies belegt doch wohl das Kontinuum wissenschaftlichen Fragens durch die Jahrtausende hindurch, auch wenn es möglich ist, dass durch die zunehmende Kleinteiligkeit wissenschaftlichen Fragens und seine Ökonomisierung dieses Kontinuum gefährdet wird. So scheint mir Physik nicht nur eine „ambulante", auf Kooperation und Internationalität angewiesene Disziplin zu sein, sondern auch eine auf Bildung im emphatischen Sinne hin orientierte Wissenschaft, in der das kritische Urteil mehr zählt als Datenhäufung und Informationsspeicherung. Viele Physiker waren mehrfach begabt, sie waren zugleich Mathematiker, Philosophen, Musiker und Literaten. So nähern sich die theoretischen Physiker der Philosophie in dem Sinne, dass sie ihr Fach nicht als eine wissenschaftliche Disziplin unter anderen verstehen, sondern, darin der Mathematik ähnlich, als eine Grundlagenwissenschaft, die letztlich auch metaphysische Fragen generiert. Carl Friedrich Gauß, der mehr Mathematiker war als Physiker, hatte „die Ergründung der in der Welt liegenden Zahlenverhältnisse" zu seiner Lebensaufgabe gemacht. Er lebte und starb in dem Glauben, dass es hinter diesen Zahlenverhältnissen eine höhere Ordnung geben könnte, die auch dem schärfsten Verstand nicht zugänglich sei. Er soll in seinen letzten Lebenstagen die Lektüre von Humboldts „Kosmos" unwillig abgebrochen haben, weil dessen „Entwurf einer physischen Weltbeschreibung" auf seine Fragen nach einer anderen als der sichtbaren Welt keine Antwort geben konnte. „Er starb", sagte Franz Schnabel, „in der festen Erwartung noch tieferer Einsichten in die Zahlenverhältnisse, die Gott in die Materie gelegt habe." Auch Albert Einstein hat aus der Relativitätstheorie sehr weitgehende persönliche Konsequenzen gezogen und (am 21. März 1955), kurz vor seinem eigenen Tod (am 18. April dieses Jahres), zum Sterben seines alten Freundes Michele Angelo Besso geschrieben: „Nun ist er mir auch mit dem Abschied von dieser sonderbaren Welt ein wenig vorausgegangen. Dies bedeutet nichts. Für uns gläubige Physiker hat die Scheidung zwischen Vergangenheit, Gegenwart und Zukunft nur die Bedeutung einer wenn auch hartnäckigen Illusion." Gauß war wie Einstein weit davon entfernt, aus diesen persönlichen Überzeugungen eine Weltanschauung zu verfertigen und Esoterisches mit Physikalischem quasireligiös zu vermischen. Moderne Bewegungen dieser Art haben sich nicht durchgesetzt.

Die Frage nach einer Weltformel allerdings, der viele Physiker (bisher vergeblich) nachgeforscht haben, ist nicht verstummt. Vermutlich zieht sie noch immer das größte Interesse einer Öffentlichkeit auf sich, die von der Physik ständig neue Überraschungen erwartet und der Vermutung glaubt, dass bei bisher nicht zugänglichen subatomaren Größenordnungen (etwa bei $10^{-31}$ m) eine völlig neue Welt beginnen könnte. Die baldige Entdeckung einer „Weltformel" hält selbst ein so skeptischer Kulturkritiker wie George Steiner für möglich. Ihre Formulierung hat die Freundschaft zwischen Werner Heisenberg und Wolfgang Pauli in eine schwere Krise gestürzt. Heisenberg nämlich, der von der Genialität Paulis zutiefst überzeugt war und nur selten etwas veröffentlicht hat, was Pauli nicht gegengelesen hatte, hat in Diskussion mit dem Freund (1957/58) Grundzüge einer einheitlichen Feldtheorie entworfen, welche die Quantenfeldtheorie mit der Gravitation, damit die klassische Physik mit der Quantentheorie, zu vereinigen schien. Eine Heisenberg-Pauli-Gleichung schien in greifbare Nähe gerückt, und die Preprints sollten am 27. Februar 1958 versandt werden. Da beging Heisenberg im Eifer des Gefechts den Fehler, in einem Vortrag und einem Radiointerview über die noch unausgegorene Theorie zu plaudern. Er behauptete, sie sei in den Grundzügen ausgearbeitet, es fehlten nur noch technische Details. Spätestens zu diesem Zeitpunkt, wenn nicht schon vorher, erwachte in Pauli der alte Widerspruchsgeist und jene Skepsis, die ihn zeitlebens dazu verleitete, sein Oeuvre vor allem in Briefen niederzulegen. Am 1. März 1958 schickte er an George Gamow eine Karte, auf die er ein leeres Quadrat zeichnete. Darüber schrieb er: „Comment on Heisenberg's radio advertisement: ‚This is to show the world, that I can paint like Tizian'." Unter dem leeren Viereck aber vermerkte er: „Only technical details are missing." Obwohl Pauli sich von der Formel distanzierte und dies auch 67 führenden Physikern in einer auf Englisch verfassten knappen Erklärung mitteilte, trug Heisenberg zur Feier von Max Plancks 100. Geburtstag im April 1958 die Theorie vor einem großen Auditorium vor. Sie hat – nicht nur wegen Paulis Widerspruch – keine Karriere in der Physik gemacht. „Eine wissenschaftliche und historische Bewertung ihrer Bedeutung für die Entwicklung der Physik", sagt Cassidy, stehe noch aus.

Erstaunlich und charakteristisch für das Klima mathematischer Klarheit, das in diesen Auseinandersetzungen herrschte, ist nicht so sehr der Entwurf einer so weitreichenden Theorie, die von der Presse zunächst als „new Einstein theory", als „a master key to the universe" gefeiert wurde, sondern die Form der Auseinandersetzung zwischen zwei befreundeten Physikern, durch die Heisenberg noch zehn Jahre nach Paulis Tod (im Dezember 1958) gekränkt war. Die unerbittliche Konsequenz, mit der Pauli die zunächst gemeinsam verfasste Gleichung in der Luft zerriss (sie sei „ein Ersatz für grundlegende Ideen", sagte er öffentlich), belegt ein Wahrheitsstreben, wie es absoluter kaum gedacht werden kann. Für dieses Wahrheits- und Klarheitsstreben aber wurde und wird die Physik unter stärker meinungsgebundenen Wissenschaften gerühmt (und auch deshalb war sie durch den Fälschungsskandal 2002 so tief getroffen). Die Debatte um die Weltformel Heisenbergs wurde nur für kurze Zeit weltweit geführt. Aber die Verführungskraft einer „einheitlichen Feldtheorie" ist ungebrochen. Die Diskussion über eine solche Theorie bewegt sich inzwischen in den Bahnen der „Super-String-Theorie", die alle bekannten Wechselwirkungen der Elementarteilchen zu erklären versucht. Der Ausformulierung der Theorie freilich stehen die alten mathematischen Probleme im Wege, wonach in einem (möglicherweise) aus zehn oder mehr Dimensionen bestehenden Universum die Fundamentalteilchen nicht wie Punkte, sondern wie kleinste schwingende Saiten (strings) verstanden werden müssen. „Bevor Physiker virtuos auf den Saiten [den „strings" dieser Theorie] spielen werden", sagt Dirk Rathje, „müssen sie wohl erst noch eine ganz neue Form von Mathematik entwickeln." Die Physik ist unter anderem wegen solcher Fragen eine der wenigen Wissenschaften, die sich dem modernen Zwang zur Überspezialisierung und zur radikalen Ökonomisierung nicht gebeugt hat. Sie fragt noch immer mit großem Aufwand an Scharfsinn und Geräten und Arbeitsgruppen danach, was die Welt im Innersten zusammenhält.

Dass die Kosten solcher Forschungen, die durch den Einfall in das Innere der Materie immer größere Maschinen und Apparaturen notwendig machen, nicht mehr von einzelnen Staaten getragen werden können, liegt auf der Hand. „Big Science" oder gar „Mega Science" sind kaum noch kontinental, sondern nur noch in internationalen Forschungskooperationen zu leisten. Da die Physik in diesen Bereichen mit den Großprojekten der anderen Naturwissenschaften, aber auch der Medizin und der Geowissenschaften, konkurriert, entscheidet der gesellschaftliche Diskurs darüber, welche Projekte in welcher Größenordnung gefördert werden, und wie die Prioritäten der Förderung zu setzen sind. In der härter werdenden Konkurrenz um Finanzierung und Nachwuchs wird die Physik ebenso wie die anderen Wissenschaften versuchen, die Öffentlichkeit für ihre Fragen und ihre Antworten so zu gewinnen, dass die Erkenntnisfreude die Wissensskepsis übersteigt. Immerhin steigen die Forschungsausgaben weltweit an. Noch in den späten neunziger Jahren des letzten Jahrhunderts gab es keine Nation, die mehr als 3 % ihres Bruttosozialproduktes für Forschung und Entwicklung ausgegeben hat. Inzwischen haben mehrere (auch europäische) Länder diesen Anteil auf 3,5 % und mehr gesteigert. In solchen Wettbewerbszahlen, welche die gesamten öffentlichen und industriellen Forschung- und Entwicklungsausgaben eines Staates umfassen, drückt sich anschaulich der Übergang von der Industrie- zur Wissensgesellschaft aus, der sich schneller vollzieht als wir ahnen. Noch immer gilt dabei, dass die Wissensinnovation ein auf lange Fristen hin angelegter Prozess ist, der, wenn er Erfolg haben soll, ergebnisoffen und mit Hilfe junger, ideenstarker Menschen betrieben werden muss. Dabei ist im Grundlagenbereich die Faustformel zu beachten, wonach sich Forschung zu Entwicklung zu Produktion zeitlich und finanziell wie 1 zu 10 zu 100 verhalten, auch wenn sich diese Formel heute, unter dem Einfluss von Bio- und Informationstechnologie, zu 0,5 zu 10 zu 100 verschoben haben könnte. Der Prozess der Wissensinnovation ist somit zugleich ein Prozess der Sozialisierung vieler junger, für Forschung, Entdeckung und Denken begeisterter junger Menschen, so dass nicht nur die Frage nach den hochwertigen Arbeitsplätzen, die durch Wissenschaft geschaffen werden, zu bedenken ist, sondern auch die Frage nach der Qualität der Ausbildung des wissenschaftlichen Nachwuchses.

Die Verschränkung von Theorie und Experiment, von Formelsprache und Anschaulichkeit versetzt die Physik in die Lage, sehr unterschiedliche Begabungsprofile zu fördern und auf ein breites Spektrum von Talenten anziehend zu wirken. Auch deshalb hat sich in der Physik, nach Theorie, Experiment und Messung, zuerst die Visualisierung und die Simulation komplexer Zustände im Computer als eine neue wissenschaftliche Methode etabliert. So bleibt das Fach, trotz der „biologischen Mondlandung", das heißt trotz der Entschlüsselung des menschlichen Genoms zu Beginn des 21. Jahrhunderts, die Leitdisziplin der Naturwissenschaften, und bildet eine feste, begehbare Brücke zwischen den Naturwissenschaften und den Sozial- und Geisteswissenschaften. Die Erklärung der komplexen (und mit jedem Erkenntnisfortschritt komplexer werdenden) Welt, die immer mehr ist als die Summe ihrer einzelnen Teile, ist und bleibt die Aufgabe der Physik. Die Zeithorizonte, welche physikalische Forschung überschaut und unter denen sie sich entwickelt, sind anders gesteckt als die der Nachbarwissenschaften. Sie bringen die Physik in Verbindung mit der vieltausendjährigen Geschichte der Wissenschaft und erhalten sie zugleich lebendig im Diskurs der Gesellschaft.

## *Hinweise*

*Zitiert werden u. a. folgende Texte und Studien:*

1. *Vorbemerkung:* Adalbert Evers und Helga Novotny: Über den Umgang mit Unsicherheit. Die Entdeckung der Gestaltbarkeit von Gesellschaft. Frankfurt am Main 1987 – David Gugerli: Redeströme. Zur Elektrifizierung der Schweiz 1880–1914. Zürich 1996 – Wilhelm Weischedel in Zusammenarbeit mit Wolfgang Müller-Lauter und Michael Theunissen (Hgg.): Idee und Wirklichkeit einer Universität. Dokumente zur Geschichte der Friedrich-Wilhelm-Universität zu Berlin. Berlin 1960.
2. *Das Zeitalter der Naturforschung:* Alexander von Humboldt: Ansichten der Natur, mit wissenschaftlichen Erläuterungen. 2 Bde. Dritte verbesserte und vermehrte Auflage. Stuttgart und Tübingen 1849 – Alexander von Humboldt: Kosmos. Entwurf einer physischen Weltbeschreibung. 6 in 5 Bdn. Stuttgart und Tübingen 1845–1862 – Ereignis Weimar. Anna Amalia, Carl August und das Entstehen der Klassik 1757–1807. Katalog zur Ausstellung im Schlossmuseum Weimar hg. von der Klassik-Stiftung Weimar und dem Sonderforschungsbereich 482 ‚Ereignis Weimar-Jena. Kultur um 1800' der Friedrich Schiller-Universität Jena. Weimar 2007 – Kurt-R. Biermann: Alexander von Humboldt. 4. Auflage. Leipzig 1990 – Ottmar Ette: Weltbewusstsein. Alexander von Humboldt und das unvollendete Projekt der Moderne. Weilerswist 2002 – Daniel Kehlmann: Die Vermessung der Welt. Reinbek bei Hamburg 2005 – Gerhard Müller: Vom Regieren zum Gestalten. Goethe und die Universität von Jena. Heidelberg 2006 – Franz Wieacker: Gründer und Bewahrer. Rechtslehrer der neueren deutschen Privatrechtsgeschichte. Göttingen 1959 – Theodore Ziolkowski: Das Wunderjahr in Jena. Geist und Gesellschaft 1794/95. Stuttgart 1998.
3. *Naturwissenschaft als Teil der allgemeinen Geschichte:* Die Familie Mendelssohn 1729 bis 1847. Nach Briefen und Tagebüchern hg. von Sebastian Hensel. Mit zeitgenössischen Abbildungen und einem Nachwort von Konrad Feilchenfeldt. Frankfurt am Main 1995 – Thomas Nipperdey: Deutsche Geschichte 1800–1866. Bürgerwelt und starker Staat. München 1983 – Thomas Nipperdey: Deutsche Geschichte 1866–1918. 2 Bde. München 1990–1992 – Helmut Rechenberg: Hermann von Helmholtz. Bilder seines Lebens und Wirkens. Weinheim u. a. 1994 – Franz Schnabel: Deutsche Geschichte im neunzehnten Jahrhundert. Die Erfahrungswissenschaften. Die moderne Technik und die deutsche Industrie.

Freiburg im Breisgau 1965 (Herder-Bücherei Bde. 207 und 208) – Ulrich Wengenroth: Historische Aspekte des Forschungs- und Innovationsprozesses. In: Von der Hypothese zum Produkt. Verbesserung der Innovationsfähigkeit durch Neuorganisation der öffentlich finanzierten Forschung? Stifterverband für die Deutsche Wissenschaft. Villa Hügel-Gespräch 1994, S. 25–33, 149f.

4. *Fachkongresse und ihr „geselliger Zweck":* Zu Helmholtz vgl. Rechenberg unter Abschnitt 3 – Zum Kongress der GDNÄ 1828 in Berlin vgl. Sebastian Hensel unter Abschnitt 3 – Dieter Hoffmann und Mark Walker: Physiker zwischen Autonomie und Anpassung. Weinheim 2007 – Der Wissenschaftsmacher. Reimar Lüst im Gespräch mit Paul Nolte. München 2008.

5. *Theorie, Erfahrung, Experiment:* Freeman J. Dyson: Die Sonne, das Genom und das Internet. Wissenschaftliche Innovation und die Technologien der Zukunft. Frankfurt am Main 2000 – Von Ernst Peter Fischer nenne ich, an Stelle einer Fülle von Büchern, nur zwei Texte: Die andere Bildung. Was man von den Naturwissenschaften wissen sollte. Berlin 2001; Einstein trifft Picasso und geht mit ihm ins Kino oder Die Erfindung der Moderne. München und Zürich 2005 – Michael Frayn: Kopenhagen. Stück in zwei Akten. Deutsch von Inge Greiffenhagen und Bettina von Leoprechting. Mit einem Nachwort des Autors. Anhang: Zwölf wissenschaftshistorische Lesarten zu ‚Kopenhagen' zusammengestellt von Matthias Dörries. Göttingen 2001 – Jürgen Habermas: Die Zukunft der menschlichen Natur. Auf dem Weg zu einer liberalen Eugenik? Frankfurt am Main 2001 – Klaus Mainzer: Computer – Neue Flügel des Geistes? Die Evolution computergestützter Technik, Wissenschaft, Kultur und Philosophie. Berlin und New York 1994 – Sandra Mitchell: Komplexitäten. Warum wir erst anfangen, die Welt zu verstehen. Frankfurt am Main 2008 (edition unseld 1) – Anton Zeilinger: Einsteins Schleier. Die neue Welt der Quantenphysik. München 2003 – Anton Zeilinger: Einsteins Spuk. Teleportation und weitere Mysterien der Quantenphysik. München 2005.

6. *Kontexte der Naturwissenschaft:* Zu Gugerli vgl. Vorbemerkung – Zu Helmholtz vgl. Rechenberg unter Abschnitt 3 – Hugo von Hofmannsthal: Das Theater des Neuen. Eine Ankündigung. In: Hugo von Hofmannsthal: Gesammelte Werke. Dramen III 1893–1927. Hg. von Bernd Schoeller in Beratung mit Rudolf Hirsch. Frankfurt am Main 1979, S. 503–513 – Rolf Landua: Am Rand der Dimensionen. Gespräche über die Physik am CERN. Frankfurt am Main 2008 (edition unseld 3) – Odo Marquard: Apologie des Zufälligen. Stuttgart 1986 (darin vor allem: Über die Unvermeidlichkeit der Geisteswissenschaften, S. 98–116) – Zu Schnabel vgl. Abschnitt 3 – George Steiner: Grammatik der Schöpfung. München und Wien 2001 – Carl Friedrich von Weizsäcker: Zum Weltbild der Physik. 14. Auflage. Mit einem Vorwort von Holger Lyre. Stuttgart und Leipzig 2002 – Stefan Zweig: Die Welt von Gestern. Erinnerungen eines Europäers. Stockholm 1944.

7. *Die Bombe:* Bertolt Brecht: Leben des Galilei. In: B.B.: Gesammelte Werke. Hg. vom Suhrkampverlag in Zusammenarbeit mit Elisabeth Hauptmann. Bd. 3. Frankfurt am Main 1967, S. 1229–1345 – Friedrich Dürrenmatt: Die Physiker. Eine Komödie in zwei Akten. Neufassung 1980. Zürich 1985 (die „21 Punkte zu den Physikern" ebd.) – Friedrich Dürrenmatt: Erzählung vom CERN. In: Das Dürrenmatt-Lesebuch. Hg. von Daniel Keel. Mit einem Nachwort von Heinz Ludwig Arnold. Zürich 1991 – Wolfgang Frühwald: Der Zerfall des Individuums. Über szientifisches Erschrecken in der Literatur. Heidelberg 1993 – Wolfgang Frühwald: Vorspiel der Globalisierung. Die Emigration deutscher Wissenschaft-

ler 1933 bis 1945 und das Ende der Bürgerlichkeit. In: Nova Acta Leopoldina NF 97, Nr. 358 (2008), S. 211–225 – Dieter Hoffmann (Hg.): Operation Epsilon. Die Farm Hall-Protokolle. Berlin 1993 – Eva Horn: Der geheime Krieg. Verrat, Spionage und moderne Fiktion. Frankfurt am Main 2007 – Michel Houellebecq: Elementarteilchen. Roman. Aus dem Französischen von Uli Wittmann. Köln 1999 – Hans Henny Jahnn: Die Trümmer des Gewissens. Hamburg 1961 – Zu Landua vgl. Abschnitt 6 – Helga Raulff: Strahlungen. Atom und Literatur. Mit zum Teil unveröffentlichten Texten von Hermann Broch, Hans Blumenberg und Karl Löwith, kommentiert von Marcel Lepper, Jan Bürger und Reinhard Laube. Marbacher Magazin 123/124, 2008 – Mark Walker: Otto Hahn. Verantwortung und Verdrängung. Berlin 2003 (Forschungsprogramm „Geschichte der Kaiser Wilhelm-Gesellschaft im Nationalsozialismus". Ergebnisse 10) – Carl Zuckmayer: Das Kalte Licht. Drama in drei Akten. Berlin und Frankfurt am Main 1955 (vgl. dazu auch: Gunther Nickel und Ulrike Weiß: Carl Zuckmayer 1896–1977. „Ich wollte nur Theater machen". Katalog der Ausstellung in Marbach und in Mainz. Stuttgart 1996).

8. *Historisches und physikalisch-naturwissenschaftliches Denken:* Richard H. Beyler: Rahmenbedingungen und Autoritäten der Physikergemeinschaft im Dritten Reich. In: Hoffmann/Walker (s. Abschnitt 4), S. 59–90 – Zu Bohrs Erinnerungen an die Gespräche mit Heisenberg 1941 vgl. „Release of documents relating to 1941 Bohr-Heisenberg meeting", www.nba.nbi.dk – David C. Cassidy: Werner Heisenberg. Leben und Werk. Heidelberg und Berlin 2001 – Ernst Peter Fischer: Werner Heisenberg - Das selbstvergessene Genie. München 2001 – Zu Frayn vgl. Abschnitt 5 – Jürgen Habermas: Theorie des kommunikativen Handelns. Bd. II: Zur Kritik der funktionalistischen Vernunft. Frankfurt am Main 1981 – Elisabeth Heisenberg: Das politische Leben eines Unpolitischen. Erinnerungen an Werner Heisenberg. München 1980 – Werner Heisenberg: Der Teil und das Ganze. Gespräche im Umkreis der Atomphysik. München 1973 – Anna Maria Hirsch-Heisenberg: Werner Heisenberg: Liebe Eltern! Briefe aus kritischer Zeit 1918 bis 1945. München 2003 – Klaus Hentschel: Misstrauen, Verbitterung und Sentimentalität. Zur Mentalität deutscher Physiker in den ersten Nachkriegsjahren. In: Hoffmann/Walker (s. Abschnitt 4), S. 301–358 – Zu Houellebecq vgl. Abschnitt 7 – Robert Jungk: Heller als tausend Sonnen. Das Schicksal der Atomforscher. Stuttgart 1956 – Frido Mann: Professor Parsifal. Autobiographischer Roman. München 1985 – Frido Mann: Achterbahn. Ein Lebensweg. Reinbek bei Hamburg 2008 – Otto Gerhard Oexle: Hahn, Heisenberg und die anderen. Anmerkungen zu ‚Kopenhagen', ‚Farm Hall' und ‚Göttingen'. Berlin 2003 (Forschungsprogramm „Geschichte der Kaiser Wilhelm-Gesellschaft im Nationalsozialismus". Ergebnisse 9) – Reinhold Schneider: Der Balkon. Aufzeichnungen eines Müßiggängers in Baden-Baden. Wiesbaden 1957 – Reinhold Schneider: Winter in Wien. Aus meinen Notizbüchern 1957/58. Freiburg, Basel, Wien 1958 – Zum „bodynet" vgl. Steiner: Grammatik der Schöpfung (s. Abschnitt 6).

9. *Ein (mögliches) Fazit:* Zu Gerhard Börner vgl.: Wolfgang Frühwald: Blaupause des Menschen. Streitgespräche über die beschleunigte Evolution. Mit Beiträgen von Konrad Beyreuther, Johannes Dichgans, Karl Lehmann, Wolf Singer sowie einem Gespräch mit Durs Grünbein. Berlin 2009 – Charles P. Enz: No time to be brief. A scientific biography of Wolfgang Pauli. Oxford 2002 – Albrecht Fölsing: Albert Einstein. Eine Biographie. Frankfurt am Main 1993 – Hans Jonas: Das Prinzip Verantwortung. Versuch einer Ethik für die technologische Zivilisati-

on. Frankfurt am Main 1984 (Taschenbuchausgabe) – Hubert Mania: Gauß. Eine Biographie. Reinbek bei Hamburg 2008 – Bill Joy: Why the future doesn't need us. www.wired.com – Zur Gottesfrage vgl. Franz Kardinal König: Die Gottesfrage klopft wieder an unserer Tür. Vorwort zu: Carlo Maria Martini/Umberto Eco: Woran glaubt, wer nicht glaubt? Wien 1998 – Faksimile der Karte von Pauli an Gamow bei Wolfgang Steinicke: Wolfgang Pauli – Leben und Werk. www.klima-luft.de – Dirk Rathje: Das Universum als Symphonie: Stringtheorie. www.weltderphysik.de – Martin Rees: Our final century? Will the human race survive the twenty-first century? London 2003 – Richard Sennett: Handwerk. Berlin 2008.

## *Bildquellen*

[1] Entnommen aus: Busse, Friedrich: Encyclopedia of Geomagnetism and Paleomagnetism, Springer-Verlag, Buch DOI: 10.1007/978-1-4020-4423-6
[2] Mit freundlicher Genehmigung durch: Gauss-Gesellschaft/Universität Göttingen (2005). Foto: A. Wittmann.
[3] Autorenarchiv Michael Stöltzner, entnommen aus: Hoffmann, Dieter: Max Planck und die moderne Physik, Springer-Verlag, Buch DOI: 10.1007/978-3-540-87845-2
[4] Archiv der Max-Planck-Gesellschaft, Beitrag Hubert Goenner in Hoffmann, Dieter: Max Planck und die moderne Physik, Springer-Verlag, Buch DOI: 10.1007/978-3-540-87845-2
[5] Entnommen aus: Beech, Martin: The Large Hadron Collider, Springer-Verlag, Buch DOI: 10.1007/978-1-4419-5668-2
[6] Quelle: Pietsch, L. (1901). Knaus. Bielefeld: Velhagen & Klasing. Entnommen aus: Pantalony, David: : Altered Sensations, Springer-Verlag, Buch DOI: 10.1007/978-90-481-2816-7
[7] Quelle: Universität Göttingen
[8] Archiv zur Geschichte der Max-Planck-Gesellschaft. Entnommen aus: Sime, Ruth Lewin: Journal Physics in Perspective Vol. 12 Issue 2, DOI: 10.1007/s00016-009-0013-x
[9] Bundesarchiv, Public domain seit 1948. Entnommen aus: Olivotto, Cristina; Testa, Antonella: Journal Physics in Perspective Vol. 12 Issue 4, DOI: 10.1007/s00016-010-0027-4
[10] Entnommen aus: Wolfsberg, Max; van Hook, W. Alexander; Paneth, Piotr et al.: Isotope Effects in the Chemical, Geological, and Bio Sciences, Springer-Verlag, Buch DOI: 10.1007/978-90-481-2265-3
[11] Los Alamos Laboratory, Gregory Walker von Trinity Atomic Website www.cddc.vt.edu/host/atomic/. Entnommen aus: Buick, Tony: The Rainbow Sky, Springer-Verlag, Buch DOI: 10.1007/978-1-4419-1053-0
[12] Bundesarchiv B 145 Bild-00048475
[13] Friedrich Dürrenmatt, Die Physiker. Eine Komödie in zwei Akten. Neufassung 1980, 32. Auflage, Diogenes Verlag, Zürich 2001
[14] Bundesarchiv Bild 102-15321
[15] Entnommen aus: Beech, Martin: The Large Hadron Collider, Springer-Verlag, Buch DOI: 10.1007/978-1-4419-5668-2
[16] Taschenbuchausgabe (Verlag Rowohlt, 2006) von Michel Houellebecqs Roman „Elementarteilchen", unter Verwendung des Umschlags der deutschsprachigen Erstausgabe (1999). Preis: 9,99 €, 384 Seiten

# 2 Was heißt und zu welchem Ende studiert man Chaos?

Siegfried Großmann

## Vorwort

Im Jahre 1789 hielt Friedrich Schiller (1759–1805), damals 30 Jahre alt, in Jena seine Antrittsvorlesung als unbesoldeter Professor für Geschichte und Philosophie zum Thema „Was heißt und zu welchem Ende studiert man Universalgeschichte?" Warum diese Erinnerung? Zunächst natürlich wegen der Trefflichkeit der Formulierung. Des weiteren, um durch disziplinenübergreifende Reverenz an Friedrich Schiller die ebenfalls disziplinenübergreifenden jüngsten Erkenntnisse über nichtlineare, komplexe, chaotische Systeme anzukündigen, mit dem Anspruch, dabei nicht im fachspezifischen Jargon zu versinken. Und schließlich, um den Bezug auf andere, möglicherweise medienwirksame aber sachlich falsche neuere Überschriften zu vermeiden, etwa auf das Thema eines Features, das 1989 vom NDR ausgestrahlt wurde: „*Werft Eure alten Gleichungen auf den Schrott.*" Klingt zwar kurz und bündig, ist aber trotzdem Unsinn. Tun Sie's nicht! Sie können sie noch gut gebrauchen.

## 2.1 Einleitung

Die Physik ist ein Musterbeispiel für das, was man gemeinhin eine exakte Naturwissenschaft nennt. Physiker lauschen der Natur Gesetze ab. Hierfür werden Begriffe entwickelt und mit ihnen Naturgesetze sehr präzise in der Sprache der Mathematik formuliert. Diese werden wieder und wieder experimentell verifiziert, sei es direkt und gezielt, sei es indirekt, indem man Folgerungen aus ihnen bestätigt oder nutzt. Gehören die Gesetze erst einmal zum belastbaren Schatz unserer Naturerkenntnisse, verlassen wir uns auf sie ohne wenn und aber, ohne den leisesten Zweifel. Wir vertrauen der Mechanik, der Elektrodynamik, der Strömungsphysik, der Quantenphysik usw. unser Leben an, etwa indem wir im ICE mit 300 km/h über die Gleise rasen, im Airbus nach New York fliegen, streckenweise vom Autopiloten gesteuert, indem wir in Operationen mit scharfen Laserstrahlen einwilligen, usw.

Siegfried Großmann (✉)
Cölber Weg 18, 35094 Lahntal
E-mail: grossmann@physik.uni-marburg.de

Der Physik begegnen wir in der Natur, in der wir leben, auf Schritt und Tritt, so vielfältig und allgegenwärtig, dass wir ihre Gesetzmäßigkeiten oft kaum mehr wahrnehmen, wenn sie nicht gerade etwas Ungewohntes, Überraschendes bewirken. Physikalische Gesetze erlauben uns kausales Handeln, indem wir Ursachen so setzen, dass gewollte Wirkungen daraus entstehen. Sie erlauben uns, die Folgen von Entscheidungen vorhersagbar zu machen und damit verantwortlich handeln zu können. So glauben wir es und so gibt es in der Geschichte offenbar bestätigende Beispiele zu Hauf. So soll etwa schon Thales von Milet (um 640 bis 547 v. Chr.) erfolgreich eine Sonnenfinsternis für den 28. Mai 585 v. Chr. vorhergesagt haben, in ihrer Wirkung noch dadurch verstärkt, als es gerade um den Kampf gegen die Lydier ging.

Gottfried Wilhelm Leibniz (1646–1716) drückte sein Verständnis von Vorhersagbarkeit in seiner Schrift *„ Von dem Verhängnisse"* 1695 so aus: *„Dass sich alles durch feststehende, unzweifelhafte Bestimmung weiterentwickelt, ist ebenso sicher wie dass 3 mal 3 gleich 9 ist. [. . . ] Wenn zum Beispiel eine Kugel im freien Raum auf eine andere Kugel trifft und wenn beider Größen und Geschwindigkeiten und Richtungen vor dem Stoß bekannt sind, dann können wir berechnen und vorhersagen, wie sie gestreut und welche Bahnen sie nach dem Stoß machen werden. Das folgt aus sehr einfachen Gesetzen, die auch gelten, wenn beliebig viele andere Kugeln oder Objekte vorhanden sind. Daraus erkennt man, dass alles in der ganzen weiten Welt mathematisch vorangeht, also unfehlbar, so dass, falls jemand hinreichende Kenntnis beziehungsweise Einsicht in die innere Struktur der Dinge und außerdem genug Erinnerungsvermögen und Intelligenz hätte, um alle Umstände in Betracht zu ziehen, er ein Prophet sein würde, der die Zukunft wie in einem Spiegel sähe."*

Solches wurde schon lange vor Pierre Simon Marquis de Laplace (1749–1827) gesagt, dessen berühmter „Laplacescher Dämon" in diesem Zusammenhang gern zitiert wird. Durch die Fortschritte in den Naturwissenschaften entwickelte sich aus dem homo sapiens (dem weisen, gebildeten Menschen), der homo sciens (der wissende Mensch), schließlich der homo scientificiens (der Wissenschaft betreibende Mensch). Welches Selbstbewusstsein etwa spricht aus den Worten Georg Christian Lichtenbergs (1742–1799), wenn er in seinem *Taschenbuch zum Nutzen und Vergnügen für's Jahr 1779 nebst Göttinger Kalender vom Jahr 1779* (Dieterichsche Verlagsbuchhandlung, Mainz, Neuauflage 1997) unter dem Stichwort „Zeitrechnung auf das Jahr 1779" auf den Seiten 2 ff. knapp und präzise schreibt:

*„Die astronomischen Rechnungen geben in diesem Jahre überhaupt fünf Finsternisse, drey an der Sonne und zwo am Monde, davon aber in Göttingen nur eine an der Sonne und eine am Monde sichtbar ist.*

*Die erste ist eine unsichtbare Sonnenfinsterniß, den 16 May Morgens. . . .*

*Die zwote ist . . . .*

*Die dritte ist eine sichtbare Sonnenfinsterniß, welche sich den 14. Junius des Mittags eräugnet. Zu Göttingen ist ihr Anfang Morgens um 8 Uhr 9 Minuten 42 Secunden. Die Mitte um 8 Uhr 45 Minuten 26 Secunden. Das Ende um 9 Uhr 23 Minuten 2 Secunden. Ihre Größe 2 Zoll 7 Minuten; Dauer 1 Stunde 13 Minuten 20 Secunden".*

In jüngerer Zeit haben wir jedoch in der Frage der Vorhersagbarkeit wesentliche neue Einsichten gewonnen, die unseren lange währenden bedingungslosen Glauben an Kausalität, Determiniertheit und Vorhersagbarkeit der physikalischen Welt und der Natur überhaupt kräftig korrigieren, ihn in (angebbare!) Schranken verweisen. Marksteine sind Arbeiten von Henri Poincaré (1854–1912) und Edward N. Lorenz (1917–2008), letzterer mit seiner bahnbrechenden Arbeit aus 1963 [1], mit vorbereitet von Barry Saltzman (1931–2001) [2]. Inzwischen ist deutlich, dass es die rasante Entwicklung moderner Rechner war, die uns erst die Augen für etwas öffnete, was der klassische Determinismus zwar nicht grundsätzlich übersehen hatte, dessen Auswirkungen aber so unklar blieben, dass sich neben der klassischen, für kausal gehaltenen Mechanik als etwas scheinbar ganz Verschiedenes die Statistische Physik des Zufallsgeschehens entwickelte, in der nur über Wahrscheinlichkeiten ausgesagt wurde. Zwar war das für die Entwicklung der Quantenmechanik vielleicht eine glückliche Fügung, doch blieb der auch in der makroskopischen, klassischen Welt enge Zusammenhang zwischen deterministischen Gesetzen und trotzdem offenkundig unvorhersagbaren zeitlichen Abläufen im Nebel. Heute wissen wir es besser. Die moderne Physik der nichtlinearen, komplexen, chaotischen Systeme widmet sich diesem Feld.

Die leitenden Fragestellungen dieses Kapitels, die *„Frageleuchttürme"*, sollen deshalb sein: Ist das Naturgeschehen vorhersagbar? Warum gibt es unregelmäßiges, scheinbar statistisches Verhalten in der Natur trotz so vieler mathematisch präzise formulierbarer Naturgesetze? Welche unterschiedlichen (oder gleichen?) Wurzeln haben die ja auch zu beobachtenden geordneten Strukturen und regelmäßigen Musterbildungen, wo es doch gleichzeitig chaotische Zeitabläufe gibt? Wie kann man „Chaos" verstehen, es begrifflich beschreiben und gar „berechnen"? Und wie verträgt es sich mit oft hoch ausdifferenzierter Strukturbildung und Ordnung im Naturgeschehen?

Diese Fragen werden zunächst phänomenorientiert in breiter interdisziplinärer Sicht untersucht. Daraus wird ein einfaches Modell entwickelt, das die wesentlichen Eigenschaften chaotischer Dynamik zu verstehen gestattet. Sodann wird detailliert aber exemplarisch dargelegt, warum und wie die bekannten und gut verifizierten physikalischen Gesetze zu einer chaotischen Zeitentwicklung führen. Dieser Teil eignet sich auch für die Seminararbeit oder zum eigenständigen Gruppenstudium. Wiederum exemplarisch werden danach einige mathematische Methoden der nichtlinearen chaotischen Dynamik dargelegt, auf anspruchsvollem Niveau. Am Beispiel der diskreten nichtlinearen Abbildungen als Spiegelbild realer Naturgesetze werden das Miteinander von Chaos und wunderbarer Ordnung besprochen, was sich gut zum Selbststudium mit dem Computer eignet. Einige Fragen werden sich bis dahin aufgedrängt haben, die wiederum exemplarisch in lockerer Folge besprochen werden, beispielsweise wie gut sind eigentlich numerische Ergebnisse angesichts empfindlicher Störanfälligkeiten komplexer Systeme? So erschließt sich physikalisches Naturgeschehen in einer Weise, die Determiniertheit und Statistik, Ordnung und Chaos als Einheit zu verstehen gestattet, die man wieder und wieder in der Natur beobachtet. – Die Darstellung soll zum Lehren wie zum selbstständigen Lernen, einzeln oder in Gruppen gleichermaßen geeignet sein und auch anregen.

## 2.2 Chaos: Das Phänomen

Manchmal scheint es ärgerliche oder gar dramatische Schwierigkeiten mit der Vorhersagbarkeit und dem Verständnis kausaler Zusammenhänge zu geben. Wer hat sich nicht gewundert, dass die Vorhersage der unheilvollen Bahn des Hurrikans Katrina (siehe Abb. 2.1) so mangelhaft war, dass es für verantwortbare Vorsorge zu spät wurde? – Wie unvorbereitet traf das Schneechaos im Herbst 2006 das Münsterland (und warum gerade das Münsterland?), als über längere Zeit die gesamte Stromver-

**Abb. 2.1** Höhenaufnahme des Wirbelsturms Katrina am 29.8.2005. Aus: Wikipedia, Internet; Quelle: NASA-Aufnahme © Cooperative Institute for Meteorological Satellite Studies/University of Wisconsin-Madison, USA

sorgung, der Zugverkehr und anderes zusammenbrachen. – Oder, warum erschienen während vieler Jahre langfristige Klimaprognosen so unsicher, dass sie als nicht recht belastbar angesehen und folglich die notwendigen politischen Entscheidungen viel zu lange herausgezögert wurden?

Was soll man denn schließen aus den Beobachtungen des erdgeschichtlichen Klimaverlaufs in Abb. 2.2? Oder betrachten Sie Abb. 2.3: Wenn man sich die gestrichelte Linie und die beiden dunkleren Balken zwischen 7–8 °C und 9–10 °C wegdenkt, ist die Aussage vom Temperaturanstieg auf Grund der heftigen Temperatur-

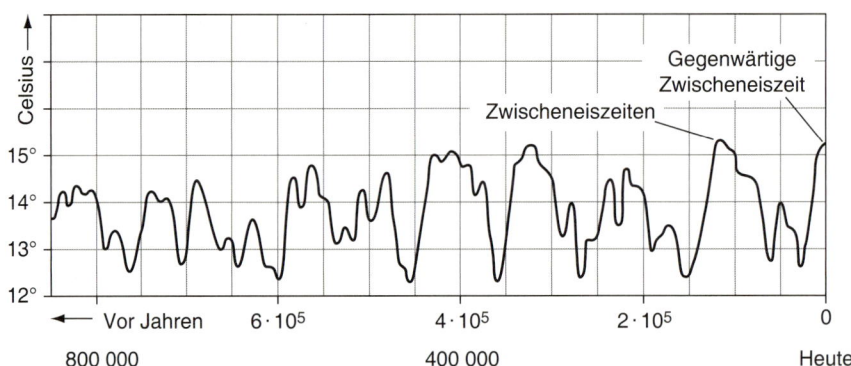

**Abb. 2.2** Die unregelmäßige und für die Zukunft schwer voraussehbare Entwicklung der mittleren Lufttemperatur der Erdatmosphäre während der letzten zirka 1 Million Jahre, abgeleitet aus dem Eisvolumen. Aus: National Geographics, November 1976

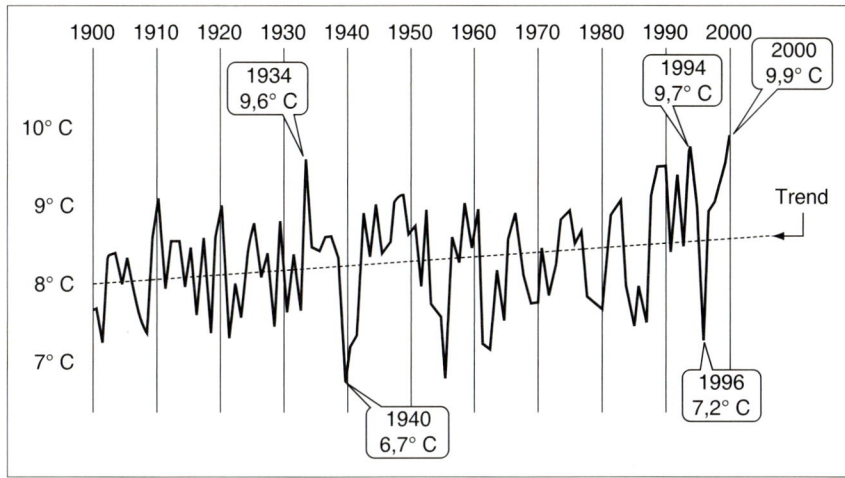

**Abb. 2.3** Die zeitliche Entwicklung der Jahrestemperatur in Deutschland. Aus: Oberhessische Presse vom Samstag, dem 24.2.2001. Quelle: Deutscher Wetterdienst; Graphik: dpa

Schwankungen nicht so richtig überzeugend ablesbar. Langsam erst wurden die Belege handfester. Heute ist es eher umgekehrt, niemand zweifelt mehr und hinterfragt medienwirksame Horrormeldungen.

Was kann man über die Physik der Atmosphäre aus gezielten Experimenten lernen? Ein solches die Erdatmosphäre simulierendes Experiment kennen wir seit Henri Bénards Doktorarbeit (Paris, 1900), siehe Abb. 2.4. Der Wärmestrom $Q$ durch die Flüssigkeitsschicht lässt sich durch den Temperaturunterschied $\Delta$ zwischen der unteren und oberen Deckplatte sowie deren Abstand $H$ einstellen und kontrollieren. In

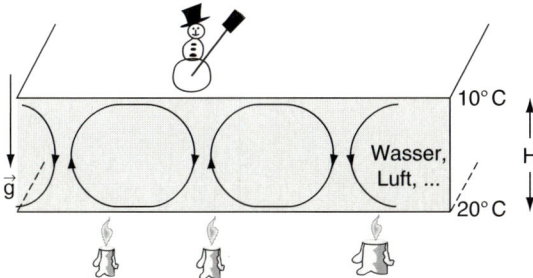

**Abb. 2.4** In einer von unten erwärmten Flüssigkeit, z. B. Wasser, Luft, o. a., entwickelt sich eine Strömung, die den Wärmetransport von der unteren warmen zur oberen kühlen Platte vergrößert, je nach Temperaturunterschied um ein Vieltausendfaches im Vergleich zum molekularen Wärmestrom. Mit diesem Experiment, erstmals von Henri Bénard ersonnen und später von Lord Rayleigh analysiert, kann man die Erdatmosphäre über der durch Sonneneinstrahlung erwärmten festen Erdoberfläche und ihrem kalten diffusen oberen Rand experimentell gezielt simulieren. Der Temperaturunterschied $\Delta = T_u - T_o$ zwischen unten und oben lässt sich auf Bruchteile von Graden einstellen, die Höhe $H$ der Flüssigkeitsschicht ist wählbar, durch Auswahl der Flüssigkeit kann man deren Materialparameter (die kinematische Viskosität $\nu$, die Temperaturleitfähigkeit $\kappa$ und den isobaren Ausdehnungskoeffizienten $\alpha_p$) geeignet variieren. Die dimensionslose Größe, die die Stärke des thermischen Auftriebs kennzeichnet, ist die Rayleigh-Zahl Ra $= \frac{g \alpha_p H^3 \Delta}{\nu \kappa}$. Hier ist $g$ die Erdbeschleunigung. Heute lassen sich im Labor Ra-Zahlen bis etwa $10^{17}$ erreichen. Auf der Sonne ist Ra von der Ordnung $10^{21}$

der Erdatmosphäre sorgt dieser Wärmestrom $Q$ für die Abkühlung der Erde unter klarem Himmel. Im Rayleigh-Bénard Experiment lernt man, dass er mit dem thermischen Antrieb Ra in gewisser Näherung wie ein Potenzgesetz ansteigt,

$$Q \propto \text{Ra}^\beta \propto (H^3 \Delta)^\beta \ . \tag{2.1}$$

Der Exponent $\beta$ variiert allerdings leicht mit Ra und Prandtl Zahl $\text{Pr} = \nu/\kappa$; typische Werte liegen zwischen $1/5$ und $1/3$; es gilt also kein strenges Potenzgesetz. – Fast im wörtlichen Sinne „aus den Wolken" fiel Günter Ahlers [3], als er sich den Wärmestrom genauer ansah, er ihn hinreichend genau zu messen gelernt hatte. Zu seiner Verblüffung, die ihn an seiner Beobachtung zweifeln ließ, schwankte dieser näm-

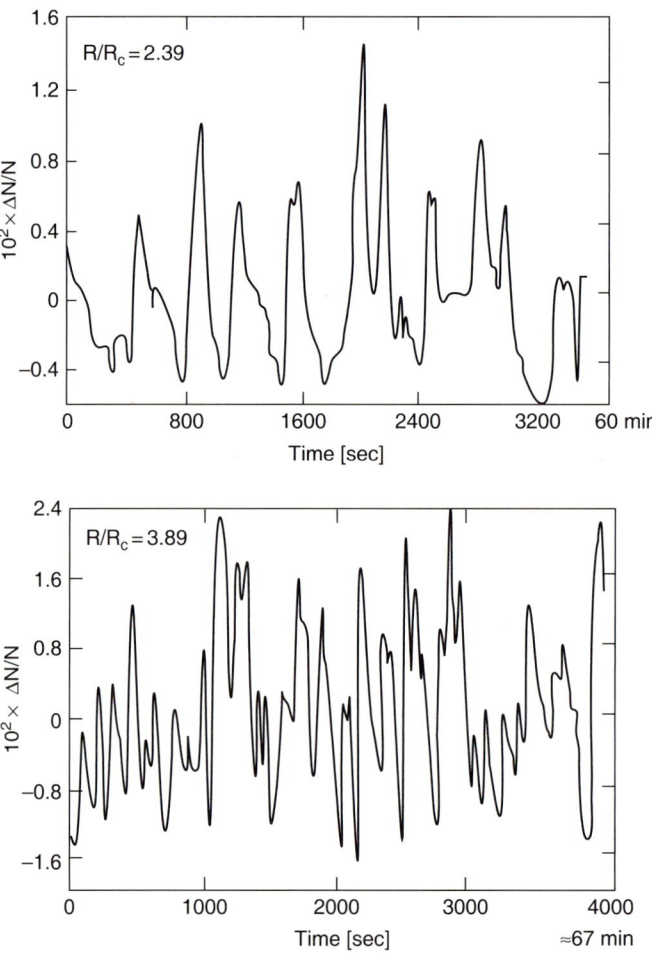

**Abb. 2.5** Der Wärmestrom $Q$ durch eine von unten erwärmte Flüssigkeitsschicht ändert sich trotz konstant gehaltener experimenteller Bedingungen zeitlich anhaltend immer wieder, sogar sehr unregelmäßig. $Q$ ist eine Funktion der Zeit, also $Q(t)$. Aufgetragen ist die *relative* Abweichung des aktuellen Wärmestromes $Q(t)$ von seinem zeitlichen Mittelwert $\bar{Q} = \langle Q(t)\rangle_t$ als Funktion der Zeit, gemessen in der Einheit sec (Sekunde) beziehungsweise min (Minute), insgesamt über mehr als eine Stunde. Im *oberen Bild* ist $\text{Ra} = 2{,}39\text{Ra}_c$, im unteren $\text{Ra} = 3{,}88\text{Ra}_c$; bei $\text{Ra}_c = 1708$ setzt die Konvektion ein. $(Q(t)-\bar{Q})/\bar{Q}$ schwankt mit Amplituden von etwa 1 % bis 2 %; je größer Ra, desto häufiger und kräftiger sind die Schwankungen, zeitlich völlig unregelmäßig sind sie aber immer. © 1974 by The American Physical Society, Phys. Rev. Lett. **33**, 1185–1188, 1974

lich dauernd auf und ab, ganz unregelmäßig; $Q$ hing von der Zeit $t$ ab, $Q = Q(t)$, siehe Abb. 2.5. Dabei hatte er, der als exzellenter Experimentator bekannt ist, sich alle Mühe gegeben, die experimentellen Bedingungen so gut wie nur irgend möglich konstant zu halten. Vergeblich wartete er ab, bis sich das stationär gehaltene System „beruhigen" würde. Die offenkundig unregelmäßigen Schwankungen hielten jedoch an, über Stunden, Tage. Im Ra-Bereich der Abb. 2.5 waren sie umso stärker und umso häufiger, je größer der thermische Antrieb Ra gewählt war. Etwa alle 5 min stieg $Q$ und fiel dann auch wieder ab. Vermutete Störungen in der Mess-Elektronik ließen sich als Ursache ausschließen. Also ein aus unbekannten Gründen misslungenes Experiment? Es verschwand als unerklärbar in der Schublade; zunächst jedenfalls. – Wir hätten das heute angesichts der gerade vorher gezeigten Befunde vermutlich nicht mehr gemacht.

Erst einige Jahre danach, als eine inzwischen berühmte Arbeit von David Ruelle und Floris Takens [4] erschienen war und insbesondere die damals bereits über 10 Jahre alte Arbeit von Edward Lorenz [1] endlich die Aufmerksamkeit der Physiker fand, wurde klar, das Ahlers etwas ganz Aufregendes, etwas in der Dynamik der Flüssigkeit selbst Begründetes gemessen hatte, das Experiment also keineswegs misslungen war! Heute gilt es vielmehr als Pionierexperiment.

Einmal aufmerksam geworden, machte man bald mehr solcher experimentellen Beobachtungen und auch in ganz verschiedenen Gebieten. Über ein weiteres solch

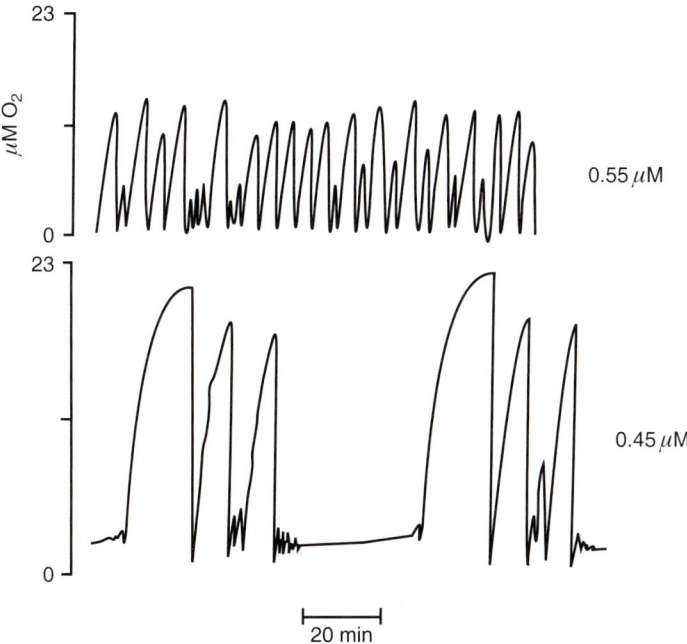

**Abb. 2.6** Die zeitliche Veränderung der Sauerstoffkonzentration $[O_2](t)$ in einem gut durchgerührten Tankreaktor, in dem eine Meerrettichperoxidase-katalysierte Oxidation von NADH stattfindet (NADH ist das **N**ikotin(säure)amid**A**denin**D**inukleotid in **h**ydrogenierter Form). Trotz zeitlich konstant gehaltener Zuführung des gasförmigen Sauerstoffs und des flüssigen NADH ändert sich die Sauerstoffkonzentration zeitlich andauernd und offenbar unregelmäßig. Besonders erstaunlich erscheint die Zeitskala: Glaubt man, das System habe sich endlich „beruhigt", so fängt es nach vielleicht 20 min oder so erneut an, heftige Ausschläge der Konzentration $[O_2]$ zu zeigen; immer wieder, beliebig lange so. Quelle: [5]. Reprinted by permission from Macmillan Publishers Ltd: Nature **267**, 177 © 1977

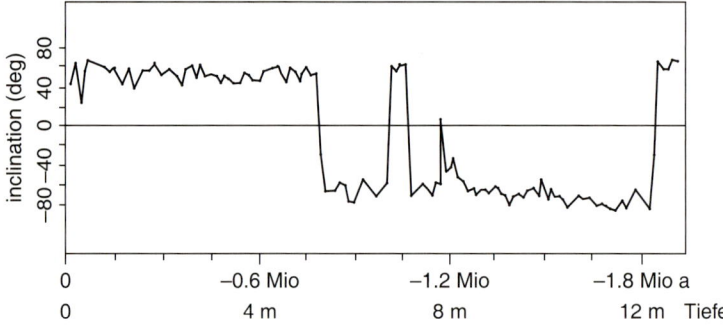

**Abb. 2.7** Der Neigungswinkel des magnetischen Erdfeldes relativ zur Horizontalen (die Inklination) als Funktion des Erdalters, gewonnen aus Bohrproben unterschiedlicher Tiefe im nördlichen Pazifik. Man erkennt während der vergangenen 0,7 Mio Jahre nicht nur die nun schon bekannten andauernden zeitlichen Schwankungen, sondern, noch merkwürdiger, es ist erdgeschichtlich sogar zu Umkehrungen der Richtung des magnetischen Erdfeldes gekommen. Während heute der magnetische Nordpol in der Nähe des geographischen Nordpols liegt, lag er früher auch mal eine Zeit lang nahe dem geographischen Südpol, davor wiederum im Norden, usw. Das nächste Bild zeigt die unregelmäßige Vielzahl solcher Umpolungen. Quelle: E. Bullard, AIP-Conference Proceedings, La Jolla, 1978

seltsames Phänomen berichteten z. B. Olsen und Degn [5] bei der Oxidation von NADH durch Sauerstoff $O_2$ in einem offenen, gut gerührten Tankreaktor in Anwesenheit von Meerrettichperoxidase als Katalysator. Abbildung 2.6 zeigt das verblüffende Ergebnis: In bestimmten Bereichen der Konzentration des katalysierenden Enzyms, insbesondere bei etwa 0,45 µMol, beobachtet man ein im Detail zwar wieder ganz anderes, im Grundsatz aber ähnliches Verhalten wie bei der Wärmekonvektion durch Flüssigkeitsschichten, nämlich ein dauerhaft unregelmäßiges zeitliches Schwanken der Sauerstoffkonzentration $[O_2](t)$ trotz bewusst konstant gehaltener experimenteller Bedingungen. Die homogenisierte Mischung der Reaktanten im Reaktor geht offenbar nicht in einen Gleichgewichtszustand, sondern bleibt dauerhaft „unruhig", „nervös", zeitabhängig.

Am 15.3.1983 ging eine TASS Meldung durch die Presse: „Nach Messungen von zwei russischen Expeditionsschiffen, der Admiral Wladimirski und der Faddej Bellinghausen, hat sich der magnetische Südpol um 100 km nach Nordwesten verschoben. Seine Lage wird mit 65° 10′ S/138° 40′ O angegeben." Diese Einzelmeldung ist Teil einer in der Wissenschaft bekannten andauernden zeitlichen Änderung der Lage des magnetischen Erdfeldes, siehe die Abbn. 2.7 und 2.8.

Und was mögen die nächsten Beispiele in den Abbn. 2.9 und 2.10 darstellen?

Doch nun wieder zurück zu einem physikalischen System, um daran der Frage nachzugehen, wie man dieses so offenkundig sehr oft vorkommende typische Verhalten von Systemen beschreiben und vor allem dann auch verstehen kann, siehe Abb. 2.11. Dieses und alle anderen betrachteten Systeme aus vielen Gebieten haben eines gemeinsam: Trotz zeitlich konstant gehaltener äußerer Bedingungen gehen sie nicht in einen zeitunabhängigen Gleichgewichtszustand, sondern zeigen ein anhaltendes zeitliches Schwanken, dass sich wie folgt beschreiben lässt.

Das betrachtete Signal $x$ des Systems – also etwa der Wärmestrom $Q$, die Sauerstoffkonzentration $[O_2]$, der Spannungsabfall $U$ usw. – ist

1. andauernd zeitlich veränderlich, $x = x(t)$; es ist
2. beschränkt, also $k_1 < x(t) < k_2$ mit gewissen Schranken $k_{1,2}$;

2 Was heißt und zu welchem Ende studiert man Chaos? 55

**Abb. 2.8** Erdgeschichtliche Abfolge von Zeitintervallen mit Nord-Süd oder Süd-Nord Ausrichtung des erdmagnetischen Feldes während der letzten zirka 160 Mio Jahre, von oben nach unten in zwei aufeinander folgenden Säulen aufgetragen. *Schwarze Intervalle* bezeichnen die heutige Situation, bei der der magnetische Nordpol nahe dem geographischen Nordpol liegt. Während der *weißen Intervalle* dagegen lag der magnetische Südpol nahe dem geographischen Nordpol. Aus: E. Bullard, AIP-Conference Proceedings, La Jolla, 1978

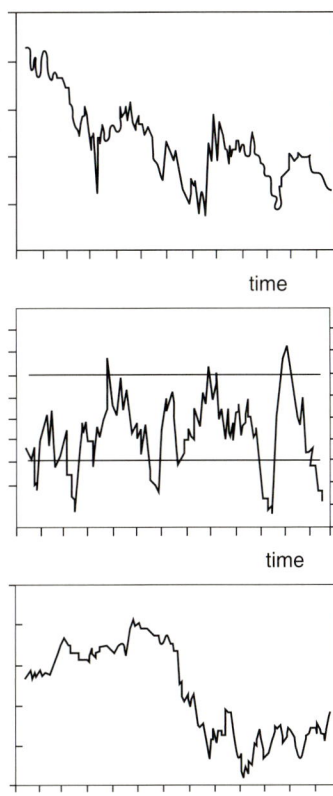

**Abb. 2.9** *Oben*: Die Aktienkursentwicklung des größten japanischen Maschinenherstellers Mitsubishi Heavy Industries vom Januar 1992 bis Januar 1993. *Mitte*: Die relative Stärke der Mitsubishi Aktie während dieses Zeitraums (unten: über**ver**kauft, oben über**ge**kauft). *Unten*: Verlauf des DAX (Deutscher Aktienindex) während des gleichen Zeitraums. Quellen: Tagespresse

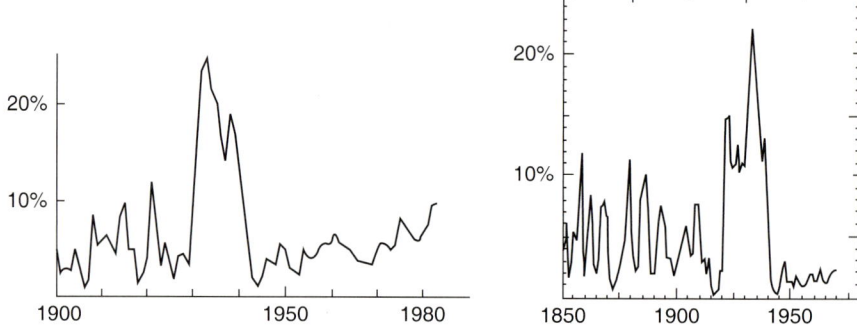

**Abb. 2.10** *Links*: Zeitlicher Verlauf der Zahl der Erwerbslosen in USA von 1900 bis etwa 1985 (nach Rep. of Natl. Bur. of Economic Res., Princeton). *Rechts*: Langzeitstatistik (130 Jahre) der Arbeitslosenzahlen im United Kingdom von 1850 bis etwa 1980 (nach B. R. Mitchell, Abstr. of British Histor. Studies)

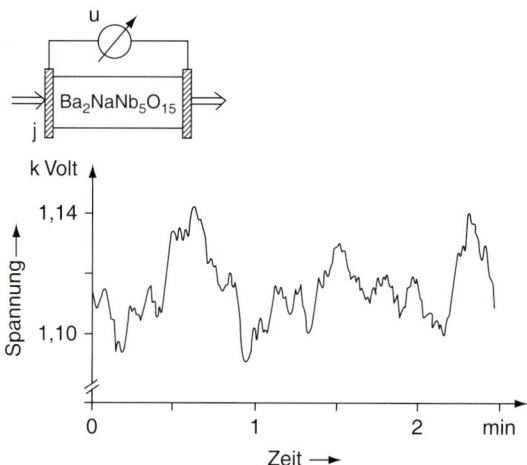

**Abb. 2.11** Der Spannungsabfall $U$ an einem ferroelektrischen Einkristall (Barium-Natrium-Niobat, $Ba_2NaNb_5O_{15}$, kurz BSN), verursacht durch einen von außen kontrollierten, zeitlich konstant gehaltenen elektrischen Strom (mit Stromdichten von einigen $mA/cm^2$). Trotz konstanter experimenteller Bedingungen beobachtet man wiederum eine andauernde zeitliche Veränderung der Spannung $U = U(t)$, wiederum eine sehr unregelmäßige. Die Schwankungsamplituden sind beträchtlich, von der Größenordnung $\pm 25$ V. Aus: Martin et al. 1984 [6] © 1984 by The American Physical Society, Phys. Rev. Lett. **53**, 303–306, 1984

3. es wiederholt sich nicht periodisch, enthält vielmehr unendlich viele Frequenzen, hat ein kontinuierliches Spektrum, ist breitbandig;
4. die Signalverläufe sind „intern expansiv", will sagen aus nahe benachbarten Anfangswerten entwickeln sich sehr bald zeitlich ganz verschiedene Signale; diese sind daher aus endlichen Messreihen und wegen der stets vorhandenen endlich großen Fehler in der Kenntnis des Anfangszustandes nicht in die Zukunft hinein vorhersagbar, zumindest nicht längerfristig; das Signal „hängt empfindlich vom Anfangszustand ab".

Ein durch solche Eigenschaften gekennzeichnetes zeitliches Verhalten bezeichnet man *per definitionem* als „*chaotisch*". Der physikalische Begriff „Chaos" charakterisiert somit das zeitliche Verhalten eines physikalischen oder auch anderen Systems. Chaos ist eine eigene dynamische Qualität neben den bekannteren dynamischen Qualitäten wie „Gleichgewicht" (stationär, zeitunabhängig) oder „periodische Bewegung". (Chaos im Volksmund bedeutet dagegen meist ein Durcheinander und Tohuwabohu eines Zustands, kennzeichnet also etwas Statisches, Gegebenes.)

Periodisches Verhalten muss keineswegs nur eine einfache Schwingung mit einer einzigen Frequenz $\omega$ sein, also $x(t) = x_0 \sin(\omega t + \varphi_0)$. Auch Überlagerungen mehrerer, in rationalem Verhältnis stehender Frequenzen $\omega_i$ ergeben periodisches Verhalten mit den unterschiedlichsten Formen für die Schwingungsamplitude $x(t)$ als Funktion der Zeit, die sich periodisch wiederholen. Dagegen gibt die Überlagerung von zueinander irrationalen diskreten Frequenzen sogenannte fastperiodische oder quasi-periodische Bewegungen. Chaos, zu dessen Eigenschaften es gehört, dass es sich eben nicht periodisch wiederholt (und auch nicht fastperiodisch ist), bedarf daher zu seiner Fourier'schen Frequenzzerlegung unendlich vieler Frequenzen, eines kontinuierlichen Spektrums. Selbstverständlich darf dieses kontinuierliche Spektrum Strukturen haben, darf etwa Maxima und Minima unterschiedlicher Höhe und Breite haben.

Um die vierte Eigenschaft in der Definition von chaotischem Verhalten zu verinnerlichen, versuche man z. B. durch Abdecken eines späteren Teiles des dargestellten Ablaufs diesen aus dem nicht abgedeckten, sichtbaren Zeitverlauf vorherzusagen. Es gelingt nicht. Fast gleiche Situationen entwickeln sich mehr oder weniger schnell ganz anders. „Benachbart" beginnende „Trajektorien", also Zeitverläufe $x_1(t)$ und $x_2(t)$ des Signals mit $x_1(0) \approx x_2(0)$ streben auseinander. Dies meint die Feststellung, eng benachbarte Signale verhielten sich „intern expansiv" oder „hingen empfindlich von den Anfangsbedingungen ab". Quantitativ werden wir das später durch positive Lyapunov-Exponenten $\lambda_i$ beschreiben. Aleksander Lyapunov (1857–1918) hat sie in seiner grundlegenden Arbeit von 1892 über die Stabilität oder Instabilität von Bahnen eingeführt. „Intern expansiv" heißt nämlich auch, die Bahnverläufe sind instabil gegenüber kleinsten Störungen; was augenscheinlich unmittelbare Auswirkungen auf numerische (rundungs- oder algorithmusbedingte) Fehler hat!

Alle bisher betrachteten Beispielsysteme sind so genannte „offene, dissipative Systeme". Darunter verstehen wir solche Systeme, deren innere Verluste (Dissipation) durch Reibung, Wärmeleitung o. ä. einen anhaltenden äußeren Antrieb, eine dauernde Energiezufuhr erfordern, die also in dauerndem Austausch mit der Umgebung stehen, in diesem Sinne „offen" sind. Der Austausch mit der Umgebung und die Energiezufuhr werden in der Regel zwar zeitlich konstant gehalten, trotzdem ändern sich verblüffenderweise die Systemsignale $x(t)$ andauernd und eventuell eben chaotisch mit der Zeit. Natürlich können die Umgebungsbedingungen auch ihrerseits zeitlich verändert werden; das beschriebene Chaos überlagerte sich dann dieser aufgeprägten und von außen kontrollierten Veränderung. Chaotische Systeme gehen *nicht* ins Gleichgewicht (in dem Sinne, dass ihre Eigenschaften sich zeitlich nicht mehr ändern). Chaos in dissipativen Systemen erfordert also physikalisch stets einen äußeren Antrieb. – Auch konservative, also energetisch abgeschlossene und dissipationsfreie Systeme können Chaos zeigen! Henri Poincaré hat viele seiner Eigenschaften beschrieben. Immer wieder sind wesentliche Beiträge zum Chaos aus der konservativen Himmelsmechanik gekommen, eben von Poincaré, von Kolmogorov, Arnold, Moser und vielen anderen. Viele neue Ergebnisse und aufregende Einsichten sind gerade in jüngster Zeit hinzugekommen; sie hier zu behandeln wäre außerordentlich reizvoll, doch fehlen Platz und Zeit.

Nachdem nun Chaos als dynamische Qualität wohldefiniert ist, wird man sich fragen, wodurch es verursacht wird. Sollte es für chaotische Systeme etwa keine adäquaten Naturgesetze geben? Kennen wir diese nur nicht? Oder kennen wir sie nur nicht gut genug, um den chaotischen Verlauf berechnen zu können? Bedarf so unregelmäßiges, so zufälliges Geschehen neuer und zwar statistischer Gesetze? Nichts von alledem! Es bestehen heute keine Zweifel mehr, dass es die wohlbekannten klassischen und auch quantenmechanischen Naturgesetze selbst sind, deren Lösungen chaotisches Verhalten zeigen. Wir werden uns klarzumachen haben: Nicht *trotz* klassischer, deterministischer Naturgesetze tritt Chaos auf, sondern eben *wegen* dieser Naturgesetze und deren Eigenschaften gibt es Chaos! Chaos und Naturgesetz sind *keine* Antinomie, sondern zwei Seiten ein und derselben Medaille.

Um es am konkreten Beispiel zu erläutern: Turbulente Strömungen, Wetter, Klima sind Konsequenzen aus den hydrodynamischen Bewegungsgleichungen für das Geschwindigkeitsfeld $u(x,t)$ und für das Temperaturfeld $T(x,t)$. Der nichtdissipative Teil dieser Bewegungsgleichungen stammt bereits von Leonhard Euler; den Einfluss der Zähigkeit haben unabhängig voneinander Navier und Stokes hinzugefügt. Man nennt deshalb die Bewegungsgleichung für das Strömungsfeld auch „Navier-Stokes-Gleichung". Sofern man sie als inkompressibel und in so genannter Oberbeck-Boussinesq Näherung, d. h. mit temperaturunabhängigen Materialeigenschaften (also mit konstanter Zähigkeit, Wärmeleitfähigkeit und Ausdehnungskoeffizienten) beschreiben kann, lauten sie

$$\partial_t u_i(x,t) = -(u \cdot \nabla)u_i - \partial_i p + \nu \Delta u_i + g\alpha_p T \delta_{i,z}, \quad i = 1,2,3, \quad (2.2)$$

$$\partial_t T(x,t) = -(u \cdot \nabla)T + \kappa \Delta T. \quad (2.3)$$

Was besagen solche Bewegungsgleichungen? Man denke sich zu einer Zeit $t$ an jeder Stelle $x$ in der Flüssigkeit die dort vorhandene Geschwindigkeit $u$ der Flüssigkeit als bekannt. Ihre Komponenten seien $u_i(x,t)$. Dann kann man (angenommen, man kenne zu dieser Zeit auch noch den Druck $p$ und die Temperatur $T$ an jeder Stelle $x$) die rechte Seite der Bewegungsgleichung und damit die zeitliche Veränderungsrate der Geschwindigkeit ausrechnen, nämlich $\partial_t u_i(x,t)$. Hieraus berechnet man die Änderung der Geschwindigkeit $\partial_t u_i(x,t) \times \Delta t$ nach einer um $\Delta t$ späteren Zeit. Addiert man diese Änderung zum vorher bekannten Geschwindigkeitsfeld, so findet man das neue Feld $u(x, t + \Delta t)$ zu einer um $\Delta t$ späteren Zeit. – Analog macht man es mit dem Temperaturfeld $T(x,t)$. Den Druck schließlich kann man aus der Inkompressibilitätsbedingung div $u = 0$ berechnen. Dann kennt man alle Felder zu dem etwas späteren Zeitpunkt $t + \Delta t$ und setzt anschließend die Rechnung zum danach folgenden nächsten Zeitpunkt in derselben Weise fort. Die Bewegungsgleichungen gestatten also, die Geschwindigkeiten, Temperaturen und Drucke in der gesamten Flüssigkeit sukzessive auszurechnen.

Die in Abb. 2.5 gezeigte Wärmestromdichte $Q$ bzw. $J = Q/(\rho c_p)$ berechnet man, indem man die Lösung dieser Gleichungen in den Ausdruck $J = \langle u_3 T \rangle_A - \kappa \partial_3 \langle T \rangle_A$ einsetzt. Dabei bedeutet $\langle \ldots \rangle_A$ die Mittelung über eine Fläche parallel zu den begrenzenden oberen und unteren Platten des Rayleigh-Bénard Flüssigkeitsbehälters; $\rho$ ist die Dichte des Fluids und $c_p$ seine Wärmekapazität pro Masse bei konstantem Druck, die anderen Parameter waren in Abb. 2.4 erklärt worden. Die (konstante) Energiezufuhr lässt sich aus den Randbedingungen zur Lösung der Gleichungen (2.2), (2.3) bestimmen und der Energieverlust aus der volumengemittelten Dissipationsrate $\varepsilon_u = \nu \langle (\partial u_i/\partial x_j)(\partial u_i/\partial x_j) \rangle_V$. Man sieht dann das zeitliche Schwanken von $J(t)$.

Ähnliches findet man auch aus den Bewegungsgleichungen anderer Systeme, sofern diese nur eine charakteristische Eigenschaft besitzen, die in den Navier-Stokes und Oberbeck-Boussinesq Gleichungen (2.2) und (2.3) die Glieder $(\boldsymbol{u} \cdot \boldsymbol{\nabla})u_i$ und $(\boldsymbol{u} \cdot \boldsymbol{\nabla})T$ haben: Sie müssen **nichtlinear** sein! In (2.2), (2.3) sind sie quadratisch nichtlinear. Die Konsequenz ist, dass die Gleichungen und damit die Lösungen für $\boldsymbol{u}, T$ und für $a\boldsymbol{u}, aT$ verschieden sind, sofern der Faktor $a \neq 1$ ist. Ein gemeinsamer Faktor lässt sich *nicht* einfach aus der Gleichung kürzen. Bei nichtlinearen Gleichungen kommt es im Unterschied zu den linearen Gleichungen sehr wohl auf die Größe der Amplitude an!

Kein Zweifel also, die merkwürdige dynamische Qualität „Chaos" muss sich aus der Lösung bekannter Naturgesetze, z. B. aus der Lösung von Differentialgleichungen ergeben. Aber wie? Das soll später genauer verfolgt werden; beispielsweise, wie man das etwa aus den Gleichungen (2.2) und (2.3) herleiten kann. (Noch ein Hinweis zur Vermeidung von Missverständnissen: Realistische Klimamodelle verwenden neben (2.2), (2.3) weitere Gleichungen, koppeln etwa die Atmosphäre an Meerwasser und Eis an, beachten die Feuchtigkeit in der Luft, usw.)

## 2.3 Deterministisches Chaos

Wie kann man das Zustandekommen des beobachteten und beschriebenen merkwürdigen, chaotisch genannten zeitlichen Verhaltens physikalischer und anderer Systeme verstehen, vielleicht wenigstens modellhaft? Die übliche Vorstellung ist, dass man das für das jeweils interessierende System geltende Naturgesetz heranziehen muss. Diese Gesetze sehen im allgemeinen ziemlich einfach aus, wenngleich meist nichtlinear. Der Schlüsselbegriff „*nichtlinear*" ist die Negation von „*linear*", was vereinfacht so viel bedeutet wie „doppelte Ursache erzeugt doppelte Wirkung" oder „mehr liefert mehr". Linear bedeutet direkte, einfache Proportionalität, als Funktion geschrieben also $f(x) \propto x$. Potenzen $x^k$ mit $k \neq 1$ sind dagegen nichtlinear. Die Gleichungen (2.2) und (2.3) sind in den Feldern $\boldsymbol{u}, T$ offenbar quadratisch nichtlinear, $k = 2$.

Oft kennt man einfache Lösungen nichtlinearer Naturgesetze, geschlossen, analytisch hinschreibbar, z. B. die Ellipsenbahnen der Planeten um die Sonne als Lösung des Newton'schen Gravitationsgesetzes oder das parabolische Geschwindigkeitsprofil einer laminaren Strömung durch ein Rohr als Lösung der Navier-Stokes-Gleichung (2.2) (bei konstanter Temperatur). Können diese Gesetze auch anhaltend zeitabhängige, unregelmäßige, nicht-periodische Lösungen haben? Sonne, Mond, Planeten und Sterne scheinen jedenfalls ihre Bahnen mit großer Regelmäßigkeit und Periodizität zu ziehen. Oder: Gase, Flüssigkeiten und feste Körper gehen i. a. ins Gleichgewicht und verändern sich dann zeitlich gar nicht mehr.

Machen wir uns deshalb einmal sehr sorgfältig die Grundgedanken bei der Anwendung von Naturgesetzen auf das natürliche Geschehen klar, so einfach wie möglich, aber strukturell vollständig. Wir wollen eine Messgröße, genannt Signal, des interessierenden Systems bestimmen und fangen zu einer Zeit $t_0$ damit an. Den Anfangswert haben wir zu messen; spätere Signalwerte möchten wir berechnen. Das anfängliche (wie auch jedes spätere) Signal muss irgend ein Zahlenwert sein, und zwar ein reeller. Dieser Zahlenwert muss, wie wir aus den oben identifizierten Chaos-Eigenschaften (1) bis (4) wissen, in einem gewissen Intervall liegen, das beschränkt ist, etwa durch $k_1$ und $k_2$. Zur Vereinfachung verschieben wir die gemessenen oder berechneten Zahlen durch Abziehen einer geeigneten, stets gleichen Konstanten so, dass der kleinst-mögliche Signal-Wert gerade 0 ist; dann wäre $k_1 = 0$. Zur weiteren bequemen Vereinfachung teilen wir die gemessenen (und verschobenen) Zahlen alle durch $k_2$ und bezeichnen sie dann mit $x$. Dann hat die obere Schranke den Wert 1. Alle $x$ liegen nunmehr im Intervall $0 \le x \le 1$. Das ist unsere bequeme Konvention, mehr steckt nicht dahinter – bis auf die Beschränktheit des Signals, von der allerdings explizit Gebrauch gemacht worden ist!

Das gemessene Anfangssignal sei z. B. $x_0 = 0{,}278$. Wir bezeichnen $x_0$ auch als „Anfangszustand". Irgendwo zwischen 0 und 1 muss $x_0$ ja liegen; und mehr Dezimalen werden wir in der Regel auch nicht messen können. Im Laufe der Zeit ändert sich der Zustand entsprechend dem geltenden (uns aber nicht bekannten) Naturgesetz. Zu einer bestimmten späteren Zeit $t_1$ habe das Signal den Wert $x_1$. Laut Konstruktion wissen wir sicher, dass der Wert $x_1$ im Intervall $[0, 1]$ liegen muss. Wo genau, müssten wir entweder wieder messen oder aus dem Naturgesetz berechnen. Die Rechenvorschrift zur Bestimmung von $x_1$ kann sehr einfach oder sehr kompliziert sein, kann mittels Navier-Stokes, Newton oder relativistischen Feldgleichungen gelingen, aber irgendwo im Einheitsintervall muss $x_1$ auf jeden Fall liegen, *per constructionem*. Auch kann man $x_1$ als ein gewisses Vielfaches von $x_0$ schreiben, also $x_1 = \Lambda x_0$. Beispielsweise könnte $\Lambda = 2$ sein.

Weil wir das System unter konstanten Bedingungen halten, scheint es nicht unvernünftig anzunehmen, dass das Signal nach dem nächsten, gleichlangen Zeitschritt den Wert $x_2 = 2x_1$ hat, danach $x_3 = 2x_2$ usw. Doch halt! Ganz so einfach könnte die naturgesetzliche Regel dann doch nicht sein! Das Signal veränderte sich dann nämlich so: $0{,}278 \to 0{,}556 \to 1{,}112 \ldots$ Also schon $x_2$ wäre außerhalb des Intervalls $[0, 1]$, in dem aber *alle* Messwerte *per constructionem* liegen *müssen*. So etwas passierte uns nur dann nicht, wenn der Faktor $\Lambda$ statt 2 kleiner als 1 wäre, etwa 1/2. Dann fänden wir für die Bewegung des Zustands $0{,}278 \to 0{,}139 \to 0{,}070 \to 0{,}035 \to \ldots \to 0$. Das Signal zeigte also ein Streben in einen festen Endzustand, nämlich 0, der dann zeitunabhängig wäre. Dasselbe ergäbe sich für jeden anderen Wert $\Lambda < 1$ (übrigens auch für jeden Anfangszustand $x_0$). Es gäbe somit für $\Lambda < 1$ gar keine anhaltende zeitliche Veränderung, sondern ein Streben in einen stationären Zustand.

Bleiben wir also bei $\Lambda$-Werten, die größer sind als 1 und versuchen, die zu erratende Rechenvorschrift trotz $\Lambda > 1$ so zu verbessern, dass wir eben *nicht* aus dem zulässigen Intervall $[0,1]$ herausgeführt werden. Das ginge z. B. so: Beim Überschreiten der oberen Schranke 1 lasse man einfach die 1 vor dem Komma weg. Im obigen Beispiel hätte man dann statt 1,112 als Zustandswert $x_2 = 0{,}112$. Die angenommene Modellvorschrift für den Zeitverlauf lautete dann

$$x_{t+1} = 2x_t \text{ modulo } 1, \quad t = 0, 1, 2, \ldots. \tag{2.4}$$

„modulo 1" soll definitionsgemäß besagen: Falls $2x_t$ größer als 1 sein sollte, präziser $2x_t \ge 1$, lasse man die Vorkomma 1 weg und setze $x_{t+1} = 2x_t - 1$. Falls es nicht so ist, also $2x_t < 1$, setze $x_{t+1} = 2x_t$; in diesem Fall hat also die modulo-Vorschrift keinerlei Auswirkung. In Abb. 2.12 sind zwei einfach im Kopf zu verfolgende Zahlenfolgen aufgeschrieben, die sich mit dem modulo-Gesetz aus den Anfängern $x_0 = 0{,}278\,0$ und $x_0 = 0{,}278\,1$ ergeben. Die Graphiken daneben zeigen die sich aus $x_0 = 0{,}278\,4$ und $x_0 = 0{,}278\,3$ entwickelnden Folgen. Haben sie nicht

2 Was heißt und zu welchem Ende studiert man Chaos?

verblüffende Ähnlichkeit mit manchen der oben durch Messungen an konkreten Systemen gefundenen Zeitverläufen?

Prüfen wir, ob bei diesen aus dem modulo-Gesetz (2.4) erzeugten Zeitverläufen $\{x_t\}$ die Kriterien für Chaos erfüllt sind:

1. „*Das Signal ist andauernd zeitlich veränderlich, kommt nicht zur Ruhe*" scheint zu stimmen. Aber Vorsicht ist geboten! Wenn man etwa mit $x_0 = 0{,}25$, also $1/4$ anfinge, lautete die aus Gleichung (2.4) erzeugte Zahlenfolge $\frac{1}{4} \to \frac{1}{2} \to 1 \,\widehat{=}\, 0 \to 0 \to 0 \ldots$. Nach wenigen Schritten bleibt der Zustand zeitunabhängig stets 0. Und wie wäre es mit dem Anfänger $2/7$? Hier entstünde die Folge $\frac{2}{7} \to \frac{4}{7} \to \frac{8}{7} \,\widehat{=}\, \frac{1}{7} \to \frac{2}{7}$ und alles finge wieder von vorne an. Das „System" ist dann zwar dauernd zeitlich veränderlich, aber periodisch. Nach drei Schritten wiederholen sich die Zustände regelmäßig. Genauere Untersuchung zeigt, dass so etwas bei allen rationalen Anfängern $x_0$ geschieht, nicht aber bei den irrationalen. „Fast alle" (nämlich alle irrationalen) $x_0$ erzeugen Zahlenfolgen $\{x_t\}$, die anhaltend, permanent zeitlich veränderlich sind, aber sich nicht periodisch wiederholen. (Versuchen Sie, es durch Annahme des Gegenteils und Widerspruch zu beweisen.)

2. „*Das Signal ist beschränkt.*" – Genau so haben wir es konstruiert und so ist es auch.

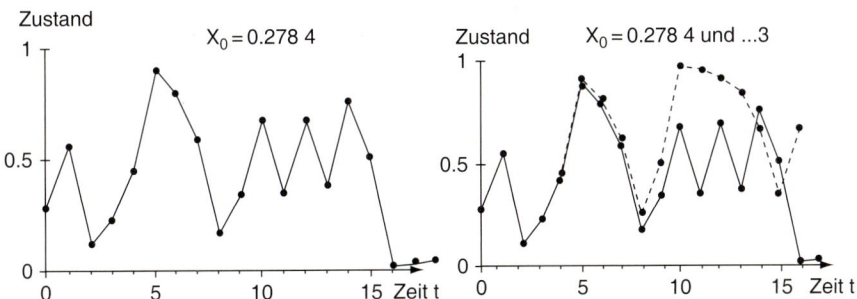

**Abb. 2.12** *Oben*: Die Zahlenfolgen $x_{t+1} = 2x_t$ modulo 1, *links* die aus dem Anfänger $x_0 = 0{,}278$ entstandene, *rechts daneben* diejenige aus dem nahe benachbarten Anfänger $x_0 = 0{,}278\,1$. *Unten links*: Die graphische Darstellung des aus $x_0 = 0{,}278\,4$ entstandenen Zeitablaufs (*volle Linie*); auf der Ordinate ist $x_t$ aufgetragen, auf der Abszisse die diskrete Zeitfolge $t_0, t_1 = t_0 + \tau, t_2 = t_0 + 2\tau, \ldots t_n = t_0 + n\tau, \ldots$ *Unten rechts* sind die aus $x_0 = 0{,}278\,4$ (*volle Linie*) und dem leicht anderen Anfänger $x'_0 = 0{,}278\,3$ (*gestrichelte Linie*) entstandenen Zeitabläufe dargestellt; sie sind anfänglich im Rahmen der Zeichengenauigkeit ununterscheidbar, laufen dann aber zunehmend auseinander und sind schließlich völlig verschieden

3. *„Das Signal ist nicht periodisch."* Wie gerade erwähnt ist das bei den irrationalen Anfängern der Fall, also bei fast allen reellen Zahlen $x_0$ als Anfangszustand.
4. *„Der Signalverlauf hängt empfindlich vom Anfangswert ab"; das System ist intern expandierend"*. Die Abstände von Trajektorien aus benachbarten Anfangszuständen expandieren, will sagen ursprünglich eng benachbarte Trajektorien entfernen sich voneinander. Dazu betrachten wir in Abb. 2.12 den nahe $x_0 = 0{,}278\,0$ gelegenen Anfänger $x'_0 = 0{,}278\,1$. Die Anfänger $x_0$ und $x'_0$ unterscheiden sich um etwa $4 \cdot 10^{-4}$, also um $0{,}04\,\%$ (ist klar, warum es so ist?). Das entspräche einer sehr guten Messgenauigkeit. Die entstehenden Zustandsfolgen $x_t(x_0)$ und $x_t(x'_0)$ entwickeln sich offenbar zunehmend auseinander. Ist zuerst nur die vierte Dezimale unterschiedlich, weicht nach gerade mal 4 Schritten bereits die dritte Dezimale beider Folgen voneinander ab, nach weiteren 3 Schritten auch die zweite Dezimale, wiederum drei Schritte weiter sind auch die ersten Dezimalen verschieden und spätestens von da an sind die beiden (ja auf das Intervall $[0, 1]$ eingeschränkten) Folgen völlig verschieden.

Es sind also bei dem plausibel angesetzten, einfachen Modell-„Gesetz" alle Eigenschaften chaotischer Zeitabläufe erfüllt! Der ganz einfache Ansatz (2.4) als mögliches Gesetz mit genau berechenbarer und somit wohl determinierter Abfolge der Zustände liefert trotz seiner einfachen Rechenvorschrift chaotisches Zeitverhalten. Gesetz und Chaos liegen also überraschend dicht beieinander, sind zugleich realisiert, sind wie zwei Seiten ein und derselben Medaille!

Wegen der Einfachheit des diskreten modulo-Gesetzes lassen sich die wesentlichen Eigenschaften Chaos erzeugender Gesetze einfach identifizieren. Sie lauten:

a. Der Zustandsraum ist **beschränkt**.
b. Das Bewegungsgesetz ist **nichtlinear**.
c. Das Bewegungsgesetz ist **intern expandierend**.

(a) ist offenkundig, $x \in [0, 1]$. (b) entsteht durch die modulo-Vorschrift; ohne sie, also bei einfacher Proportionalität $x_{t+1} = \Lambda x_t$ mit $\Lambda = 2 > 1$ wäre das Gesetz linear. Will sagen „aus mehr wird mehr"; graphisch wird die Proportionalität durch eine gerade Linie dargestellt, die dauernd „linear" ansteigt. Dann aber kommt man unweigerlich aus dem beschränkten Intervall heraus! Die Beschränktheit des Signals $x_t$ wird genau durch die modulo-Vorschrift erzwungen, die die einfache Proportionalität bricht: mehr kann dann weniger sein! Z. B. ist $2 \cdot 0{,}6 \,\hat{=}\, 0{,}2$. Die gerade Linie wird gebrochen und fängt wieder von unten an, ist „nicht-linear". (c) Schließlich folgt die interne Expansivität aus $\Lambda > 1$. Der Multiplikator musste zwangsläufig größer als 1 sein, sonst (bei $\Lambda < 1$) strebte die Zahlenfolge $x_{t \to \infty}$ in den Gleichgewichtszustand $x_\infty = 0$, die anhaltende Zeitabhängigkeit ginge also verloren.

Ein Faktor $\Lambda > 1$ führt zwangsläufig zum Auseinanderstreben benachbarter Trajektorien. Seien diese nämlich anfangs um $x'_0 - x_0 \equiv \epsilon_0$ auseinander, so liegen sie nach Schritt 1 um $x'_1 - x_1 \equiv \epsilon_1 = \Lambda \epsilon_0$ auseinander, sind also um einen Faktor $\Lambda > 1$ weiter von einander entfernt. Mit den folgenden Schritten wird $\epsilon_n = \Lambda^n \epsilon_0$, wird also der Abstand immer größer, bis er von der Ordnung des Intervalls ist, $\epsilon_n = O(1)$. Dann bleibt er so, da er ja nicht größer als der Abstand zwischen den Schranken 0 und 1 werden kann. Ab dann verlaufen die Folgen $x_t$ im Rahmen der Intervallgröße völlig verschieden. Aus dem kleinen anfänglichen Abstand ist der größtmögliche geworden, der ganze zur Verfügung stehende Abstand $O(1)$. In diesem Sinne ist jede anfängliche Verschiedenheit $\epsilon_0 \neq 0$, wie klein auch immer, in Verbindung mit $\Lambda > 1$

Ursache für das Auseinanderstreben benachbarter Trajektorien, für die empfindliche Abhängigkeit von den Anfangsbedingungen, für die interne Expansivität.

Statt des Multiplikators $\Lambda$ verwendet man auch (insbesondere bei zeitlich kontinuierlichen Systemen $\Lambda = e^\lambda$ und nennt $\lambda$ den „Lyapunov-Exponenten". $\Lambda > 1$ entspricht $\lambda > 0$, also einem positiven Lyapunov-Exponenten. Chaos wird dann charakterisiert durch **(a) beschränkten Zustandsraum, (b) nichtlineares Bewegungsgesetz und (c) positiven Lyapunov-Exponenten.** Damit sind die drei Grundeigenschaften und Grundbegriffe nichtlinearer chaotischer Systeme herausgearbeitet. Man bezeichnet solche Systeme auch als nichtlineare, *„komplexe"* Systeme.

Warum wird die dynamische Qualität Chaos häufig „deterministisches" Chaos genannt? Eben wegen der merkwürdigen wie bemerkenswerten Gemeinsamkeit von Berechenbarkeit von Schritt zu Schritt einerseits – „determinierte" Einzelschritte – und dem unregelmäßigen, langfristig unvorhersagbaren, „chaotischen" Verlauf andererseits. Kann man einerseits auch $x_{t+1}$ aus $x_t$ durch eine präzise Rechenregel ausrechnen, ist der jeweils nächste Zeitschritt also durch Naturgesetz berechenbar, determiniert, so führt andererseits jeder noch so kleine Fehler, und sei es ein Rundungsfehler beim Rechnen, sehr bald zu messbaren, größeren Abweichungen, ist wegen der Endlichkeit des Zustandsraumes das Ergebnis unregelmäßig, chaotisch und unvorhersagbar. Chaos ist also eine genuine dynamische Qualität *sui generis*, genau *wegen* des Gesetzes, weil dieses nämlich nichtlinear und intern expansiv ist. Wussten auch unsere Väter davon schon, siehe u. a. obige Zitate, so ist es erst jüngst durch den Einsatz von Computern und Graphiken, aber auch durch die gestiegenen Anforderungen an Vorhersagbarkeit und die damit erfahrenen Fehlschläge so richtig bewusst geworden.

## 2.4 Determinismus und Wahrscheinlichkeit

Machen wir uns die enge Verwandtschaft von Unvorhersagbarkeit und Determinismus, von „Zufall und Notwendigkeit" an unserem einfachen Modellgesetz (2.4) noch auf andere Weise klar. Wenn wir unsere Genauigkeitsansprüche an die Vorhersagbarkeit heruntersetzen, so könnten wir uns beispielsweise bei der Folge $x_t(x_0)$ darauf beschränken, nur danach zu fragen, ob der jeweilige Zustand zu einer Zeit $t$ in der oberen oder der unteren Intervallhälfte liegt, also $0{,}5 \leq x_t < 1$ oder $0 \leq x_t < 0{,}5$ ist. Ersteres kennzeichnen wir dann z. B. durch $+$, letzteres durch $-$. Dann erzeugt das modulo-Gesetz aus dem Anfänger $x_0 = 0{,}278\,4$ die Folge

$$-+---+++-,+---+-+--+++---+++-++\ldots$$

Der Anfänger $x_0' = 0{,}278\,3$ liefert die Folge

$$-+---+++-,-++++--+-+-+-++--++-+\ldots$$

Verlaufen beide Folgen zunächst gleich, so sind sie ab der durch ein Komma gekennzeichneten Stelle völlig verschieden. Sehen diese Folgen nicht genauso aus, als ob man sie durch Münzwurf erzeugt hätte, etwa $+$ für Zahl und $-$ für Wappen? Im Mittel kommen in beiden Folgen die $+$ und $-$ gleich oft vor (man überzeuge sich). Nacheinanderfolgende Symbole sind unabhängig voneinander, d. h. auf $+$ folgt im Mittel ebenso oft ein $-$ wie ein $+$; entsprechendes gilt für ein $-$. Im Mittel ist die nächste-Nachbar-Korrelation Null (man überzeuge sich). Jeder irrationale Anfänger des modulo-Gesetzes erzeugt offensichtlich eine mögliche Münzwurf-Folge und umgekehrt, zu jeder Münzwurffolge kann man (per Konstruktion in der Dualzahl-Darstellung) einen Anfänger $x_0$ angeben, der genau diese Münzwurffolge lieferte. Ein rein statistisches Verhalten und eine rein gesetzlich berechenbare Zahlenfolge liefern dasselbe – wenn die letztere nur durch ein nichtlineares, intern expandierendes Gesetz auf einem beschränkten Zustandsraum erzeugt worden ist! Man erkennt ganz unmittelbar, wie eng benachbart, ja wesensgleich, statistisches und determiniertes, aus einer Bewegungsgleichung folgendes Verhalten sein können. Zufall bzw. Chaos einerseits und Determiniertheit andererseits bilden keine sich gegenseitig ausschließende Antinomie, sondern es sind zwei Seiten ein und derselben Medaille!

**Aufgabe:** Sie werden sich Gedanken darüber gemacht haben, dass doch die beiden oben verwendeten konkreten Anfänger $x_0, x_0'$ gar keine irrationalen Zahlen sind, sondern echte Brüche darstellen und deshalb nach dem Gesagten periodische Zustandsfolgen erzeugen müssten. Das tun sie selbstverständlich auch. Nur sind ihre Perioden lang genug, als dass sie sich bei den wiedergegebenen etwa 10 bis 15 Schritten bereits zu erkennen geben würden. Bestimmen Sie selbst einmal die Periodenlänge. Und überlegen Sie, wie man diese ungefähr aus der Stellenzahl hinter dem Komma abschätzen kann.

Auch bei anderen Systemen, die man gerne zitiert, wenn man „reine Statistik", „reines Wahrscheinlichkeitsverhalten" belegen möchte, ist das nicht anders; auch z. B. nicht bei so genanntem weißen Rauschen, farbigem Rauschen, Elektronen(Barkhausen)-Rauschen usw. Die bekannten Grundgleichungen der Wahrscheinlichkeitsphysik, die Langevin- und Fokker-Planck-Gleichungen, lassen sich nämlich ebenfalls durch diskrete Abbildungen $x_{t+1} = f(x_t)$ modellieren, will sagen erzeugen einander entsprechende Verteilungsfunktionen und damit physikalische Eigenschaften, siehe [7]. Und: Ebenso wie in der Statistischen Vielkörper-Physik, wo sie ein grundlegendes Konzept darstellt, kann man auch in der diskreten chaotischen Dynamik eine lineare Antworttheorie entwickeln mit gleichen Eigenschaften und Konsequenzen (cf. [8]). Die Wesensverwandtschaft von Gesetz und Chaos ist immer dann gegeben, wenn das Gesetz wesentlich nichtlinear ist, seine Lösungen intern expansiv sind bzw. positive Lyapunov-Exponenten haben und der Zustandsraum beschränkt ist. Die bekannten „einfachen" (weil analytisch zu berechnenden) Lösungen wie z. B. die Ellipsenbahnen der Planeten und Ähnliches sind in diesem Sinne Ausnahmefälle, so wie die rationalen Anfänger beim modulo-Gesetz (2.4) Ausnahmen sind. Es gibt sie, aber sie sind untypisch und nicht die Regel.

## 2.5 Kausalität – im Kurzen

Wir haben gesehen, dass das paradigmatische Bewegungsgesetz (2.4) benachbarte Trajektorien nach gewisser Zeit weit voneinander trennt. Solange man kleinere Unterschiede toleriert, verlaufen sie noch ein Weilchen hinreichend gleichartig, noch „praktisch gleich", anschließend aber sind sie zu unterscheiden und verlaufen schließlich komplett unterschiedlich. Man kann abschätzen, wie lange man sie als „praktisch gleich" ansehen kann, man also den Bahnverlauf trotz ungenauer Kenntnis des Anfangszustands „vorhersagen" kann. Aus dem Wachstumsgesetz kleiner

Abweichungen
$$\varepsilon_n = \Lambda^n \varepsilon_0 = e^{\lambda \cdot n} \varepsilon_0 \qquad (2.5)$$

kann man folgendes schließen: Sobald $\varepsilon_n \approx O(1)$, d. h. von der Ordnung 1, also von der Ordnung des überhaupt zur Verfügung stehenden Messintervalls ist, kann man nichts mehr vorhersagen außer „es gibt ein Signal". Liegen kann es irgendwo im verfügbaren Messbereich. Das ist offenbar erreicht, wenn $e^{\lambda \cdot n} \cdot \varepsilon_0 \approx 1$ ist oder (nach Logarithmieren) nach der Schrittzahl $n \equiv n_v$ mit

$$n_v = \frac{\ln \varepsilon_0^{-1}}{\lambda} = \frac{\ln \varepsilon_0^{-1}}{\ln \Lambda}, \qquad (2.6)$$

genannt „Vorhersage-Schrittzahl".

Je kleiner also der anfängliche Messfehler $\varepsilon_0$ ist, über eine desto längere Schrittzahl oder Zeit $n_v$ kann man vorhersagen. Und je größer der Bahntrennungsfaktor $\Lambda$ bzw. der Lyapunov-Exponent $\lambda = \ln \Lambda$ ist, je stärker also das System intern dynamisch expandiert, desto kürzer ist die Vorhersagezeit. **Beide**, der systembedingte Lyapunov-Exponent $\lambda$ **und** der messqualitätsbedingte anfängliche Messfehler $\varepsilon_0$ bzw. die anfängliche Messgenauigkeit $\varepsilon_0^{-1}$ bestimmen die Vorhersagezeit. Endlich lang ist diese aber in jedem Falle nur! Deterministisch-chaotische Systeme (also eben die nichtlinearen, intern expandierenden Systeme mit beschränktem Zustandsraum) erlauben keine beliebig lange Vorhersage, eben wegen des positiven Lyapunov-Exponenten und der unvermeidlichen Ungenauigkeit bei der Feststellung des Anfangszustands! Mit der Experimentierkunst (oder den Ausstattungsgegebenheiten des Labors) kann man die Länge $n_v$ der Vorhersage-Zeit zwar beeinflussen, indem man $\varepsilon_0$ zu verkleinern trachtet, kann sie aber nicht unendlich lang machen. Denn es gibt keine Messung ohne einen gewissen, endlich großen Messfehler!

Ein am vorigen anknüpfendes Beispiel zeigt die Dramatik dieser tiefen, grundlegenden Erkenntnis der Physik quantitativ. Sei beispielsweise gerade $\Lambda = e$, die Eulersche Zahl (statt wie vorher 2). Dann ist $\lambda = 1$. In diesem Fall ist die Zahl der vorhersagbaren Schritte bei einer angenommenen Messgenauigkeit von 1 %, also $\varepsilon_0 = 10^{-2}$ durch $n_v = \ln 10^2 = 4{,}61$ gegeben. Nach gerade mal zirka 5 Schritten weiß man einfach nicht mehr, welches Signal zu erwarten ist, weil man den „Anfänger", also den Anfangswert, nicht gut genug kennt! Man wird deshalb versuchen, die Messgenauigkeit zu steigern, sie z. B. zu verdoppeln. Dann wäre $\varepsilon_0 = \frac{1}{2} \cdot 10^{-2}$. Ergebnis für die Vorhersagezeit: klägliche $n_v = \ln 200 = 5{,}30$ statt 4,61, also kaum etwas erreicht. Gelingt die Verzehnfachung der Messgenauigkeit, also $\varepsilon_0 = 10^{-3}$, was in der Praxis meist einen gewaltigen Aufwand erfordert, findet man $n_v = \ln 1000 = 6{,}91$, also knapp 7 Schritte. Ein ernüchterndes Ergebnis. Die Anstrengungen zur Steigerung der Messgenauigkeit, bei der Wettervorhersage also etwa die Erhöhung der Zahl der (kostenintensiven) Messstationen, geht nur logarithmisch, also dramatisch wenig ein; statt 10 nur $\log 10 = 1$, statt 100 nur $\log 100 = 2$ o. ä. Daher hat es auch lange gedauert, bis die Wettervorhersage schrittweise und allmählich verbessert werden konnte; und nur begrenzt gut wird sie stets bleiben müssen.

Wir können jetzt auch verstehen, warum es beim modulo-Gesetz etwa 3 bis 4 Schritte dauerte, bis bei der Trennung der beiden aus den Anfängern $x_0$ und $x_0'$ folgenden Trajektorien die Abweichung in die nächst-höhere Dezimale ging: Beim modulo-Gesetz (2.4) ist $\Lambda = 2$; der Genauigkeitsverlust von jeweils einer Dezimale bedeutet $\varepsilon = 10^{-1}$; das liefert $n = \frac{\ln 10}{\ln 2} = 3{,}32$, wie oben empirisch gefunden.

Ferner können wir jetzt verstehen, wann uns die Welt determiniert, kausal begegnet und wann statistisch, stochastisch, wann als voll berechenbar und wann als zufällig. Vielleicht unbewusst aber doch unvermeidlich vergleichen wir nämlich die zeitliche Dauer der uns begegnenden Vorgänge in der Natur mit unserer „menschlichen Zeitskala". Sei diese einmal mit $t_M$ bezeichnet. Sie beträgt, je nach unserem momentanen Interesse, Sekunden, Minuten, Stunden, Tage, vielleicht auch manchmal einige Jahre. Dagegen können wir das Weltalter von etwa 13 Milliarden Jahren oder die nur Nanosekunden dauernden Schaltzeiten moderner Elektronik in der Mikrowelt zwar abstrakt (und durchaus effektiv) darstellen und mit ihnen umgehen, sie aber nicht menschlich erleben, sie nicht emotional nachvollziehen. Deshalb kommt es bei unserer Beurteilung, ob vorhersagbares oder statistisches Verhalten vorliegt, auf den Vergleich der physikalischen Vorhersagezeit, also der der Vorhersageschrittzahl $n_v$ entsprechenden sogenannten „Lyapunov-Zeit" $t_{Lyap} \equiv \lambda^{-1} = (\ln \Lambda)^{-1}$ mit unserer menschlichen Zeitskala $t_M$ an. Für die Vorhersage der Bahn des Pluto z. B. berechnet man aus der Himmelsmechanik die Lyapunov-Zeit $t_{Lyap}$ zu $\approx 10^{15}$ s, für die inneren Planeten Merkur, Venus, Erde, Mars $t_{Lyap} \approx 3 \cdot 10^{14}$ s (siehe [9]). (Wie lang das ist! Aber was sind andererseits schon diese 10 Millionen Jahre gegen das Weltalter von etwa 13 Milliarden Jahren?) Die Vorhersagbarkeit der Molekülbewegung bis zum nächsten Zusammenstoß mit einem benachbarten Molekül eines Gases beträgt dagegen $t_{Lyap} \approx 10^{-10}$ s. Oder, Luftströmungen in der Atmosphäre haben typische Zeitskalen $t_{Lyap} = 1$ s bis 1 d. Im Vergleich zu $t_M$ ist die Bahnbewegung des Pluto also nahezu beliebig lange vorher berechenbar; wir meinen deshalb und empfinden es so, dass sich der Pluto für uns als völlig kausal, als genau vorhersehbar auf seiner Bahn bewegt. Ganz anders bei der Molekülbewegung: deren Lyapunov-Zeit ist im Vergleich zur menschlichen Zeitskala so winzig kurz, dass jedwede determinierte Vorhersage auf menschlicher Skala völlig ausgeschlossen ist; jede berechnete Vorhersagezeit über Molekülbewegungen ist so winzig klein, dass sie unsere menschliche Zeitskala $t_M$ um Größenordnungen verfehlt. Folglich kann man Molekülbewegungen nur statistisch behandeln. Diese Einsicht ist die Geburtsstunde der „Statistischen Physik". Die thermodynamischen Gesetze sind statistische Mittelwerte, selbst die Streuungen haben noch physikalische Bedeutung; z. B. kennzeichnet die Kompressibilität die Teilchenzahlschwankung.

Andererseits stellen wir fest, dass die charakteristische Vorhersagezeit $t_{Lyap}$ für die atmosphärischen Luftbewegungen ungefähr von derselben Größenordnung ist wie die menschliche Zeitskala $t_M$. Deshalb sind atmosphärische Vorgänge teils berechenbar, teils auch wieder nicht, je nach $\varepsilon_0$, ganz wie eben Wettervorhersagen so sind. Deshalb auch kann man hier durch Verbessern der Genauigkeit bei der Bestimmung des Strömungszustands der Atmosphäre, also etwa durch mehr Messstationen zur genaueren Ermittlung des jeweiligen Anfangszustands, durch schnellere Computer und vor allem durch genauere numerische Verfahren die Vorhersagezeiten zu unserem Vorteil vergrößern. Mühsam zwar, weil die Fehlerverkleinerung nur logarithmisch eingeht, aber immerhin mit Erfolg. Wir befinden uns hier im Grenzbereich zwischen deterministischer und statistischer Vorhersage. Die Bahnen neuer Hurrikans Katrina wird man schon besser vorhersehen können als beim Urereignis in 2005.

Wir wollen uns jetzt klarmachen, warum der offenkundig so wichtige Messfehler $\varepsilon_0$ im Alltag i. A. so gänzlich unbeachtet bleibt, außer natürlich bei den Physikern. Dazu lassen wir uns zunächst durch den Kopf gehen, dass wir normalerweise ja gar nicht einen beliebig genauen Wert vorhersagen möchten. Niemand fragt danach, ob morgen die Temperatur um 7 Uhr 32 gerade 10,749 218 °C sein wird. Es genügt uns zu wissen, in welchem ungefähren Intervall sie sein wird. Bezeichnen wir diese tolerierte oder tolerierbare Ungenauigkeit bei einer Vorhersage mit $\varepsilon_\text{tol}$. Vorhersagen mit dieser Genauigkeit sind dann möglich für eine Zeit $t_\text{v}$, für die $e^{\lambda \cdot t_\text{v}} \varepsilon_0 = \varepsilon_\text{tol}$ gilt oder

$$t_\text{v} = \frac{\ln(\varepsilon_\text{tol}/\varepsilon_0)}{\lambda} = \frac{\ln(\varepsilon_\text{tol}/\varepsilon_0)}{\ln \Lambda} = t_\text{Lyap} \ln(\varepsilon_\text{tol}/\varepsilon_0) \,. \tag{2.7}$$

Zunächst einmal erkennt man hieraus, dass man offensichtlich nie genauer voraussagen kann, als man den Anfangszustand messen konnte. Stets muss $\varepsilon_\text{tol} > \varepsilon_0$ sein, sonst wäre die Vorhersagezeit kleiner als Null. Der Logarithmus-Faktor ist in der Regel von der Ordnung von vielleicht 5 bis 7. Die typische Vorhersagezeit $t_\text{v}$ hat also die Größenordnung $t_\text{Lyap}$. Sofern nun $t_\text{Lyap}$ sehr groß gegen unsere gefühlte, menschliche Zeit $t_\text{M}$ ist, $t_\text{Lyap} \gg t_\text{M}$, kann man in Gleichung (2.7) den Messfehler ungestraft als kleiner ansehen, als er tatsächlich ist, kann sogar $\varepsilon_0 \to 0$ betrachten, weil dadurch die Vorhersagezeit nur noch größer würde, was aber angesichts der sowieso schon langen Vorhersagedauer vollkommen egal, weil gar nicht bemerkbar wäre. Also braucht man sich weder über $\varepsilon_0$ noch über $\varepsilon_\text{tol}$ weitere Gedanken zu machen. Deshalb vergisst man auch schnell, dass es einen Messfehler gibt und glaubt, „alles kann vorherberechnet werden".

Ähnlich, wenn auch aus ganz anderen Gründen, ist es auch im Falle $t_\text{Lyap} \ll t_\text{M}$, beispielsweise bei der Bewegung der Atome in Gasen, Flüssigkeiten oder festen Körpern. Hier könnte man zwar durch Verbessern von $\varepsilon_0$ oder durch Verzicht auf die Vorhersage-Qualität $\varepsilon_\text{tol}$ die Vorhersagezeit um einiges Verlängern, aber sie bliebe immer noch weit kürzer als $t_\text{M}$. Man muss sowieso Statistische Physik betreiben. Wieder also brauchen wir uns um Messfehler nicht zu kümmern (es sei denn als messende Physiker).

Nur in all den Fällen, in denen $t_\text{Lyap} \approx t_\text{M}$ ist, werden wir mit der Existenz von Messfehlern konfrontiert! Dann müssen wir sie notgedrungen wahrnehmen. Beim Wettergeschehen oder dem oben angeführten Modellbeispiel des modulo-Gesetzes war das der Fall. Da wurde aus der deterministischen, aus der kausalen Physik eine scheinbar unsichere Angelegenheit, und zwar im klassischen, makroskopischen Bereich. Vorhersagbarkeit und kausale Verknüpfung haben somit in der klassischen Physik eine endlich lange zeitliche Reichweite. Das soll durch den Begriff „Kausalität im Kurzen" ausgedrückt werden. Vorhersagbarkeit und Kausalität sind nur im Rahmen des Messfehlers verifizierbar, gelten nicht „absolut", will sagen Kausalität ist experimentell weder genauer beweisbar noch widerlegbar.

Zwar sind die klassischen Bewegungsgesetze Differentialgleichungen, wie etwa die Newton'sche Bewegungsgleichung $\boldsymbol{F} = m\boldsymbol{a}$, wie die Lagrange oder Hamilton'schen Gleichungen, wie auch die Maxwellgleichungen. Ihre Lösungen sind als solche, rein mathematisch betrachtet, streng deterministisch. (Sofern man sich die Lösungen allerdings numerisch verschaffen muss, kommen wegen der nur endlich großen numerischen Genauigkeit ebenfalls „Messfehler" im Spiel!) Man darf aber die Differentialgleichungen der Mathematik nicht mit der Natur selbst verwechseln! Um sie auf das Naturgeschehen anwenden zu können, bedarf es stets der Angabe des Anfangszustandes. Dieser ist aber nur durch Messung zu erhalten, also nur ungenau. Keine Messung ohne Fehler!

Man müsste somit statt einer einzigen Anfangsbedingung und der daraus folgenden Lösung des Newton'schen Gesetzes eigentlich einen ganzen Ball von Anfangsbedingungen betrachten und alle sich daraus entwickelnden Lösungsverläufe betrachten. So entsteht ein ganzer „Lösungskegel". Er verbreitert sich zusehends, nämlich wegen der internen Expansivität, wegen positiver Lyapunov-Exponenten. So ist in heutigen Wettervorhersagen der anwachsende Temperaturkegel zu verstehen, innerhalb dessen die Temperaturen in den nächsten Tage etwa liegen werden. Besser weiß man es nicht.

In der Quantenmechanik ist es ähnlich und auch wieder anders. Die Bewegungsgleichung selbst, also z. B. die Schrödingergleichung $i\hbar \partial_t \psi = H\psi$, ist ebenfalls eine Differentialgleichung. Auch sie gestattet mathematisch-deterministisch aus dem Anfangszustand $\psi(t_0)$ die späteren Zustände $\psi(t)$ auszurechnen (wieder bis auf eventuelle numerische Fehler). Mag diese Feststellung auch manchen im ersten Moment wundern, es ist tatsächlich so. Auch in der Quantenmechanik ist das Bewegungsgesetz selbst streng deterministisch! Erst wenn man aus der Wellenfunktion $\psi$ nutzen ziehen will, um die Orte und Impulse der Teilchen daraus zu bestimmen, haben wir von der Wahrscheinlichkeitsinterpretation Gebrauch zu machen. Diese tritt also an Stelle des Messfehlers in der klassischen Physik. (Präziser hätte man statt von quantenmechanischen Zuständen $\psi$ besser von Statistischen Operatoren $\hat{\rho}$ sprechen sollen oder von eventuellen Zustandsgemischen, aber das ändert nichts Grundsätzliches.) Sehen wir die räumliche Lokalisierungsbreite des Zustands (oder des Zustandsgemischs) als Maß für die Messungenauigkeit an, entsprechen sich klassische Physik und Quantenphysik völlig, nur dass quantenmechanische Breiten nicht so ohne Weiteres der Verbesserung durch den messenden Physiker zugänglich sind.

Verschieden erscheinen uns klassische Physik und Quantenphysik deshalb, weil in der klassischen Physik der Messfehler ausgeblendet wird und die deterministische Bewegungsgleichung allein als das Naturgeschehen betrachtet wird, während umgekehrt in der Quantenphysik allein die probabilistische Interpretation in den Mittelpunkt gerückt und die eigentliche Zeitentwicklung, die nach einer ebenfalls streng deterministischen Differentialgleichung erfolgt, ausgeblendet wird. So erscheinen klassische und quantenmechanische Physik als unterschiedlicher als sie tatsächlich sind. Merke: in beiden Fällen benötigt man die Kombination von Differentialgleichung **und** messender Verknüpfung mit der Natur!

Man kann den Denkfehler, der zu der beliebten Aussage führt, „die klassische Physik ist kausal", auch leicht formalisieren. Es wird übersehen, dass die beiden relevanten doppelten Limites eben *nicht* gleich sind, sofern das betrachtete System nichtlinear und intern expansiv ist:

$$\lim_{\varepsilon \to 0}\left(\lim_{t \to \infty} \ldots\right) \neq \lim_{t \to \infty}\left(\lim_{\varepsilon \to 0} \ldots\right). \tag{2.8}$$

Es ist etwas anderes, ob man bei zunächst endlichem Fehler $\varepsilon$ erst den Grenzfall sehr großer Zeiten $t$ betrachtet oder ob man bei zunächst endlicher Zeit $t$ erst den Idealfall verschwindend kleinen Messfehlers studiert, also nur rein mathematisch die Differentialgleichung löst und dann erst die Zeit so groß wie gewünscht macht. Im letzteren Fall ist alles determiniert (weil man ja den Messfehler mit Absicht zu Null gesetzt hat), im erstern Falle ist der Ablauf à la longue unvorhersagbar. Physikalische Realität ist aber die Untersuchung der Zeitentwicklung bei endlich großem Messfehler, also der linke der beiden Limites. Das gestattet nur Kausalität im Kurzen. Das philosophische Argument dagegen bezieht sich auf den rechtsseitigen Doppellimes; dann erscheint die klassische Physik als kausal. Argument und Realität sind aber verschieden!

Chaos und statistisches Verhalten gibt es nicht „trotz Naturgesetzlichkeit", sondern eben „wegen des Naturgesetzes", weil dieses nämlich im Regelfall nichtlinear, intern expandierend (positive Lyapunovs), im endlichen Zustandsraum wirkend ist. So erzeugen die Naturgesetze neben den bekannten, vertrauten Qualitäten „stationär/Gleichgewicht" und „periodisch" eine neue dynamische Qualität: „Chaos, andauernde zeitliche Veränderung, Unvorhersagbarkeit, Statistik und Wahrscheinlichkeit".

## 2.6 Kontinuierliche chaotische (Hydro-)Dynamik

In den nächsten Abschnitten sollen nun die auf so vielen Beobachtungen beruhenden Grundgedanken über das Auftreten und die Definition von Chaos und über die Eigenschaften komplexer nichtlinearer Systeme in die gewöhnliche Physikausbildung eingebunden werden.

### *2.6.1 Das Lorenzmodell*

Ob man Modelle wie das modulo-Gesetz (2.4) aus bekannten, „echten", verifizierten Naturgesetzen herleiten kann? Dieser Frage wollen wir in diesem Abschnitt physikalisch handfest nachgehen, natürlich wieder exemplarisch.

Wir betrachten dazu das in Abb. 2.4 schematisch dargestellte Rayleigh-Bénard System einer von unten erwärmten Flüssigkeitsschicht. Die für Flüssigkeiten zuständigen Gleichungen (2.2), (2.3) von Navier-Stokes und Oberbeck-Boussinesq kennen wir bereits. Diese hätten wir zur Berechnung des Wärmestromes zwischen den beiden Platten unter Beachtung der physikalischen Randbedingungen zu lösen. Leider ist es außer in einfachen Spezialfällen nicht möglich, diese nichtlinearen partiellen Differentialgleichungen analytisch zu lösen. (Übrigens ist es i. A. auch nicht möglich, die Newton'schen Gleichungen für mehrere mittels Schwerkraft wechselwirkende Massen analytisch zu lösen. Erinnert sei an das berühmt-berüchtigte Dreikörperproblem.) Deshalb haben die Physiker und Mathematiker Näherungsmethoden zur Lösung von Differentialgleichungen entwickelt. Kriterium für deren Brauchbarkeit ist, dass ihre Ergebnisse mit den experimentellen Befunden hinreichend gut übereinstimmen.

Ein sehr wichtiges und oft verwendetes Näherungsverfahren besteht darin, die Lösung einer partiellen Differentialgleichung in Form einer *Modenentwicklung* zu suchen, also als (endliche) Summe von bekannten räumlichen „Moden" anzusetzen. Als „Moden" werden vorgegebene $x$-abhängige Funktionen bezeichnet, die bestimmte, als zweckmäßig gewählte räumliche Strukturen beschreiben. Ein Vorfaktor $A(t)$ gibt die sich i. A. mit der Zeit ändernde „Stärke" (oder „Amplitude") an, mit der die jeweilige „Mode" an der Lösung beteiligt ist. Oft verwendet man Fouriermoden wie etwa $u_x(x, y, z, t) = A(t) \sin(a\pi \frac{x}{H}) \sin(\pi \frac{z}{H})$ für die $x$-Komponente des Geschwindigkeitsfeldes $\boldsymbol{u}(x, y, z, t)$ und additive Überlagerungen solcher Funktionen, die andere Wellenzahlen $k_n z = n\pi \frac{z}{H}$ im Argument der sin-Funktion(en) und andere Amplituden $A_n(t)$ haben. Die Periodizität dieser Moden in horizontaler ($x$-)Richtung und in vertikaler ($z$-)Richtung soll die Rollenstruktur des Strömungsfeldes widerspiegeln. Zur Vereinfachung wird unterstellt, dass die Platten in seitlicher Richtung unendlich ausgedehnt sind und es deshalb wegen der Invarianz gegenüber Verschiebungen („Translationsinvarianz") in seitlicher Richtung keine ($y$-)Abhängigkeit gibt. Die Näherung für die gesuchte Lösung ist umso einfacher, aber natürlich auch um so gröber, je weniger solcher Moden man berücksichtigt und mitnimmt. Dessen bewusst bleiben wir ansatzweise mal bei der einen einzigen hingeschriebenen $\boldsymbol{u}$-Mode mit Amplitude $A(t)$.

Das Temperaturfeld sollte dieselbe periodische Struktur haben, wird es doch durch die mit $\boldsymbol{u}$ strömenden Flüssigkeitselemente transportiert. Das $T$-Feld muss somit das Muster des $\boldsymbol{u}$-Feldes widerspiegeln. Deshalb setzen wir als Mode $T(x, y, z, t) = B(t) \sin(\pi \frac{z}{H}) \sin(a\pi \frac{x}{H})$ an. Wieder gilt, zur genaueren Darstellung bedürfte es der additiven Überlagerung weiterer Moden mit anderen Wellenzahlen $k_n$ und Amplituden $B_n(t)$. Im Gegensatz zum Geschwindigkeitsfeld **muss** man sogar mindestens eine weitere Temperatur-Mode mit hinzunehmen: Die angesetzte $B$-Mode hat nämlich das Flächen-(also $x$-)mittel Null, wegen der Periodizität in $x$, kann also im Mittel über die Fläche gar keinen konvektiven Wärmestrom liefern. Wir fügen deshalb als weitere Temperatur-Mode $C(t) \sin(2\pi \frac{z}{H})$ hinzu. Sie ist unabhängig von $x$ und hat deshalb ein von Null verschiedenes Flächenmittel.

Diesen Minimalsatz von gerade einmal drei Moden, einer für die Geschwindigkeit und zwei für die Temperatur (hiervon einer für die Rollenstruktur und der andere für den Wärmetransport) setzt man in (2.2), (2.3) ein und integriert die entstehenden Gleichungen über die drei räumlichen Koordinaten aus. Dann bleiben drei gewöhnliche Differentialgleichungen für die drei Amplituden übrig, $\dot{A}(t) = \ldots$ usw., die wie die ursprünglichen Gleichungen alle miteinander gekoppelt und nichtlinear sind. Sodann macht man die drei Amplituden und die Zeit-Koordinate durch geeignete Faktoren dimensionslos. Sie werden dann statt $A$, $B$ und $C$ mit $x$, $y$ und $z$ bezeichnet (man verwechsle das nicht mit den drei ausintegrierten räumlichen Koordinaten!). Die Zeit, nach wie vor $t$ genannt, wird in Vielfachen der molekularen Wärmetransportzeit $H^2/\kappa$ gemessen. So entsteht als einfachste und gröbste Näherung für (2.2) und (2.3) ein einfaches (Modell-)Gleichungssystem für die Wärmeströmung

$$\dot{x}(t) = -\sigma x + \sigma y, \quad \dot{y}(t) = -y + rx - xz, \quad \dot{z}(t) = -bz + xy. \quad (2.9)$$

Hierin bezeichnet $\sigma = \nu/\kappa$ die Prandtlzahl, festgelegt durch die Materialeigenschaften kinematische Viskosität $\nu$ und Temperaturleitfähigkeit $\kappa$ der Flüssigkeit. $r = \frac{\Delta T}{\Delta T_c} = \frac{\text{Ra}}{\text{Ra}_c}$ kennzeichnet die Stärke des thermischen Antriebs durch den Temperaturunterschied $\Delta T$ zwischen der unteren und oberen Platte. $b = 8/3$ ist ein aus den dimensionslos gemachten Grundgleichungen folgender Zahlenfaktor. – Typische Zeitskalen für die molekulare Wärmeleitung sind $H^2/\kappa \approx 5\,\text{s}$ bis $300\,\text{s}$, also bis zu etwa 5 min; als typische experimentelle Messdauer wählt man einige Stunden bis Tage. Das ist eine große experimentelle Herausforderung, gilt es doch, die experimentellen Bedingungen so konstant wie nur irgend möglich zu halten. Die Wärmestromdichte $Q$ bzw. die Nusseltzahl ergibt sich zu $\text{Nu} = \frac{Q}{(\lambda \Delta T L^{-1})} = 1 + 2z(t)/r$ aus der Amplitudenvariablen $z(t)$.

Diese einfachste Näherung für die hydrodynamischen Grundgleichungen (2.2), (2.3) hat zuerst Edward Lorenz im Jahre 1963 angegeben [1]. Barry Saltzman [2] und er hatten zunächst viel mehr Moden mitgenommen, dann aber gefunden, dass die meisten von diesen sowieso zeitlich abklangen. So vereinfachten sie sich die Integration so weit es irgend ging, ohne (hoffentlich!) die charakteristischen Eigenschaften der vollen Lösung zu verlieren. Eine neuere, genauere Untersuchung der Qualität der Dreimoden-Näherung findet man in [10].

## 2.6.2 Dynamische Qualitäten

Wie dargestellt muss man die Rayleigh-Bénard Wärmekonvektion aus guten physikalischen Gründen durch *mindestens drei* Moden und deren (dimensionstragende) Amplituden $A(t), B(t), C(t)$ bzw. dimensionslose Entsprechungen $x(t), y(t), z(t)$ beschreiben. Genau das hat aber auch eine unmittelbare mathematische Konsequenz, die ihrerseits wieder physikalisch bedeutsam ist: Durch die mindestens drei Moden wird nämlich Chaos überhaupt erst möglich! Hätte man nur eine einzige Variable $x(t)$ aus ihrer Bewegungsgleichung $\dot{x} = f(x)$ zu berechnen, so gäbe es für die Lösung nur zwei Möglichkeiten: entweder strebte $x(t)$ im Laufe der Zeit gegen einen festen Punkt $x^*$ oder es ginge $x(t) \to \pm\infty$. Die Lösung $x(t)$ könnte jedenfalls nicht periodisch schwingen; denn dann wäre ja in dem von der Schwingung überdeckten Teilintervall die Geschwindigkeit $\dot{x}$ bei der Hinbewegung positiv und bei der Herbewegung negativ, was unmöglich ist, weil $\dot{x} = f(x)$ an jeder Stelle $x$ eindeutig ist. – Periodische Lösungen sind erst möglich, wenn es mindestens zwei Variable $x(t), y(t)$ gibt, die Dimension des sogenannten *„Phasenraumes"* also $d = 2$ (oder größer) ist. Dann kann die Lösungstrajektorie nämlich in die Ebene ausweichen und muss sich nicht mehr allein auf der $x$-Achse hin- und her bewegen. Schwingungen sind bei $d = 2$ möglich, immer noch unmöglich aber wäre eine chaotische Bewegung: wegen deren mit der Zeit $t$ wechselnden Amplitudengröße müssten sich in der Ebene $d = 2$ die periodischen Bahnen immer wieder durchkreuzen (einfach mal hinzeichnen); an den Schnittpunkten gäbe es dann zwei unterschiedliche Richtungen, was nicht sein kann, weil die Bewegungsgleichungen $\dot{x} = f_1(x, y)$ und $\dot{y} = f_2(x, y)$ die Richtung an jeder Stelle $(x, y)$ eindeutig festlegen. – Erst wenn die Lösungstrajektorie in die dritte Dimension ausweichen kann, also $d \geq 3$ ist, sind wechselnde Amplitudengrößen widerspruchsfrei zulässig. Mit jeder Erhöhung der Phasenraumdimension $d$, also der Zahl $d$ der Variablen, kommt eine neue dynamische Qualität hinzu: Zuerst ($d = 1$) gibt es nur das Streben gegen einen „Fixpunkt"; dann ($d = 2$) tritt auch „periodisches Schwingen" auf, sodann erst ($d = 3$) „chaotisches, andauernd veränderliches Schwingen", ... Die jeweils einfacheren Möglichkeiten bleiben bei Vergrößern von $d$ stets auch weiterhin möglich. Die Vielfalt wächst aber mit $d$ an.

## 2.6.3 Diskussion des Lorenzmodells

In diesem Abschnitt sollen die wichtigsten Eigenschaften der Lösungen des Lorenzmodells (2.9) zusammengefasst dargestellt werden. Sie nachzuvollziehen, regt zu eigener Mitarbeit mit Papier und Bleistift, manchmal auch mit einem PC an. So kann man sie sich selbst herleiten und erarbeiten. Dieser Abschnitt ist deshalb auch besonders für Gruppenarbeit geeignet.

Zuerst sucht man immer nach „Fixpunkten"; „fix" heißt zeitunabhängig. Sie sind deshalb durch $\dot{x} = \dot{y} = \dot{z} = 0$ definiert, heißen $P^* = (x^*, y^*, z^*)$ und sind die zeitunabhängigen Lösungen des gekoppelten, nichtlinearen Systems gewöhnlicher Differentialgleichungen. Im konkreten Fall findet man sie durch Lösen der drei Gleichungen mit drei Unbekannten, die sich aus (2.9) ergeben, wenn man für die jeweils linken Seiten 0 einsetzt. Sie lauten: $P_0^* = (0, 0, 0)$ und $P_\pm^* = (\pm\sqrt{b(r-1)}, \pm\sqrt{b(r-1)}, r-1)$. $P_0^*$ gibt es stets; dieser Fixpunkt ist aber nur für $r < 1$ „*stabil*", zieht also die Trajektorie für $t \to \infty$ an. Stabilität prüft man, indem man kleine Störungen um den Fixpunkt herum untersucht: weil klein, linearisiert man in den Störamplituden; das entstehende Eigenwertproblem wird durch e-Ansatz gelöst und festgestellt, ob die durch $e^{\alpha t}$ definierten *Eigenwerte* $\alpha$ einen negativen (stabil) oder einen positiven (instabil) Realteil haben[1].

[1] Die Stabilitätsanalyse ist eine Standardmethode in der Physik. Wer sie noch nicht kennt, sollte diese Gelegenheit nutzen, sie zu erlernen; wer sie bereits kennt, führe sie zur vertiefenden Übung selbständig durch.

$P_\pm^*$ gibt es nur für $r \geq 1$, also Ra $\geq$ Ra$_c$. (Warum?) Die erste Variable $x^*$ beschreibt die Amplitude der Konvektionsrolle, siehe Abb. 2.4, also wie stark sich diese dreht. Die beiden Vorzeichen $\pm$ kennzeichnen, ob sich die Rolle links oder rechts herum dreht. Im Zustand $P_\pm^*$ hat die Wärmestromdichte den Wert Nu $= 1 + \frac{2z^*}{r} = 3 - \frac{2}{r}$. Sie steigt also mit wachsendem $r$ an, bleibt aber unter 3. Experimentell dagegen wird Nu für größer werdende Rayleigh-Zahl sehr wohl größer als 3! Dann reicht unser Dreimoden-Modell offenbar nicht mehr aus. Die Stabilitätsanalyse um diese beiden Fixpunkte $P_\pm^*$ ergibt einen negativen reellen Eigenwert und ein Paar konjugiert komplexer Eigenwerte $\alpha_\pm \equiv a \pm i\omega$. Der Realteil $a$ erweist sich als negativ solange $1 \leq r < r_c$ und positiv, sofern $r$ den Wert

$$r_c \equiv \sigma \frac{\sigma + b + 3}{\sigma - b - 3} \qquad (2.10)$$

überschreitet. Solange $r$ unterhalb von $r_c$ ist, der thermische Antrieb der Flüssigkeit also nicht zu groß gewählt wird, sind die Fixpunkte $P_\pm^*$ somit stabil; die Lösungstrajektorien laufen wegen $\omega \neq 0$ oszillierend in sie hinein. Physikalisch: die Strömungsrollen drehen sich mal stärker mal schwächer, bis sie schließlich gleichmäßig stark anhaltend rotieren. Wenn jedoch $r > r_c$ gewählt wird, ist keiner der drei Fixpunkte mehr stabil, d. h. strebt die Lösungstrajektorie zu keinem von ihnen mehr hin! Die Lösungstrajektorien (sofern sie nicht gerade identisch mit einem der $P^*$ sind) **müssen** dann andauernd im dreidimensionalen Phasenraum umherwandern, d. h. die Amplituden $x, y, z$ ändern sich zeitlich andauernd und unregelmäßig. Sie haben ja keine stabile, zeitunabhängige „Heimat" mehr. Somit drehen sich die Rollen mal mit stärkerer, mal mit schwächerer Amplitude und die Nusselt-Zahl ist wegen $z(t)$ auch andauernd zeitlich veränderlich. Erinnern wir uns an Abb. 2.5. Welch ein Triumph, wir können dieses seinerzeit so mysteriöse Phänomen nun verstehen! Und zwar als Konsequenz aus den klassischen hydrodynamischen Bewegungsgleichungen (2.2), (2.3)! Chaos ist tatsächlich eine Folge eines Naturgesetzes, natürlich eines nichtlinearen! Gesetz und Chaos widersprechen sich nicht, sondern es ist genau ein bewährtes und etabliertes klassisches nichtlineares Gesetz, die Strömungsgleichungen, das eine chaotische Bewegung erzeugt! – Übrigens: Lorenz wählte (neben $b = 8/3$) für die Prandtl-Zahl den Wert $\sigma = 10$ und erhielt aus Gl. (2.10) den Wert $r_c = \frac{470}{19} = 24{,}736\,842\,11\ldots$

### 2.6.4 Lösungsverläufe beim Lorenzmodell

Es wird nun Zeit, sich die Lösungen von (2.9) explizit anzusehen. Analytische Formeln dafür sind nicht bekannt und wohl auch für ein nichtlineares, gekoppeltes, gewöhnliches Differentialgleichungssystem nicht zu erwarten. Wohl aber gibt es hierfür numerische Lösungsverfahren, die die Trajektorien oder Bahnen $P(t) = (x(t), y(t), z(t))$ im Phasenraum in diskreten Zeitschritten zu berechnen gestatten. Auch Saltzman und Lorenz haben ihre Gleichungen bereits numerisch integriert.

**Abb. 2.13** Die Geschwindigkeitsamplitude $x(t)$ als Funktion der Zeit $t$ im Intervall $0 < t < 20$ für zunehmende Werte des thermischen Antriebs $r$ (proportional zur Rayleigh-Zahl Ra) zwischen 16 und 27. Hier und in den folgenden Abbildungen gelten die Standardwerte $\sigma = 10$ für die Prandtlzahl ($\nu/\kappa$) und $b = 8/3$

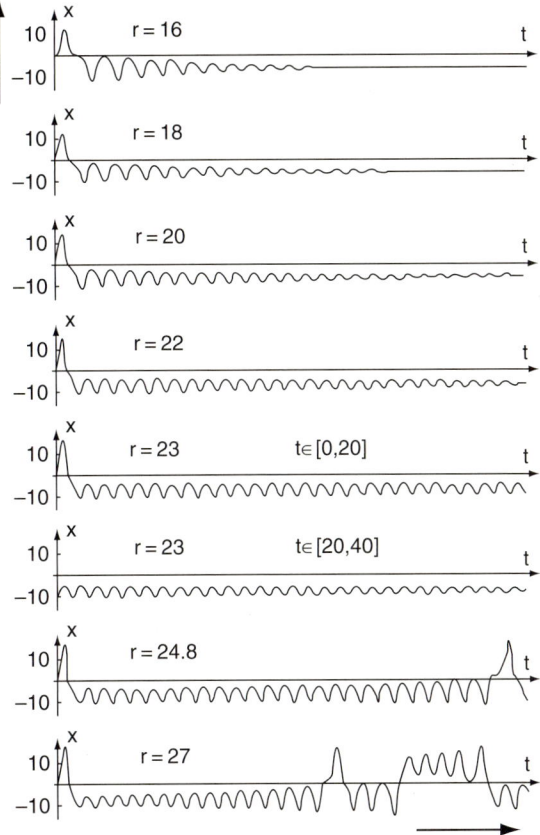

Die folgenden graphischen Darstellungen sind mit einem 4-Punkt Runge-Kutta Verfahren mit Zeitschrittweiten $\Delta t = 0.010$ oder $0.005$ und für typische Bahnlängen $T_{\text{bahn}} = 2500$ erzeugt worden. (Zur Erinnerung: Diese dimensionslosen Zeiten ergeben die realen Zeiten durch Multiplikation mit der molekularen Wärmeleitungszeit $H^2/\kappa$.) Man findet den Runge-Kutta-Algorithmus beispielsweise in [11] (§ 25.5.10), [12] (Kap. 15.1), [13] und anderen Büchern oder Anleitungen.

Abbildung 2.13 zeigt den zeitlichen Verlauf der Geschwindigkeitsamplitude. Offenbar wird die Trajektorie (die Lösung, die Bahn) für $r = 16$ vom Fixpunkt $P_-^*$ angezogen, denn $x(t)$ strebt oszillierend gegen $x_-^* = -\sqrt{b(r-1)} = -6.324\ldots = y_-^*$, ferner ist $z^* = r - 1 = 15$. – Mit zunehmendem $r$ dauert das Abklingen länger (der Realteil $a$ der Eigenwerte $\alpha_\pm$ nimmt ab). Die Frequenz ändert sich nicht merklich ($\omega$ bleibt nahezu konstant mit $r$). Bei $r = 23$ ist die Abklingrate so klein, $a$ so nahe bei 0, dass das gezeigte Zeitintervall auf (0,40) vergrößert und deshalb in zwei Teilen dargestellt werden muss. Nimmt $r$ noch weiter zu, passiert etwas Eigenartiges: Bei $r = 24,8$ ist die oszillierende Bewegung offensichtlich gar nicht mehr gedämpft. Vielmehr schaukelt sie sich sogar auf und verlässt gegen $t \approx 20$ den Fixpunkt $P_-^*$ und wechselt das Vorzeichen. Bei $r = 27$ geschieht so ein Wechsel noch schneller, man beobachtet sogar wiederholte Vorzeichenwechsel. Offenbar schwingt $P(t)$ abwechselnd und in unregelmäßiger Folge mal um $P_-^*$ mal um $P_+^*$.

Das dargestellte Verhalten bestätigt sich für noch größere $r$, siehe Abbn. 2.14, 2.15. – Die Vorstellung vom Umkreisen der instabilen Fixpunkte $P_\pm^*$ wird erhärtet,

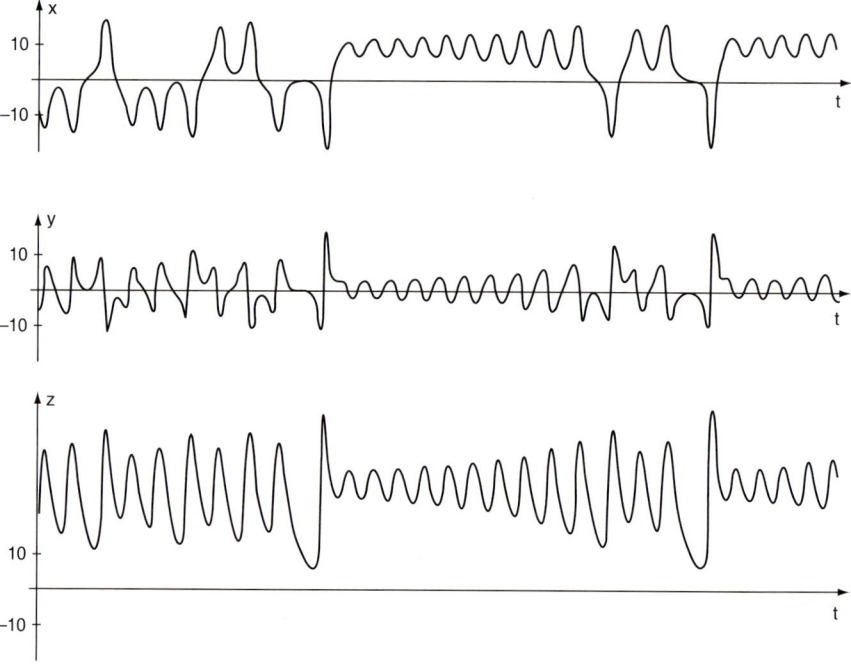

**Abb. 2.14** Alle drei Komponenten $x(t), y(t), z(t)$ der Lösungen von (2.9) im Zeitintervall $2001 < t < 4000$. $z(t)$ bleibt positiv und schwankt um den instabilen Fixpunktwert $z_\pm^* = r - 1 = 29$

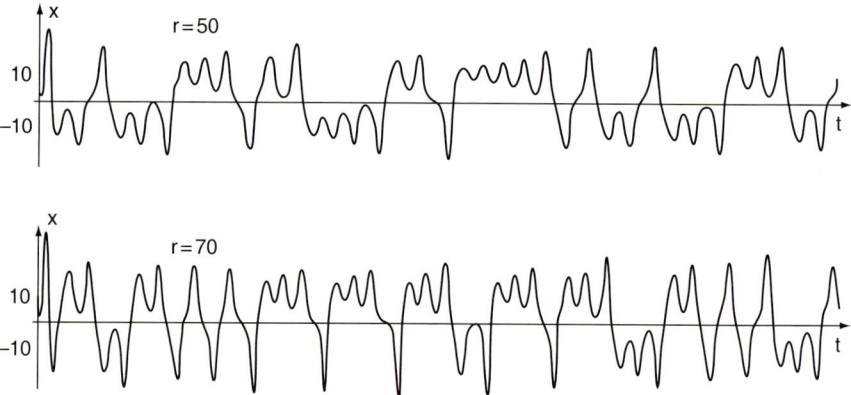

**Abb. 2.15** Die Geschwindigkeitsamplitude $x(t)$ der Rollendrehung versus Zeit $0 < t < 20$ für $r = 50$ bzw. 70. Nach wie vor deuten sich die instabilen Fixpunkte $x_\pm^* = \pm\sqrt{b(r-1)} = \pm 11{,}43\ldots$ bzw. $\pm 13{,}56\ldots$ an, die unregelmäßig oft umkreist werden, eventuell sogar nur einmal

wenn man die Lösungen in die $(x, z)$- oder in die $(x, y)$-Ebene projiziert (Abb. 2.16) oder sie sogar räumlich betrachtet (Abb. 2.17). Die Bahn $P(t)$ entfernt sich zunehmend vom jeweils umkreisten instabilen Fixpunkt; das entspricht dem nunmehr (seit $r > r_c$) positiven Realteil $a$ der beiden konjugiert komplexen Eigenwerte $\alpha_\pm$. Sie kann sich aber offensichtlich nicht beliebig weit entfernen und landet unvermittelt in der Nachbarschaft des jeweils anderen instabilen Fixpunktes, schaukelt sich dort erneut auf und das Wechselspiel beginnt von Neuem.

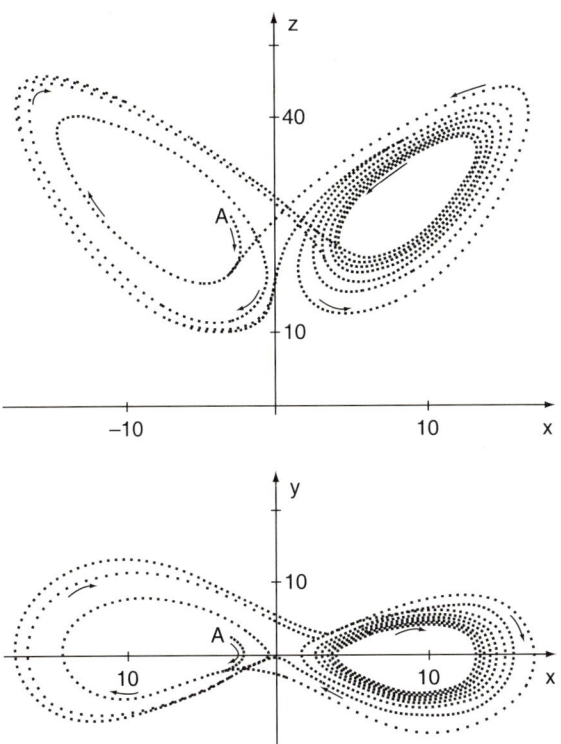

**Abb. 2.16** Projektionen der Phasenraum-Trajektorie in die $(x, z)$- (oben) bzw. die $(x, y)$-Ebene (unten) für $r = 30$ und $3000 < t < 4000$. A kennzeichnet den Anfangspunkt $P(t = 3000)$ nach einer längeren Einschwingphase, die *Pfeile* die Bahnrichtung. Die Koordinaten der instabilen Fixpunkte sind $P_{\pm}^* = (\pm 8{,}79\ldots; \pm 8{,}79\ldots; 29)$

Die räumliche Darstellung Abb. 2.17 der Trajektorie bietet eine Überraschung. Die hin und her wechselnde Bahn scheint auf beiden Seiten jeweils in einer Ebene zu liegen. Abbildung 2.18 zeigt das noch deutlicher. Handelt es sich bei den blattförmigen Ohren, auf denen die Bahn verläuft, tatsächlich um Ebenen? Es stünde doch der ganze 3-dimensionale Phasenraum zur Verfügung. Dazu studieren wir in Abb. 2.19 einen Schnitt durch ein „Lorenz-Ohr". Es zeigt sich, dass unter einem Vergrößerungsglas die scheinbare Fläche aus zwei Flächen besteht, die (bei noch besserer Auflösung) ihrerseits aus je zwei Flächen bestehen, usw. Wir nehmen an, dass sich das *ad infinitum* fortsetzt. Die „Lorenz-Ohren" sind also in Wahrheit Pa-

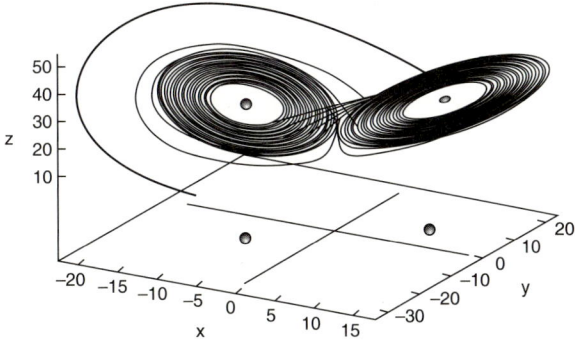

**Abb. 2.17** (Phasen-)Räumliche Darstellung einer Lösung (Trajektorie) $P(t)$ für $r = 28$. Die instabilen Fixpunkte sind sowohl in der $x, y$-Ebene (in der „Höhe" $z = -20$) markiert als auch in der „Höhe" $z_{\pm}^* = 27$

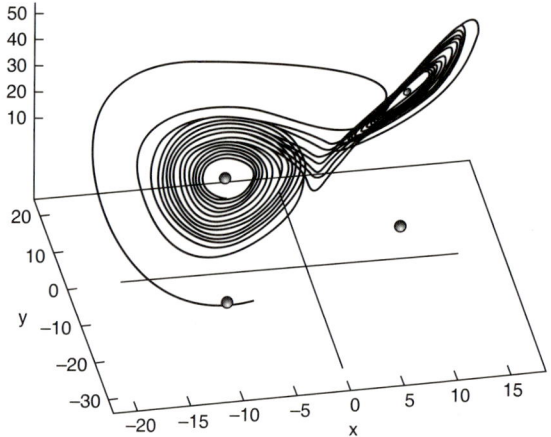

**Abb. 2.18** Wie Abb. 2.17 nur anderer Blickwinkel. Die Phasenraumbahn liegt auf zwei gegeneinander verdrehten „Ohren" oder „Flügelflächen"

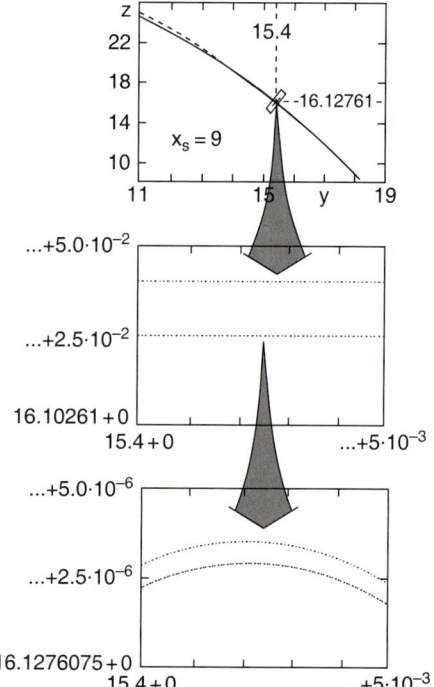

**Abb. 2.19** *Oben*: Schnitt durch ein „Lorenz-Ohr", bei festem $x_S = 9$. In der entstehenden $(y, z)$-Ebene erscheint das flächenähnliche Ohr dann wie eine Linie. *Mitte*: Das kleine Rechteck bei $z = 16{,}12761$ herausvergrößert und gedreht; der Ordinaten-Maßstab ist um einen Faktor $\approx 300$ größer, entsprechend die neue (gedrehte) $x$-Richtung. Die ursprünglich scheinbar einfache „Linie" besteht bei genauerem Hinsehen aus zwei getrennten benachbarten Linien. *Unten*: Erneute Vergrößerung, diesmal um einen weiteren Faktor 10 000: Jede der vorherigen „Linien" erweist sich bei dieser noch stärkeren Vergrößerung wiederum ihrerseits als Linienpaar; auch wird jetzt die Krümmung wieder erkennbar. Die Parameter sind $r = 28, \sigma = 10, b = 8/3$. Mit wachsender Vergrößerung wird die Körnigkeit der numerisch erzeugten Bahn deutlicher; bei Verlängerung der Integrationszeit wird die Linien-Belegung dichter. Jede „Linie" erweist sich als Linienpaar und zwar, soweit verfolgbar, ad infinitum

ckungen übereinander liegender Flächen, die paarweise angeordnet auftreten, deren jeder Partner seinerseits aus einem Flächenpaar besteht, usw. Auf diese Weise wird von der dritten räumlichen Dimension Gebrauch gemacht, wenn auch nicht raumfüllend.

Die herumsausende Trajektorie $P(t)$ füllt dieses merkwürdige, blätterteigähnliche Gebilde mehr und mehr aus, je länger man die Bewegungsgleichungen integriert. Wenn man die Integration von einem beliebigen, irgendwo gelegenen $P_0$ im dreidimensionalen Phasenraum startet, so nähert sich die Trajektorie nach einer relativ kurzen Übergangszeit diesem Gebilde sehr schnell an. Man nennt es deshalb einen „Attraktor", wegen seiner merkwürdig übereinander geschachtelten Form (und weiterer Eigenschaften) auch einen „*seltsamen*" Attraktor. Im chaotischen Bereich, also für $r > r_c$, tritt dieser blättrige Attraktor offenbar an Stelle der *Fixpunkte* oder der *Perioden*, letztere auch „*Grenzzyklen*" genannt. Erstere sind Punkte, haben also die Dimension $d = 0$. Die Grenzzyklen sind Linien, haben also die geometrische Dimension $d = 1$. Der Lorenz-Attraktor ist einerseits fast eben, was $d = 2$ entspräche, andererseits mehr, weil unendlich viele Ebenen übereinandergepackt dazugehören, zwischen denen Raumgebiete liegen, die nicht zum Attraktor gehören. Seine geometrische Dimension $d_F$ wird deshalb mehr als 2 und weniger als 3 sein. Man nennt sie eine „*fraktale*", eine gebrochene Dimension. Die Dimension des Lorenz-Attraktors ist mit inzwischen entwickelten Methoden der nichtlinearen Dynamik zu $d_{F,Lorenz} = 2{,}062\,716 \pm 0{,}000\,001$ berechnet worden [15]. Chaotische Dynamik ist also nicht nur eine neue dynamische Qualität *sui generis*, sondern sie führt uns auch zu einer neuen Art von Attraktor neben den klassischen Attraktoren „stationärer Punkt" und „Grenzzyklus".

Erinnern wir uns, warum beim Lorenzmodell (2.9) der Attraktor gar nicht eine Ebene sein könnte: Die andauernde Bewegung mit wechselnder Amplitude würde zu Selbstkreuzungen der Trajektorie führen, s. o., was wegen der Eindeutigkeit der Bewegungsrichtung an jedem Punkt nicht möglich ist. Warum aber das Ausweichen in die dritte Dimension zu einer so geringfügig über 2 liegenden Dimension führt, hat etwas mit der (starken) Attraktor-(Anziehungs-)eigenschaft in Verbindung mit der internen Expansivität der Lorenz-Dynamik zu tun. Die Attraktordimension und die Lyapunov-Exponenten hängen nämlich eng miteinander zusammen. Und alles wird letztlich aus den Bewegungsgleichungen, also den nichtlinearen partiellen Differentialgleichungen von Navier-Stokes und Oberbeck-Boussinesq (2.2), (2.3) auf dem Wege über die einfachste Näherung (2.9) erzeugt! Bevor wir uns deshalb den Lyapunov Exponenten der Lorenz-Dynamik (2.9) zuwenden, soll erst noch das andere definierende Merkmal chaotischer Dynamik gezeigt werden, nämlich die Begrenztheit der Amplitude bei der irregulären, andauernden Bewegung, nun eben auch für das Lorenzsystem.

### 2.6.5 Beschränktheit des verfügbaren Phasenraums

Die Bewegungsgleichungen (2.9) des Lorenzsystems erzwingen, dass die Trajektorien stets in einem beschränkten Teil des drei-dimensionalen Phasenraumes verlaufen müssen. Daher sind die Moden-Amplituden $x$, $y$ und $z$ im Laufe der Bewegung stets beschränkt, erfüllen also ein weiteres der drei Chaos-Kriterien (siehe Abschnitt 2.3). Dazu betrachten wir den Abstand $\sqrt{K(t)}$ des aktuellen Lösungspunktes $P(t) = (x(t), y(t), z(t))$ von dem festen Punkt $(0, 0, r + \sigma)$. Es gilt hierfür $K = x^2 + y^2 + (z - r - \sigma)^2$. Dieser Abstand ändert sich mit einer Geschwindigkeit $\dot{K} = 2(x\dot{x} + y\dot{y} + (z - r - \sigma)\dot{z}) = 2(-\sigma x^2 - y^2 - b(z - \frac{1}{2}(r + \sigma))^2 + b\left(\frac{r+\sigma}{2}\right)^2)$. Für hinreichend großen Abstand wird $\dot{K} < 0$ negativ; $P(t)$ muss also wieder umkehren. Der Phasenraumpunkt bleibt in dem Bereich, an dessen Rand $\dot{K} = 0$ ist, also innerhalb des Ellipsoids

$$\frac{x^2}{\frac{b}{\sigma}\left(\frac{r+\sigma}{2}\right)^2} + \frac{y^2}{b\left(\frac{r+\sigma}{2}\right)^2} + \frac{\left(z - \frac{1}{2}(r+\sigma)\right)^2}{\left(\frac{r+\sigma}{2}\right)^2} = 1 \,. \tag{2.11}$$

Alle Amplituden $x(t), y(t), z(t)$ sind somit in der Tat als beschränkt nachgewiesen.

Es kommt weniger auf die Endlichkeit des Phasenraums an, sondern dass die Lösungen nur einen endlichen Teil nutzen können. Es genügt auch, wenn sie das während eines gewissen Zeitintervalls tun; anschließend dürfen sie wie z. B. bei Stoßprozessen auseinanderlaufen. Dann sind zwar die Flugbahnen einfache gerade Linien, aber ihre statistisch verteilten Richtungen können vom Chaos während der Wechselwirkung verkünden.

## 2.7 Lyapunov-Exponenten

Wir untersuchen jetzt, ob auch das dritte Kriterium für Chaos beim Lorenz-Modell (2.9) erfüllt ist, nämlich ob seine Dynamik intern expansiv ist, ob sich also benachbart beginnende Trajektorien voneinander entfernen. Darüber geben die Lyapunov-Exponenten Auskunft. Um einen exemplarischen Eindruck von der bei sorgfältiger Analyse mathematisch anspruchsvollen Begriffswelt der nichtlinearen Dynamik zu vermitteln, sollen sie für ein allgemeines dynamisches System definiert und studiert werden. Dieses habe $d$ Variable $x_i(t)$, $i = 1, 2, \ldots, d$, zusammengefasst als Vektor $\boldsymbol{x}(t)$. Die Bewegungsgleichungen seien $d$ nichtlineare, gekoppelte, gewöhnliche Differentialgleichungen erster Ordnung

$$\dot{x}_i = F_i(\boldsymbol{x}), \quad i = 1, 2, \ldots, d \,. \tag{2.12}$$

Die sogenannten „Kräfte" $F_i$ seien *nicht explizit* von $t$ abhängig (autonomes System). Die Hydrodynamik nach (endlicher) Modenzerlegung lässt sich so formulieren oder auch die Hamilton'sche Mechanik. Die bei $\boldsymbol{x}(0)$ beginnende Lösung (Trajektorie) heiße $\boldsymbol{x}(t|\boldsymbol{x}(0))$; also ist insbesondere $\boldsymbol{x}(0|\boldsymbol{x}(0)) = \boldsymbol{x}(0)$. Wie verläuft eine Trajektorie, die ein wenig, um ein $\boldsymbol{\varepsilon}(0)$, verschoben beginnt, also bei $\boldsymbol{x}(0) + \boldsymbol{\varepsilon}(0)$ mit lauter kleinen Komponenten $\varepsilon_i \ll 1$? Ihr zeitlicher Verlauf wird durch $\boldsymbol{x}(t|\boldsymbol{x}(0) + \boldsymbol{\varepsilon}(0))$ beschrieben.

Die Abweichung $\varepsilon_i(t) = x_i(t|\boldsymbol{x}(0) + \boldsymbol{\varepsilon}(0)) - x_i(t|\boldsymbol{x}(0))$ zwischen beiden Trajektorien ändert sich zeitlich gemäß

$$\dot{\varepsilon}_i(t) = F_i(\boldsymbol{x}(t) + \boldsymbol{\varepsilon}(t)) - F_i(\boldsymbol{x}(t)) = \frac{\partial F_i}{\partial x_j}(\boldsymbol{x}(t)) \cdot \varepsilon_j(t) + O(\varepsilon^2) \,. \tag{2.13}$$

Wenn nur der anfängliche Abstand $\boldsymbol{\varepsilon}(0)$ klein genug gewählt wird, kann man auch zu allen gewünschten späteren Zeiten auf die Taylorglieder höherer Ordnung verzichten. Die Abstandsänderung genügt dann der *linearen* Gleichung

$$\dot{\boldsymbol{\varepsilon}} = \mathcal{L}(t)\boldsymbol{\varepsilon}(t), \quad \text{mit der Matrix } \mathcal{L}(t) \,\hat{=}\, \frac{\partial F_i}{\partial x_j}(\boldsymbol{x}(t)) \,. \tag{2.14}$$

Diese *lineare* Gleichung (2.14) mit trajektorienabhängiger Matrix $\mathcal{L}(t)$ kann man wie jede andere lineare Gleichung geschlossen integrieren und erhält

$$\varepsilon(t) = \mathcal{M}(t)\varepsilon(0), \text{ mit } \mathcal{M}(t) = \hat{T} \exp \int_0^t \mathcal{L}(x(t'))\,dt'. \qquad (2.15)$$

$\hat{T}$ bezeichnet den sogenannten „Zeitordnungsoperator", der bei der Reihenentwicklung der Exponentialfunktion in den entstehenden Mehrfachintegralen die Faktoren $\mathcal{L}(t_1)\mathcal{L}(t_2)\ldots\mathcal{L}(t_m)$ so anordnet, dass $t_1 \leq t_2 \leq \ldots \leq t_m$, also die Faktoren zeitlich geordnet sind. Sowohl $\mathcal{L}$ als auch $\mathcal{M}$ sind $d \times d$-Matrizen. $\mathcal{L}$ hängt von der aktuellen Lage $x(t)$ der Trajektorie zur Zeit $t$ ab, $\mathcal{M}$ vom Gesamtverlauf der Trajektorie zwischen 0 und $t$. Der Abweichungsvektor $\varepsilon(t)$ kann also je nach Trajektorie unterschiedlich stark wachsen oder schrumpfen. – Weil wir am Betrag der Abweichung interessiert sind, bilden wir

$$\|\varepsilon(t)\|^2 = \langle \mathcal{M}(t)\varepsilon(0) | \mathcal{M}(t)\varepsilon(0)\rangle = \langle e(0) | \mathcal{M}^+(t)\mathcal{M}(t) e(0)\rangle \, \|\varepsilon(0)\|^2. \qquad (2.16)$$

$e(0)$ ist der Einheitsvektor in Richtung $\varepsilon(0)$; der Betrag $\|\varepsilon(0)\|^2$ des anfänglichen Abstands ist abgespalten worden. Die Matrix $\mathcal{M}^+\mathcal{M}$ ist reell und symmetrisch. Deshalb hat sie reelle Eigenwerte und ein vollständiges System von zueinander senkrechten Eigenvektoren $e^{(k)}(t)$, $k = 1, 2, \ldots, d$. Die Eigenwerte schreiben wir in Exponential-Form und zwar gerade so, dass die Entwicklung des Abstands

$$\lim_{|\varepsilon(0)|\to 0} \left(\frac{|\varepsilon(t)|}{|\varepsilon(0)|}\right) = e^{\lambda^{(k)}(x(0),t)\cdot t}, \text{ sofern } \varepsilon(0) \parallel e^{(k)}(t), \qquad (2.17)$$

lautet, wenn die anfängliche Abweichung gerade in Richtung eines der Eigenvektoren zeigt. Die reellen Zahlen $\lambda^{(k)}(x(0), t)$ heißen „Lyapunov-Exponenten". Sie hängen zunächst durchaus von $t$ ab, manchmal beträchtlich, konvergieren aber für $t \to \infty$ gegen $t$-unabhängige Werte, die bei ergodischen Systemen auch vom Anfangspunkt $x(0)$ der Trajektorie unabhängig sind.

$$\lambda^{(k)} = \lim_{t\to\infty} \frac{1}{2t} \ln\langle e^{(k)}(t) | \mathcal{M}^+(t)\mathcal{M}(t) \, e^{(k)}(t)\rangle. \qquad (2.18)$$

Üblicherweise denkt man sie sich der Größe nach geordnet $\lambda^{(1)} \geq \lambda^{(2)} \geq \ldots \geq \lambda^{(d)}$. Positive Lyapunov-Exponenten beschreiben Abstandsvergrößerung und damit interne Expansivität, negative eine Abstandsverkleinerung in den entsprechenden Richtungen. Den Nachweis der Existenz und Eindeutigkeit der Lyapunov-Exponenten unter recht allgemeinen Bedingungen verdanken wir V. I. Oseledec [14].

Damit soll der Ausflug in eine mathematisch saubere Behandlung eines kleinen Teilabschnitts der Nichtlinearen Dynamik beendet, aber noch durch einige für den praktischen Umgang wichtige Fakten ergänzt werden. Beim Lorenz-Modell (2.9) gibt es drei Lyapunov-Exponenten, weil $d = 3$ ist. Einer von ihnen ist im Bereich chaotischer Zeitabhängigkeit, also $r > r_c$, positiv, einer ist 0 und einer negativ; der Wert des positiven Lyapunov-Exponenten wurde in [15] recht genau berechnet.

$$\lambda^{(1)} = 0{,}904\,43\ldots, \quad \lambda^{(2)} = 0, \quad \lambda^{(3)} = -14{,}571\,09\bar{6}. \qquad (2.19)$$

Es gilt folgende bemerkenswerte Eigenschaft, beim Lorenzsystem wie aber auch ganz allgemein:

$$\sum_{k=1}^{d} \lambda^{(k)} = \lim_{t\to\infty} \frac{1}{t} \int_0^t \frac{\partial F_i}{\partial x_i}(x(t'))\,dt'. \qquad (2.20)$$

Beim Lorenz-Modell berechnet man aus (2.9) den zeitunabhängigen Wert $\frac{\partial F_i}{\partial x_i} = -\sigma - 1 - b = -13,\bar{6}$, was in der Tat mit der Summe der drei in (2.19) angegebenen Lyapunov-Exponenten übereinstimmt. – Ein Lyapunov-Exponent 0 kommt immer dann vor, wenn das dynamische System kontinuierlich von der Zeit $t$ abhängt und die „Kräfte" $F_i$ von $t$ unabhängig sind, also Translationsinvarianz bezüglich der Zeit herrscht. – Die Summe der Lyapunov-Exponenten ist bei dissipativen Systemen negativ und bei konservativen Systemen Null.

Nach Kaplan und Yorke (siehe z. B. [16]) geben die Lyapunov-Exponenten auch Auskunft über die fraktale Dimension des Attraktors. Dazu bestimmt man zuerst einmal diejenige Zahl $j$, für die die Summe der ersten $j$ Lyapunov-Exponenten noch gerade positiv ist, also $j \equiv \max_\ell \{\sum_{k=1}^{\ell} \lambda^{(k)} > 0\}$. Diese Zahl $j$ ist offenbar ein Maß für den intern expansiven Charakter. Im Falle des Lorenz-Modells ist die Summe der ersten beiden $\lambda$'s positiv, die aller drei dagegen bereits negativ; somit ist hier $j = 2$. Klar ist nach dieser Definition, dass $\lambda^{(j+1)}$ mit Sicherheit negativ (und nicht etwa 0) ist. Die Kaplan-Yorke-Dimension des seltsamen Attraktors lautet dann

$$d_{KY} = j + \sum_{k=1}^{j} \lambda^{(k)} / |\lambda^{(j+1)}| \,. \tag{2.21}$$

Auf das Lorenzsystem angewendet finden wir $d_{KY,\text{Lorenz}} = 2 + (\lambda^{(1)} + \lambda^{(2)}) / |\lambda^{(3)}| = 2 + 0{,}904\,43/14{,}571\,10 = 2{,}062\,070$. Das stimmt bis auf 0,03 %, also bis auf 1/3 Promille(!) überein mit der oben [15] numerisch bestimmten Hausdorff-Dimension $d_{\text{Lorenz}} = 2{,}062\,716$.

Man verwechsle die gerade noch positive Summe über die Lyapunov-Exponenten zur Bestimmung von $j$ nicht mit der Summe $K$ über die *positiven* Lyapunov-Exponenten selbst,

$$K \equiv \sum_{\lambda > 0} \lambda^{(k)}, \quad \text{genannt die Kolmogorov-Entropie}\,. \tag{2.22}$$

$K$ ist diejenige Größe, mit der man die Vorhersagezeit gemäß Formel (2.7) anstelle von $\lambda$ zu berechnen hat (siehe z. B. [16]). Sofern es nur einen einzigen positiven Lyapunov-Exponenten gibt, wie es beim Lorenzsystem der Fall ist, stimmen $K$ und $\lambda^{(1)}$ überein. Im allgemeinen aber enthält die Summe zur Bestimmung von $j$ mehr Summanden und ist kleiner als oder höchstens gleich $K$.

Noch ein warnender Hinweis: Die Lyapunov-Exponenten sind als Eigenschaften der Bahnen bzw. Lösungen definiert. Diese wiederum hängen grundsätzlich von den gewählten Anfangswerten ab. Bei vielen Systemen liefern alle Anfangswerte das gleiche Spektrum der Lyapunov-Exponenten. Bei anderen Systemen kann es aber auch anders sein; bei denen gibt es verschiedene Bereiche von Anfangswerten, die jeweils verschiedene Sätze von Lyapunov-Exponenten haben.

## 2.8 Aspekte – Einsichten – Reichtümer

Während Abschn. 2.6 vermitteln sollte, dass die Modelle für Chaos nicht nur intellektuelle Spielerei sind, sondern sauber zu begründende Konsequenzen aus bewährten Naturgesetzen in Form von Differential-Bewegungsgleichungen, während

Abschn. 2.7 vermitteln sollte, dass nichtlineare Dynamik auf anspruchsvoller mathematischer Physik gründet, soll dieser Abschn. 2.8 in aller (lehrbuchähnlichen) Kürze die Plethora von Überraschungen, unerwarteten Querverbindungen, phantasievoller Ästhetik und neuen Einsichten andeuten, die das Gebiet der nichtlinearen, komplexen, chaotischen Systeme inzwischen kennzeichnet. Besonders verblüffend wird sein, dass die Nichtlinearität der Bewegungsgleichungen nicht nur **Chaos** im dynamischen Ablauf, sondern auch hohe **Ordnung und Strukturbildung** mit geometrischer Selbstähnlichkeit hervorruft. Wieder so eine scheinbare Antinomie, die die Nichtlineare Dynamik versöhnt! Der schnelle Leser/Leserin mag Kap. 2.8 überspringen; der neugierige Leser/Leserin mag es überfliegen, um einen Eindruck zu erhaschen; der interessierte und angeregte Leser/Leserin wird aufmerksam lesen und vielleicht zwecks Vertiefung in die angegebene Literatur [16–23] (oder auch in geeignete Lehrbücher) hineinschauen. Besonders aber wird er durch eigenes numerisches Arbeiten lernen.[2]

[2] Siehe auch das Buch von Dieter Röß „Mathematik mit Simulationen lehren und lernen", De Gruyter Studium, 2010/11, sowohl als Papierdruck wie auch als E-Buch, in dem eine Fülle von Anleitungen zum eigenen Umgehen mit komplexen dynamischen Systemen mittels interaktiver mathematischer und physikalischer Java-Simulationen entwickelt wird.

### 2.8.1 Ordnung und Strukturbildung durch Nichtlinearität

Das Lorenzmodell zur Beschreibung von Wärmeströmung in Flüssigkeiten hat sich als komplexes chaotisches System erwiesen, bei dem wir alle Chaos-Kriterien ordentlich nachgewiesen haben. Wir könnten es also als Lehrgarten verlassen. Aber ein neugieriger Physiker spielt gerne immer noch weiter. Nicht selten entdeckt er so etwas Unerwartetes. Gerade das ist der Reiz des Forschens ohne jeden zielgerichteten Verdacht (ein Horror für die Ergebnisse erwartende Dienstaufsicht).

Blicken wir noch einmal zurück. Für kleinen thermischen Antrieb $r < 1$ bleibt die Flüssigkeit in Ruhe. Die Wärme wird allein durch die Molekülstöße weitergeleitet. Die Nusseltzahl ist $Nu = 1$. Vergrößert man den Antrieb, $1 < r < r_c$, entwickelt die Flüssigkeit eine Strömung in Form eines schönen, gleichmäßigen Rollenmusters (Abb. 2.20). Diese Strömung verstärkt den Wärmetransport, die Nusseltzahl Nu steigt deshalb an, $1 < Nu$. Steigert man den Antrieb noch weiter, $r_c < r$, ist diese Strömung nicht mehr zeitlich stationär; ihre Amplitude schwankt zeitlich unregelmäßig, chaotisch auf und ab. Der Wärmetransport schwankt deshalb ebenfalls zeit-

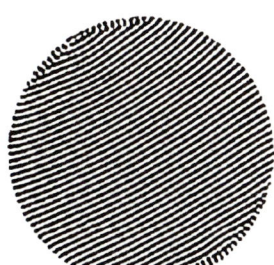
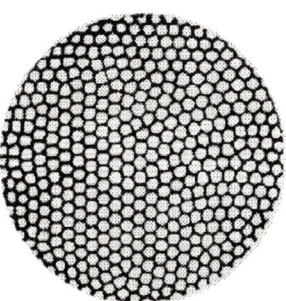

**Abb. 2.20** Rollenartige Strömung in einer von unten erwärmten Flüssigkeitsschicht (*links*, Courtesy Günter Ahlers). In seinem historischen Experiment verwendete Henri Bénard eine oben offene Petrischale mit einer Schicht von Walrat (Fett), das durch die Erwärmung flüssig wird; hier erzeugt die mitwirkende Oberflächenspannung ein Bienenwaben-Muster (*rechts*)

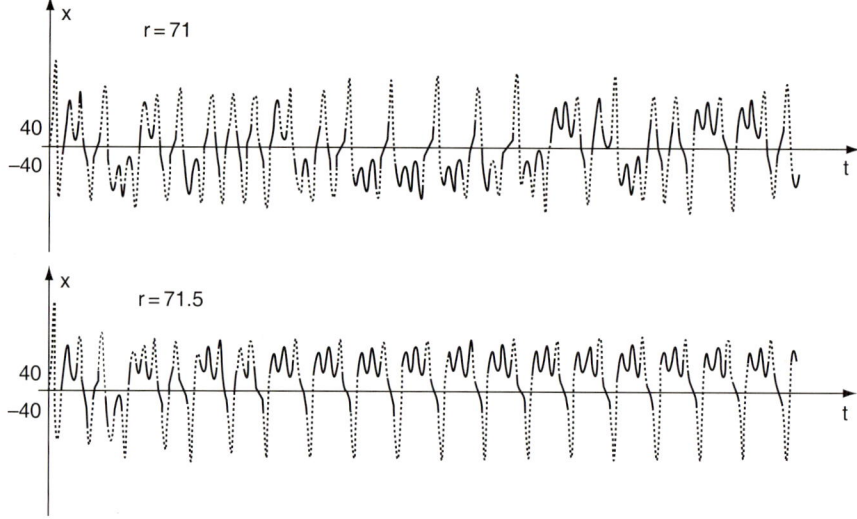

**Abb. 2.21** Die Geschwindigkeitsamplitude $x(t)$ für $r = 71$ (*oben*) und $r = 71{,}5$ (*unten*). $0 \leq t \leq 30$, Schrittweite $\Delta t = 0{,}01$, Anfangswerte $x_0, y_0, z_0 = 2$ (aber für andere Anfangswerte findet man Analoges). Nach einer noch unregelmäßig ablaufenden Einschwingphase schwankt die Amplitude der Geschwindigkeit periodisch! Man zählt 12 Schwingungen in einem Intervall von etwa 14,5, also beträgt die Schwingungsdauer $\tau \approx 1{,}2$

lich auf und ab, Nu = Nu($t$). So wird es wohl auch bei weiter steigendem Antrieb bleiben? Stichproben bei $r = 50$, $r = 70$ (Abb. 2.15) haben das eigentlich schon bestätigt.

Ungläubig vergleicht man dann den Zeitverlauf der Geschwindigkeitsamplituden in Abb. 2.21 bei $r = 71$ und $r = 71{,}5$. Hier und in einem kleinen umgebenden $r$-Intervall inmitten des chaotischen $r$-Bereichs findet man regelmäßige Schwingungen der Amplitude um $x_+^*$, dann wieder um $x_-^*$ und alles wieder von vorn. Noch klarer wird das in der Phasenraumprojektion (Abb. 2.22). Die Trajektorie kommt $P_+^*$ nahe, mit jedem Umlauf wächst der Abstand, sie wechselt zu $P_-^*$ und dann wieder zurück. Merkwürdig die Asymmetrie der Bahn. Bei chaotischer Bewegung (auf den Lorenz-„Ohren") werden $P_+^*$ und $P_-^*$ offenbar im Mittel symmetrisch oft umkreist. Die Asymmetrie der periodischen Bahn steht im Gegensatz zur Symmetrie der Lorenz-Gleichungen, die ja gegenüber Vorzeichenwechsel von $x$, $y$ invariant

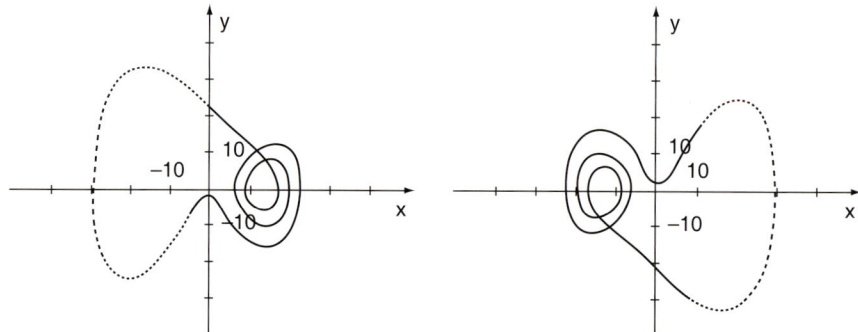

**Abb. 2.22** Die Projektion der Phasenraumbahn $P(t)$ in die $(x\text{-}y)$-Ebene; $r = 71{,}5$; *links* für den Anfänger $x_0 = y_0 = 2$, *rechts* für $x_0 = y_0 = -2$, beide Male $z_0 = 2$

sind; es besteht „*Spiegelinvarianz*" gegenüber $(x, y, z) \to (-x, -y, z)$. Wir treffen also auch bei der klassischen Wärmekonvektion in Flüssigkeiten auf das Phänomen der *spontanen Symmetriebrechung*, die uns in der Physik wieder und wieder begegnet, bei Magneten, Supraleitern, Elementarteilchen usw. Die Lösungen zeigen nicht notwendig die Symmetrie der Bewegungsgleichungen! (Natürlich erzeugt man mit gespiegelten Anfängern die jeweils gespiegelte Lösung.)

Einmal aufmerksam geworden, findet man mehr solcher $r$-Intervalle mit periodischen Bahnen als Lösungen, z. B. bei $r = 155$. Offenbar gibt es inmitten des chaotischen $r$-Bereichs oberhalb von $r_c$ immer wieder „Inseln" von $r$-Bereichen, wo die Strömungsamplitude regulär, rein periodisch auf und ab schwankt. In diesen regulären Inseln gibt es keinen positiven Lyapunov-Exponenten und deshalb keine interne Expansivität. Vielmehr gilt $\lambda^{(1)} = 0 > \lambda^{(2)} > \lambda^{(3)}$. Und weil das System hier nicht intern expansiv ist, kann man für die $r$-Werte dieser Inseln auch wieder Vorhersagen über den Strömungsverlauf machen. Wenn $r$ *sehr* groß wird, findet man *nur noch* periodische Lösungen. Statt chaotischen Verhaltens zeigt das System wieder rein reguläres Schwingen – aber dann ist die 3-Modennäherung sowieso nicht mehr physikalisch relevant.

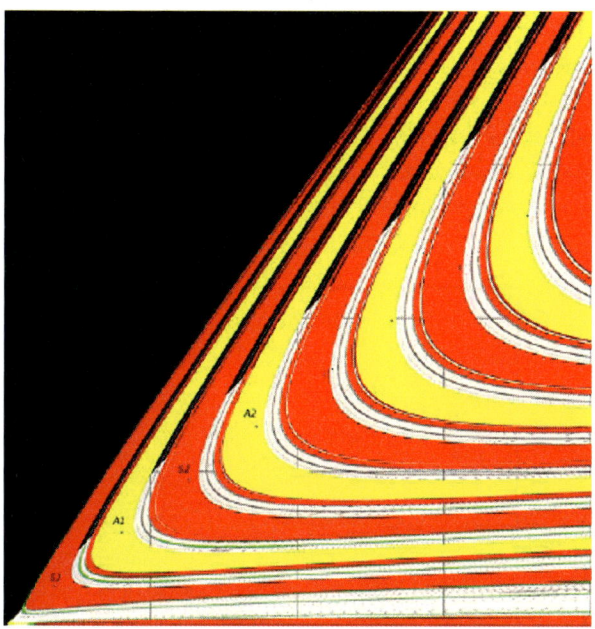

**Abb. 2.23** *Abszisse*: $r$ von 0 bis 2000; *Ordinate*: $\sigma$ von 0 bis 2000. Der Endzustands-$(r, \sigma)$-Parameterraum des Lorenzmodells für $0 \leq r, \sigma \leq 2000$ (Quelle [24]). Im *schwarz markierten Bereich* laufen die Lösungen in die dort stabilen Fixpunkte $P_{\pm}^{*}$, im *gelben Bereich* sind sie periodisch mit der Periode 1, im *roten* haben sie Periode 2, *grün* kennzeichnet Periode 4, *blau* Periode 8, *grau* Periode 3, *oliv* Periode 6, ... Bei genauerer Auflösung fände man immer weitere Perioden. *Weiß* kennzeichnet chaotische Lösungen (oder nichtaufgelöste andere Perioden mit zu langen Transienten). Dabei bedeutet „Periode" die (halbe) Zahl der Durchstoß-Punkte der Trajektorie $P(t)$ durch die $(x, y)$-Ebene auf der Höhe von $z = r - 1$. Die Anfangspunkte sind stets dieselben, $(x_0, y_0, z_0) = (10^{-5}, 10^{-5}, r + 1000)$. Bei anderen Anfängern kann $P(t)$ in andere Attraktoren einmünden. Bei fest gewählten $r, \sigma$ koexistieren also verschiedene Attraktoren. Das sieht man beispielsweise selbst im stabilen $P_{\pm}^{*}$-Bereich: hier gibt es offensichtlich außerdem zahlreiche periodische Attraktoren, wie farblich markiert. Die Vielzahl der Koexistenzen ist aber nicht eingezeichnet, nicht einmal bekannt; ebensowenig die Lage und Form der Einzugsbereiche der koexistierenden Attraktoren.

Dieser merkwürdige Befund regt natürlich zu der Frage an, wo die regulären Fenster eigentlich liegen? Das möchte man systematisch statt durch numerisches Suchen herausfinden. Eine analytische Formel dafür ist bisher nicht bekannt. So kommt man auf die Idee, ob es bei anderen Prandtl-Zahlen $\sigma$ wohl ähnlich wunderlich zugeht? Wie Abb. 2.23 zeigt, offenbart das Lösungsverhalten in Abhängigkeit von $r$ und $\sigma$ zugleich ein Bild von hohem ästhetischen Reiz und wunderbarer Ordnung. Dieselben Gleichungen, die chaotische Lösungen erzeugen, offenbaren zugleich grazile Ordnungsstrukturen und wunderbare Muster in der Abhängigkeit von den Kontrollparametern. Nichtlinearität birgt also in sich **Chaos *und* Ordnung** zugleich.

Die Zwiebelschalen-Struktur beschreibt, dass die Lösungen sich als Funktion von $r$ und $\sigma$ sehr regelmäßig ändern und in ihrem typischen Eigenschaften periodisch wiederholen. Aus einer Lösung mit der Periode 2 z. B. wird eine mit der Periode 4 sichtbar usw, siehe Abb. 2.24. Es finden *Bifurkationen*, Gabelungen mit Periodenverdopplung statt. Offenbar wiederholen sich solche ganzen Bifurkationsfolgen wieder und wieder. Nähere Analyse zeigt, dass das die sich je Schicht einmal mehr um die $z$-Achse windenden Lösungsbahnen widerspiegelt. – Dass sich alles in der unteren Hälfte des ersten Quadranten abspielt, versteht man aus der Umkehrfunktion $\sigma = \sigma_{c,\pm}(r)$ von $r = r_c(\sigma)$ aus Gl. (2.10). Sie hat die Gestalt des Wurzelgesetzes

$$\sigma_{c,\text{oben/unten}}(r) = \frac{r-b-3}{2}\left[1 \pm \sqrt{1 - \frac{4r(b+1)}{(r-b-3)^2}}\right]. \quad (2.23)$$

Genau innerhalb dieses Bereichs gibt es keine stabilen Fixpunkte mehr, während außerhalb (in Abb. 2.24 schwarz markiert) die stabilen Fixpunkte dominieren sollten. Die aus (2.23) sich $r$-asymptotisch ergebenden Stabilitätsgrenzen lauten $\sigma_\text{oben} =$

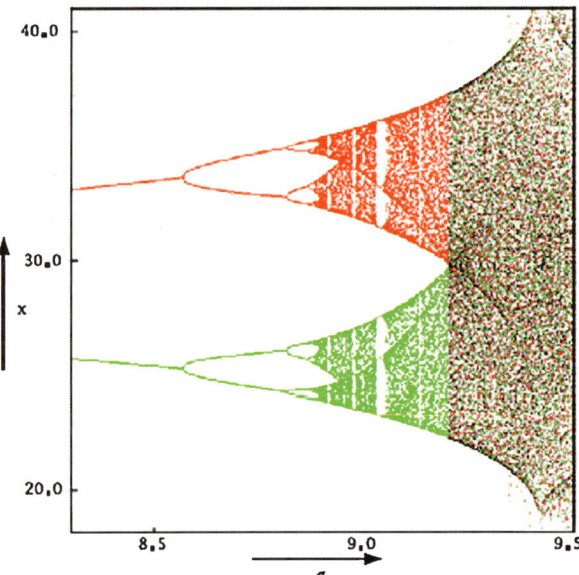

**Abb. 2.24** Die (mit der Zeit asymptotisch erreichten) periodischen Amplitudenfolgen $x_i^*$, $i = 1, 2, \ldots, p$ als Funktion der Prandtlzahl im Intervall $8 < \sigma < 9{,}5$ bei festem Antrieb $r$. Mit wachsendem $\sigma$ wächst die Periodenlänge $p$ und werden die $\sigma$-Intervalle bis zur nächsten Bifurkation immer kürzer, die Unterschiede zwischen den $x_i^*$ immer geringer, beides in geometrischer Folge, also stets um denselben Faktor (siehe genauer Abschn. 2.8.2)

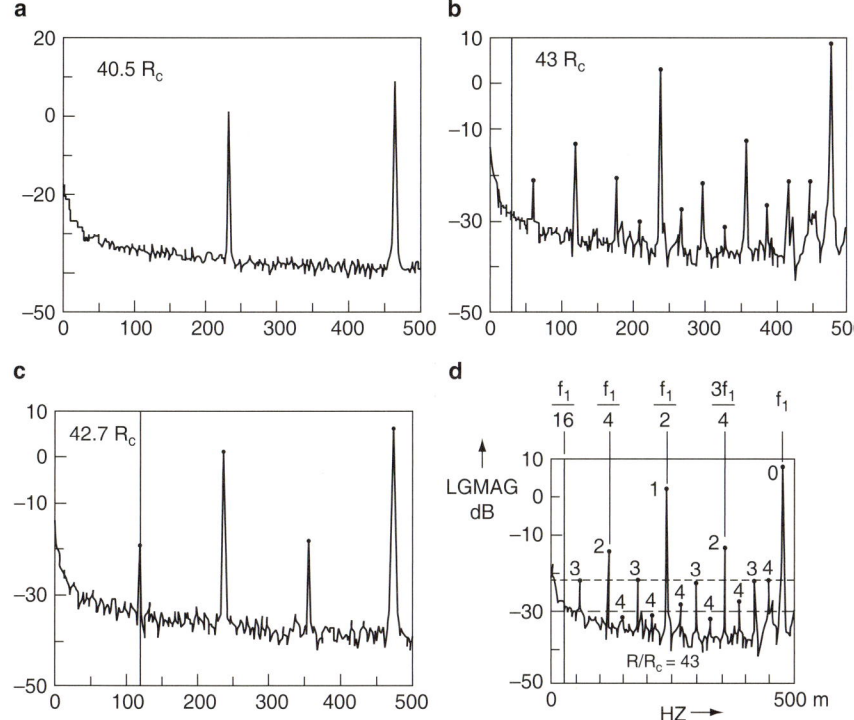

**Abb. 2.25** Periodenverdopplungskaskade bei thermischer (Rayleigh-Bénard) Konvektion nach Ausweis der Frequenzhalbierungen im Temperaturspektrum bei wachsendem thermischen Antrieb (nach [25])

**Abb. 2.26** Rayleigh-Bénardsche Rollenmuster bei Wolken am Himmel (Quelle [26])

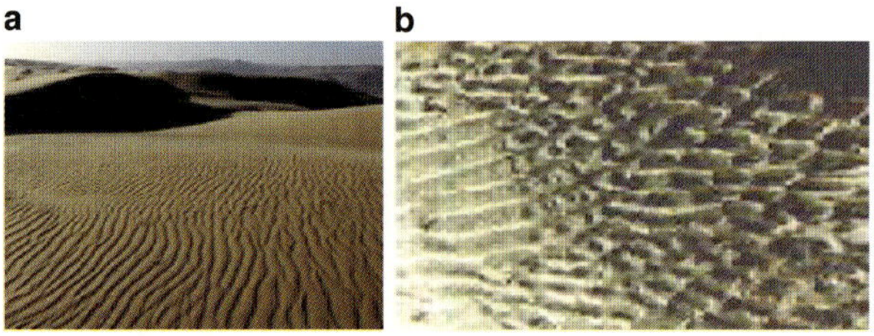

**Abb. 2.27a,b** „Rollenbildung" im Dünensand unter dem anblasenden Wind (**a**) und unter dem anbrandenden Wasser im Küstensand (**b**), genannt „Sandrippeln" (Quelle [27])

$r - 2(b + 2) = r - 9,\bar{3}$, knapp unter der Winkelhalbierenden, und $\sigma_{\text{unten}} = b + 1 = 3,\bar{6}$, unabhängig von $r$, also eine Gerade parallel zur Abszisse. Tatsächlich ragen die Zwiebelschalen noch in den Stabilitätsbereich der Fixpunkte hinein; das bedeutet, zumindest in Teilen des (schwarz markierten) Stabilitätsbereichs der Fixpunkte gibt es zugleich andere Attraktoren. Man erreicht sie durch andere Anfangswerte bei der Lösung. (Genauere Analyse erklärt auch die genauere Form der Zwiebelschalen; hier sei auf [24] verwiesen.)

Bifurkationen kann man experimentell vielfältig beobachten. Den Periodenverdopplungen entsprechen Halbierungen der dazugehörigen Frequenzen. Ihr Nachweis durch Albert Libchaber und Jean Maurer 1980, siehe Abb. 2.25, brachte einen Durchbruch für die damals noch sehr theoretische nichtlineare Dynamik.

Nichtlineare Systeme zeigen also *sowohl Chaos als auch selbsterzeugte Strukturbildung* ! Und diese Strukturbildung tritt sowohl in der realen, physikalischen Welt auf, wie es die Abbn. 2.20, 2.26, 2.27, auch 2.25 zeigen, als auch in der Abhängigkeit von den physikalischen Kontrollparametern wie in Abb. 2.23.

## 2.8.2 Diskrete nichtlineare Dynamik

Zwischen den Differential-Gleichungen zur Beschreibung der zeitlichen Entwicklung realer Systeme und den diskreten Modellen, die oben eingeführt worden sind, z. B. das modulo-Gesetz (2.4), besteht ein erstaunlich enger Zusammenhang. Den hat bereits Edward Lorenz 1963 gesehen [1]. Dieses weitere Bindeglied zwischen Modell-Mathematik und Realität wird unser Verständnis weiter abrunden. Lorenz' Idee war, die jeweilige Folge der Maxima $m_i$ der Nusseltzahlvariablen $z(t_i) \equiv m_i$ der numerischen Lösungen von Gl. (2.9), siehe etwa in Abb. 2.14, in einem ebenen Koordinatensystem als Punkte $m_{i+1}$ versus $m_i$ aufzutragen. Er fand Abb. 2.28. Diese „*Lorenz-Abbildung*" spiegelt einen zeitlich diskretisierten Ablauf der zeitlichen Entwicklung von Nu($t$) wider. Der große Vorteil diskreter Abbildungen besteht darin, dass darüber eine Fülle mathematisch strenger Eigenschaften bewiesen werden kann, was für Differentialgleichungen meist nicht gelingt. Insofern sind sie sehr wichtig – ebenso wie ihre Verknüpfung mit den „echten" Bewegungsgleichungen. Die Spielwiese der strengen Mathematik der diskreten nichtlinearen Dynamik liefert sehr gute Indizienbeweise für das Verhalten realer physikalischer Systeme!

Um das beim Lorenzmodell (2.9) in Abschn. 2.8.1 aufgespürte Bifurkationsverhalten zu verstehen, betrachten wir die diskrete Parabelabbildung

$$x_{t+1} = r x_t (1 - x_t), \quad x_t \in [0, 1], \quad 0 \leq r \leq 4. \tag{2.24}$$

## 2 Was heißt und zu welchem Ende studiert man Chaos?

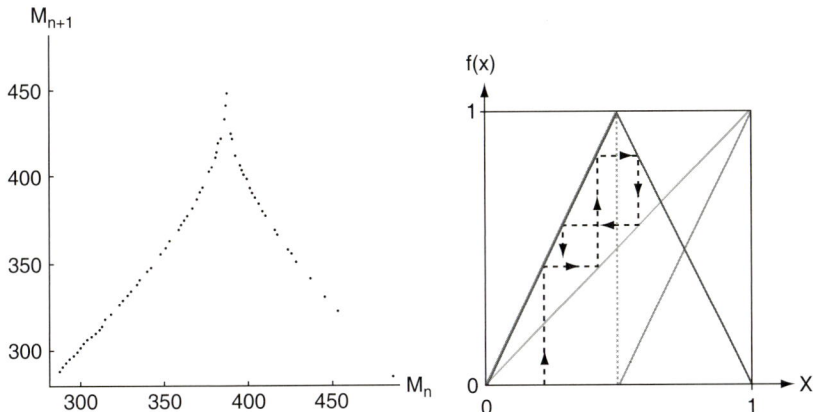

**Abb. 2.28** *Links*: Die *"Lorenzabbildung"* $m_{i+1}$ versus $m_i$ aufeinander folgender Maxima der Wärmetransport-Variablen $z(t)$ des Lorenzmodells. *Rechts*: Die *"Hutabbildung"* $x_{t+1} = 1 - |2x_t - 1|$ (*dicke graue Linie*) und die modulo-Abbildung (2.4) (*ansteigende dünnere graue Linien*). Die Ähnlichkeit zwischen Lorenz-Abbildung und Hutabbildung ist offensichtlich; letztere wiederum ist dynamisch der modulo-Abbildung äquivalent. Allerdings gibt es wichtige Unterschiede: (i) Die Lorenzgleichungen selbst sind zeitlich umkehrbar, also muss das auch die Lorenzabbildung sein. Die Hutabbildung ist es dagegen nicht: zu gewähltem $m_{i+1}$ gibt es nämlich zwei(!) Vorgänger $m_i$ und $m'_i$. Bei der Lorenzabbildung dagegen hat ein gegebener Ordinatenwert immer nur *einen* Vorgänger, beim anderen Zweig ist ein Loch, d. h. die beiden Zweige sind *keine* kontinuierlichen Linien. Und (ii): bei der Hutabbildung ist die Ableitung links und rechts des Maximums endlich, bei der Lorenzabbildung scheinen die Steigungen der lokalen Tangenten an der Spitze unendlich zu sein. *Pfeilstriche*: Graphische Konstruktion der Folge $x_0 \to x_1 \to x_2 \ldots$

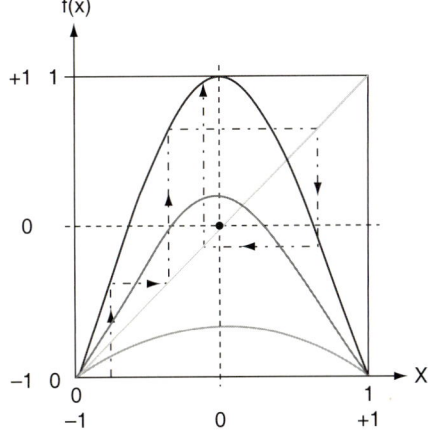

**Abb. 2.29** Die Parabelabbildung, auch logistische Abbildung genannt, weil von P.F. Verhulst zur Untersuchung der Populationsdynamik eingeführt und 1976 von Robert May [28] in diesem Zusammenhang in einer sehr anregenden Arbeit untersucht wurde. *Pfeilstriche*: $x_0 \to x_1 \to x_2 \ldots$

Sie ist in Abb. 2.29 für mehrere Werte von $r$ graphisch dargestellt. Wenn $0 \le r < 1$ gibt es nur den einen Fixpunkt $x_0^* = 0$. Für $1 < r$ wird dieser jedoch instabil. Der zweite Fixpunkt $x^* = 1 - 1/r$ übernimmt dann zunächst die Rolle des stabilen, anziehenden Fixpunktes; er ist stabil bis $r = 3$ (Beweis?). Danach, für $3 < r$, gibt es keinen stabilen Fixpunkt mehr. Es folgt eine Bifurkation zu einem Zyklus der Periode 2, anschließend weitere Bifurkationen mit den Perioden $\to 4 \to 8 \to 16 \to \ldots 2^n \ldots$ Diese *Bifurkationskaskade* wird in Abb. 2.30 graphisch dargestellt. (Anregung: selbst ausprobieren; Hinweis auf Fußnote 2.)

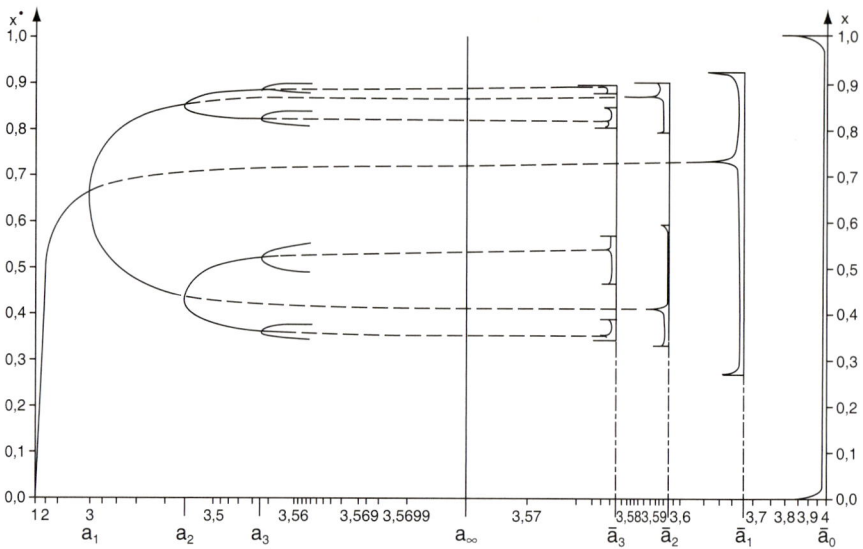

**Abb. 2.30** Die Bifurkationskaskade der Parabelabbildung $x_{t+1} = f(x_t)$ mit $f(x) = rx(1-x)$ gemäß Gl. (2.24) (nach [29])

Die Analyse der Parabelabbildung hat zu interessanten Ergebnissen geführt [29–31]: **i)** Die Länge der $r$-Intervalle zwischen aufeinander folgenden Bifurkationspunkten $r_n$, bei denen die Perioden $2^n$ beginnen, schrumpfen sukzessive um einen Faktor, der für größere $n$ gegen $\delta = 4{,}669\,201\,6\ldots$ geht. Die Bifurkationspunkte bilden somit (für nicht zu kleine $n$) eine geometrische Folge $r_n = r_\infty - \text{const} \cdot \delta^{-n}$ [29]. Der Grenz-Kontrollparameter lautet $r_\infty = 3{,}569\,945\,6\ldots$ **ii)** Nach jeder Bifurkation geht ein Zweig des neuen Zyklus mit wachsendem $r$ durch $x^* = 1/2$; das geschehe bei den Parameterwerten $R_n$. Hier ist die Periode $2^n$ superstabil, lineare Abweichungen machen sich nicht bemerkbar, weil $df^{[2^n]}(R_n)/dx = 0$ ist. Die Abstände $d_n$ zum jeweils nächstgelegenen Zykluspunkt schrumpfen nach jeder Bifurkation von $d_n$ zu $d_{n+1}$ geometrisch um einen Faktor $\alpha = 2{,}502\,907\,875\ldots$ (wiederum $n$-asymptotisch). Man kann das in Abb. 2.30 ablesen. **iii)** Die spektrale Intensität der Fouriertransformierten der Lösung $x_t$ nimmt von Bifurkation zu Bifurkation um einen Faktor $a = (4\alpha)^{-1}\sqrt{2(1+\alpha^{-2})} = 0{,}152\,144 \hateq -8{,}178\ldots$ dB ab. Die Intensitäten schrumpfen somit wie $1 : 0{,}15 : 0{,}023 : 0{,}004 : \ldots$. Die Grenze der Auflösung ist also bei experimenteller Beobachtung nach wenigen Bifurkationen erreicht. **iv)** Diese Ergebnisse sind in dem Sinne **universell**, als sie für *jede* diskrete eindimensionale, von einem Kontrollparameter $r$ abhängende Abbildung $x_{t+1} = f_r(x_t)$ gelten, sofern diese nur *ein* und zwar ein *quadratisches* Maximum (oder Minimum) besitzt (außer einigen formalen, aber mathematisch wichtigen Eigenschaften wie eine negative Schwarz'sche Ableitung $\mathcal{S}f = \frac{f'''}{f'} - \frac{3}{2}(\frac{f''}{f'})^2 < 0$ u. a.). Diese auffällige und wesentliche Eigenschaft der Bifurkationskaskade kann man so einsehen: Die Folge der Abbildungen $f^{[2^n]}(x)$ schrumpft für $x$ im Bereich zwischen ihrem Maximum (oder Minimum) und dem jeweils nächstgelegenen Zykluspunkt immer mehr zusammen, tastet also nur noch eine immer engere Umgebung des Maximums (Minimums) ab. Als einziges Charakteristikum der Abbildung $f_r(x)$ bleibt dann nur noch die Ordnung $\kappa$ ihres Maximums (Minimums) übrig. Daher werden sowohl der

Schrumpfungsfaktor $\alpha(\kappa)$ als auch der Annäherungsfaktor $\delta(\kappa)$ universelle, nur von der Ordnung $\kappa$ des Extremums abhängige Zahlen. **v)** Mit $n \to \infty$ wächst die Periode $p_n = 2^n$ des Attraktors immer mehr an, $p_n \to \infty$. Alle Punkte des $p_n$-Zyklus liegen aber natürlich im Intervall $[0, 1]$. Der größte Lyapunov-Exponent ist an den Bifurkationspunkten $\lambda^{(1)} = 0$, ist es also auch im Grenzfall. Insofern ist der Attraktor auch bei $r_\infty$ nicht „seltsam", wohl aber fraktal. Seine fraktale Dimension beträgt $d_H = 0{,}5388\ldots$ (Grassberger 1981). **vi)** Jenseits des Grenzpunktes, $r_\infty < r$, ist die Abbildung teils chaotisch, teils hat sie periodische „Fenster", siehe Abb. 2.30. Die zunächst unendlich vielen chaotischen Bänder vereinigen sich an den "Bandverschmelzungspunkten", bis bei $r = 4$ die chaotische Bewegung das ganze Intervall $[0, 1]$ überdeckt. Hier ist $\lambda^{(1)} = \ln 2$ wie bei der modulo- oder der Hut-Abbildung. Die universellen Skalenparameter $\delta(\kappa)$ und $\alpha(\kappa)$ bestimmen auch die „inverse" Kaskade der Bandverschmelzungspunkte $r'_n$ [29].

All diese von wunderbarer Ordnung und unendlich verwobener Struktur zeugenden Eigenschaften haben wir beim Lorenz-Modell (also einer Differentialgleichung) bereits gefunden, siehe Abbn. 2.23, 2.24 und verstehen sie nun besser. Sie sind inzwischen aber auch experimentell im Rahmen der Auflösung in vielen Systemen verifiziert worden, d. h. auch reale physikalische Bewegungsgleichungen enthalten und generieren all diese Eigenschaften. Das Temperatur-Spektrum in Abb. 2.25 war nur *ein* Beispiel. Man beobachtet Bifurkationskaskaden auch bei getriebenen, gedämpften nichtlinearen Pendeln, getriebenen elektrischen RLC-Schwingkreisen, bei Konzentrationsschwankungen chemischer Reaktionen, Ultraschallschwingungen von Blasen in Flüssigkeiten, in der Nähe optischer Instabilitäten usw. Und in all diesen Systemen schrumpfen die Bifurkationsabstände beim Kontrollparameter um *denselben* Faktor $\delta$, nehmen die Amplituden $d_n$ um den selben geometrischen Faktor $\alpha$ ab. Der Begriff der Universalität füllt sich dadurch „mit Leben"! Ohne die Einsicht, dass es nur auf die Maximum-Ordnung $\kappa$ ankommt, wäre die Gleichartigkeit der Bifurkationskaskaden in all diesen so unterschiedlichen Systemen kaum zu verstehen. Auf den detaillierten Verlauf außerhalb des unmittelbaren Bereichs in Maximum-Nähe kommt es eben gar nicht an.

Hinweis: $\delta(\kappa)$ wächst mit der Ordnung $\kappa$ des Maximums. Für $\kappa = 1$ ist $\delta = 2$ und für $\kappa = 4$ liegt es bei $\delta \approx 10$, wäre experimentell also nur schwer zu beobachten. $\alpha(\kappa)$ fällt mit der Ordnung $\kappa$, z. B. $\alpha(4) \approx 1{,}8$. Das lässt sich aus der Fixpunktgleichung $-\alpha g(g(-\frac{x}{\alpha})) = g(x)$ in der Näherung $g(x) = 1 + bx^\kappa$ analytisch ermitteln; $g$ ist der auf das ganze Intervall hochskalierte Grenzwert der Periodenverdopplungsfolge $f^{[2^n]}$. Zur Bestimmung von $\delta$ betrachtet man $g + h$ in der linearen Umgebung $h$ von $g$.

Eine ganz neue Welt wunderbarer Ästhetik eröffnete sich, als Benoît Mandelbrot [32] die diskreten Abbildungs-Iterationen (Algorithmen) von der reellen $x$-Achse in die komplexe Ebene $z \in \mathcal{C}$ fortsetzte und untersuchte. Transformieren wir zunächst die Parabelabbildung (2.24) mittels $x \to 2x - 1$ in $x_{t+1} = -\frac{1}{2}x_t^2 + (\frac{r}{2} - 1)$. Definitions- und Wertebereich sind jetzt $-1 \leq x \leq +1$. Das Achsenkreuz ist in Abb. 2.29 gestrichelt eingezeichnet. Der Kontrollparameter $r$ liegt nach wie vor im Intervall $[0, 4]$. Übrigens: Wenn der Anfangspunkt $x_0$ außerhalb liegt, also $x_0 < -1$ oder $x_0 > +1$, läuft die Folge $\{x_t\}$ nach $-\infty$ weg (prüfen!). Nach einer weiteren Umskalierung $x \to \frac{r}{2}x$ und der Spiegelung $x \to -x$ lautet die Abbildung $x_{t+1} = x_t^2 + c$ mit $c = \frac{r}{2}(1 - \frac{r}{2})$. In dieser Form setzten bereits Gaston Julia 1918, er und Pierre Fatou 1919, dann Benoît Mandelbrot 1982 u. a. den Iterationsalgorithmus in die komplexe Ebene fort, siehe insbesondere Heinz-Otto Peitgen,

Peter Richter, et al. [18, 19].

$$z_{t+1} = z_t^2 + c, \quad z \in \mathcal{C}, \quad c \in \mathcal{C}. \tag{2.25}$$

Im Falle $c = 0$ ist das Ergebnis leicht überschaubar. (Erneute Anregung: selbst ausprobieren, siehe wieder Fußnote 2.) Für $|z_0| < 1$ geht $z_t \to 0$ und für $|z_0| > 1$ läuft $z_t \to \infty$; bei $|z_0| = 1$ wandert $z_t$ auf dem Einheitskreis $K_1$ umher; dieser bildet die Grenze, den Rand zwischen den Attraktoren 0 und $\infty$. Wenn aber $c \neq 0$ gewählt wird, findet man einen beträchtlich verformten Rand des jeweiligen $\infty$-Attraktors (und damit des komplementären Gebietes); er erweist sich als stark $c$-abhängig. Dieser Rand wird *Julia-Menge* $J_c$ genannt, definiert durch $J_c \equiv \partial \{z_0 | \lim_{t \to \infty} f_c^{[t]}(z_0) \to \infty\}$. (Das Symbol $\partial$ bezeichnet den Rand der Menge $\{z_0 | \ldots\}$ von Anfangswerten $z_0$, für die die Folge $z_t$ nach Unendlich strebt.) In Worten: $J_c$ ist der Rand derjenigen Menge von komplexen Zahlen $z_0$ in der komplexen $z$-Ebene, für die die Folge $z_0 \to z_1 \to z_2 \to \ldots \to z_t \to \ldots$ unbeschränkt wächst, nach $\infty$ geht für $t \to \infty$. Natürlich hängt $J_c$ vom Parameter $c$ ab. Die Julia Mengen $J_c$, also die Ränder des $\infty$-Attraktors, sind in der Regel fraktale, geometrisch selbstähnliche Mengen und je nach $c$ zusammenhängende oder zu „Staub" zerfallene Mengen von Algorithmus-Anfangswerten $z_0$, siehe Abb. 2.31.

Julia und Fatou konnten schon 1919 ein gutes Kriterium dafür gewinnen, wann $J_c$ zusammenhängend ist und wann nicht, d. h. also wann es zerfällt. Nämlich, gerade dann ist $J_c$ eine zusammenhängende Randmenge, wenn speziell der 0-Punkt $z_0 = 0$

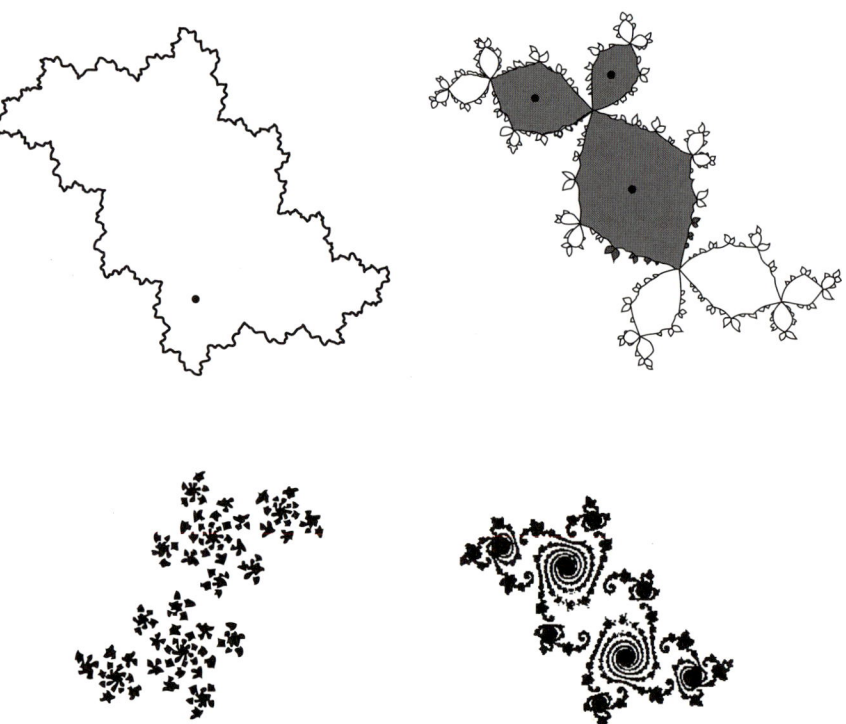

**Abb. 2.31** Julia-(Rand-)mengen $J_c$. *Oben*: zusammenhängend, Attraktoren sind ein Fixpunkt bzw. eine Periode 3. *Unten*: zu Staub zerfallen („Fatou dust") oder Cantormenge. Juliamengen sind Mengen von Anfangswerten $\{z_0 | \ldots\}$ des Iterationsalgorithmus (2.25), nämlich die Ränder derjenigen Anfängermengen, die bei gegebenem $c$ nach Unendlich laufen (bzw. deren Komplemente)

## 2 Was heißt und zu welchem Ende studiert man Chaos?

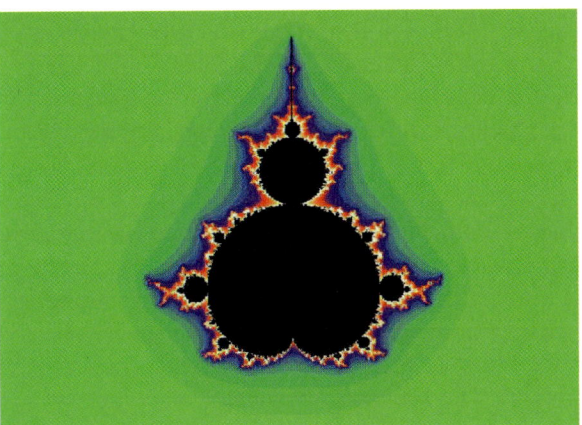

**Abb. 2.32** Die Menge der Parameterwerte $c$ des diskreten Algorithmus (2.25), für die die Juliamengen $J_c$ zusammenhängend sind bzw. für die die bei $z_0 = 0$ beginnenden Punktfolgen $z_t$ für alle $t$ beschränkt sind (*schwarz markierte Bereiche*). Sie heißt **Mandelbrotmenge** $\mathcal{M}$, im Volksmund auch „**Apfelmännchen**" genannt. Für $c$ außerhalb $\mathcal{M}$ ist die zugehörige Juliamenge in unendlich viele Teile zerfallen bzw. divergiert die bei $z_0$ beginnende Iterationsfolge $z_t$, gilt also $z_t \to \infty$

*nicht* nach Unendlich läuft, also $\lim\limits_{t\to\infty} f_c^{[t]}(z_0 = 0) \neq \infty$. Anders gesagt, $J_c$ ist dann und nur dann zusammenhängend, wenn die Folge $z_0 = 0, z_1, z_2, \ldots, z_t, \ldots$ beschränkt ist, also $|z_t| \leq K$ gilt für alle $t$ mit einer geeigneten Konstante $K$. Ob das der Fall ist oder nicht, hängt eben vom Kontrollparameter $c$ ab. Mandelbrot [32] studierte nun besonders diejenige Menge $\mathcal{M}$ von Parameter-Werten $c$, für die $J_c$ gerade zusammenhängend ist und fand Abb. 2.32. Den Zusammenhang mit dem Bifurkationsdiagramm für reelle Parameter $c$ (oder $r$) zeigt Abb. 2.33.

Man merke sich also: Die Juliamengen $J_c$ sind (Rand-)Mengen von komplexen Zahlen $z_0$, deren Iteration für festes, gegebenes $c$ nach $\infty$ führt. Die Mandelbrotmenge $\mathcal{M}$ ist dagegen eine Menge im Parameterraum, also von Parameterwerten $c$ der Abbildung (2.25). (Natürlich dürfen auch die $c$ komplex sein.) Eine *operative* Definition für die Mandelbrotmenge von $c$-Werten lautet: $\mathcal{M}$ ist die Menge aller $c$-Werte, für die die bei $z_0 = 0$ beginnende Folge aller Iterierten $z_t$ beschränkt

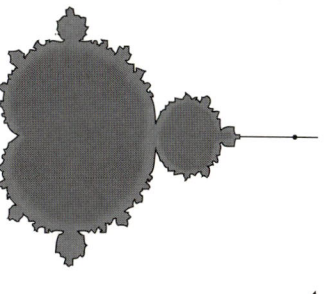

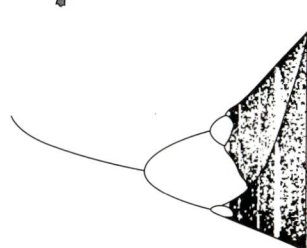

**Abb. 2.33** Vergleich der Mandelbrotmenge mit dem Bifurkationsdiagramm der reellen Parabel. Der dickste *schwarz markierte* Mandelbrot-Bereich entspricht dem anfänglichen Fixpunkt; es folgen die Perioden 2, 4, usw.

ist. – Ergänzung: Man kann den Begriff der Mandelbrotmenge insofern erweitern, als auch andere von einem Parameter $c$ abhängende Abbildungen $f_c(z)$ betrachtet werden können, also nicht nur $f_c(z) = z^2 + c$, die quadratische Abbildung (2.25). Wieder ist $\mathcal{M}$ die Menge aller (eventuell komplexer) Parameterwerte $c$, für die die Menge $\{f_c^{[t]}(z_0), \ t = 0, 1, 2, \ldots\}$ für alle $t$ beschränkt bleibt, wenn man stets von einem „kritischen" Punkt $z_0$ beginnt, der durch $f'(z_0) = 0$ definiert ist.

Noch ein Hinweis auf tiefliegende Symmetrie-Konsequenzen: *Eine charakteristische Eigenschaft des Lorenz-Modells hat die offenkundig spiegelsymmetrische Parabelabbildung* $x \mapsto f(x) = x^2 + c$ *nicht*: Beim Lorenz-Modell zweigt vom Fixpunkt zuerst eine *symmetrische* Periode 2 ab und anschließend hiervon eine *asymmetrische* Periode 2 (und ihr Spiegelbild); erst diese ist der Anfang einer Periodenverdopplungskaskade. Die kubische Abbildung $x \mapsto f(x) = (1-r)x + rx^3$, $-1 \leq x \leq +1, \ r \in [0,4]$ dagegen hat gerade die Bifurkationsordnung wie das Lorenz-Modell. Grund: Beide haben *dasselbe Spiegelungsverhalten* $\mathcal{S}^{-1} f \mathcal{S} = f$, wobei $\mathcal{S}$ die Spiegelung $x \mapsto \mathcal{S}x = -x$ bedeutet!

### 2.8.3 Selbstähnlichkeit

Ein hervorstechendes Merkmal der fraktalen Juliamengen und Bifurkationskaskaden ist ihre *geometrische Selbstähnlichkeit*. Die verschiedenen Strukturen wiederholen sich auf unterschiedlichen Skalen immer wieder neu. Ihre typische Invarianz-Signatur ist nicht die Translations- oder Drehinvarianz, sondern die Skaleninvarianz. Es gibt – abgesehen von der äußeren Länge – keine ausgezeichnete Längenskala. Man kann ihnen eine fraktale Dimension $d_H$ zuordnen. Eine solche Fraktalität kommt in der realen Natur immer wieder vor; Mandelbrot nennt das geradezu die „fraktale Geometrie der Natur" [32]. $J_{c=0}$ (der Einheitskreis) hat $d_H = 1$, $J_{c \to \infty}$ hat $d_H = 0$, ist ein Staub. Wenn sich $c$ dem Rand der Mandelbrotmenge nähert, scheint $d_H \to 2$ zu sein. Die Mandelbrotmenge selbst scheint unter geometrischer Skalentransformation nicht selbstähnlich zu sein, sondern wird im Kleinen immer komplexer. Ihr Rand hat vermutlich die fraktale Dimension $d_H = 2$. – Um geometrische Selbstähnlichkeit in ihrem tiefsten Wesen zu verstehen, werden wir wieder auf die *Nichtlinearität* gestoßen!

Wie Nichtlinearität geometrische Selbstähnlichkeit erzeugt, kann man sich leicht an der einfachen Diffentialgleichung $\frac{dx}{dt} = bx^k$ klarmachen. Löst man sie wie üblich durch Trennung der Variablen, $\frac{dx}{x^k} = b \, dt$, so sieht man, dass genau der Wert $k = 1$ ausgezeichnet ist. Er und nur er entspricht der *linearen* Differentialgleichung; ihre Lösung ist exponentiell anwachsend ($b > 0$) oder abfallend ($b < 0$); der Parameter $b$ setzt die Zeitskala $b^{-1}$, auf der der Abfall erfolgt; die Amplitude der Exponentialfunktion ist offen, Überlagerung von Lösungen ist möglich. Ist jedoch $k \neq 1$, findet man stets Potenzlösungen, die eine Skalen-Selbstähnlichkeit zeigen

$$\lambda^{\kappa(k)} x(\lambda t) = x(t), \quad \text{mit} \quad \kappa(k) = 1/(k-1). \tag{2.26}$$

Nach der $\lambda$-fachen Zeit hat man das gleiche Lösungsverhalten wie ursprünglich, wenn man nur zugleich die Amplitude umskalt. Nur solange der Anfangswert $x_0$ noch nahe ist, ist diese Skaleninvarianz noch nicht erfüllt. Ansonsten gibt es keine bevorzugte Zeit- oder Amplitudenskala. **Nichtlineare Differentialgleichungen erzeugen *selbstähnliche* Lösungen!** Also eine weitere Querverbindung: Chaos, Strukturbildung und Selbstähnlichkeit – alles verschiedene Seiten derselben Medaille „Nichtlinearität".

Physikalische Bewegungsgleichungen enthalten neben nichtlinearen Gliedern i. a. auch einen linearen Term, etwa den Summanden mit der Zähigkeit $\nu$ in Gl. (2.2). Dieser lineare Term dominiert, wenn die Amplitude klein genug geworden ist, jedenfalls sofern $k > 1$; damit endet auf den kleinen Skalen die Selbstähnlichkeit der Lösung. – Beispielsweise haben wir zu erwarten, dass die der Navier-Stokes-Gleichung genügenden Strömungen $\boldsymbol{u}(\boldsymbol{x}, t)$ von Flüssigkeiten selbstähnlich sind, solange der Term $\propto u^2$ das Dämpfungsglied $\propto \nu$ überwiegt. Das ist bei turbulenten Strömungen in der Tat der Fall! Der Skalenexponent ist nur insofern etwas subtiler zu bestimmen, als es sich bei der Bewegungsgleichung um eine partielle Differentialgleichung handelt. Die unabhängigen Variablen von $\boldsymbol{u}$ sind $\boldsymbol{x}$ und $t$. Wenn man aber den Zusammenhang zwischen der Größe der Wirbel und ihrer typischen Umlaufzeit für den größten Wirbel festlegt, also den Längenmaßstab und den Zeitmaßstab miteinander verknüpft, gerade so, dass der Energiedurchfluss im stationären Fall konstant ist, kann man (wie soeben) sofort den Selbstähnlichkeits- oder Skalenexponenten turbulenter Wirbel bestimmen: $v(r) = |\boldsymbol{u}(\boldsymbol{x} + \boldsymbol{r}) - \boldsymbol{u}(\boldsymbol{x})| \propto r^{1/3}$.

Alle in diesem Abschn. 2.8 angesprochenen Teilgebiete der nichtlinearen komplexen Dynamik stehen den Leserinnen und Lesern offen zum selbstständigen Entdecken. Sie bieten zahlreiche Überraschungen und phantasievolle, ästhetische Einsichten. Sie eignen sich zum Erlernen auch in Gruppenarbeit mit verteilten Rollen. – Man kann spannendes Neuland erschließen. Stichworte sind „Seltsame Attraktoren", die farbenfrohe Welt der „Fraktale", ihre „Hausdorff-Dimension", „dicke und dünne Fraktale", die „Anordnung der stabilen Perioden" (Metropolis, Stein und Stein 1973, Sarkovski 1964), „Period three implies chaos" (Li und Yorke 1975), die Bedeutung der Zahlentheorie für die Physik, „Rauschen" und nichtlineare Dynamik, „deterministische Diffusion", „Intermittenz", „lineare Antworttheorie", „Chaos-Kontrolle und Chaos-Steuerung", "integrierbare und nichtintegrierbare Hamilton'sche Mechanik", „Kolmogorov-Arnold-Moser-Theorem", „Quantenchaos" und vieles, vieles mehr. Mancher sieht diese Teilgebiete bereits als synonym zur Überschrift Chaos, doch sind sie eher interessante Facetten der Nichtlinearität, wie das eigentliche Chaos auch. Sie sind Bausteine einer sich erst allmählich herauskristallisierenden Welt einer *nichtlinearen Mathematik*. Diese ist bei weitem noch nicht so vollendet wie die lineare Mathematik, etwa die lineare Algebra, die Funktionalanalysis usw.

In den restlichen beiden Kapiteln soll nun wieder in gewohnter Ausführlichkeit die Bedeutung der nichtlinearen Dynamik für unser Naturverständnis an Hand von wichtigen Anwendungen abgerundet und in die Physik als Ganze eingeordnet werden.

## 2.9 Numerische Genauigkeit, „wahre" Schatten, Klimavorhersage

### 2.9.1 Pseudotrajektorien

Wie gut können eigentlich numerisch erzeugte chaotische Lösungen nichtlinearer Gleichungen sein, wenn die dabei unvermeidlichen numerischen Fehler sich wegen der internen Expansivität sehr bald aufschaukeln? Die numerische Lösung entfernt sich also von der gesuchten tatsächlichen Lösung zunehmend. Numerische Trajektorien sind deshalb keine „wahren" Bahnen. Man nennt sie „Pseudotrajektorien". Skeptiker sagen deshalb übertreibend, die Numerik liefere nur Schrott, der über die tatsächliche Lösung gar nichts aussage. Chaos also nichts als numerischer Müll? – Immerhin haben wir für die Modellbeispiele mathematische Beweise führen können; das ist auch einer der unschätzbaren Werte einfacher Modelle.

Als Beispiel für das Problem der Pseudotrajektorien suchen wir die Bahn mit dem Anfänger $x_0 = \frac{1}{\sqrt{2}}$ nach dem modulo-Gesetz (2.4). Natürlich kann man diesen Anfangswert, eine irrationale Zahl, nur näherungsweise eingeben, z. B. $x_0 = 0.707\,106$. Man findet dann zwangsläufig eine *periodische* Bahn, wenn auch mit ziemlich langer Periode, weil ja der genäherte Anfänger eine rationale Zahl ist. Die wahre Bahn ist dagegen aus mathematischen Gründen *nichtperiodisch*, chaotisch. Pseudotrajektorie und wahre Trajektorie können sich also ihrem Wesen nach unterscheiden.

Als zweites Beispiel betrachten wir den seltsamen Attraktor der zweidimensionalen Henon-Abbildung [33]

$$x_{t+1} = 1 - ax_t^2 + y_t, \quad y_{t+1} = bx_t. \qquad (2.27)$$

Je nach Rechengenauigkeit erhält man laut Abb. 2.34 verschiedene Trajektorien; keine ist eine wahre, weil ja numerisch in beiden Fällen nur mit rationalen Zahlen gerechnet wird.

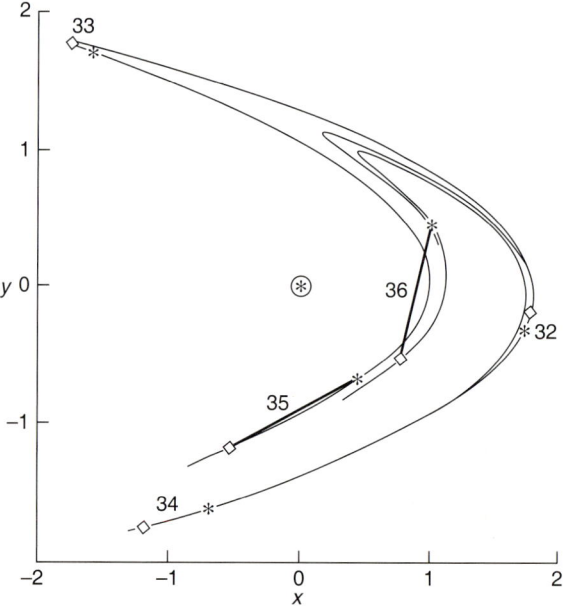

**Abb. 2.34** Spätere Teilabschnitte zweier vom Nullpunkt $(x_0, y_0) = (0,0)$ ausgehender Trajektorien der Henon-Abbildung, entweder mit einfacher ($10^{-14}$) oder mit doppelter Genauigkeit berechnet, gekennzeichnet durch $*$ bzw $\diamond$. Beide laufen auf dem Attraktor. Nach 32 Iterationen wird der Unterschied merklich, nach 36 Iterationen ist er von der Ordnung der Attraktorausdehnung. $a = 1{,}4; b = 0{,}3$. Die Abbildung ist wegen $\det |\partial F_i/\partial x_j| = -b < 1$ kontrahierend (dissipativ); die Attraktordimension ist $d_{F,\text{Henon}} = 1{,}264 \pm 0{,}002$; der Attraktor ist 1-dimensional in Linienrichtung und „blättrig" senkrecht dazu, ähnlich wie beim Lorenzattraktor nur „dicker" ausgefüllt, was die größere fraktale Dimension $d_{F,\text{Henon}}$ zum Ausdruck bringt

## 2.9.2 Beschattung durch wahre Bahnen

Weil numerische Lösungsverfahren für Differentialgleichungen i. a. auf Diskretisierungen beruhen, erzeugt man mit ihnen Pseudolösungen aber nicht die gesuchten wahren Bahnen. Trotzdem können die Pseudobahnen glücklicherweise oft die Eigenschaften der wahren physikalischen bzw. mathematischen Bahnen widerspiegeln.

Abbildung 2.35 erläutert den Sachverhalt graphisch. Mittels einer Iterationsvorschrift $f(x)$ möchte man ausgehend von einem $x_0$ die Trajektorie $x_0 \to f(x_0) \to f(f(x_0)) \equiv f^{[2]}(x_0) \to \ldots f^{[t]}(x_0) \to \ldots$ erzeugen. Die numerische Näherungsabbildung $\tilde{f}(x)$, z. B. durch Verkürzung auf endlichstellige rationale Zahlen, erzeugt stattdessen eine Pseudotrajektorie $x_0 \to \tilde{f}(x_0) \equiv p_1 \to \tilde{f}(p_1) \equiv p_2 \to \ldots$, die sich sehr bald von der wahren Bahn entfernt. Die Abweichung zwischen $\tilde{f}$ und $f$ betrage bei jedem Einzelschritt höchstens $\delta$, d. h. $|f(p_t) - \tilde{f}(p_t)| \leq \delta$ für alle $t$. Dann, so das Ergebnis der Theorie, kann man in einer $\varepsilon$-Nachbarschaft von $x_0$ einen anderen Anfangswert $x'_0$ finden, dessen wahre (also ebensowenig explizit berechenbare) Bahn $\{x'_t | x'_t \equiv f^{[t]}(x'_0)\}_{t=0}^T$ in $\varepsilon$-Nähe zu der Pseudobahn aus $x_0$ bleibt, $0 < |p_t - x'_t| \leq \varepsilon$. In diesem Sinne ist die Pseudobahn also sehr wohl für eine wahre Bahn repräsentativ, wenn auch nicht für die ursprüngliche. Man sagt einprägsam, die nahegelegene wahre Bahn „beschattet" die Pseudobahn und verleiht ihr dadurch Legitimität.

Zu jeder gewünschten Ähnlichkeit (Genauigkeit $\varepsilon$) zwischen numerischer Pseudobahn und ihrem Schatten muss man eine Fehlergrenze $\delta = \delta(\varepsilon)$ zwischen der tatsächlichen Dynamik $f$ und der Näherungsdynamik $\tilde{f}$ einhalten. Das Beschatten wird dann für eine gewisse Zeit $T$ garantiert. Wenn – sehr vereinfacht gesagt – die Zahl der positiven und negativen Lyapunov-Exponenten überall im Phasenraum gleich ist – die Dynamik heißt dann *hyperbolisch* – ist die Beschattung selbst für $T \to \infty$ zu gewährleisten. Im Allgemeinen gilt $T \leq \text{const} \cdot \varepsilon/\delta$. Das bedeutet, für hinreichend gute Näherung (kleines $\delta$) und nicht zu strenge Forderungen an die Genauigkeit (nicht zu kleines $\varepsilon$) wird $T$ für praktische Zwecke groß genug sein, ist die Pseudobahn also physikalisch brauchbar.

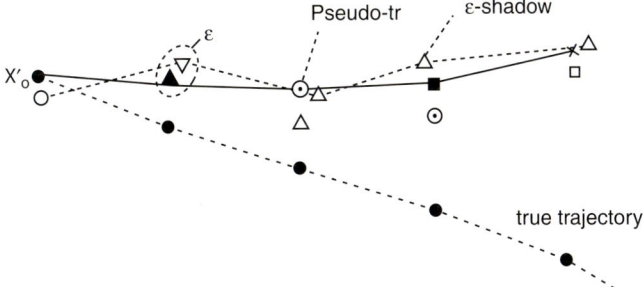

**Abb. 2.35** Die wahre Bahn $x_t = f^{[t]}(x_0)$ aus dem Anfangswert $x_0$ (*untere gestrichelte Linie*); die Pseudobahn $p_t = \tilde{f}^{[t]}(x_0)$ (*mittlere volle Linie*) aus der numerischen Näherungsdynamik $\tilde{f}$; sowie die wahre Schattenbahn $x'_t = f^{[t]}(x'_0)$ (*obere gestrichelte Linie*) innerhalb eines $\varepsilon$ Abstandes von der Pseudobahn. Die numerische Bahn zeigt also sehr wohl innerhalb eines $\varepsilon$-Fehlers die Eigenschaften einer physikalisch/mathematisch wahren Bahn an, wenn auch mit einem etwas anderen Anfänger als ursprünglich gewählt. Physikalisch sind beide Anfangswerte $x_0, x'_0$ äquivalent, weil im Rahmen der Messgenauigkeit nicht zu unterscheiden

### 2.9.3 Klimavorhersage

Die scheinbar formalen Einsichten in 2.9.2 über die Beschattung von Pseudobahnen haben viele Anwendungen. Sie helfen auch, Erfahrungen in der physikalischen Welt zu verstehen. Wiederum exemplarisch ein Beispiel, das besonders in der öffentlichen Diskussion steht: Wie entwickelt sich das Klima auf der Erde? Man wird sich wundern, warum man es angesichts großer Fortschritte in der Physik sowie heutiger Großrechner nicht schafft, alle interessierenden Fragen zur Klimaentwicklung genau und zuverlässig zu beantworten. Einsehbar ist, dass der menschliche Faktor, z. B. wieviel Energie wir verbrauchen, wieviel $CO_2$ wir erzeugen u. ä., Unsicherheiten bedingt. Auch muss man sich auf die wichtigen beteiligten physikalischen Prozesse und Kopplungen verständigen: Wie koppelt man Atmosphäre und Ozeane? Welche Rolle spielen welche Aerosole in der Luft? Welchen Einfluss haben Kondensationsprozesse Wasser $\Leftrightarrow$ Dampf? Usw. Aber selbst bei Einvernehmen hierüber bleiben die Ergebnisse unsicher.

In [34] (siehe auch [35, 36]) wird erläutert, welche numerischen Probleme eine Rolle spielen. Um die Navier-Stokes und weitere relevante Gleichungen zu lösen, muss man – wie wir wissen – bezüglich der Zeitschritte diskretisieren. Macht man

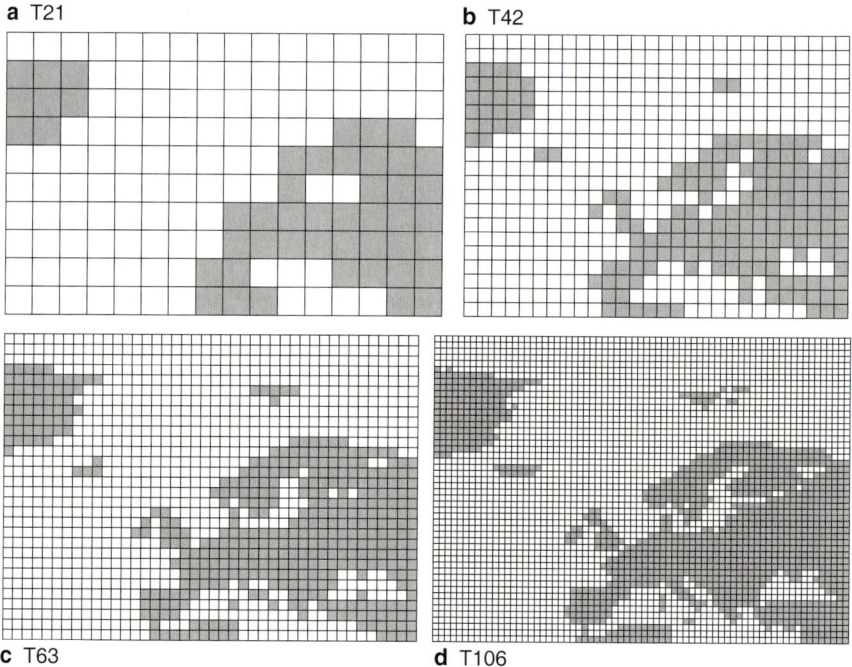

**Abb. 2.36** Typische raumauflösende Gitter für Klima- (T 21, T 42 (5,6° bzw. 2,8° Winkelgrade)) und Wetter- (T 63, T 106 (1,9° bzw. 1,1° Winkelgrade)) Rechnungen in den 90er Jahren. Bei den großmaschigen Klima-Gittern mit horizontaler Auflösung von etwa 500 km × 500 km kann man kaum die kontinentale Landverteilung erkennen. Quelle [34], ausführlich in [35]. Verwendete man früher Wettermodelle für die nördliche Hemisphäre mit horizontalen Gitterabständen von 250 km und 3 bis 5 Höhenschichten zwischen 0 und 15 km, so verwenden heutige (2008) Wettermodelle global horizontale Gitterabstände von 25 bis 40 km und 60 bis 100 Höhenschichten zwischen dem Boden und 50 km Höhe. Der Deutsche Wetterdienst (DWD) in Offenbach (Main) benutzt für Deutschland etwa 2,5 km horizontalen Abstand und 60 Höhenschichten bis 20 km Höhe, siehe [36]. Obige Quellenangabe [34] lautet: U. Cubasch, B.D. Santer and G.C. Hergerl, 1995: Klimamodelle – wo stehen wir? Phys. Bl. **51**, 269–276

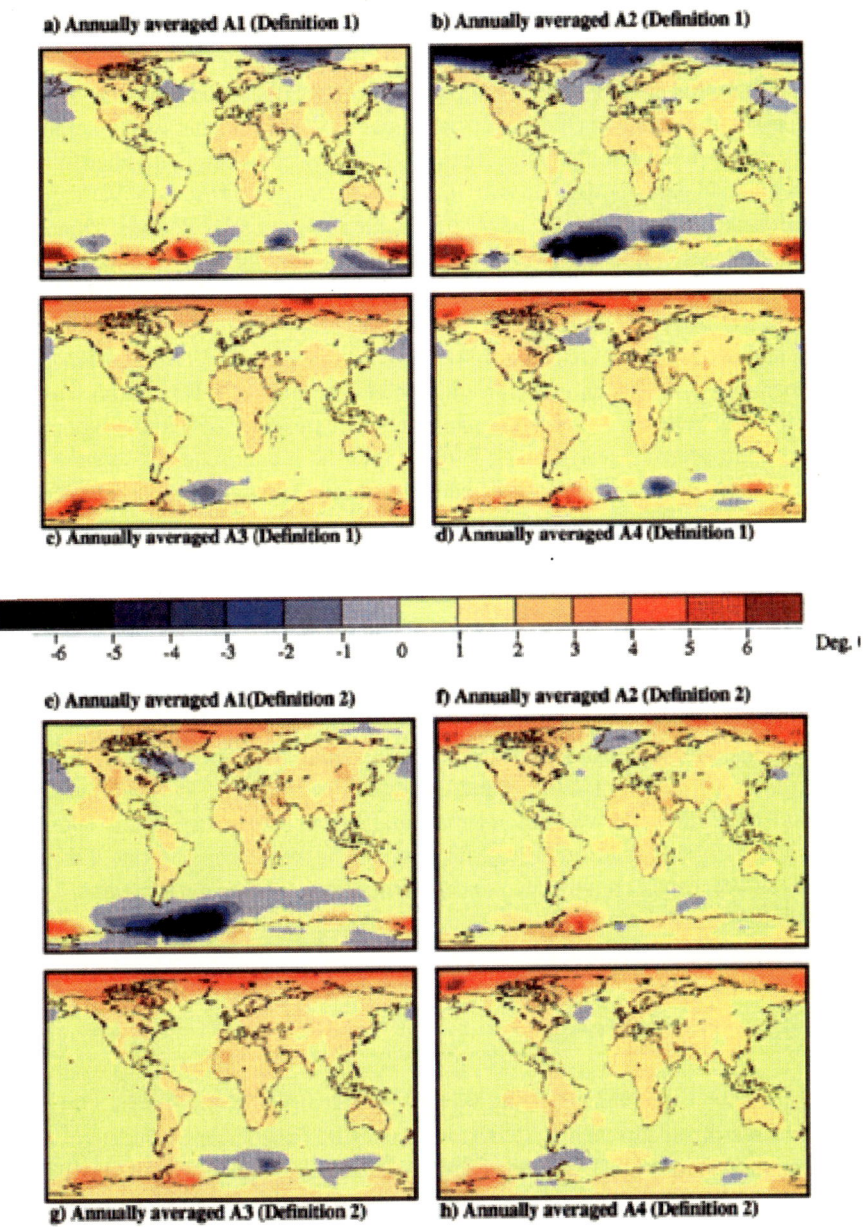

**Abb. 2.37** Die Temperaturveränderungen auf der Erdoberfläche nach 50 Jahren für vier numerische Lösungen der Bewegungsgleichungen des sogenannten Hamburger Modells mit kompatiblen aber unterschiedlichen Anfangsbedingungen. Als solche wurden die Werte einer Vergleichsrechnung nach 0, 30, 60 bzw. 90 Jahren genommen. Man erkennt die Abhängigkeit von den Anfangsbedingungen. Die Interpretation der Ergebnisse hängt aber auch von der Art der Auswertung ab. Oben die Temperaturänderungen gemäß angegebenem Farbraster im Vergleich zur ersten Dekade der Vergleichsrechnung, unten im Vergleich zu deren letzter Dekade. – Man lasse sich nicht von der hohen Auflösung der hineinprojizierten Landmassen irreführen. Die Gitterauflösung für die Klimarechnung ist wesentlich gröber, siehe Abb. 2.36. Quelle [34]; siehe auch [35]: U. Cubasch, G.C. Hegerl, A. Helbach, H. Höck, U. Mikolajewicz, B.D. Santer and R. Voss, 1995: A climate change simulation starting from 1935, Climate Dynamics **11**, 71–84

diese zu klein, rechnet man sehr, viel zu lange, bis man über klimarelevante Zeitskalen integriert hat. Macht man sie zu groß, wird die Genauigkeit schlecht. Aber auch bei der Ortsauflösung gibt es einschränkende Grenzen, wie Abb. 2.36 zeigt. Je feiner desto besser aber leider auch desto aufwändiger ist die Rechnung: Bei Gitterabständen $a$ zwischen den Punkten einer Ebene und $b$ zwischen den Gitterebenen selbst wächst die Zahl der Gitterpunkte $\propto a^2 b$. Bei Halbierung der Abstände (Verdopplung der Auflösung) wächst die Zahl der Gitterpunkte und damit der Rechenaufwand um den Faktor 8, also praktisch um eine ganze Größenordnung! Und erinnern wir uns, die Vorhersagezeit wächst trotzdem nur $\propto \log 2$, also kaum (siehe Kap. 2.5).

Die Werte $u(x_i)$, $T(x_i)$ usw. der Geschwindigkeits-, Temperatur- und weiterer Felder auf den Gitterpunkten sind mittlere Werte des betreffenden ziemlich großen Raumbereiches; sie stehen z. B. für ein Gebiet von 500 km × 500 km horizontaler Ausdehnung. Wegen der internen Expansivität, also positiver Lyapunov Exponenten der Bewegungsgleichungen (2.2), (2.3) usw., sind die numerischen Lösungen Pseudotrajektorien. Ihre empfindliche Abhängigkeit von den Anfangsbedingungen und auch von der Auswertemethode zeigt Abb. 2.37. Man findet, dass in manchen Bereichen der Erdoberfläche die Atmosphäre je nach Anfangsbedingung oder Auswerteart sich entweder abkühlen oder erwärmen sollte! Was also nun? – Wenn man Klimarechnungen inzwischen auch noch besser kann, das grundsätzliche Problem der begrenzten Vorhersagbarkeit bei nichtlinearen, komplexen dynamischen Systemen und damit der Klimavorhersagen bleibt bestehen; das soll ihre Wichtigkeit aber keinesfalls in Frage stellen.

Noch eine Anmerkung: Wegen der Schwankungen der Windstärke ist die elektrische Energie aus Windrädern ebenfalls zeitlich schwankend. Deshalb heizt man ständig Kohlekraftwerke vor, um gegebenenfalls ausgleichen zu können. Die dafür benötigte Energie mindert natürlich die tatsächliche Windenergie-Ernte. Das ließe sich durch Vorausberechnung der Windstärken merklich verbessern, wenn das denn möglich ist.

## 2.10 Statistische Physik

Wie dargestellt, kann man aus dem chaotischen Zeitverlauf eines Signals $x(t)$ eines nichtlinearen physikalischen Systems nicht sehr viel Einzelheiten lernen. An Hand des modulo-Modells (2.4) oder des Lorenzsystems (2.9) haben wir das ausführlich diskutiert, siehe noch einmal schematisch (Abb. 2.38).

Weil man wegen des stets endlich großen Messfehlers $\varepsilon_0$ den Anfangswert $x_0$ nicht genau kennt, ist es naheliegend, sich auch die zeitlichen Verläufe benachbarter

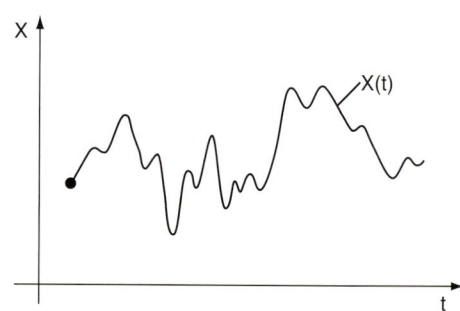

**Abb. 2.38** Typisches zeitliches Signal $x(t)$ eines nichtlinearen, intern expansiven, chaotischen Systems, das sich aus einem Anfänger $x_0$ entwickelt, schematisch

2 Was heißt und zu welchem Ende studiert man Chaos?

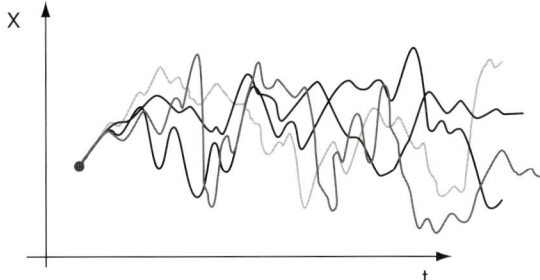

**Abb. 2.39** Schematisch: Eine Vielzahl von Bahnen $x(t|x_0), x(t|x'_0), \ldots$ mit Anfangswerten $x_0, x'_0, x''_0, \ldots$, die alle innerhalb eines $\varepsilon_0$ Messgenauigkeits-Balles liegen, also physikalisch alle gleichwertig sind. Anfänglich noch nahe bei einander, trennen sie sich zunehmend. Erkennbar ist die für alle gemeinsame Beschränkung auf ein endliches Werte-Intervall

Anfangswerte $x'_0, x''_0$ usw. anzusehen, siehe Abb. 2.39. Sie sind alle gleichberechtigt, da man ja nicht weiß, welches der „wirkliche" Anfangswert ist. Man kennt so etwas von Temperaturvorhersagen in Wetterberichten, siehe etwa Abb. 2.40. Manchmal, z. B. in den TV-Nachrichten, werden die sich entwickelnden Temperaturbereiche dunkel unterlegt, als ob sie mit kontinuierlich vielen Bahnen erzeugt worden wären.

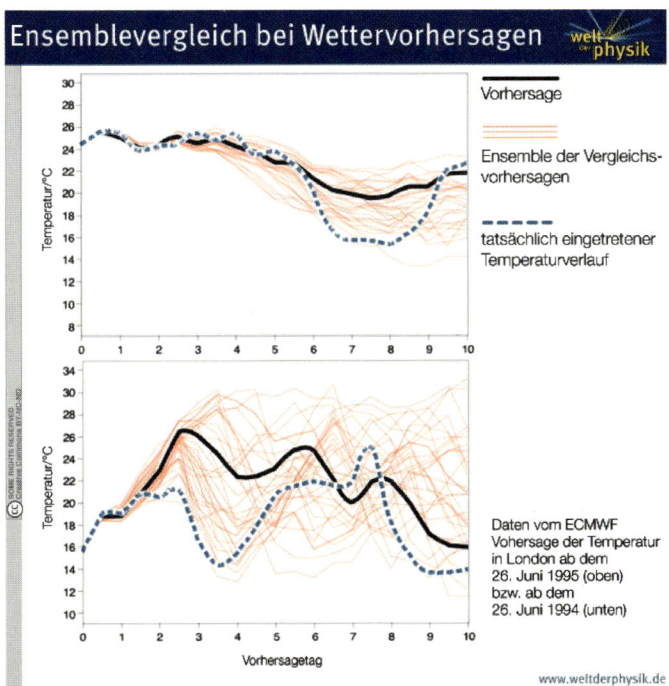

**Abb. 2.40** Eine typische Darstellung der Temperaturvorhersage der Wetterdienste (Quelle: www.weltderphysik.de). Man erkennt, dass die Vorhersage auf wenige Tage beschränkt ist, je nach Gesamtwetterlage durchaus unterschiedlich lange. Danach kann der reale Temperaturverlauf sehr bald erheblich vom erwarteten Verlauf abweichen. Auch die Breite des Unsicherheitsintervalls hängt offenbar von der Gesamtwetterlage ab

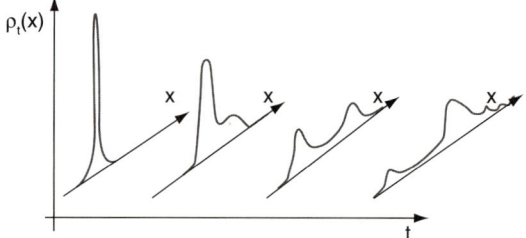

**Abb. 2.41** Schematische Darstellung der sich aus Abb. 2.39 durch Anwendung der Definition ergebenden Wahrscheinlichkeits-Dichte $\rho(t)$ und ihre zeitliche Entwicklung. Anfänglich nur schmal, wird sie zunehmend breiter, kann aber nach wie vor Strukturen zeigen, wo sie größer oder kleiner ist

Um die in der Vielzahl von gleichberechtigten Trajektorienverläufen steckende Information, die die begrenzte Messgenauigkeit zulässt, adäquat zu beschreiben, führen wir den Begriff der *Wahrscheinlichkeits-Dichte* $\rho(x,t)$ ein. Dieser wird so definiert: $\rho(x,t)\Delta x$ sei die Zahl derjenigen Bahnen, deren Signal zur Zeit $t$ im Intervall von $x$ bis $x+\Delta x$ liegt, dividiert durch die Gesamtzahl $N$ der Bahnen. Summiert man über alle Teilintervalle $\Delta x$, so muss sich die Gesamtzahl $N$ der untersuchten Bahnen, dividiert durch $N$ ergeben, also 1. Zur Veranschaulichung sei auf Abb. 2.41 hingewiesen.

$$\sum_{\Delta x} \rho(x,t)\Delta x \to \int \rho(x,t)\,\mathrm{d}x = 1\;. \tag{2.28}$$

Diese *Normierung* ist für alle Zeiten $t$ gleich, während $\rho(x,t)$ selbst sich je nach Bahnverläufen zeitlich ändern kann. $\rho(x,t)$ ist somit als Maß für die relative Zahl der durch ein kleines Intervall $\Delta x$ an der Stelle $x$ laufenden Trajektorien pro $\Delta x$ definiert, beschreibt also eine *Dichte* der Bahnen mit dem Signal zwischen $x$ und $x+\Delta x$. Die Menge der betrachteten Bahnen bezeichnet man auch als die „*Gesamtheit*" der Bahnen. Da jede Bahn einem anderen Anfangswert entspringt, kann man sich vorstellen, dass jeder Anfangswert und damit jede Bahn ein anderes physikalisches System repräsentiert. Insofern liegt auch eine „*Gesamtheit von Systemen*" vor, deren relative Häufigkeit oder Wahrscheinlichkeitsdichte, zur Zeit $t$ in einem kleinen Intervall um $x$ zu liegen, $\rho(x,t)$ ist.

Je nach den mathematischen Eigenschaften der Wahrscheinlichkeitsdichte $\rho(x,t)$ als Funktion von $x$ ist das Integral (2.28) unterschiedlich zu interpretieren. Für stetige Funktionen $\rho$ z. B. ist (2.28) ein Riemann-Integral. In der allgemeinen Wahrscheinlichkeitstheorie lässt man zweckmäßigerweise auch Dichten zu, die Stieltjes- oder Lebesgues-integrierbar sind. Für physikalische Anwendungen genügt in der Regel die Riemann-Integrierbarkeit.

Betrachten wir in dieser Beschreibung mit Wahrscheinlichkeitsdichten noch einmal den Grenzfall einer einzelnen Bahn $x(t|x_0)$ mit Anfänger $x_0$. Die zugehörige Dichte lautet offenbar $\rho(x,t) = \delta(x - x(t|x_0))$. Sie ist stets 0 bis auf die Stelle $x = x(t|x_0)$, an der sich die Bahn zur Zeit $t$ gerade befindet. Die Normierung (2.28) gilt unverändert. Hat man mehrere ($N$) Systeme mit Bahnen $x_a(t)$, die an den Stellen $x_{a,0}$ beginnen, und die man mit dem Index $a$ unterscheidet, so wäre die Dichte konsequenterweise eine Summe solcher Delta-Funktionen,

$$\rho(x,t) = \frac{1}{N}\sum_{a=1}^{N} \delta(x - x_a(t))\;. \tag{2.29}$$

Wieder gilt die Normierung (2.28). Die anfängliche Wahrscheinlichkeitsdichte lautet $\rho_0(x) \equiv \rho(x, t = 0) = N^{-1} \sum_{a=1}^{N} \delta(x - x_{a,0})$.

Untersucht man nun unendlich viele Systeme, genauer ein Kontinuum von Systemen, deren Anfangswerte das Messfehler-Intervall $\varepsilon_0$ kontinuierlich überdecken, so ist $\rho(x, t)$ eine (i. a. stetige) Funktion der kontinuierlichen Variablen $x$ und nicht mehr eine Summe von $\delta$-Zacken. In diesem Falle hat man eine (i. a. stetige) Anfangsdichte $\rho_0(x)$ vorzugeben. Gerne verwendet man hierfür z. B. eine Funktion, die auf dem $\varepsilon_0$-Intervall überall den gleichen konstanten Wert hat und außerhalb 0 ist; dann sind alle experimentell nicht unterscheidbaren Anfangswerte gleichberechtigt vertreten. Eine andere bequeme Wahl ist eine Gaußverteilung ($\rho_0 \propto \exp{-(x-x_0)^2/\varepsilon_0^2}$) um einen mittleren Anfangswert $x_0$ herum, deren Breite durch $\varepsilon_0$ vorgegeben wird. (Der fehlende Vorfaktor lautet $1/(\varepsilon_0 \sqrt{\pi})$; er ist durch die Normierungsbedingung (2.28) festgelegt.)

An Stelle der Signale der Einzeltrajektorien oder Einzelsysteme treten jetzt Gesamtheiten-Mittelwerte $\bar{x}(t)$ mit einer durch die Breite von $\rho(x, t)$ bestimmten Varianz oder Standard-Abweichung $\sigma_x(t)$ (*root mean square* oder *rms*).

$$\bar{x}(t) \equiv \int x \rho(x,t)\, dx \; ; \quad \sigma_x^2(t) \equiv \int (x - \bar{x})^2 \rho(x,t)\, dx \; . \tag{2.30}$$

Andere Eigenschaften $A(x)$ des Systems berechnet man als $\bar{A}(t) = \int A(x) \rho(x,t)\, dx$.

Damit haben wir einen vollständigen Anschluss der Dynamik nichtlinearer, komplexer Systeme an das große physikalische Gebiet der *Statistischen Physik* gefunden – oder umgekehrt! Die Zahl der Freiheitsgrade spielte dabei keine Rolle. Wichtiger ist das chaotische Verhalten, was bei makroskopischen Vielteilchensystemen mit vielen Freiheitsgraden sowieso immer gegeben ist, aber eben auch bereits bei kleinen Systemen auftreten kann. Die Statistische Physik beschäftigt sich mit der Physik von Gesamtheiten von Systemen, deren Einzelverhalten aus Mangel an genauer Kenntnis der Einzelsysteme (z. B. ihrer Anfangswerte) nicht untersucht werden kann. Die nichtlineare komplexe Dynamik ist somit gedanklich die „Urmutter" der Statistischen Physik, obwohl sie erst später ausgearbeitet worden ist.

Für makroskopische Vielteilchensysteme wie Festkörper, Flüssigkeiten oder Gase verwendet man im Gleichgewicht Wahrscheinlichkeitsdichten wie die kanonische Gesamtheit $\rho^* = Z^{-1} \exp(-\beta H)$ oder die mikroskopische Gesamtheit $\rho^* \propto \delta(H - E)$ und noch weitere Gesamtheiten. Dabei ist $Z$ die aus der Normierungsbedingung (2.28) folgende Zustandssumme. $H$ bedeutet in der klassischen Physik die Hamiltonfunktion und in der Quantenmechanik den Hamiltonoperator des gesamten Vielteilchensystems. $\beta$ ist die Abkürzung für $\beta = 1/(\kappa_B T)$, kennzeichnet also die inverse Temperatur $T$ des Systems; $\kappa_B$ ist die Boltzmann Konstante. – Bevor ein System im Gleichgewicht ist, verändert sich seine Dichte zeitlich, $\rho(t)$. Die Bewegungsgleichung lautet $\partial_t \rho(t) = \mathcal{L}\rho(t)$. Der sogenannte Liouville Operator $\mathcal{L}$ bedeutet in der klassischen Physik die Poisson Klammer $\mathcal{L}\rho \equiv \{H, \rho\}$ und in der Quantenmechanik den Kommutator $\mathcal{L}\rho \equiv [H, \rho]/(i\hbar)$.

Wie mag die Bewegungsgleichung für die Dichte $\rho(t)$ von Systemen mit wenigen Freiheitsgraden aussehen? Diese kann man oft nicht (insbesondere bei dissipativen Systemen nicht) durch eine Hamiltonfunktion beschreiben. (Warum bei dissipativen Systemen bestimmt nicht?). Hat sie so wie bei großen Systemen einen stationären Grenzfall $\rho^*$? Wiederum nur exemplarisch überlegen wir uns das für die uns nun schon gut bekannten diskreten, eindimensionalen nichtlinearen Abbildungen $f(x)$, bei denen die zeitliche Änderung gemäß $x_{t+1} = f(x_t)$, $t = 1, 2, \ldots$, zu berechnen ist. Das ist also wahrlich kein Vielkörpersystem und auch kein Hamilton'scher Fall; er wird nicht einmal durch eine Differentialgleichung, sondern durch einen Iterations-Algorithmus beschrieben. Doch gibt es Verblüffendes zu lernen!

Wir gehen zunächst von einer einzigen Trajektorie $x(t)$ aus, die mit dem Anfangswert $x_0$ beginnen möge. Die dazugehörige Wahrscheinlichkeitsdichte ist nach dem Gesagten die $\delta$-Zacke $\rho(x,t) = \delta(x - x(t))$. Sie ist zu gegebener Zeit $t$ für alle $x$ gleich Null mit Ausnahme von $x = x(t)$, konzentriert sich also auf das gerade vorliegende Signal; die Normierung (2.28) ist erfüllt, weil $\int \delta(x - x(t)) \, dx = 1$ ist. Im Laufe der Zeit $t$ wandert die $\delta$-Zacke unregelmäßig durch den zur Verfügung stehenden endlich großen Wertebereich von $x$, wie graphisch in Abb. 2.42 dargestellt.

Die Bewegung dieser Einzelpunkt-Wahrscheinlichkeitsdichte $\rho(x,t) \equiv \rho_t(x)$ kann man aus $\rho(x,t=0) \equiv \rho_0(x) = \delta(x - x(0))$ so ausrechnen. Zunächst gilt $\rho_0(x) = \delta(x - x_0) \to \rho_1(x) = \delta(x - x_1) = \delta(x - f(x_0)) = \int \delta(x - f(y))\delta(y - x_0) \, dy = \int \delta(x - f(y))\rho_0(y) \, dy$. Wieder also hat man $\rho_1 = \mathcal{L}\rho_0$, wobei $\mathcal{L}$ diesmal die Gestalt eines Integraloperators hat, nämlich $\mathcal{L} \,\hat{=}\, L(x,y) = \delta(x - f(y))$. $\mathcal{L}$ heißt *Frobenius-Perron Operator* und wird eindeutig durch die Abbildungsfunktion $f(x)$ bestimmt. Die weitere zeitliche Entwicklung ist einleuchtenderweise so: $\rho_1 \to \rho_2 = \mathcal{L}\rho_1 \to \rho_3 = \mathcal{L}\rho_2$ usw. Also kann man schreiben $\rho_{t+1} = \mathcal{L}\rho_t$ bzw. $\rho_t = \mathcal{L}^t \rho_0$. (Sicherheitshalber sei gefragt: Wie wirkt der Integraloperator für beliebige Zeit $t$? Antwort: $\rho_{t+1}(x) = \int \delta(x - f(y))\rho_t(y) \, dy$. Man überzeuge sich durch expliziten Beweis.)

Nun ist auch klar, wie man bei kontinuierlich vielen Anfangswerten in einem $\varepsilon_0$-Ball um einen Anfangswert $x_0$ herum verfahren muss. Jetzt sind $\rho_0(x)$ und alle Dichten $\rho_t(x)$ stetige Funktionen, aber nach wie vor gilt

$$\rho_{t+1}(x) = (\mathcal{L}\rho_t)(x) = \int \delta(x - f(y))\rho_t(y) \, dy \,. \tag{2.31}$$

Wie $\rho_0(x)$ haben auch alle $\rho_t(x)$ eine endliche Breite. Wegen des Auseinanderlaufens der Einzelbahnen erwarten wir, dass die Breite von $\rho_t(x)$ mit wachsendem $t$

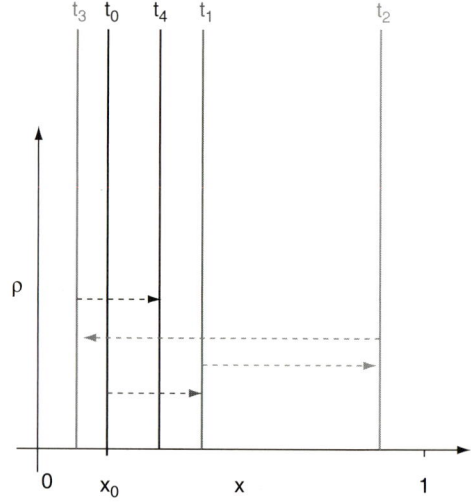

**Abb. 2.42** Die zeitliche Entwicklung der Wahrscheinlichkeitsdichte $\rho(x,t) = \delta(x - x(t))$. Als Funktion von $x$ ist es eine unendlich dünne, an der Stelle $x(t)$ lokalisierte $\delta$-Funktion. Als Funktion von $t$ wandert sie im endlichen Intervall $0 \leq x \leq 1$ unregelmäßig hin und her, wie das Gesetz $x_t = f^{[t]}(x)$ es befiehlt

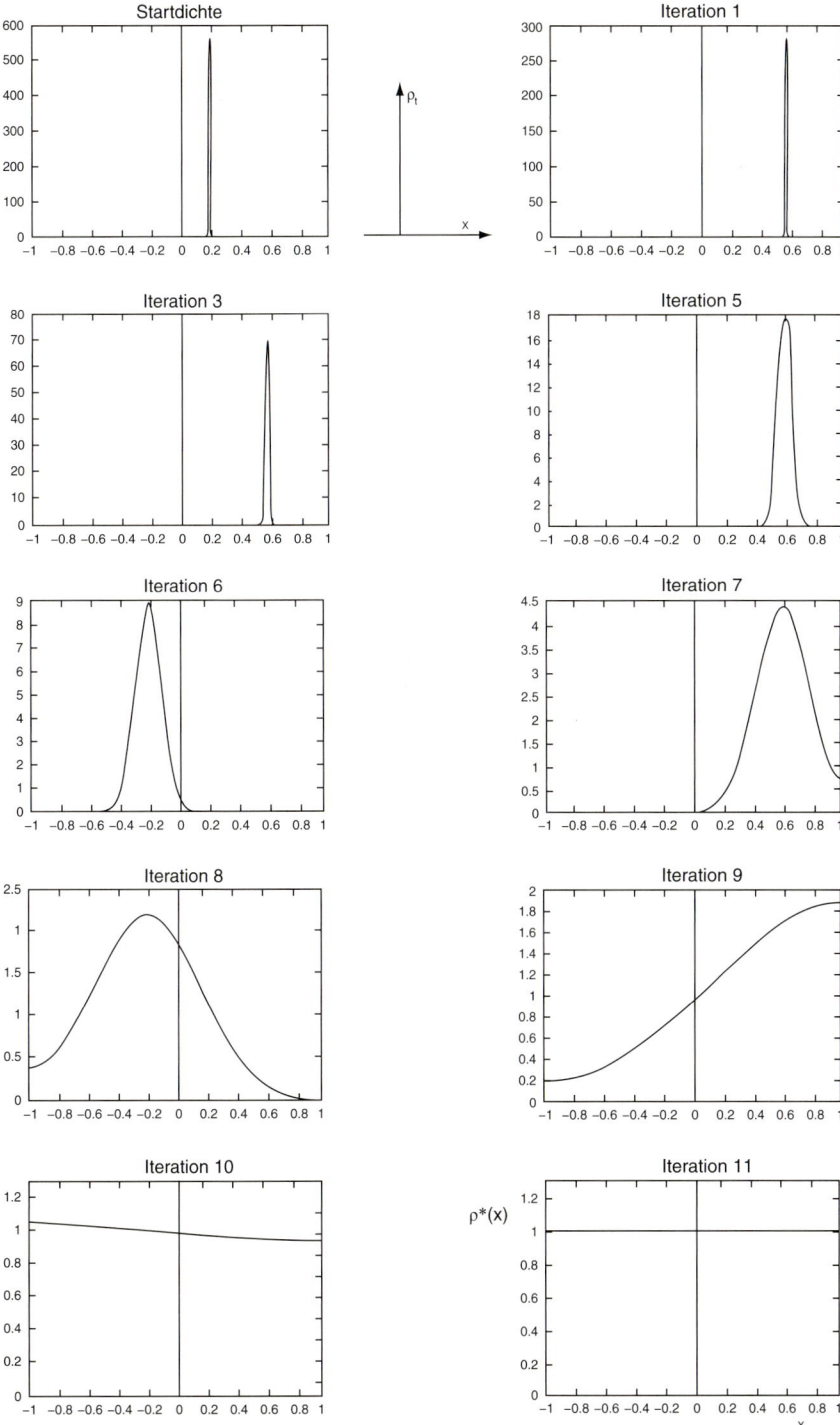

**Abb. 2.43** Die zeitliche Entwicklung einer anfänglich ganz eng, praktisch strichförmig (oder $\delta$-artig) um $x_0 = 0,2$ herum konzentrierten Wahrscheinlichkeitsdichte $\rho_0(x)$. Das Abbildungsgesetz ist hier die Hutabbildung $f(x) = 1 - 2|x|$ im Intervall $-1 \leq x \leq +1$. Im ersten Schritt geht die Zacke nach $1 - 2 \cdot 0,2 = 0,6$, dann nach $1 - 2 \cdot 0,6 = -0,2$, gelangt im dritten Schritt wieder nach $+0,6$. Hier ist die Breite schon als endlich groß erkennbar geworden. Bei jedem Schritt nimmt sie weiter zu, um etwa einen Faktor 2, also um den Streckungsfaktor $\Lambda$. Nach circa 10 Iterationen überdeckt die Dichte das Intervall, zunehmend homogener, $\rho_{11}(x)$ ist schon näherungsweise konstant ($\approx 1$), asymptotisch wird $\rho_{t \to \infty}(x) \equiv \rho^*(x) = 1$ ($\rho$ ist ausnahmsweise auf 2 normiert)

zunimmt und zwar so lange, bis sie das zur Verfügung stehende Intervall überdeckt. Und was dann? Abbildung 2.43 zeigt eine solche Entwicklung.

Man mache sich klar: Während die einzelnen Trajektorien, also die $\delta$-artigen Dichten erratisch durch den Wertebereich wandern, stets $\delta$-artig bleibend, streben die kontinuierlichen Dichten, wegen der internen Expansivität immer breiter werdend, gegen eine *invariante Dichte* $\rho^*(x)$. Diese hat die Eigenschaft

$$\rho^* = \mathcal{L}\rho^* . \tag{2.32}$$

Sie füllt den Wertebereich im allgemeinen aus, weil ja die Bahnen im zur Verfügung stehenden Wertebereich alles abtasten.

Beispiele außer der Hutabbildung, für die $\rho^* = $ const ist, sind a) $\rho^* = 1$ für die modulo-Abbildung (2.4), auch Bernoulli-Abbildung genannt oder b) $\rho^* = 1/(\pi\sqrt{x(1-x)})$ für die Parabelabbildung $x_{t+1} = 4x_t(1-x_t)$. (Übungsaufgabe: Zeigen Sie das aus der Eigenschaft (2.32).)

Eine *stetige* Funktion als Anfangsverteilung strebt im Laufe der Zeit also für nichtlineare, chaotische (somit intern expansive) Dynamiken gegen eine stationäre, gleichgewichtsartige Verteilung! Das ist die tiefe Grundlage der Statistischen Physik. Das Gleichgewicht wird i. a. sogar ziemlich schnell erreicht, nämlich auf der Zeitskala der inversen positiven Lyapunov-Exponenten bzw. der inversen Kolmogorov-Entropie $K^{-1}$. Alles weitere, wie die Berechnung der Mittelwerte usw., bei Hamilton'schen Vielteilchen-Systemen also die gesamte makroskopische Thermodynamik, ist dann „nur" noch eine Sache der konkreten Auswertung. Das gedankliche Grundprinzip der Statistischen Physik, die Existenz einer Gleichgewichtsgesamtheit, liegt begründet in der internen Expansivität der nichtlinearen Bewegungsgleichungen über einem (zumindest praktisch) endlichen Phasenraum! Das ist ein unvermeidlicher, tiefliegender, befriedigender Zusammenhang.

## 2.11 Schlussbemerkungen

Was also ist und zu welchem Ende studiert man Chaos? Wir haben die Ursachen für das so oft und praktisch überall auftretende chaotische Zeitverhalten herausgefunden. Es ist die Nichtlinearität der Bewegungsgleichungen zusammen mit einem beschränkten verfügbaren Phasenraum und positiven Lyapunov-Exponenten, d. h. interner Expansivität und damit empfindlicher Abhängigkeit von den Anfangswerten oder von Näherungsfehlern. Damit unlösbar verbunden sind die ebenso oft und nahezu überall auftretenden Ordnungs- und Musterbildungen, insbesondere auch deren geometrische Selbstähnlichkeit. Eine solche Dynamik, so haben wir als Wesensmerkmal gefunden, erlaubt trotz bekannter Bewegungsgleichung nur Voraussagen über eine höchstens endlich lange, begrenzte Zeit. Die Vorhersagezeit ist umso kürzer, je größer die Lyapunov-Exponenten sind, je stärker also die interne Expansivität ist und je geringer die Messgenauigkeit ist. Eine solche nichtlineare Dynamik erzeugt auch ein Streben ins Gleichgewicht bzw. gegen einen stationären Zustand fernab vom Gleichgewicht. Weil die relevanten Bewegungsgesetze der Mechanik und der Hydrodynamik (aber auch der Relativitätstheorie) nichtlinear sind, erzeugen sie bis auf Ausnahmen ein chaotisches Naturgeschehen. Bei Quantensystemen äußern sich Nichtlinearität und Chaos mit einer eigenen Signatur – ein neues Feld. Physikalische Natur *ist* in diesem Sinne Chaos!

Methodisch ist das Chaos-Kapitel vielschichtig aufgebaut. Es soll einerseits zum Selbstlernen anregen, andererseits auch zur Weitergabe in der schulischen Lehre. Die Thematik ist in eine Vielzahl von Phänomenen wie auch konkreten Anwendungen eingebettet, ist auch interdisziplinär angelegt. Die grundlegenden Ideen werden so verständlich wie möglich ausgearbeitet. Andere Teile wiederum sind für die Arbeit im Seminar oder auch in Kleingruppen ausgelegt, die sich den Stoff selbstständig erarbeiten und es an die parallelen Gruppen vermitteln können; also lernen und lehren zugleich. Wieder anderes ist nur angedeutet, vielleicht Anreiz zu eigener Vertiefung. Der Schwierigkeitsgrad ist ebenfalls sehr unterschiedlich. Von einfach und gedanklich sehr explizit bis zu kompakt oder auch mathematisch anspruchsvoll. Stets aber wird exemplarische Auswahl getroffen, ist das Kapitel weit entfernt von Vollständigkeit des Gebietes. Die Aufnahme durch die Leserin und den Leser wird zeigen, ob diese Vorstellungen von einer modernen Lehramtsausbildung fruchtbar sind und zustimmend geteilt werden. Jedenfalls harren sie der Diskussion und sicher der Weiterentwicklung.

## Zusätze

a. Die Parabelabbildung bekommt man z. B. auch durch Diskretisierung der Differentialgleichung für die Laserintensität

$$\dot{I} = aI - bI^2, \quad a \quad \text{Pumpstärke}, \quad b > 0. \tag{2.33}$$

Ihre stationären Punkte sind $I_0^* = 0$ und (für positives $a$) $I_1^* = a/b$. Durch Trennung der Variablen kann man sie analytisch lösen

$$I(t) = I_0 \frac{e^{at}}{1 - \frac{I_0}{I_1^*}(1 - e^{at})}. \tag{2.34}$$

Die Intensität geht gegen $I_0^* = 0$ für $a < 0$ (und $I_0 \neq I_1^*$) und gegen $I_1^*$ für $a > 0$. Wenn man die Lasergleichung (unnötigerweise) numerisch lösen möchte, muss man in der Zeitvariablen $t$ in kleine Zeitschritte $\Delta t$ diskretisieren $\frac{I(t+\Delta t)-I(t)}{\Delta t} = aI(t)-bI(t)^2$. Somit ist $I(t+\Delta t) = (1+a\Delta t)I(t) - b\Delta t I(t)^2$. Hieraus kann man Schritt für Schritt ausgehend von $I(t = 0) \equiv I_0$ die Laserintensität $I(t = n\Delta t)$ zur Zeit $t = n\Delta t$ ausrechnen. Mit der Abkürzung $I(t = n\Delta t) \equiv Ax_n$ bekommt man dann für die Folge der $x_n$ die Gleichung $x_{n+1} = rx_n(1 - x_n)$, nachdem man für $A$ und $r$ die Wahl getroffen hat $A \equiv (1+a\Delta t)/(b\Delta t)$ und $r \equiv 1+a\Delta t$. Genau dann, wenn die Diskretisierungs-Zeitskala zu groß gegenüber der Pumpzeitskala $a^{-1}$ gewählt wird, gerät $r$ zu groß: man bekommt dann kein monotones Streben gegen einen Fixpunkt mehr, sondern ein „künstlich" durch die Diskretisierung hervorgerufenes andauerndes periodisches oder gar chaotisches Schwanken der Laserintensität! Chaos ist hier also eine Folge der zu groben Diskretisierung. Diese Beobachtung möge zur Vorsicht und Sorgfalt gegenüber unkontrollierter Numerik mahnen.

b. Diskussion der Hutabbildung.

1. Die Hutabbildung lautet $x_{t+1} = f(x_t)$ mit $f(x) = 1 - |2x - 1|$, $0 \leq x \leq 1$. Die durch Iteration entstehenden Folgen (Trajektorien) $\{x_t | t = 0, 1, 2, \ldots, \infty\}$ sind entweder „periodisch" mit einer Periode $p$ (d. h. nach

einer eventuellen Transienten wiederholen sich die Werte $x_t$ nach jeweils $p$ Schritten) oder sie sind „unendlich lang", d. h. auch für $t \to \infty$ sind alle $x_t$ verschieden. Ausschlaggebend für die Eigenschaft der Iterationsfolge, periodisch oder unendlich lang zu sein, ist der gewählte Anfangswert $x_0$ für $t = 0$. Z. B. erzeugt $x_0 = 1/5$ eine Periode $p = 2$, $x_0 = 1/11$ eine Periode $p = 5$, $x_0 = 1/3$ die Periode $p = 1$. (Manchmal unterscheidet man noch zwischen „eigentlichen periodischen Anfangswerten", wenn sie nämlich selbst Teil der periodischen Folge sind, oder prä-periodischen Anfangswerten, wenn sie auf eine periodische Folge führen, ihr aber selbst nicht angehören.) Allgemein gilt:

i) Alle rationalen Anfänger $x_0$ erzeugen periodische (eigentlich periodische oder prä-periodische) Folgen, also endlich lange Trajektorien, mit unterschiedlichen Perioden $p$.

ii) Alle irrationalen Anfänger $x_0$ erzeugen unendlich lange, nichtperiodische, chaotische Bahnen.

iii) *Alle* Trajektorien, ob endlich oder unendlich, also periodisch oder chaotisch, sind instabil, intern expandierend mit dem Multiplikationsfaktor $\Lambda = 2$ oder dem Lyapunov-Exponenten $\lambda = \ln 2 = 0.693\ldots$.

iv) *Jede computergenerierte Bahn ist periodisch*, gehört also zu den abzählbar vielen Ausnahmen; Grund: man kann per Konstruktion bei Computerrechnungen nur rationale Anfangspunkte $x_0$ wählen. Wenn die Periode lang genug ist, kann man jedoch endliche Bahnabschnitte für Teilstücke einer chaotischen, also unendlich langen Bahn halten.

2. Die Hutabbildung hat zwei Fixpunkte $x_0^* = 0$ und $x_1^* = 2/3$. Beide Fixpunkte sind instabil. Benachbarte Anfänger entfernen sich zunehmend.

3. Die periodischen Bahnen, ebenfalls alle instabil, deshalb auch UPOs genannt (**U**nstable **P**eriodic **O**rbits) liegen im Intervall $[0, 1]$ dicht. Die Anfangspunkte, also die rationalen Zahlen zwischen 0 und 1, liegen dicht im Einheitsintervall. Alle Periodenlängen $p$ kommen auch wirklich vor.

4. Jede chaotische, also mit einem irrationalen Anfänger $x_0$ beginnende Trajektorie $\{x_t\}_{t=0}^\infty$ ist eine abzählbare Punktmenge, die jedoch im Intervall $[0, 1]$ dicht liegt. M. a. W., die abgeschlossene Hülle der chaotischen Trajektorien (also die Menge aller Trajektorienpunkte plus Grenzwerte aller in sich konvergenter Teilfolgen aus ihnen) ist das ganze Einheitsintervall

$$\overline{\{x_t\}_{t=0}^\infty} = [0, 1] \,, \tag{2.35}$$

unabhängig vom Anfangswert $x_0$ (sofern er nur irrational ist). Der mathematische Beweis dieser weitreichenden Aussage ist nicht trivial. Er kann bei Li und Yorke 1975 nachgelesen werden. – Jede chaotische Trajektorie überdeckt nicht nur das Einheitsintervall, sondern sie überdeckt es sogar gleichmäßig.

5. Der Lyapunov-Exponent der Hutabbildung ist $\lambda = \ln 2$.

6. Die invariante Dichte $\rho^*$ ist konstant, also $\rho^*(x) = 1$ bei Normierung im Einheitsintervall.

7. Die chaotischen Trajektorien $\{x_t\}_{t=0}^\infty$ sind in folgendem Sinne Zufallsfolgen: Betrachtet man den Mittelwert der Abweichungen $\delta x \equiv x - \langle x_t \rangle_t$ vom Mittelwert $\langle x_t \rangle_t = 1/2$, so ist dieser natürlich per Konstruktion gleich Null. Nicht selbstverständlich aber ist, dass sich der Mittelwert des Produktes zweier im Abstand $\tau$ aufeinanderfolgenden Amplituden-Abweichungen, also die Größe $\langle \delta x_{t+\tau} \delta x_t \rangle_t$, für alle $\tau = 1, 2, 3, \ldots$ als Null erweist. (Für $\tau = 0$ gilt das natürlich nicht, handelt es sich doch dabei um den Mittelwert von Quadraten,

also von lauter positiven Zahlen.) Insbesondere sind somit bereits die Werte zweier aufeinander folgender Amplituden unkorreliert. In diesem Sinne kann man bereits den nächsten Schritt im Mittel nicht vorhersagen. (Diese Aussage entspricht dem Ergebnis der modulo-Abbildung, dass benachbarte $+$ und $-$ unkorreliert aufeinander folgen, man das nächste Zeichen nicht voraussagen kann.) – Für $\tau = 0$ erhält man die Streuung oder Varianz $\langle(\delta x_t)^2\rangle_t = \frac{1}{12}$ (aus $\langle x \rangle = \frac{1}{2}$ und $\langle x^2 \rangle = \frac{1}{3}$).

8. Da die Umkehrfunktion $f^{-1}$ von $f$ nicht eindeutig ist, vielmehr jeder Wert $x_{t+1}$ zwei mögliche $x$-Werte als Vorgänger haben kann, $x_t$ und $x'_t$, kann man eine Trajektorie nicht rückwärts konstruieren. In diesem Sinne ist die von der Hutabbildung erzeugte diskrete nichtlineare Dynamik irreversibel; Zeitumkehr ist *nicht* möglich.

## Literaturverzeichnis

1. Edward N. Lorenz, Deterministic nonperiodic flow, *J. Atmos. Sci.* **20**, 130–141, 1963
2. Barry Saltzman, Finite amplitude convection as an initial value problem, *J. Atmos. Sci.* **19**, 329–341, 1962
3. Günter Ahlers, Low-Temperature Studies of the Rayleigh-Bénard Instability and Turbulence, *Phys. Rev. Lett.* **33**, 1185–1188, 1974
4. David Ruelle und Floris Takens, On the nature of turbulence, *Comm. Math. Phys.* **20**, 167–192, 1971
5. Lars Folke Olsen und Hans Degn, Chaos in an enzyme reaction, *Nature* **267**, 177–178, 1977
6. S. Martin, H. Leber und Werner Martienssen, Oscillatory and Chaotic States of the Electrical Conduction in Barium Sodium Niobate Crystals, *Phys. Rev. Lett.* **53**, 303–306, 1984
7. Hirokazu Fujisaka, Siegfried Großmann und Stefan Thomae, Chaos-induced diffusion – Analogues to Nonlinear Fokker–Planck Equations, *Z. Naturforsch.* **40a**, 867–873, 1985
8. Siegfried Großmann, Linear response in chaotic states of discrete dynamics, *Z. Phys.* **B 57**, 77–84 (1984).
9. Jacques Laskar, A numerical experiment on the chaotic behaviour of the Solar System, *Nature* **338**, 237–238 (1989)
10. John B. McLaughlin, Paul C. Martin, Transition to turbulence in a statically stressed fluid system, *Phys. Rev.* A 12, 186–203 (1975)
11. Milton Abramowitz, Irene A. Stegun, *Handbook of Mathematical Functions*, Dover Publications, New York, 1972
12. William H. Press, Brian P. Flannery, Saul A. Teukolsky, William T. Vetterling, *Numerical Recipies – The Art of Scientific Computing*, Cambridge University Press, Cambridge, 1990
13. Joseph Stoer, Roland Bulirsch, *Introduction to Numerical Analysis*, Springer Verlag, Berlin, New York, etc., 3. Auflage, 2002
14. Valery Iustinovich Oseledec, A multiplicative ergodic theorem. Lyapunov characteristic numbers for dynamical systems, *Trans. Moscow Math. Soc.* **19**, 197–231 (1968)
15. Bruno Eckhardt, Gerolf Ott, Periodic orbit analysis of the Lorenz attractor, *Z. Phys.* **B 93**, 259–266 (1994)
16. Heinz Georg Schuster, *Deterministic Chaos, An Introduction*, VCH, Weinheim, 2nd, revised Edition, 1988
17. Edward Ott, *Chaos in Dynamical Systems*, Cambridge University Press, Cambridge, 2nd Edition, 2000
18. Heinz-Otto Peitgen, Peter H. Richter, *The Beautiy of Fractals*, Springer-Verlag, Berlin etc., 1986
19. Heinz-Otto Peitgen, Dietmar Saupe, Eds., *The Science of Fractal Images*, Springer-Verlag, Berlin, etc., 1988
20. Klaus Richter, Jan-Michael Rost, *Komplexe Systeme*, S. Fischer Verlag, Frankfurt am Main, 2002
21. Bruno Eckhardt, *Chaos*, S. Fischer Verlag, Frankfurt am Main, 2004
22. Hans Jürgen Korsch, Hans-Jörg Jodl, Timo Hartmann, *Chaos – A Program Collection for the PC*, Springer-Verlag, Berlin, etc., 2008

23. Mutus(w)amy Lakshmanan, Shanmuganathan Rajasekar, *Nonlinear Dynamics*, Springer-Verlag, Berlin, etc., 2003
24. Holger R. Dullin, Sven Schmidt, Peter H. Richter, Siegfried Großmann, Extended phase diagram of the Lorenz model, *Int. J. of Bifurcation and Chaos* **17**(9), 3013–3033 (2007)
25. Albert Libchaber, Jean Maurer, Une Experience de Rayleigh-Bénard de Geometrie Reduite; Multiplication, Accrochage et Demultiplication de Frequences, *J. de Physique Colloque C 3* **Vol. 41**, C3-5–C3-56 (1980)
26. Hermann Haken, *Synergetik – Eine Einführung*, Springer-Verlag, Berlin etc., 1982, (S. 9, Fig. 1.18)
27. Hans Joachim Schlichting, Volkhard Nordmeier, Kollektives Verhalten und Selbstorganisation bei Granulaten, *Der mathematische und naturwissenschaftliche Unterricht* **49/6**, 323–332 (1996)
28. Robert M. May, Simple mathematical models with very complicated dynamics, *Nature* **261**, 459–467 (1976)
29. Siegfried Großmann, Stefan Thomae, Invariant distributions and stationary correlation functions of one-dimensional discrete processes, *Z. Naturforsch.* **32a**, 1353–1363 (1977)
30. Mitchel J. Feigenbaum, Quantitative universality for a class of nonlinear transformations, *J. Stat. Phys.* **19**, 25–52 (1978)
31. Pierre Coullet, Charles Tresser, Iterations d'endomorphismes et group de renormalisation, *Journal de Physique Colloque C 5* **39**, C5-25–C5-28 (1978)
32. Benoit B. Mandelbrot, *The Fractal Geometry of Nature*, Freeman, San Francisco, 1982
33. Michel Henon, A two-dimensional map with a strange attractor, *Comm. Math. Phys.* **50**, 69–77 (1976)
34. Ulrich Cubasch, Benjamin D. Santer, Gabriela C Hegerl, Klimamodelle – wo stehen wir, *Phys. Bl.* **51**, 269–276 (1995)
35. Ulrich Cubasch, Gabriela C. Hegerl, A. Helbach, H. Höck, U. Mikolajawicz, Benjamin D. Santer und R. Voss, A climate change simulation starting from 1935, *Climate Dynamics* **11**, 71–84 (1995)
36. Andreas Hense, Wolken, Wind und Niederschlag, *Forschung* **1/2009**, 13–17; Magazin der DFG; siehe auch www.dfg.de

# Halbleiter-Quantenpunkte – ein Blick in die Welt der Nanos

## 3

Dieter Bimberg, Sven Rodt, Udo W. Pohl

## Vorbemerkung

Die zivilisatorische Entwicklung der Menschheit ist eng mit der Entwicklung und Nutzung von Materialien mit „neuen" Eigenschaften wie Stahl, Kunststoffen, oder Halbleitern verknüpft. Diese Materialien beruhen auf der Kombination manchmal recht seltener Elemente wie Vanadium, Gallium, Europium (chemische Architektur). Unsere Kenntnis über die in der Natur vorkommenden chemischen Elemente ist heutzutage schon recht vollständig. Dennoch ist kein Ende der durch Durchbrüche in den Materialwissenschaften verursachten Innovationen zu erkennen. Mit der Erforschung von **Nanostrukturen** und deren Herstellungsverfahren (den Nanotechnologien) beginnen wir die *Geometrie* eines Körpers – seine Größe, seine Form – nicht nur als Gegenstand unserer Neugierde, das immer Kleinere zu erforschen, sondern auch als Möglichkeit zu begreifen, die uns wohlbekannten Eigenschaften des dreidimensional ausgedehnten Materials neu zu gestalten.

Halbleiterquantenpunkte stellen eines von zahlreichen Beispielen für derartige Nanostrukturen dar. Sie bestehen aus nur wenige Nanometer großen Kristalliten eines Halbleiters, die in die (dielektrische) Matrix eines anderen Halbleitermaterials eingebettet sind. Einzelne von ihnen können die Grundlage neuartiger Bauelemente für die sichere Datenübertragung mittels Quantenkryptographie, die Quanteninformationsverarbeitung oder für Nano-Flash-Speicher bieten. Milliarden von ihnen – als aktives Material – ermöglichen optoelektronische Bauelemente wie Laser und optische Verstärker. Am Beispiel derartiger Halbleiterquantenpunkte führt das vorliegende Kapitel in allgemein verständlicher Form in das faszinierende Gebiet der Nanotechnologien ein.

Dieter Bimberg (✉)
Technische Universität Berlin, Institut für Festkörperphysik, Hardenbergstraße 36, 10623 Berlin
E-mail: bimberg@physik.TU-Berlin.de

Sven Rodt (✉)
Technische Universität Berlin, Institut für Festkörperphysik, Hardenbergstraße 36, 10623 Berlin
E-mail: srodt@physik.TU-Berlin.de

Udo W. Pohl (✉)
Technische Universität Berlin, Institut für Festkörperphysik, Hardenbergstraße 36, 10623 Berlin
E-mail: pohl@physik.TU-Berlin.de

## 3.1 Einleitung – Der Nanokosmos

Worin liegt der Ursprung der besonderen Eigenschaften von Quantenpunkten? Er liegt in ihrer geringen Größe im Bereich weniger Nanometer. Ein **Nanometer** (Abkürzung nm) ist ein milliardstel Meter ($10^{-9}$ m). Der Begriff „Nano" stammt vom altgriechischen ναvoς [nános] „Zwerg" und wird auf Längenskalen bezogen, auf denen die geometrische Größe die Eigenschaften eines Objektes maßgeblich bestimmt. Objekte dieser Größe liegen in einem Bereich, in dem die Oberflächeneigenschaften gegenüber den Volumeneigenschaften eine große Rolle spielen und quantenphysikalische Effekte berücksichtigt werden müssen. Solche Effekte werden aktuell nicht nur in der Halbleiterphysik, sondern auch in der Cluster- und Oberflächenphysik, sowie in der Oberflächenchemie und Katalyse mit Hinblick auf technologische Anwendungen intensiv untersucht.

### 3.1.1 Abstieg in die Nanowelt

Um einen Eindruck von den geringen Strukturgrößen im Nanometerbereich zu bekommen, betrachten wir einmal die Größen verschiedener Objekte aus der Halbleitertechnologie. In Abb. 3.1 ist das Hineinzoomen aus unserer vertrauten Welt mit Abmessungen im Bereich von Metern in die Welt der Quantenpunkte skizziert. Das erste Bild zeigt ein Rasterelektronenmikroskop. Dieses wichtige analytische Werkzeug besitzt Abmessungen im Bereich von 1–2 m. Die Herstellung von epitaktischen Halbleiterstrukturen erfolgt auf sogenannten Wafern (dünne Halbleiterscheiben), deren Durchmesser im Bereich von Zentimetern liegt. Fertig gekapselte Leuchtdioden messen einige Millimeter. Der lichtemittierende Chip im Innern hingegen hat bisweilen Kantenlängen von nur wenigen hundert Mikrometern (1 µm = $10^{-6}$ m = $10^3$ nm) und eine Dicke, die deutlich darunter liegt. Bis hierher können wir die Strukturen noch mit dem bloßen Auge erkennen oder zur genaueren Betrachtung ein optisches Mikroskop verwenden. Ein Quantenpunkt schließlich findet sich auf einer Skala von Nanometern. Bei derart kleinen Objekten lässt uns das Lichtmikroskop im Stich – wir sind im Nanokosmos angekommen. Als bildgebende Verfahren für solche Strukturen kommen beispielsweise elektronenmikroskopische

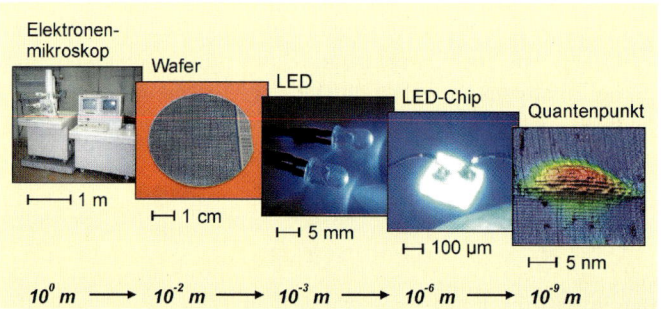

**Abb. 3.1** Typische Größenordnungen von Objekten aus der Halbleitertechnologie. Von links nach rechts ist zu sehen: Rasterelektronenmikroskop (Photo), Wafer mit Bauteilstrukturen (Photo), verkapselte LED (Photo), Halbleiter-Chip einer LED (optische Mikroskopieaufnahme), Quantenpunkt im Querschnitt (Rastertunnelmikroskopieaufnahme)

Techniken zum Einsatz. Diese ermöglichen es sogar die einzelnen Atome zu erkennen, aus denen der Halbleiter besteht. Im Falle von Silizium liegt deren Abstand bei nur 0,24 nm.

### 3.1.2 Phänomene im Nanokosmos

Die Natur demonstriert uns das Potential nanoskaliger Objekte in ungemein vielfältiger Weise. So beruhen leuchtende Farben in Flora und Fauna oft nicht auf farbigen Pigmenten. Sie entstehen vielmehr aus der Wechselwirkung von Licht mit Strukturen, die eine räumlich periodische Variation des Brechungsindex aufweisen. Ein Beispiel ist die Farbe von Schmetterlingsflügeln, s. Abb. 3.2. Der Vorteil dieser Farberzeugung liegt in ihrer Haltbarkeit, denn Pigmente haben in der Regel die Eigenschaft, mit der Zeit zu verblassen.

Häufig wird ein Beispiel genannt, das eigentlich dem Mikrokosmos zuzurechnen ist: der Lotuseffekt. Die Lotusblume hat eine mikrostrukturierte Oberfläche mit etwa 10 μm hohen und 10 μm voneinander entfernten Erhebungen, die die Benetzbarkeit der Oberfläche mit Wasser sehr stark reduziert, s. Abb. 3.3. Feuchte und Schmutz perlen dadurch leicht ab. Damit wird die Pflanze auch vor einer Besiedelung mit Keimen geschützt. Inzwischen sind Oberflächenversiegelungen, die diesen Effekt nutzen, kommerziell für diverse Einsatzgebiete wie im Automobilbereich erhältlich.

„Sonnenmilch" musste man früher eine halbe Stunde einwirken lassen, bevor die Hautstellen der Sonne ausgesetzt werden konnten. Heutzutage ist der Sonnenschutz

**Abb. 3.2** Die Erklärung der schillernden Farbenpracht von Schmetterlingsflügeln führt zu einer Gitterstruktur auf der Oberfläche mit luftgefüllten Hohlräumen auf einer Größenskala unter 400 nm [2]

**Abb. 3.3** Der Lotuseffekt beruht auf mikrostrukturierten Oberflächen, auf denen Schmutzpartikel keinen Halt finden. Wasser perlt daher leicht ab, wie *links* für ein Lotusblatt und *rechts* für eine beschichtete Oberfläche gezeigt ist

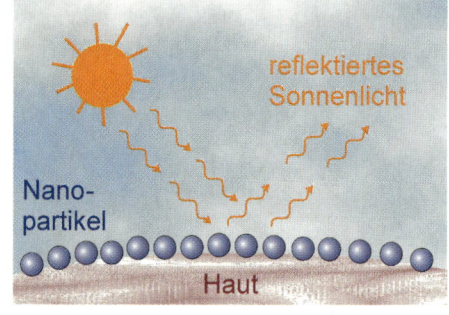

**Abb. 3.4** Nanopartikel in der Sonnenmilch bilden eine reflektive Schutzschicht für schädliche UV-Strahlung

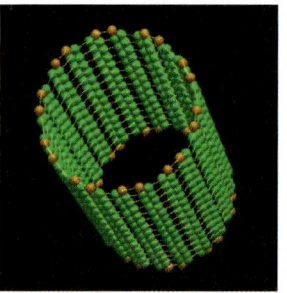 

**Abb. 3.5** Kohlenstoffnanoröhrchen (Computersimulation) bestehen aus regelmäßig angeordneten Kohlenstoffatomen. Sie ermöglichen neuartige, ultraleichte und -steife Verbundstoffe. Der Fahrradrahmen mit integrierten Kohlenstoffnanoröhrchen wiegt nur 960 g [3]

direkt nach dem Auftragen gegeben. Ermöglicht wird dies durch Nanopartikel aus Titandioxid, die die schädliche UV-Strahlung effizient reflektieren, s. Abb. 3.4.

Auch die mechanischen Eigenschaften vieler Nanostrukturen sind bemerkenswert. Neuartige Verbundstoffe aus Aluminium oder Polymeren enthalten einwandige Kohlenstoffnanoröhrchen als Verstärkungsfasern, s. Abb. 3.5. Sie bieten eine hohe Stabilität und Steifigkeit bei vergleichsweise geringem Gewicht und Abmessungen. Praktische Beispiele für den Einsatz sind Flugzeugkabinen, Tennisschläger, Fahrradrahmen und in naher Zukunft Automobilkarosserien.

### 3.1.3 Nanotechnologie im Altertum

Bereits im antiken Rom haben Menschen gezielt nanotechnologische Verfahren eingesetzt – wenn auch ohne Kenntnis der zugrunde liegenden physikalischen Ursachen: für das Färben gläserner Gefäße setzten sie der Glasschmelze Goldstaub zu und erhielten eine rötlich schimmernde Farbe. Die gleiche Technik wurde im Mittelalter für die Herstellung farbiger Kirchenfenster genutzt, s. Abb. 3.6.

Erst heute ist der Farbeffekt der Goldstaubbeimischung verstanden. Im Glas entstehen winzige Nanopartikel aus Gold, die aus nur wenigen tausend Atomen bestehen. Fällt sichtbares Licht auf so einen Partikel, schwingen die im Metall frei beweglichen Leitungselektronen gemeinsam im Takt des elektrischen Lichtfeldes. Diese synchronisierte Schwingung des Elektronenkollektivs gegenüber den trägen Atomrümpfen des Gold-Kristallgitters werden „Oberflächenplasmonen" genannt. Die rötliche Farbe beruht darauf, dass ein Teil des sichtbaren Spektrums von den Goldnano-

**Abb. 3.6** Die Schwingung von Plasmonen winziger Goldpartikel, die der Glasschmelze zugefügt wurden, sind in mittelalterlichen Kirchenfenstern für Farben mit rötlichem Schimmer verantwortlich

partikeln für die Plasmonenschwingung absorbiert wird, sodass das durchscheinende Restlicht in den Komplementärfarben leuchtet. Die Frequenz der Plasmonenschwingung hängt von der Größe der Goldpartikel ab, die sich in einem gewissen Bereich durch die Temperatur der Glasschmelze beeinflussen lässt. Der Farbton kann dadurch eingestellt werden – ein erstes Beispiel, bei dem die Größe als Designparameter gezielt genutzt wurde.

## 3.2 Elektronen in Halbleitern

Die Leitfähigkeit von verschiedenen Festkörpern variiert in einem sehr großen Bereich. So sind Metalle sehr gute Leiter, ihr spezifischer elektrischer Widerstand ist klein und liegt bei typ. $\rho = 10^{-8}\,\Omega$ m. Das bedeutet, dass ein dünner Stab mit $A = 1\,\text{mm}^2$ Querschnitt und $l = 1$ m Länge einen Widerstand von $R = \rho \cdot (l/A) = 0{,}01\,\Omega$ hat. Dem gegenüber hat ein typischer Isolator wie Quarzglas einen spezifischen Widerstand von $10^{16}\,\Omega$ m, so dass ein Stab mit gleichen Abmessungen einen Widerstand von $10^{10}\,\Omega$ hat! Die Ursache dieses riesigen Unterschieds liegt in den Energiezuständen der äußeren Elektronen (**Valenzelektronen**) der Atome des Festkörpers. Die Leitfähigkeit von *Halbleitern* liegt zwischen der von Metallen und der von Isolatoren und lässt sich in einem weiten Bereich durch gezieltes Einbringen von Fremdatomen und Störstellen einstellen.

### 3.2.1 Das Bändermodell

Zum Verständnis der Leitfähigkeit von Festkörpern betrachten wir das **Bändermodell** [1]. In Abb. 3.7 sind die Energiezustände der Valenzelektronen des vierwertigen Elements Silizium (Si) dargestellt. Ein Si-Atom hat 14 Elektronen; 10 davon sind in den inneren $K$- und $L$-Schalen, die vier Verbleibenden sind die Valenzelektronen: zwei $3s$- und zwei $3p$-Elektronen. In dem Bild ist skizziert, wie sich die Energiezustände der $3s$- und $3p$-Elektronen ändern, wenn sich Si-Atome einander nähern – so wie das im Festkörper der Fall ist. Bei einem Abstand größer 1 nm ($= 10^{-9}$ m) spürt ein Si-Atom nichts von benachbarten Atomen, seine Zustände sind wie in einem einzelnen Atom. Kommen sich die Atome jedoch näher, so überlappen die Schalen der Außenelektronen und die atomaren Energieniveaus spalten in breite Energiebereiche auf: die Energiebänder des Festkörpers. Jedes Band besteht aus $N$ dicht aufeinander

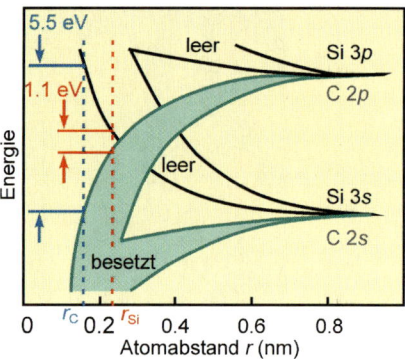

**Abb. 3.7** Energiezustände der 3s- und 3p-Elektronen eines Si-Atoms bei Annäherung umgebender Si-Atome. Die atomaren Energiezustände spalten bei Abständen unter 1 nm in Bänder auf, von denen die tief Liegenden besetzt sind. Im Si-Halbleiter ist der Abstand der Si-Atome $r_{Si} = 0{,}24$ nm. Dadurch ist das oberste gefüllte Band durch eine Energielücke von 1,1 eV (*rot*) vom untersten leeren Band getrennt. Bei Diamant beträgt der Abstand der Kohlenstoffatome nur $r_C = 0{,}17$ nm, die Energielücke liegt bei 5,5 eV (*grün*)

folgenden Energieniveaus, wobei $N$ die Anzahl der Atome des Festkörpers ist. Da $N$ von der Größe der Avogadrozahl und somit sehr groß ist (ca. $10^{23}$ pro cm$^3$), besteht ein Band quasi aus kontinuierlichen Energiezuständen. Die 4 Valenzelektronen, die jedes Si-Atom mit in den Festkörper bringt, besetzen das aus den $p$-Zuständen gebildete **Valenzband**. Das darüber liegende Band ist unbesetzt, heißt **Leitungsband** und wird aus den $s$-Zuständen gebildet.

Zwischen dem voll besetzten Valenzband und dem leeren Leitungsband besteht bei dem Abstand von 0,24 nm, den die Si-Atome im Halbleiter haben, eine **Energielücke** von 1,1 eV (1 eV (**Elektronenvolt**) = $1{,}6 \cdot 10^{-19}$ J). In dieser Lücke existieren keine Energiezustände für Elektronen. Reines Silizium kann daher (bei tiefen Temperaturen) nicht leiten: Ein Valenzelektron, das durch Anlegen einer Spannung im Halbleiter beschleunigt werden soll, müsste hierzu kontinuierlich höhere Energiezustände annehmen können. Wenn solche im voll besetzten Valenzband nicht zur Verfügung stehen und das leere Leitungsband mit freien Energiezuständen 1,1 eV entfernt ist, ist keine Leitung möglich.

Erst bei hohen Temperaturen (und nur in geringem Maß bereits bei Zimmertemperatur) werden durch die thermische Energie Elektronen vom Valenzband in das Leitungsband „gehoben". Im Leitungsband können sie beschleunigt werden und zur elektrischen Leitung beitragen, da freie Energiezustände existieren. Gleichzeitig sind durch den Übergang von Elektronen in das Leitungsband im Valenzband Zustände frei geworden. Sie werden als **Löcher** bezeichnet. Auch die Löcher tragen zur elektrischen Leitung bei: stellen wir uns eine dichte Schlange von Autos vor, in der ein einzelnes herausgenommen wird. Sukzessive können nun nachfolgende Autos um eine Position vorrücken; die Lücke wandert dabei sukzessive nach hinten. Im Halbleiter geschieht ähnliches: die Leitungsbandelektronen wandern von − nach +, die Löcher von + nach −. Löcher verhalten sich im Halbleiter wie positiv geladene Elektronen. Ihre „positive" Ladung basiert auf der Entfernung eines negativ geladenen Elektrons aus der Bindung eines Atoms: Si-Atome mit allen 4 Bindungselektronen sind elektrisch neutral; wird ein Elektron entfernt, wird die positive Ladung des Si-Atomkerns nicht mehr vollständig kompensiert.

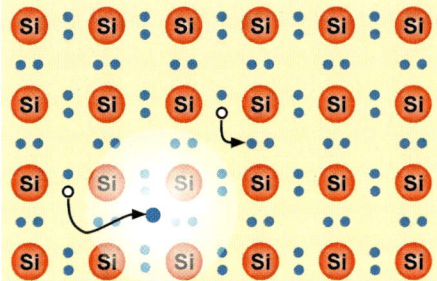

**Abb. 3.8** Schematische Darstellung des Halbleiters Silizium mit Bindungen, die von jeweils zwei Valenzelektronen gebildet werden. Beim Herauslösen eines Elektrons aus einer Bindung (*langer Pfeil*) entsteht ein bewegliches Elektron im Leitungsband und ein bewegliches Loch im Valenzband. *kurzer Pfeil*: ein Loch im Valenzband wandert

Ein anschauliches Bild von Elektronen im Leitungsband und Löchern im Valenzband vermittelt Abb. 3.8. Die Atome sind in einem regelmäßigen Kristallgitter angeordnet und durch jeweils zwei Valenzelektronen mit den Nachbaratomen verbunden. Wird ein Valenzelektron aus der Bindung gelöst (was die Energie der Bandlücke erfordert), kann es sich frei im Halbleiter bewegen – es ist im Leitungsband. Die verbliebene Lücke kann von einem Elektron einer benachbarten Bindung besetzt werden: Das Loch im Valenzband wandert.

## 3.2.2 Leiter – Halbleiter – Nichtleiter

Mit dem hier skizzierten Bändermodell wird verständlich, warum Isolatoren (fast) nicht leiten: die Energielücke zwischen Valenz- und Leitungsband ist zu groß. In Diamant (kristalliner Kohlenstoff, C) haben die C-Atome nur 0,17 nm an Abstand, was zu einer Energielücke von 5,5 eV führt, vgl. Abb. 3.7. So hoch können nur sehr wenige Elektronen thermisch aus dem Valenzband angeregt werden.

Und Metalle? Bei ihnen sind zwei Fälle zu unterscheiden. Elemente wie Natrium (Na) haben ein einzelnes $s$-Elektron auf der äußeren Schale. In die Schale passt ein zweites Elektron mit entgegengesetztem Spin. Wird ein Festkörper aus Na-Atomen

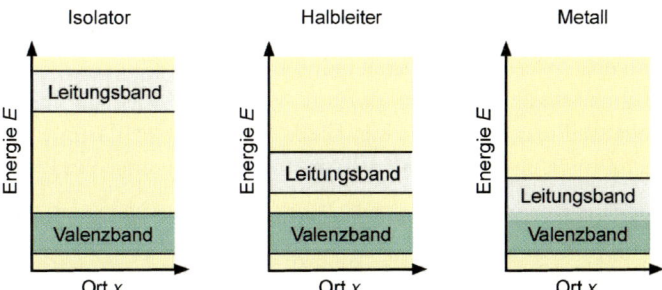

**Abb. 3.9** Skizzen der Bändermodelle von Isolatoren, Halbleitern und Metallen. Die Leitfähigkeit hängt von der Energielücke zwischen dem besetzten Valenzband und dem leeren Leitungsband ab. Im Falle des Metalls überlappen die beiden Bänder, woraus ein kontinuierlicher Übergang von besetzten zu freien Zuständen resultiert

gebildet, ist das oberste mit Elektronen gefüllte Band, das aus diesen *s*-Elektronen gebildet wird, *halb* besetzt. Die andere Hälfte ist frei, die Elektronen sind also beweglich. Metalle aus Elementen wie Magnesium (Mg) haben *zwei* äußere Elektronen, sie sollten daher eigentlich nicht leiten. Hier überlappt dieses gefüllte Band jedoch mit einem unbesetzten Band, so dass in diesem Fall keine Energielücke existiert. Einfache Skizzen der Bändermodelle von Isolatoren, Halbleitern und Leitern sind in Abb. 3.9 gegenübergestellt. Die *x*-Koordinate bezeichnet eine der drei Raumrichtungen in dem Festkörper.

### 3.2.3 Dotierung von Halbleitern

Die Leitfähigkeit eines Halbleiters lässt sich gezielt bis um zehn Zehnerpotenzen durch den Einbau von Fremdatomen ändern. Bei dieser **Dotierung** werden in das Kristallgitter des Halbleiters Atome mit einer anderen Anzahl von Valenzelektronen eingebaut. So hat ein fünfwertiges Element wie Arsen (As) ein Elektron *mehr*, als für die Bindung in Silizium benötigt wird. Es ist nur schwach an das As-Atom gebunden und daher bei Raumtemperatur in das Leitungsband thermisch angeregt. Da hierbei ein Überschuss *negativer* freier Ladungsträger erzeugt wird, heißt diese Form ***n*-Dotierung**. Wird in Silizium eine Dotierung mit dreiwertigen Elementen wie Ga vorgenommen, *fehlt* jeweils ein Bindungselektron. Hier kann leicht ein Elektron aus einer benachbarten Bindung einspringen, wobei positiv geladene, bewegliche Löcher im Valenzband entstehen. Diese Form heißt ***p*-Dotierung**.

### 3.2.4 Exzitonen in Halbleitern

Für die elektrischen und optischen Eigenschaften von Halbleitern ist von Bedeutung, was bei einem Zusammentreffen von einem freien Elektron und einem Loch geschieht. Aufgrund ihrer unterschiedlichen Ladung ziehen sie sich an und bilden ein dem Wasserstoff ähnliches System, **Exziton** genannt. Wie im Bohr-Modell können wir uns vorstellen, dass Elektron und Loch um den gemeinsamen Schwerpunkt kreisen; anders als beim Wasserstoffatom liegt dieser Schwerpunkt allerdings nahe der Mitte zwischen den beiden Teilchen, da ihr Massenunterschied klein ist, s. Abb. 3.10. Sie können sich so gemeinsam wie ein elektrisch neutrales Teilchen durch das Kristallgitter bewegen (freies Exziton). Wir werden weiter unten sehen, dass Exzitonen durch Potentialbarrieren eingefangen werden können.

Die Energiezustände des freien Exzitons werden im Rahmen des **Bohr'schen Atommodells** analog zur Energie eines Elektrons berechnet, das in einem **Wasserstoffatom** ein Proton umkreist. Beim Wasserstoff ist die Energie des Elektrons durch

$$E = -\frac{\text{Ry}}{n^2}$$

gegeben. Ry ist hierbei die Ionisierungsenergie („Rydbergkonstante") des Wasserstoffs mit Ry $= 13{,}6\,\text{eV}$ und $n = 1, 2, 3, \ldots$ eine Quantenzahl. Im Unterschied zum Wasserstoffatom ist die anziehende Coulombkraft durch das (als Dielektrikum wirkende) Halbleitermaterial zwischen den beiden Teilchen abgeschwächt. Zudem

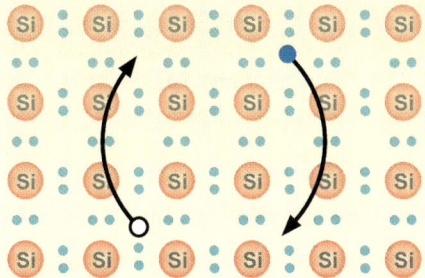

**Abb. 3.10** Ein Paar aus einem freien Elektron und einem Loch bildet ein Exziton. Die beiden freien Teilchen laufen unter dem Einfluss der anziehenden Coulombkraft auf Kreisbahnen um den gemeinsamen Schwerpunkt. Die Ausdehnung dieses Exzitons und seine Energiezustände werden analog zum Wasserstoff beschrieben

sind beim Exziton die Massenunterschiede des positiv und negativ geladenen Teilchens viel geringer als beim Wasserstoff. Ihre Massen werden als **effektive Massen** $m_{\text{Elektron}}$ und $m_{\text{Loch}}$ bezeichnet, wobei typisch $m_{\text{Loch}} \cong 4\dots 8 \cdot m_{\text{Elektron}}$ ist. Die Energie des Exzitons ist

$$E_X = E_g - \left(\frac{1}{\varepsilon_r^2} \frac{\mu^*}{m_0}\right) \frac{\text{Ry}}{n^2},$$

mit

$$\frac{1}{\mu^*} = \frac{1}{m_{\text{Elektron}}} + \frac{1}{m_{\text{Loch}}}.$$

In der Gleichung sind $E_g$ die Energie der Bandlücke und $\varepsilon_r$ die abschirmende („relative") Dielektrizitätskonstante des Halbleiters. $m_0$ ist die Masse eines freien Elektrons, die sich etwas von der Masse $m_{\text{Elektron}}$ eines beweglichen Elektrons im Halbleiter unterscheidet. $\mu^*$ ist die **reduzierte Masse** von Elektron und Loch; sie wird benötigt, da sich beide Teilchen um ihren gemeinsamen Schwerpunkt drehen. Beim Wasserstoff ist $\mu^*$ nur geringfügig kleiner als die Elektronmasse $m_{\text{Elektron}}$, da dort die positive Kernmasse etwa 2000 mal schwerer als $m_{\text{Elektron}}$ ist und der gemeinsame Schwerpunkt damit nahe am Kernmittelpunkt liegt. Die Festkörpereigenschaften werden beim Exziton im Rahmen dieses Modells durch die relative Dielektrizitätskonstante $\varepsilon_r$ und die effektiven Massen $m_{\text{Elektron}}$ und $m_{\text{Loch}}$ ausgedrückt. Die Ionisierungsenergie folgt aus einer Quantenzahl $n \to \infty$ und ist durch die Bandlücke $E_g$ gegeben. Das Exziton ist dann dissoziiert, z. B. nach einer thermischen Anregung oder einer Anregung durch Lichteinstrahlung; Elektron und Loch sind nun im Halbleiter frei und unabhängig. Für $n = 1$ befindet sich das freie Exziton im Grundzustand; die Energie liegt dann um die Bindungsenergie $E_B$ unterhalb der Bandenergie $E_g$. Typische Werte liegen bei $E_B \approx 5\text{--}20\,\text{meV}$ (vgl. Wasserstoffatom 13,6 eV).

Der **Bohr-Radius** des Exzitons $a_X$ folgt ebenfalls aus dem Bohr-Modell des Wasserstoffs für $n = 1$ und lässt sich durch den Bohr-Radius $a_{\text{Bohr}}$ ausdrücken:

$$a_X = \frac{\varepsilon_r m_0}{\mu^*} a_{\text{Bohr}}.$$

Typische Werte liegen bei $a \approx 2\text{--}20\,\text{nm}$ (vgl. Wasserstoffatom 0,05 nm).

Exzitonen haben eine begrenzte Lebensdauer. Nach Ablauf dieser mittleren Zeit tritt **Rekombination** des aneinander gebundenen Elektron-Loch-Paares ein: das Leitungsbandelektron fällt in die offene Bindung des Lochs. Dabei wird die Energie, die das Elektron beim Anheben aus dem Valenzband in den Exzitonzustand bekommen hatte, wieder frei. Diese **Rekombinationsenergie** ist gleich der Bandlückenenergie $E_g$, vermindert um die kleine Bindungsenergie des Exzitons, mit der sich das Elektron und das Loch im Exziton aneinander gebunden hatten. Die Rekombinationsenergie wird in der Regel in Form von Licht frei. Man spricht hier vom strahlenden Zerfall eines Exzitons, bei dem ein Photon mit etwa der Energie der Bandlücke entsteht.

## 3.3 Halbleiter-Quantenpunkte

Wir haben in Abb. 3.7 gesehen, wie aus den diskreten Energiezuständen der Elektronen eines Atoms im Halbleiter breite Energiebänder werden. Werden nun die verschiedenen freien Teilchen eines Halbleiters – Elektronen, Löcher, oder Exzitonen – in einem Potentialtopf gefangen, so bilden diese ähnlich wie in einem Atom wieder diskrete Zustände aus. Ein nur wenige Nanometer großer kohärenter Kristallit eines Halbleitermaterials geringerer Bandlücke in einer Matrix mit größerer Bandlücke stellt einen solchen Potentialtopf dar. Voraussetzung ist, dass dieser Potentialtopf in allen drei Raumrichtungen besteht und sehr klein ist – kleiner als die charakteristische Ausdehnung des jeweiligen Quasiteilchens: der Bohr-Radius des Exzitons oder die de-Broglie-Wellenlänge des Teilchens. Für typische Halbleiter liegen diese Abmessungen in der Größenordnung von 10 nm. Wegen der Ausbildung quantisierter, diskreter Energien der eingeschlossenen Ladungsträger und ihrer geringen Abmessung werden solche Potentialtöpfe **Quantenpunkte** genannt. Die Ähnlichkeit ihrer energetischen Zustände zu jenen von Atomen führt auch zu der Bezeichnung **künstliche Atome** (hierzu mehr in Abschn. 3.4.1).

### 3.3.1 Herstellung von Quantenpunkten

Bei einer Größe im Bereich von 10 nm bestehen Quantenpunkte immer noch aus 1000 bis 10.000 Atomen eines Halbleiters. Beispiele hierfür sind Germanium-Quantenpunkte in einer Silizium-Matrix, Indium-Arsenid (InAs) in Gallium-Arsenid (GaAs) oder Indium-Nitrid (InN) in Gallium-Nitrid (GaN). Wie können solch kleine Quantenpunkte gezielt hergestellt werden? Das in der Mikrotechnologie für die Chipherstellung verwendete Verfahren der Lithographie mit anschließendem Ätzen führt in der Regel nicht zu qualitativ hochwertigen Quantenpunkten für optische Technologien. Ein erfolgreich entwickeltes Verfahren zur Herstellung defektfreier Quantenpunkte ist das **selbstorganisierte** Wachstum mittels **Epitaxie**. Epitaxie stammt aus dem griechischen von *epi*, „auf" und *taxis* „anordnen" und bezeichnet das kristalline (kohärente) Wachstum eines Festkörpers auf einem kristallinen Trägermaterial, dem Substrat. Häufig haben die Atome in der aufgewachsenen Schicht einen anderen Abstand als die Atome des Substratmaterials. Das Kristallgitter der Schicht ist daher elastisch verspannt. In Abb. 3.11 ist skizziert, wie eine Schicht mit größerem natürlichen Atomabstand durch ein Substrat parallel zur Grenzfläche verspannt wird.

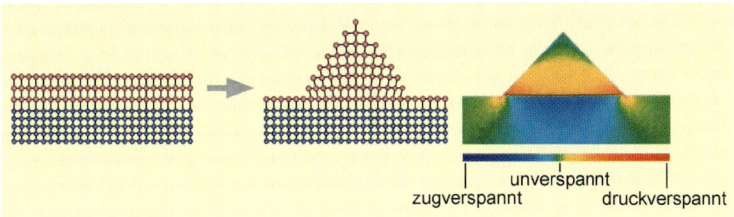

**Abb. 3.11** *Links*: Wachstum einer elastisch verspannten kristallinen Schicht auf einem Substrat mit einem kleineren Atomabstand. *Mitte*: Reduktion der elastischen Verspannung durch Ausbildung einer Oberflächenfacettierung. *Rechts*: berechnete elastische Verspannung einer Pyramide auf einem Substrat mit kleinerem Atomabstand

Die elastische Verspannung wächst mit der Dicke der aufgewachsenen Schicht: so wie die Energie einer gespannten Feder nach dem Hooke'schen Gesetz mit $E_{\text{Feder}} = (c/2)x^2$ angegeben werden kann, steigt die **Verspannungsenergie** mit der Schichtdicke $d$ wie $E_{\text{Schicht}} = 2Gd\varepsilon^2$. Die Rolle der Federkonstanten $c$ und des Spannweges $x$ der Feder übernehmen bei der Schicht der Schermodul $G$ und die Verzerrung $\varepsilon$. Ab einer bestimmten **kritischen Schichtdicke** ist die Verspannungsenergie so groß, dass die Schicht nicht mehr mit der perfekten kristallinen dreidimensionalen Ordnung weiter wachsen kann: es werden Defekte eingebaut, die die elastische Verspannung abbauen. So kann in gewissen Abständen einfach eine vertikale Ebene einer einzelnen Atomschicht weggelassen werden. Hierdurch kann sich das Gitter parallel zur Grenzfläche entspannen. Solche Versetzungsdefekte wirken sich allerdings sehr nachteilig auf die Funktion von Bauelementen aus und müssen vermieden werden.

Für die selbstorganisierte Epitaxie von Quantenpunkten wird eine andere Möglichkeit genutzt, die Verspannungsenergie abzubauen. Sie ist in der Abb. 3.11 skizziert: durch die Ausbildung von *dreidimensionalen* Oberflächenstrukturen können sich die Atome parallel zur Grenzfläche elastisch etwas entspannen. Die Verspannungsenergie wird reduziert. Allerdings ist diese Umverteilung des aufgewachsenen Materials mit einer Vergrößerung der Oberfläche verbunden. Atome an Oberflächen sind weniger fest eingebaut als im Volumen; eine Vergrößerung der Oberfläche führt daher in der Regel zu einer höheren **Oberflächenenergie**. Der Übergang vom zweidimensionalen zum dreidimensionalen Wachstum (**2D–3D-Übergang**) wird daher nur stattfinden, wenn die Reduktion der elastischen Verspannungsenergie den Aufwand der vergrößerten Oberflächenenergie überwiegt. Dies ist insbesondere dann der Fall, wenn die Oberflächenenergie des Schichtmaterials kleiner ist als die des Substratmaterials. Der Übergang tritt spontan auf und es entstehen selbstorganisiert Strukturen auf der Oberfläche. Bei der Umverteilung des Schichtmaterials bleibt stets eine dünne, zweidimensionale Schicht bestehen, die als **Benetzungsschicht** bezeichnet wird: Das Schichtmaterial benetzt die Oberfläche wegen seiner kleineren Oberflächenenergie.

Abbildung 3.12 gibt beispielhaft Berechnungen der Anteile von Verspannungs- und Oberflächenenergie für InAs-Quantenpunkte auf GaAs-Substrat wieder. In dem Diagramm ist erkennbar, dass die Summe der Anteile eine Energieabsenkung mit einem Minimum für eine bestimmte Größe des Quantenpunkts ergibt. Die Bildung von vielen Quantenpunkten mit einer einheitlichen Größe ist daher besonders günstig. Das Minimum ist allerdings nicht sehr ausgeprägt; ein Ensemble selbstorganisiert

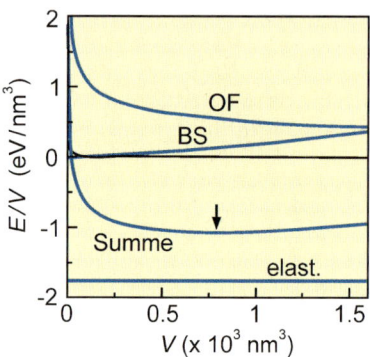

**Abb. 3.12** Energiedichte des Oberflächenanteils (OF) und des Anteils der Benetzungsschicht (BS) sowie der elastischen Verspannung (elast.) eines pyramidenförmigen InAs Quantenpunkts. Die Summe hat ein Minimum (*Pfeil*) bei einer bestimmten Größe der Pyramide [4]

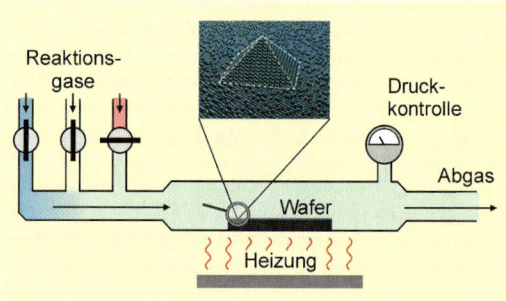

**Abb. 3.13** Aufbau einer Metallorganischen Gasphasenepitaxie. Die gasförmigen Substanzen werden über dem geheizten Substrat zerlegt und geben die für das Wachstum benötigten Atome frei

gewachsener Quantenpunkte zeigt daher stets eine gewisse **Verteilung von Größen** um eine mittlere Größe herum.

Um eingebettete Quantenpunkte zu erhalten, muss die Schicht mit den Quantenpunkten noch überwachsen werden. Die Form der Quantenpunkte ändert sich dabei manchmal.

Für das Wachstum der Schichten werden zwei unterschiedliche Abscheideverfahren verwendet: die **Metallorganische Gasphasenepitaxie** (MOVPE) und die Molekularstrahlepitaxie (MBE). Der Aufbau der für den industriellen Einsatz besonders geeigneten MOVPE ist in Abb. 3.13 skizziert. Die Substanzen, aus denen der Halbleiter hergestellt werden soll, werden in Form gasförmiger Verbindungen in einen Reaktor geleitet. Für GaAs sind dies z. B. Trimethyl-Gallium (($CH_3)_3$Ga) und Arsen-Wasserstoff ($AsH_3$). Die Verbindungen werden thermisch über dem geheizten Substrat zerlegt und geben die Substanzen – hier Ga und As – an der Oberfläche für das Wachstum frei. Die organischen Restmoleküle – in der Bilanzreaktion $3\,CH_4$ – werden einer Abgasreinigung zugeführt. Dieser Prozess erlaubt eine sehr präzise Kontrolle der Schichtdicke bis auf Bruchteile einer einzelnen atomaren Schicht genau. Auch der Wechsel des Materials in einem Stapel von Schichten, z. B. von GaAs zu AlAs, erfolgt mit atomarer Präzision.

### 3.3.2 Struktur von Quantenpunkten – Von außen betrachtet

Die Abmessungen von Quantenpunkten liegen im Bereich weniger Nanometer, damit die Energien der eingeschlossenen Ladungsträger eine deutliche Quantisierung aufweisen. Solch winzige Strukturen sind zu klein für eine direkte Betrachtung mit einem optischen Mikroskop, da die Wellenlänge des sichtbaren Lichts größer als

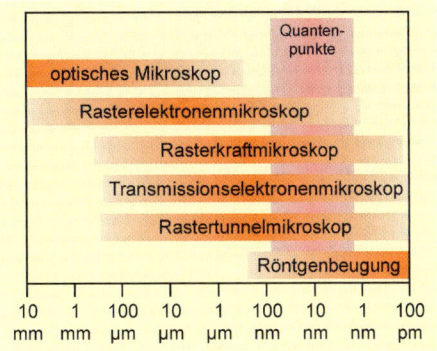

**Abb. 3.14** Methoden zur Untersuchung kleiner Strukturen. Die Stärke der Balken deutet ihre Einsetzbarkeit an. Für die strukturelle Charakterisierung von Quantenpunkten eignen sich insbesondere das Rasterkraft- und Rastertunnelmikroskop sowie das Elektronenmikroskop in Transmission

400 nm ist. Abbildung 3.14 gibt einen Überblick über Methoden, die abhängig von der Strukturgröße zur Untersuchung eingesetzt werden können. Bei Quantenpunkten helfen Verfahren wie Transmissionselektronenmikroskopie, Rasterkraft- oder Tunnelmikroskopie den Forschern, sich ein Bild von Größe, Form und chemischer Zusammensetzung zu machen.

Die Auflösung eines Mikroskops ist durch die Wellenlänge der verwendeten „Strahlung" begrenzt. Da schnelle Elektronen eine sehr viel kleinere Materie-Wellenlänge als sichtbares Licht haben, kann mit einem **Elektronenmikroskop** eine deutlich höhere Auflösung erreicht werden als mit einem Lichtmikroskop. Bei einer typischen Beschleunigungsspannung $U$ von 100 kV bekommen Elektronen mit der Ladung $e$ eine Energie von $E = e \cdot U = 100$ keV. Sie erhalten dabei (in nichtrelativistischer Näherung) einen Impuls $p = \sqrt{2 m_{\text{Elektron}} E}$ und damit eine Materie-Wellenlänge von $\lambda = h/p = \sqrt{2 m_{\text{Elektron}} E} = 0{,}0037$ nm. Aufgrund von Aberrationen des elektronenoptischen Linsensystems ist die nutzbare Auflösung allerdings um etwa zwei Größenordnungen kleiner und liegt bei 0,1 nm. Für die Untersuchung eingebetteter Quantenpunkte werden die Proben *durchstrahlt* (Transmission). Sie müssen dafür auf weniger als 100 nm Dicke gedünnt werden. Bei der Interpretation der Bilder muss beachtet werden, dass die Abbildung nicht einen einfachen Schattenwurf darstellt, sondern ein Beugungsmuster, das die Elektronenwelle beim Durchlauf durch das Kristallgitter der Probe erzeugt. Verlässliche Aussagen bedürfen daher dem Vergleich mit einer berechneten Simulation der Beugung an einer synthetischen Modellstruktur. Abbildung 3.15 zeigt die Transmissionselektronen-Mikroskopaufnahme eines InAs-Quantenpunkts in einer GaAs-Matrix.

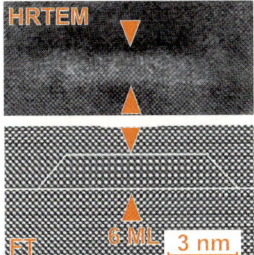

**Abb. 3.15** Querschnitt eines InAs-Quantenpunkts in GaAs. *Oben*: Transmisionselektronenmikroskop-Aufnahme; die Schattierung über dem Quantenpunkt stammt von einem Verspannungskontrast. *Unten*: Gleiches Bild wie oben nach Durchlaufen einer Fourier-Filterung. ML steht für eine Schichtdicke in Einheiten von einzelnen Atomlagen InAs (Monolagen)

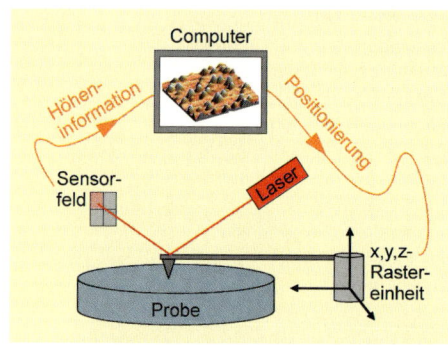

**Abb. 3.16** Prinzipaufbau des Rasterkraftmikroskops. Eine Blattfeder mit einer feinen Spitze wird mittels einer Rastereinheit aus Piezokristallen über die Oberfläche geführt. Die Auslenkung der Blattfeder wird über die Ablenkung eines Laserstrahls registriert und in eine Höheninformation umgesetzt

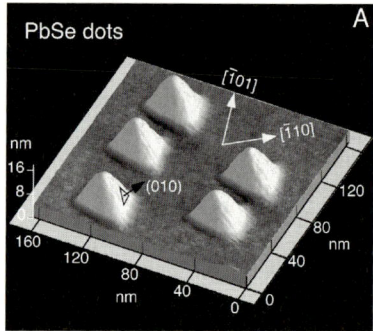

**Abb. 3.17** Rasterkraftmikroskop-Abbildung von Bleiselenid-Quantenpunkten auf einem Bleitellurid-Substrat. Die Pyramiden sind selbstorganisiert aus einer zugverspannten 3,5 Monolagen dicken Schicht entstanden. Die Zahlentripel in *runden* (*eckigen*) *Klammern* geben kristallographische Orientierungen von Flächen (Richtungen) an [5]

Wesentliche Informationen über die Struktur der Quantenpunkte verdanken wir auch dem **Rasterkraftmikroskop**. Sein bildgebender Teil besteht aus einer Spitze (etwa aus Wolfram) von atomarer Feinheit, die auf einer Blattfeder angebracht ist, s. Abb. 3.16. Diese Spitze wird über die zu untersuchende Oberfläche geführt und dabei die Auslenkung der Blattfeder mittels eines reflektierten Laserstrahls registriert. Die zwischen Spitze und Oberfläche wirkenden Kräfte stammen im Fernbereich von anziehenden Van-der-Waals-Kräften (Nichtkontakt-Modus) und im Nahbereich (Kontakt-Modus) von abstoßenden elektrostatischen Kräften. Die Führung der Feder parallel zur Oberfläche muss mit atomarer Präzision erfolgen. Dies wird durch Piezokristalle erreicht, deren Länge sich bei Anlegen einer Spannung um winzige Beträge ändert.

In vielen Halbleitern wurden Quantenpunkte in der Form von Pyramiden oder Pyramidenstümpfen beobachtet. Abbildung 3.17 zeigt solche Pyramiden aus dem Halbleiter Blei-Selenid. Sie entstanden aus einer zugverspannten, zweidimensionalen Schicht, die auf Blei-Tellurid mittels Molekularstrahlepitaxie abgeschieden wurde.

## 3.4 Elektronische Eigenschaften von Quantenpunkten – „der Blick ins Innere"

In Abschnitt 3.2 wurde dargestellt, dass es in einem ausgedehnten Halbleiterkristall kontinuierlich verteilte Energiezustände für Elektronen und Löcher gibt, die als Energiebänder bezeichnet werden. Abbildung 3.18a zeigt, dass hierdurch bei einer Anregung eines Elektrons in das Leitungsband ein breiter Energiebereich zur Ver-

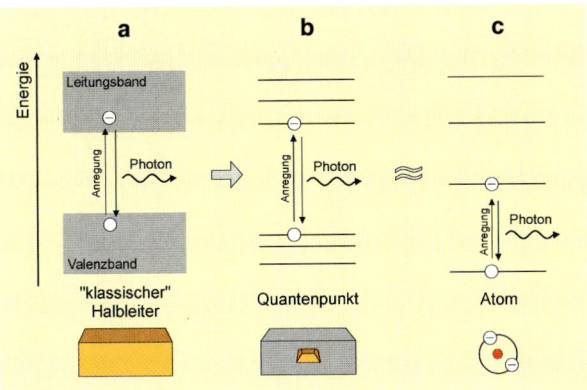

**Abb. 3.18a–c** In einem „klassischen" Halbleiter (**a**) existieren breite Energiebänder. Im Quantenpunkt (**b**) liegen diskrete Energieniveaus vor – quasi wie in einem Atom (**c**)

fügung steht. Wenn wir die lateralen Abmessungen des Halbleiters auf Werte unterhalb der charakteristischen Ausdehnung eines Elektrons oder Lochs (de-Broglie-Wellenlänge) oder Exzitons (Bohr-Radius) bis auf wenige Nanometer verkleinern, so dass wir von einem Quantenpunkt sprechen können, so kommt es zu einer deutlichen Veränderung dieses Energiebildes. Statt der kontinuierlich verteilten Energien treten nun **diskrete Energieniveaus** für Elektronen und Löcher auf (Abb. 3.18b). Die strahlende Rekombination eines Elektron-Loch-Paares (Exzitons) im Quantenpunkt erfolgt nun aufgrund der sehr scharfen Energieniveaus unter Aussendung eines Photons mit exakt definierter Energie. Diskrete Energieniveaus kennen wir von den Atomen (Abb. 3.18c). Daher werden Quantenpunkte auch oft als **künstliche Atome** bezeichnet. Das ebene beschriebene Phänomen wird **Quantisierung** genannt. Durch die enorme Verkleinerung des Halbleiters wurden die Gesetzmäßigkeiten der klassischen Mechanik verlassen und durch jene der Quantenmechanik ergänzt. Hierfür ist es prinzipiell egal, ob der Halbleiter wie in Abb. 3.18b von einem anderen Halbleiter umschlossen ist oder von zum Beispiel Luft. Wichtig ist allein die Tatsache, dass das umgebende Material eine größere Bandlücke oder idealer Weise gar keine Energiezustände für freie Elektronen und Löcher besitzt.

### 3.4.1 Geometrie als Designparameter

Der Effekt der **Quantisierung** lässt sich an einem atomar kleinen Teilchen demonstrieren, das in einem engen Kasten eingeschlossen ist [1]. Wir betrachten zunächst einen eindimensionalen Kasten der Länge $L_z$ mit Begrenzungen, die für das Teilchen unendlich hohe Energiebarrieren darstellen, die nicht überwunden werden können. In der Quantenmechanik wird die Aufenthaltswahrscheinlichkeit des Teilchens durch eine Welle beschrieben. Im vorliegenden Fall ist es eine einfache stehende Welle, die wegen der Unüberwindbarkeit der Barriere an den Begrenzungen des Kastens bei 0 und $L_z$ einen Knoten haben muss. Die Randbedingung für die Wellenlänge lautet $L_z = n\lambda_{z,n}/2$, mit der Quantenzahl $n = 1, 2, 3, \ldots$ Im Grundzustand $n = 1$ ist die Welle durch eine Halbwelle der Sinusfunktion gegeben, s. Abb. 3.19.

Die *Energie* eines Teilchens mit der Masse $m^*$ und dem Impuls $p$ ist durch $E = p^2/(2m^*)$ gegeben. Wird das Teilchen durch eine Welle der Wellenlänge

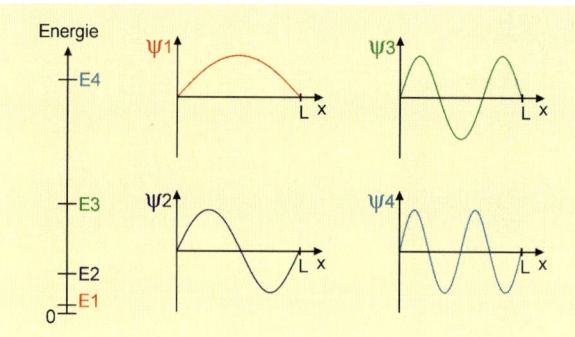

**Abb. 3.19** Die ersten vier Energien $E_n$ und Wellenfunktionen $\psi_n$ eines atomar kleinen Teilchens in einem (eindimensionalen) Kasten mit unendlich hohen Energiebarrieren

$\lambda_{z,n}$ beschrieben, so lässt sich sein Impuls durch die Wellenzahl $k_{z,n} = 2\pi/\lambda_{z,n}$ zu $p = \hbar k_{z,n}$ mit $\hbar = h/(2\pi)$ ausdrücken. Setzen wir diesen Ausdruck von $p$ in die Gleichung für die Energie ein, erhalten wir eine Formel für die Abhängigkeit der **Teilchenenergie** von der Ausdehnung des Kastens $L_z$:

$$E = \frac{p^2}{2m^*} = \frac{\hbar^2 k_{z,n}^2}{2m^*} = \frac{\hbar^2}{2m^*}\left(\frac{n\pi}{L_z}\right)^2, \quad n = 1, 2, 3, \ldots$$

Diese Gleichung zeigt, dass die Energie des Teilchens von der Ausdehnung des Kastens abhängt und umso höher ist, je kleiner dieser ist. Ein ähnliches Phänomen findet sich bei Orgelpfeifen. Je kleiner eine Pfeife ist, desto höher (von größerer Energie) ist der Grundton und desto größer sind die Energieabstände der Obertöne. Auch hier liegt ein räumlich beschränktes System vor, dessen mögliche Energiezustände (Töne) quantisiert sind. Bei unserem quantenmechanischen Teilchen wächst die Energie der angeregten Zustände mit $n > 1$ quadratisch mit der Quantenzahl $n$. Bei sinkender Kastengröße $L_z$ steigt zudem auch der Abstand der Zustände untereinander.

Die Formel für einen *dreidimensionalen* Kasten mit den Abmessungen $L_x$, $L_y$ und $L_z$ sieht ganz ähnlich aus. Für jede Dimension gibt es eine unabhängige Quantenzahl $n_x$, $n_y$ und $n_z$, und die Gesamtenergie ist einfach die Summe der drei Einzelenergien.

Im realen Fall eines Quantenpunkts sind mehrere Dinge zu beachten. Zum Ersten sind die Barrieren nicht unendlich hoch. Ihre Höhe liegt tatsächlich im Bereich 0,01–1 eV, so dass die Wellenfunktion durchaus etwas in die Barriere hineinragt. Zum Zweiten ist die effektive Masse in einem Halbleiter meist nicht in allen drei Raumrichtungen gleich groß. Und natürlich haben reale Quantenpunkte nicht die Form eines Quaders. Die Berechnung der Energien eingefangener Elektronen und Löcher ist daher nicht so einfach wie in unserem Beispiel. Dennoch vermittelt uns die betrachtete einfache Energieabhängigkeit einen guten Eindruck von den Verhältnissen.

Die Auswirkung von nur endlich hohen Barrieren können wir in Abb. 3.20 erkennen. Die Energien des Teilchens bei *unendlich* hohen Barrieren sind rechts außen markiert. Wird die Barrierenhöhe reduziert, sinkt die Energie aller Zustände ein wenig ab. Im Diagramm ist die Barrierenhöhe $W_0$ auf der $x$-Achse in Vielfachen der Energie des Grundzustands $E_1$ angegeben. Die Änderung gegenüber unendlich hohen Barrieren ist nicht sehr dramatisch. Allerdings sind in einem Potentialkasten mit

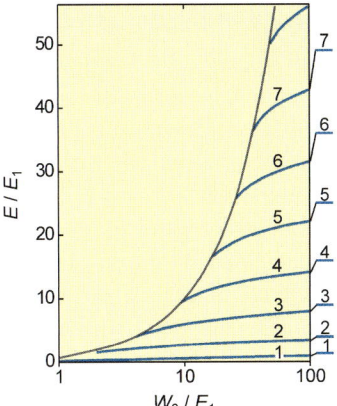

**Abb. 3.20** Energie $E_n$ gebundener Zustände $n = 1\ldots 7$ eines quantenmechanischen Teilchens in einem eindimensionalen Rechteckpotential der Tiefe $W_0$, ausgedrückt in Einheiten der Energie $E_1$ des Grundzustands. Die horizontalen Striche rechts geben die Energien des Teilchens bei unendlich hohen Barrieren wieder [6]

nur endlich hohen Barrieren auch nur endlich viele Zustände gebunden. Wir sehen in Abb. 3.20, dass z. B. bei einer zehnmal größeren Barriere als der Grundzustandsenergie nur 3 Zustände stabil gebunden sind; der Zustand mit der Quantenzahl 4 liegt an der Grenze zur Ablösung des Teilchens in das ungebundene Kontinuum.

Wir betrachten nun den in der Praxis auftretenden Fall, dass die Barrierenhöhe konstant ist, die Größe des Quantenpunktes jedoch variiert. In Abb. 3.21 sind die Teilchenenergien für drei unterschiedlich große Quantenpunkte skizziert, die in ein Material mit einer größeren Bandlücke eingebettet sind. Die Bilder zeigen die möglichen Energieniveaus für Elektronen (oben) und Löcher (unten) entlang einer Schnittlinie durch den Quantenpunkt. Im umgebenden Halbleitermaterial, das ausgedehnt ist, herrscht keine Quantisierung und es gibt die bereits beschriebenen Energiebänder. Dargestellt ist die untere Grenze des Leitungsbandes für Elektronen und die obere Grenze des Valenzbandes der Löcher. Im Bereich des Quantenpunktes liegen diskrete Energieniveaus vor. Vergleicht man die drei Energieschemata in Abb. 3.21, so erkennt man deren Abhängigkeit von der Quantenpunktgröße: Je kleiner der Quantenpunkt, desto größer ist der Abstand der Energieniveaus untereinander und desto höher liegt das unterste.

Da bei einer endlich hohen Barriere nur endlich viele Zustände gebunden werden und der Energieabstand mit sinkender Größe steigt, können in einem kleineren Quantenpunkt weniger Zustände vorhanden sein als in einem größeren. Im Extremfall sehr kleiner Quantenpunkten werden gar keine Zustände gebunden.

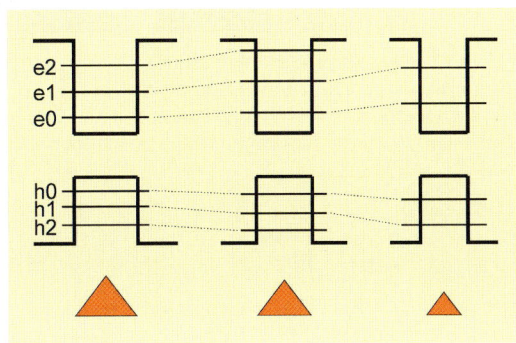

**Abb. 3.21** Die Größe eines Quantenpunktes hat maßgeblichen Einfluss auf die Lage der diskreten Energieniveaus von Elektronen ($e_n$) und Löchern ($h_n$). Die Geometrie wird zum Designparameter

### 3.4.2 Ein Ladungsträger im Quantenpunkt

Wie können wir uns einen gebundenen Zustand in einem Quantenpunkt vorstellen? Gebundene Zustände kennen wir von Elektronen in einem Coulombpotential: das Wasserstoffatom. Die **Aufenthaltswahrscheinlichkeit** des Elektrons im bindenden Potential des Protons kann anschaulich durch Isoflächen dargestellt werden; auf solchen Flächen hat die Wahrscheinlichkeitsdichte, das Teilchen zu finden, einen konstanten Wert. Beim Wasserstoffatom sind uns solche Flächen als **Orbitale** bekannt: das kugelförmige $s$-Orbital des Grundzustands, die hantelförmigen angeregten $p$-Orbitale und weitere Orbitale mit zunehmend mehr Knotenflächen.

Solche Orbitale existieren auch für die gebundenen Zustände in einem Quantenpunkt. In Abb. 3.22 sind in den oberen beiden Reihen berechnete Orbitale eines Elektrons und eines Lochs dargestellt, die in einem InAs-Quantenpunkt in GaAs-Matrix eingeschlossen sind. Die blauen/gelben Isoflächen schließen eine 65 % Wahrscheinlichkeit ein, das Teilchen darin zu finden. Insbesondere bei dem Elektron erkennen wir eine Ähnlichkeit der Orbitale zum atomaren $s$-Orbital, zwei $p$-Orbitalen und einem $d$-Orbital.

Die untere Reihe in Abb. 3.22 gibt experimentelle Daten wieder. Links sehen wir in Aufsicht eine Rastertunnelaufnahme eines unbedeckten InAs-Quantenpunktes auf einem GaAs-Substrat. Die Bilder rechts geben an diesem Quantenpunkt gemessene Elektronendichten wieder, die aus dem Tunnelstrom bei unterschiedlichen Spannungen gewonnen wurden. Eine hohe Elektronendichte an einem Ort im Quantenpunkt führt zu einem erhöhten Tunnelstrom. Dabei sind mit ansteigender Spannung zunehmend höhere Zustände beteiligt. Deutlich erkennen wir bei der niedrigsten Spannung einen $s$-artigen Zustand, bei höherer Spannung zwei zueinander senkrecht stehende $p$-artige Zustände mit einer Knotenebene, und – etwas weniger ausgeprägt – bei der höchsten Spannung einen Zustand mit *zwei* Knotenebenen, der von einem $d$-artigen Zustand stammen könnte.

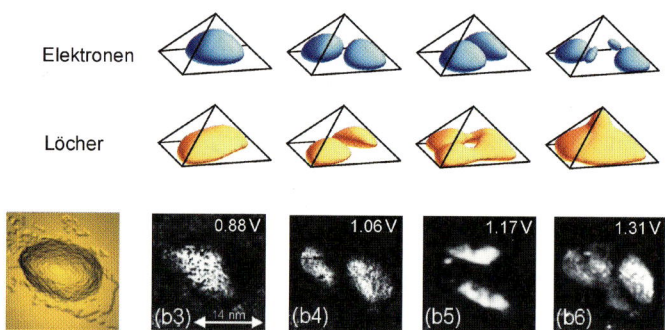

**Abb. 3.22** *Oben*: Berechnete Wellenfunktionen eines Elektrons (*blau*) und eines Lochs (*gelb*), die jeweils einzeln in einem InAs-Quantenpunkt in GaAs eingeschlossen sind. *Links* ist der Grundzustand abgebildet. *Unten*: Rastertunnelaufnahme eines unbedeckten InAs/GaAs Quantenpunktes (*links*) und gemessene Elektronendichten verschiedener Einelektronen-Zustände [7]

## 3.4.3 Untersuchungsmethoden zur elektronischen Struktur

Zur Untersuchung der elektronischen Struktur werden energieselektive Methoden benötigt. Eine sehr praktische Möglichkeit, die ohne Kontakte an der Probe auskommt, ist die Verwendung von Licht. Wie oben beschrieben wurde, sind Quantenpunkte sehr effiziente Lichtabsorber und Emitter. **Photolumineszenzspektroskopie** ist eine der effektivsten Untersuchungsmethoden. Es gibt sie inzwischen in unterschiedlichen Varianten. Abbildung 3.23 zeigt einen Photolumineszenzaufbau, bei dem ein Lasersystem mit durchstimmbarer Anregungsenergie eingesetzt wird. Gemein haben alle Varianten, dass mittels einer Lichtquelle Elektron-Loch Paare im Halbleiter generiert werden, die freie Zustände im Halbleiter besetzen und von dort aus unter Emission von Photonen rekombinieren. Die Energie eines emittierten Photons entspricht dann jeweils der Energiedifferenz von zwei Zuständen im Halbleiter. Um Aufschluss über die Energie(n) der emittierten Photonen zu erhalten, wird während einer Messung die Lumineszenz der Probe mithilfe eines Monochromators energetisch gefiltert und die Lichtintensität bei der jeweiligen Energie aufgezeichnet. Wenn der Monochromator den möglichen Energiebereich durchfährt, erhält man ein Spektrum, das den Zusammenhang zwischen Lumineszenzintensität und Energie darstellt (Abb. 3.24 (rechts)).

Besitzt ein Halbleiter mehrere besetzbare Energieniveaus, so lassen sich im Spektrum entsprechende Maxima finden. Ein Quantenpunkt ist ein solches Mehrniveausystem. Das entsprechende Energieschema und das resultierende Photolumines-

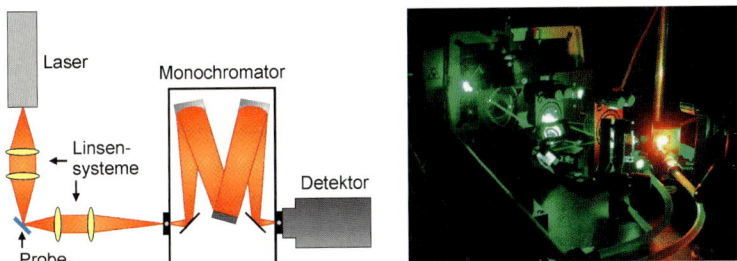

**Abb. 3.23** *Links*: Skizze eines Photolumineszenzaufbaus. *Rechts*: Dieses Mehrfarblasersystem ermöglicht Photolumineszenzuntersuchungen bei unterschiedlichen Anregungsenergien

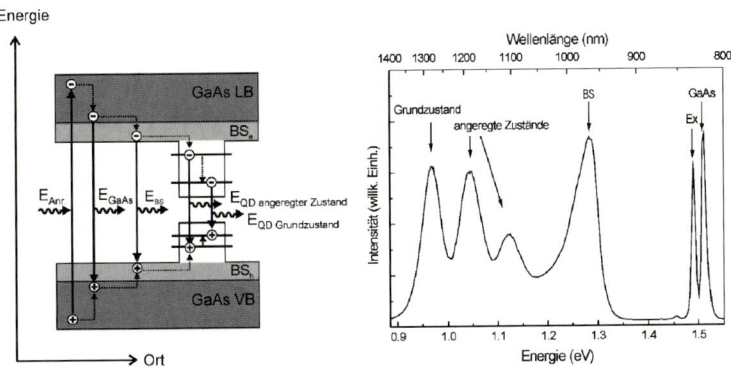

**Abb. 3.24** *Links*: Energieschema für einen Quantenpunkt, der auf einer Benetzungsschicht (BS) aufgewachsen ist und in eine GaAs-Matrix eingebettet ist. *Rechts*: Das Photolumineszenzspektrum gibt Auskunft über die energetische Lage der Niveaus

zenzspektrum sind in Abb. 3.24 dargestellt. Der anregende Laser besitzt hier eine ausreichend große Photonenenergie, um Elektron-Loch Paare in der GaAs Matrix zu generieren, die ein Kontinuum an Energiezuständen besitzt. Dennoch finden sich im Spektrum nur zwei recht schmale Peaks („GaAs" und „Ex"). Dies liegt daran, dass ein physikalisches System stets den Zustand der geringsten Energie einzunehmen versucht. Die Elektron-Loch-Paare sammeln sich im GaAs im energetisch tiefsten Niveau und rekombinieren von dort aus in Form eines scharfen Peaks, der im Spektrum mit „GaAs" bezeichnet ist. Der Peak „Ex" gehört ebenfalls zum GaAs. Ein Halbleiter ist nie ganz rein, d. h. im Kristallgitter befinden sich Störstellen. Hierbei kann es sich um fehlende oder fremde Atome im Kristallgitter handeln. Diese Störstellen können neue Energieniveaus erzeugen, die sich unterhalb der Bandlückenenergie $E_g$ vom GaAs befinden und ebenfalls im Spektrum zu sehen sind. Für die Benetzungsschicht gilt das gleiche wie für das GaAs. Sie besitzt zwar kontinuierlich verteilte Zustände, doch auch hier sammeln sich die Ladungsträger im energetisch tiefsten Zustand und erzeugen so einen diskreten Peak.

Der in Abb. 3.24 dargestellte Quantenpunkt besitzt mehrere gebundene diskrete Energiezustände. Sie sind ebenfalls als einzelne Peaks im Spektrum zu erkennen. Die niederenergetischste Bande kommt vom Grundzustand und die energetisch höheren von den angeregten Zuständen. Eine solche Photolumineszenzmessung liefert also einen umfassenden Überblick über die energetische Struktur der Quantenpunkte und der umgebenden Halbleiterstrukturen.

Die oben dargestellte Form der Photolumineszenzspektroskopie mit Lichtanregung in den Matrixhalbleiter stellt die Grundform dieser Messtechnik dar. Daneben gibt es noch abgewandelte Methoden, die sich in der Anregung und dem Nachweis unterscheiden. Häufig lassen erst Kombinationen verschiedener Methoden ein vollständiges Bild entstehen.

### 3.4.4 Sind alle Quantenpunkte gleich?

Bislang wurde nur die elektronische Struktur eines einzelnen Quantenpunktes betrachtet. Viele Anwendungen basieren auf *zahlreichen* Quantenpunkten innerhalb eines Bauelements. Wären alle diese Quantenpunkte vollkommen identisch, so würde sich das Spektrum im Vergleich zu dem eines Einzelnen nicht ändern. Tatsächlich sind Quantenpunkte zwar selbstähnlich, jedoch auf Grund von Entropieeffekten nicht identisch. Sie variieren leicht in Größe, Form und gegebenenfalls auch in ihrer Zusammensetzung. Dies ist in Abb. 3.25 schematisch dargestellt.

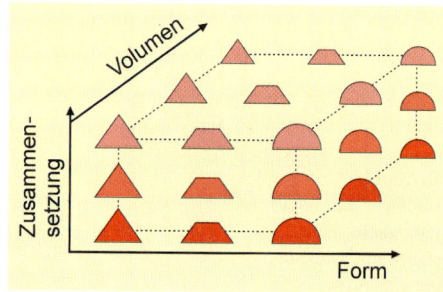

**Abb. 3.25** In einem Ensemble von epitaktisch hergestellten Quantenpunkten kommt es zur Variation von Form, Größe und Zusammensetzung

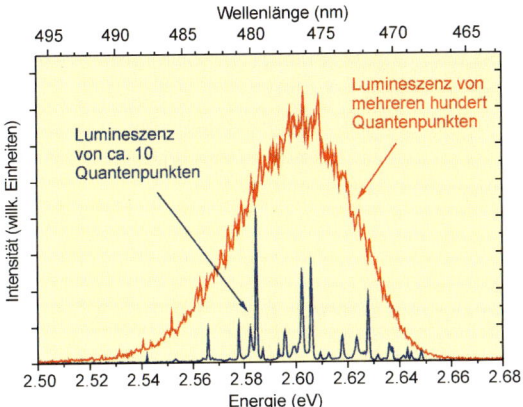

**Abb. 3.26** Wenige Quantenpunkte (*blaue Kurve*) zeigen scharfe Emissionslinien in einem Photolumineszenzspektrum. Werden zu viele Quantenpunkte gleichzeitig detektiert (*rote Kurve*), so erhält man eine inhomogen verbreiterte Lumineszenzbande als Überlagerung aller einzelnen, scharfen Linien

Jegliche Variation der Geometrie oder Zusammensetzung eines Quantenpunktes hat direkten Einfluss auf dessen elektronische Struktur. Die Größe und Form des Quantenpunktes verändern Breite und Form des Potentialtopfes und die Materialzusammensetzung verändert die Barrierenhöhe. Somit besitzt jeder Quantenpunkt sein „eigenes" Energiespektrum. Werden viele Quantenpunkte gleichzeitig detektiert, so überlagern sich die einzelnen Spektren und es resultiert eine *inhomogen* verbreiterte Lumineszenzkurve, deren Form oft einer Gaußkurve ähnelt. Abbildung 3.26 zeigt diesen Sachverhalt für zwei unterschiedliche Zahlen von detektierten Quantenpunkten. Das blaue Spektrum stammt von etwa 10 Quantenpunkten. Deutlich sind die einzelnen scharfen Emissionslinien verschiedener Quantenpunkte zu erkennen. An dieser Stelle sei auch nochmals daran erinnert, dass ein Quantenpunkt mehre Energieniveaus besitzen und somit mehre Emissionslinien aufweisen kann.

Das rote Spektrum entstammt mehreren hundert Quantenpunkten und einzelne Emissionslinien sind kaum noch zu unterscheiden. Die große Anzahl an Quantenpunkten resultiert in einer breiten Emissionsbande.

Ob diese inhomogene Verbreiterung störend oder nützlich ist, entscheidet allein die Anwendung. Für Laser und Licht-Verstärker erlaubt die breite Verteilung der Quantenpunktenergien einen großen Bereich der Laseremission bzw. Verstärkung. Abbildung 3.27 demonstriert eindrucksvoll, wie durch eine zusätzliche Variation

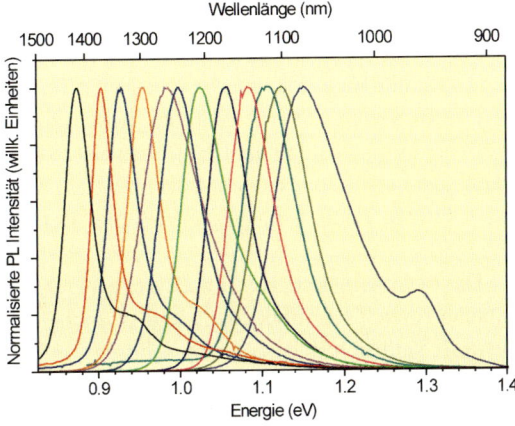

**Abb. 3.27** Hier wurden Quantenpunktensembles mit systematisch variierenden strukturellen Eigenschaften (Größe, Zusammensetzung) derart hergestellt, dass ein großer Emissionsbereich abgedeckt wird

der Quantenpunktstruktur während des Wachstums ein sehr großer Energiebereich abgedeckt werden kann. Die Strukturen lassen sich mit Hinblick auf die Anwendungsenergie maßschneidern. Ist hingegen eine kleine Verteilung der Energien erwünscht, stört die inhomogene Verbreiterung. Hier ist durch geeignete Wahl der Wachstumsparameter diese möglichst schmal zu halten oder nur mit wenigen Quantenpunkten zu arbeiten.

### 3.4.5 Der Zoo der Exzitonischen Komplexe

Elektronen tragen eine negative und Löcher eine positive Ladung $q$. Befindet sich mehr als ein Teilchen im Quantenpunkt, wirkt somit eine Coulomb-Wechselwirkung zwischen den Elektronen und Löchern, die in der Energiebetrachtung zu berücksichtigen ist. Dies ist eine analoge Situation zu Atomen: positive und negative Ladungen mit Spin. Ein großer Unterschied besteht darin, dass die Anzahl der positiven Kernladungen in einem Atom fest ist, während die Anzahl der Löcher in einem Quantenpunkt ebenso wie die Anzahl der Elektronen im Rahmen der möglichen Energiezustände variieren kann.

Elektronen und Löcher sind **Fermionen**. Nach Paulis Regel der Quantenmechanik müssen sich jeweils zwei Fermionen in einem Potential durch mindestens eine Eigenschaft (Quantenzahl) unterscheiden. Neben dem Energiezustand, den ein Fermion im Quantenpunkt besetzt, gibt es noch den quantenmechanischen Eigendrehimpuls – den *Spin*. Somit kann jeder Energiezustand von zwei Teilchen besetzt werden. Einmal mit *Spin up* und einmal mit *Spin down*.

Die einfachste Besetzung eines Quantenpunktes, die unter Emission eines Photons rekombinieren kann, besteht aus einem Elektron und einem Loch im Grundzustand und wird – wie schon erläutert – als eingeschlossenes (engl. *confined*) **Exziton** bezeichnet.

Abbildung 3.28 zeigt das Emissionsspektrum eines einzelnen Quantenpunktes mit einer Vielzahl von Elektron-Loch-Kombinationen. Das Exziton ist hier mit einem X markiert. Befinden sich zwei Elektron-Loch-Paare im Quantenpunkt, liegt ein **Biexziton** (XX) vor. Das atomare Analogon ist das Wasserstoffmolekül $H_2$.

Beim Biexziton herrschen Coulomb-Wechselwirkungen zwischen insgesamt vier Teilchen (zwei Elektronen und zwei Löchern). Wenn ein Elektron und ein Loch des Biexzitons rekombinieren (und somit ein einzelnes Exziton im Quantenpunkt zurück bleibt), wird ein Photon emittiert, dessen Energie von der Rekombinationsenergie eines einzelnen Exzitons abweicht. Diese Abweichung wird gerade durch die Summe der Coulomb-Energien innerhalb des Vier-Teilchen-Komplexes Biexziton bewirkt.

Das Biexziton stellt die größtmögliche Besetzung des Grundzustandes dar, da sowohl der Grundzustand der Elektronen als auch der der Löcher mit jeweils zwei Teilchen (mit entgegengesetztem Spin) besetzt ist. Eine Befüllung des Quantenpunktes mit weiteren Ladungsträgern muss unter Beteiligung der angeregten Zustände geschehen.

Die bislang diskutierten Zustände des Exzitons und des Biexzitons besitzen eine gleiche Anzahl von Elektronen und Löchern – der Quantenpunkt ist also elektrisch neutral. Natürlich sind auch Überschüsse von Elektronen oder Löchern möglich. Die einfachsten exzitonischen Komplexe dieser Art sind das negativ geladene Exziton ($X^-$) und das positiv geladene Exziton ($X^+$), die als negatives bzw. positives **Trion**

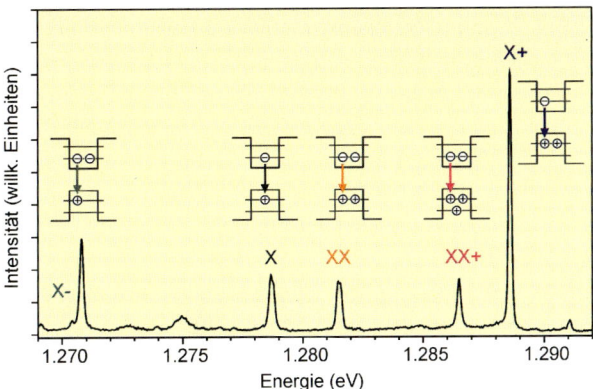

**Abb. 3.28** Das Emissionsspektrum eines einzelnen InAs-Quantenpunktes in einer GaAs-Matrix. Die einzelnen Emissionslinien stammen von verschiedenen exzitonischen Komplexen, die schematisch dargestellt sind

bezeichnet werden. Obwohl diese beiden Komplexe von recht ähnlicher Symmetrie sind, so zeigt doch ein Blick ins Spektrum in Abb. 3.28, dass diese jeweils bei recht unterschiedlichen Energien rekombinieren – und zwar einmal niederenergetisch und einmal hochenergetisch vom neutralen Exziton.

Diese unterschiedlichen Rekombinationsenergien zeigen in beeindruckender Form, dass die Elektronen und Löcher nicht als Punktladungen, sondern als *Ladungsverteilungen* zu betrachten sind: den in Abschn. 3.4.2 dargestellten Orbitalen. Würde es sich um Punktladungen handeln, die an der gleichen Stelle im Quantenpunkt sitzen, hätten das $X^-$ und das $X^+$ die gleiche Rekombinationsenergie. Dies soll im Folgenden kurz diskutiert werden.

Verantwortlich für den Energieunterschied zwischen $X^-$ und $X^+$ ist in guter Näherung der Nettobetrag der Coulombwechselwirkung zwischen den beteiligten Ladungsträgern. Der linke Teil der Abb. 3.29 zeigt die jeweiligen Konstellationen und die darin auftretenden Coulomb-Wechselwirkungen (Pfeile) für die beiden Trionen. Der Energiebeitrag der Coulomb-Wechselwirkung in einem exzitonischen Komplex hängt von der Form und Größe und der relativen Position der Ladungsträgerverteilungen im Quantenpunkt ab. Er berechnet sich als die Summe der Zweiteilchen-Coulomb-Integrale $E(a, b)$ der beteiligten Verteilungen $\psi_a$ und $\psi_b$ (Orbitale),

$$E(a,b) \sim \int \frac{|\psi_a(\mathbf{r}_1)|^2 |\psi_b(\mathbf{r}_2)|^2}{|\mathbf{r}_1 - \mathbf{r}_2|} d\mathbf{r}_1 \, d\mathbf{r}_2 \,.$$

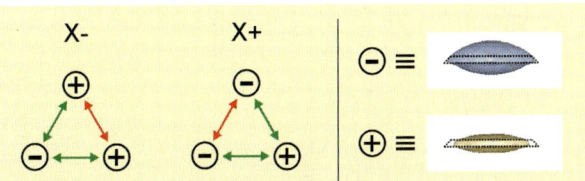

**Abb. 3.29** *Links* sind die beteiligten Ladungsträger und Coulombterme (*Pfeile*) für das $X^+$ und das $X^-$ dargestellt. Mit *rot* sind abstoßende Terme und mit *grün* anziehende markiert. *Rechts* sind numerisch berechnete Ladungsträgerverteilungen (Orbitale) von Elektron und Loch im Grundzustand eines Quantenpunktes dargestellt, die zum Spektrum in Abb. 3.28 passen

Die energetische Position im Spektrum, relativ zum Exziton gesehen, ergibt sich aus der Betrachtung der Coulombterme von Exziton und dem jeweiligen Trion. Diese sehr vereinfachte Betrachtung ist gültig, da sowohl beim Exziton wie auch beim Trion ein Elektron und ein Loch aus den gleichen Energieniveaus des Quantenpunktes rekombinieren und der Überschussladungsträger des Trions im Quantenpunkt verbleibt. Es sind somit allein die Coulomb-Terme für die endgültige energetische Position verantwortlich. Im Folgenden wird dies für das $X^-$ diskutiert. Die Betrachtung für $X^+$ ist analog zu führen.

Für das Exziton ergibt sich nur ein Coulomb-Term: $E(e,h)$, wobei h (= hole) für das Loch steht. Im $X^-$ liegen *drei* Coulomb-Terme vor, wie durch Abb. 3.29 veranschaulicht wird: einmal $E(e,e)$ und zweimal $E(e,h)$. Somit ergibt sich für die energetische Position des $X^-$ relativ zum X diese Bilanz:

$$E_{\text{Coulomb}}(X^-) - E_{\text{Coulomb}}(X) = [E(e,e) + 2E(e,h)] - E(e,h) = E(e,e) + E(e,h).$$

Wobei vereinfachend angenommen wird, dass $E(a,b)$ im Exziton und Trion identisch sind.

Aufgrund des $\frac{1}{|r_1-r_2|}$-Terms ist das Coulomb-Integral zwischen zwei Ladungsträgerverteilungen umso größer, je geringer die Abstände der Verteilungen sind. Für eine realistische Abschätzung des Verhältnisses der Coulomb-Integrale müssen nun realistische Ladungsträgerverteilungen betrachtet werden. Im rechten Teil der Abb. 3.29 sind solche Verteilungen mit Hilfe numerischer Verfahren für solche Quantenpunkte berechnet worden, von denen das Spektrum in Abb. 3.28 stammt. Es ist deutlich zu erkennen, dass die Ladungsträgerverteilung des Loches *stärker* räumlich lokalisiert ist als die des Elektrons. Als direkte Folge hiervon ergibt sich folgende Größenverteilung der Coulomb-Integrale: $|E(h,h)| > |E(e,h)| > |E(e,e)|$. Dies erklärt bereits, wieso das $X^-$ bei kleineren Energien und das $X^+$ bei größeren Energien als das X im Spektrum zu finden sind.

Als weiterer Komplex ist in dem Spektrum in Abb. 3.28 noch die Rekombination aus einem positiv geladenen Biexziton ($XX^+$) zu sehen. Ähnliche energetische Betrachtungen wie eben können auch hierfür und für andere exzitonische Komplexe angestellt werden.

### 3.4.6 Rekombinationskaskaden

In herkömmlichen Lichtemittern wie Glühlampen und Leuchtstoffröhren ist die Emission der einzelnen Photonen völlig unkorreliert. Dies bedeutet, dass es keinen zeitlichen Zusammenhang zwischen den einzelnen Emissionsprozessen gibt. Ein Quantenpunkt hingegen kann korrelierte Photonenkaskaden emittieren. Von großer Bedeutung ist die Rekombinationskaskade des Biexzitons (Abb. 3.30). Hierbei ist der Quantenpunkt initial mit einem Biexziton besetzt. Wenn dieses nach einer charakteristischen Zeit zerfällt (ein Elektron-Loch-Paar rekombiniert), wird ein Photon emittiert und ein einzelnes Exziton verbleibt im Quantenpunkt. Dieses rekombiniert ebenfalls nach einer charakteristischen Zeit. Die beiden Emissionsprozesse XX → X und X → 0 stehen somit in einer festen Reihenfolge.

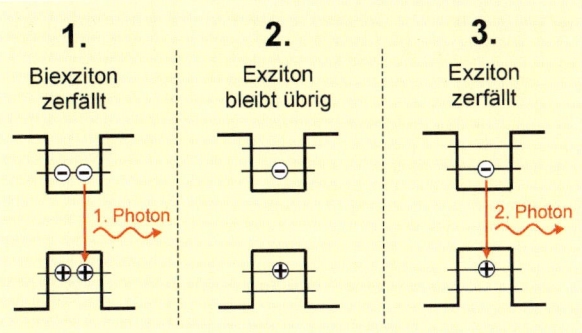

**Abb. 3.30** Ein Biexziton zerfällt strahlend in ein Photon und ein Exziton, welches anschließend ebenfalls in ein Photon zerfällt. So entsteht eine korrelierte Emissionskaskade

## 3.4.7 Polarisationsverschränkung

Die Photonen, die von Exzitonen in einem Quantenpunkt emittiert werden, sind polarisiert: ihr elektrisches Feld schwingt in einer definierten Ebene senkrecht zur Ausbreitungsrichtung (lineare Polarisation) oder die Polarisationsebene dreht sich um die Ausbreitungsachse (zirkulare Polarisation). Es gibt exzitonische Komplexe, wie zum Beispiel die einfach geladenen Exzitonen $X^-$ und $X^+$, die stets zirkular polarisierte Photonen emittieren. Exziton und Biexziton auf der anderen Seite können sowohl zirkular als auch linear polarisierte Photonen emittieren. Welcher der beiden Polarisationszustände vorliegt, hängt von den strukturellen Eigenschaften des jeweiligen Quantenpunktes ab. Die verantwortliche Größe ist die Symmetrie des Einschlusspotentials im Quantenpunkt.

Für einen Quantenpunkt mit einem hochsymmetrischen Einschlusspotential in der Wachstumsebene, welches zum Beispiel die Symmetrie eines Quadrates hat, besteht zwischen den Photonen der Biexziton/Exziton Kaskade eine ganz besondere quantenmechanische Eigenschaft: sie sind bezüglich ihres Polarisationszustandes verschränkt! Verschränkung stellt eine ganz besondere Fernbeziehung zwischen den beiden Photonen her: wenn der Polarisationszustand eines der beiden Photonen gemessen und somit festgelegt wird, befindet sich der Polarisationszustand des anderen Photons wie von Geisterhand in dem gleichen Zustand. Selbst dann, wenn die beiden Photonen durch eine große Distanz voneinander getrennt sind.

Neben der grundlegenden Faszination dieses Phänomens besitzt es auch eine große Relevanz für die optische Datenkommunikation: mit Hilfe einzelner polarisierter Photonen oder mit verschränkten Photonenpaare lässt sich Quantenkryptografie realisieren. Diese Form der Kryptografie bietet quasi maximalen Schutz gegen unbemerktes Abhören der Kommunikation.

## 3.5 Anwendungen

Quantenpunkte bieten sehr vielfältige Möglichkeiten, Halbleiterbauelemente mit besonders vorteilhaften Eigenschaften herzustellen. Sie werden hierfür in den elektrisch oder optisch aktiven Bereich eingebaut und bestimmen die Funktion des Bauelements mit ihren quantisierten Energieniveaus. Im Folgenden stellen wir einige Beispiele vor.

### 3.5.1 Laser und Leuchtdioden: Bausteine für die digitale Datenverarbeitung

**Leuchtdioden** (LED) und **Halbleiterlaser** gehören zu den am weitesten verbreiteten optoelektronischen Bauelementen. Als hocheffizientes und kompaktes Leuchtmittel ist die Leuchtdiode Bestandteil unzähliger Anzeigen und Lampen. Der Halbleiterlaser wandelt elektrische Energie mit unübertroffener Effizienz in Strahlung um und ist ebenfalls kompakt aufgebaut. Er hat sowohl Unterhaltungsgeräte wie CD- und DVD-Spieler, als auch die moderne optische Daten- und Nachrichtenübertragung durch Glasfasernetze erst ermöglicht.

Während eine Leuchtdiode die einzelnen Photonen ihrer Lichtemission inkohärent aussendet, basiert die Funktion eines Lasers auf der **induzierten** (erzwungenen) **Emission**, s. Abb. 3.31. Diese Form der Emission erfordert einen komplexeren Aufbau des emittierenden Mediums als bei der LED. Hierzu gehört insbesondere ein von reflektierenden Flächen (z. B. Spiegeln) eingeschlossener Bereich (Kavität), in den das aktive Medium integriert ist. Diese Kavität sorgt für mehrere Durchläufe des Lichtes durch das aktive Medium, bei denen weitere, durch das durchlaufende Licht induzierte, Emissionen erfolgen. Dabei sind das induzierende und das induzierte Photon in Phase: Ihre elektrischen Felder schwingen im Gleichtakt. Auf diese Weise entsteht kohärente Laserstrahlung. Da zudem induzierendes und induziertes Photon sich in die gleiche Richtung ausbreiten, ist der Laserstrahl stark gebündelt.

Voraussetzung für stimulierte Emission ist **Besetzungsinversion**: Im aktiven Medium muss die Mehrheit der aktiven Leuchtzentren (Atome oder Quantenpunkte) elektrisch angeregt sein. Nur dann ist die Wahrscheinlichkeit, dass ein in das Medium eintretendes Photon verstärkt wird, größer als die Wahrscheinlichkeit, dass es absorbiert wird. Im untersten Zustand eines einzelnen Quantenpunktes können sich maximal zwei Elektron-Loch-Paare (zwei Exzitonen) aufhalten. Damit ist eine Besetzungsinversion leicht erreichbar. Als Folge ist die Schwellstromdichte, also die Stromdichte, ab der die stimulierte Emission einsetzt, bei Quantenpunkt-Lasern deutlich geringer als bei jedem anderen Halbleiter-Laser.

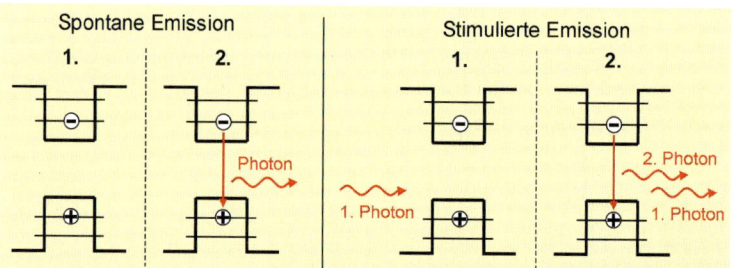

**Abb. 3.31** Spontane Emission (*links*) und induzierte Emission (*rechts*). Bei der induzierten Emission wird ein Elektron-Loch Paar durch ein initiales Photon (1. Photon) veranlasst, unter Emission eines induzierten Photons (2. Photon) zu rekombinieren. Beide Photonen schwingen in Phase und haben die gleiche Ausbreitungsrichtung

**Abb. 3.32** Wafer mit einem Feld blau emittierender Leuchtdioden. Die beiden *schwarzen Stifte* sind Stromzuführungen

Neben der geringen Schwellstromdichte haben Quantenpunktlaser weitere Vorteile gegenüber konventionellen Halbleiterlasern. Der räumliche Einschluss der Ladungsträger und ausreichend weit auseinander liegende Energieniveaus in Quantenpunkten sorgen für eine hohe Temperaturstabilität des Schwellstroms: die bei herkömmlichen Lasern mit *kontinuierlichen* Energiezuständen beobachtete starke Zunahme der Schwellstromdichte bei steigender Temperatur ist deutlich weniger ausgeprägt. Quantenpunktlaser sind zudem unempfindlicher gegenüber Defekten in der Kristallmatrix. Untersuchungen mit Strahlenschädigungen durch hochenergetische Teilchen – wie sie auch in der kosmischen Strahlung im Weltraum vorkommen, zeigen, dass die durch den elektrischen Strom injizierten Ladungsträger schnell in die Quantenpunkte eingefangen werden und dort effizient zum Laserbetrieb beitragen. Geraten die Ladungsträger wie in herkömmlichen Lasern zu den Defekten, gehen sie der Lichtemission verloren. Diesen Verlustmechanismus bezeichnet man auch als „nichtstrahlende Rekombination".

Die heute gebräuchlichen blauen und grünen LEDs aus InGaN würden ohne darin eingebettete Quantenpunkte, welche schnell die injizierten Ladungsträger einfangen und damit nichtstrahlende Rekombination an Defekten verhindern, nicht effektiv funktionieren. Dank der Quantenpunkte erreichen diese LEDs eine Lebensdauer von über 100.000 Stunden.

Eine besondere Stärke von Quantenpunkt-Lasern ist ihre Durchstimmbarkeit und die spektrale Breite ihrer Emissionswellenlänge. Laser, die auf der Strahlung von *Atomen* beruhen, besitzen nur einzelne charakteristische Übergänge, die im Laserbetrieb genutzt werden können. Bei Quantenpunktlasern lässt sich die Emissionswellenlänge dagegen über die Einstellung von Größe und Form der Quantenpunkte für ein gegebenes Halbleitermaterial über weite Bereiche verschieben. So können Wellenlängen realisiert werden, die mittels konventioneller Halbleiterlaser aus denselben Materialien nicht möglich sind.

Von besonderem Interesse sind Emissionswellenlängen von 1,3 µm und 1,55 µm. In Glasfasern, die für die optische Informationsübertragung genutzt werden, existieren hier ein Dispersions- bzw. Dämpfungsminimum. Durch den Einsatz von InAs/GaAs- bzw. InAs/InP-basierten Quantenpunkten lassen sich diese Wellenlängen bei zugleich überlegenen Bauelementeigenschaften realisieren. So sind Quantenpunkt-Laser mit 1,3 µm Emissionswellenlänge ideale Quellen für mittels Modenkopplung erzeugte Laserpulse mit bis zu 160 GHz Wiederholrate und sehr kurzer Dauer eines Einzelpulses im Femtosekundenbereich (Bereich $10^{-15}$ s; dies entspricht bei sichtbarem Licht der Dauer einer einzelnen Schwingung). Solche Laser werden für das zukünftige 100-Gigabit-Ethernet benötigt.

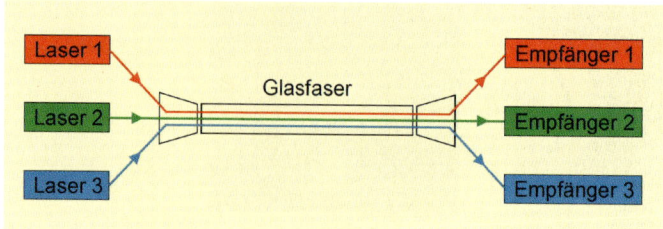

**Abb. 3.33** Durch den Einsatz mehrerer Wellenlängen lässt sich ein höherer Datendurchsatz durch eine Glasfaser erzielen

Halbleiterlaser können in zwei unterschiedlichen Geometrien hergestellt werden. In der Standardausführung als so genannter **Kantenemitter** ist ein Halbleiterlaser als Steg ausgeführt, auf dessen Oberseite ein metallischer Kontaktstreifen aufgedampft ist, s. Abb. 3.34. Die aktive Quantenpunktschicht ist zwischen $p$- und $n$-dotiertem Barrierenmaterial eingebettet und wird über den Kontaktstreifen und das Substrat mit Ladungsträgern versorgt. Die weniger als 20 nm dünne InAs-Quantenpunktschicht ist in Abb. 3.34 nicht mehr erkennbar. Lichtemission erfolgt aus der vorderen *Kante* des Streifens an der Endfacette. Zwischen dem Halbleiter und der umgebenden Luft besteht ein Unterschied im Brechungsindex $n_{GaAs} - n_{Luft} \approx 3{,}5 - 1{,}0$ von mehr als zwei. Das sorgt bereits dafür, dass etwa 30 % des im Inneren emittierten Lichtes in den Halbleiter zurück reflektiert werden. Eine zusätzliche Verspiegelung der Kanten kann, wenn erforderlich, für einen noch höheren Reflexionsgrad sorgen.

Ein Nachteil von Kantenemittern ist der große Öffnungswinkel der Laserstrahlung. Die Dicke der lichtführenden Schicht ist von der gleichen Größe wie die Wellenlänge der Strahlung, sodass das Licht beim Austreten in vertikaler Richtung Beugung erfährt. Für Freistrahlanwendungen muss eine Linse diese starke Divergenz ausgleichen.

In den letzten 20 Jahren haben die Forscher eine weitere Klasse von Lasern entwickelt: die **Oberflächenemitter** oder vertikal emittierenden Laser (VCSEL, vertical cavity surface emitting laser). Im Gegensatz zu Kantenemittern haben sie ein aus-

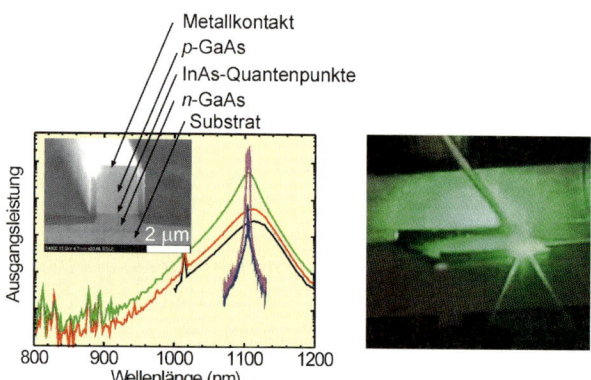

**Abb. 3.34** *Links*: Elektronenmikroskopaufnahme eines kantenemittierenden InAs/GaAs-Lasers mit Blick auf die Facette. Die Laserstrahlung läuft parallel zu dem hellen Kontaktstreifen und tritt an der vorderen Kante aus dem Halbleiter. Die Messkurven zeigen Spektren der ausgestrahlten Lichtleistung unterhalb (*breite Kurven*) und knapp oberhalb der Laserschwelle. *Rechts*: Photographie eines grün emittierenden CdSe/ZnSe-Lasers. Der Strom wird über die Nadel zugeführt

3 Halbleiter-Quantenpunkte – ein Blick in die Welt der Nanos

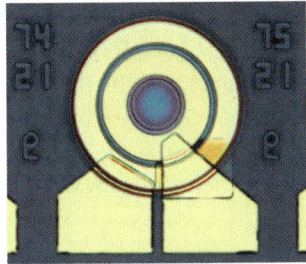 

**Abb. 3.35** *Links*: Mikroskopaufnahme eines einzelnen VCSEL von oben. Der *goldene innere* und *äußere* Ring bilden den oberen und unteren elektrischen Kontakt, unten befinden sich Flächen zur Befestigung von Bond-Drähten. *Rechts*: Computersimulation eines Arrays vertikal emittierender Laser für parallele optische Datenübertragung

gezeichnetes Strahlprofil. In ihnen schließen zwei Spiegel, die sich auf *Ober- und Unterseite* des Bauteils befinden, das aktive Medium *vertikal* ein und erzeugen so die Kavität. Das Bauteil ist zumeist rund und der Durchmesser nimmt vom oberen Spiegel über die aktive Zone zum unteren Spiegel zu, es ähnelt vom Aussehen her also einer mehrstöckigen Hochzeitstorte. Auch hier haben Quantenpunkte aufgrund ihrer hohen Temperaturstabilität, Ausgangsleistung und Bandbreite große Vorzüge. Eine hohe Bandbreite ist z. B. für die Datenübertragung mit hoher Bitrate zwischen den Mikroprozessoren eines Rechners und seinem Speicher erforderlich. Inzwischen konnten Übertragungsraten von bis zu 40 Gbit/s mit Quantenpunkt-Lasern demonstriert werden. Das Ziel sind hier parallele optische Verbindungen mit Übertragungsraten im Bereich von Terabit pro Sekunde durch Multiplexen.

## 3.5.2 Optische Verstärker

Bei der Datenübertragung in Netzen sind die als Sender eingesetzten Laser eine wichtige, aber nicht die einzige benötigte aktive Komponente. In bestimmten Abständen ist eine Regenerierung des optischen Signals nötig, um ein akzeptables Signal-Rausch-Verhältnis bei hohen Übertragungsraten zu gewährleisten. Diese Aufgabe können schnelle optische Verstärker mit hoher Bandbreite erfüllen. Ein optischer Verstärker ähnelt vom Aufbau einem Laser, der jedoch nun durch Antireflektionsschichten auf den Facetten die Rückkopplung von Licht in das Halbleitermate-

**Abb. 3.36** Modell eines optischen Verstärkers, der in ein Glasfasernetz eingebunden ist. Die optischen Daten sind durch *rote Markierungen* in den Glasfasern dargestellt. Nach Durchlaufen der optischen Verstärkung in dem Halbleiterstreifen hat die Signalintensität zugenommen. Der *goldene Streifen* ist ein elektrischer Kontakt der Stromzuführung

rial vermeidet. Dadurch können auf einer Seite eintretende Photonen über stimulierte Emission verstärkt werden und auf der anderen Seite austreten, s. Abb. 3.36. Optische Halbleiterverstärker auf der Basis von Quantenpunkten übertreffen die klassische Umsetzung ohne Quantenpunkte mit Hinblick auf Geschwindigkeit, Bandbreite und zeitliche Schwankung in der Verstärkung. Zudem sind sie auch für nichtlineare optische Systeme wie Wellenlängenkonverter vorteilhaft einsetzbar.

### 3.5.3 Einzelphotonenemitter

Eine völlig neue Klasse von optoelektronischen Bauelementen basiert auf der Emission einzelner Photonen oder verschränkter Photonenpaare aus einzelnen Quantenpunkten. Im Gegensatz zu einem Laser senden diese Quellen pro elektrischem Taktsignal nur ein einzelnes Photon oder Photonenpaar aus. Einsatzgebiete sind Quantenkryptographie, Quanteninformationsverarbeitung und Quantenteleportation.

Der Aufbau eines Einzelphotonenemitters auf Halbleiterbasis ist in Abb. 3.37 skizziert. Im aktiven Bereich befindet sich eine Schicht mit einer sehr kleinen Flächendichte von Quantenpunkten. Diese Schicht ist in eine vertikale Halbleiterdiodenstruktur eingebettet, in die wie bei einer LED Strom injiziert wird. Um nur einen einzigen Quantenpunkt zum Leuchten anzuregen, wird der Strom durch eine nichtleitende Apertur mit einer sehr kleinen leitfähigen Öffnung geleitet. Der ausgewählte Quantenpunkt befindet sich im Zentrum der Apertur, sodass der Strom nur diesen einen Quantenpunkt mit Ladungsträgern versorgt. So kann von einem sehr kleinen Strompuls ein einzelnes Photon erzeugt werden, dessen Wellenlänge durch die Energieniveaus des Quantenpunkts festgelegt ist. Die oberen und unteren Bragg-Spiegel bilden eine Kavität (ähnlich wie bei einem VCSEL), durch die die Emissionsrate vergrößert und die Abstrahlcharakteristik optimiert wird. Auch die Polarisation des Photons ist bei diesem Vorgang festgelegt. Das Zusammenspiel von Quantenmechanik und Geometrie der Quantenpunkte ermöglicht bei Besetzung des Quantenpunkts mit *zwei* Exzitonen sogar die Emission verschränkter Photonenpaare aus der Biexziton-Exziton-Kaskade. Solche Photonen stehen in einer ganz besonderen Beziehung zueinander: Wird der Zustand eines der beiden Photonen durch eine Messung festgelegt, befindet sich das andere ebenfalls in diesem Zustand.

Wie können wir prüfen, ob ein solches Bauelement wirklich nur ein einzelnes Photon aussendet? Wir können die Eigenschaft nutzen, dass ein Quantenpunkt, dessen Exziton soeben strahlend rekombiniert ist, erst wieder mit Ladungsträgern gefüllt

**Abb. 3.37** Aufbau eines Emitters von einzelnen Photonen oder Photonenpaaren. Durch ein gezieltes Design des Strompfades (*grün*) wird nur ein einzelner Quantenpunkt (*orange*) elektrisch betrieben

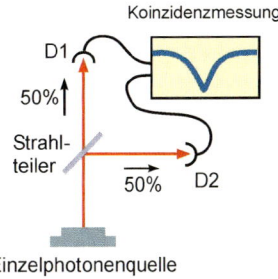 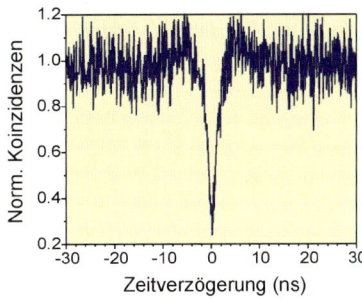

**Abb. 3.38** *Links*: Aufbau zur Messung von Koinzidenzen nach Hanbury-Brown-Twiss, bei denen einzelne Photonen aus der Einzelphotonenquelle bei den beiden Detektoren D1 und D2 eintreffen. *Rechts*: Messung der Koinzidenz von zwei Photonen, die von D1 und D2 registriert werden, in Abhängigkeit von der Zeitdifferenz mit der sie eintreffen. Bei 0 ns Zeitdifferenz bricht die Zahl der Koinzidenzen ein, da ein einzelner Quantenpunkt bei Besetzung mit einem einzelnen Exziton Zeit benötigt, bis er ein zweites Photon aussenden kann

werden muss. Dieser Vorgang benötigt eine kurze Zeit, sodass der Quantenpunkt *nicht gleichzeitig zwei* Photonen aussenden kann, wenn er nur mit einem einzigen Exziton gefüllt war. Die Einzelphotonenemission kann daher über eine Messung der zeitlichen Koinzidenz bestätigt werden. Abbildung 3.38 zeigt links den Versuchsaufbau. Das Licht aus dem Bauelement trifft auf einen Strahlteiler, der 50 % ablenkt und 50 % durchlässt. Die beiden Teilstrahlen treffen auf empfindliche Photodetektoren, die einzelne Photonen registrieren können. Gemessen wird nun die Zahl der registrierten Photonen in Abhängigkeit der Zeitdifferenz, mit der sie bei den beiden Detektoren eintreffen, siehe Abb. 3.38 rechts. Wird das Bauelement mit einem kleinen Gleichstrom betrieben, treten in statistischer Folge ständig Photonen aus. Im Mittel werden dabei zu allen Zeitdifferenzen gleich viele Koinzidenzen von Photonen registriert. Nur bei sehr kurzen Zeitdifferenzen um 0 s herum trifft dies *nicht* zu: Ein einzelner Quantenpunkt kann eben nicht gleichzeitig zwei Photonen aussenden, die dann gleichzeitig von beiden Detektoren registriert werden könnten. Die Zahl der Koinzidenzen hat also bei 0 einen Einbruch, der die Einzelphotonenemission belegt.

### 3.5.4 Der Nano-Flash-Speicher

Neben den bislang beschriebenen optoelektronischen Anwendungen untersuchen Forscher heute auch die Einsatzmöglichkeiten von Quantenpunkten für elektronische Speicher. Dank des tiefen Einschlusspotentials für Ladungsträger lassen sich mit Quantenpunkten neuartige Nano-Speicher entwickeln. Das Ziel ist dabei, die hohe Schreib- und Lesegeschwindigkeit eines DRAM-Speichers mit der langen Speicherdauer in Flash-Speichern zu kombinieren. Damit die gespeicherten Ladungsträger im Quantenpunkt nicht spontan rekombinieren und so die Information zerstören, werden nur *entweder* Elektronen *oder* Löcher gespeichert. Das ist ein großer Unterschied zu den oben genannten Anwendungen, bei denen die Elektron-Loch-Rekombination unter Emission eines Photons gerade erwünscht ist.

Aufbau und Funktion eines **Quantenpunktspeicher**s sind in Abb. 3.39 für das Speichern von Löchern skizziert. Die Arbeitsweise ähnelt der eines Feldeffekt-Transistors. Über ein negatives Potential am Gate-Kontakt werden Löcher in einen

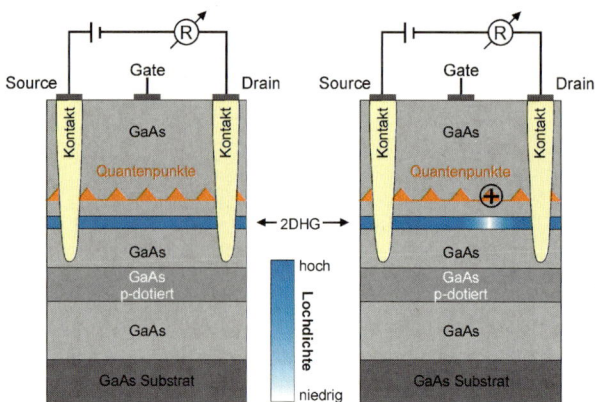

**Abb. 3.39** Aufbau eines Quantenpunktspeichers, dessen Bit-Wert über ein zweidimensionales Lochgas (2DHG) ausgelesen wird. Ist ein Ladungsträger in einem Quantenpunkt gespeichert, so wird durch dessen elektrisches Feld das 2DHG lokal verengt und dessen Widerstand nimmt zu

Quantenpunkt gefüllt. Unter dem Quantenpunkt befindet sich die gut leitfähige Schicht eines so genannten **zweidimensionalen Ladungsträgergases**. Der Begriff sagt aus, dass sich in dieser Schicht Ladungsträger wie in einem Gas frei bewegen können. In dem abgebildeten Beispiel, in dem Löcher im Quantenpunkt gespeichert werden, wird ein zweidimensionales Lochgas hergestellt. Es dient zum Auslesen der Information, ob eine Ladung gespeichert ist, und ist über Source- und Drain-Kontakte mit der Außenwelt verbunden. Ist ein Quantenpunkt geladen, so schnürt das elektrische Feld der gespeicherten Ladung lokal das Lochgas ein und erhöht so seinen elektrischen Widerstand. Die Widerstandsänderung kann mit einem Strompuls über Source und Drain abgefragt werden. Zum Löschen wird der Quantenpunkt mit einem positiven Potential am Gate entleert.

### 3.5.5 Marker für biologische Prozesse

Eine andere Gruppe von Halbleiterquantenpunkten basiert auf kolloidalen Nanostrukturen. Sie entstammen keinem epitaktischen Verfahren, sondern einem chemischen Abscheidungsprozess in einer Lösung und eröffnen interessante Einsatzgebiete. Aus der breiten Palette der Halbleiter wird insbesondere CdSe für die Synthese verwendet. Es ist ein sehr effizienter Emitter von Licht, dessen Wellenlänge als Funktion der Größe der Quantenpunkte den gesamten sichtbaren Spektralbereich umfassen kann. Abbildung 3.40 zeigt mehrere Reagenzgläser mit größenselektierten CdSe-Quantenpunkten in wässriger Lösung, die durch UV-Licht zur Lumineszenz angeregt werden.

Die Besonderheit kolloidaler Quantenpunkte liegt darin, dass sich an ihren Oberflächen andere Atome oder Moleküle anlagern lassen, die eine gezielte funktionelle Interaktion mit der Umgebung ermöglichen. Ein prominentes Beispiel findet sich in der Biomedizin: Durch die Anlagerung spezieller funktionaler Gruppen können diese Quantenpunkte Stoffwechselvorgängen in Zellen und biologischem Gewebe folgen und sich an bestimmten Stellen im Gewebe anlagern. Durch ortsaufgelöste Photolumineszenzmessungen, in denen sich die Quantenpunkte als farbige Marker zeigen, können derartige Prozesse sogar dynamisch verfolgt werden, s. Abb. 3.41.

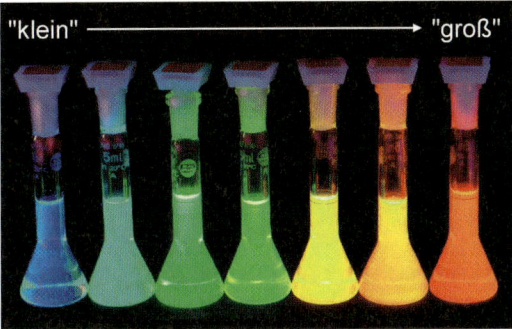

**Abb. 3.40** Kolloidale CdSe-Quantenpunkte wurden nach ihrer Größe selektiert und mittels UV-Licht zur Lumineszenz angeregt [8]

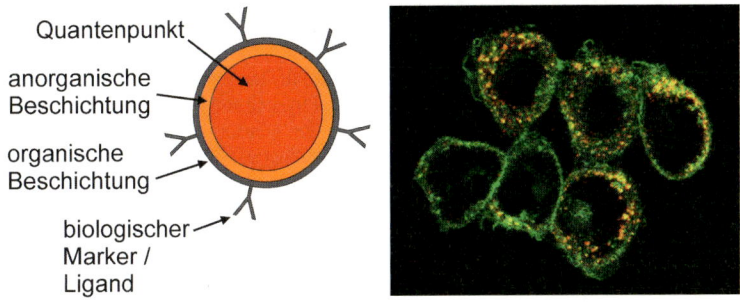

**Abb. 3.41** *Links*: Oberflächenbehandelte kolloidale Quantenpunkte können Stoffwechselprozessen in biologischem Gewebe und Zellen folgen und sich gezielt anlagern. Eine ortsaufgelöste Photolumineszenzmessung (*rechts*, [9]) gewährt so Einblick in die Abläufe und Wege biologischer Prozesse. Zu sehen sind sechs lebende Zellen mit *grün fluoreszierenden* Rezeptoren für den Wachstumsfaktor EGF. Oberflächenbehandelte und *rot-lumineszierende* Quantenpunkte, die EGF mit sich führen, docken an diese Rezeptoren an und werden in die Zellen eingeschleust. Die *gelben Farbtöne* entstehen durch die additive Überlagerung von Rot und Grün

## 3.6 Zusammenfassung und Ausblick

Nanostrukturen ermöglichen ein völlig neuartiges und gezieltes Design der physikalischen Eigenschaften von Materialien. Die Geometrie wird nun alternativ zur Zusammensetzung zum bestimmenden Faktor.

Halbleiter-Quantenpunkte stellen solch ein faszinierendes und besonders „einfaches" quantenmechanisches System dar. Zum einen ermöglichen sie grundlegende Untersuchungen der Quantenmechanik an maßgeschneiderten Nanostrukturen. Zum anderen ändern sie die Eigenschaften (opto-)elektronischer Bauelemente entscheidend und eröffnen völlig neuartige Anwendungsfelder. Die große Vielfalt an heute zur Verfügung stehenden Halbleitermaterialien erschließt einen großen Bereich an Wellenlängen für optoelektronische Bauelemente vom Ultravioletten bis ins mittlere Infrarot.

Viele Grundlagen wurden geschaffen, Neues wurde erforscht und entdeckt. Heute stehen wir am Anfang der Nutzung nanotechnologischer Entwicklungen.

Die Welt des Nanokosmos ist reichhaltig, der Phantasie des Forschers und Entwicklers sind kaum Grenzen gesetzt. *There's plenty of room at the bottom*, wie der berühmte amerikanische Physiker Richard Feynman bereits 1959 so treffend sagte.

## *Referenzen*

1. (Eine generelle Empfehlung für physikalische Grundlagen): P. A. Tipler und G. Mosca, *Physik*, Spektrum Akademischer Verlag
2. Mit freundlicher Genehmigung von empower-nano.com. (http://www.empower-nano.com/images/stories/bilder_en3/schmetterling.jpg)
3. Mit freundlicher Genehmigung durch BMC Racing (http://www.bmc-racing.com)
4. Nach Abbildung 3 aus L. G. Wang, P. Kratzer, M. Scheffler, N. Moll, Physical Review Letters **82**, 4042 (1999), © American Physical Society
5. Mit freundlicher Genehmigung von Prof. Günther Bauer, Institut für Halbleiter-und Festkörperphysik, Universität Linz, Österreich (veröffentlicht als Teil von Abb. 1 in G. Springholz et al., Science **282**, 734 (1998))
6. Nach Abbildung 1 aus R. Dingle, W. Wiegmann, C. H. Henry, Physical Review Letters **33**, 827 (1974), © American Physical Society
7. Rastertunnelaufnahmen: Mit freundlicher Genehmigung von Prof. Roland Wiesendanger, Universität Hamburg. Ausschnitt aus Abbildung 3 in T. Maltezopoulos, A. Bolz, C. Meyer, C. Heyn, W. Hansen, M. Morgenstern und R. Wiesendanger, Physical Review Letters **91**, 196804 (2003)
8. Mit freundlicher Genehmigung von Prof. Horst Weller, Institut für Physikalische Chemie, Universität Hamburg (http://www.chemie.uni-hamburg.de/pc/weller/)
9. Mit freundlicher Genehmigung durch das Laboratory of Cellular Dynamics, MPIBPC, Goettingen

# Organische Elektronik

**Markus Schwoerer**

## 4.1 Einleitung

Organische Elektronik? Zur Elektronik braucht man Transistoren und andere Bauelemente. Transistoren schalten und steuern die winzigen elektrischen Ströme und mit ihnen die Informationen in unseren elektronischen Geräten. Auch Licht emittierende Dioden in Lampen und Bildschirmen oder Solarzellen sind elektronische Bauelemente. Wir alle benutzen elektronische Bauelemente millionen- und milliardenfach. Fast alle bestehen aus Silizium, Germanium, Galliumarsenid oder anderen harten, kristallinen, anorganischen Halbleitern. *Organische* Materialien, z. B. Polymere, sind weich und wir benutzen sie als kostengünstige, sehr anpassungsfähige Werkstoffe, darunter auch zur Ummantelung von Kupferleitungen, also als *Isolatoren*. Doch als Halbleiter, also als Materialien, deren elektrische und optoelektrische Eigenschaften schnell und effektiv gesteuert werden können, waren sie bis vor etwa zwei Jahrzehnten nur wenigen Physikern und Chemikern bekannt. Die wussten, dass dünne Schichten aus einer bestimmten Klasse fluoreszierender organischer Moleküle oder Polymere unter bestimmten *äußeren*, wohldefinierten Bedingungen elektrisch leitfähig werden und dann *organische Halbleiter* sind. Organische Halbleiter unterscheiden sich von den anorganischen Halbleitern in vielen ihrer Eigenschaften. Deshalb sie sind die Grundstoffe einer ganzen Reihe neuer und vielversprechender Produkte und Entwicklungen: großflächige Lichtquellen (Abb. 4.1), extrem dünne, hochauflösende und selbstleuchtende Farbbildschirme (Abb. 4.2) in elektronischen Geräten, Transistoren und andere elektronische Bauelemente in integrierten elektronischen Schaltungen (Abb. 4.3), die ähnlich gedruckt werden können, wie eine Zeitung („von der Rolle auf die Rolle"), und flexible Solarzellen (Abb. 4.4) sind die wichtigsten Beispiele.

Noch Anfang der 1990er Jahre waren Begriffe wie OLED (organic light emitting device) oder OFET (organic field effect transistor) nur wenigen Experten bekannt und die oben erwähnten Produkte waren höchstens eine Zukunftsvision. Mit der OLED aus zwei Laboratorien in den USA und in England begannen damals die technischen Entwicklungen der organischen Elektronik. Zu Beginn waren sie sehr

---

Markus Schwoerer (✉)
Universität Bayreuth, 95440 Bayreuth
E-mail: markus.schwoerer@uni-bayreuth.de

**Abb. 4.2** OLED-TV-Bildschirm, SONY, Diagonale: 27 inch

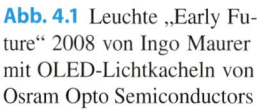

**Abb. 4.1** Leuchte „Early Future" 2008 von Ingo Maurer mit OLED-Lichtkacheln von Osram Opto Semiconductors

**Abb. 4.3** Das komplett im Rollenverfahren gedruckte RFID-„Etikett" enthält organische Transistoren. PolyIc [20]

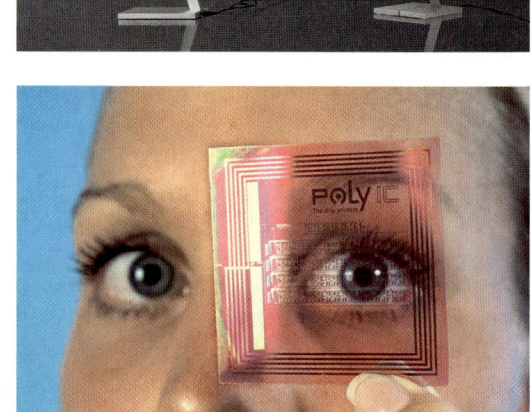

**Abb. 4.4** Organische Polymer-Fulleren-Solarzelle, auf ein flexibles Substrat gedruckt. Experimentelle Physik VI, Julius-Maximilians-Universität Würzburg und [6]

zaghaft. Nachdem jedoch die einfache Herstellung und die hohe Energie-Effizienz organischer elektronischer Bauelemente erkannt und im Labor realisiert waren, wurde diese Entwicklung weltweit rasant intensiviert. Derzeit wird der jährliche Umsatz allein für die OLED-Bildschirme (OLED-Displays) auf mehrere Milliarden US-Dollar vorhergesagt. Dazu muss allerdings noch viel Entwicklungsarbeit geleistet werden, denn trotz der schon realisierten Vorteile der großen Helligkeit, der kleinen Blickwinkelabhängigkeit, der extrem dünnen Bauweise und der niedrigen Herstellungskosten besitzen die optoelektronischen und elektronischen Bauteile aus organischen Verbindungen noch Optimierungsbedarf: z. B. ist ihre Betriebslebensdauer zwar schon jetzt erstaunlich lang, aber sie erfüllt noch nicht in allen Details die Anforderungen eines soliden Marktes.

Die begrenzte Betriebslebensdauer rührt u. a. von der chemischen Reaktivität der organischen Halbleiter mit Luft (Sauerstoff und Wasser) und ultraviolettem Licht her. Die Vermeidung der Degradation erfordert gezielte Variation und höchste Reinigung der verwendeten organischen Materialien sowie perfekte Kapselung der Bauelemente. Zur weiteren Entwicklung der organischen Elektronik werden deshalb auch künftig noch viele Physiker, Chemiker und Ingenieure gebraucht, die gut kooperieren müssen.

Warum begann die technische Nutzung *organischer* Halbleiter erst so viele Jahre nach dem Beginn der Technik mit *anorganischen* Halbleiterbauelementen? Die ersten Feldeffekttransistoren konstruierte der deutsche Physiker Oskar Heil schon 1934 mit Kupferoxidul oder Tellur, also mit anorganischen Halbleitern. Mit dem Bau des Germanium Transistors, für den William B. Shockley, John Bardeen und Walter Brattain 1956 mit dem Nobelpreis ausgezeichnet wurden, begann Anfang der 1950er Jahre der unaufhaltsame Sieg der *anorganischen* Halbleitertechnik über die bis dahin und noch viele Jahre später dominierende Röhrentechnik. Hat man damals noch nicht gewusst, dass es auch *organische* Halbleiter gibt? Doch, schon 1906 hat Alfredo Pochettino (Abb. 4.5) entdeckt, dass der Anthracen-Kristall (Abb. 4.6) ein **Photoleiter** ist. Als Photoleiter bezeichnet man einen Halbleiter, der ohne Belichtung ein Isolator, mit Belichtung jedoch elektrisch leitfähig ist. Nach dem Abschalten der Belichtung wird er „sofort" wieder vom Halbleiter zum Isolator. Man wusste seit Anfang des 20. Jahrhunderts auch, dass der Anthracen-Kristall und ähnliche organische Kristalle *fluoreszieren*: bei UV-Bestrahlung emittieren sie sichtbares Licht mit einem materialspezifischen optischen Spektrum. Und schon Mitte der 1960er Jahre haben der amerikanische Physiker Martin Pope und die deutschen Physiker Wolfgang Helfrich und E. G. Schneider die ersten OLEDs aus Anthracen-Kristallen hergestellt, bei denen die Fluoreszenz nicht durch UV-Bestrahlung, sondern von einem kleinen elektrischen Strom erzeugt wird.

**Abb. 4.5** Alfredo Pottechino hat 1906 entdeckt, dass der Anthracen-Kristall ein Photoleiter ist

Außerdem existiert schon seit 1975 eine großtechnische Anwendung *organischer* Halbleiter, die wir massenhaft verwenden: die Xerografie (das „Trockenschreiben") mit Photokopierern oder Laserdruckern. Kennen Sie den Aufbau des „Herzstücks" und den Ablauf der elementaren Prozesse in diesen Apparaten? Sie sind im Prinzip sehr einfach und werden z. B. bei Wikipedia gut beschrieben (http://de.wikipedia.org/wiki/Elektrofotografie). Das zentrale Element dabei ist eine dünne Photoleiter-

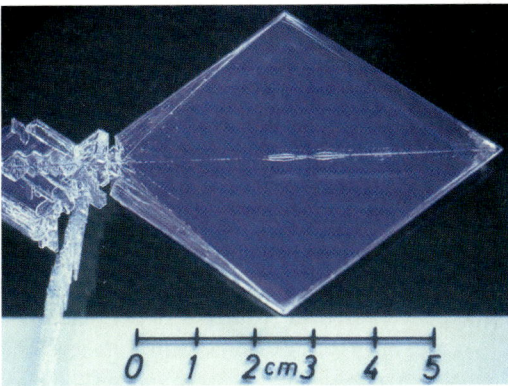

**Abb. 4.6** Großer, dünner hochgereinigter Anthracen-Einkristall, gezüchtet durch Sublimation aus dem Anthracen-Dampf (Norbert Karl, Universität Stuttgart)

schicht auf der metallischen Zylinderfläche einer Trommel, die Bildtrommel oder Photoleitertrommel genannt wird. Bis etwa 1975 wurde Selen für diese Photoleiterschicht benutzt. Seither jedoch werden fast ausschließlich *organische* Photoleiterschichten verwendet.

Die oben gestellte Frage, warum die technische Entwicklung der organischen Halbleiter zu den eingangs erwähnten spektakulären Anwendungen wie OLEDs, OFETs, organische Displays etc. erst in den 1990er Jahren begonnen hat, ist damit nicht beantwortet. Ich werde darauf im letzten Abschnitt dieses Essays zurückkommen. In den folgenden Abschnitten werde ich zuerst die elementaren physikalischen Grundlagen der organischen kristallinen und nichtkristallinen Festkörper behandeln, denn die sind zum Verständnis der organischen elektronischen Bauelemente notwendig. Dabei setze ich voraus, dass Ihnen elementare Kenntnisse der elektrischen Leitfähigkeit, der Atomphysik, der chemischen Bindung, der Festkörperphysik und der Quantentheorie bekannt sind. Auf längere theoretische Behandlungen werde ich verzichten und stattdessen anschauliche Bilder und Diagramme verwenden. Erst im Abschn. 4.7 werde ich dann den aktuellen Stand der Technik mit organischen Halbleitern skizzieren. Bei Ihrer Lektüre wird dieser sich schon wieder deutlich geändert haben. Eine kompakte Darstellung finden Sie im Mai-Heft 2008 des Physikjournals [1]. Ein Blick ins Internet, z. B. unter dem Stichwort „OLED" bei Google, kann auch nicht schaden.

## 4.2 Woraus bestehen Organische Halbleiter?

Alle organischen Halbleiter sind Festkörper aus solchen organischen Molekülen, also aus solchen Verbindungen der Kohlenstoffatome, die ein *konjugiertes $\pi$-Elektronensystem* besitzen. Davon gibt es ungezählt viele und es werden noch immer neue synthetisiert. Die Phantasie der präparativ arbeitenden organischen Chemiker und deren Kunst sind wahrhaft bewundernswert! Die Festkörper können Einkristalle sein (Abb. 4.6), in denen jedes Molekül einen wohldefinierten Platz und eine wohldefinierte Orientierung besitzt (siehe Abschn. 4.3), oder die Moleküle können auch ungeordnet kondensiert sein. Die physikalischen Eigenschaften von Einkristallen sind in vieler Hinsicht einfacher zu verstehen, als die ungeordneter molekularer Festkörper. Aber für die organische Elektronik sind fast ausschließlich ungeordnete und sehr dünne Schichten tauglich.

**Was ist ein konjugiertes $\pi$-Elektronensystem?** Das Anthracen ($C_{14}H_{10}$), das z. B. im Steinkohleteer vorkommt, ist ein ebenes Molekül (Abb. 4.7). Es enthält 14 C-Atome. Jedes C-Atom ist mit jeweils zwei oder drei benachbarten C-Atomen chemisch gebunden. Die C-Atome mit nur zwei gebunden benachbarten C-Atomen sind jeweils noch mit einem H-Atom chemisch gebunden. Diese drei starken Bindungen eines jeden C-Atoms werden $\sigma$-Bindungen genannt. Jede $\sigma$-Bindung erfordert *ein* Valenzelektronenpaar, also *ein* Valenzelektron pro Bindungspartner. Für alle $\sigma$-Bindungen werden also pro C-Atom *drei* Valenzelektronen gebraucht.

Kohlenstoff ist jedoch vierwertig. Das vierte Valenzelektron eines jeden C-Atoms in diesen Molekülen ist ein $2p_z$-Elektron. Dabei bedeutet $z$ die Richtung senkrecht auf der Molekülebene. Die $2p_z$-Wellenfunktion, also auch die Dichteverteilung der $2p_z$-Elektronen, besitzt in der Molekülebene einen Knoten. Sie hat also bei $z = 0$ den Wert 0, und die Schwerpunkte der Dichteverteilung der $2p_z$-Elektronen liegen

**Abb. 4.7** *Oben*: Gesamte Verteilung der $\pi$-Elektronen im elektronischen Grundzustand des Anthracen-Moleküls, $C_{14}H_{10}$. Der Rand wurde so gewählt, dass etwa 90 % der gesamten Elektronendichte erfasst sind. *Mitte*: Verteilung eines $\pi$-Elektrons im höchsten besetzten Molekülorbital (HOMO). *Unten*: Verteilung eines $\pi$-Elektrons im tiefsten nicht besetzten Molekülorbital (LUMO). Die Abbildung wurde von M. Mehring zur Verfügung gestellt

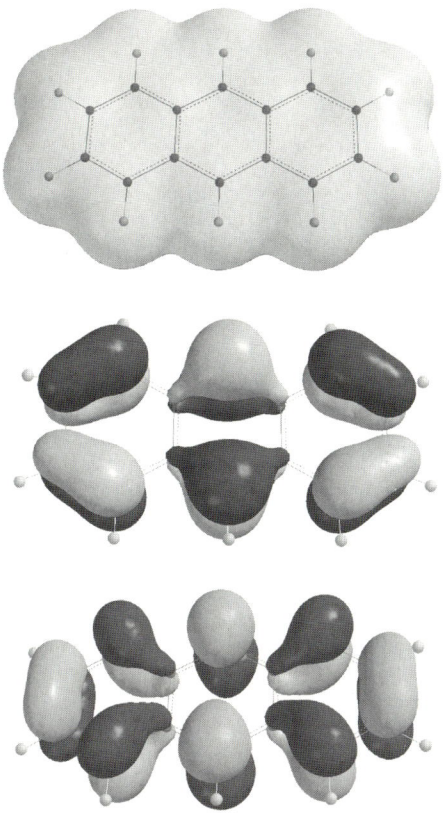

oberhalb und unterhalb der Molekülebene (siehe z. B. Abb. 4.8). Auch die $2p_z$-Elektronen tragen zur chemischen Bindung im Molekül bei, allerdings nur schwach im Vergleich zu den $\sigma$-Elektronen in der Molekülebene. Das liegt an der kleinen Überlappung der $2p_z$-Wellenfunktionen benachbarter C-Atome. Der Abstand benachbarter C-Atomkerne ist nämlich im Wesentlichen durch die harten $\sigma$-Bindungen und die Kernabstoßung vorgegeben.

Alle $2p_z$-Elektronen eines Moleküls, z. B. alle vierzehn $2p_z$-Elektronen des Anthracen-Moleküls, bilden ein gekoppeltes System, das als *konjugiertes $\pi$-Elektronensystem* bezeichnet wird. Alle $\pi$-Elektronen eines Moleküls sind innerhalb des Moleküls delokalisiert, ebenso wie auch die Elektronen eines Atoms innerhalb der Atom-Wellenfunktionen delokalisiert sind.

Die Wellenfunktionen der Moleküle nennt man Molekülorbitale (MO). Wie bei den Atomen besitzt jedes MO einen Eigenwert der Energie. Das energetisch höchste MO, welches mit einem oder zwei Elektronen besetzt ist, nennt man HOMO (highest occupied molecular orbital). In dieser Hinsicht entspricht es z. B. dem $1s$ Atomorbital beim H-Atom. Das energetisch tiefste MO, welches im elektronischen Grundzustand eines Moleküls *nicht* mit Elektronen besetzt ist, nennt man LUMO (lowest unoccupied molecular orbital). Im H-Atom würde das dann den $2s$ oder $2p$ Wellenfunktionen entsprechen.

Für das einfachste Beispiel eines konjugierten $\pi$-Elektronensystems, dem Ethen ($C_2H_4$), sind in Abb. 4.8 die MOe veranschaulicht und die zugehörigen Energie-Eigenwerte in einem Termschema dargestellt. Den Nullpunkt der Energie kann man

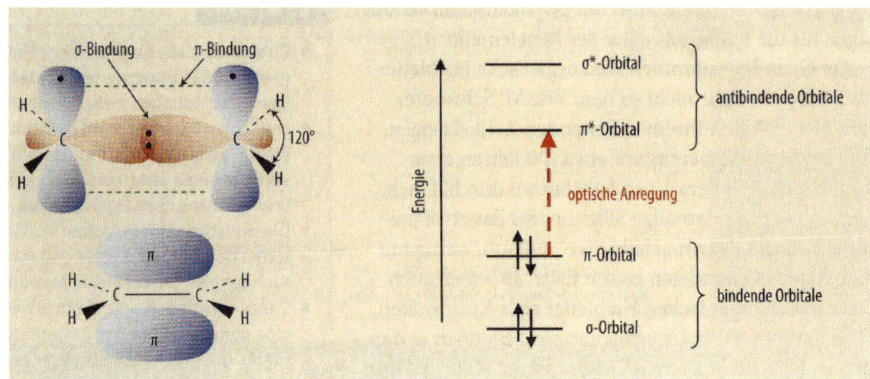

**Abb. 4.8** Ethen ist das einfachste Molekül mit $\sigma$-Bindungen und konjugierten $\pi$-Bindungen. Um das elektronische Termschema zu erläutern geht man in Gedanken am einfachsten von einem Energienullpunkt aus, den man sich halbwegs zwischen den Termen des $\pi$- und des $\pi^*$-Orbitals denkt. Dieser Nullpunkt ist die Energie des Moleküls, wenn man die beiden C–C-Bindungen in Gedanken vernachlässigt. Beide führen zu einer Verminderung der Energie: das $\sigma$-Orbital liegt tiefer, als das $\pi$-Orbital und beide liegen tiefer als der Nullpunkt, beide tragen also zur Bindung bei. Die je zwei, insgesamt also vier Elektronen der C–C-Bindung besetzen im elektronischen Grundzustand die beiden Terme $\sigma$ und $\pi$, jeweils mit antiparallelem Spin. Der Grundzustand besitzt daher keinen Gesamtspin. Zustände mit der Gesamtspinquantenzahl $S = 0$ heißen Singulett-Zustände. Der energetisch niederste elektronische *Anregungs*zustand ist ein Zustand der $\pi$-Elektronen und heißt $\pi\pi^*$-Anregungszustand. Dabei wird ein Elektron aus dem $\pi$-Orbital in das $\pi^*$-Orbital angeregt. Der $\pi\pi^*$-Zustand kann entweder die Gesamtspinquantenzahl $S = 0$ oder $S = 1$ besitzen. Bei den Zuständen mit $S = 1$ sind die Spins der Elektronen im $\pi$-Orbital und im $\pi^*$-Orbital parallel. Diese Zustände heißen Triplettzustände.

Das im elektronischen Grundzustand energetisch höchste besetzte Molekülorbital wird in allen Molekülen als HOMO (highest occupied molecular orbital) und das niederste nicht besetzte als LUMO (lowest unoccupied molecular orbital) bezeichnet

sich halbwegs zwischen dem HOMO und dem LUMO denken. Er entspricht dann der Energie der beiden weit entfernt, also nicht gebunden gedachten CH$_2$-Gruppen. Die Absenkung der Energie zum HOMO ist dann der Beitrag der $2p_z$-Elektronen zur chemischen Bindung. Er ist kleiner als der Beitrag der $\sigma$-Elektronen.

Die energetisch kleinste optische Anregung ist der Übergang *eines* $\pi$-Elektrons vom HOMO zum LUMO. Die Energie des LUMO liegt über dem gedachten Nullpunkt, ist also größer als die Energie der freien CH$_2$-Gruppen. Die Anregung des LUMO aus dem HOMO lockert also die chemische Bindung. Aber das Molekül fällt deshalb nicht auseinander, denn die $\sigma$-Bindungen sind viel stärker als die $\pi$-Bindungen.

Die *optischen Anregungen*, mit denen wir es in diesem Artikel zu tun haben, sind immer Anregungen des $\pi$-Elektronensystems. Und die *Ladungsträger* (Elektronen oder Defektelektronen) in den organischen Halbleitern sind ebenfalls Elektronen oder Defektelektronen in $\pi$-Orbitalen! Und auch die schwache *intermolekulare* Bindung der Moleküle im molekularen Festkörper, die van der Waals-Kraft (siehe Abschn. 4.3), wird von den konjugierten $\pi$-Elektronensystemen bestimmt.

Es existieren hunderte verschiedener Moleküle, die in kondensiertem, also festem Zustand als organische Halbleiter verwendet werden. Sie alle besitzen ein konjugiertes $\pi$-Elektronensystem. Aber es müssen nicht reine Kohlenwasserstoffe sein. Auch Moleküle mit *Heteroatomen* wie N oder S werden eingesetzt. Es müssen auch nicht kleine Moleküle, es können auch *Polymere* sein. Ein Polymer ist ein „Rie-

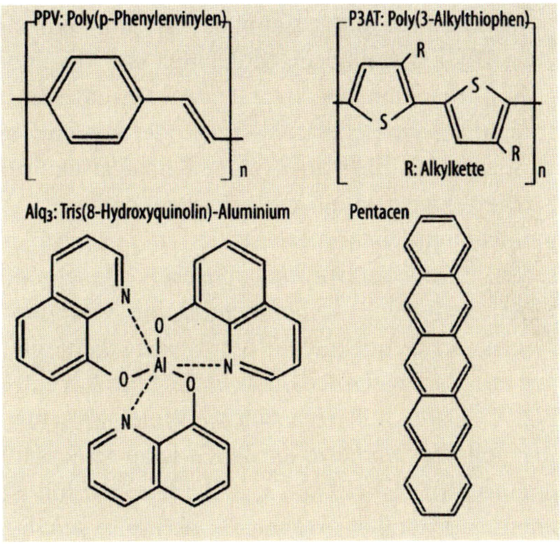

**Abb. 4.9** Strukturen einiger Moleküle mit konjugierten $\pi$-Elektronen. Solche und viele andere organischen Moleküle mir konjugierten $\pi$-Elektronensystemen bilden die molekularen Bausteine für die Materialien der organischen Elektronik

senmolekül" mit identischen Wiederholeinheiten, die alle gleich und kovalent chemisch gebunden sind. Alle diese Moleküle oder Polymere mit einem konjugierten $\pi$-Elektronensystem unterscheiden sich in kleinen, aber für ihren technischen Einsatz äußerst wichtigen Eigenschaften, z. B. in ihrer Löslichkeit, oder in der Wellenlänge (Farbe) ihrer Lumineszenz beim LUMO $\rightarrow$ HOMO Übergang, oder in ihrer Ionisationsenergie oder in ihrer Elektronenaffinität.

Abbildung 4.9 zeigt die Strukturen von vier verschiedenen Prototypen der Moleküle oder Polymere für organische Halbleiter-Bauelemente. PPV ist ein Kohlenwasserstoff-Polymer. In der dargestellten Form ist es unlöslich. 5-Ringe mit einem S im Ring des konjugierten $\pi$-Elektronensystems werden als Thiophene bezeichnet. Alkylketten können zur Löslichkeit von Polymeren führen. Sehr charakteristische und wichtige Anwendungen besitzen organische Halbleiter aus Al$q_3$. Dabei bindet das zentrale Al drei Hydroxychinolin-Moleküle, also drei konjugierte $\pi$-Elektronensysteme. Beim Chinolin (= 1-Azanaphthalin) ist ein C des Naphthalin durch ein N ersetzt. Pentacen gehört in die Reihe der *Polyacene*: Benzol, Naphthalin, Anthracen, Tetracen, Pentacen. In dieser Reihenfolge wird auch der HOMO-LUMO-Abstand immer kleiner, also die Wellenlänge der Lumineszenz immer länger: von 254 nm beim Benzol bis 582 nm beim Pentacen oder von UV bis rot.

## 4.3 Was die Moleküle zusammenhält – Kräfte und Strukturen

Die Moleküle der organischen Halbleiter besitzen keine freien Valenzen. Darin unterscheiden sie sich von den Atomen, die mit Ausnahme der Edelgase freie Valenzen besitzen und deshalb mit Atomen der gleichen oder anderer Elemente starke chemische Bindungen bilden können. Sie binden sowohl die Atome in Molekülen, als auch die Atome in vielen Kristallen, z. B. die Si-Atome im Silizium-Kristall oder die C-Atome im Diamant oder im Graphit. Weil jedoch die Moleküle der organischen Halbleiter *keine* freien Valenzen besitzen, können sie *nicht mit Hilfe der kovalenten Bindung* zu Festkörpern kondensieren. Gleiche Moleküle können es auch *nicht mit Hilfe der Ionenbindung*, denn sie sind elektrisch neutral.

Was hält sie also zusammen? Warum kann sich aus dem Anthracen-Dampf aus etwa $10^{21}$ (!) Anthracen Molekülen ein so wunderbar großer Anthracen-Einkristall (Abb. 4.6) bilden, den Sie mit etwas Geschick auch selbst züchten können? Wie groß sind die *inter*molekularen Kräfte oder wie groß sind die *inter*molekularen Wechselwirkungspotentiale, und welche Kristallstrukturen besitzen die Kristalle?

Die Antworten auf diese Fragen sind zum Verständnis *aller* Eigenschaften der molekularen Festkörper wichtig, zu den mechanischen ebenso wie zu den elektrischen, elektronischen und optischen. Dazu gehört auch die sehr charakteristische Eigenschaft des Energietransports durch Excitonen (Abschn. 4.5).

Eine erste, qualitative, sehr anschauliche und wichtige Antwort auf diese Fragen erhält man aus der Beobachtung des Kristallwachstums. Anthracen schmilzt bei 216 °C. Dabei zersetzen sich die Moleküle selbst *nicht*. Bei der unkontrollierten Erstarrung der Schmelze entsteht wieder teilkristallines festes Anthracen. Die besten organischen *Einkristalle*, z. B. Anthracen-Einkristalle (Abb. 4.6), werden durch *Sublimation* gezüchtet. Anthracen sublimiert schon bei Raumtemperatur. Dabei entfernen sich Anthracen-Moleküle vom Kristallverband direkt in die Dampfphase. Bei der Sublimations-Kristallzucht wird deshalb teilkristallines, zuvor hoch gereinigtes Anthracen vom Boden einer evakuierten Glasdose bei einer Temperatur $T_2$ nahe der Raumtemperatur sublimiert (Abb. 4.10). Der Deckel der Dose wird auf eine Temperatur $T_1$ gekühlt, die etwas kleiner ist als die Temperatur $T_2$ des Bodens. Dort kondensiert der Dampf in Form großer einkristalliner Kristallplättchen.

Schon aus diesem einfachen Experiment lernt man eine der wichtigsten Eigenschaften organischer Festkörper: die *inter*molekulare Wechselwirkung ist kleiner als die *intra*molekulare. In den organischen Festkörpern herrscht also eine *Hierarchie der Kräfte*, die z. B. im Silizium-Kristall nicht existiert.

Übrigens *reinigt* die Sublimation auch. Typische Verunreinigungen eines organischen Festkörpers sind chemisch verwandte Moleküle, z. B. Tetracen-Moleküle im Anthracen-Kristall. Man bezeichnet sie oft als *Gastmoleküle im Wirtskristall*. Viele Verunreinigungen verbleiben bei der Sublimation bevorzugt im Ausgangsmaterial. Damit können Sublimationskristalle eine extreme Reinheit erhalten. Zum Beispiel wurde die Konzentration von Verunreinigungen, welche die Beweglichkeit der Ladungsträger im Anthracen-Kristall begrenzen (und damit auch dessen spezifische Leitfähigkeit) durch die Sublimation extrem reduziert. Gute Werte für die Konzentration von Verunreinigungen sind $1:10^8$ mol pro mol, aber auch $1:10^{12}$ mol pro mol wurde berichtet. Solche Reinheiten sind mit chemischen Methoden nicht zu erreichen, für physikalische Anwendung jedoch oft sehr wichtig. Nicht umsonst be-

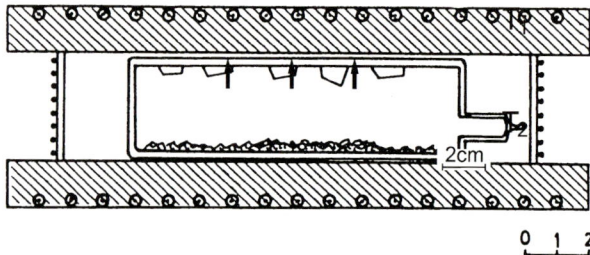

**Abb. 4.10** Anordnung zur Plattensublimation. Die Temperatur des Deckels ist etwas kleiner als die Temperatur des Bodens, sodass sich das Sublimat bei hinreichend langsamer Versuchsführung als Kristall am Deckel abscheiden kann. Nach Karl [7]

nötigt die Halbleiterindustrie deshalb Reinräume. Das gilt auch für die Präparation von Bauelementen der organischen Elektronik.

Zu einer ersten *quantitativen* Antwort nach der Frage der *inter*molekularen Wechselwirkung existiert ein einfaches Experiment, die Messung der *Sublimationswärme*. Das ist die Wärme $\Delta H$, die dem festen Material zugeführt werden muss um es zu sublimieren. Dieses Experiment wurde z. B. für 16 verschiedene organische Festkörper aus Kohlenwasserstoffmolekülen durchgeführt, die sich alle in ihrer Molekülmasse $m$, also in ihrer Größe unterscheiden. Das Ergebnis ist überraschend: $\Delta H$ ist proportional zu $m$. Im Klartext heißt das, dass die intermolekulare Bindung etwa proportional zur Zahl der C-Atome im Molekül ist. Zum Beispiel wird zur Entfernung eines Anthracen-Moleküls aus dem Kristallverband ins Vakuum etwa 1 eV an thermischer Energie benötigt. Die Energie, mit der ein organisches Molekül im Festkörper gebunden ist, muss also etwa 70 meV pro C-Atom betragen. Im Diamant hingegen beträgt die Bindungsenergie pro C-Atom 7,4 eV, und im Silizium-Kristall 4,6 eV pro Si-Atom.

Alle diese Werte müssen verglichen werden mit der mittleren thermischen Energie bei Raumtemperatur: bei $T = 300$ K ist $k_B T = 26$ meV. Damit verstehen Sie sofort, warum ein Anthracen-Kristall bei Raumtemperatur sublimiert und ein Silizium-Kristall nicht. Und Sie ahnen auch warum ein Diamant hart und ein organischer Molekülkristall weich ist.

Genauere Vorstellungen, und vor allem Werte zur intermolekularen Wechselwirkung erhält man aus den Kristallstrukturen. Sie wurden für viele Molekülkristalle mit den üblichen Methoden der Röntgenstrahl-Beugung ermittelt. Abbildung 4.11 zeigt die Einheitszellen für die Polyacenreihe Naphthalin, Anthracen, Tetracen und Pentacen. Sie alle enthalten zwei verschieden orientierte Moleküle. (Bei der Abzählung dürfen Moleküle auf den Ecken der Einheitszelle nur zu $\frac{1}{8}$ und solche auf den Flächen der Einheitszelle nur zu $\frac{1}{2}$ gezählt werden.) Die Gitterparameter $a$, $b$ und $c$ sowie die Winkel $\alpha$, $\beta$ und $\gamma$ zwischen diesen Achsen (z. B. $\alpha = $ *Winkel* $(b, c)$) sind in der Tab. 4.1 aufgelistet. Zusätzlich dazu sind auch alle Winkel zwischen den drei Hauptachsen der beiden verschieden orientierten Moleküle und den Kristallachsen ebenfalls gemessen worden. Sie finden sie z. B. in [2].

| | Nph $C_{10}H_8$ | Ac $C_{14}H_{10}$ | Tc $C_{18}H_{12}$ | Pc $C_{22}H_{14}$ | Hc $C_{26}H_{16}$ |
|---|---|---|---|---|---|
| Kristallstruktur | monoklin | monoklin | triklin | triklin | triklin |
| Raumgruppe | $P2_{1/a}$ | $P2_{1/a}$ | $P1$ | $P1$ | $P1$ |
| a/Å | 8.24 | 8.56 | 7.90 | 7.90 | 7.9 |
| b/Å | 6.00 | 6.04 | 6.03 | 6.06 | 6.1 |
| c/Å | 8.66 | 11.16 | 13.53 | 16.01 | 18.4 |
| $\alpha$/° | 90.0 | 90.0 | 100.3 | 101.9 | 102.7 |
| $\beta$/° | 122.9 | 124.7 | 113.2 | 112.6 | 112.3 |
| $\gamma$/° | 90.0 | 90.0 | 86.3 | 85.8 | 83.6 |
| V/Å³ | 360 | 474 | 583 | 692 | 800 |
| Z | 2 | 2 | 2 | 2 | 2 |
| $d_{cal}$/(g/cm³) | 1.17 | 1.24 | 1.29 | 1.33 | 1.35 |
| $d_{exp}$/(g/cm³) | 1.15 | 1.25 | 1.29 | 1.32 | 1.34 |

**Tabelle 4.1** Kristallographische Daten von Naphthalin (Nph), Anthracen (Ac), Tetracen (Tc), Pentacen (Pc) und Hexacen (Hc). $V$ = Volumen, $d$ = Dichte, $Z$ = Zahl der Moleküle in der Einheitszelle

Mit Hilfe dieser und ähnlicher Daten ist es möglich die intermolekulare Wechselwirkung quantitativ modellartig zu beschreiben, also die Frage zu beantworten,

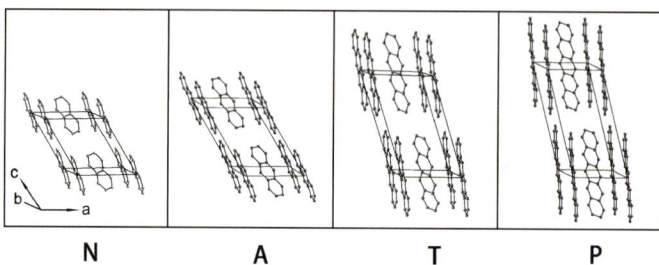

**Abb. 4.11** Kristallstrukturen von Naphthalin, Anthracen, Tetracen, Pentacen. Diese aromatischen Verbindungen kristallisieren im Fischgrät-Muster mit zwei verschieden orientierten Molekülen pro Einheitszelle. Kristallstrukturdaten: siehe Tab. 4.1

warum sich die Moleküle, die weder eine Ladung, noch ein permanentes elektrisches Dipolmoment, noch freie Valenzen enthalten, überhaupt anziehen und im Kristallverband einen wohldefinierten Abstand und eine wohldefinierte relative Orientierung besitzen.

Ausgangspunkt ist das Modell der van der Waals-Wechselwirkung der Edelgasatome. Auch sie besitzen weder freie Valenzen noch Ladung und auch kein statisches Dipolmoment. Aber Edelgas-Atome sind keine starren Gebilde, sondern polarisierbar: Die Schwerpunkte der positiven Ladung des Atomkerns und der negativen Ladung der beiden Elektronen fallen zwar im zeitlichen Mittel zusammen, aber in einem elektrischen Feld werden diese beiden Schwerpunkte voneinander entfernt und zwar in Richtung der Feldlinien, so dass das induzierte Dipolmoment parallel zum induzierenden elektrischen Feld orientiert ist.

Bisher folgt daraus noch keine Bindung. Denn für die Bindung ist kein von außen angelegtes elektrisches Feld nötig. Aber weil die Edelgas-Atome polarisierbar, also nicht starr sind, existiert im Edelgasatom auch ohne ein äußeres elektrisches Feld ein *fluktuierendes Dipolmoment*, das nur im zeitlichen Mittel verschwindet. Dieses fluktuierende Dipolmoment erzeugt wie jedes Dipolmoment ein elektrisches Feld, das dann natürlich ebenfalls um den Mittelwert Null fluktuiert. Dieses fluktuierende Dipolfeld eines Edelgasatoms polarisiert ein benachbartes Edelgasatom so, dass beide Dipolmomente immer gegenseitig so orientiert sind, dass sie sich anziehen (Abb. 4.12). Sie können sich das leicht klar machen, indem sie die stumpfen Enden der Pfeile in der Abb. 4.12 jeweils mit einem − für die negative und die spitzen mit

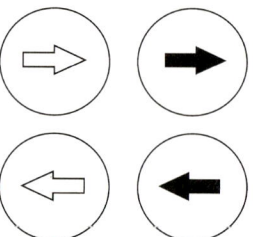

**Abb. 4.12** Zur van der Waals-Wechselwirkung: Ein unpolares Molekül kann ein fluktuierendes Dipolmoment besitzen (*dunkler Pfeil*) und damit in einem unpolaren, aber polarisierbaren benachbarten Molekül einen Dipol (*heller Pfeil*) induzieren. Dessen Orientierung richtet sich nach der jeweiligen Orientierung des induzierenden Dipols. Die Dipol-Dipol-Wechselwirkungsenergie ist dabei anziehend

einem + für die positive Ladung markieren, und dann über alle vier auftretenden interatomare Ladungspaare die Coulomb-Wechselwirkung aufsummieren. Da diese bei heteropolaren Paaren anziehend und bei homöopolaren abstoßend und jeweils proportional zu $1/r^2$ ist ($r$ ist der Abstand der Ladungen) bleibt bei der Summe über die vier Summanden immer eine Anziehung übrig und zwar unabhängig davon wie das fluktuierende Dipolmoment relativ zur Verbindungsachse der beiden Atome orientiert ist.

Die theoretische Behandlung dieses Modells ist eine lohnende Übungsaufgabe (siehe z. B. [2]) und ergibt das Potential $V_{\text{vdW}}$ der van der Waals-Wechselwirkung zweier Edelgasatome im Abstand $r$:

$$V_{\text{vdW}} = -\frac{A}{r^6} \, . \tag{4.1}$$

$A$ ist eine Konstante, die für jedes Edelgas verschieden ist und die uns hier noch nicht zu interessieren braucht. Bemerkenswert ist jedoch die Abstandsabhängigkeit $1/r^6$: im Vergleich zum Potential der Coulomb-Wechselwirkung zwischen zwei Punktladungen ($1/r$) oder auch zum Potential der Dipol-Dipol-Wechselwirkung zwischen zwei *permanenten* Dipolen ($1/r^3$) ist die Reichweite des van der Waals-Potentials also *extrem kurz*. Sie ist außerdem immer anziehend. Dazu kommt bei kleinem Abstand der Atome natürlich die Coulomb-Abstoßung der inneren Elektronenhüllen bzw. der Kerne. Ohne sie würde alles kollabieren. Für das Abstoßungspotential rechnet man oft mit einem positiven exponentiellen Ansatz:

$$V_{\text{Abst.}} = B \cdot e^{-\alpha r} \, . \tag{4.2}$$

$B$ und $\alpha$ sind wieder atomspezifische Konstanten. Die Summe von Abstoßung (4.2) und Anziehung (4.1) ergibt das Gesamtpotential der van der Waals-Bindung, das auch als Buckingham-Potential oder exp-6-Potential bezeichnet wird:

$$V = V_{\text{Abst.}} + V_{\text{vdW}} = -\frac{A}{r^6} + B e^{-\alpha r} \, . \tag{4.3}$$

Dieses Modell ist jedoch nicht unmittelbar auf die Bindung der organischen Moleküle anwendbar, denn es setzt voraus, dass der Abstand $r$ eindeutig definiert werden kann. Ein Blick auf die Kristallstrukturen (Abb. 4.11) zeigt jedoch, dass die Ausdehnung der Moleküle nur wenig kleiner ist als der Abstand ihrer Schwerpunkte. Die van der Waals-Wechselwirkung zweier großer Moleküle muss deshalb differenzierter behandelt werden als die Wechselwirkung zweier Edelgasatome, deren Atomradius im Vergleich zu ihrem Schwerpunktsabstand klein ist.

Zur Berechnung der van der Waals-Wechselwirkung zweier organischer Moleküle hat deshalb der russische Physiker Kitaigorodskii vorgeschlagen, das intermolekulare Potential als Summe von Atom-Atom-Potentialen zu berechnen, die jeweils die Form (4.3) haben. Dabei ist r jeweils der Abstand zwischen einem Atom in einem beliebigen Molekül von einem Atom in einem benachbarten zweiten Molekül. Für jedes vorkommende Atom-Atom-Paar werden jeweils die drei Parameter A, B und $\alpha$ benötigt. Für die Bindung von Kohlenwasserstoff-Molekülen benötigt man deshalb je drei Parameter für die drei vorkommenden Atom-Atom-Paare C–C, C–H und H–H. Zusammen sind das 9 Parameter (Tab. 4.2). Die daraus resultierenden Atom-Atom-Potentiale zeigt die Abb. 4.13. Zur Berechnung der gesamten Bindungsenergie eines Moleküls im Kristall müssen dann alle Atom-Atom-Potentiale zwischen

**Tabelle 4.2** Parameter des exp-6-Potentials (4.3) für die drei verschiedenen Atom-Atom-Paare benachbarter Kohlenwasserstoffmoleküle (nach Williams). das gesamte intermolekulare Potential ergibt sich aus der Summe aller Atom-Atom-Potentiale benachbarter Moleküle

| Atom-Paar | $A$<br>kcal Å$^6$ mol$^{-1}$ | $B$<br>kcal mol$^{-1}$ | $\alpha$<br>Å$^{-1}$ |
|---|---|---|---|
| C–C | 568 | 83.630 | 3,60 |
| C–H | 125 | 8766 | 3,67 |
| H–H | 27,3 | 2654 | 3,74 |

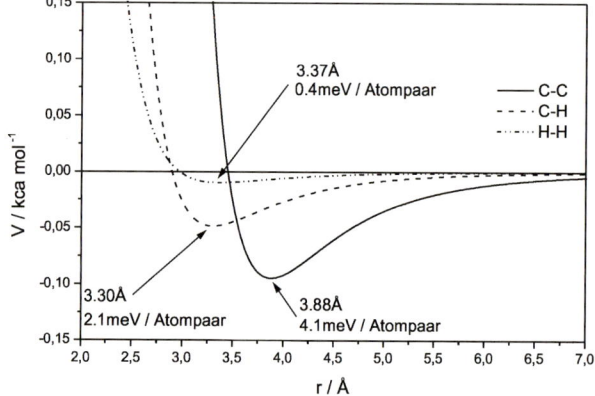

**Abb. 4.13** Atom-Atom-Potentiale. Zur konkreten Berechnung der intermolekularen Wechselwirkung von reinen aromatischen Kohlenwasserstoffen wird das Gesamtpotentialals Summe von Atom-Atom-Potentialen $V(r)$ berechnet. Dabei ist $r$ der Abstand der Atome benachbarter Moleküle. Jedes der drei möglichen Atompaare (C–C, C–H und H–H) benachbarter Moleküle ist durch einen eigenen Satz von Parametern definiert, der für alle vergleichbaren Moleküle gleich ist. Das gesamte intermolekulare Potential ist dann die Summe über alle Atom-Atom-Paare benachbarter Moleküle

jedem Atom eines Moleküls und allen Atomen aller benachbarter Moleküle aufsummiert werden. Wenn die Kristallstruktur und damit alle Atom-Atom-Abstände bekannt sind, ist das für einen Computer kein Problem. Ein Blick auf das Potential (4.3) zeigt darüber hinaus, dass die Zahl der relevanten Summanden nicht sehr groß sein kann, denn wegen der kurzen $1/r^6$-Reichweite des van der Waals-Potentials liefern übernächste Nachbarmoleküle höchstens noch ganz kleine Beiträge.

Der Satz der 9 Parameter gilt in erster Näherung für beliebige Festkörper aus Kohlenwasserstoff-Molekülen mit konjugierten $\pi$-Elektronensystemen. Er wurde nicht etwa theoretisch berechnet, sondern aus Kristallstrukturdaten und Sublimationswärmen vieler organischer Molekülkristalle experimentell ermittelt. Damit können nicht nur die Kristallstrukturen „verstanden" werden, sondern auch dynamische Kristalleigenschaften, die für das Verständnis des Transports von Ladung und Energie in organischen Festkörpern wichtig sind und die ich deshalb im nächsten Kapitel behandeln werde.

## 4.4 Innere Dynamik – Molekülschwingungen und Phononen

Alle Festkörper können statisch oder *dynamisch* deformiert werden. In molekularen Festkörpern existieren zwei verschiedene Sorten von dynamischen Deformationen: Innere Molekülschwingungen und äußere Molekülschwingungen oder Phononen. Beide sind *maßgeblich* an fast allen optischen und elektrischen Eigenschaften der organischen Festkörper beteiligt, in kristallinen ebenso wie in nichtkristallinen.

! Bei den **inneren Molekülschwingungen** schwingen die einzelnen Atome im Molekül um ihre Gleichgewichtslage. Der Molekülschwerpunkt bewegt sich dabei nicht. Die Frequenzen der inneren Molekülschwingungen in einem molekularen Festkörper sind im Wesentlichen die gleichen wie die der Molekülschwingungen in den freien Molekülen.

**Phononen** sind äußere Molekülschwingungen. Dabei schwingen die *gesamten* Moleküle, also entweder ihr Schwerpunkt oder ihre Orientierung um ihre Gleichgewichtslage. Abbildung 4.14 zeigt als Beispiel die 12 verschiedenen Auslenkungen der Moleküle aus ihrer Gleichgewichtslage in der Einheitszelle eines Naphthalin-Einkristalls. Sie werden weiter unten im Detail behandelt. Deren Frequenzen $\nu_{Ph}$, also die Frequenzen der Phononen, sind einerseits durch die Masse und die Trägheitsmomente der Moleküle, und andererseits durch deren *inter*molekulare Wechselwirkung bestimmt. In einem Einkristall ist die intermolekulare Wechselwirkung für jedes Molekül die gleiche. In einem ungeordneten molekularen Festkörper ist die intermolekulare Wechselwirkung von Molekül zu Molekül verschieden.

Die Unterscheidung zwischen inneren Molekülschwingungen und Phononen ist eine direkte Folge der Hierarchie der Kräfte in einem organischen Festkörper: Weil die intramolekularen Kräfte sehr viel größer sind als die intermolekularen, verändern sich alle intramolekularen Eigenschaften beim Übergang vom freien Molekül zum Festkörper nur wenig. Das gilt auch für die inneren Molekülschwingungen.

Warum ist es überhaupt interessant die Frequenzen $\nu$ der inneren und der äußeren Molekülschwingungen zu kennen, wo wir uns in diesem Artikel doch für die

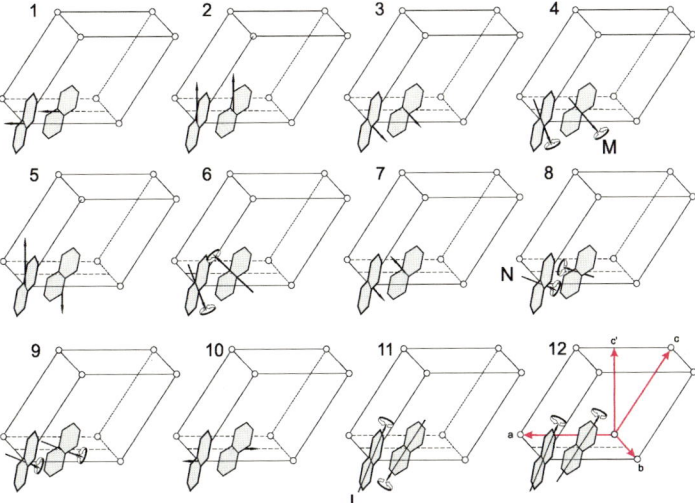

**Abb. 4.14** Auslenkungsvektoren der 12 Phononen im Naphthalin-Kristall bei $K = 0$. In jeder Mode schwingen bei $K = 0$ alle Einheitszellen konphas. Bei den Rotationsschwingungen 4, 9 und 12 schwingen die beiden Moleküle in der Einheitszelle konphas, und bei 6, 8 und 11 gegenphasig. N, M und L sind die normale, die lange und die mittlere Molekülachse. a, b und c sind die monoklinen Kristallachsen

optischen, elektronischen und optoelektronischen Eigenschaften organischer Festkörper interessieren? Die Antwort ist sehr einfach: alle diese Eigenschaften werden maßgeblich bestimmt durch die *Streuung* von Licht, beziehungsweise von Ladungsträgern oder von Excitonen. Alle diese Streuprozesse sind Quantenprozesse, bei denen Energie und Impuls von Photonen oder Ladungsträgern (Elektronen oder Defektelektronen) oder Excitonen auf die Molekülschwingungen übertragen werden (oder v. v.). Deshalb ist es wichtig die Spektren der Energie $h\nu$ der inneren Molekülschwingungen von molekularen Festkörpern ebenso zu kennen, wie die Spektren der Energie und des Impulses von deren Phononen.

Wie groß sind also diese Frequenzen und über welchen Frequenzbereich sind sie verteilt? Ein freies Molekül mit $N$ Atomen besitzt $3N - 6$ Eigenschwingungen. Ein freies Anthracen-Molekül, beispielsweise, besitzt also $3 \times 24 - 6 = 66$ **innere Eigenschwingungen**. Deren Frequenzen $\nu$ sind spektroskopisch gemessen worden. Sie reichen von 3,33 bis 93,2 THz. Das entspricht dem Energiespektrum $h\nu$ von 13,7 meV bis 385 meV. Nur 6 der 66 Anthracen-Eigenschwingungen besitzen eine Quantenenergie von weniger als 60 meV. Thermisch sind die meisten intramolekularen Schwingungen deshalb bei Zimmertemperatur fast nicht, oder überhaupt nicht angeregt, weil der Boltzmannfaktor $e^{-h\nu/k_B T}$ für sie immer verschwindend klein ist. Sie können das leicht nachrechnen. Das gilt aber nur für den elektronischen Grundzustand. Bei elektronischer Anregung, und damit bei den optischen Spektren der Moleküle und der molekularen Festkörper, spielen die intramolekularen Schwingungen jedoch eine dominierende Rolle (siehe Abschn. 4.5).

> **!** **Phononen**
>
> Die **Phononen** sind, wie erwähnt, Auslenkungen der gesamten, als starr angenommenen, Moleküle aus ihrer Ruhelage. Die 12 voneinander unabhängigen Auslenkungen der beiden verschieden orientierten Moleküle in der Einheitszelle des Naphthalin-Kristalls (Abb. 4.14) werden auch als die 12 Phononen-Moden bezeichnet. Alle diese 12 Schwingungen in einer Einheitszelle sind über die intermolekulare Wechselwirkung resonant gekoppelt mit jeweils derselben Schwingung in allen Einheitszellen. Deshalb ist jede dieser Moden eine **Welle**.

Für jede Mode wird die Auslenkung $u$ der beiden Moleküle aus ihrer Ruhelage in einer beliebigen Gitterzelle an ihrem Ort $\boldsymbol{r}$ zur Zeit $t$ durch die allgemeine Form einer Welle beschrieben (siehe Abb. 4.15):

$$u = u_0 \cos(\boldsymbol{K}\boldsymbol{r} - \Omega t) \,. \tag{4.4}$$

Dabei sind $u = u(\boldsymbol{r}, t)$ die Auslenkungen, $u_0$ die Maximalamplituden, $\boldsymbol{K}$ der Wellenvektor und $\Omega = 2\pi \nu_{Ph}$ die Kreisfrequenz des Phonons. $\boldsymbol{r}$ ist der Ortsvektor einer beliebigen Gitterzelle. Der Betrag des Wellenvektors $\boldsymbol{K}$ ist definiert durch die Wellenlänge $\lambda$ der Phononen:

$$|\boldsymbol{K}| = K = \frac{2\pi}{\lambda} \,. \tag{4.5}$$

Die Richtung von $\boldsymbol{K}$ ist die Richtung der Ausbreitung des Phonons. Der Quasiimpuls $\boldsymbol{p}$ Welle ist nach de Broglie das Produkt aus der Planckschen Konstante $\hbar$ und dem Wellenvektor:

$$\boldsymbol{p} = \hbar \boldsymbol{K} \,. \tag{4.6}$$

4 Organische Elektronik

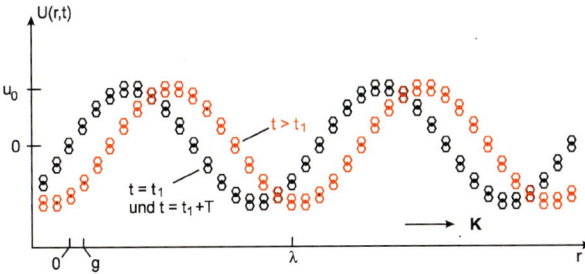

**Abb. 4.15** Schematische Darstellung der Auslenkung $u$ der Moleküle bei einem Phonon mit dem Wellenvektor $K \neq 0$. Die Auslenkung kann eine Translationsschwingung parallel oder senkrecht zur Ausbreitungsrichtung $K$ oder eine Rotationsschwingung (Libration) um eine der drei Hauptträgheitsachsen sein. $g$ = Gitterkonstante, $\lambda$ = Wellenlänge, $T$ = Periode

Sein Betrag ist

$$p = h/2\pi \cdot \frac{2\pi}{\lambda} = \frac{h}{\lambda} \,. \tag{4.7}$$

Das Produkt aus der Planckschen Konstante und der Frequenz ist wie bei jeder Schwingung die Quantenenergie $E$ des Phonons:

$$E = \hbar\Omega = h\nu_{Ph} \,. \tag{4.8}$$

Noch einmal die Frage: Warum interessiert uns das überhaupt hier? Stellen Sie sich ein Elektron vor, das zusammen mit vielen Elektronen von einer äußeren elektrischen Spannung angetrieben wird und mit diesen zusammen durch den organischen Festkörper „fließen" soll, also einen elektrischen Strom bildet. Das Elektron trifft dabei fortwährend Moleküle und polarisiert diese mit seinem eigenen elektrischen Feld. Für diese **Stöße** zwischen den Ladungsträgern und den Molekülen, also für diese Wechselwirkung von Elektronen und Gitterbausteinen gelten die gleichen Gesetze wie für makroskopische Stöße: die Sätze der Erhaltung von Energie und Impuls müssen erfüllt sein. Der Energieverlust des Elektrons beim Stoß muss gleich der Energie $\hbar\Omega$ des von ihm erzeugten Phonons sein. Und gleichzeitig muss die Veränderung des Impulses des Elektrons gleich dem Quasiimpuls $\hbar K$ des erzeugten Phonons sein. Gäbe es diese Elektron-Phonon-Wechselwirkungen nicht, dann würde der elektrische Widerstand des Festkörpers überhaupt nicht existieren.

Um die Elektron-Phonon-Wechselwirkung später besser behandeln zu können, müssen wir uns im Rest dieses Kapitels klar machen, welche Frequenzen $\Omega$, also welche Phononenenergien $\hbar\Omega$ und welche Wellenvektoren $K$, also welche Phononen-Quasiimpulse $\hbar K$ in einem molekularen Festkörper überhaupt „erlaubt" sind und vorkommen. Diese Fragen sind experimentell vor allem mit Hilfe der inelastischen Streuung von Neutronen in organischen Einkristallen erfolgreich untersucht worden. Dabei wird ein Strahl langsamer, monoenergetischer Neutronen an einem Kristall gestreut. Der Kristall wird dazu auf eine tiefe Temperatur, z. B. auf 6 K abgekühlt, sodass nur sehr wenige Phononen in ihm angeregt sind. Aus den Messungen der Differenz der kinetischen Energien der Neutronen vor und nach dem Streuprozess, (also vor und nach ihrem Durchgang durch den Kristall), bzw. der Differenz der Impulse der Neutronen vor und nach dem Streuprozess folgen direkt die Energie und der Quasiimpuls des Phonons, das bei dem Streuprozess erzeugt wurde (siehe z. B. [2] und die dort zitierte Originalliteratur).

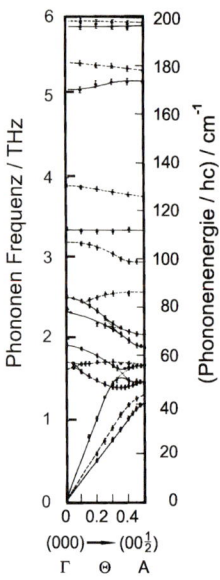

**Abb. 4.16** Experimentelle Phononen-Dispersionskurven eines Naphthalin-Kristalls bei der Temperatur $T = 6\,\text{K}$ für eine ausgewählte Richtung des Phononen-Wellenvektors: $\boldsymbol{K} = \xi_{c^*}\boldsymbol{c}'$. $\boldsymbol{c}' = 2\pi[\boldsymbol{a} \times \boldsymbol{b}]/V$. $\boldsymbol{a}$ und $\boldsymbol{b}$ sind die primitiven Gittervektoren und $V$ das Volumen der Einheitszelle. $\boldsymbol{c}'$ steht senkrecht auf der $ab$-Ebene und hat den Betrag $7{,}27\,\text{Å}^{-1}$. $\boldsymbol{\xi}$ ist ein Zahlenfaktor. Er heißt reduzierter Wellenvektor und variiert von 0 bis 1/2. $\Gamma$, $\Theta$ und $A$ bezeichnen die Punkte bei $K = 0$, beziehungsweise innerhalb der 1. Brillouinzone und an ihrem Rand. Die Zweige oberhalb 5 THz sind die inneren Molekülschwingungen mit den kleinsten Frequenzen. Für Details siehe [2, Kap. 5] und [8]

Als charakteristisches Beispiel sei im Folgenden das experimentelle Ergebnis für den Naphthalin-Kristall erläutert: Abbildung 4.16 zeigt die Frequenzen $\nu_{Ph} = \Omega/2\pi$ aller 12 Phononen, wenn deren Wellenvektor, also deren Ausbreitung parallel zur $c^*$-Achse gerichtet ist (siehe Abb. 4.14):

- Die Phononen-Frequenzen $\nu_{Ph}$ sind von deren Wellenvektor $K$ abhängig. Man bezeichnet diese Abhängigkeiten $\Omega(K)$ als die *Dispersionskurven* der 12 Phononen-Moden.
- Die höchste Frequenz $\nu_{Ph}$ beträgt knapp 4 THz. Alle Phononenfrequenzen sind kleiner als die Frequenzen der intramolekularen Schwingungen.
- 3 dieser 12 so genannten Phononen-Zweige entspringen im Ursprung. Die steilste dieser drei Zweige entspricht der longitudinalen Auslenkung der Moleküle, also der Auslenkung in Richtung des $K$-Vektors. Die beiden anderen sind, bezüglich des $K$-Vektors, transversale Auslenkungen. Für alle drei sind die Dispersionskurven bei kleinen Frequenzen Geraden. Diese drei Zweige heißen akustische Phononen. Warum akustisch? Aus $\frac{d\Omega}{dK} = \text{const}$ folgt direkt $\Omega = 2\pi\nu_{Ph} = \text{const}\, K = \text{const}\, 2\pi/\lambda$, also $\lambda\nu_{Ph} = \text{const}$. Die Konstante const, also die Steigung der Geraden, muss deshalb (für kleine Frequenzen $\nu_{Ph}$) die Schallgeschwindigkeit $c_{s,l}$ sein. In der Tat führt die direkte Messung der Schallgeschwindigkeit zum gleichen Wert den man aus der Steigung des longitudinalen akustischen Phonons erhält: $c_{s,l} = 3{,}3 \cdot 10^5\,\text{cm/s}$.
- Die restlichen neun Zweige heißen optische Phononenzweige. Die Breite ihres gesamten Spektrums erstreckt sich über einen Bereich von etwa 2,5 THz. Ihre höchste Frequenz (3,9 THz) ist etwa viermal kleiner als die höchste Phononenfrequenz im Si-Kristall. Die Ursache ist klar: die intermolekulare Bindung im Naphthalin-Kristall ist sehr viel schwächer als die Bindung der Si-Atome im Silizium-Kristall und die Masse von Si ist kleiner als die von Naphthalin.

Die Phononendispersionskurven im Naphthalin-Kristall sind nicht nur gemessen, sondern mit Hilfe der klassischen Newtonschen Bewegungsgleichungen auch berechnet worden. Dazu braucht man „nur" die Masse und die Hauptträgheitsmomente der Moleküle, sowie die im Abschn. 4.3 besprochenen intramolekularen Potentiale. Die Ergebnisse dieser aufwändigen Rechnungen stimmen in allen Details der Dispersionskurven innerhalb von Abweichungen von weniger als 20 % mit den experimentellen Ergebnissen überein! (Siehe [8] oder z. B. [2, Kap. 5] und die dort zitierte Originalliteratur.)

Für nichtkristalline organische Festkörper, z. B. für die dünnen Schichten der organischen Elektronik, müssen für die Breite des Frequenzspektrums und für die maximale Frequenz der intermolekularen Schwingungen Werte angenommen werden, die den im Kristall gemessenen etwa gleich sind. Der Grund für diese Annahme ist evident: die Massen und die intermolekularen Potentiale sind in beiden Fällen die gleichen. Die Verteilung der Frequenzen wird jedoch im ungeordneten Festkörper unscharf, weil deren Molekül-Abstände und -Orientierungen nicht diskret, sondern kontinuierlich verteilt sind.

## 4.5 Fluoreszenz und Phosphoreszenz – Excitonen und Energietransport

Bei Bestrahlung mit blauem oder ultraviolettem Licht fluoreszieren oder phosphoreszieren isolierte organische Moleküle mit konjugierten $\pi$-Elektronensystemen. Mit Hilfe verschiedener Moleküle lässt sich dabei das gesamte sichtbare Spektralgebiet abdecken. Im molekularen Festkörper geht diese Eigenschaft meist nicht verloren, im Gegenteil: die Spektren der Lumineszenz werden oft sehr viel schärfer und Quantenausbeute der Fluoreszenz erreicht in einigen Fällen Werte nahe 100 %. Bei Anregung mit Licht werden Fluoreszenz und Phosphoreszenz auch Photolumineszenz genannt. Bei Anregung mit elektrischem Strom nennt man sie Elektrolumineszenz (siehe Abschn. 4.7), und bei Anregung während chemischer Reaktionen heißt sie Chemolumineszenz. Die Lumineszenz von Lebewesen, z. B. von Tiefseequallen, Glühwürmchen oder Leuchtkäferchen, heißt Biolumineszenz. In allen Fällen stammt sie aus elektronisch angeregten organischen Molekülen mit konjugierten $\pi$-Elektronen, und in allen Fällen ist der elementare physikalische Prozess die spontane Emission. Zum Verständnis aller optischen Prozesse in diesem und in den folgenden Kapiteln werde ich jetzt das Termschema und die dazu gehörenden Prozesse zuerst im freien Molekül und dann im molekularen Festkörper behandeln:

### 4.5.1 Isolierte Moleküle – Singulett- und Triplett-Zustände

Abbildung 4.17 zeigt das Termschema, das für alle organischen Moleküle mit konjugierten $\pi$-Elektronensystem gilt, wenn diese eine gerade Zahl von Elektronen be-

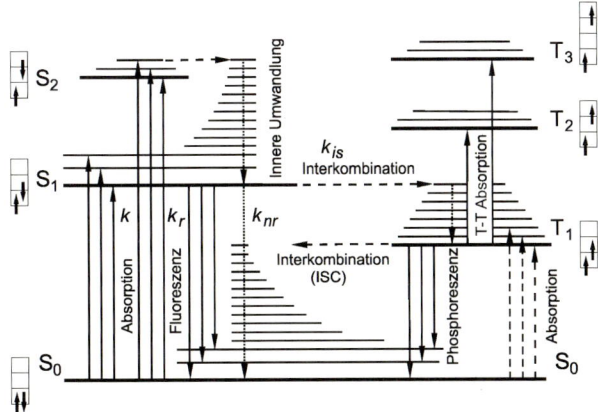

**Abb. 4.17** Energieterme eines Moleküls und Übergänge, schematisch. *Zustände*: Elektronischer Grundzustand $S_0$, elektronische Singulett-($S_1$, $S_2$)- und Triplett-($T_1$, $T_2$, $T_3$)-Anregungszustände, sowie vibronische Zustände. Triplett-Zustände besitzen die Gesamtspinquantenzahl $S = 1$, bei Singulett-Zuständen ist $S = 0$. – *Strahlende Übergänge*: Absorption in das Singulett- und in das Triplett-System, Fluoreszenz und Phosphoreszenz. – *Strahlungslose Übergänge*: Innere Umwandlung von höheren zu den tiefsten elektronischen Anregungszuständen $S_1$ bzw. $T_1$, sowie Interkombination (Intersystem Crossing ISC) vom Singulett- in das Triplett-System. – $k$ ist die Ratenkonstante für Absorption, $k_r$ für Fluoreszenz und $k_{nr}$ für strahlungslose Übergänge. – Für Naphthalin gelten die folgenden Zahlen: Energiedifferenz/$hc$ $S_1 - S_0 = 31.500\,\mathrm{cm}^{-1}$. Die Fluoreszenz liegt deshalb im Ultravioletten. Energiedifferenz/$hc$ $T_1 - S_0 = 21.200\,\mathrm{cm}^{-1}$. Die Phosphoreszenz ist deshalb grün

sitzen, also weder Ionen noch Radikale sind. Es unterscheidet sich vom Termschema der Molekülorbitale (Abb. 4.8) in zweierlei Hinsicht: es zeigt die Terme der Gesamtenergie der Moleküle, also nicht die einzelner Molekülorbitale, und es enthält zusätzlich zu den elektronischen Beiträgen auch die der Molekülschwingungen.

Im elektronischen Grundzustand $S_0$ ist das HOMO mit zwei Elektronen besetzt. Nach dem Pauli Prinzip besitzen diese beiden Elektronen antiparallele Spinorientierung, das Molekül also den Gesamtspin $S = 0$. $S$ ist die Gesamtspinquantenzahl. Alle Zustände mit der Gesamtspinquantenzahl $S = 0$ werden als Singulett-Zustände bezeichnet. $S_1$ ist also der erste elektronisch angeregte Singulett-Zustand. Dabei befindet sich ein Elektron im LUMO und das zweite bleibt im HOMO. Die optische Anregung $S_1 \leftarrow S_0$ durch **Absorption** eines Photons ist meist sehr unwahrscheinlich im Vergleich zur *gleichzeitigen* Anregung von $S_1$ *und* einer Molekülschwingung, also eines sogenannten vibronisch angeregten $S_1$-Zustands. Die Wahrscheinlichkeit für den so genannten **0-0-Übergang** vom schwingungslosen $S_0$ in den schwingungslosen Anregungszustand $S_1$ ist also fast immer vernachlässigbar klein. Deshalb ist das Maximum der Absorption in Richtung kürzerer Wellenlängen verschoben. Man nennt diese Verschiebung *Blauverschiebung*.

Wenn sich das angeregte Molekül in einer Umgebung befindet, an die es die vibronische Anregung in Form von Wärme abgeben kann – also „überall außer im Weltraum" – relaxiert es auf einer Zeitskala von Picosekunden oder weniger in den schwingungslosen elektronischen Anregungszustand $S_1$. Man nennt diesen Prozess auch **Innere Umwandlung**. $S_1$ besitzt eine **Lebensdauer** $\tau$. Sie ist von der Größenordnung Nanosekunden oder länger, wenn sie alleine durch den Prozess der spontanen Emission bestimmt ist.

Auch die $S_1 \rightarrow S_0$ Emission, also die **Fluoreszenz**, ist für den Übergang in den schwingungslosen Grundzustand $S_0$ sehr viel unwahrscheinlicher als in vibronische Zustände von $S_0$. Die Fluoreszenz ist im Vergleich zum 0-0-Übergang also *rot verschoben*.

Die Folge der Prozesse der Absorption ($S_1 \leftarrow S_0$), der Relaxation und der Fluoreszenz ($S_1 \rightarrow S_0$) besitzt dann und nur dann eine *Fluoreszenz-Quantenausbeute* von 100 %, also ein emittiertes Photon pro absorbiertem Photon, wenn kein weiterer Prozess zur Desaktivierung von $S_1$ aktiv ist. Die zwei wichtigsten davon sind die folgenden: Entweder kann $S_1$ auch strahlungslos desaktiviert werden. Dabei wird die elektronische Anregungsenergie schneller in Wärme umgewandelt als sie in Form von Fluoreszenz abgestrahlt werden kann. Oder kann sich der $S_1$-Zustand in den energetisch niedersten **Triplett-Zustand** $T_1$ umwandeln.

In Triplett-Zuständen besitzen die beiden Elektronen im HOMO und im LUMO parallele Spinorientierung. $T_1$-Zustände besitzen also den Gesamtspin $S = 1$. Außerdem besitzen sie lange Lebensdauern. In reinen Kohlenwasserstoffen können diese bis zu 10 Sekunden und mehr betragen. In der Regel sind es aber Millisekunden oder weniger. Das hängt vom speziellen Molekül und dessen Umgebung ab.

Die Umwandlung von Singulett-Zuständen in Triplett-Zustände und v. v. bezeichnet man als **Interkombination**. Sie wird getrieben von der Wechselwirkung von Spin und Bahn der Elektronen. Ohne Spin-Bahn-Kopplung ist die Interkombination streng verboten. Aus der Atomphysik weiß man, dass die Spin-Bahn-Kopplung mit wachsender Kernladungszahl $Z$ überproportional wächst, im Bohrschen Modell sogar mit $Z^4$. Schwere Atome im Molekül begünstigen also die Prozesse der Interkombination und verkürzen damit die Lebensdauer.

## 4 Organische Elektronik

**Abb. 4.18** Vereinfachtes Termschema und Spektren von Al$q_3$: Absorption (*blau*), Fluoreszenz (*grün*) und Phosphoreszenz (*grün*)

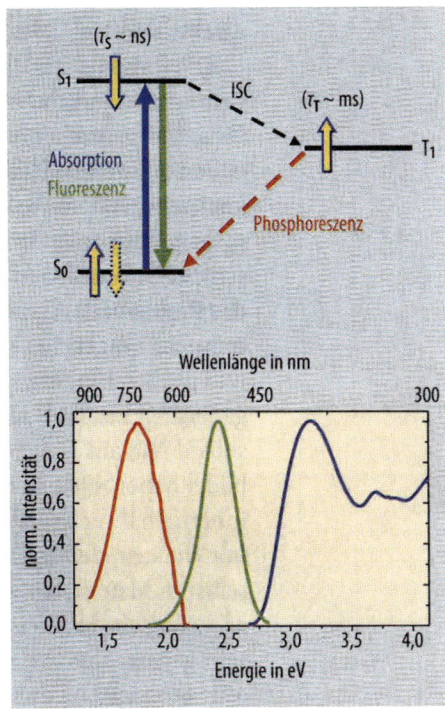

Ein Triplett-Zustand heißt so, weil er bei Abwesenheit eines Magnetfelds (im „Nullfeld") aus *drei* fast entarteten Zuständen besteht. Die kleine aber gut messbare Nullfeld-Aufspaltung ist molekülspezifisch. Im äußeren Magnetfeld werden die drei Terme weiter aufgespaltet. Diese Zeeman-Aufspaltung ist schon bei einer äußeren Magnetfeldstärke von 0,1 Tesla größer als die Nullfeldaufspaltung. Sie identifiziert einen elektronischen Zustand eindeutig als Triplett-Zustand.

In jedem Molekül liegt $T_1$ energetisch immer weit unterhalb $S_1$. Für einen „reinen" Triplett-Zustand, also für völlig vernachlässigbare Spin-Bahn-Kopplung ist der Prozess der spontanen Ein-Photonen-Emission $T_1 \rightarrow S_0$ verboten. Bei schwacher Spin-Bahn-Kopplung wird er jedoch erlaubt, und die Emission aus dem Triplett-Zustand wird als **Phosphoreszenz** bezeichnet. Wegen der langen Lebensdauer von $T_1$ klingt die Phosphoreszenz nach dem Abschalten der Photoanregung entsprechend langsam ab.

Konkret sind die drei fundamentalen optischen Prozesse in der Abb. 4.18 für das Molekül Al$q_3$ in Lösung dargestellt: die blau verschobene Absorption, die rot verschobene Fluoreszenz und die noch längerwellige Phosphoreszenz.

### 4.5.2 Festkörper-Excitonen

Die wesentlichen Veränderungen bei der Kondensation der Moleküle zum Festkörper lassen sich am Einfachsten beim Vergleich der isolierten Moleküle mit dem Einkristall darstellen. In der linken Spalte von Abb. 4.19 sind noch einmal die Terme $S_0$, $S_1$ und $T_1$ des *isolierten* Moleküls dargestellt. $I_g$ ist dessen **Ionisationsenergie**, also die

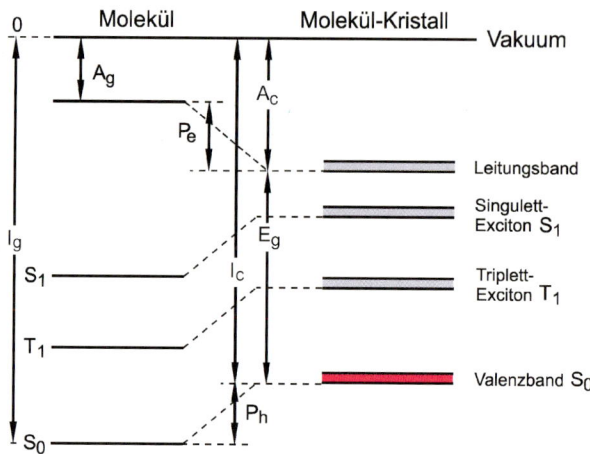

**Abb. 4.19** Termschema mit Darstellung des Unterschieds zwischen dem isolierten Molekül und dem molekularen Kristall. $I_g$ = Ionisationspotential des Moleküls, $A_g$ = Elektronenaffinität des Moleküls, $A_c$ = Elektronenaffinität des Kristalls, $P_e$, $P_h$ = Polarisationsenergien beim Übergang vom Molekül zum Molekül-Kristall, $I_c$ = Ionisationspotential des Kristalls, $E_g$ = Bandlücke = Abstand zwischen der Oberkante des Valenz- und der Unterkante des Leitungsbands. Im elektronischen Grundzustand ist das Valenzband vollständig gefüllt und die Excitonenbänder sowie das Leitungsband sind nicht besetzt

Energie, die für den äußeren Photoeffekt eines Moleküls im elektronischen Grundzustand mindestens notwendig ist. $I_g$ ist also auch die Energie zur Bildung eines Molekülkations und eines freien Elektrons. $A_g$ ist die sogenannte **Elektronenaffinität**. Das ist die Energie mit der ein zusätzliches Elektron an ein Molekül gebunden wird, mit dem es also ein Molekülanion bildet. Im *Einkristall* (rechte Spalte) und auch in nichtkristallinen molekularen Festkörpern verschieben sich die Terme wegen der intermolekularen Wechselwirkung. Die Ionisationsenergie $I_c$ des Kristalls ist kleiner als die des Moleküls, d. h. $S_0$, $T_1$ und $S_1$ werden in Richtung zum Vakuumniveau verschoben. Aus den Zuständen $T_1$ und $S_1$ im Molekül werden im Kristall die Zustände **Triplett-Exciton** $T_1$ und **Singulett-Exciton** $S_1$.

Excitonen in einem molekularen Festkörper sind in erster Näherung molekulare Anregungszustände, also Zustände, die jeweils auf einem Molekül lokalisiert sind. An den Prozessen und Spektren der Absorption, der inneren Umwandlungen, der Fluoreszenz und der Phosphoreszenz ändert sich im Vergleich zum isolierten Molekül mit einer Ausnahme wenig, *aber diese Ausnahme ist extrem wichtig*: ein Exciton, also der neutrale, elektronisch angeregte Zustand, kann im Kristall *wandern*. Der damit einhergehende **Energietransport** ist eine fundamentale Eigenschaft organischer Festkörper und wird im Abschn. 4.5.3 noch näher erläutert.

Die diskreten Energien der Zustände $S_0$, $T_1$, $S_1$, ... im isolierten Molekül werden im Kristall zu Bändern (siehe Abb. 4.19). Jedes Band besitzt eine Bandbreite. Ein Excitonenband, z. B. das Band des Triplett-Excitons $T_1$ umfasst alle Werte der Energie der verschiedenen möglichen Zustände des Excitons im Kristall. Wenn sich das Exciton im idealen Einkristall als kohärente Welle bewegt, sind die verschiedenen möglichen Zustände durch den Wert des Wellenvektors $k$ des Excitons definiert. Seine Energie ist dann eine Funktion seines Wellenvektors. Wenn das periodisches Kristallpotential durch thermisch angeregte Phononen oder gar durch Defekte stark gestört ist erfolgt der Transport der Excitonen nicht in Form einer kohärenten Welle,

4 Organische Elektronik

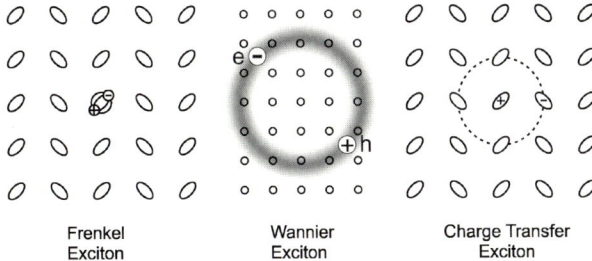

    Frenkel    Wannier   Charge Transfer
    Exciton    Exciton    Exciton

**Abb. 4.20** Excitonen mit unterschiedlichem Radius: Schema eines Frenkel-Excitons, eines Wannier-Excitons und eines Charge-Transfer-(CT-)Excitons. Wannier-Excitonen sind in organischen Kristallen nicht bekannt

sondern in Form von Hüpfprozessen. Das gilt vor allem auch in nichtkristallinen organischen Festkörpern, z. B. in den ungeordneten dünnen Schichten der organischen Elektronik. In diesen Fällen ist die Bandbreite durch die Verteilung unterschiedlicher intermolekularer Wechselwirkungen bestimmt.

Die Excitonen in molekularen Festkörpern werden als Frenkel-Excitonen bezeichnet. Sie unterscheiden sich wesentlich von den Wannier-Excitonen in anorganischen Halbleiter-Kristallen. Im Wannier-Exciton haben das Elektron und das Defektelektron einen großen Abstand von mehreren Gitterkonstanten. Im Frenkel-Exciton sind Elektron und Defektelektron auf ein und dasselbe Molekül lokalisiert (Abb. 4.20). Woran liegt das? Die Antwort ist einfach: Das Elektron (e) und das Defektelektron (h) verhalten sich bezüglich ihrer Wechselwirkung wie ein Proton und ein Elektron, also wie ein Wasserstoffatom: sie bewegen sich um ihren gemeinsamen Schwerpunkt. Allerdings befindet sich das H-Atom im Vakuum, das Exciton jedoch im Dielektrikum mit der Dielektrizitätskonstanten $\varepsilon$. Für beide Fälle kennen Sie schon aus dem Bohrschen Atommodell und natürlich aus der Quantenmechanik die Bindungsenergie $E_B$ im Grundzustand und den Radius $r_0$ der Bahn, bzw. die Ausdehnung der $1s$-Wellenfunktion:

$$E_B = -\frac{e_0^4 m_0}{32\pi^2 \varepsilon^2 \varepsilon_0^2 \hbar^2} \tag{4.9}$$

$$r_0 = \frac{\hbar^2 4\pi \varepsilon \varepsilon_0}{e^2 m_0}. \tag{4.10}$$

Beide Formeln gelten sowohl für das H-Atom als auch für das Modell des Excitons. Allerdings ist beim H-Atom $\varepsilon = 1$ und beim Exciton im Halbleiter $\varepsilon > 1$. Hier liegt der entscheidende Unterschied zwischen organischen und anorganischen Halbleiter-Kristallen: im Si ist $\varepsilon = 11{,}7$, im GaAs ist $\varepsilon = 13{,}1$, aber in allen molekularen Festkörpern mit konjugierten $\pi$-Elektronensystemen ist $\varepsilon \approx 2{,}5$. Mit diesen Zahlen werden die Unterschiede deutlich: Für $\varepsilon = 1$ sind $E_B = -13{,}6\,\text{eV}$, also die Rydbergkonstante, und $r_0 = a_0 = 0{,}53\,\text{Å}$, also der Bohr'sche Radius. $-E_B$ ist die Energie zur vollständigen Trennung des Elektrons vom Proton. Für *Silizium* sind $E_B = -99\,\text{meV}$ und $2r_0 = 12{,}4\,\text{Å}$. Das Exciton ist also etwa fünfmal so groß wie der Abstand nächster Nachbarn im Si-Kristall (2,35 Å) und es ist mit kleiner Energie an das Defektelektron gebunden. Elektron und Loch können also schon bei Raumtemperatur thermisch getrennt und damit zu unabhängigen Ladungsträgern werden: Das Elektron im Leitungsband, das Loch im Valenzband. Bei *organischen* Festkörpern ist die Situation deutlich verschieden: für $\varepsilon = 2{,}5$ werden der Abstand von Elektron und Loch von der Größenordnung eines Moleküls und die Bindungsenergie von der Größenordnung $-2\,\mathrm{eV}$.

Der für Anthracen gemessene Wert für die **Bandlücke** $E_g$ beträgt 4,1 eV. Das ist die minimale Energie, die notwendig ist, um aus dem elektronischen Grundzustand ein getrenntes Elektron-Loch-Paar zu erzeugen. (Die thermische Erzeugung intrinsischer Ladungsträger ist also nicht möglich, und wir werden später sehen, dass sie auch optisch sehr unwahrscheinlich ist). Der 0-0-Übergang des $S_1$-Excitons in den $S_0$-Grundzustand, also der Fluoreszenz, besitzt die Wellenzahl $25.100\,\mathrm{cm}^{-1}$. Das entspricht 3,1 eV. Die wirkliche Bindungsenergie des $S_1$-Excitons im Anthracen beträgt also 1 eV. Deshalb sind Frenkel-Excitonen auch bei Raumtemperatur stabil, aber Wannier-Excitonen nicht.

### 4.5.3 Energieübertragung

In Abb. 4.21 ist der Energieaustausch schematisch skizziert: wenn zur Zeit $t_1$ das Molekül 1 angeregt ist, dann ist dieser Anregungszustand im streng periodischen Kristall entartet mit dem Anregungszustand, bei dem das Nachbarmolekül 2 angeregt ist. Wegen der intermolekularen Wechselwirkung kann die Anregungsenergie deshalb von 1 nach 2 transferiert werden, sodass zur Zeit $t_1 + \tau_H$ das Nachbarmolekül 2 angeregt ist. Dieser Energietransfer ist analog zum Energieaustausch zwischen zwei gleichen makroskopischen Oszillatoren, z. B. zwischen zwei gekoppelten Pendeln, von denen eines nach der Kopplung angeregt wird und dann seine Energie auf das zweite überträgt – und umgekehrt. Wenn nicht nur zwei, sondern viele identische Oszillatoren gekoppelt sind, dann wandert die Energie in Form einer Welle. So ist es auch beim Exciton im idealen Kristall.

Die Lebensdauern $\tau$, die Energieaustausch- oder Hüpfzeiten $\tau_H$ und die Diffusionskoeffizienten $D$ von Excitonen sind für Anthracen-, Naphthalin- und andere Molekülkristalle gemessen worden. Die experimentellen Ergebnisse verschiedener Methoden und verschieden präparierter Kristalle unterscheiden sich bisweilen um bis zu einer halben Dekade. Außerdem hängen sie von der Richtung des Hüpfprozesses ab, sind also anisotrop. Deshalb sind die in der Tab. 4.3 angegebenen experimentellen Werte nur die Größenordnungen. Aber trotzdem folgt daraus eindeutig, dass die Hüpfzeit $\tau_H$ im Vergleich zur Lebensdauer $\tau$ kurz oder sehr kurz ist. Das bedeutet, dass das Exciton im Laufe seiner Lebensdauer oft oder sehr oft hüpfen kann. Aus der Einstein-Smoluchowski-Relation $L^2 = D\tau$ für die mittlere quadratische Verschiebung $L^2$ ergeben sich Werte für die Diffusionslänge $L$, die sehr groß sind im Vergleich zu den Gitterkonstanten.

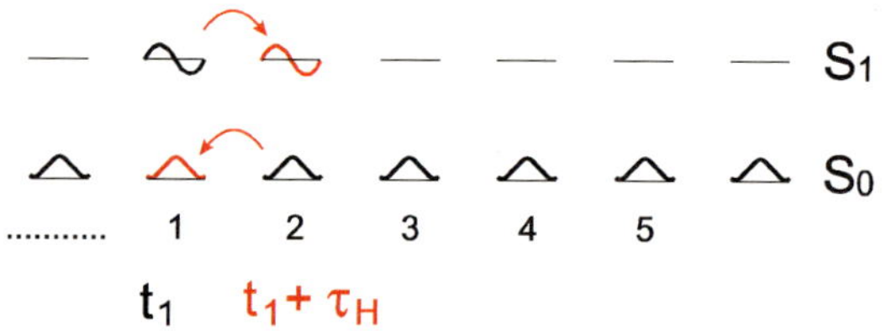

**Abb. 4.21** Schematische Darstellung eines Hüpfprozesses der elektronischen Anregung, also des Excitons, zwischen identischen Molekülen 1, 2, 3, ..., $\tau_H$ ist die mittlere Hüpfdauer

## 4 Organische Elektronik

**Tabelle 4.3** Gemessene Lebensdauern und Diffusionseigenschaften von Excitonen in Anthracen- und Naphthalin-Kristallen

| Exciton | Lebensdauer $\tau/s$ | Hüpfzeit $\tau_H/s$ | Diffusionskonstante $D/(cm^2/s)$ | Diffusionslänge $L/cm$ |
|---|---|---|---|---|
| Anthracen $S_1$ | $2 \times 10^{-8}$ | $10^{-13}$ | $4 \times 10^{-3}$ | $10^{-5}$ |
| Anthracen $T_1$ | $4 \times 10^{-2}$ | $10^{-12}$ | $10^{-4}$ | $10^{-3}$ |
| Naphthalin $S_1$ | $10^{-7}$ | $10^{-13}$ | $2 \times 10^{-4}$ | $10^{-5}$ |
| Naphthalin $T_1$ | $0,5$ | $10^{-12}$ | $3 \times 10^{-5}$ | |

Die Energie eines Excitons kann also weit transportiert werden. Ein Schlüsselexperiment dazu ist die quantitative Auswertung der sensibilisierten Fluoreszenz. Darunter versteht man folgendes (siehe z. B. [2], Kap. 6): Ein Wirtkristall W, z. B. Anthracen sei mit einer sehr geringen Konzentration von Gastmolekülen, z. B. $10^{-5}$ mol pro mol Tetracen dotiert. Wenn man ihn mit UV-Licht bestrahlt, das vom Wirtkristall absorbiert wird dann besteht die Fluoreszenz mit gleich großen Intensitäten aus der Fluoreszenz des Wirts und aus der des Gastes, obwohl die Konzentration der Gastmoleküle so klein ist. Der Grund für dieses Phänomen der sensibilisierten Fluoreszenz ist der folgende: Der $S_1$-Zustand des Tetracens liegt energetisch tiefer als der des Anthracens. Tetracen wirkt daher als Falle für alle Excitonen. Die Tetracen-Emission ist also durch den Wirt sensibilisiert. Dieser Prozess wäre nicht möglich, wenn die Excitonen nicht über weite Strecken diffundieren könnten.

Ein schönes Beispiel für die Bedeutung der Energieübertragung durch Excitonen in der belebten Natur ist der **Primärprozess der Photosynthese** (Abb. 4.22). Hier wird das Licht von Antennen-Chlorophyll-Molekülen LH absorbiert, und danach wird die Anregungsenergie zum Chlorophyll-Dimer im Reaktionszentrum RC geleitet. Erst dort beginnen die chemischen Reaktionen, die zur Ladungstrennung und schließlich zur Photosynthese führen. Die Antennenmoleküle sind in Ringstrukturen, den sogenannten light harvesting systems LH-I und LH-II, geordnet eingebaut. Wenn die Lichtabsorption eines der Bakterio-Chlorophyll-Moleküle (BChl) in LH-II angeregt wird, verteilt sich die Energie wegen der günstigen Abstände und der weit-

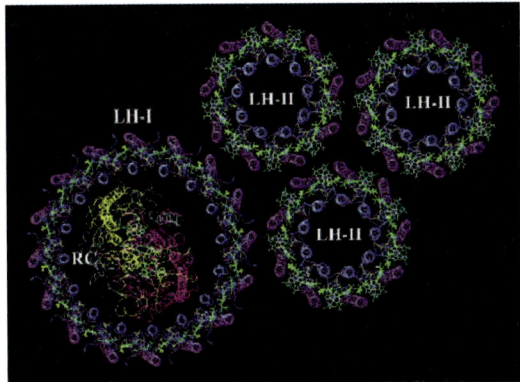

**Abb. 4.22** Reaktionszentrum (RC) und Lichtsammelkomplexe im Photosynthese-Apparat der Bakterie Rhodopseudomonas sphaeroides. Zwischen den Helices der Apoproteine (*magenta* und *blau*) sind die Bakteriochlorophyll-Moleküle (*grün* und *blau*) in den Lichtsammelkomplexen LH2 und LH1 ringförmig und weitgehend koplanar angeordnet. Im Zentrum von LH1 befindet sich das Reaktionszentrum RC mit den beiden BChl-Molekülen des „special pair". Nach [9]

gehend koplanaren Orientierung der Moleküle wie ein Exciton sehr rasch auf dem gesamten Ring.

Beim Purpurbakterium Rhodopseudomonas sphaeroides enthalten die LH-II-Einheiten 8 BChl-Moleküle B 800 mit dem Absorptionsmaximum bei 800 nm, und 16 BChl-Moleküle 850 mit dem Absorptionsmaximum bei 850 nm. Die Anregungsenergie wird als Exciton im Ring delokalisiert. Sie kann auf die als Falle wirkende Einheit LH-I übertragen werden. Diese enthält 32 BChl-Moleküle 875, mit dem Absorptionsmaximum bei 875 nm. Auch hier wird die Anregung delokalisiert. Sie kann schließlich auf das in der Mitte des Rings befindliche Chlorophyll-Dimer („special pair") im RC übertragen werden. Bei diesem BChl-Dimer beginnt die Ladungstrennung und damit die eigentliche Photosynthese. Es wirkt als Falle für die Anregungsenergie der Antennen. So gelangt das Licht effizient (Ausbeute ca. 95 %) und schnell (ca. 100 ps) über ein Antennen- und Speicher-System – die Antennen wirken auch als Excitonen-Reservoir – dorthin, wo es gebraucht wird.

## 4.6 Der elektrische Strom in Organischer Materie

### 4.6.1 Historische Vorbemerkungen

Die meisten organischen Stoffe sind bekanntlich gute oder sehr gute Isolatoren. Wir alle benutzen täglich Kupferkabel, die mit Polymeren isoliert sind. Andererseits ist seit etwa 100 Jahren bekannt, dass organische Materialien mit konjugierten $\pi$-Elektronensystemen gute Photoleiter sind. Deren Anwendung in der Xerografie habe ich schon erwähnt. Aber für deren elektrische Leitfähigkeit in ihrem elektronischen Grundzustand, also für deren Leitfähigkeit ohne optische Anregung, ihre **Dunkelleitfähigkeit**, haben sich bis etwa 1980 weltweit nur wenige Physiker und Chemiker interessiert. Unter ihnen waren auch Visionäre. Einer von diesen war der Chemiker Herbert Naarmann in der Firma BASF Ludwigshafen. Er hatte schon in den 1960er Jahren vorhergesagt und auch publiziert, dass Kunststoffe auch metallische Leiter oder Halbleiter sein könnten und man daraus viele der Halbleiter-Bauelemente herstellen könnte, die heute tatsächlich auch aus Kunststoffen hergestellt werden [24]. Allerdings konnte er seine Visionen damals nicht experimentell verifizieren.

In den 1960er Jahren untersuchte der japanische Chemiker Hideki Shirakawa das Polymer $(CH)_x$ (Abb. 4.23). Es heißt Polyacetylen und ist – zumindest aus der Sicht des Physikers, der es nicht synthetisieren muss – das einfachste Polymer mit einem konjugierten $\pi$-Elektronensystem. „Aus Versehen" hatte Shirakawa 1967 die Konzentration des zur Synthese „vorgeschriebenen" Ziegler-Natta-Katalysators um den

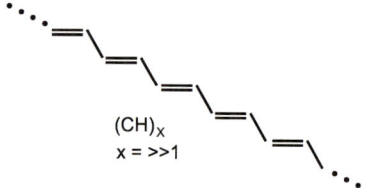

**Abb. 4.23** Struktur des Poly-Acetylen

Faktor 1000 „zu hoch" gewählt, dabei jedoch zu seiner Überraschung feste unlösliche Filme von Polyacetylen erhalten. Fast 10 Jahre später hat er dann in Zusammenarbeit mit Alan McDiarmid und Alan Heeger entdeckt, dass die Dotierung von $(CH)_x$ mit Brom das Polymer von einem Isolator zu einem *elektrisch hochleitfähigen Polymer* umwandelte. Dafür haben die drei 2000 den Nobelpreis für Chemie erhalten.

Herbert Naarmann hat Mitte der 1980er Jahre zusammen mit meinem damaligen Doktoranden Thomas Schimmel, der heute Professor an der Universität Karlsruhe ist, ein Verfahren erfunden, die $(CH)_x$-Polymere im $(CH)_x$-Polymerfilm parallel zu orientieren, fast so wie Spaghetti in der Schachtel. In diesen „eindimensionalen", mit Jod dotierten Polymerfolien haben die beiden dann eine metallische elektrische Leitfähigkeit gemessen, die bei der Temperatur $T = 4{,}2$ K fast so hoch war wie die von Kupfer bei Zimmertemperatur. Viele träumten damals von leichten und billigen Transkontinental-Kabeln. Davon hört man heute fast nichts mehr, denn dotiertes Polyacetylen zersetzt sich an der Luft. Aber die Untersuchung der physikalischen Eigenschaften der organischen Festkörper mit konjugierten $\pi$-Elektronensystemen ist damals zu einem aktiven und attraktiven Forschungsgebiet geworden.

Einen noch früheren Visionär möchte ich wenigstens zitieren: der ungarische Biochemiker und Nobelpreisträger für Medizin 1937 Albert Szent-Györgyi hat auf die Rolle der Makromoleküle bei biologisch wichtigen Elektron-Transfer-Reaktionen hingewiesen: „*What drives life is thus a little electric current, kept up by sunshine. All the complexities of intermediary metabolism are but the lacework around this basic fact.*" [23]. Diese Vision war zwar drastisch formuliert, aber elektrische Ströme sind in den Elementarprozessen der belebten Natur nicht ersetzbar.

Wann ist oder wodurch wird ein Festkörper elektrisch leitfähig? Zur Beantwortung dieser Frage muss ich im Folgenden einige Abschnitte elementarer Physik behandeln:

### 4.6.2 Ladungsträger: Dichte und Beweglichkeit

Die spezifische elektrische Leitfähigkeit $\sigma$ eines Materials ist definiert durch die Relation zwischen der Stromdichte $\boldsymbol{j}$ und der elektrischen Feldstärke $\boldsymbol{F}$:

$$\boldsymbol{j} = \sigma \cdot \boldsymbol{F} \ . \tag{4.11}$$

Zur Erläuterung der grundlegenden Größen, welche die Leitfähigkeit $\sigma$ bestimmen, zeigt Abb. 4.24 eine Schicht des zu charakterisierenden Materials zwischen zwei Elektroden. Die Schichtdicke sei $d$, die Fläche $A$, das Volumen also $V = A \cdot d$. Die Stromdichte ist definiert als $j = I/A$. Dabei ist $I$ die Stromstärke, also die durch die Fläche $A$ pro Zeit transportierte Ladung $Q$. Wenn die gesamte Ladung $Q$ im Volumen $V$ aus einzelnen Teilchen mit der Ladung $q$ und der Anzahldichte $n$ besteht und sich mit der mittleren Driftgeschwindigkeit $v_D$ bewegt, dann ist die Zeit $t$, in der die Gesamtladung $Q$ genau einmal durch die Fläche $A$ fließt, $t = x/v_D$. Damit wird die Stromdichte

$$j = \frac{I}{A} = \frac{Q}{A \cdot t} = \frac{q \cdot n \cdot V}{A \cdot t} = \frac{q \cdot n \cdot A \cdot x}{A \cdot t} \ ,$$

also

$$\boldsymbol{j} = q \cdot n \cdot \boldsymbol{v}_D \ . \tag{4.12}$$

**Abb. 4.24** Elektrische Leitfähigkeit. $I$ = Stromstärke, $j$ = Stromdichte, $A$ = Fläche, $d$ = Dicke der Probe, $F$ = elektrische Feldstärke, $U$ = äußere Spannung, $v^e$ und $v^h$ = mittlere Driftgeschwindigkeiten der Elektronen und der Defektelektronen („Löcher"), $n_e$ und $n_h$ = Dichten der Elektronen und der Defektelektronen

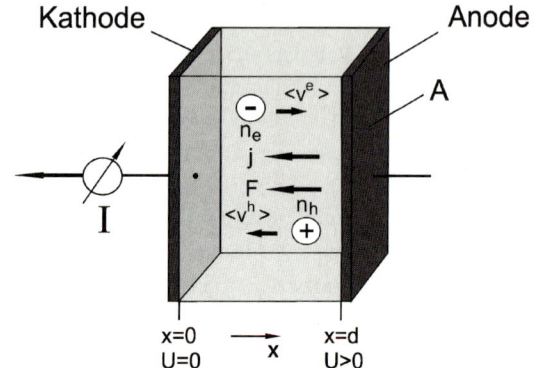

Aus (4.11) und (4.12) folgt also die Relation zwischen mittlerer Driftgeschwindigkeit und Feldstärke:

$$\boldsymbol{v}_D = \frac{\sigma}{q \cdot n}\boldsymbol{F} = \mu \cdot \boldsymbol{F} \ . \tag{4.13}$$

Die Relation **Driftgeschwindigkeit pro Feldstärke** wird auch als **Beweglichkeit** $\mu$ bezeichnet. Damit wird $\sigma = qn\mu$ und die fundamentale Ladungstransportgleichung lautet

$$\boldsymbol{j} = q \cdot n \cdot \mu \cdot \boldsymbol{F} \ . \tag{4.14}$$

Für einen elektrischen Strom einem Festkörper benötigt man also sowohl ein elektrisches Feld als auch bewegliche Ladungsträger (Nur wenn deren Dichte $n$ und deren Beweglichkeit $\mu$ unabhängig von der Feldstärke und auch unabhängig voneinander sind, gilt das Ohmsche Gesetz, welches besagt, dass der Strom proportional zur Spannung ist. Die gesamte Elektronik beruht jedoch auf Ladungstransportprozessen in Halbleiterbauelementen, die gerade *nicht* dem Ohm'schen Gesetz gehorchen.)

Woher kommen die beweglichen Ladungsträger in einem organischen Festkörper und wie misst man ihre Beweglichkeit und ihre Dichte?

Dazu vertiefen Sie sich am besten noch einmal in das Termschema: in der Abb. 4.25 sind alle Teile der Abb. 4.19 weggelassen, die für das Folgende unwichtig sind. Aber dafür enthält sie nicht nur das Termschema für einen perfekten Einkristall (a) mit seinem Valenzband VB und seinem Leitungsband LB, sondern auch das Termschema eines ungeordneten organischen Festkörpers (b). Dessen Terme sind die Terme der einzelnen Moleküle. Sie sind wegen der unterschiedlichen intermolekularen Abstände und damit unterschiedlichen intermolekularen Wechselwirkungen statistisch verteilt.

In beiden Fällen existieren keine Zustände aus denen Elektronen durch ein elektrisches Feld durch den Festkörper bewegt werden können. Am einfachsten sehen Sie das für den Fall des ungeordneten organischen Festkörpers: jeder Term im *Valenzband* ist das HOMO eines Moleküls, das mit zwei Elektronen gefüllt ist und in dem keine weiteren Elektronen Platz haben. Im Einkristall ist es nicht anders: Jede primitive Elementarzelle trägt genau einen unabhängigen Wert $k$ des Wellenvektors zu jedem Band bei. Wenn der Kristall aus $N$ primitiven Einheitszellen besteht gibt es also $N$ unabhängige Zustände in jedem Band. Jeder Zustand kann nach dem Pauli-Prinzip mit maximal zwei Elektronen gefüllt werden. Für das *Valenzband* sind das genau die zwei Elektronen pro Molekül, mit denen die HOMOs der $N$ Moleküle gefüllt sind. Auch im Einkristall ist also das *Valenzband* ganz gefüllt. Ein äußeres

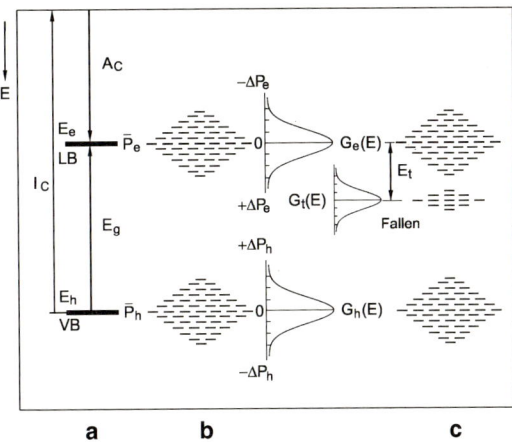

**Abb. 4.25** Energiediagramm für einen organischen Halbleiter. Die Terme der Excitonen zwischen dem VB und dem LB sind in dieses Termschema nicht eingezeichnet. **a** Energiebänder der ionisierten Zustände des idealen Kristalls. $E_h$ = Energie der Defektelektronen, VB = Valenzband = Transportniveau der Defektelektronen, $E_e$ = Energie der Leitungselektronen, LB = Leitungsband = Transportniveau der Elektronen. $\bar{P}_h$ und $\bar{P}_e$ = mittlere Polarisationsenergien der Defektelektronen und der Elektronen. $I_C$ = Ionisationsenergie des Kristalls. $A_C$ = Elektronenaffinität des Kristalls. $E_g$ = Energielücke. **b** Energieniveaus der ionisierten Kristallzustände bei einer statistischen Verteilung der Polarisationsenergien. $\Delta P_h$ und $\Delta P_e$ = Abweichungen der Polarisationsenergien von den Mittelwerten $\bar{P}_h$ und $\bar{P}_e$. $\sigma$ = Breite der Gaußförmigen Zustandsdichten $G(E)$. **c** Energieniveaus von Fallen in der Energielücke (gezeichnet sind nur Elektronen-Fallen). $E_t$ = Fallentiefe. $G_t(E)$ = Zustandsdichte der Fallen

elektrisches Feld kann aus den vollständig gefüllten Zuständen des *Valenzbands* keine der leeren, energetisch höheren Zustände besetzen, weil die nicht „in energetisch erreichbarer Nähe" sind. Aber gerade das wäre nötig um einen Strom zu erzeugen.

Und was ist mit dem *Leitungsband*? Im thermischen Gleichgewicht ist es leer, denn bei Raumtemperatur und bei einer typischen Bandlücke $E_g$ von 2,5 eV ist die Konzentration der intrinsischen Ladungsträger durch den Faktor $e^{-E_g/k_B T}$ bestimmt, und der beträgt etwa $10^{-21}$.

Jeder *reine*, monomolekulare organische Festkörper ist daher ein *Isolator*. Zu elektrischen Leitfähigkeit müssen die Ladungsträger erst erzeugt werden. Dazu gibt es in monomolekularen organischen Festkörpern zwei grundlegend verschiedene Methoden: die **Photogeneration** und die **Injektion**.

### 4.6.3 Photogeneration und TOF-Methode

Photonen der Energie $h\nu > E_g$ erzeugen ein Elektron-Loch-Paar. Bei dem Prozess der Photogeneration werden Elektronen vom VB in das LB angeregt. Im Detail ist dieser Prozess kompliziert, denn er erfordert auch ein elektrisches Feld und thermische Aktivierung. Aber er existiert, und dabei werden separate Elektron-Loch-Paare erzeugt. Sie können sich unabhängig voneinander bewegen, denn jetzt sind weder das VB ganz gefüllt noch das LB ganz leer. In beiden sind die Konzentrationen $n_e$ der Elektronen und $n_h$ der Löcher gleich. Deren Beweglichkeit kann mit der Flugzeit-Methode gemessen werden, die meist mit ihrem Kürzel **TOF** (time of flight) bezeichnet wird.

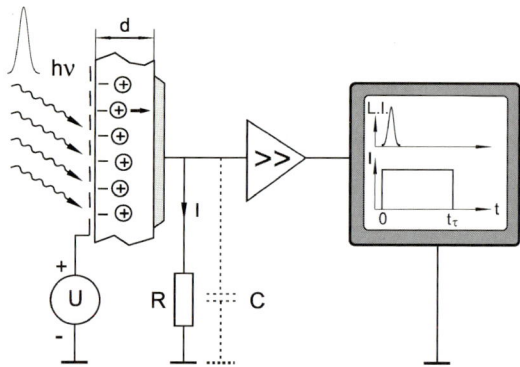

**Abb. 4.26** Schematischer Aufbau eines TOF-Experiments. $I(t)$ ist die Transiente des Verschiebungsstroms nach der Photoanregung durch einen $\delta$-förmigen UV-Puls der Licht-Intensität L.I. Dessen Eindringtiefe hinter der semitransparenten Frontelektrode ist klein gegenüber der Dicke $d$ der Probe. Gezeigt ist der Idealverlauf des Verschiebungsstroms $I(t)$ der Defektelektronen („Löcher"), wenn die konstante Spannung $U$ an der Frontelektrode positiv ist. Die Transiente endet nach der Transitzeit $t_\tau$ des ebenen Pakets der Defektelektronen durch die Probe. Durch Umpolen von $U$ kann auch die Transitzeit der Elektronen gemessen werden. Eine endliche Breite des Anregungsimpulses L.I., eine endliche Zeitkonstante $RC$ des Stromkreises und die Diffusion der Ladungsträger resultieren auch bei idealem Transport (siehe Text) in Abrundungen der Transienten $I(t)$ bei $t = t_\tau$. Nach [10]

Abbildung 4.26 zeigt das Schema des TOF-Experiments: Die Probe mit typischen Dimensionen $(50\,\text{mm}^2) \times (1\,\mu\text{m}\ldots 1\,\text{mm})$ werden auf ihren beiden großen Flächen mit je einer Metall-Elektrode kontaktiert, von denen die Frontelektrode für die Photoanregung semitransparent sein muss. Die Messzelle ist also ein Kondensator mit dem zu untersuchenden Dielektrikum. Zwischen den beiden Elektroden wird die Gleichspannung $U$ angelegt. Ein $\delta$-förmiger Licht-Impuls erzeugt die Elektron-Loch-Paare. Diese Ladungsträgerpaare werden nur in einer dünnen Schicht hinter der belichteten Oberfläche angeregt, denn der Absorptionskoeffizient $\alpha$ für die Anregung ist etwa $10^5$/cm. Damit ist die Eindringtiefe des Lichts also nur 100 nm, also klein im Vergleich zur Probendicke $d$. Eine typische Pulsdauer für die optische Anregung ist 1 ns.

Wenn die Spannung an der Frontelektrode positiv ist, werden die photoangeregten Elektronen an der Frontelektrode instantan entladen. Die *Defektelektronen* verbleiben aber in der Probe und *driften* im elektrischen Feld durch den Kristall. Wenn deren Gesamtladung $q$ klein im Vergleich zur Ladung des Kondensators ist, dann ist die elektrische Feldstärke $F = U/d$. Solange die Driftgeschwindigkeit $v_D$ konstant ist, driftet also ein ebenes, $\delta$-förmiges Defektelektronen-Ladungsträgerpaket durch die Probe und erreicht die Gegenelektrode nach der Transitzeit $t_\tau = d/v_D$. Bei *Umpolung* werden die Defektelektronen an der Frontelektrode entladen und die *Elektronen* driften.

Wenn während der Driftbewegung keine Ladungsträger in Fallen eingefangen werden, fließt während der Zeit $t$ ($0 < t < t_\tau$) ein konstanter **Verschiebungsstrom** $I$. Er fällt dann auf Null ab, wenn das Ladungsträgerpaket die Gegenelektrode erreicht hat und dort entladen wird. Deshalb bezeichnet man $t_\tau$ als Transitzeit. Mit Hilfe der Gl. (4.13) erhält man in dem oben geschilderten Idealfall aus der Messung der Transitzeit $t_\tau$ unmittelbar die Beweglichkeit $\mu_-$ der Elektronen oder $\mu_+$

# 4 Organische Elektronik

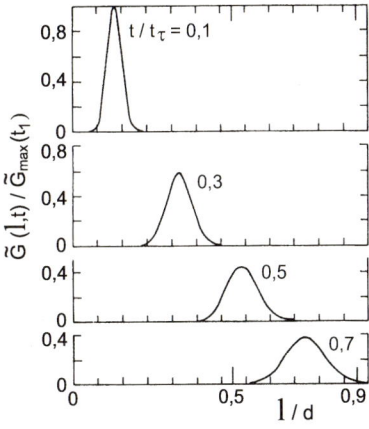

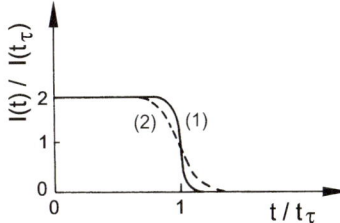

**Abb. 4.27** Verbreiterung des Ladungsträgerpakets durch Diffusion. *Oben*: Verteilungsfunktion $\tilde{G}(P,t)$ der Ladungsträger zu verschiedenen Zeiten $t$. $\tilde{G}(P,t)$ ist die Wahrscheinlichkeit, dass sich ein Ladungsträger zur Zeit $t$ am Ort $P$ befindet, wenn er zur Zeit $t = 0$ am Ort $P = 0$ war. $P/d$ ist der normierte Abstand der Ladungsträger vom Ort $P = 0$, an dem sie erzeugt wurden. $d$ = Dicke der Probe (siehe Abb. 4.24). Beim Gauß'schen Transport ist die Transitzeit $t_\tau$ definiert durch $\langle P(t_\tau) \rangle = d$. *Unten*: Transienten des Verschiebungsstroms $I(t)/I(t_\tau)$. Die Breite des Abfalls der Transienten entsteht durch die diffusive Verbreiterung des Ladungsträgerpakets. Für die Transiente (1) ist die Transitzeit $t_\tau$ länger als für die Transiente (2)

der Defektelektronen

$$\mu_\pm = d^2/t_\tau U_\pm \, . \tag{4.15}$$

Um diesen Idealfall zu realisieren, muss die **Diffusion** der Ladungsträger vernachlässigbar sein. Diese Bedingung ist prinzipiell nicht ideal realisierbar, denn das Ladungsträgerpaket verbreitert sich wegen des hohen anfänglichen Dichtegradienten während der Drift (siehe Abb. 4.27). Dieser Verbreiterung entspricht eine relative Unschärfe $\Delta t_\tau/t_\tau$ der Transitzeit, die aus der folgenden Gleichung abgeschätzt werden kann:

$$\Delta t_\tau/t_\tau = \sqrt{2k_B T/eU} \, . \tag{4.16}$$

Diese Relation habe ich hier nicht hergeleitet, aber sie ist plausibel: höhere Temperatur führt zu schnellerer Diffusion, verbreitert also das Ladungsträgerpaket; größere Spannung $U$ führt zu schnellerem Transit, verhindert also große Verbreiterung des Ladungsträgerpakets vor seiner Ankunft an der Gegenelektrode.

Nahezu ideale TOF-Transienten zeigen z. B. hochgereinigte, sublimationsgezüchtete Anthracen-Kristalle bei Zimmertemperatur (Abb. 4.28b). Die Transitzeit $t_\tau^e$ für die Elektronen beträgt bei diesem Experiment etwa 12,5 μs. Bei Abkühlung des Kristalls auf 40 K beobachtet man bei gleicher Orientierung des elektrischen Felds ($F \parallel c$) einen fast strukturlosen Abfall des Stroms (Abb. 4.28a). Dieser Abfall wird

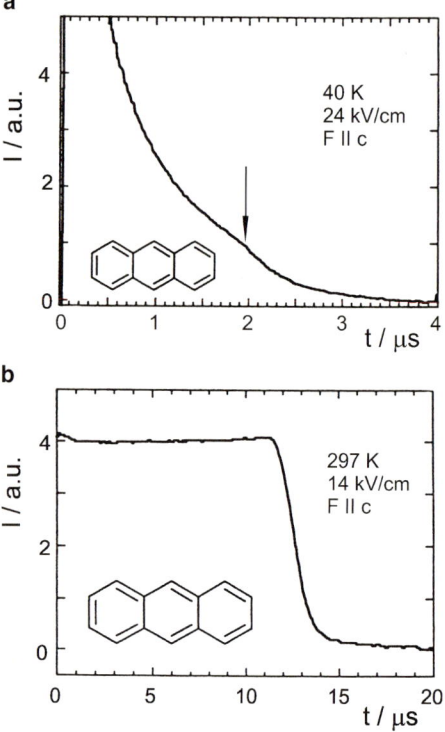

**Abb. 4.28** (a) $T = 40$ K. Als Folge von Ladungsträgerfallen, aus denen bei der tiefen Temperatur die Ladungsträger nur mit kleiner Wahrscheinlichkeit aktiviert werden, fällt der Verschiebungsstrom schon bei $t < t_\tau$ so stark ab, dass nur ein kleiner Teil der Ladungsträger an der Gegenelektrode ankommt und damit in der Transiente trotz erhöhter Feldstärke nur an einer kleinen Beule erkennbar ist (*Pfeil*) [12]. (b) Nahezu ideale TOF-Transiente für Elektronen im Anthracen-Kristall entlang der $c'$-Richtung (Richtung mit kleiner Ladungsträger-Beweglichkeit); $T = 300$ K

von einer kleinen Dichte von **Fallen** verursacht. (Fallen sind unvermeidbare Defekte. Sie können eingefangene Ladungsträger insbesondere bei tiefer Temperatur stationär festhalten.) Trotz des Abfalls ist die Transitzeit $t_\tau$ an einer kleinen Schulter (hier bei 2 µs) gerade noch erkennbar. Aus der Verkürzung der Transitzeit folgt direkt die Zunahme der Beweglichkeit bei der Abkühlung. Für das in Abb. 4.28 dargestellte Beispiel ist $\mu_{40\,\text{K}}/\mu_{300\,\text{K}} = 3{,}6$.

Aus den TOF-Messungen erhält man also die Beweglichkeiten der Elektronen im LB und der Löcher im VB, sowie deren Temperatur- und Feldstärkeabhängigkeiten, und in Einkristallen auch deren Anisotropie.

### 4.6.4 Beweglichkeiten in Einkristallen

Abbildung 4.29 zeigt als typisches experimentelles Ergebnis die Temperaturabhängigkeit der Beweglichkeit der Elektronen in einem hochgereinigten Perylen-Einkristall. Ähnliche Ergebnisse wurden sowohl die für die Elektronen- als auch für die Löcher-Beweglichkeiten anderer „perfekter" organischer Einkristalle gemessen. Sie alle haben die folgenden gemeinsamen Eigenschaften.

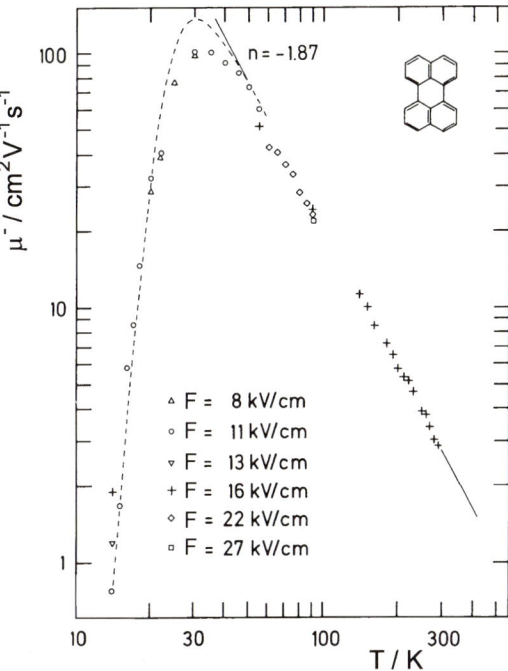

**Abb. 4.29** Temperaturabhängigkeit der Elektronenbeweglichkeit $\mu$ in einem 370 nm dicken Perylen-Kristall in einer schiefen Orientierung des elektrischen Felds $F$. (Winkel $(F, a) = 45°$, $(F, b) = 66°$, $(F, c') = 55°$). Bei 30 K $< T <$ 300 K nimmt $\mu$ mit abnehmender Temperatur zu. Bei $T <$ 30 K wird die Beweglichkeit durch flache Fallen begrenzt. Aus der Analyse von $\mu(T)$ (*gestrichelte Kurve*) folgt die Fallentiefe $E_t = 17{,}5$ meV [13]

1. *Bei Raumtemperatur* beträgt die Ladungsträger-Beweglichkeit in perfekten organischen Einkristallen mit $\pi$-Elektronensystemen zwischen 1 und 10 cm²/Vs. Diese Werte sind etwa 100- bis 10.000-mal *kleiner* als in anorganischen Halbleiter-Einkristallen. Der Grund für diesen Unterschied ist die schwache intermolekulare van der Waals Wechselwirkung im Vergleich zur kovalenten Bindung: Für alle Transportprozesse in einem Festkörper ist die Wechselwirkung zwischen den Bausteinen eine maßgebliche physikalische Größe.

2. *Bei Abkühlung steigt* die Beweglichkeit in fast allen Kristallen zunächst nach einem Potenzgesetz $T^{-n}$ mit $0{,}5 < n < 3$ an. Bei weiterer Abkühlung fällt sie dann unterhalb einer Temperatur steil ab, die sehr stark von der Art und von der Konzentration der Defekte des Kristalls abhängt. Der Grund für die Zunahme der Beweglichkeit bei Abkühlung ist die Elektron-Phonon-Kopplung. Die Streuung der Ladungsträger an Phononen begrenzt ihre Beweglichkeit deshalb, weil Phononen eine zusätzliche Modulation des Potentials der Ladungsträger erzeugen. (Das ist wie in der makroskopischen Welt: die Gleitreibung auf einer rauen Oberfläche ist größer, als auf einer spiegelglatten). Bei Abkühlung wird jedoch die Zahl der angeregten Phononen kleiner und damit auch die Streuwahrscheinlichkeit. Bei noch weiterer Abkühlung setzt jedoch unweigerlich ein ganz anderer Streuprozess ein: die Streuung der Ladungsträger an ionisierten Fallen, die erst bei tiefer Temperatur entstehen: Selbst kleinste Kristallbaufehler können nämlich Ladungsträger *binden*. Diese gehen dabei nicht nur für den Transport verloren. Sondern vor allem sind die damit entstandenen ionisierten Fallen Streuzentren für

die restlichen Ladungsträger. Dafür sorgt die starke Coulomb-Wechselwirkung. Bei hoher Temperatur werden die ionisierten Fallen thermisch schnell wieder entladen, also neutral. Bei tiefer Temperatur jedoch bleiben sie stationär geladen. In Analogie zur Streuung von $\alpha$-Teilchen an Atomkernen nennt man die Streuung von Ladungsträgern an ionisierten Fehlstellen *Rutherford-Streuung*. Beide Streuprozesse, die an Phononen und die an ionisierten Störstellen kennt man übrigens schon von anorganischen Halbleiter-Kristallen (siehe z. B. [5]).

### 4.6.5 Beweglichkeiten in Ungeordneten Schichten

Total verschieden von Einkristallen verhalten sich die Beweglichkeiten der Ladungsträger in ungeordneten Schichten: Abbildung 4.30 zeigt als repräsentatives Beispiel die Temperaturabhängigkeit der Löcher-Beweglichkeit in einer nichtkristallinen Photoleiterschicht, die aus MPMP-Molekülen besteht. Sie erkennen durch Vergleich mit der Abb. 4.29 drei fundamentale Unterschiede zu den Einkristallen: 1. Bei Zimmertemperatur ist die Beweglichkeit in ungeordneten Schichten um mehrere Größenordnungen (hier um 3, in vielen Schichten um bis zu 7 oder mehr) kleiner als in Einkristallen. 2. *Bei Abkühlung nimmt die Beweglichkeit in ungeordneten Schichten stark ab.* Charakteristisch ist sehr oft eine Temperaturabhängigkeit, die in der halblogarithmischen Darstellung $\lg(\mu/\mu_0)$ als Funktion von $(T_0/T)^2$ mit $T_0 =$ const und $\mu_0 =$ const zu einer Geraden führt. 3. In ungeordneten Schichten wächst die Beweglichkeit mit zunehmender Feldstärke oft stark. Die Beweglichkeit ist also *auch bezüglich der elektrischen Feldstärke* nicht konstant.

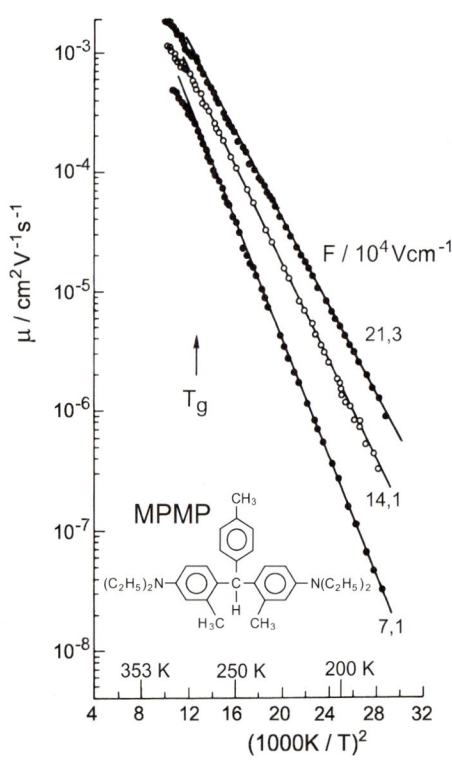

**Abb. 4.30** Temperaturabhängigkeit der Defektelektronen-Beweglichkeit $\mu$ in einer 8,7 µm dicken ungeordneten Schicht von MPMP Molekülen bei verschiedenen Feldstärken $F$. MPMP = bis(4-$N$,$N$-diethylamino-2-methylphenyl)-4-methylphenylmethan. Die Schicht wurde durch thermische Abscheidung aus der Dampfphase (Sublimation) gewonnen. $T_g$ = Glaspunkt [14]

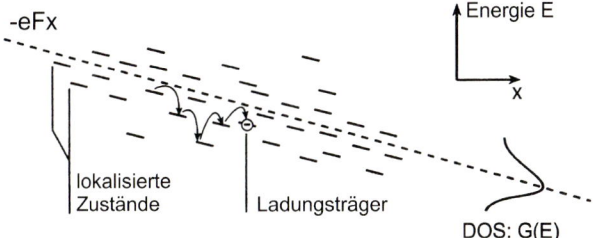

**Abb. 4.31** Schema des Hüpftransports in einem ungeordneten organischen Halbleiter. Die energetische Verteilung der Zustände (DOS) wird im Bässler-Modell als eine Gauß'sche Verteilungsfunktion $G(E)$ mit der Breite $\sigma$ angenommen (siehe Abb. 4.25). Die Hüpfprozesse entlang der elektrischen Feldstärke $F$ erfolgen entweder ohne thermische Aktivierung zu Nachbarn mit kleinerer, oder mit thermischer Aktivierung zu Nachbarn mit größerer Energie

Für den Transport von Ladungsträgern in ungeordneten organischen Festkörpern existieren mehrere theoretische Modelle. Konzeptionell am einfachsten ist das Bässler-Modell. Es geht von einer Gaußverteilung $G(E)$ der Zustände aus (vgl. Abb. 4.25). Die Breite $\sigma$ dieser Verteilungsfunktion ist zunächst unbestimmt. (Die Bezeichnung $\sigma$ für die Breite der Gaußfunktion darf natürlich nicht verwechselt werden mit der spezifischen Leitfähigkeit $\sigma$. Da die Bezeichnung der beiden total verschiedenen physikalischen Größen mit ein und demselben Buchstaben aber üblich ist, kann ich das nicht ändern.)

In einem elektrischen Feld $F$ ergibt sich also für die Niveaus (die Terme) der Moleküle innerhalb des VB einer ungeordneten Schicht das in der Abb. 4.31 dargestellte Bild: für den Transport der Ladungsträger im LB müssen die Elektronen in einem Hüpfprozess von Molekül zu Molekül übertragen werden. Dieser Hüpfprozess kann entweder eine thermische Aktivierung erfordern oder auch keine. Im ersten Fall ist die Energie des Nachbarmoleküls in Richtung der Driftgeschwindigkeit, also des Elektronenstroms, höher als die des Moleküls von dem aus der Sprung erfolgt. Im zweiten Fall ist sie tiefer. Ob sie tiefer ist oder nicht, hängt auch von der der elektrischen Feldstärke ab. Beide Fälle sind in der Abb. 4.31 dargestellt.

Das wichtigste Ergebnis des theoretischen Bässler-Modells ist die Temperaturabhängigkeit der Beweglichkeit:

$$\mu = \mu_0 e^{-(T_0/T)^2} \tag{4.17}$$

mit

$$T_0 = \frac{2\sigma}{k_B T} . \tag{4.18}$$

Der Vergleich der Abb. 4.30 mit Gl. (4.18) zeigt, dass das Ergebnis des Bässler-Modells mit dem experimentellen Ergebnis übereinstimmt. Damit kann aus der experimentell bestimmten Steigung der Geraden in Abb. 4.30 mit Hilfe der Gl. (4.18) die Breite $\sigma$ der Gaußverteilung direkt bestimmt werden. Für die MPMP-Schicht ergab sich der Wert $\sigma = 0{,}098$ eV. Dieser Wert ist typisch: *für viele verschiedene ungeordnete organische Schichten mit konjugierten $\pi$-Elektronensystemen ist die Breite der Verteilung der HOMO- und LUMO-Zustände ziemlich nahe am Wert $\sigma = 100$ meV gemessen worden.* Dieser Wert ist auch ähnlich zur Breite der Leitungs- und Valenz-Bänder $E(k)$ in reinen Einkristallen (siehe z. B. [2, Kap. 8.5.4] und die dort zitierte Originalliteratur).

### 4.6.6 Injektion und Raumladungsbegrenzte Ströme

Die zweite fundamentale Methode zur Erzeugung von Ladungsträgern in organischen Festkörpern ist deren **Injektion** aus Kontakten. Will man z. B. einen Elektronenstrom durch den Festkörper fließen lassen, dann müssen dazu Elektronen aus dem Kontakt, also aus der Kathode (vgl. Abb. 4.24) in das LB des Festkörpers *injiziert* und aus dem LB an der Anode wieder *ejiziert* werden. Der Kontakt selbst sollte die Injektion und damit die Stromstärke nicht begrenzen; man nennt einen Kontakt, der den Strom in einem Stromkreis nicht behindert, dessen Widerstand also klein ist im Vergleich zum Widerstand der Probe selbst, einen **Ohm'schen Kontakt**.

Bei der Analyse eines Stroms von injizierten Ladungsträgern muss in Rechnung gestellt werden, dass die Probe mit ihren injizierten Ladungsträgern **geladen** ist. Das ist ein fundamentaler Unterschied zu einem Metall oder einem dotierten anorganischen Halbleiter oder zu einem intrinsischen Halbleiter mit kleiner Bandlücke $E_g$. Bei diesen sind die Ladungsträger schon ohne äußere Spannung vorhanden. Sie werden von dieser nur zu ihrer Drift angeregt. Bei der Injektion jedoch dient die äußere Spannung *sowohl zur Erzeugung der Ladungsträger, also zur Ladung der Probe, als auch zur Drift dieser Ladung*. Da jede Ladung die Quelle eines elektrischen Feldes ist, wird die Feldstärke im Inneren des Festkörpers („im Raum") nicht nur von der Spannung U an den äußeren Elektroden, also zwischen Anode und Kathode bestimmt, sondern auch von der Ladung („im Raum") selbst. Dieses Feld der Raum-Ladungen behindert den Strom. Man nennt den Strom in diesem Falle **SCLC** (Space Charge Limited Current).

Dazu denken wir uns zunächst ein idealisiertes „Bauelement", das aus einer dünnen Schicht der Probe zwischen zwei Metallkontakten bestehe. Die Probe sei ein organischer Molekülkristall oder eine nichtkristalline organische Schicht mit großer Bandlücke ($E_g \gg kT$). Sie besitze keine leeren Fallen und auch nur eine vernachlässigbare Dichte stationär gefüllter Fallen, die im gefüllten Zustand in aller Regel Ionen sind und keine weiteren Ladungsträger gleichen Vorzeichens mehr einfangen können. Und schließlich sei sie mit zwei gleichen Metallen kontaktiert, die jeweils einen Ohmschen Kontakt bilden. Das Bauelement ist damit ein Kondensator (siehe z. B. Abb. 4.24) mit der Kapazität $C = \varepsilon \varepsilon_0 A/d$. $\varepsilon$ ist die Dielektrizitätszahl. Bei einer äußeren Spannung $U$ wird der Kondensator geladen. Seine Ladung $Q$ ist

$$Q = C \cdot U . \tag{4.19}$$

Die mittlere Feldstärke $F$ ist für diesen idealisierten Fall

$$F = \frac{U}{d} . \tag{4.20}$$

Mit den Definitionen der spezifischen Leitfähigkeit $\sigma$ und der Beweglichkeit $\mu$ (Gln. 4.11–4.14), sowie mit der Ladungsdichte $n$ ($n = Q/V = Q/Ad$) und mit der Kontinuitäts-Gleichung $(\partial j/\partial x) = 0$ wird die Stromdichte

$$j = \sigma F = q n \mu F = \frac{Q}{Ad} \mu \frac{U}{d} = \frac{\varepsilon \varepsilon_0 A U}{Ad^2} \mu \frac{U}{d} ,$$

also

$$j = \varepsilon \varepsilon_0 \mu \frac{U^2}{d^3} . \tag{4.21}$$

Diese einfache aber wichtige Gleichung (4.21) heißt **Child'sches Gesetz**. Sie wurde ursprünglich für Vakuum-Röhren hergeleitet. (Bei einer strengen Herleitung ergibt sich rechts vom Gleichheitszeichen noch ein Faktor $\frac{9}{8}$). Der durch den Isolator (oder durch das Vakuum) fließende Strom heißt **raumladungsbegrenzter Strom**. Er ist *proportional zum Quadrat der Spannung U und umgekehrt proportional zur dritten Potenz der Probendicke d*. Er ist damit experimentell klar unterscheidbar vom Ohm'schen Strom, der proportional zu $U/d$ ist. *Wenn eine gemessene Strom-Spannungskennlinie j(U) der Gl. (4.21) genügt, kann daraus die Beweglichkeit direkt bestimmt werden!* Dieser Aspekt ist wichtig: Einerseits, weil die Temperaturabhängigkeit und die Feldstärkeabhängigkeit der Beweglichkeit der Schlüssel zum Verständnis der Kopplung der Ladungsträger an die übrigen Freiheitsgrade, z. B. an die Phononen, Excitonen oder Haftstellen des Halbleiters sind. Und andererseits, weil die Beweglichkeit der Ladungsträger für die Funktion und die Konstruktion elektronischer Bauelemente eine wichtige Materialeigenschaft ist.

Allerdings ist der oben behandelte Idealfall selten realisiert. Der wichtigste *reale* Fall beinhaltet die *Existenz von Fallen*. Dabei teilt sich die injizierte Ladung in je eine Verteilung der Dichten $n_t$ der eingefangenen und n der freien Ladungsträger auf. Beide Verteilungen zusammen bestimmen gemäß der Poisson-Gleichung

$$\varepsilon\varepsilon_0 \frac{\partial F}{\partial x} = (n_t + n) = q \qquad (4.22)$$

das innere Feld $F(x)$, aber nur die freien Ladungsträger tragen zum Strom bei. Erst wenn bei hohem Injektionsstrom, d. h. bei hoher äußerer Spannung und damit hohem Feld alle Fallen stationär gefüllt sind, gilt bei weiterer Erhöhung der äußeren Spannung des Child'sche Gesetz Gl. (4.21).

Abbildung 4.32 zeigt ein experimentelles Beispiel für diesen Fall. Beachten Sie, dass bei Variation der äußeren Spannung von 0,1 V bis etwa 400 V die Stromstärke um etwa 8 Zehnerpotenzen zunimmt! Die untersuchte Probe war ein 10 μm dicker Rubren-Einkristall bei Raumtemperatur. Für kleine Spannungen ($U < 2$ V) beobachtet man Ohm'sches Verhalten, also Stromstärke $I$ proportional zur Spannung $U$, und damit Steigung 1 in der doppellogarithmischen Auftragung. Dieser Bereich kleinster Ströme ist durch nie ganz vermeidbare Defekte verursacht, die, wie eine Dotie-

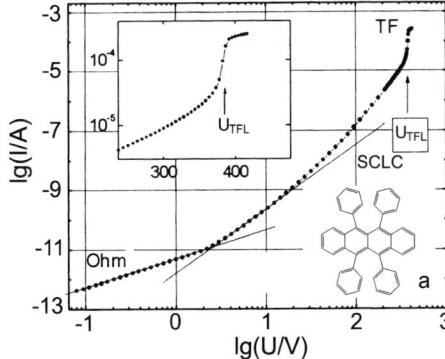

**Abb. 4.32** Strom-Spannungs-Kennlinien $I(U)$ eines $d = 10$ μm dicken Rubren-Kristalls bei Zimmertemperatur. $U_{TFL}$ ist die Spannung bei der alle Fallen stationär mit Ladungsträgern gefüllt sind. Aus $U_{TFL}$ kann die Konzentration $N_t$ bestimmt werden. In dem untersuchten Rubren-Kristall war $N_t = 10^{15}$ cm$^{-3}$. Für $U > U_{TFL}$ gilt das Child'sche Gesetz (4.21), aus dem die Beweglichkeit $\mu$ direkt ermittelt werden kann [15]

rung im anorganischen Halbleiter, Ladungsträger erzeugen. Für $U > 2\,\text{V}$ nimmt die Stromstärke zunächst quadratisch mit der Spannung zu: $I \propto U^2$. Ab etwa 20 V wird der Anstieg der Stromstärke solange immer steiler, bis die Spannung $U_{\text{TFL}}$ erreicht wird. Im konkreten Fall ist $U_{\text{TFL}} \approx 380\,\text{V}$. Bei $U > U_{\text{TFL}}$ wird wieder eine quadratische Zunahme der Stromstärke mit wachsender Spannung, also $I \propto U^2$ gemessen.

Die Interpretation dieser extrem nicht-Ohm'schen Kennlinie ist die folgende: Im Bereich zwischen $U \approx 2\,\text{V}$ und $U_{\text{TFL}}$ tragen die injizierten Ladungen sowohl zum Transport, also zum Strom bei, als auch zur Füllung der Ladungsträgerfallen. Erst bei einer Stromstärke, bei der alle Fallen stationär gefüllt sind und bei weiterer Steigerung der Spannung, also bei $U > U_{\text{TFL}}$, wenn also keine weiteren Fallen mehr zur Verfügung stehen, gilt das Child'sche Gesetz (4.21). Daher heißt die Spannung $U_{\text{TFL}}$ (TFL = Trap Filled Limit). Die numerische Auswertung des in Abb. 4.32 gezeigten Experiments liefert u. a. die Dichte $n_t$ der Fallen und die Beweglichkeit $\mu$ der Ladungsträger in der untersuchten Probe.

Auch in teil- oder nichtkristallinen organischen Halbleitern sind die injizierten Ströme raumladungsbegrenzt. Dabei kann es durchaus vorkommen, dass in einem Material, das für Bauelemente der organischen Elektronik benutzt wird die Stromdichte bei Raumtemperatur um den Faktor 20.000 zunimmt, wenn die Spannung $U$ von 0,7 V auf 7 V, also nur um den Faktor 10 erhöht wird. Das Ergebnis dieser Analyse eines solchen Experiments ergibt z. B. die Temperatur- und Feldstärkeabhängigkeit der Beweglichkeit sowie die Breite $\sigma_t$ der Gauß'schen Verteilung der Fallen und deren Konzentration $N_t$. Typische Werte sind 0,2 eV bzw. $10^{15}/\text{cm}^3$ (siehe z. B. [2, Kap. 8] und die dort zitierte Originalliteratur).

### 4.6.7 Elektroden und Kontakte – Ein- und Ausgangstore für die Ladungsträger

Zur Injektion der Ladungsträger sind Elektroden notwendig: die Kathode K für die Elektronen und die Anode A für die Defektelektronen. Damit beide Kontakte zwischen den Elektroden und dem organischen Halbleiter Ohm'sche Kontakte werden, müssen sie dem organischen Halbleiter angepasst werden. Betrachten Sie dazu für ein Gedankenexperiment zunächst die Abb. 4.33: Beide Elektroden seien Metalle. Jedes Metall besitzt seine spezifische Austrittsarbeit $\Phi_M$; das ist die Mindestenergie für den äußeren Photoeffekt zur Beförderung eines Leitungselektrons aus dem Metall ins Vakuum. Für die Injektion von Elektronen aus dem Metall $M_1$ in den organischen Halbleiter muss $\Phi_{M_1}$ verglichen werden mit der Elektronenaffinität $A_c$, also der Energie, die wieder frei wird, wenn das Elektron das LB besetzt. Verzichtet man also auf den Umweg über das Vakuum, so ist zur Injektion der Elektronen in das LB nur noch die Energie $\Phi_{M_1} - A_c$ notwendig. Gleich, aber mit umgekehrten Vorzeichen ist die Situation zur Injektion von Defektelektronen ins VB. Die Austrittsarbeit $\Phi_{M_2}$ der Anode muss deutlich größer sein als $\Phi_{M_1}$. Nur dann ist $I_c - \Phi_{M_2}$, also die notwendige Energie zur Ejektion eines Elektrons aus dem VB in das Metall $M_2$ klein. Die Ejektion eines Elektrons aus dem Halbleiter in die Elektrode ist identisch mit der Injektion eines Defektelektrons vom Metall in den Halbleiter.

Vermeiden wir also – im zweiten Schritt unseres Gedankenexperiments – das Vakuum und bringen die *beiden* Elektroden direkt in Kontakt mit dem Halbleiter

# 4 Organische Elektronik

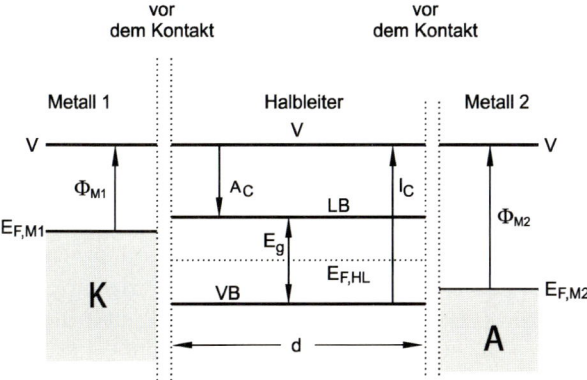

**Abb. 4.33** Termschemata eines organischen Halbleiters und zweier Metalle 1 und 2, die nicht im Kontakt sind. V = Vakuumenergie, $E_F$ = Fermienergie, $\Phi$ = Austrittsarbeit, LB = Unterkante des Leitungsbands, VB = Oberkante des Valenzbands, $E_g$ = Bandlücke, $A_C$ = Elektronenaffinität, $I_C$ = Ionisationsenergie, $d$ = Dicke des Halbleiters

(Abb. 4.34a), dann entsteht „instantan" die Kontaktspannung zwischen den beiden verschiedenen Metallen $M_1$ und $M_2$: Aus dem Metall $M_1$ mit der kleineren Austrittsarbeit fließen so viele Elektronen zum Metall $M_2$ bis die Fermi-Oberflächen

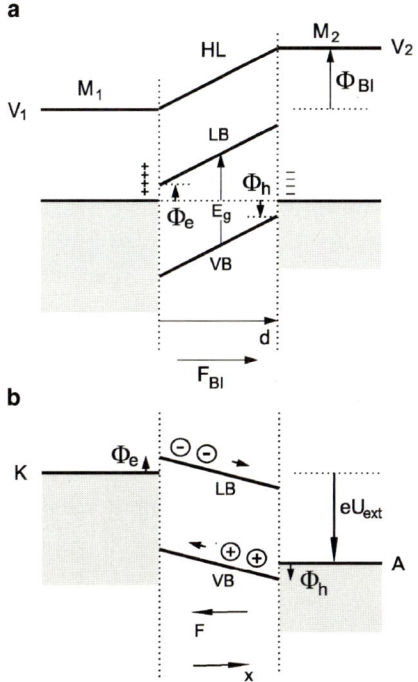

**Abb. 4.34** **a** Intrinsischer Halbleiter im Kontakt mit zwei Metallen unterschiedlicher Austrittsarbeit: $\Phi_{M_2} > \Phi_{M_1}$. $F_{BI} = \Phi_{BI}/ed$ = „eingebaute Feldstärke" (built in field); $\Phi_e$ und $\Phi_h$ = Aktivierungsenergien für Elektronen (e) und Defektelektronen (h); A = Anode, K = Kathode. **b**: mit angelegter Spannung $U_{ext}$. $F$ = elektrische Feldstärke. Die Transportniveaus in Halbleitern sind nur dann gerade und nicht gekrümmt, wenn der Halbleiter nicht p- oder n-dotiert und $U_{ext}$ so klein ist, dass die Dichte der injizierten Ladungsträger das Feld $F$ nicht merklich beeinflussen. Man bezeichnet diesen Fall auch als „Flachbandfall"

beider Metalle auf gleichem Niveau sind. Dabei werden $M_2$ negativ und $M_1$ positiv geladen und das Vakuumniveau von $M_2$ um das Kontaktpotential $\Phi_{BI}$ gegenüber dem Vakuumpotential vom $M_1$ angehoben. $\Phi_{BI}$ ist die Differenz der Austrittsarbeiten: $\Phi_{BI} = \Phi_{M_2} - \Phi_{M_1}$. Es entspricht einer **Kontaktspannung** $U_{BI} = \Phi_{BI}/e$. Im Halbleiter existiert deshalb ein konstantes „eingebautes elektrisches Feld" (built in field) der Feldstärke $F_{BI} = U_{BI}/d$. Die Terme des VB und des LB sind daher nach wie vor Geraden, die jedoch so gekippt sind, dass ein Strom nicht möglich ist, wenn nicht eine äußere Gegenspannung $U_{ext}$ angelegt wird, die das eingebaute Feld mindestens kompensiert. Erst wenn $|U_{ext}| > |U_{BI}|$ und „richtig" gepolt ist, können der Elektronendriftstrom im LB und der Defektelektronendriftstrom im VB fließen (Abb. 4.34b).

Das Termschema der Abb. 4.34 ist auch das Termschema der einfachsten OLED: wenn sowohl ein Elektronen- als auch Defektelektronenstrom fließt (man bezeichnet den Gesamtstrom dann als einen ambipolaren Strom), können sich Elektronen und Defektelektronen treffen und sich zu Excitonen binden. Und diese Excitonen können strahlend rekombinieren. Der ambipolare Strom, und damit der Einsatz der Elektrolumineszenz, erfordert also eine endliche minimale äußere Spannung $U_{ext}$. Sie beträgt in der Regel zwischen weniger als 1 V und maximal 3 V. Bei einer realen OLED hängt sie primär von den zwei verschiedenen Elektrodenmaterialien ab, aber auch von weiteren Details der Kontakte, die ich hier jedoch nicht behandeln will.

## 4.7 Organische Elektronik und Optoelektronik

Die Bauelemente der organischen Elektronik und Optoelektronik enthalten als wesentliche Bestandteile eine oder mehrere dünne Schichten aus organischen Molekülen oder Polymeren mit konjugierten $\pi$-Elektronensystemen. Deren physikalische Eigenschaften bestimmen die Funktion der Bauelemente. (Ich halte es für hilfreich zwischen *organischer* Elektronik und *molekularer* Elektronik zu unterscheiden. Letztere ist die Vision mit *einzelnen* Molekülen elektronische Prozesse zu steuern und soll hier nicht behandelt werden.)

Die drei wichtigsten Bauelemente der organischen Elektronik sind

- OLEDs (Organic Light Emitting Devices),
- OFETs (Organic Field Effect Transistors) und
- Organische Solarzellen.

Ein Wunschtraum ist ferner der elektrisch gepumpte organische Laser. Aber der existiert noch nicht.

### 4.7.1 Elektrolumineszenz: OLEDs

Das Prinzip der OLEDs ist einfach: Abbildung 4.35 zeigt den Querschnitt durch ihren einfachsten Aufbau. Die dünne Schicht eines organischen Halbleiters befindet sich zwischen den beiden metallisch leitfähigen Elektroden: der Anode mit einer hohen und der Kathode mit einer niederen Austrittsarbeit. Eine von beiden muss transparent sein. Die ersten OLEDs hatten Anoden aus dem leitfähigen und transparenten

# 4 Organische Elektronik

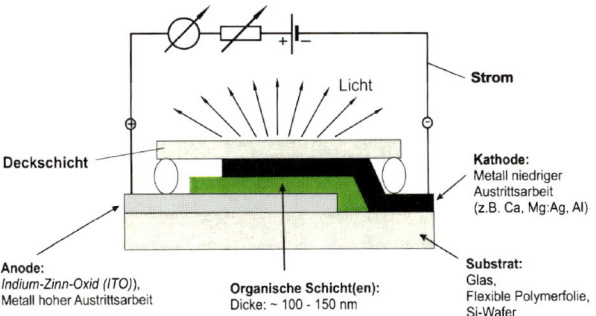

**Abb. 4.35** Querschnitt durch den einfachsten Aufbau einer organischen Leuchtdiode (OLED). Eine der beiden metallisch leitfähigen Elektroden muss zur Auskopplung der Lumineszenz semitransparent sein. Im Beispiel dieser Abbildung ist das die Kathode. Typische Dicken der organischen Schicht(en) zwischen den Elektroden liegen zwischen 10 nm und 100 nm. Die Flächen bisher realisierter OLEDs liegen zwischen weniger 1 μm$^2$ und mehr als 50 cm$^2$. Das sind jedoch insbesondere nach oben keine prinzipiellen Grenzen. Die dicht geklebte Deckschicht aus Glas dient zum Schutz der organischen Schicht(en) vor Luft und Wasser. Die übliche Betriebsspannung liegt zwischen $> 1{,}5$ V und 10 V

Indium-Zinn-Oxid (ITO). Die Lumineszenz wurde dabei durch die ITO-Schicht und den Träger aus Glas (oder aus einer Plastikfolie) hindurch, ins Freie abgestrahlt. Dargestellt in der Abb. 4.35 ist jedoch die Emission durch eine transparente Kathode.

Die einzelnen Prozesse der Elektrolumineszenz in diesem Einschicht-Aufbau einer OLED zeigt das Termschema in der Abb. 4.36: Bei richtiger Wahl der Elektroden und bei eingeschalteter äußerer Spannung U werden Elektronen aus der Kathode und Defektelektronen aus der Anode in das Volumen der organischen Halbleiter-Schicht injiziert. Der dann fließende Strom ist bipolar: die Elektronen im LUMO und die Defektelektronen im HOMO können sich in der organischen Schicht treffen, um ein Exciton zu bilden. Die Excitonen können strahlend zerfallen und die Lumineszenz kann aus der organischen Schicht ins Freie emittiert werden. Die einzelnen und unabhängigen Prozesse vom Zeitpunkt des Einschaltens der äußeren Spannung bis zur

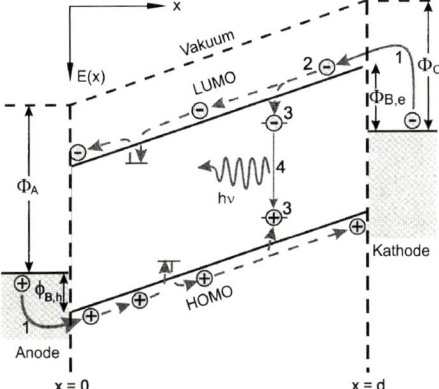

**Abb. 4.36** Termschema und Ladungsträgerprozesse in einer OLED aus einer organischen Schicht (Einschicht-OLED). **1** Injektion, **2** Ladungsträgertransport, **3** Bindung von Ladungsträgerpaaren (Elektron-Lochpaaren) zu Frenkel Excitonen, **4** Rekombination des Excitons unter Emission der Lumineszenz. Das Termschema ist für den Fall dargestellt, dass die äußere Spannungsquelle so gepolt ist, dass der ambipolare Strom in Durchlassrichtung fließt

Emission sind also die folgenden: Injektion der Elektronen, Injektion der Defektelektronen, Transport der Elektronen, Transport der Defektelektronen, Bildung von strahlungsfähigen Excitonen und Auskopplung der Strahlung aus dem Bauelement.

Für einen hohen Wirkungsgrad einer OLED, also für hohe Lichtleistung pro elektrischer Leistung, müssen alle diese Prozesse einzeln optimiert werden. Mit einer einzigen organischen Schicht ist das nicht möglich. Zum Beispiel unterscheiden sich in allen organischen Materialien die Werte der Beweglichkeiten $\mu_e$ der Elektronen und $\mu_h$ der Defektelektronen stark. Die meisten organischen Schichten sind sogenannte Löcherleiter (hole transport layers = HTL). Das bedeutet, dass deren Defektelektronenbeweglichkeit sehr viel größer ist als deren Elektronenbeweglichkeit ($\mu_h \gg \mu_e$). Die Defektelektronen gelangen dann schon zur Kathode bevor die Elektronen von dieser ins Innere der Schicht driften konnten. Die Bildung der Excitonen erfolgt dann, wenn überhaupt, fast ausschließlich an der Grenzfläche zur metallischen Kathode. In dieser Grenzfläche können die Excitonen nicht ungestört strahlen, sondern sie zerfallen bevorzugt strahlungslos.

Dieser Nachteil kann schon mit einer zweiten organischen Schicht eliminiert werden. Abbildung 4.37 zeigt das Termschema einer Zweischicht OLED. Sie besteht aus einer Elektronen-Transportschicht (ETL) und einer Löcher-Transportschicht (HLT). Deren Schichtdicken können so optimiert werden, dass der Elektronenstrom etwa gleich groß ist wie der Defektelektronenstrom und die Excitonen in der Nähe der Grenzschicht zwischen HTL und ETL, aber noch in der ETL gebildet werden. Die Alq$_3$-Schicht ist dann zugleich ETL *und* Emissionsschicht (EML).

Aber auch Zweischicht-OLEDs sind nicht optimal. Z. B. ist die Wahrscheinlichkeit, dass sich ein strahlungsfähiges Singulett-Exciton bildet, wenn ein Elektron und ein Defektelektron sich treffen im Idealfall nur 25 %. Die restlichen 75 % der Elektron-Loch-Paare rekombinieren zu Triplett-Excitonen, weil Triplett-Zustände dreifach entartet sind und die Wahrscheinlichkeit ihrer Bildung daher dreimal so groß ist wie die Bildung von Singulett-Excitonen. Triplett-Excitonen in den Schichten aus leichten Kohlenwasserstoff-Molekülen sind jedoch wegen des Interkombinationsverbots (siehe Abschn. 4.5) so gut wie nicht in der Lage strahlend zu rekombinieren.

Dieser und viele andere Nachteile von Ein- oder Zweischicht-OLEDs wurden teilweise oder ganz eliminiert durch **Mehrschicht-OLEDs:** Den Aufbau einer hoch-

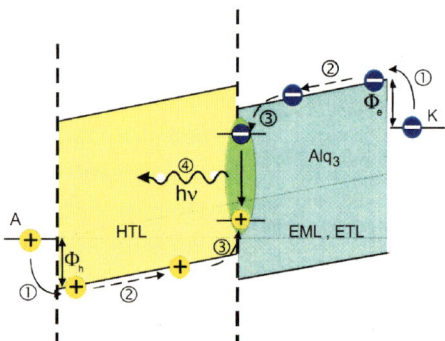

**Abb. 4.37** Energie-Diagramm einer Zweischicht-OLED. Bei geeigneter Wahl der Schichtdicken erfolgt die Rekombination in der Emissionsschicht (EML) Alq$_3$ in der Nähe der HTL/Alq$_3$-Grenzschicht. Alq$_3$ ist gleichzeitig die Elektronentransportschicht (ETL). HTL ist eine Löchertransportschicht (hole transport layer). Das Energiediagramm ist für $U > -U_{bi}$ dargestellt ($U$ = äußere Spannung, $U_{bi}$ = Kontaktspannung). A = Anode, K = Kathode

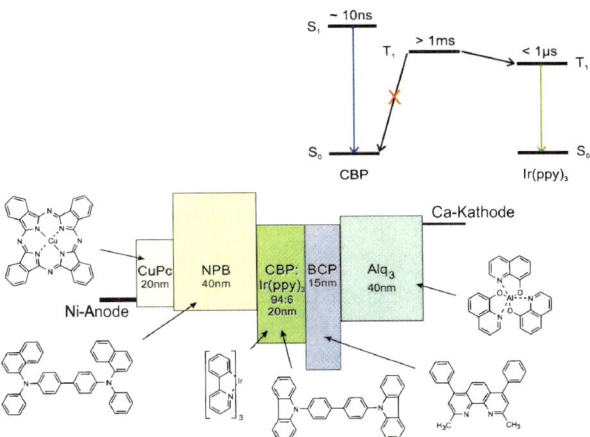

**Abb. 4.38** Aufbau und Energiediagramm einer hocheffizienten „phosphoreszierenden" OLED aus fünf organischen Schichten. Das Energiediagramm rechts oben zeigt die strahlungslose Bevölkerung des Triplettzustands von Ir(ppy)$_3$ aus dem die Elektrolumineszenz emittiert wird. Dargestellt ist das Energiediagramm für die äußere Spannung $U = -U_{bi}$. Nach [17]

effizienten OLED aus *fünf* organischen Schichten zwischen den beiden Elektroden zeigt die Abb. 4.38. Sie enthält vor allem die Emissionsschicht aus CBP, das mit 6 Molprozent des **Triplett-Emitters Ir(ppy)$_3$** dotiert ist. Die Lebensdauer von dessen $T_1$-Zustand ist $< 1\,\mu$s, also kurz. Die Ursache dafür ist die Spin-Bahn-Kopplung, die von der hohen Kernladungszahl ($Z = 77$) des Ir verursacht wird. Der $T_1$-Zustand von Ir(ppy)$_3$ ist deshalb kein reiner Triplett-Zustand und seine Lumineszenz-Quantenausbeute ist aus demselben Grund hoch. Bei einer Dotierungskonzentration $\geq 5\,\%$ (mol pro mol) werden die Triplett-Excitonen des CBP von den $T_1$-Zuständen des Ir(ppy)$_3$ fast vollständig „geerntet", sodass aus letzteren dann die Lumineszenz emittiert wird (s. dazu das Termschema in Abb. 4.38 oben). Das System wird deshalb als „luminescence harvesting system" bezeichnet. Die zusätzliche BCP-Schicht zwischen der dotierten CBP-EML und der Alq$_3$-Schicht dient als Pufferschicht für die Löcher (hole blocking layer = HBL). Damit wird die Injektion von Löchern in die Alq$_3$-Schicht verhindert. Sie fungiert hier nur noch als ETL, emittiert also in dieser Vielschicht-OLED nicht.

Eine weitere Verbesserung ist die Einführung einer Kupfer-Phtalocyanin(CuPc)-Schicht zur Optimierung der Injektion und der elektrischen Feldstärken in den einzelnen Schichten.

Die Auskopplung der Lumineszenz erfolgte bei der in Abb. 4.38 skizzierten Mehrschicht OLED durch die semitransparente Ca-Kathode. Auf dieser Ca-Kathode, also in der Abb. 4.38 rechts von der Ca-Kathode, waren noch zwei weitere Schichten aufgebracht: eine dielektrische Schicht aus Zinkselenid (ZnSe) mit einer Brechzahl, die etwa gleich der Brechzahl der organischen Schichten war, und eine Glaskapselung. Die dielektrische Schicht verhindert oder vermindert die Totalreflexion bei der Auskopplung der Lumineszenz. Ohne diese Maßnahme entstehen hohe Verluste bis zu 60 %, d. h. bis zu 60 % der intern erzeugten Lumineszenzintensität können wegen Totalreflexion nicht aus der OLED ins Freie ausgekoppelt werden. Die Glaskapselung schließlich verhindert Degradation an Luft.

Der Glasträger des ganzen Bauelements ist in der Abb. 4.38 links von der Ni-Anode zu denken. Er wurde zuerst mit hochreflektierendem Aluminium beschichtet und erst dann mit der sehr dünnen Ni-Anode. Damit konnte die Strahlung, die in Richtung zur Anode emittiert wurde von der darunterliegenden Al-Schicht reflektiert werden und mit der direkt in Richtung zur Kathode emittierten Strahlung teilweise konstruktiv interferieren.

Das Ergebnis der Optimierung dieser Mehrschicht-OLED zeigen die Kennlinien in Abb. 4.39: Bei etwa 2,5 V externer Spannung $U$ setzt die Elektrolumineszenz ein und steigt dann bei Erhöhung von $U$ auf 10 V um etwa 8 Zehnerpotenzen an. Die scheinbar kleinen Unterschiede bei verschieder Dicke der semitransparenten Ni-Anode sind in einer linearen Skala *nicht* klein und demonstrieren den Effekt der konstruktiven Interferenz nach Reflexion an der Al-Oberfläche. Die Ströme bei Spannungen $U < 2{,}5$ V und insbesondere in Sperrrichtung der Diode sind Verlustströme, die im Vergleich zu den Strömen im Lumineszenzbereich vernachlässigbar sind.

Für den Bau schneller Bildschirme ist die Zeitabhängigkeit der Elektrolumineszenz nach dem Ein- oder Ausschalten der Betriebsspannung der limitierende Prozess. In der oben beschriebenen Mehrschicht-OLED erscheint das Elektrolumineszenz-Signal mit einer Verzögerungszeit $t_D$ von ca. 50 μs nach dem Einschalten der Spannung von 4 V. $t_D$ ist durch die Ladungsträger-Beweglichkeiten und durch die Schichtdicken bestimmt. (Die RC-Zeitkonstante für den gesamten Schaltkreis einschließlich der OLED ist sehr viel kürzer und beträgt etwa 0,1 μs.)

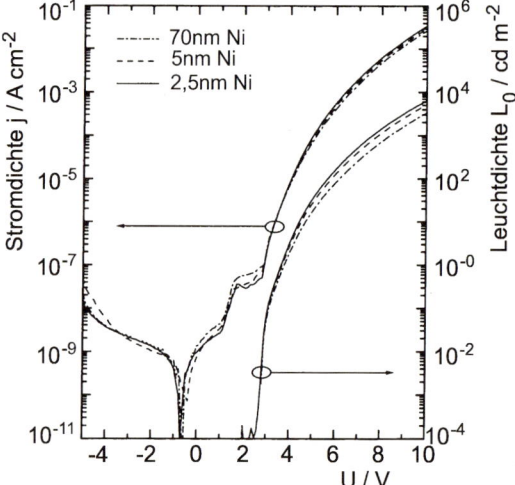

**Abb. 4.39** Kennlinien: Stromdichte $j$ und Leuchtdichte $L_0$ der Vielschicht-OLED vom Typ der Abb. 4.38, jeweils in logarithmischem Maßstab als Funktion der äußeren Spannung in linearem Maßstab. Dargestellt sind jeweils drei Messkurven für drei unterschiedlich dicke Ni-Anoden. Die beiden dünnen Ni-Schichten befinden sich auf einer Al-Unterlage (siehe Text). Die Schichtfolge ist also vom Vakuum aus gesehen Al/Ni/CuPc.... Bei den beiden dünnen Ni-Schichten wirkt die unterlegte Al-Schicht als Reflektor. Nach [17]

## 4.7.2 Bildschirme – Große fürs Fernsehen und Kleine für alles Mögliche

Kleine OLED-Farb-Displays sind schon seit einiger Zeit in Mobiltelefone und MP3-Player eingebaut. Im Vergleich zu LCD-Bildschirmchen haben sie kleinere Energieverluste, einen deutlich größeren Blickwinkel, eine höhere Schaltgeschwindigkeit und sie sind dünner als 1 mm. Ihr Träger kann im Prinzip flexibel sein. Ihre Betriebs-Lebensdauer soll mindestens 10.000 Stunden betragen und die Betriebslebensdauer der Geräte, in die sie eingebaut sind, nicht begrenzen. Und natürlich sind sie selbstleuchtend. Die Farben sind brillant und die Zahl der Bildpunkte pro Fläche ist so groß wie bei LCD-Displays. Für große Bildschirme, also vor allem für Fernsehbildschirme existieren überzeugende Demonstratoren (Abb. 4.2 und 4.40). Nach Angaben der Hersteller besitzen sie ein großes Marktpotential.

Wie funktioniert ein OLED-Farb-Bildschirm? Jeder Bildpunkt besteht aus drei OLEDs: grün, blau, rot. Tabelle 4.4 zeigt die Farbkoordinaten und weitere Eigenschaften der heute verwendeten OLEDs in Farbdisplays (vgl. dazu Abb. 4.41). Jede OLED in jedem Bildpunkt wird selektiv über eine Aktiv-Matrix durch Transistoren gesteuert (Abb. 4.42). Für jeden Bildpunkt werden zwischen 2 und 6 Transistoren benötigt. Es kostet mich wenig Phantasie mir die Komplexität und die Präzision der Druck- und Strukturierungsmaschinen vorzustellen um beispielsweise die $1280 \times 768$ Bildpunkte mit je drei verschieden farbigen OLEDs herzustellen, die für einen Fernsehbildschirm mit 20 Zoll-Bilddiagonale notwendig sind. Bedenken Sie wie viele Schichten jede OLED besitzt und wie dünn (wenige 10 nm!) und präzi-

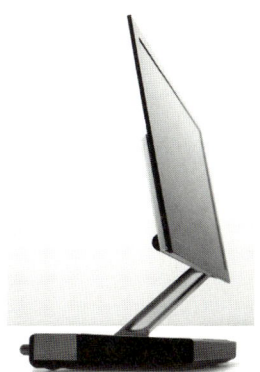

**Abb. 4.40** OLED-Farb-Bildschirm mit 11 Zoll Bilddiagonale von SONY

| Farbe | Emitter | CIE-Farbkoord. $(x/y)$ | Spannung in V | Strom-Effizienz in cd/A | Leistungs-Effizienz in lm/W | Quanten-Effizienz in % | Lebensdauer in 1000 Std. |
|---|---|---|---|---|---|---|---|
| grün | phosphoreszierend | 0,37/0,60 | 2,5 | 65 | 85 | 19 | 150 |
| rot | fluoreszierend | 0,66/0,34 | 2,5 | 10 | 13 | 8,5 | 200 (Triplett) 1000 (Singulett) |
| blau | fluoreszierend | 0,14/0,15 | 3,5 | 6,1 | 5,4 | 5,0 | 10 bis 20 |
| weiß (Display) | fluoreszierend | 0,35/0,35 | 3,3 | 13 | 15 | 5,4 | 20 bis 100 |
| weiß (gestapelt, Beleuchtung) | hybrid | 0,43/0,44 | 8,3 | 112 | 35 | > 32 | > 100 |

**Tabelle 4.4** Substrat-emittierende OLEDs

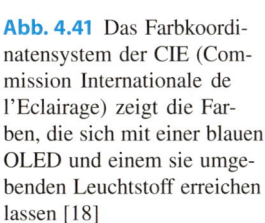

**Abb. 4.41** Das Farbkoordinatensystem der CIE (Commission Internationale de l'Eclairage) zeigt die Farben, die sich mit einer blauen OLED und einem sie umgebenden Leuchtstoff erreichen lassen [18]

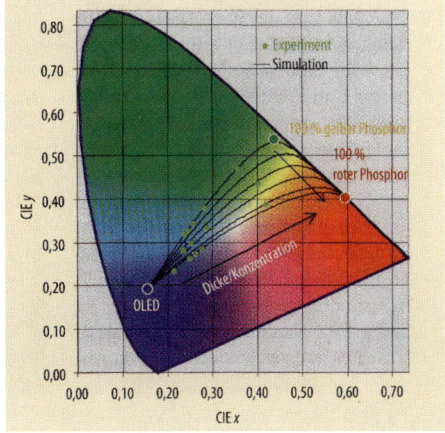

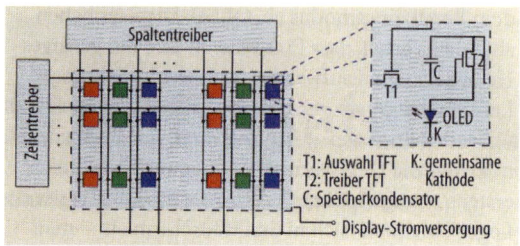

**Abb. 4.42** Bei einem Aktiv-Matrix Display wird jeder OLED-Bildpunkt mit Transistoren gesteuert [19]

se jede Schicht präpariert werden muss! Ich habe deshalb größte Hochachtung vor dieser Ingenieurskunst. Aber trotzdem: ohne die weit weniger spektakuläre Grundlagenforschung von Physikern und Chemikern bis zu den ersten Anfängen der OLED wäre die technisch-industrielle Entwicklung der OLED-Bildschirme nicht möglich gewesen. (Dass Letztere nicht in Deutschland stattgefunden hat bedaure ich persönlich sehr.)

### 4.7.3 Lichtquellen

Glühbirnen erzeugen Wärme und sind voluminös. Auch Leuchtstoffröhren sind voluminös. Anorganische LEDs strahlen „kaltes Licht" aus. Aus alltäglichem Abstand betrachtet sind alle diese drei Lichtquellen punktförmige Strahler. OLEDs sind dagegen extrem dünn und können großflächig hergestellt werden. Schon Anfang der 1990er Jahre wurden die ersten OLED-Flächenstrahler (50 cm$^2$) auf Glasplatten als Träger und später auf flexiblen Polymerfolien hergestellt (Abb. 4.43). Sie besaßen

**Abb. 4.43** OLED, „Modell Bayreuth 1992"

keine Schutzschicht und hatten eine Betriebslebensdauer von nur etwa 15 min. Heute entwickeln erfahrene und kompetente ehemalige „Glühbirnen-Hersteller" in Kooperation mit der chemischen Industrie und mit Universitäten großflächige OLED Lichtquellen, die diffuses weißes Licht abstrahlen. Ein „Lichthimmel aus OLED-Tapeten" würde dem natürlichen Lichtempfinden besser entsprechen als eine Spot-Beleuchtung mit kleinen Lichtquellen".

Eine „Lichtkachel" (Abb. 4.1) mit einer Fläche von $20 \times 20\,cm^2$ erfordert pro $m^2$ Emitterfläche nur etwa 1 g des organischen Materials. Zur Erzeugung von weißem Licht existieren mehrere Techniken: entweder können blaue, grüne und rote Emitterschichten in ein- und dieselbe großflächige OLED eingebaut werden. Oder die drei Farben können nebeneinander angeordnet werden. Oder eine blaue OLED wird von einem externen Leuchtstoff umgeben, sodass die blaue Strahlung der OLED und die Leuchtstoffstrahlung mit ihrer längeren Wellenlänge überlagert werden.

Die Leuchtdichte für OLED-Flächenstrahler der Firma Osram Opto Semiconductors betrug Ende 2008 etwa 1000 Candela pro Quadratmeter, das ist etwa zehnmal höher als die Leuchtdichte weißen Papiers bei normaler Bürobeleuchtung.

Ich kann mir nicht vorstellen, dass OLEDs die konventionellen Lichtquellen und Beleuchtungen bald verdrängen werden. Aber dort wo die spezifischen Eigenschaften der OLEDs – Großflächigkeit, Flexibilität, kleines Gewicht, lange Betriebsdauer – von Vorteil sind, wird man sie vermutlich in den nächsten Jahren oft entdecken. Gedacht und geplant sind Beleuchtung in Flugzeugen und Fahrzeugen, Hinweis- und Signalleuchten, LCD-Hintergrundbeleuchtung und andere „Nischen". (Siehe auch [25]).

### 4.7.4 Solarzellen

Eine OLED produziert Licht aus elektrischem Strom. Eine photovoltaische Zelle produziert elektrischen Strom aus Licht. Wenn die photovoltaische Zelle das Licht der Sonne in einem breiten Spektralbereich absorbiert, nennt man sie **Solarzelle**.

Der photovoltaische Effekt ist also komplementär zur Elektrolumineszenz. Das bedeutet aber nicht, dass man eine gut funktionierende OLED einfach mit Sonnenlicht bestrahlen kann um elektrischen Strom zu erzeugen, denn der photovoltaische Effekt erfordert eine räumliche Trennung der positiven und der negativen Ladungsträger aus den Excitonen, die mit der Absorption der Photonen erzeugt werden. Diese Dissoziation der Excitonen in getrennte Ladungen muss so schnell sein, dass die Excitonen nicht vorher strahlend rekombinieren können.

In einer organischen Halbleiterschicht ist die Bindungsenergie der Frenkel-Excitonen etwa 0,5–1 eV und damit groß im Vergleich zu $k_B T$ bei Raumtemperatur. Eine thermische Dissoziation der Excitonen ist deshalb innerhalb einer *einzigen* organischen Schicht ausgeschlossen. Man benötigt *zwei verschiedene Schichten*, an deren Grenzschicht der Charge Transfer stattfinden kann.

Der äußere Aufbau einer einfachen organischen Solarzelle ist ähnlich wie der einer Zweischicht-OLED: Zwei verschiedene dünne organische Schichten zwischen zwei Metallelektroden mit verschiedener Austrittsarbeit. Die beiden organischen Schichten unterscheiden sich in ihren sogenannten Donator- und Akzeptor-Eigenschaften. Ein **Donator** ist ein Molekül oder Polymer, welches ein Elektron relativ leicht abgibt, dessen Ionisationsenergie also deutlich kleiner ist als die des

**Abb. 4.44** Schema zum photoinduzierten Ladungstransfer. *Oben*: Elektronentransfer nach Absorption eines Photons durch den Elektronen-Donator CuPc. *Unten*: Lochtransfer nach Absorption eines Photons durch den Elektronen-Akzeptor (= Defektelektronen-Donator) $C_{60}$. Jeweils drei wichtige Schritte: Absorption, Generation eines Excitons und ultraschneller Ladungstransfer. Nach Th. Stübinger

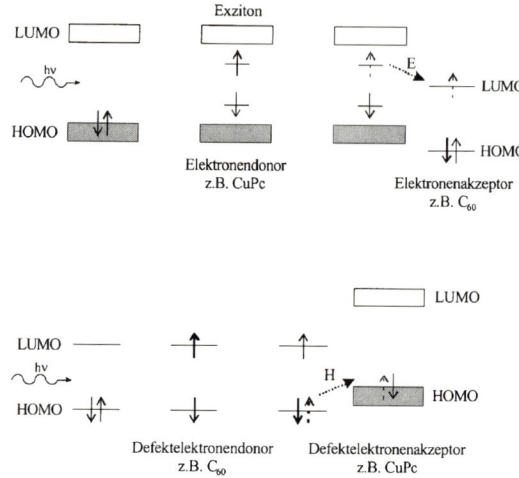

Akzeptors. Ein **Akzeptor** ist ein Molekül oder Polymer, welches ein Elektron gerne aufnimmt, dessen Elektronenaffinität also größer ist als die des Donators.

Ein solches Donator-Akzeptor-Paar ist Kupfer-Phtalocyanin (CuPc, siehe Abb. 4.38) als Donator und das berühmte Fußball-Molekül Fulleren ($C_{60}$) als Akzeptor. Für das CuPc/$C_{60}$ System wird der Dissoziationsprozess in Abb. 4.44 erläutert: Der obere Teil der Abbildung zeigt schematisch (von links nach rechts) die Schritte beim *Elektronen*-Transfer. Nach der Photoanregung des Donators (CuPc) werden zunächst die stark gebundenen Excitonen angeregt. Ihre Bindungsenergie $E_B$ beträgt etwa 0,6 eV. Befindet sich in *unmittelbarer Nachbarschaft* des CuPc der Akzeptor $C_{60}$, dann erfolgt der *Elektronen*-Transfer vom angeregten CuPc auf das LUMO des $C_{60}$ auf der 100 fs-Zeitskala. Dieser Charge-Transfer ist also extrem schnell im Vergleich zur Lumineszenz und besitzt deshalb eine Quantenausbeute von nahezu 100 %. Nach der Dissoziation existieren $(CuPc)^{+\bullet}$-Radikalkationen und $(C_{60})^{-\bullet}$-Radikalanionen und damit Ladungsträger in beiden Schichten: Defektelektronen (Löcher) im CuPc und Elektronen im $C_{60}$. Der untere Teil der Abb. 4.44 zeigt spiegelbildlich den *Defektelektronen*-Transfer. Nach der Photoanregung des $C_{60}$ erfolgt der *Defektelektronen*-Transfer an der Grenzfläche zum Defektelektron-Akzeptor, also in das HOMO des CuPc. Auch dabei entstehen Löcher im HOMO des CuPc und freie Elektronen im LUMO des $C_{60}$. Somit kann sowohl die Photonen-Absorption des $C_{60}$ als auch die des CuPc zur Ladungsträger-Erzeugung beitragen.

Abbildung 4.45 zeigt die energetischen Verhältnisse für das CuPc/$C_{60}$-System zwischen einer ITO-Elektrode am CuPc und einer Al-Elektrode an der $C_{60}$-Schicht vor der Kontaktierung der Schichten. Maßgeblich für den Elektronentransport ist das LUMO von $C_{60}$ und für den Löchertransport das HOMO von CuPc. Beim Kontakt erfolgt die Angleichung der Ferminiveaus und damit eine Verkippung der HOMO- und LUMO-Niveaus so, dass die durch den Dissoziationsprozess erzeugten Elektronen zur Al-Elektrode und die Löcher zur ITO-Elektrode driften.

Solange an diese Spannungsquelle, also an die beiden Elektroden kein äußerer Stromkreis angeschlossen ist, entsteht zwischen den beiden Kontakten eine Spannung, die als Leerlaufspannung $U_{oc}$ (OC = Open Circuit) bezeichnet wird. In einem geschlossenen äußeren Stromkreis beobachtet man die Strom-Spannungs-Kennlinie der Solarzelle (Abb. 4.46). Bei Kurzschluss ($U = 0$) fließt der sogenannte Kurz-

4 Organische Elektronik

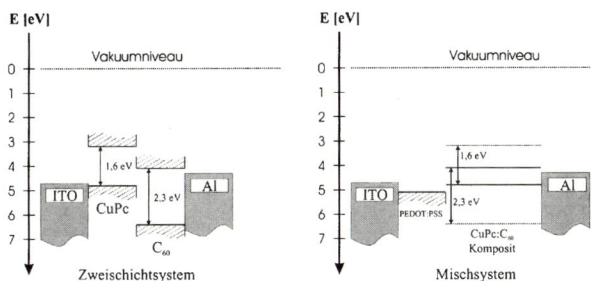

**Abb. 4.45** Energieniveau-Schema für das Zweischichtsystem CuPc/$C_{60}$ zwischen ITO-Anode und Aluminium-Kathode. Das Niveauschema ist für den Fall dargestellt, dass die Schichten noch nicht im Kontakt sind. Nach dem Kontakt gleichen sich die Ferminiveaus an, sodass die HOMOs und die LUMOs so gekippt werden, dass die Elektronen zur Kathode und die Löcher zur Anode driften

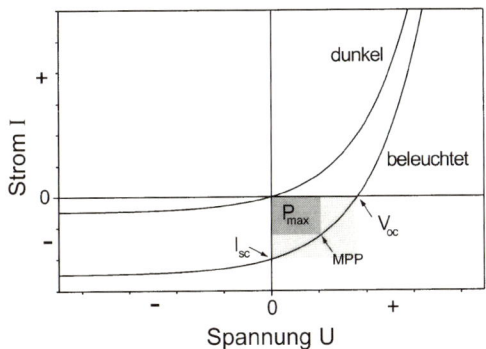

**Abb. 4.46** Strom-Spannungskennlinie $I(U)$ einer photovoltaischen Zelle ohne und mit Belichtung (Dunkel- und Hellkennlinie). $I_{sc}$ = Kurzschlussphotostrom, $U_{oc}$ = Leerlaufspannung, MPP = Arbeitspunkt der maximalen Leistung $P_{max}$

schlussstrom $I_{sc}$. Die maximale elektrische Leistung $P_{max}$ erzeugt die Solarzelle am Punkt MPP, an dem das in die Kennlinie eingezeichnete Rechteck die maximale Fläche besitzt. Als Füllfaktor einer Solarzelle bezeichnet man den Quotienten aus der maximalen Leistung und dem Produkt $U_{oc} \cdot I_{sc}$. Für eine leistungsfähige Solarzelle benötigt man also einen hohen Füllfaktor, einen hohen Kurzschlussstrom und eine hohe Leerlaufspannung.

Ein Nachteil getrennter Donator- und Akzeptorschichten ist deren relativ kleine Kontaktfläche. *Nur an dieser Kontaktfläche findet der Dissoziationsprozess statt.* Die Excitonen können zwar zur Grenzfläche diffundieren, aber die Diffusionslängen sind wesentlich kleiner als typische Schichtdicken von etwa 100 nm. Eine erfolgreiche Verbesserung organischer Solarzellen ist daher die *Mischung* von Donator und Akzeptor. Dabei durchdringen sich die beiden Materialien, sodass die Grenzfläche wesentlich größer wird als die ebene Grenzschicht zwischen zwei räumlich getrennten Schichten. Dieses Prinzip wurde z. B. für Polymer/Fulleren Solarzellen erfolgreich realisiert (Abb. 4.47).

Mit solchen organischen Solarzellen wurden bisher Wirkungsgrade $\eta$ zwischen 5 % und 6 % erzielt. Der Wirkungsgrad ist der Quotient aus der maximalen elektrischen Leistung $P_{max}$ und der absorbierten Lichtleistung $P_L$: $\eta = P_{max}/P_L$. Sir Richard Friend (Cambridge, UK), einer der Pioniere auf dem Gebiet der organischen Polymer-Elektronik, schätzt den maximal erzielbaren Wert von $\eta$ auf 10 %. Dieser Wert ist kleiner als der Wirkungsgrad anorganischer Solarzellen. Die Anwendung organischer Solarzellen wird sich deshalb auf deren spezifischen Eigenschaften konzentrieren: Sie besitzen etwa 100 bis 1000mal größere Absorptionskoeffizienten:

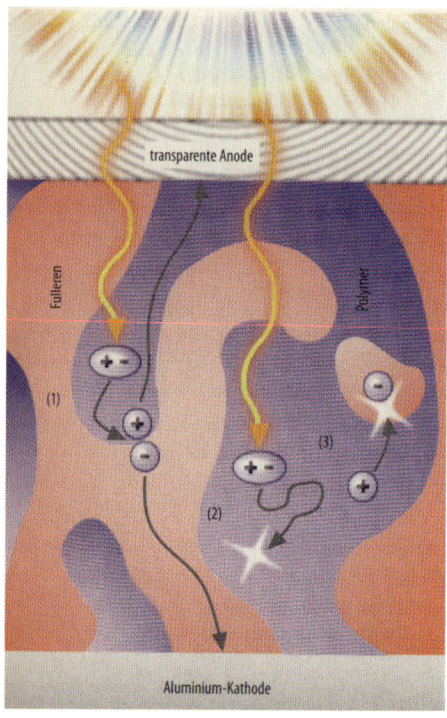

**Abb. 4.47** Das Exciton muss an die Donator-Akzeptor-Grenzfläche diffundieren um ein getrenntes Ladungsträgerpaar zu generieren (1). Wenn es innerhalb seiner Diffusionslänge keine Grenzfläche gefunden hat zerfällt es (2). In Donator-Akzeptor-Mischungen ist die Grenzfläche größer als in zwei aneinander angrenzenden ebenen Schichten. Mit freundlicher Genehmigung von C. Deibel, Experimentelle Physik VI, Julius-Maximilians-Universität Würzburg [6]

das Licht wird in den organischen Schichten schon in etwa $10^{-5}$ cm absorbiert, sodass die organischen Solarzellen sehr viel dünner und damit auch leichter sind als Si-Solarzellen. Außerdem können sie auf transparente Träger (Abb. 4.4) in Drucktechnik hergestellt werden. Die Drucktechnik ist schneller als jedes andere Verfahren zur Beschichtung.

### 4.7.5 Organische Transistoren – Gedruckte Schaltungen

**Abb. 4.48** Dem Druck organischer Elektronik von der Rolle auf die Rolle zur Herstellung von Elektronik als Massenware wird eine wirtschaftlich ertragreiche Zukunft vorausgesagt. Quelle: Polyic.de

Das schnellste Verfahren zur Herstellung strukturierter dünner Schichten ist die roro-Technik – „Von der Rolle auf die Rolle." Für den Druck farbiger Tageszeitungen auf Papier benötigt man gelöste Druckfarben – also Tinte. Die Idee, mit „organischer Tinte" aus gelösten organischen Halbleitern ganze elektronische Schaltkreise aus organischen Transistoren, Dioden, Kondensatoren und Widerständen, inclusive aller Verbindungsleitungen, auf flexible Substrate zu drucken, existiert seit etwa 1995 und ist derzeit schon weit fortgeschritten (Abb. 4.48).

Der Aufbau eines **organischen Feldeffekt-Transistors** (OFET) ist im Prinzip relativ einfach (Abb. 4.49). Auf ein Substrat, z. B. eine Polyesterfolie werden die beiden Elektroden, **Source** und **Drain**, aufgebracht, danach eine organische Halbleiterschicht, z. B. Polythiophen, darauf eine Isolatorschicht und schließlich die dritte Elektrode, das **Gate**. Ohne angelegte Gate Spannung $U_{GS}$ fließt kein Drain Strom $I_{DS}$ zwischen Source und Drain. Mit angelegter Gate Spannung wird die gesamte Anordnung wie ein Kondensator geladen: dabei sind das Gate auf der einen Seite und Drain und Source auf der anderen Seite die „Kondensatorplatten", und der Isolator, die organische Halbleiterschicht, ist das Dielektrikum. In der Grenzschicht zwischen

**Abb. 4.49** Querschnitt durch einen Polymer-Feldeffekttransistor. Das Substrat ist etwa 100 μm dick, die Halbleiterschicht zwischen 50 und 100 nm, der Isolator zwischen 300 und 1000 nm. Nach [20]

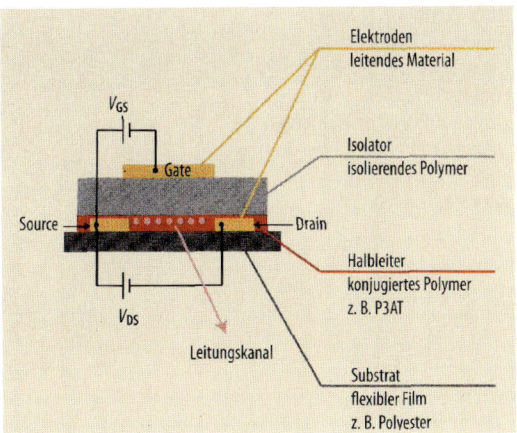

dem Gate und dem organischen Halbleiter bildet sich ein sehr dünner **Kanal** aus Ladungsträgern. In der Regel sind es Löcher. Damit kann zwischen Source und Drain ein Strom fließen, der mit zunehmender Gate-Spannung wächst, weil dabei die Ladungsträgerkonzentration im Kanal zunimmt. (Der Aufbau ist übrigens erstaunlich ähnlich zu einer Erfindung des deutschen Physikers Oskar Heil, der nach meinem Verständnis schon 1934 der Erfinder des Feldeffekt-Transistors war. Schauen Sie mal nach! (http://de.wikipedia.org/wiki/Oskar_Heil)).

Typische OFET-Kennlinien zeigt die Abb. 4.50. Der Source-Drain-Strom kann mit der Gate-Spannung verlustlos aus- und eingeschaltet werden. Für das sogenannte on/off-Verhältnis (siehe Abb. 4.50a) wurden auch in OFETs hohe Werte erzielt. Angestrebt werden Werte $> 10^6$. Aus der „Übertragungskennlinie", dem Source-Drain-Strom als Funktion der Gate-Spannung, kann die Beweglichkeit der Ladungsträger im Kanal bestimmt werden. Sie ist maßgeblich für die Schaltgeschwindigkeit. Die höchsten Werte wurden in Einkristallen gemessen. In nicht kristallinen Polymerschichten sind die Beweglichkeiten um Größenordnungen kleiner. Sie wachsen jedoch mit der Ladungsträgerdichte im Kanal. Abbildung 4.51 zeigt für zwei verschiedene Polymer-Halbleiter den Vergleich der Löcherbeweglichkeiten $\mu_n$ in einer

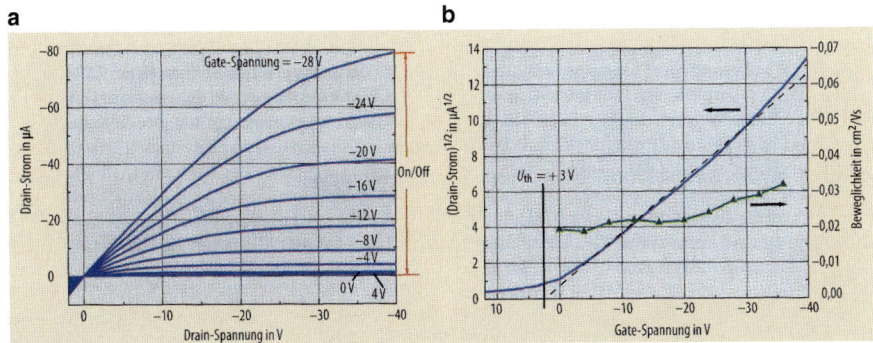

**Abb. 4.50** **a** Ausgangskennlinie eines Polymer-Transistors: Der Drain-Strom als Funktion der Drain-Spannung bei verschiedenen Gate-Spannungen. **b** Übertragungskennlinie: Quadratwurzel des Drain-Stroms als Funktion der Gate-Spannung. Aus der Übertragungskennlinie kann die Beweglichkeit der Ladungsträger im Kanal berechnet werden (*rechte Ordinate*). Nach [20]

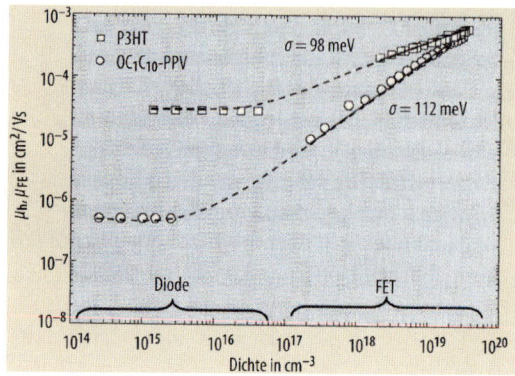

**Abb. 4.51** Die Beweglichkeiten der Ladungsträger im Kanal von organischen Feldeffekttransistoren aus ungeordneten Polymer-Schichten nehmen mit wachsender Ladungsträgerkonzentration stark zu. Nach [22]

OLED mit kleiner Ladungsträgerkonzentration und $\mu_{FE}$ im Kanal eines OFET mit sehr viel höherer Konzentration der Löcher.

Aus dem relativ einfachen Aufbau eines OFET darf nicht geschlossen werden, dass dessen Herstellung mit Druckverfahren als Massenprodukt einfach ist. Die Registergenauigkeit moderner Druckmaschinen beträgt weniger als 20 µm. Das fordert z. B. sehr aufwändige Entwicklungsarbeiten bei der Präparation der „halbleitenden Tinten", denn deren Fließ- und Trocknungsverhalten müssen der Registergenauigkeit standhalten. Offenbar existiert jedoch ein großes Marktpotential für gedruckte organische Elektronik. Ein oft zitiertes Beispiel ist ein komplett im Rollenverfahren gedruckter RFID-Transponder mit einer Arbeitsfrequenz von 13,56 MHz (Abb. 4.3). Die „Radio Frequency Identification" (RFID) dient zur individuellen drahtlosen Identifizierung eines Gegenstands, wenn das „RFID-Etikett" auf den Gegenstand aufgeklebt wird. Von RFID-Etiketten als gedruckte Massenware verspricht man sich einen profitablen Markt.

## 4.8 Rück- und Ausblick

Die organische Elektronik ist ein Produkt der Kooperation von Physikern und Chemikern. Jahrzehnte lang existierte diese Kooperation nur in der akademischen Grundlagenforschung an organischen Festkörpern. Dass daraus technische Produkte entstehen würden, hat sich erst vor etwa 20 Jahren abgezeichnet. Ich bin davon überzeugt, dass die organische Elektronik sich in naher Zukunft zu einer eigenständigen und profitablen Ergänzung der hoch entwickelten anorganischen Halbleitertechnik entwickeln wird.

Angehenden Studenten mit naturwissenschaftlichem Interesse möchte ich dringend empfehlen primär ein Grundlagenfach – Physik oder Chemie oder ein anders – zu studieren. Der qualifizierte Abschluss eines Grundlagenfachs ist die beste Voraussetzung für eine erfolgreiche Kooperation mit anderen wissenschaftlichen oder technischen Disziplinen.

**Danksagung** Ich bedanke mich sehr bei meinen vielen Diplomanden, Doktoranden und Assistenten, die mich in den vergangenen 40 Jahren begleitet haben und dabei hervorragende eigenständige wissenschaftliche Ergebnisse erzielt haben. Dieser Dank gilt insbesondere Walter Rieß und Wolfgang Brütting. Und schließlich danke ich meinem akademischen Lehrer und Doktorvater Hans Christoph Wolf für seine Freundschaft seit nunmehr fast 50 Jahren.

## Literaturverzeichnis

1. Physik Journal **7** (2008) Nr. 5
2. Markus Schwoerer and Hans Christoph Wolf, Organic Molecular Solids, Wiley-VCH (2007), ISBN: 978-3-52740540-4
3. Michael C. Petty, Molecular Electronics, Wiley (2007), ISBN: 978-0-470-01307-6
4. Wolfgang Brütting (ed.), Physics of Organic Semiconductors, Wiley-VCH (2005) ISBN: 978-3-527-40550-3
5. B. H. Ibach und H. Lüth, Festkörperphysik, Springer-Verlag (1995)
6. C. Deibel und V. Dyakonov, in [1], Seite 51 ff
7. N. Karl, High Purity Organic Molecular Crystals, in: Crystals, Growth, Properties and Applications, vol. 4, ed. H. C. Freyhardt, Springer Heidelberg (1980) und N. Karl, Growth and Electric Properties of High Purity Organic Molecular Crystals, J. Cryst. Growth **99**, 1009, (1990)
8. I. Natkaniec, J. Kalus et al., J. Phys. C: Sol. St. Phys. **13**, 4265 (1980)
9. X. Hu, Th. Ritz, A. Damnjannovic and K. Schulten, J. Phys. Chem. B **101**, 3854 (1997)
10. W. Warta und N. Karl, Phys. Rev. **B 32**, 1172 (1985)
11. W. Brütting und W. Rieß in [1], Seite 33 ff
12. N. Karl und J. Marktanner, Mol. Cryst. Liq. Cryst. **335**, 149 (2001)
13. W. Warta, R. Stehle und N. Karl, Appl. Phys. **A 36**, 163 (1985)
14. P. M. Borsenberger, L. Pautmeier und H. Bässler, J. Chem. Phys. **95**, 1258 (1991)
15. V. Podzorov, S. E. Sysoef, E. Longinova, V. M. Pudalov und M. E. Gershenson, Appl. Phys. Lett. **83**, 3504 (2003)
16. W. Brütting, S. Berleb und A. Mückl, Organic Electronics, **2**, 1–36 (2001)
17. W. Rieß, T. A. Beierlein und H. Riel, Phys. Stat. Sol. (a) **201**, 1360 (2004)
18. M. Klein und K. Heuser in [1], Seite 43 ff
19. K. Leo, J. Blochowitz-Nimoth und O. Langguth, in [1], Seite 39
20. W. Fix in [1], Seite 47 ff
21. M. E. Gershenson, V. Podzorov und A. F. Morpurgo, Rev. Mod. Phys. **78**, 973 (2006)
22. C. Tanase et al., Phys. Rev. Lett. **91**, 216601 (2003)
23. A. Szent-Györgyi von Nagyrapolt, Science **93**, 609 (1941); Introduction to a Submolecular Biology, Academic Press, New York, Chapter 3 (1969)
24. Herbert Naarmann, Naturwissenschaften **56**, 308–313 (1969)
25. Berit Wessler und Christopher Wiesmann, Physik Journal **9** (2010) Nr. 1, S. 31

# Quantennormale: Neue Fundamente des Internationalen Einheitensystems

**5**

Ernst O. Göbel

## Abstract

Das Meter hat es geschafft und das sichere Ufer erreicht. Das Kilogramm, das Ampere und das Kelvin hingegen (um nur drei weitere Kandidaten zu nennen), befinden sich noch in historisch arg aufgewühlten Gewässern und müssen sich mächtig ins Zeug legen, um aus den nassen Klamotten herauszukommen. Aber die Anstrengung, welche die physikalischen Basiseinheiten hier auf sich nehmen, lohnt sich, wartet hinter der Uferlinie doch nicht weniger als das Hoheitsgebiet der Naturkonstanten, ein Gebiet, das von historischen Zwängen kaum bedrängt ist. Diese Szenerie umschreibt die große wissenschaftliche Herausforderung, vor der die Metrologen derzeit stehen. Sie wollen die Basiseinheiten von ihren definitorischen Unzulänglichkeiten befreien – man denke nur an die Masseeinheit und ihre Verkörperung durch einen ganz bestimmten Metallzylinder in einem Pariser Tresor – und sie stattdessen auf ein möglichst festes, unverrückbares Fundament stellen, so wie es für das Meter mit dem Bezug zur Lichtgeschwindigkeit bereits gelungen ist. Können die Metrologen diese Herausforderung meistern, so werden in Zukunft nicht mehr sieben Basiseinheiten die Spitze des Internationalen Einheitensystems bilden, sondern vielmehr ein Satz festgelegter Naturkonstanten.

## 5.1 Kurze Geschichte des SI

Seit alters her braucht es für den redlichen Handel mit Gütern vereinbarte Maßeinheiten für Größen wie Länge, Gewicht und Volumen. Wir wissen, dass die historischen großen Kulturen und Staaten ein hoch entwickeltes Messwesen hatten. Eindrucksvolle Beispiele dafür sind die aus dem 3. Jahrtausend v. Chr. stammende Nippur-Elle, die in den Überresten eines Tempels des antiken Mesopotamien gefunden wurde und heute im Archäologischen Museum in Istanbul aufbewahrt wird, die berühmte Königliche Elle der Ägypter, die als Grundmaß zum Bau der ägyptischen Pyramiden

---

Ernst O. Göbel (✉)
Physikalisch-Technische Bundesanstalt (PTB), Braunschweig und Berlin
E-mail: Ernst.O.Goebel@ptb.de

verwendet wurde, oder die älteste in Europa, in Oropos in Griechenland gefundene Sonnenuhr aus der Zeit um etwa 350 v. Chr.

Mit dem aufkommenden Feudalismus des Mittelalters ging jedoch die hohe metrologische[1] Kultur verloren und so gab es in Deutschland vor etwa 300 Jahren mehr als 50 verschiedene Normale für Masse und über 30 verschiedene Längennormale. Dies erschwerte den Handel und begünstigte Missbrauch und Betrug. Dies so lange, bis vor etwa 300 Jahren eine Entwicklung einsetzte, diesen metrologischen „Turmbau zu Babel" rückgängig zu machen. Frankreich übernahm dabei eine Vorreiterrolle und sogar inmitten der Französischen Revolution wurde die Französische Akademie der Wissenschaften aufgefordert, unveränderliche Normale für Maße und Gewichte zu entwickeln. Für das Längennormal wurden zwei Optionen diskutiert: das Sekundenpendel und die Länge des Erdmeridians. Wegen der Abhängigkeit der Schwingungsdauer eines Pendels von der lokalen Erdbeschleunigung wurde diese Option aber nicht weiter verfolgt. Vielmehr wurden die beiden Astronomen Jean-Baptiste Joseph Delambre und Pierre Méchain beauftragt, die Länge des Erdmeridians durch Triangulation der Strecke des Erdmeridianbogens zwischen Dünkirchen und Barcelona zu bestimmen, um daraus die Einheit der Länge, das Meter, als den 40millionsten Teil des Erdmeridians zu definieren. Als Maßverkörperung wurde dieses Urmeter aus Platin hergestellt und 1799 im französischen Nationalarchiv aufbewahrt (Mêtre des Archives).

Von der Längeneinheit wurde die Masseeinheit als ein Würfel von 1 dm Kantenlänge mit reinem destillierten Wasser bei seiner größten Dichte (d. h. bei 3,98 °C) abgeleitet und als Kilogramm bezeichnet. Dieses Ereignis kann als Geburtsstunde des metrischen Systems bezeichnet werden, das sich allerdings in Europa und selbst Frankreich erst sehr zögerlich durchsetzte. Und so dauerte es bis 1875, als mit der Gründung der Meterkonvention durch einen Staatsvertrag zwischen damals 17 Staaten die metrischen Maße eingeführt wurden. Heute gehören der Meterkonvention 51 Staaten an, dazu kommen weitere 26 Länder und Organisationen als assoziierte Mitglieder. Die erste Generalkonferenz[2] der Meterkonvention fand 1889 statt, bei der die neu aus einer Platin-Iridium-Legierung hergestellten Prototypen für das Meter und das Kilogramm offiziell als die internationalen Standards angenommen wurden. Die gleichzeitig hergestellten Kopien dieser internationalen Prototypen wurden unter den Mitgliedsstaaten verlost. Das Deutsche Reich erhielt, wie aus dem Auszug des Protokolls der 1. CGPM zu ersehen (Abb. 5.1), die Prototypen mit den Nummern 18 (für das Meter) und 22 (für das Kilogramm). Kurz zuvor, 1887, war auf maßgebliches Betreiben von Werner von Siemens und Hermann von Helmholtz die Physikalisch-Technische Reichsanstalt (PTR) in Berlin gegründet worden, u. a. mit dem Auftrag, durch Bereitstellung und Verbesserung der Maßnormale die Industrie und Wissenschaft zu unterstützen. Die 1951 gegründete Physikalisch-Technische Bundesanstalt (PTB) hat als Nachfolgeorganisation der PTR diesen Auftrag übernommen und ist damit das nationale Metrologieinstitut Deutschlands.

Auf den ersten Generalkonferenzen, die heute alle vier Jahre stattfinden, wurde das System der internationalen Maßeinheiten kontinuierlich erweitert und verbessert. Mit vielen Generalkonferenzen sind zugleich wesentliche Meilensteine für die Entwicklung des SI-Systems verbunden. Auf der 10. CGPM (1954) wurden als Basiseinheiten des so genannten praktischen Maßsystems die Einheiten für Länge, Masse, Zeit, elektrischen Strom, thermodynamische Temperatur und Lichtstärke bestimmt und definiert. In der 11. CGPM (1960) wurde das Meter neu definiert über die Lichtwellenlänge einer orange-gelben Spektrallinie des Edelgases Krypton bei

[1] Metrologie: die Wissenschaft und Anwendung des präzisen Messens

[2] Conférence Générale des Poids et Mesures, CGPM

## PREMIÈRE CONFÉRENCE GÉNÉRALE

Liste des résultats du tirage au sort des Prototypes commandés.

| PAYS. | MÈTRES A TRAITS | | | | KILOGRAMMES. | |
|---|---|---|---|---|---|---|
| | en alliage du Comité. | | en alliage de 1874. | | | |
| | Nombre | Numéros sortis. | Nombre | Numéros sortis. | Nombre | Numéros sortis. |
| 1. Allemagne............ | 1 | 18 | » | » | 1 | 22 |
| 2. Bavière............ | 1 | 7 | » | » | 1 | 15 |
| 3. Autriche............ | 2 | 15, 19 | » | » | 2 | 14, 33 |
| 4. Hongrie............ | 1 | 14 | » | » | 1 | 16 |
| 5. Belgique............ | 2 | 23, 12 | 1 | 1 | 2 | 28, 37 |
| 6. Observat. de Bruxelles | 1 | 25 | » | » | » | » |
| 7. Danemark............ | » | » | 1 | 3 | 1 | 27 |
| 8. Espagne............ | 2 | 24, 17 | » | » | 2 | 24, 3 |
| 9. États-Unis............ | 2 | 21, 27 | 1 | 12 | 2 | 4, 20 |
| 10. France............ | 3 | 8, 20, 4 | » | » | 5 | 34, 35, 17, 13, 25 |
| 11. Grande-Bretagne..... | 1 | 16 | » | » | 1 | 18 |
| 12. Italie............ | 2 | 9, 1 | » | » | 2 | 5, 19 |
| 13. Japon............ | 1 | 22 | » | » | 1 | 6 |
| 14. Portugal............ | 1 | 10 | » | » | 1 | 10 |
| 15. Russie............ | 1 | 28 | » | » | 1 | 12 |
| 16. Acad. de Pétersbourg. | 1 | 11 | » | » | 1 | 26 |
| 17. Serbie............ | 1 | 30 | » | » | 1 | 11 |
| 18. Suède............ | 1 | 29 | » | » | 1 | 40 |
| 19. Norvège............ | 1 | 3 | » | » | 1 | 36 |
| 20. Suisse............ | 1 | 2 | » | » | 1 | 38 |
| 21. Bureau international.. | 1 | 26 | » | » | 2 | 31, 9 |
| Totaux....... | 27 | | 3 | | 30 | |

Cette opération terminée, M. le PRÉSIDENT invite les délégués à s'approcher du bureau et à signer, pour les prototypes qui viennent d'être attribués par le sort à leurs États, le reçu sur le formulaire suivant :

### Formulaire de réception.

Le soussigné, délégué de ......................................
déclare recevoir, à la deuxième séance de la Conférence générale, les Prototypes suivants, demandés par. ......................................

| Mètres prototypes. | Kilogrammes prototypes. |
|---|---|
| N° | N° |
| .......... | .......... |
| .......... | .......... |
| .......... | .......... |

Bureau international des Poids et Mesures,
le                1889.                    *Signature :*

**Abb. 5.1** Auszug aus dem Protokoll der ersten Generalkonferenz 1889 mit der Aufstellung der Verteilung der nummerierten Kopien des Ur-Kilogramms und Urmeters. Neben dem Deutschen Reich wurde Bayern, das zwar seit 1871 zum Deutschen Reich gehörte, auf Grund des Reservatrechts mit eigenen Kopien bedacht

etwa 0,6058 μm und die Definition der Sekunde, als Einheit der Zeit, durch die Ephemeridensekunde bestätigt. Diese so modifizierten sechs Einheiten (Kilogramm, Meter, Sekunde, Ampere, Kelvin und Candela) wurden dann als Basiseinheiten des

SI (Système International d'Unités) eingeführt. Gleichzeitig wurden Regeln für die SI-Vorsätze und die abgeleiteten Einheiten erstellt. Die Sekunde wurde anlässlich der 13. CGPM (1967/68) über die Frequenz der einem elektronischen Übergang im Cs-Isotop 133 entsprechenden elektromagnetischen Strahlung neu definiert und die 14. CGPM ergänzte die SI-Basiseinheiten um das Mol, die Einheit der Stoffmenge. Anlässlich der 17. CGPM (1983) schließlich wurde das Meter über die Laufzeitstrecke von Licht in Vakuum definiert und das SI nahm seine bis heute gültige Form an.

## 5.2 Das heutige SI und seine Grenzen

Das heutige SI-System, bestehend aus sieben Basiseinheiten und daraus abgeleiteten Einheiten[3], davon 22 mit eigenen Namen, ist ein kohärentes System. Dies bedeutet, dass die abgeleiteten Einheiten sich als Produkte von Potenzen der Basiseinheiten definieren lassen und das Produkt der Potenzen nur die „1" als numerischen Faktor enthält (z. B. $1\,\Omega = 1\,\text{m}^2\,\text{kg}\,\text{s}^{-3}\,\text{A}^{-2}$). Dies hat unmittelbar zur Folge, dass die Zahlenwertgleichungen genau dieselbe Form wie die entsprechenden Größengleichungen haben.

Da Absolutmessungen grundsätzlich nicht genauer sein können als die Unsicherheit der Darstellung der entsprechenden Einheit, stellt die Darstellung der Einheit gemäß ihrer Definition mit kleinstmöglicher Unsicherheit eine permanente Herausforderung dar, die sich per se immer an vorderster Front des Standes von Wissenschaft und Technik bewegt.

Im Folgenden wird kurz auf die Darstellung der sieben Basiseinheiten eingegangen und es werden die Stärken und Schwächen der jetzigen Definitionen diskutiert.

[3] Die im wissenschaftlichen Bereich verwendeten Größen sind schier unzählbar und Entsprechendes gilt für die Anzahl der prinzipiell möglichen abgeleiteten Einheiten.

### 5.2.1 Die Sekunde, Einheit der Zeit

Die Sekunde wurde ursprünglich als der 1/86 400ste Teil des mittleren Sonnentags definiert. Nachdem jedoch, insbesondere durch die Experimente von Adelsberger und Scheibe in der Physikalisch-Technischen Reichsanstalt (PTR) in Berlin, gezeigt werden konnte, dass die Erdrotationsdauer nicht stabil ist, wurde im Jahr 1960, anlässlich der 11. CGPM, die Sekunde auf die Dauer des tropischen Jahres 1900 bezogen (Ephemeridensekunde). Seit 1968 wird allerdings die Sekunde nicht mehr auf astronomische Zeitabläufe, sondern auf die Frequenz einer elektromagnetischen Strahlung eines elektronischen Übergangs im hyperfein aufgespalteten Grundzustand des Isotops $^{133}$Cs zurückgeführt:

> **! Die Sekunde**
> Die Sekunde ist das 9 192 631 770fache der Periodendauer der dem Übergang zwischen den beiden Hyperfeinstrukturniveaus ($F = 3, F = 4$) des Grundzustandes von Atomen des Nuklids $^{133}$Cs entsprechenden Strahlung.

Mit dieser Definition wurde einerseits sichergestellt, dass die Ephemeridensekunde und die „Atomsekunde" zum Zeitpunkt der Neudefinition gleiche Dauer hatten und andererseits wurde damit die Frequenz dieses Hyperfeinstrukturüberganges exakt festgelegt auf $\nu = 9\,192\,631\,770\,\text{Hz}$, wobei sich dies auf ein wechselwirkungsfreies Caesiumatom im Ruhezustand bei der Temperatur des absoluten Nullpunkts bezieht. Die erste Bedingung trägt dabei der (speziellen) Relativitätstheorie Rechnung, die zweite der Tatsache, dass bei endlicher Temperatur auf Grund der entsprechenden Schwarzkörperstrahlung Frequenzverschiebungen (ac-Stark-Effekt) auftreten können. Vergleicht man die Übergangsfrequenzen von Atomen, die sich auf verschiedenen Gravitationspotentialen befinden, muss zudem die allgemeine Relativitätstheorie Berücksichtigung finden.

Gangunterschiede zwischen der astronomischen Zeit und der Atomzeit werden bisher durch Einfügen (oder Herausnahme) von Schaltsekunden in die von der Atomzeitskala abgeleitete koordinierte Weltzeit (UTC) ausgeglichen. Seit Beginn des „Atomzeitalters" 1968 wurden bis heute 24 Schaltsekunden in UTC eingefügt.

Dargestellt wird die Zeiteinheit Sekunde mittels Atomuhren, bei denen die spektrale Lage des der Definition zu Grunde liegenden Übergangs möglichst störungsfrei mit höchst möglicher Auflösung bestimmt wird. Die derzeit genauesten Cs-Atomuhren arbeiten mit lasergekühlten Atomen (sog. Springbrunnenuhren), bei denen auf Grund der geringen thermischen Geschwindigkeit lange Wechselwirkungszeiten mit dem abtastenden Mikrowellenfeld möglich sind, was die spektrale Breite des in einer vertikalen Ramsey-Anordnung gemessenen Übergangs gegenüber den in den klassischen Atomuhren durch Verdampfung erzeugten thermischen Atomstrahl deutlich einengt. In einer Ramsey-Anordnung werden die frei fliegenden Atome in zwei räumlich getrennten Wechselwirkungszonen dem Mikrowellenfeld ausgesetzt. In der ersten Wechselwirkungszone erzeugt der Mikrowellenpuls ($\frac{\pi}{2}$-Puls) einen Überlagerungszustand aus den beiden Resonanzzuständen, dessen Phase sich dann gemäß der Energiedifferenz ($\hbar\omega_0$) entwickelt. Die Phase der Mikrowelle ändert sich bis zur zweiten Zone um $\omega \cdot T$ ($\omega =$ Frequenz der Mikrowelle, $T$ die Flugzeit der Atome zwischen Zone 1 und Zone 2). Der Mikrowellenpuls in Zone 2 (wiederum $\frac{\pi}{2}$-Puls im optimalen Fall) erzeugt aus der Überlagerung eine von der Phasendifferenz zwischen dem Überlagerungszustand und der Mikrowelle abhängige Besetzung des angeregten Zustandes oder des Grundzustandes. Beim „Auslesen" der Besetzung, z. B. über das unterschiedliche magnetische Moment oder

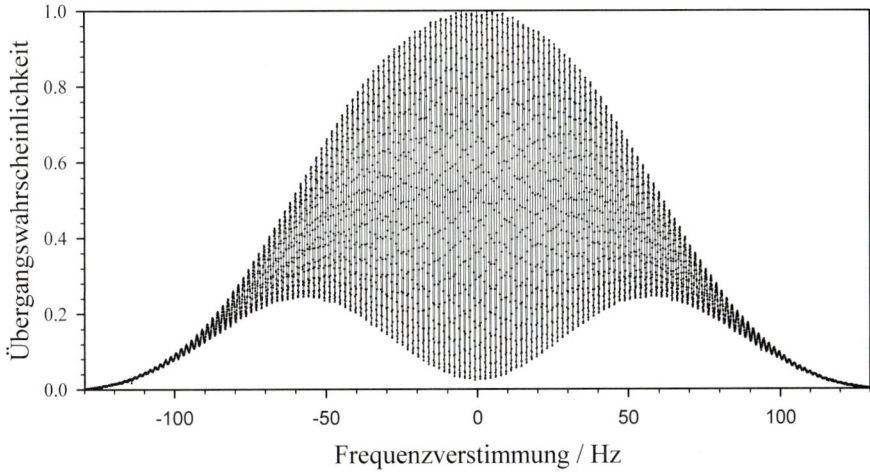

**Abb. 5.2** „Ramsey-Resonanzkurve" des Uhrenübergangs der Cs-Fontänenuhr

optisch über die leicht unterschiedlichen Energien, ergibt sich dann als Funktion der Mikrowellenfrequenz eine oszillatorische, Interferenz-ähnliche Struktur (siehe Abb. 5.2), die eine sehr genaue Bestimmung der spektralen Lage des Maximus des Resonanzüberganges erlaubt.

Der Aufbau einer Cs-Springbrunnen-Atomuhr ist schematisch in Abb. 5.3a–d gezeigt. Damit gelingt es, die Sekunde mit einer relativen Unsicherheit[4] von $10^{-15}$ darzustellen. Bei Mittelungszeiten von etwa einem Tag erreicht man für die Stabilität[4] die gleiche Größenordnung. Obwohl die Cs-Sekunde bezüglich der erzielbaren Unsicherheit der Darstellung mit Abstand Spitzenreiter im SI ist, läuft ihre Zeit ab und wird in absehbarer Zeit durch eine Definition, die sich aus „optischen Uhren" ableitet, ersetzt werden (s. Kap. 5.3).

[4] Die Unsicherheit beschreibt die unvollständige Kenntnis des exakten (wahren) momentanen Wertes der Frequenz, die Stabilität charakterisiert die zeitliche Änderung der Ausgangsfrequenz einer Uhr. Als Maß für die Stabilität einer Uhr wird üblicherweise die Zwei-Proben-Standardabweichung als Funktion der Mittelungszeit, $\tau$, angegeben.

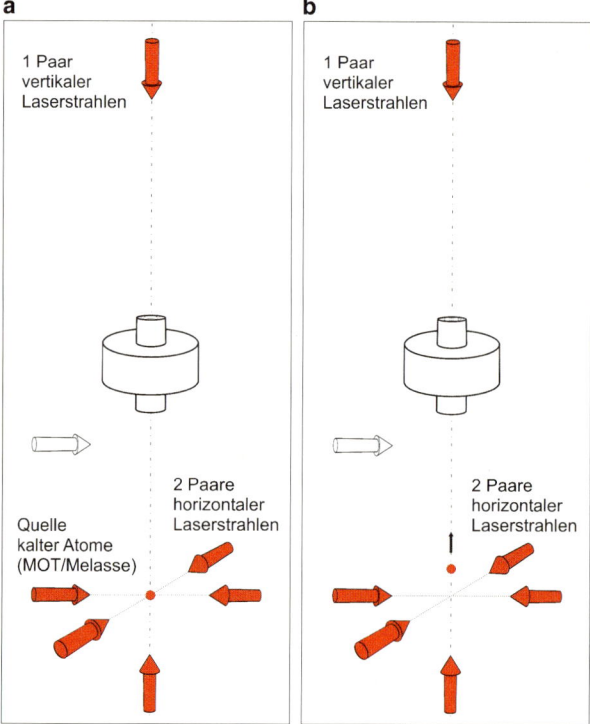

**Abb. 5.3a–d** Schema einer Cs-Springbrunnenuhr und verschiedener Sequenzen eines Messzyklus. (Die in dem betreffenden Moment relevanten Komponenten sind *farblich* eingefärbt.) Die drei, jeweils gegenläufigen Paare von Laserstrahlen dienen zum Kühlen der Cs-Atomwolke und bilden die optische Molasse (**a**). Durch geringe Frequenzverstimmung der vertikalen Laserstrahlen wird die Atomwolke nach oben geworfen (**b**), passiert den Mikrowellenresonator, kehrt auf Grund der Schwerkraft nach etwa 1 m um (**c**) und durchquert nach unten fallend zum zweiten Mal den Resonator. Die Ramsey'sche „separated oscillatory field"-Methode wird somit mit ein und demselben Mikrowellenresonator erreicht. Der Nachweis des erfolgten Resonanzübergangs erfolgt ebenfalls optisch (**d**), wobei durch die unvermeidliche Ausdehnung der Atomwolke während des Fluges nur ein Bruchteil der ursprünglich hochgeworfenen Atome zur Verfügung steht

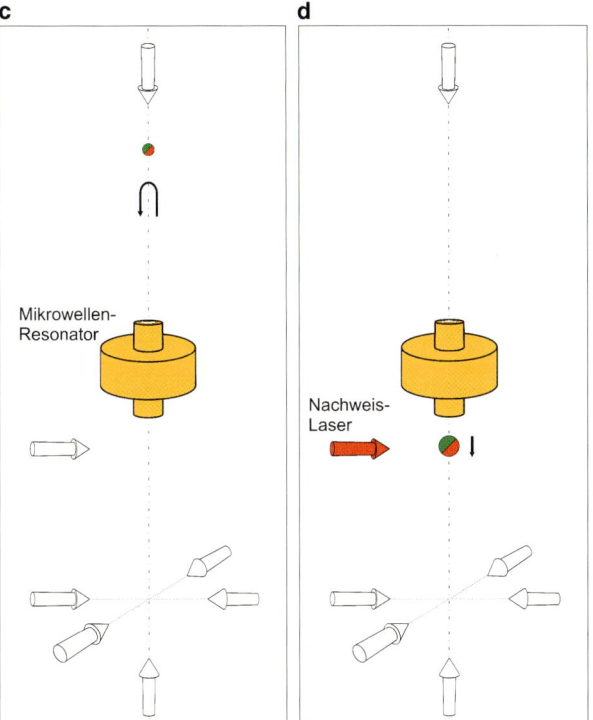

**Abb. 5.3** (Fortsetzung)

## 5.2.2 Das Meter, Einheit der Länge

Seit 1983 lautet die SI-Definition des Meters:

> **! Das Meter**
> Das Meter ist die Länge der Strecke, die Licht im Vakuum während der Zeit von 1/299 792 485 s durchläuft.

Diese Definition legt die Lichtgeschwindigkeit im Vakuum zu $c_0 = 299\,792\,458$ m/s fest. Physikalische Rechtfertigung dafür ist Einsteins Relativitätstheorie, die besagt, dass die Lichtgeschwindigkeit im Vakuum eine Konstante ist und die maximal erreichbare Ausbreitungsgeschwindigkeit elektromagnetischer Strahlung beschreibt. Obwohl für astronomische Entfernungen (Lichtjahre) sehr brauchbar und Usus ist die Definition als Realisierungsvorschrift für praktische und noch weniger für atomare Distanzen nicht geeignet. Für die Darstellung des Meters gibt das zuständige beratende Komitee (CCL) der Meterkonvention daher drei verschiedene Verfahren vor:

a) gemäß der Definition über die Länge des Weges, den eine ebene elektromagnetische Welle in einem Zeitintervall $t$ zurücklegt,
b) mit Hilfe spezieller Strahlungsquellen, deren Wellenlänge oder Frequenz im Vakuum mit entsprechenden Unsicherheiten angegeben werden. Die entsprechende Liste (Mise en Pratique) wird vom CCL kontinuierlich überarbeitet, aktualisiert und veröffentlicht,

c) über die Vakuumwellenlänge, $\lambda$, einer ebenen elektromagnetischen Welle der Frequenz $f$. Diese Wellenlänge ergibt sich gemäß der Beziehung $\lambda = c_0/f$.

Mit den Verfahren b) und c), die sich ja nur darin unterscheiden, wie man die Kenntnis über die Vakuumwellenlänge gewinnt, lässt sich dann mit interferometrischen Methoden die Länge eines Prüflings ermitteln bzw. die Wellenlänge oder Vielfache davon auf eine Maßverkörperung übertragen. Da hierzu zumeist Laser im sichtbaren oder dicht benachbarten Spektralbereich verwendet werden (der Jod-stabilisierte He-Ne-Laser ist hierfür das bekannteste Beispiel), bedeutet dies, dass gemäß c) die Frequenz dieser Laser (einige 100 THz) in Einheiten der Cs-Übergangsfrequenz (etwa 9 GHz) bekannt sein muss. Diese Frequenzdifferenz von nahezu fünf Größenordnungen lässt sich heute problemlos mit optischen Frequenzkämmen, basierend auf Femtosekunden-Pulslasern, überwinden. Diese Technik, für deren Entwicklung T. Hänsch und J. Hall 2005 den Nobelpreis erhielten, kann als „optisches Getriebe" betrachtet werden, das die Mikrowellenfrequenz der Cs-Atomuhr schlupffrei und mit hoher Präzision in den optischen Spektralbereich übersetzt. Während die ersten Frequenzkämme mit Ti:Al$_2$O$_3$ Femtosekunden-Lasersystemen erzeugt wurden, finden heute zunehmend auch Kurzpulslaser auf Quarz-Glasfaser-Basis (Faserlaser) Einsatz.

Die Bezeichnung „optischer Frequenzkamm" leitet sich ab vom Ausgangsspektrum eines modengekoppelten Lasers zur Erzeugung sehr kurzer optischer Impulse. Modenkopplung (engl. mode locking) kann durch aktive oder passive nichtlineare Elemente im Resonator eines Lasers erreicht werden und führt dazu, dass den unterschiedlichen longitudinalen Resonatormoden, die durch das Verstärkermedium angeregt werden, eine feste Phasenbeziehung aufgeprägt wird. Gemäß der Fourier-Beziehung führt eine solch phasenstarre Überlagerung der longitudinalen Moden im Frequenzbereich zur Emission eines Pulszuges im Zeitbereich (s. Abb. 5.4). Der Abstand der einzelnen Impulse wird durch die Umlaufzeit des Laserlichts im Resonator ($T = \frac{L}{v_g} = \frac{1}{f_{rep}}$, $L$ = Länge des Resonators, $v_g$ = Gruppengeschwindigkeit) bestimmt und die zeitliche Breite (Kürze), $\tau$, der Impulse durch die spektrale Verstärkungsbandbreite, $\Delta \nu$, des aktiven Lasermaterials. Für den Idealfall, dass alle Moden innerhalb der Verstärkungsbandbreite, $\Delta \nu$, phasengekoppelt werden können, ergibt sich für Gauß-förmige Impulse $\Delta \nu \cdot \tau = 0{,}44$ (bandbreitelimitierte Pulse). Wegen der komplizierten Dispersions-Verhältnisse ist aber insbesondere bei Lasern mit extrem kurzen Impulsen Bandbreitenbegrenzung nicht ohne zusätzliche dispersionskompensierte Maßnahmen möglich. Die auf Grund der Dispersion im allgemeinen unterschiedliche Gruppen- und Phasengeschwindigkeit führt auch dazu, dass sich bei jedem Umlauf eine Phasenverschiebung, $\Delta \Phi_{gpo}$, zwischen der „Trägerwelle" und der Einhüllenden ergibt – die Trägerwelle läuft unter der Einhüllenden durch (s. oberer Teil in Abb. 5.4). Im Frequenzbereich führt das dazu, dass die Extrapolation des Frequenzkammes der longitudinalen Moden nicht bei $\nu = 0$ endet, sondern einen „Offset", $\nu_{ceo}$ (carrier-envelope offset), zeigt. In Femtosekunden-Lasern werden nun der Modenabstand, $f_{rep}$, und $\nu_{ceo}$ aktiv stabilisiert, so dass sich die Frequenz der Mode $m$ ergibt zu $\nu_{(m)} = \nu_{ceo} + m \cdot f_{rep}$. Da sowohl $f_{rep}$ als auch $\nu_{ceo}$ in einem Frequenzbereich liegen, der mit konventionellen elektronischen Zählern gut zugänglich ist ($f_{rep}$ liegt typisch im Bereich einiger 10 MHz bis 1 GHz) ist somit die Messung der optischen Frequenz einer Mode, bei typisch einigen 100 THz, bei denen keine entsprechenden elektronischen Zähler vorhanden sind, auf die Messung von zwei Frequenzen im Mikrowellenbereich zurückgeführt. Jede beliebige optische

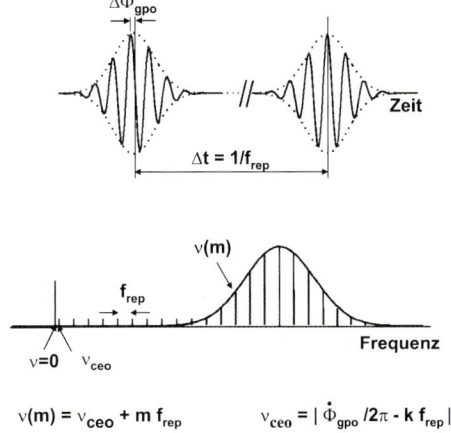

**Abb. 5.4** Zeitliches Profil und spektrale Verteilung der Emission eines modengekoppelten Lasers zur Erzeugung ultrakurzer (Femtosekunden) optischer Impulse. Die im Frequenzspektrum als *Striche* gezeichneten longitudinalen Resonatormoden besitzen ebenfalls eine endliche Breite, die auf dieser Skala allerdings vernachlässigbar ist

Frequenz, die zwischen zwei longitudinalen Moden liegt, kann dann über das Schwebungssignal mit einer der benachbarten Moden durch Ausmessen der Schwebungsfrequenz bestimmt werden. Die jeweilige Ordnung in der betreffenden Mode kann ebenfalls mit konventioneller Messtechnik (wavemeter) ermittelt werden. Drei präzise Frequenzmessungen im Mikrowellenbereich und eine grobe Frequenzmessung im optischen Bereich ergeben dann in der Summe eine hochpräzise Messung einer optischen Frequenz.

### 5.2.3 Das Kilogramm, Einheit der Masse

Das Kilogramm ist der Veteran unter den SI-Einheiten. Es wird seit 1889 durch den internationalen Prototyp aus Platin-Iridium (Urkilogramm, s. Abb. 5.5) verkörpert, der in den Räumen des BIPM (Bureau International des Poids et Mesures) in Sèvres, einem Vorort von Paris, aufbewahrt wird.

Die Definition des Kilogramms lautet:

> **! Das Kilogramm**
> Das Kilogramm ist die Einheit der Masse; es ist gleich der Masse des internationalen Kilogrammprototyps.

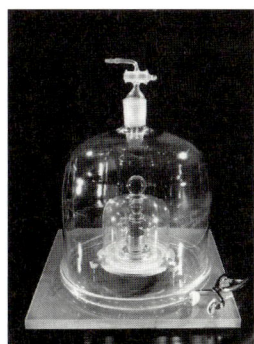

**Abb. 5.5** Das Ur-Kilogramm wird im „Bureau International des Poids et Mesures (BIPM)" in Sèvres durch eine dreifache Glasglocke geschützt in einem Safe aufbewahrt

Diese Definition und Darstellung der SI-Einheit für die Masse weist gleich mehrere Besonderheiten auf: es ist die einzige Einheit, die in ihrer Definition einen Vorsatznamen (Kilo) als Ausdruck des dezimalen Vielfachen ($10^3$) enthält und es ist heute die einzige verbliebene Einheit, die durch eine Maßverkörperung dargestellt wird[5]. Letzteres hat zur Folge, dass die Masse des Urkilogramms stets 1 kg bleibt, auch wenn es sich real verändern sollte. In der Tat besteht inzwischen der (dringende) Verdacht, dass die Masse des Urkilogramms nicht stabil ist, sondern über die Jahre bis heute um etwa 50 μg abgenommen hat, ohne dass die Gründe dafür bekannt sind. Dieser Verdacht ergibt sich aus Vergleichen der verschiedenen nationalen gleichartigen Kopien mit dem Urkilogramm, die erstmals 1950 durchgeführt wurden. Dabei zeigten sich deutliche Abweichungen, so dass diese Vergleiche unter Hinzunahme weiterer Kopien, die später hergestellt wurden, 1990 wiederholt wurden. Die Ergebnisse dieser Vergleiche sind in Abb. 5.6 zusammengefasst. Es bestätigte sich, dass ei-

[5] Indirekt leitet sich das Kelvin, SI-Einheit der thermodynamischen Temperatur, ebenfalls von einer Maßverkörperung ab (s. dazu Kap. 5.2.5)

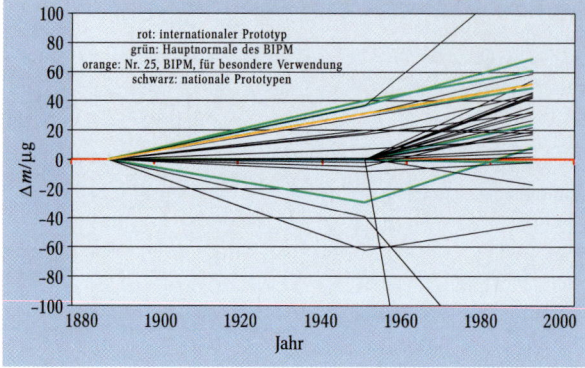

**Abb. 5.6** Masseänderung verschiedener Kilogramm-Prototypen bezogen auf das Ur-Kilogramm gemäß der internationalen Vergleichsmessungen 1950 und 1990. Die Werte gleicher Prototypen sind zur besseren Identifikation durch Linien verbunden, wodurch sich die Knicke im Jahr 1950 ergeben. Das starke Abknicken bei drei der Normale ist wahrscheinlich auf unsachgemäße Handhabung zurückzuführen. 1990 wurden außerdem weitere Prototypen, die später hergestellt wurden, in die Vergleichsmessungen mit einbezogen, von denen angenommen wurde, dass sie bei ihrer Herstellung mit dem Ur-Kilogramm übereinstimmten

nerseits die verschiedenen Kopien untereinander Masseänderungen aufweisen, dass aber andererseits, gemittelt über alle Prototypen, diese gegenüber dem Urkilogramm eine Massezunahme von bis zu 50 µg aufweisen. Dieses Ergebnis lässt aber auch nicht ausschließen, legt sogar eher nahe, dass das Urkilogramm nicht stabil ist und Masse verloren hat. An dieser Stelle ergibt sich ein fundamentales Problem, da es offensichtlich keine Entscheidungsmöglichkeit gibt, welche der Normale sich verändern bzw. verändert haben.[6] Wir bräuchten eine Referenz, bei der wir sicher sind, dass sie absolut stabil ist. Danach wird derzeit intensiv gesucht (s. Kap. 5.3).

[6] Wenn auch die mögliche Masseänderung des Urkilogramms keine erkennbaren Auswirkungen auf das alltägliche Leben hätte, ergäbe sich z. B. bei der Präzisionsbestimmung von Naturkonstanten, die Massebestimmungen mit höchster Genauigkeit beinhalten, eine vermeintliche Änderung der entsprechenden Konstanten, die aber durch die nicht nachweisbare Masseänderung des Urkilogramms vorgetäuscht würde. Dies mag verdeutlichen, dass es sich bei der Suche nach einem neuen Kilogramm nicht (nur) um das ehrgeizige Ziel einiger Genauigkeits-Fanatiker, sondern um eine ganz fundamentale Angelegenheit handelt.

### 5.2.4 Das Ampere, die Einheit der elektrischen Stromstärke

Elektrische Einheiten, genannt „internationale Einheiten", für die Stromstärke und für den Widerstand waren vom Internationalen Elektrizitätskongress 1893 in Chicago eingeführt und die Definitionen für das „internationale" Ampere und das „internationale" Ohm durch die Internationale Konferenz von London 1908 bestätigt worden. Obwohl bei der 8. CGPM (1933) bereits die einhellige Meinung herrschte, diese „internationalen" durch so genannte „absolute" Einheiten zu ersetzen, wurde die offizielle Entscheidung, die „internationalen Einheiten" abzuschaffen, erst von der 9. CGPM (1948) getroffen, die das Ampere als Einheit der elektrischen Stromstärke annahm und der vom Internationalen Komitee 1946 vorgeschlagenen Definition folgte:

> **! Das Ampere**
>
> Das Ampere ist die Stärke eines konstanten elektrischen Stroms, der, durch zwei parallele, geradlinige, unendlich lange und im Vakuum im Abstand von 1 Meter voneinander angeordnete Leiter von vernachlässigbar kleinem, kreisförmigen Querschnitt fließend, zwischen diesen Leitern je 1 Meter Leiterlänge die Kraft $2 \times 10^{-7}$ Newton hervorrufen würde.

Diese Definition legt den Wert der magnetischen Konstante $\mu_0$, die auch unter dem Namen „Permeabilität im Vakuum" bekannt ist, exakt fest zu $4\pi \times 10^{-7}$ Henry durch Meter:

$$\mu_0 = 4\pi \times 10^{-7} \, \text{H/m} \, .$$

Eine Realisierung des Ampere gemäß dieser Definition ist offensichtlich nicht möglich. Man kann aber die Realisierung auf eine andere Weise durchführen, indem man in einer so genannten Stromwaage die Kraft, welche wechselseitig von zwei stromdurchflossenen Spulen aufeinander ausgeübt wird, durch Wägung bestimmt. Mit optimal konstruierten Stromwaagen kann eine relative Gesamtunsicherheit von etwa $10^{-6}$ erreicht werden. Alternativ kann das Ampere indirekt durch die Spannungseinheit Volt und die Widerstandseinheit Ohm dargestellt werden (mit relativen Unsicherheiten von einigen $10^{-7}$). Reproduzieren lässt sich das Ampere über den Josephson- und Quanten-Hall-Effekt gemäß des Ohm'schen Gesetzes mit einer deutlich besseren Reproduzierbarkeit von etwa $1 \times 10^{-9}$ (relativ).

Der *Josephson-Effekt* beschreibt das ungewöhnliche Verhalten supraleitender Tunnelelemente. Solche Josephson-Tunnelelemente kann man sich vorstellen als kleine Kondensatoren mit supraleitenden Elektroden, die durch eine extrem dünne Oxidschicht von einigen Nanometern voneinander getrennt sind. Während Elektronen bzw. Cooper-Paare als die eigentlichen Träger der Supraleitung gemäß der klassischen Physik diese Oxidschicht, die eine sehr hohe Energiebarriere darstellt, nicht durchdringen können, können diese nach den Gesetzen der Quantenmechanik die Barriere mit einer bestimmten Wahrscheinlichkeit durchtunneln. Das besondere, von Brian Josephson 1962 vorhergesagte, Verhalten bei supraleitenden Elektroden besteht darin, dass durch den Tunnelkontakt ein Gleichstrom ohne einen Spannungsabfall fließen kann und dass bei Anlegen einer Gleichspannung ein hochfrequenter supraleitender Wechselstrom der Frequenz $f = (2e/h)U$ entsteht. Diese dc- und ac-Josephson-Effekte sind beide unmittelbare Folgen des makroskopischen Quantenzustands der Supraleitung. Umgekehrt kann bei Einstrahlen einer hochfrequenten elektromagnetischen Strahlung ein Gleichstrom über den Tunnelkontakt fließen, wenn immer

$$U_n = n \cdot \frac{h}{2e} \cdot f = n \cdot K_J^{-1} \cdot f \qquad (5.1)$$

ist (Shapiro-Stufen), wobei $n$ die verschiedenen Shapiro-Stufen durchnummeriert ($n = 1, 2, 3\ldots$); $K_J = \frac{2e}{h}$ trägt den Namen „Josephson-Konstante".

In diesem Sinn kann der ac-Josephson-Effekt als ein hochgenauer Frequenz-Spannungskonverter verstanden werden[7], wobei der Zusammenhang zwischen Frequenz und Spannung quantitativ durch die Elementarladung, $e$, und die Planck-Konstante, $h$, gegeben ist. Die Beziehung (5.1) bildet die Grundlage für die Realisierung eines Spannungsnormals. Da die Frequenz $f$ mit hoher Genauigkeit von der Atomuhr abgeleitet werden kann und ihrerseits auf eine „Naturkonstante" zurückgeht, ist auch die so erhaltene Spannung nur durch Naturkonstanten bestimmt. Um die in der praktischen Anwendung durch die Unsicherheiten in der Kenntnis von $e$ und $h$ bedingten Unsicherheiten für die Darstellung von $U$ zu vermeiden und zu weltweit einheitlichen Werten zu gelangen, hat das CIPM auf Beschluss der Generalkonferenz der Meterkonvention den Proportionalitätsfaktor $K_{J-90}$ in der Beziehung

$$U_n = n \cdot (K_{J-90})^{-1} \cdot f \qquad (5.1a)$$

[7] Die Gültigkeit der Josephson-Beziehung (5.1) ist inzwischen mit einer relativen Unsicherheit von einigen $10^{-10}$ belegt.

1990 festgelegt zu $K_{J-90} = 4,835979 \times 10^{14}$ Hz/V nach bester Übereinstimmung mit dem zur damaligen Zeit bekannten Wert von $\left(\frac{2e}{h}\right)$. Die praktische Realisierung von Josephson-Spannungsnormalen stellt allerdings noch immer einen erheblichen Aufwand dar. Da die an einzelnen Tunnelkontakten bei praktikablen Frequenzen auftretende Spannung (z. B. bei 70 GHz etwa 150 μV) für praktische Anwendungen viel zu gering ist, werden Serienschaltungen von Tunnelelementen verwendet, die dann zur Einspeisung der Hochfrequenz in Mikrowellenstreifenleiter eingebaut sind. In der PTB in Braunschweig werden heute nach diesem Verfahren 10V-Spannungsnormale mit bis zu 12 000 einzelnen Josephson-Kontakten hergestellt (s. Abb. 5.7a und b). Mit entsprechenden Aufbauten lässt sich damit die Normalspannung mit einer Reproduzierbarkeit besser als $10^{-9}$ erzeugen.

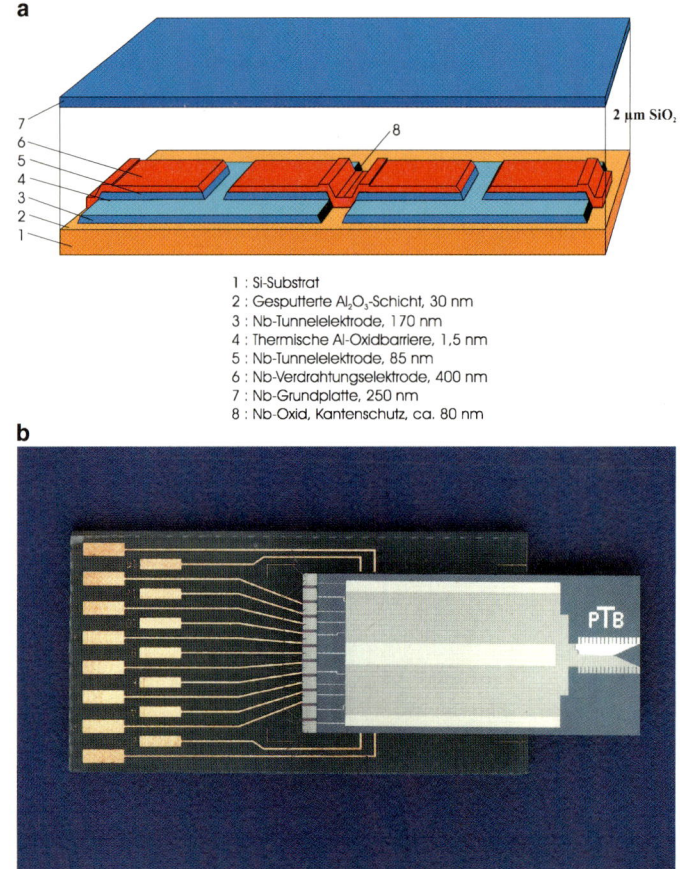

**Abb. 5.7a,b** Querschnitt durch den Chip eines Josephson-Spannungsnormals auf Nb/Al$_2$O$_3$/Nb-Basis (**a**). Der Ausschnitt zeigt vier in Reihe geschalteten Josephson-Tunnelelemente einer Teilkette. Foto eines 10-V-Normalchips (**b**) mit 12 000 Josephson-Tunnelelementen in vier Teilketten. Die Schaltung ist auf einer Trägerplatine befestigt und an deren Lötkontakte gebondet. Die Antenne *rechts im Bild* transformiert die Hohlleiterimpedanz auf die Streifenleiterimpedanz. Die Mikrowelle wird anschließend über drei Teiler und zwei $\lambda/4$-Transformatoren auf vier Teilketten mit je 3000 Tunnelelementen verteilt. Die Teilketten werden durch verlustbehaftete Streifenleitungen abgeschlossen. Das Josephson-Element wird eingetaucht in flüssiges He bei einer Temperatur von 4,2 K betrieben

Beim *Quanten-Hall-Effekt* handelt es sich um ein Magnetotransport-Phänomen eines zweidimensionalen Elektronengases hoher Elektronenbeweglichkeit, das 1980 von Klaus von Klitzing entdeckt wurde und wofür er 1985 mit dem Nobelpreis ausgezeichnet wurde. Zweidimensionale Elektronensysteme lassen sich z. B. in Si-MOSFET und Halbleiter-Heterostrukturen realisieren. Im Falle der Si-MOSFET bildet sich bei hinreichend positiver Gatespannung an der Grenze zwischen dem Isolator und dem p-Si-Halbleiter ein n-leitender Inversionskanal aus. In einer GaAs/AlGaAs-Mehrschicht-Struktur (s. Abb. 5.8) als bekanntester Vertreter der Halbleiter-Heterostrukturen entsteht das zweidimensionale Elektronengas an der Grenze des undotierten GaAs zur undotierten AlGaAs-„Spacerschicht" aufgrund der so genannten Modulationsdotierung. In beiden Fällen unterbindet die entsprechende Bandverbiegung die Bewegung der Elektronen (niedriger Energie) senkrecht zu den Grenzflächen, wodurch das ansonsten quasikontinuierliche Energiespektrum bezüglich dieser Raumrichtung quantisiert wird (size quantization). Legt man nun zusätzlich ein magnetisches Feld senkrecht zu der Schicht des zweidimensionalen Elektronengases an, tritt bei genügend hohen Magnetfeldstärken ($\omega_c \cdot \tau \gg 1$) eine vollständige Quantisierung des Energiespektrums auf, da das quasikontinuierliche Energiespektrum, das zur Bewegung der Elektronen innerhalb der Schichtstruktur gehört, in diskrete Landau-Niveaus und wegen des Elektronspins von $s = \frac{1}{2}$ diese jeweils in zwei Zeemann-Niveaus aufspaltet.

Bei Messung des Hall-Effekts an solch einer Struktur fand von Klitzing, dass, im Gegensatz zum klassischen Hall-Effekt, mehrere Bereiche auftreten, in denen der Hall-Widerstand als Funktion des Magnetfelds (oder der Ladungsträgerdichte) konstant bleibt und der Längswiderstand verschwindet. Die Werte des Hall-Widerstandes für die jeweiligen Plateaus betragen Bruchteile von $h/e^2$

$$R_H^n = \frac{h}{n\,e^2} \quad (n = 1, 2, 3, \ldots). \tag{5.2}$$

Abbildung 5.9 zeigt eine in der PTB hergestellte Probe für Quanten-Hall-Messungen (Abb. 5.9a) und ein entsprechendes Messergebnis (Abb. 5.9b). Obwohl die ursprünglich bereits 1981 von R. B. Laughlin vorgeschlagene Deutung dieses „ganzzahli-

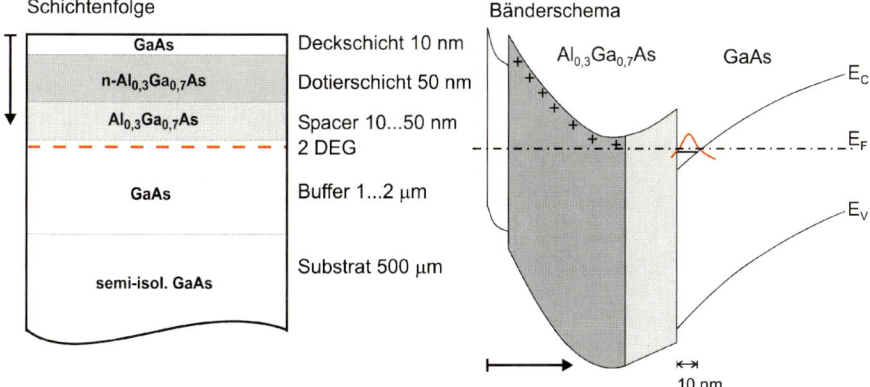

**Abb. 5.8** Schichtaufbau einer mittels der Molekularstrahlepitaxie hergestellten GaAs/AlGaAs Quanten-Hall-Probe und Leitungsbandverlauf senkrecht zu den Schichten. Das zweidimensionale Elektronengas bildet sich an der Grenzfläche zwischen der undotierten GaAs- und der undotierten (Spacer)AlGaAs-Schicht

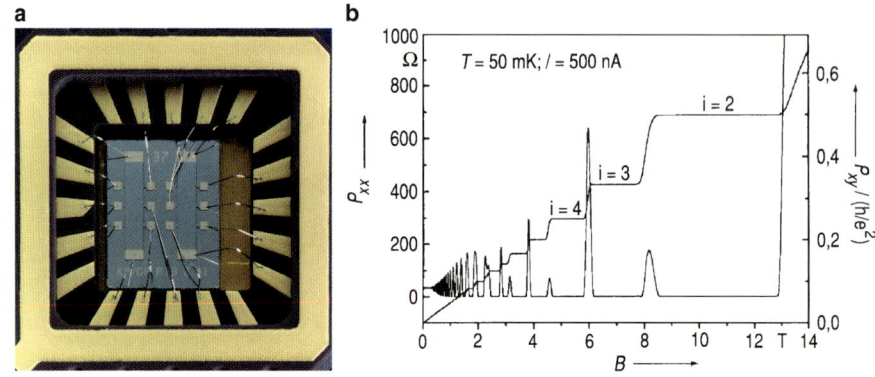

**Abb. 5.9a,b** Aufbau einer Quanten-Hall-Probe in einem Aufnehmer (**a**) und Messergebnis (**b**) bei einer Temperatur von 50 mK. Aufgetragen ist der spezifische Hall-Widerstand $\rho_{xy}$ in Einheiten von $(h/e^2)$ (*rechte Skala*) und der spezifische Längswiderstand $\rho_{xx}$ in $\Omega$ (*linke Skala*)

[8] Im Gegensatz zu dem 1982 von Tsui, Stormer und Gossard gefundenen fraktionalen Quanten-Hall-Effekt.

gen"[8] Quanten-Hall-Effekts bis heute z. T. kontrovers diskutiert wird, konnte die von-Klitzing-Beziehung (5.2) inzwischen experimentell verifiziert werden, so dass sie unabhängig von Materialsystem und Probenparametern mit einer relativen Unsicherheit von kleiner $10^{-9}$ Bestand hat.

Zur weltweit einheitlichen Reproduzierung des Ohm, Einheit des elektrischen Widerstands, hat das CIPM ebenfalls 1990 gemäß

$$R_H^n = \frac{R_{K-90}}{n} \quad (n = 1, 2, 3, \ldots) \tag{5.2a}$$

den Wert der von-Klitzing-Konstanten $R_{K-90}$ festgelegt zu

$$R_{K-90} = 25\,812{,}807\,\Omega$$

was wiederum dem damals besten Wert von $h/e^2$ entsprach. Seitdem wird analog zur elektrischen Spannung und dem Josephson-Effekt die Einheit des elektrischen Widerstands, das Ohm, über den Quanten-Hall-Effekt mit einer Reproduzierbarkeit von besser als $10^{-9}$ weltweit einheitlich dargestellt. Festzuhalten bleibt jedoch, dass mit der Reproduzierung der elektrischen Größen für Spannung, Widerstand und Ampere durch den Josephson- und Quanten-Hall-Effekt eine Skala außerhalb des SI aufgebaut wird, ähnlich der praktischen Temperaturskala ITS-90 (s. nächstes Kapitel). Die Übereinstimmung mit den SI-Werten[9] wird letztlich begrenzt durch die genaue Kenntnis der Josephson- und von-Klitzing-Konstanten und liegt laut den Beschlüssen der CGPM für das Volt bei relativ $4 \times 10^{-7}$ und für das Ohm bei $1 \times 10^{-7}$.

[9] Die SI-Definitionen für das Volt und das Ohm lauten: Die elektrische Spannung von **1 Volt** zwischen zwei Punkten eines homogenen, gleichmäßig temperierten Linienleiters liegt dann vor, wenn bei einem stationären Strom von 1 A zwischen diesen beiden Punkten die Leistung von 1 W umgesetzt wird. Ein Ohm'scher Leiter hat den elektrischen Widerstand **1 Ohm**, wenn er bei einer Spannung von 1 V von einem zeitlich unveränderlichen Strom von 1 A durchflossen wird.

### 5.2.5 Die Einheit der thermodynamischen Temperatur: das Kelvin

Die Definition der Einheit der thermodynamischen Temperatur wurde im Wesentlichen durch die 10. CGPM (1954) angegeben, die den Tripelpunkt des Wassers als den fundamentalen Fixpunkt auswählte und ihm die Temperatur 273,16 K zuordnete. Die 13. CGPM (1967/68) nahm den Namen Kelvin, Zeichen K, anstelle des „Grad Kelvin", Zeichen °K, an und formulierte die Definition der Einheit der thermodynamischen Temperatur wie folgt:

> **! Das Kelvin**
>
> Das Kelvin, die Einheit der thermodynamischen Temperatur, ist der 273,16te Teil der thermodynamischen Temperatur des Tripelpunktes des Wassers.

Es folgt, dass die thermodynamische Temperatur des Tripelpunktes des Wassers genau gleich 273,16 K, $T_{tpw} = 273{,}16$ K, ist. Auf seiner Sitzung im Jahre 2005 hat das Internationale Komitee präzisiert, dass sich diese Definition auf Wasser bezieht, dessen Isotopenzusammensetzung dem des „standard mean ocean water (SMOW)" entspricht und exakt durch folgende Stoffmengenverhältnisse definiert ist:

$$0{,}000\,155\,76 \text{ Mol } {}^2\text{H pro Mol } {}^1\text{H} ,$$
$$0{,}000\,379\,9 \text{ Mol } {}^{17}\text{O pro Mol } {}^{16}\text{O und}$$
$$0{,}002\,005\,2 \text{ Mol } {}^{18}\text{O pro Mol } {}^{16}\text{O} .$$

Aufgrund der üblichen Definitionen der Temperaturenskalen blieb es allgemeine Praxis, die thermodynamische Temperatur, Zeichen $T$, im Verhältnis zu ihrer Differenz zur Bezugstemperatur $T_0 = 273{,}15$ K, dem Gefrierpunkt des Wassers, auszudrücken. Diese Temperaturdifferenz wird Celsius-Temperatur, Zeichen $t$, genannt und wird durch die Größengleichung $t = T - T_0$ definiert. Die sehr aufwändige Messung thermodynamischer Temperaturen erfolgt mit Gasthermometern, die auf dem idealen Gasgesetz basieren, akustischen Thermometern, die die Temperaturabhängigkeit der Schallgeschwindigkeit in einem Gas ausnutzen, Rauschthermometern, die auf der Nyquist-Beziehung beruhen, und Pyrometern zur Messung der Hohlraumstrahlung auf der Basis des Planck'schen Gesetzes.

Wegen der Schwierigkeiten bei der Bestimmung der thermodynamischen Temperatur wird diese in einem großen Bereich durch eine „praktische" internationale Temperaturskala (ITS) möglichst genau angenähert. Die ITS wird durch eine Reihe von Fixpunkten und ein System von vorgeschriebenen Messgeräten und Messverfahren definiert und repräsentiert. Diese internationale Temperaturskala wird im Rahmen der Meterkonvention von der Generalkonferenz für Maß und Gewicht festgelegt. Zur Zeit gilt die Internationale Temperaturskala von 1990 (ITS-90), die bisher beste Darstellung der thermodynamischen Temperaturen, und sie dient als praktische Temperaturskala. Fixpunkte der ITS-90 sind unter anderem die Tripelpunkte von Wasserstoff, Neon, Sauerstoff, Argon, Quecksilber und Wasser, der Schmelzpunkt von Gallium sowie die Erstarrungspunkte verschiedener weiterer Metalle, angefangen von Indium bei etwa 429 K bis hin zu Kupfer bei etwa 1357 K. Die ITS-90 erstreckt sich von 0,65 K bis hin zu den höchsten Temperaturen, die praktisch mit Hilfe des Planck'schen Strahlungsgesetzes messbar sind. Für noch tiefere Temperaturen (bis 0,9 mK) gilt derzeit die in der PTB auf der Basis der Schmelzdruckkurve von ${}^3$He realisierte PLTS 2000 (provisional low temperature scale). Die Tatsache, dass in Ergänzung der Definition die Isotopenzusammensetzung des zu verwendenden Wassers spezifiziert wurde, zeigt auf, dass die derzeitige Definition des Kelvin auch (ähnlich wie beim Kilogramm) keine universelle ist, sondern von den Eigenschaften eines Materialartefakts abhängt (neben der Isotopenzusammensetzung spielen dabei eventuelle vorhandene Verunreinigungen eine wesentliche Rolle).

## 5.2.6 Das Mol, die Einheit der Stoffmenge

Seit der Entdeckung der grundlegenden Gesetze der Chemie sind zur Angabe der Menge der verschiedenen Elemente oder Verbindungen Einheiten der Stoffmenge benutzt worden, die beispielsweise Namen wie „Grammatom" und „Gramm-Molekül" trugen. Diese Einheiten waren unmittelbar mit den „Atomgewichten" oder „Molekülgewichten" verknüpft, die in Wirklichkeit relative Massen waren. Die „Atomgewichte" wurden früher auf das Atomgewicht des chemischen Elementes Sauerstoff (vereinbarter Wert: 16) bezogen. Inzwischen jedoch haben sich Physiker und Chemiker geeinigt, dem „Atomgewicht" des Kohlenstoffisotops $^{12}$C, oder um korrekter zu sein, der relativen Atommasse $A_r(^{12}C)$, den Wert 12 zuzuordnen. Die so vereinheitlichte Skala gibt die Werte der „relativen Atommassen" und „relativen Molekülmassen" an, die jeweils auch unter dem Namen „Atomgewichte" und „Molekülgewichte" bekannt sind.

Die Größe, die von den Chemikern benutzt wird, um die Menge von Elementen oder chemischen Verbindungen auszudrücken, wird „Stoffmenge" genannt. Definitionsgemäß ist die Stoffmenge proportional zur Anzahl an elementaren Einheiten einer Probe, wobei die Proportionalitätskonstante eine universale Konstante ist, die für alle Proben gleich ist. Die Einheit der Stoffmenge wird Mol genannt, Zeichen mol, und das Mol wird definiert, indem die Masse des Kohlenstoff-12 festgelegt wird, die ein Mol der Atome Kohlenstoff-12 darstellt. Einer internationalen Vereinbarung zufolge wurde diese Masse bei 0,012 kg, d. h. 12 g, festgelegt. Entsprechend lautet die Definition des Mol (14. CGPM (1971)):

> **! Das Mol**
>
> 1. Das Mol ist die Stoffmenge eines Systems, das aus ebensoviel Einzelteilchen besteht, wie Atome in 0,012 Kilogramm des Kohlenstoffnuklids $^{12}$C enthalten sind; sein Zeichen ist „mol".
> 2. Bei Benutzung des Mols müssen die Einzelteilchen spezifiziert sein und können Atome, Moleküle, Ionen, Elektronen sowie andere Teilchen oder Gruppen solcher Teilchen genau angegebener Zusammensetzung sein.

Daraus folgt, dass die molare Masse des $^{12}$C genau gleich 0,012 Kilogramm durch Mol ist,

$$M(^{12}C) = 12\,\text{g/mol}.$$

Die Definition des Mols erlaubt es auch, den Wert der universellen Konstante, die die Anzahl an Teilchen mit der Stoffmenge einer Probe verknüpft, zu bestimmen. Diese Konstante wird Avogadro-Konstante genannt, Zeichen $N_A$ oder $L$. Wenn $N(X)$ die Anzahl der Teilchen X einer gegebenen Probe bezeichnet, und wenn $n(X)$ die Stoffmenge der Teilchen X derselben Probe bezeichnet, gilt folgende Gleichung:

$$n(X) = N(X)/N_A.$$

Es ist zu beachten, dass $N(X)$ dimensionslos ist; daher hat $n(X)$ die SI-Einheit Mol und die Avogadro-Konstante hat die kohärente SI-Einheit reziprokes Mol.

Abgesehen von der nicht trivialen Darstellung der Einheit Mol (siehe dazu den Anhang der SI-Broschüre des BIPM: www.bipm.org/en/si/si_brochure bzw. Milton,

Quinn, Metrologia **38**, 289 (2001)) verwirrt und stört damit bei der jetzigen Definition, dass die Einheit für eine Größe, die eigentlich nur eine Anzahl angibt, über die Masse abgeleitet wird.

## 5.2.7 Die Candela, die Einheit der Lichtstärke

Die auf Flammen- oder Glühdrahtnormalen beruhenden Einheiten der Lichtstärke, die in verschiedenen Ländern bis 1948 in Gebrauch waren, wurden zunächst durch die „Neue Kerze" ersetzt, die auf der Leuchtdichte des Planck'schen Strahlers (Schwarzen Körpers) bei der Temperatur des erstarrenden Platins beruht. Diese Entscheidung, die schon vor 1937 von der Internationalen Beleuchtungskommission (CIE) und dem Internationalen Komitee für Maß und Gewicht vorbereitet worden war, wurde 1946 vom CIPM getroffen und 1948 von der 9. CGPM ratifiziert, die für diese Einheit einen neuen internationalen Namen, die Candela, Zeichen: cd, annahm; 1967 änderte die 13. CGPM den Wortlaut der Definition von 1946 ab.

Aufgrund der experimentellen Schwierigkeiten, die mit der Realisierung des Planck'schen Strahlers bei hohen Temperaturen verbunden waren, und der neuen Möglichkeiten, die die Radiometrie, d. h. die Messung der optischen Strahlungsleistung, bot, nahm die 16. CGPM (1979) eine neue Definition der Candela an:

> **!** **Die Candela**
> Die Candela ist die Lichtstärke in einer bestimmen Richtung einer Strahlungsquelle, die monochromatische Strahlung der Frequenz $540 \times 10^{12}$ Hertz aussendet und deren Strahlstärke in dieser Richtung 1/683 Watt durch Steradiant beträgt.

Daraus folgt, dass die spektrale Lichtausbeute einer monochromatischen Strahlung der Frequenz $540 \times 10^{12}$ Hertz genau gleich 683 Lumen durch Watt ist: $K = 683\,\text{lm/W} = 683\,\text{cd sr/W}$. Diese Definition der Candela legt den Absolutwert des spektralen Hellempfindlichkeitsgrades des Auges im Maximum bei $540 \times 10^{12}$ Hz entsprechend 555 nm fest.

Die Zuordnung der Candela zu den Basiseinheiten rechtfertigt sich zum einen durch die immense wirtschaftliche Bedeutung der quantitativen Bewertung von Beleuchtungskörpern. Zum anderen wäre eine Zuordnung zu den abgeleiteten Einheiten unter Beibehaltung der Kohärenz des Einheitensystems nur mit einem Skalensprung möglich, weil in den Größengleichungen nur der Vorfaktor „eins" auftreten darf. Dem wiederum stehen wirtschaftliche Gründe massiv entgegen.

Das heutige SI-System erfüllt zwar weitestgehend die derzeitigen Anforderungen aus Wissenschaft und Technik, ist aber von dem Ideal „für alle Völker, für alle Zeiten" noch weit entfernt. Es ist daher ein von der Meterkonvention gefordertes Unterfangen, soweit wie möglich, die SI-Einheiten auf Naturkonstanten zurückzuführen, wie das für die Sekunde und das Meter bereits erfolgt ist. In absehbarer Zeit scheint dies für das Ampere, Kilogramm, Mol und Kelvin möglich zu sein. Darauf wird im folgenden Kapitel eingegangen.

Das generelle Vorgehen ist dabei für alle Maßeinheiten einheitlich. Um einen Skalensprung bei der avisierten Neudefinition einer Einheit auf der Basis einer Naturkonstanten zu vermeiden, muss zuerst der Wert dieser Konstanten[10] in dem bestehenden Einheitensystem mit höchstmöglicher Genauigkeit konsistent bestimmt werden, wobei hier z. T. auch aus praktischen Gründen Mindestanforderungen vorgegeben sein können. Dann wird in einem nächsten Schritt der betreffenden Naturkonstanten dieser Wert „verbindlich", d. h. exakt, zugewiesen. Auf dieser Basis kann dann die Neudefinition erfolgen. Die „Kunst" besteht dann darin, den Weg von dieser Naturkonstanten zur betreffenden Einheit physikalisch und technisch so weit wie möglich fehlerfrei zu realisieren.

[10] Die jeweils nach aktuellem Stand der Forschung geltenden Werte der Naturkonstanten werden von einer internationalen Expertenkommission (CODATA) ermittelt und regelmäßig veröffentlicht.

## 5.3 Das neue SI

Über jegliche Änderung der Definition einer Einheit im SI entscheidet die Generalkonferenz der Meterkonvention auf der Basis einer Empfehlung des CIPM. Mögliche Vorteile einer Neudefinition, wie kleinere Unsicherheit oder höhere Stabilität, sind dabei sorgfältig abzuwägen gegen mögliche Nachteile, wie z. B. Schwierigkeit der Darstellung, allgemeine Verständlichkeit etc. Zudem muss aus praktischen und wirtschaftlichen Interessen sichergestellt sein, dass mit der Neudefinition jetzt und in absehbarer Zukunft kein Skalensprung einhergeht. Unstritig ist in der metrologischen Community, dass die Definition einer Einheit auf der Basis einer Naturkonstanten bezüglich der Stabilität die erstrebenswerteste Lösung ist[11], wobei allerdings auf die Konsistenz des Systems der Naturkonstanten geachtet werden muss, da auf Grund physikalischer Gesetze zwischen einzelnen Konstanten Abhängigkeiten bestehen.

[11] Dies ist verbunden mit der bisher nicht widerlegten Annahme, dass die Naturkonstanten örtlich und mit der für die Metrologie geforderten Unsicherheit auch zeitlich stabil sind.

Da die Definition des *Meters* bereits auf der Lichtgeschwindigkeit beruht, gibt es keinen Anlass, diese zu ändern. Die *Sekunde* ist ebenfalls bereits über eine „Naturkonstante", die quantenmechanische, durch die Hyperfeinwechselwirkung bedingte Energieaufspaltung im Grundzustand des $^{133}$Cs-Atoms, definiert. Antrieb für eine mögliche Neudefinition können daher nur die Verringerung der Unsicherheit und Verbesserung der Stabilität und damit einhergehend Verringerung der Messzeiten (Mittelungszeiten) sein. Dies wird in absehbarer Zeit mit den so genannten „optischen Atomuhren" gelingen, bei denen die Frequenz des zur Definition benutzten Übergangs nicht mehr im Mikrowellen-, sondern im optischen Spektralbereich liegt. Wegen der erforderlichen geringen spektralen Linienbreite kommen dafür nur verbotene elektromagnetische Übergänge mit entsprechend langen Rekombinationslebensdauern in Frage. In gleichem Maße wie die Spektralbreite dieser „Uhrenübergänge" abnimmt, steigen die Anforderungen an die Frequenzstabilität der zur „Abfrage" eingesetzten Laser.

Sowohl lasergekühlte Ensemble von Atomen in optischen Melassen (siehe Abb. 5.10a) als auch einzelne Ionen in elektromagnetischen Paul-Fallen (siehe Abb. 5.10b) werden derzeit als vielversprechende Kandidaten untersucht mit den jeweils gegeneinander abzuwägenden Vor- und Nachteilen. Ensemble von Atomen haben gegenüber einzelnen Ionen den Vorteil der größeren Signalstärken, allerdings mit dem Nachteil, dass Wechselwirkungen zwischen den Atomen zu einer Frequenzverschiebung des „Uhrenübergangs" führen können. Dies kann bei einzelnen Ionen nicht auftreten und zudem ermöglicht die sehr lange und stabile Speicherung in der Paul-Falle lange „Messzeiten" und damit geringe Linienbreiten. Dafür sind aber die Signalstärken, und damit das Signal- zu Rauschverhältnis, deutlich geringer. Eine besonders attraktive Option, die Vorteile der beiden Ansätze zu kombinieren, stellen

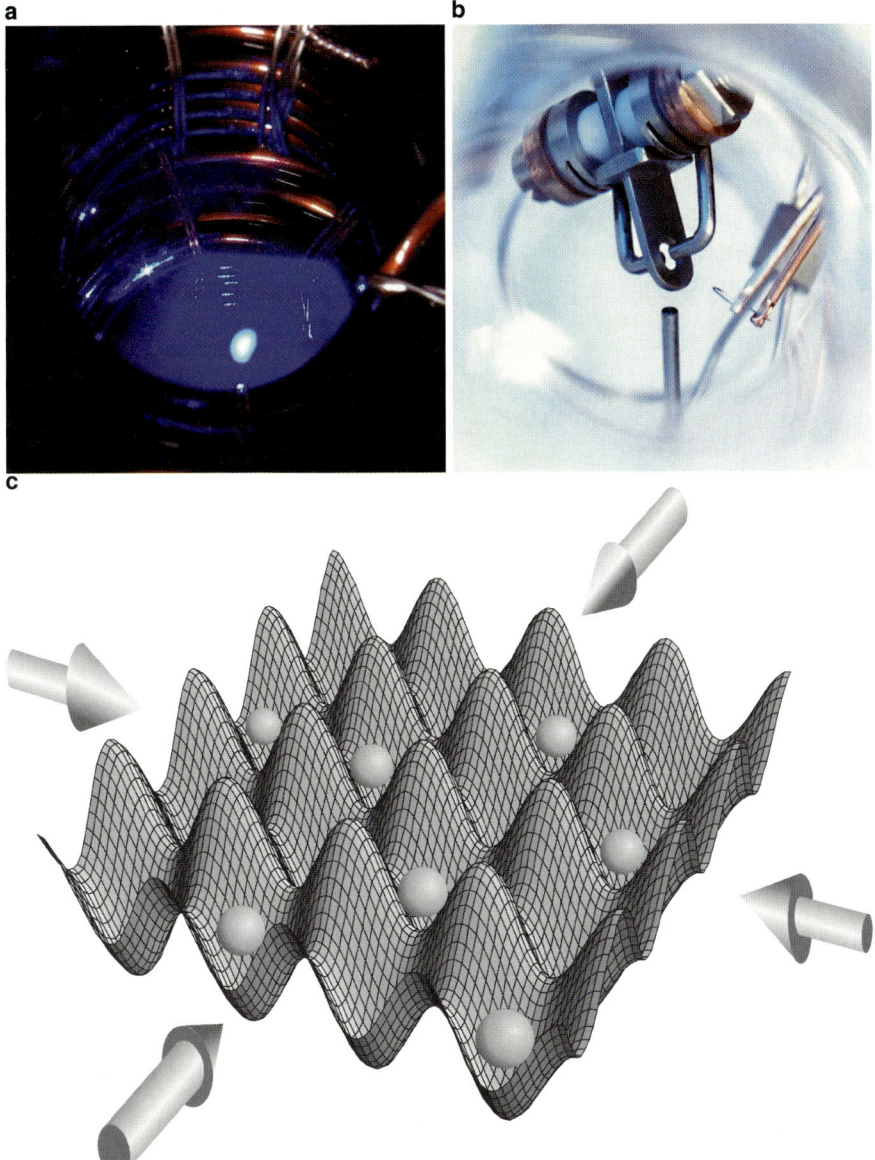

**Abb. 5.10a–c** Fluoreszenzabbild (*weißer Fleck*) einer Ca-Atomwolke in einer optischen Melasse (**a**), eine Paul-Falle zur Speicherung einzelner Ionen (**b**) und schematische Anordnung der Neutralatome (z. B. Sr) in einem „optischen" Gitter (**c**). Das *Eierkarton-Muster* veranschaulicht die durch Laserinterferenz erzeugte „Potentiallandschaft"

die sogenannten „optischen Gitteruhren" dar, bei denen einzelne (neutrale) lasergekühlte Atome in einem durch Interferenz von Laserstrahlen geformten optischen Muldenpotential (s. Abb. 5.10c) eingefangen und spektroskopiert werden. Mit einer solchen optischen Gitteruhr mit Sr-Atomen wurden jüngst am National Institute of Standards and Technology (NIST) in Boulder, USA, relative Unsicherheiten von $10^{-16}$ erreicht.

Gemein ist all diesen Ansätzen, dass die Frequenz des Uhrenübergangs im optischen Spektralbereich (einige hundert THz) zuerst mit dem derzeit geltenden Maßstab, der SI-Sekunde bzw. SI-Frequenz (bei etwa 9 GHz), bestimmt werden muss. Dies wurde in der Vergangenheit durch Hochskalierung von Mikrowellentechniken bis in den optischen Bereich erreicht, wobei Punktkontakt-Tunneldioden mit einer Grenzfrequenz bis zu 200 THz als Oberwellenmischer, zusammen mit Mikrowellen-, mm-Wellen und submm-Wellen-Quellen und Lasern benutzt wurden. Solch eine Anordnung ist materialaufwändig, komplex und erlaubt im Wesentlichen nur die Messung einer einzelnen optischen Frequenz. Mit der Realisierung von phasenstabilisierten optischen Frequenzkämmen auf der Basis von Femtosekunden-Kurzpuls-Lasersystemen, wie sie schon bei der Realisierung des Meters beschreiben wurden, gelang aber ein entscheidender Durchbruch bei der Absolutmessung optischer Frequenz, der die Realisierung von „optischen Uhren" mit vertretbarem Aufwand in naher Zukunft möglich erscheinen lässt.

Das Beispiel der Zeit- und Frequenzmessung demonstriert in beeindruckender Weise den wissenschaftlichen Stellenwert der Metrologie: nicht weniger als sechs Physik-Nobelpreise der letzten 50 Jahre gehen einher mit der Entwicklung der Zeit- und Frequenzmessung, nämlich:

1964: C. H. Townes, N. G. Basov, A. M. Prokhorov für grundlegende Arbeiten auf dem Gebiet der Quantenelektronik, die zur Konstruktion von Verstärkern auf der Basis des Maser-Laser-Prinzips führten,

1981: N. Bloembergen, A. L. Schawlow für ihre Beiträge zur Entwicklung der Laserspektroskopie,

1989: W. Paul und H. G. Demelt für die Entwicklung der Technik der Ionen-Fallen, N. F. Ramsey für die Entwicklung der Methode der getrennten oszillatorischen Felder und deren Einsatz für den H-Maser und andere Atomuhren,

1997: S. Chu, C. Cohen-Tannoudji, W. D. Phillips für die Entwicklung von Methoden zum Kühlen und Einfangen von Atomen mit Hilfe von Laserlicht,

2001: E. A. Cornell, W. Ketterle, C. E. Wiemann für die Erzeugung der Bose-Einstein-Kondensation in verdünnten Gasen aus Alkaliatomen und frühe grundsätzliche Studien über die Eigenschaften der Kondensate,

und schließlich

2005: T. Hänsch und J. L. Hall für Beiträge zur Entwicklung der laserbasierten Präzisionsspektrographie einschließlich der Technik des optischen Frequenzkamms.

### 5.3.1 Das neue Kilogramm

Für die Rückführung des Kilogramms auf eine Naturkonstante zeichnen sich derzeit zwei alternative – aber dennoch nicht völlig voneinander unabhängige – Wege ab. Zum einen kann mit dem so genannten Watt-Waage-Experiment das Kilogramm auf die Planck-Konstante, $h$, zurückgeführt werden und zum anderen würde das Avogadro-Experiment das Kilogramm mit der Avogadro-Konstanten, $N_A$, und der atomaren Masseeinheit $m_u = \frac{m(^{12}C)}{12}$ verbinden.

Während das Watt-Waage-Experiment vorrangig die genaue Bestimmung der Planck-Konstanten zum Ziel hat, soll mit dem Avogadro-Experiment die Avogadro-

Konstante bestimmt werden. Die Avogadro-Konstante gibt die Anzahl von elementaren Einzelteilchen in der Stoffmenge von 1 mol der entsprechenden Teilchensorte an. Die Avogadro-Konstante ist daher der Skalierungsfaktor zwischen der atomaren bzw. molekularen und makroskopischen Skala.

Die Herausforderung bei beiden Experimenten liegt in der aus praktischen Gründen geforderten Unsicherheit für die Bestimmung der jeweiligen Konstanten, die bei relativ $10^{-8}$ liegt. Das von einem internationalen Konsortium unter der Projektleitung der PTB durchgeführte Avogadro-Experiment nutzt einen möglichst perfekten Einkristall aus Silizium (Si). Die Avogadro-Konstante ergibt sich dabei gemäß:

$$N_A = \frac{M_{Si}}{m_{Si}} = \frac{M_{Si}}{\left(\frac{\rho \cdot a^3}{n_{Si}}\right)} = \frac{M_{Si} \cdot n_{Si} \cdot V}{m \cdot a^3} \ . \tag{5.3}$$

Dabei sind $M_{Si}$ die mittlere molare Masse der drei in natürlichem Si vorhanden Isotope ($^{28}$Si, $^{29}$Si und $^{30}$Si), $m_{Si}$ die mittlere Masse der drei Si-Isotope, $\rho$ die Dichte des Einkristalls, $a$ der Abstand der Basisatome in der Einheitszelle des Si-Kristalls, $a^3$ demnach das Volumen der Einheitszelle, $n_{Si}$ ist die Anzahl der Si-Atome in der Einheitszelle und $m$ und $V$ die Masse und das Volumen des verwendeten Einkristalls. Mit Kenntnis und anschließender Festlegung der Avogadro-Konstante ergäbe sich dann gemäß

$$1\,\text{kg} = 10^3 \cdot \{N_A\} \cdot m_u = \{N_A\} \cdot \frac{m\left(^{12}\text{C}\right)}{0{,}012} \tag{5.4}$$

das Kilogramm als die Anzahl von z. B. $^{12}$C-Atomen, deren Masse 1 kg ergibt. $\{N_A\}$ bedeutet den Zahlenwert der Avogadro-Konstante, die nach jetziger Definition des Mol die Einheit mol$^{-1}$ hat. Anstatt $^{12}$C könnte hier auch jede andere Atommasse oder die Masse eines Elementarteilchens (z. B. des Elektrons) mit den entsprechenden Skalierungsfaktoren verwendet werden, da deren relative Massen sehr genau bekannt sind. Die makroskopische Masseeinheit Kilogramm wäre somit auf eine atomare (oder elementare) Masse zurückgeführt. Gleichung (5.3) gibt die Messvorschrift und die Bestimmungsgrößen an, welche sind:

- die mittlere molare Masse, $M_{Si}$,
- die Masse $m$ und das Volumen $V$ des Einkristalls,
- der Gitterabstand $a$, und
- die Anzahl $n_{Si}$ der Si-Atome in der Einheitszelle.

Letztere ist nur indirekt zugänglich und definiert ganz wesentlich die Anforderung an die Qualität des Einkristalls. In einem perfekten Einkristall befinden sich acht Atome in der Si-Einheitszelle. Abweichungen davon können auftreten durch Defekte (Versetzungen, Leerstellen) des Kristallgitters oder Fremdatome auf Gitter- oder Zwischengitterplätzen. Somit wird verständlich, warum die Wahl für das Avogadro-Experiment auf Silizium fiel. Si-Einkristalle sind das Ausgangsmaterial für die moderne Mikroelektronik und deren über die Jahre stetig gewachsene Leistungsfähigkeit hatte und hat stetig ansteigende Anforderungen an die Qualität der verwendeten Si-Einkristalle zur Folge. Die Anforderungen des Avogadro-Experiments gehen jedoch teilweise über die standardmäßig verfügbare Qualität der heute in der Mikroelektronik verwendeten Einkristalle hinaus, so dass die Reinigungs-, Kristallzucht- und Charakterisierungsverfahren z. T. deutlich verbessert werden mussten. Darüber

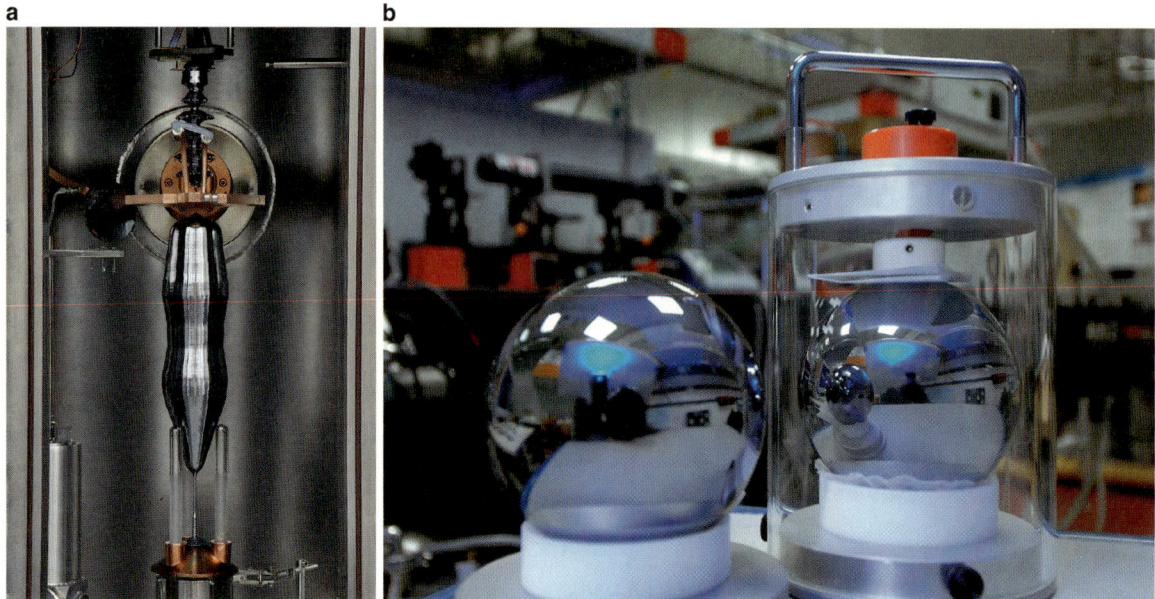

**Abb. 5.11a,b** Einkristall aus Isotopen-angereichertem $^{28}$Si (**a**) und daraus gefertigte Kugeln (**b**)

[12] Die natürliche Isotopenzusammensetzung von Si ist etwa: 92,2% $^{28}$Si, 4,7% $^{29}$Si und 3,1% $^{30}$Si.

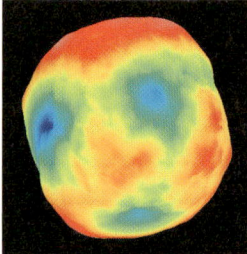

**Abb. 5.12** Experimentell mit einem sphärischen Fizeau-Interferometer bestimmtes Abbild einer „perfekten" Kugel gefertigt aus einem Si-Einkristall. Dargestellt sind nur die äußersten etwa 90 nm. Wie eigentlich nicht anders zu erwarten, lässt sich aus einem Einkristall keine perfekte Kugel formen, vielmehr spiegelt sich die dem Einkristall zu Grunde liegende kubische Struktur wider

hinaus wird in derzeit laufenden Experimenten Isotopen-angereichertes Si verwendet, bestehend aus über 99,99% $^{28}$Si, um die Unsicherheit bei der Bestimmung der molaren Masse zu verringern[12]. Der aufwändige Prozess der Isotopen-Anreicherung sowie die Reinigung und Herstellung des polykristallinen Ausgangsmaterials für die Einkristallherstellung erfolgte in dafür spezialisierten Instituten in St. Petersburg und Nichniy Novogorod. Die Si-Einkristalle wurden dann mittels des Zonenziehverfahrens am Institut für Kristallzucht in Berlin-Adlershof hergestellt (s. Abb. 5.11a). Aus diesen Einkristallen wurden schließlich im australischen nationalen Metrologieinstitut in Sydney bezüglich der Form möglichst perfekte Kugeln von etwa 1 kg Masse, entsprechend eines Durchmessers von etwa 9,4 cm für die weiteren Experimente geformt (s. Abb. 5.11b). Diese Experimente haben dann die genaue Bestimmung der Topographie und damit des Volumens, der Masse und der Zusammensetzung und Dicke der unvermeidlichen Oxidschicht von einigen Nanometern auf der Oberfläche der Si-Kugeln zum Ziel.

Für die Topographiemessungen wurde in der PTB eigens ein spezielles sphärisches Fizeau-Interferometer entwickelt, in welchem die Kugeln mit Hilfe einer Positionierungseinrichtung um zwei Achsen gedreht und in jeder gewünschten Orientierung in das sphärische Etalon eingebracht und dort gemessen werden können, so dass eine vollständige topographische Abbildung der Kugeloberfläche möglich ist. Der Durchmesser der Kugel kann dabei an jeder Position der Kugel mit einer Messunsicherheit von 0,1 nm (das entspricht der Dicke einer monoatomaren Schicht) bestimmt werden. Abbildung 5.12 zeigt stark vergrößert das so gewonnene topographische Abbild einer Si-Kugel. Die Masse der Kugel wird durch genaue Wägung im Vakuum (um Luftauftriebskorrekturen zu vermeiden) mit einer Unsicherheit von etwa 5 µg bestimmt und die Schichtdicke und -zusammensetzung wird durch kombinierte Röntgenreflektrometrie, -fluoreszenz und ellipsometrische Messungen ermittelt. Die Gitterkonstante des Si-Einkristalls wird mit einem kombinierten Röntgen-

und optischen Interferometer bestimmt, die derzeit erreichte relative Unsicherheit liegt dabei bei wenigen $10^{-9}$ entsprechend etwas unter einem Attometer. Die molare Masse schließlich wird mittels hoch auflösender Massenspektroskopie bestimmt.

Würde man das Kilogramm über die Festlegung der Avogadro-Konstante neu definieren, könnte eine mögliche Neudefinition lauten:

> **! Das Kilogramm**
> Das Kilogramm ist die Masse von $5{,}0184458 \times 10^{25}$ $^{12}$C-Atomen in Ruhe und im Grundzustand.

Für den Zahlenwert in dieser Definition $n = \left(\frac{N_A}{12} \times 10^3 \,\text{mol}\right)$ wurde der derzeitige CODATA-Wert $N_A = 6{,}0221350 \times 10^{23}\,\text{mol}^{-1}$ verwendet, der dann allerdings zum Zeitpunkt der Neudefinition auf der Basis der dann vorliegenden Ergebnisse möglicherweise angepasst würde und dann keine Unsicherheit hätte.

Mit dieser Definition würde auch die Masse eines $^{12}$C-Atoms und damit die atomare Masseeinheit $m_u = \frac{m(^{12}\text{C})}{12}$ festgelegt, wodurch sich möglicherweise ein Konflikt zur derzeitigen Definition des Mol, die ja die Masse von 1 mol $^{12}$C-Atomen auf 12 g festlegt, ergeben könnte. Es wäre daher unabdingbar, auch das Mol neu und unabhängig vom Kilogramm zu definieren. Das zuletzt 2003 publizierte Resultat für die Avogadro-Konstante auf der Basis eines Si-Einkristalls mit natürlicher Isotopenzusammensetzung weist eine Unsicherheit von relativ $3 \times 10^{-7}$ auf und genügt damit den gestellten Anforderungen nicht. Bei den derzeit laufenden Experimenten mit Isotopen-angereichertem Si wird eine relative Unsicherheit im Bereich von $10^{-8}$ erwartet.

Im Watt-Waage-Experiment wird ein (virtueller) Vergleich mechanischer und elektrischer Leistung durchgeführt. Werden dabei die elektrischen Größen Strom, $I$, und Spannung, $U$, mittels und in den Einheiten der Quantennormale für Spannung (Josephson-Effekt) und Widerstand (von-Klitzing-Effekt) gemessen, ergibt sich ein direkter Zusammenhang zwischen der Masse und der Planck'schen Konstante, $h$.

Die Watt-Waage geht auf eine Idee von B. Kibble vom National Physics Laboratory (NPL) in England zurück. Es handelt sich dabei, wie der Name sagt, um eine Waage, die auf der einen Seite mit einem Massestück belastet wird und die entsprechende Gravitationskraft auf der anderen Seite durch eine elektrische Kraft (Lorentz-Kraft) ausbalanciert wird. Benutzt man dazu eine Spule, durch die der Strom, $I_1$, geschickt wird, die sich in einem magnetischen Feld mit Flussgradienten in der vertikalen z-Richtung befindet, ergibt sich für den Fall der ausbalancierten Waage

$$m \cdot g = -I_1 \left(\frac{d\phi}{dz}\right). \tag{5.5}$$

Die Schwierigkeit hierbei liegt darin, dass der Gradient des magnetischen Flusses, $\frac{d\phi}{dz}$, nicht hinreichend genau bestimmt werden kann. Die geniale Idee von B. Kibble bestand nun darin, ein zweites Experiment mit der gleichen Anordnung durchzuführen, bei dem die Spule mit konstanter Geschwindigkeit, $v_z$, in gleichen Feldgradienten bewegt und die in ihr induzierte Spannung gemessen wird. Aus dem Induktionsgesetz ergibt sich dann:

$$U_2 = -\frac{\partial \phi}{\partial t} = -\frac{\partial z}{\partial t}\frac{\partial \phi}{\partial z} = -v_z \frac{\partial \phi}{\partial z}. \tag{5.6}$$

Kombination der beiden Gleichungen (5.5) und (5.6) ergibt

$$U_2 \cdot I_1 = m \cdot g \cdot v_z \ . \tag{5.7}$$

Die linke Seite dieser Gleichung ergibt eine elektrische, die rechte eine mechanische Leistung. Man vergleicht somit ein elektrisches und ein mechanisches Watt, woraus sich der Name Watt-Waage ableitet.

Misst man den Strom $I_1$ über den Spannungsabfall an einem Widerstand, $R_1$, so erhält man

$$U_2 \cdot \frac{U_1}{R_1} = m \cdot g \cdot v_z \ . \tag{5.7a}$$

Werden nun die Spannung über den Josephson-Effekt in Einheiten $\frac{h}{2e}$ und der Widerstand über den von-Klitzing-Effekt in Einheiten $\frac{h}{e^2}$ gemessen, lässt sich die linke Seite von Gl. 5.7a umschreiben

$$U_2 \cdot \frac{U_1}{R_1} = \frac{h}{4} \cdot f_2 \cdot f_1$$

(bis auf ganzzahlige Faktoren, die die verwendete Shapiro-Stufe und das verwendete Quanten-Hall-Plateau nummerieren). $f_1$ und $f_2$ sind dabei die den Spannungen $U_2$ und $U_1$ gemäß der Josephson-Beziehung (5.1) entsprechenden Frequenzen. Impliziert hierbei ist, dass die Beziehungen für die Josephson-Konstante $\left(K_J = \frac{h}{2e}\right)$ und die von-Klitzing-Konstante $\left(R_k = \frac{h}{e^2}\right)$ exakt gelten (s. dazu Kap. 5.3.4). Der Aufbau des Watt-Waage-Experiments am National Institute of Standards and Technologie (NIST) in den USA ist in Abb. 5.13 schematisch gezeigt.

Obwohl konzeptionell sehr gradlinig und scheinbar einfach, stellt die Anforderung an die zu erreichende Unsicherheit von relativ $10^{-8}$ wiederum schier unglaubliche Anforderungen an die Realisierung und Durchführung des Experiments. Dies gilt besonders für die Messung der Geschwindigkeit, $v_Z$, und die Anforderung an die exakte Orientierung und Ausrichtung des Messaufbaus, bei der das Auftreten von Querkräften jeglicher Art vermieden werden muss. Die Geschwindigkeitsmessung erfolgt über eine interferometrische Wegmessung. Die gesamte Apparatur ist dazu im Vakuum untergebracht, um den Unsicherheitsbeitrag des Brechungsindexes der Luft zu eliminieren.

Würde man das Kilogramm auf der Basis des Watt-Waage-Experiments über die dann bezüglich ihres Wertes festgelegte Planck-Konstante definieren, könnte eine mögliche Neudefinition lauten:

> **! Das Kilogramm**
>
> Das Kilogramm ist die Ruhemasse eines Körpers, der bei Vergleich von mechanischer und elektrischer Leistung einen Wert für die Planck-Konstante von exakt $h = 6{,}626\,069\,311 \times 10^{-34}$ J s ergibt.

Hier wurde für die Planck-Konstante wiederum der derzeitige CODATA-Wert eingesetzt, der dann auf der Basis der jetzt laufenden Experimente möglicherweise angepasst und dann festgelegt würde, womit dieser wiederum keine Unsicherheit hätte.

Der Wert mit der bisher kleinsten relativen Unsicherheit von $3{,}6 \times 10^{-8}$ für die mittels der Watt-Waage bestimmte Planck-Konstante wurde 2007 von dem NIST-Experiment berichtet. Ein ebenfalls 2007 vom NPL publiziertes Ergebnis mit ei-

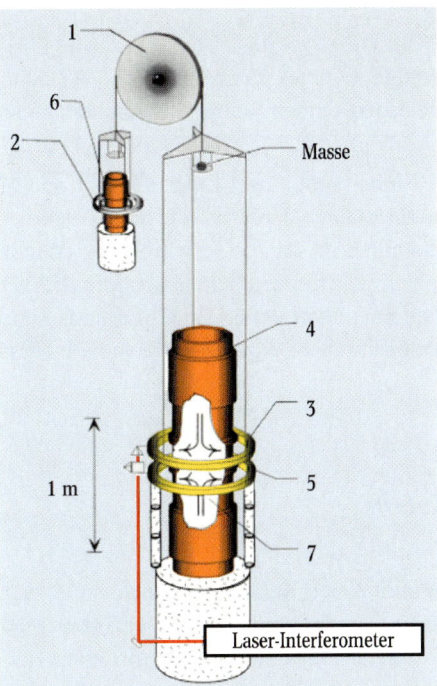

**Abb. 5.13** Aufbau des Watt-Waage-Experiments am NIST. Es besteht aus einer Welle (1), über das die beweglichen Teile (Hilfsspule, 2 und bewegliche Spule, 3), die jeweils mit Massestücken beladen werden können, verbunden sind. Der supraleitende Magnet (4) und die fixierte Spule (5) sind starr mit der Welle und dem zusätzlichen Magneten (6) verbunden. Der supraleitende Magnet (das umgebende Dewar ist nicht gezeigt) erzeugt zusammen mit der fixierten Spule außerhalb des Dewars ein radialsymmetrisches Magnetfeld von 0,1 T (7) mit einem Gradienten in vertikaler Richtung. Der zusätzliche Magnet mit der beweglichen Spule auf der *linken Seite* dient zur Bewegung der *rechten* beweglichen Spule mit konstanter Geschwindigkeit (*Velocity-Mode*). Die Bewegung der *rechten* beweglichen Spule wird mit Laserinterferometern in der horizontalen Ebene kontrolliert und in vertikaler Richtung gemessen

ner relativen Unsicherheit von $6{,}6 \times 10^{-8}$ weicht allerdings deutlich über den Rahmen der jeweils spezifizierten Unsicherheiten von dem NIST-Ergebnis ab. Zudem lässt sich aus dem experimentell bestimmten Wert für die Avogadro-Konstante die Planck-Konstante berechnen, deren Wert aber ebenfalls deutlich von dem NIST- und NPL-Ergebnis abweicht. Unklar ist derzeit, worauf diese erheblichen Diskrepanzen zurückzuführen sind. Naheliegend sind bisher nicht erkannte systematische Fehler in den Experimenten. Wenn auch eher unwahrscheinlich, lässt sich allerdings zum jetzigen Zeitpunkt nicht ausschließen, dass unser Verständnis über die Beziehungen zwischen den Naturkonstanten revidiert werden muss. Die jetzt laufenden und zukünftigen Experimente müssen hierauf eine Antwort geben.

### 5.3.2 Das neue Mol

Bei der beabsichtigten Neudefinition der Einheit der Stoffmenge wird man die Verknüpfung des Mol mit dem Kilogramm aufgeben. Eine mögliche Definition könnte lauten:

**Das Mol**

Das Mol ist die Stoffmenge eines Systems, das aus $\{N_A\}$ identischen Einzelteilchen besteht. Diese Einzelteilchen können Atome, Moleküle oder andere Teilchen sein.

Demnach wäre die Einheit mol nichts anderes als ein anderer Name für den Zahlenwert der Avogadro-Konstanten. Unbeschadet dieser Neudefinition bliebe das Mol die SI-Einheit der Chemiker, da für die Beschreibung chemischer Reaktionen i. a. nicht die absolute Anzahl von Einzelteilchen, sondern die Verhältnisse der Anzahl verschiedener Einzelteilchen von Interesse sind. Diese lassen sich z. B. durch elektrolytische Messungen bestimmen, ohne dass die molare Masse (Masse eines Mol) bekannt sein muss.

### 5.3.3 Das neue Kelvin

Die mögliche Neudefinition des Kelvin wird sich nicht mehr auf eine Materialeigenschaft (des Wassers) sondern auf die mit der Temperatur verbundene thermische Energie, $k_B T$, abstützen. Dazu muss wiederum zuerst der Wert der Boltzmann-Konstanten, $k_B$, bei der Temperatur des Wassertripelpunktes hinreichend genau bestimmt werden. Dazu werden sogenannte Primärthermometer verwendet, zu denen z. B. Gasthermometer, Rauschthermometer und Strahlungsthermometer gehören. Gasthermometer basieren auf der Zustandsgleichung idealer Gase. Obwohl viele der in Gasthermometern verwendeten Gase sich am und oberhalb des Wassertripelpunktes nahezu wie ideale Gase verhalten, müssen kleinste Abweichungen vom idealen Verhalten betrachtet und berücksichtigt werden, um die geforderte relative Unsicherheit für den Wert der Boltzmann-Konstanten von $< 10^{-6}$ zu erreichen. Dies geschieht experimentell, indem man die entsprechende Messgröße bei konstanter Temperatur als Funktion der Dichte des Gases ausmisst, diese Isothermen dann gemäß einer Virial-Entwicklung anpasst und auf Dichte Null extrapoliert.

Die gängigsten Gasthermometer sind die Konstantvolumen (CVGT)-, die akustischen (AGT)- und die Dielektrizitätskonstanten (DCGT)-Gasthermometer. CVGT nutzen den Zusammenhang zwischen Druck und Temperatur, wobei die Stoffmenge bekannt sein muss, AGTs, die Abhängigkeit der Schallgeschwindigkeit, und DCGTs, die Abhängigkeit der Dielektrizitätskonstanten von der Temperatur (Clausius-Mossoti-Beziehung). Absolutmessungen mit dem DCGT benötigen zudem den Wert für die atomare bzw. molare Polarisierbarkeit der verwendeten Atome. Dies ist mit hinreichender Genauigkeit nur für Helium der Fall. He ist inzwischen zu einer Modellsubstanz für die Überprüfung fundamentaler physikalischer Theorien geworden, da bestimmte Effekte (Beiträge) der Quantenelektrodynamik am einfacheren Wasserstoff-Atom nicht auftreten und untersucht werden können. Da man davon ausgehen kann, dass die statische (Dipol-)Polarisierbarkeit von $^4$He mit einer Unsicherheit $< 10^{-7}$ berechnet werden kann, werden die „experimentellen" Unsicherheitsbeiträge den Ausschlag geben. Hier stehen die Messung der Kapazitätsänderung der Messkondensatoren durch das Messgas, die Formstabilität der Kondensatoren bei verschiedenen Drücken und last not least die Druckmessung selbst (bis zu 7 MPa) im Vordergrund. In der PTB wird neben der Strahlungsthermometrie die DCGT zur Bestimmung der Boltzmann-Konstanten eingesetzt. Hierbei konnte im

Jahr 1996 eine Unsicherheit für die Boltzmann-Konstante von relativ $1{,}5 \times 10^{-5}$ erreicht werden. Für das sich derzeit komplett im Neuaufbau befindliche Experiment wird bis Ende 2012 eine Unsicherheit von $2 \times 10^{-6}$ erwartet. Mittels der AGT wurde die Boltzmann-Konstante am NIST bereits mit einer Unsicherheit von $1{,}8 \times 10^{-6}$ ermittelt, allerdings steht eine Bestätigung dieses Resultats durch ein unabhängiges Experiment noch aus. Sollten die verschiedenen, derzeit weltweit durchgeführten Experimente zu einer hinreichend genauen Bestimmung der Boltzmann-Konstante führen, könnte die neue Definition des Kelvin so einfach sein wie

> **! Das Kelvin**
>
> Das Kelvin ist die Änderung der Temperatur, die eine Änderung der thermischen Energie, $k_\mathrm{B}T$, von $1{,}3806504 \times 10^{-23}$ J bewirkt,

wobei der Zahlenwert wieder dem derzeitigen CODATA-Wert für die Boltzmann-Konstante entspricht.

### 5.3.4 Das neue Ampere und das metrologische Dreieck

Im Gegensatz zu der sehr umständlichen Definition des Ampere im jetzigen SI-System (die eigentlich nur den Wert von $\mu_0$ festlegt) ließe sich die Einheit des elektrischen Stromes zumindest konzeptionell sehr einfach definieren, wenn man einzelne Ladungen verlässlich manipulieren könnte. Würde man z. B. einzelne Ladungen, $q$, (z. B. Elektronen) mit einer Frequenz $f$, transportieren, ergäbe sich der Strom zu

$$I = q \cdot f . \tag{5.8}$$

Da die Frequenz $f$ wieder von der Atomuhr abgeleitet werden kann, könnte somit das Ampere auf die Elementarladung zurückgeführt werden. Wenn auch selbst bei höchsten Frequenzen die erzielbaren Ströme noch immer sehr gering sind (1 GHz entspricht 160 pA), wird dieser Weg in der Tat sehr intensiv verfolgt, wobei als Ladungsträger sowohl einzelne Elektronen ($q = -e$) als auch in supraleitenden Elementen einzelne Cooper-Paare ($q = -2e$) benutzt werden. Zur Manipulation einzelner Ladungen können sowohl halbleitende als auch metallische (einschließlich supraleitende) Nanostrukturen verwendet werden. Grundlegendes Phänomen ist dabei die Coulomb-Blockade, die am Beispiel des Einelektronen-Tunnel (**s**ingle **e**lectron **t**unneling, SET)-Transistors erläutert wird. Dazu betrachtet man eine kleine leitende Insel, die über zwei Tunnelkontakte an jeweils einer Seite an einem metallischen Leiter angekoppelt ist. Diese Insel ihrerseits ist kapazitiv an eine externe Spannungsquelle angekoppelt. Diese Insel wird diskrete Ladungszustände aufweisen, wenn

1. die Energie, um ein Elektron auf die Insel zu bringen $E_C = \frac{e^2}{2C_\mathrm{tot}}$ ($C_\mathrm{tot}$ ist die gesamte Kapazität der Insel), sehr viel größer als die thermische Energie, $kT$, ist und somit thermische Fluktuationen der Anzahl der Ladungsträger auf der Insel ausgeschlossen sind und
2. die Tunnelkontakte hinreichend resistiv sind, um die Insel von den metallischen Zuleitungen genügend abzukoppeln und Quantenfluktuationen zu unterdrücken. Die Bedingung für Letzteres lässt sich leicht abschätzen: die Lebensdauer einer

Ladung auf der Insel beträgt $\tau_{\text{insel}} = R_T \cdot C_{\text{tot}}$, wobei $R_T$ der Widerstand des Tunnelkontaktes ist. Die Zeitskala für Quantenfluktuationen ergibt sich aus der Heisenberg'schen Unschärferelation $\Delta E \cdot \Delta t = h$, wobei $\Delta E$ gerade gleich der Ladeenergie $E_C$ ist. Der Ladungszustand auf der Insel wird wohldefiniert sein, wenn $\tau_{\text{insel}} \gg \Delta t$ ist, woraus sich $R_T \gg \frac{h}{\pi e^2} \approx \frac{R_K}{4}$ ergibt.

Bedingung 1.) erfordert sehr kleine Kapazitäten von typisch einigen hundert Attofarad sowie tiefe Temperaturen. Da die Kapazität mit den Dimensionen der Insel skaliert, müssen hier sehr kleine Strukturen im Nanometerbereich verwendet werden, die mit den Verfahren der Elektronenstrahl-Litographie hergestellt werden.

Bedingung 2.) stellt die Anforderungen an die Technologie der Herstellung des Tunnelkontakts (Isolatormaterial, Dicke der Isolatorschicht etc.) dar.

Abbildung 5.14a zeigt eine Elektronenmikroskop-Aufnahme eines in der PTB hergestellten SET-Transistors auf der Basis von $Al/Al_2O_3$ sowie dessen Strom-Spannungskennlinie für verschiedene Gatespannungen $V_g$ (s. Abb. 5.14b). Charakteristisch ist, dass für $V_g = 0$ bei kleinen Vorspannungen noch kein Stromfluss auftritt,

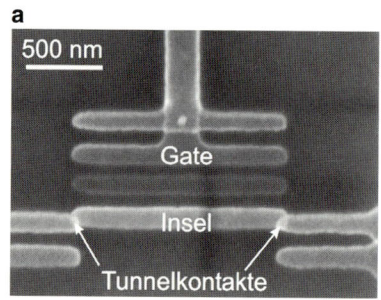

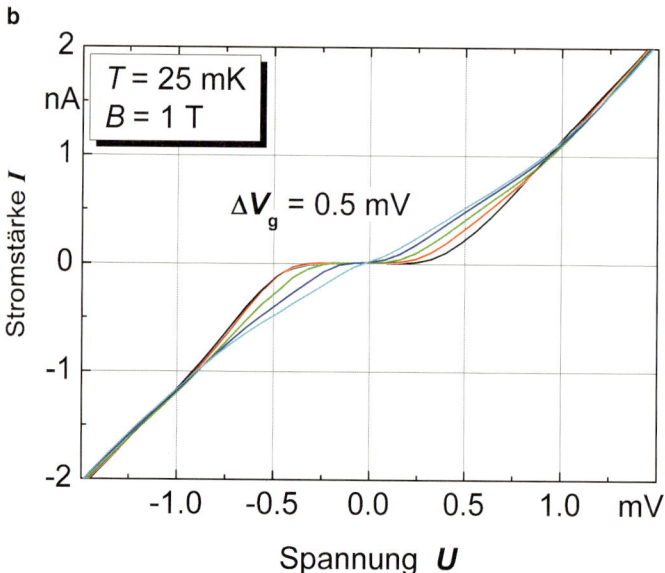

**Abb. 5.14a,b** Elektronenmikroskopie-Aufnahme eines SET-Transistors (**a**). Die Fläche der Tunnelkontakte beträgt etwa $80 \times 80 \, \text{nm}^2$. (Die Tatsache, dass alle Strukturen doppelt auftreten, hängt mit dem speziellen Verfahren der Elektronenstrahlbelichtung zusammen, ist aber für die Funktion ohne Belang). Bild **b** zeigt eine Strom-Spannungscharakteristik für verschiedene Gatespannungen, die sich um jeweils 0,5 mV unterscheiden

da die Potentialdifferenz noch nicht ausreicht, um die Ladeenergie für ein Elektron aufzubringen (Coulomb-Blockade). Die Anzahl der Ladungsträger auf der Insel kann durch Variation des Inselpotentials über die Gateelektrode gezielt gesteuert werden.

Für metrologische Präzisionsexperimente werden nun mehrere solcher SET-Transistoren in Serie geschaltet (SET-Pumpen, s. Abb. 5.15a), womit es möglich wird, einen hoch korrelierten Strom einzelner Elektronen durch die gesamte Anordnung zu treiben. Die Kennlinie einer SET-Pumpe mit fünf einzelnen SETs ist in Abb. 5.15b gezeigt. Deutlich zu sehen sind die dem korrelierten Transport einzelner Elektronen entsprechenden Plateaus um $V = 0$, die bei den derzeit besten Resultaten innerhalb $10^{-6}$ mit dem Wert von $e \cdot f$ übereinstimmen. Auf der Basis dieser SET-Experimente würde man für eine neue Definition des Ampere den Wert der Elementarladung e festlegen und das Ampere dann wie folgt definieren:

> **! Das Ampere**
>
> Das Ampere ist der elektrische Strom in Richtung des Flusses von exakt $1/(1{,}602\,176\,53 \cdot 10^{-19})$ Elementarladungen pro Sekunde.

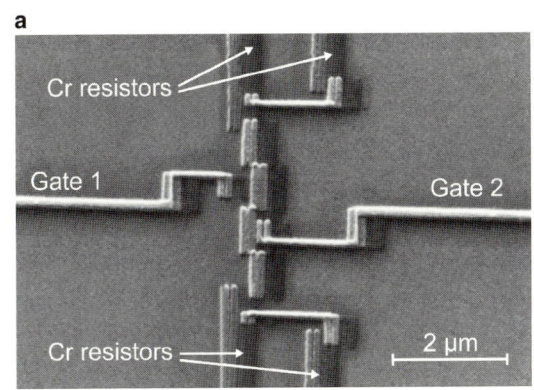

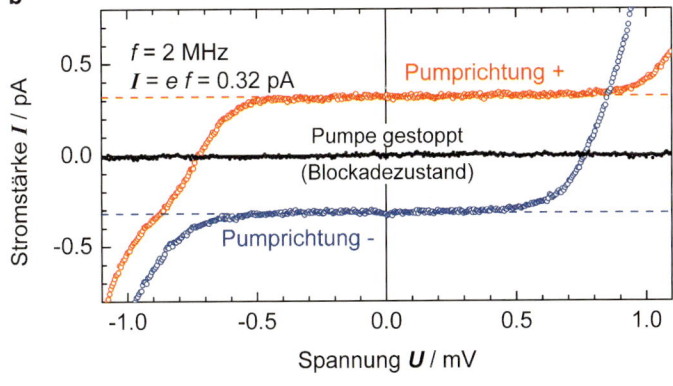

**Abb. 5.15a,b** Elektronenmikroskopie-Aufnahme einer SET-Elektronenpumpe mit 3 Tunnelelementen, 2 Gate-Elektroden und 2 Chrom-Serienwiderständen (15a). Bild 15b zeigt die Strom-Spannungs-Kennlinie einer SET-Pumpe mit 5 Tunnelelementen für die vorwärts (+) und rückwärts (−) Pumprichtung sowie den blockierten Zustand. Die Plateaus sind – entsprechend dem Transport einzelner Elektronen ($I = e \cdot f$) – deutlich ausgeprägt

Für den Wert der Elementarladung wurde hier wieder der derzeitige CODATA-Wert eingesetzt.

Würde außerdem in der Watt-Waage-Definition des Kilogramm die Planck-Konstante festgelegt, wären die Josephson-Konstante $2e/h$ und die von Klitzing-Konstante $h/e^2$ ebenfalls exakt, so dass die Verwendung der konventionellen Werte $K_{J-90}$ und $R_{K-90}$ entfallen würde. Allerdings wären dann die Werte für $\mu_0$, $\varepsilon_0$ und $Z_0$ (die Impedanz des Vakuum) nicht mehr exakt bekannt und müssten experimentell bestimmt werden. Voraussetzung ist allerdings nach wie vor, dass die Josephson-Beziehung (5.1) und von Klitzing-Beziehung (5.2) sowie $I = e \cdot f$ exakt gelten.

Dies mit einer Unsicherheit von etwa $10^{-8}$ zu überprüfen ist Ziel des als „metrologisches Dreieck" bezeichneten Experiments.

Dieses Experiment sieht vor, das Ohm'sche Gesetz auf die mittels des Quanten-Hall-Effekts, des Josephson-Effekts und einer SET-Pumpe erzeugten Größen für Widerstand, Spannung und Stromstärke anzuwenden. Schreibt man dies in der Form (vgl. Gl. 5.1a, 5.2a und 5.8)

$$U_{\text{JVS}} = \frac{n \cdot f_J}{K_J} \quad \left( K_J = \frac{2e}{h} \right) \qquad (5.9a)$$

$$R_{\text{QHR}} = \frac{R_K}{i} \quad \left( R_K = \frac{h}{e^2} \right) \qquad (5.9b)$$

$$I_{\text{SET}} = q_s \cdot f_s \quad (q_s = e) \qquad (5.9c)$$

so erhält man

$$n \cdot i \cdot \frac{f_J}{f_s} = R_K \cdot q_s \cdot K_J . \qquad (5.10)$$

Dabei verknüpfen (5.9a) und (5.9c) die Größen für Spannung und Strom jeweils mit einer Frequenz. Gleichung (5.9b) ihrerseits vermittelt die Verbindung zwischen Strom und Spannung, so dass sich die Zusammenhänge in Form eines Dreiecks, wie in Abb. 5.16 gezeigt, darstellen lassen, womit sich die Namensgebung für dieses Experiment begründet.

Gelten die Beziehungen für $K_J$, $R_K$ und $q_s$ exakt, ergibt die rechte Seite der Gl. (5.9) = 2. Da $n$ und $i$ bekannte ganze Zahlen sind, ließe sich die Konsistenz des metrologischen Dreiecks durch die Messung des Verhältnisses zweier Frequenzen überprüfen.

Für die direkte Variante des Experiments, wie es z. B. im Laboratoire National de Métrologie et d'essais (LNE), dem französischen Metrologieinstitut, durchge-

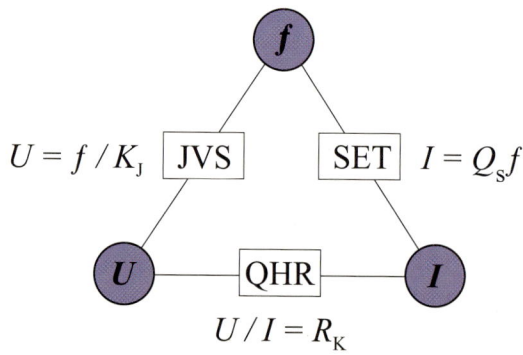

**Abb. 5.16** Metrologisches Dreieck, wie es ursprünglich von Likharev und Zorin vorgeschlagen wurde. Es verknüpft den Josephson-Effekt (Josephson Voltage Standard, JVS), den Quanten-Hall-Effekt (Quantum-Hall-Resistance, QHR) und den Einzelelektronen-Tunnel-Effekt (Single-Electron-Tunneling, SET) auf der Basis des Ohm'schen Gesetzes

führt wird, wird eine Quanten-Hall-Probe mit einem Strom gespeist, der von einer SET-Pumpe generiert wird, und die auftretende Hall-Spannung wird mit einem Josephson-Spannungsnormal verglichen. Da die direkt mit einer SET-Pumpe generierten Ströme allerdings zu klein sind, werden diese mit einem Kryostromkomparator verstärkt. In einer indirekten, aber ebenso eindeutigen Variante, wie sie am NIST und in der PTB verfolgt wird, wird ein Kondensator mit einer SET-Pumpe mit einer bekannten Zahl Elektronen mit der Ladung $Q = N \cdot e$ aufgeladen, die Spannung über den Kondensator wiederum mit dem Josephson-Normal bestimmt und dessen Kapazität C wird mittels einer Quadratur-Brücke auf den Quanten-Hall-Effekt zurückgeführt ($C = \frac{1}{\omega \cdot R_H}$). Die Beziehung $Q = C \cdot U$ schließt dann wiederum das Dreieck.

Die bisherigen Experimente haben die geforderte Unsicherheit von etwa $10^{-8}$ noch nicht erreicht, so dass Spekulationen, ob und welche der obigen Beziehungen (Gl. (5.9a)–(5.9c)) verletzt sein könnten, müßig sind. Da es für die Gültigkeit der Josephson- bzw. von Klitzing-Beziehung jedoch auch unabhängige Argumente (Eich-Invarianz, Topologie) und Belege gibt, konzentriert sich das „metrologische Dreieck-Experiment" möglicherweise darauf, ob die Ladungsquantisierung einer SET-Pumpe mit einer Unsicherheit von $10^{-8}$ gewährleistet ist. Würde sich dies bestätigen, wäre das ein phantastisches Ergebnis. Hieße es doch, dass man mit einem Bauelement, in dem sich ca. 100 Milliarden Elektronen befinden, einzelne Elektronen zählen kann, wobei man sich im Mittel bei etwa 100 Milliarden Elektronen gerade einmal um eines verzählt. Darüber hinaus würde es die Nutzung des Quanten-Hall- und Josephson-Effektes als Normale für elektrischen Widerstand und Spannung gemäß ihrer fundamentalen Beziehungen und der sich daraus ergebenden Folgerungen bekräftigen.

In diesem Sinne ist das „metrologische Dreieck-Experiment" neben den zuvor Genannten (Avogadro-, Watt-Waage- und Boltzmann-Experiment) für das neue SI von zentraler Bedeutung.

## 5.4 Schlussbemerkungen

Das Internationale Einheitensystem (SI) steht vor fundamentalen Veränderungen. Denn die Metrologen verfolgen das Ziel, alle SI-Basiseinheiten auf Naturkonstanten zu beziehen. Grundlegende Neudefinitionen stehen so für das Kilogramm und das Mol, das Ampere und das Kelvin an. Und auch die Sekunde wird eine Anpassung ihrer Definition an die heutigen Messmöglichkeiten (Stichwort: optische Uhr) erfahren. Das Einheitensystem bekäme somit eine fundamentale Unterfütterung durch einen Satz festgelegter Naturkonstanten, zu denen die Lichtgeschwindigkeit, die Avogadro-Konstante, die Planck-Konstante, die Elementarladung und die Boltzmann-Konstante gehören würden.

Die Auswirkungen auf unseren Lebensalltag, auf die industrielle Produktion oder auf die Überwachung von Umweltparametern werden vermutlich kaum spürbar sein. Der Funkwecker, der uns aus dem Bett wirft, wird weiterhin so ticken wie bisher, die Supermarktwaage wird uns keinen anderen Wert anzeigen, die an weltweit verteilten Standorten produzierten Einzelteile für ein technisches Gerät werden auch in Zukunft bei der Endmontage problemlos und mikrometergenau zusammenpassen und der Arzt wird weiterhin mit seinen Blutdruckmessgeräten, Ergometern oder EKG-

Geräten arbeiten können. Diese alltäglichen Messungen, die ja zumeist nicht auf die kleinsten erreichbaren Unsicherheiten angewiesen sind, werden von den Neudefinitionen der Einheiten also nicht betroffen. Konzeptionell geschieht jedoch etwas sehr Fundamentales, denn die Definitionen der Einheiten werden über die Anbindung an die Naturkonstanten unabhängig von Raum und Zeit. Einerlei, ob eine Messung in Japan, USA, Deutschland oder auf dem Mars vorgenommen wird, sie wird das gleiche Ergebnis liefern.

Dieses Ziel ist wissenschaftlich allerdings erst dann erreicht (und dies ist eine unabdingbare Voraussetzung), wenn alle betreffenden Präzisonsmessungen mit hinreichend kleinen Unsicherheiten durchgeführt werden, so dass die Realisierungen der „neuen Einheiten" dann mindestens so gut wie die der „alten Einheiten" möglich sind. Hierzu zeitliche Voraussagen zu treffen, fällt – wie bei allen Experimenten – schwer. Die momentane Situation scheint jedoch darauf hinzudeuten, dass noch einige Jahre harter physikalischer und technischer Arbeit nötig sein werden. Die kommende Generalkonferenz (CGPM) der Meterkonvention im Jahr 2011 könnte daher für eine Neudefinition zu früh kommen, so dass sich eher die dann darauf folgende CGPM im Jahr 2015 als die Generalkonferenz abzeichnet, die das „neue SI" einläuten wird.

**Danksagung** Ich möchte mich bei meinen Kolleginnen und Kollegen in der PTB für ihre Beiträge zu diesem Aufsatz bedanken. Ein besonderer Dank gilt Herrn Dr. Dr. Jens Simon für die sorgfältige redaktionelle Überarbeitung des Textes und viele wertvolle Anregungen.

## Häufig verwendete Abkürzungen

| | |
|---|---|
| BIPM | Bureau International des Poids et Mesures; Internationales Büro für Maße und Gewichte |
| CC | Comité Consultatif; beratendes Komitee der internationalen Kommission für Maße und Gewichte |
| CGPM | Conférence Générale des Poids et Mesures; Generalkonferenz der Internationalen Kommission für Maße und Gewichte |
| CIPM | Comité International des Poids et Mesures; Internationale Kommission für Maße und Gewichte |
| CODATA | Committee on Data for Science and Technology; Komitee für Daten für Wissenschaft und Technik |
| ITS | (praktische) internationale Temperaturskala |
| NIST | National Institute of Standards and Technology, USA |
| NPL | National Physics Laboratory, England |
| PTB | Physikalisch-Technische Bundesanstalt |
| PTR | Physikalisch-Technische Reichsanstalt |
| SET | single electron transport; Einzelelektronentransport |
| SI | Système International d'Unités; Internationales Einheitensystem |
| UTC | koordinierte Weltzeit |

# 6 Energie für unser Leben: Nahrung, Wärme, Strom, Treibstoffe (früher – derzeit – künftig)

Klaus Heinloth

## 6.1 Entwicklung aus der Vergangenheit bis heute

### 6.1.1 Naturraum Erde

Der Planet Erde hat sich vor knapp 4,6 Mrd. Jahren gebildet. Schon seit ca. 3,8 Mrd. Jahren wachsen auf der Erde lebende Organismen, zunächst nur im Wasser der Meere, seit ca. 400 Mio. Jahren auch auf dem Land.

Den für das Pflanzenwachstum mittels Photosynthese nötigen Bedarf an Energie deckt die Natur seit Anbeginn aus dem eingestrahlten Sonnenlicht, und dies in ständiger Anpassung an die natürlichen geologischen und klimatischen Veränderungen durch ständige Evolution zu immer höherer Artenvielfalt von Flora und Fauna.

Die Photosynthese der großen Vielfalt organischer Substanzen geschieht mittels katalytischer Prozesse in dezentraler Selbstorganisation in Zellen jeder Pflanzenart unter Nutzung aller natürlich verfügbaren Materialien in Luft, Wasser und Boden, sowohl als Baustoffe als auch in sehr komplexer Form z. B. von Übergangsmetallo-Proteinen als Enzyme, sprich Katalysatoren.

Dabei verlaufen die natürlichen Prozessketten zwischen Photosynthese, Weiterverarbeitung bis hin zu Abbau und Deponie in verketteten Stoffkreisläufen praktisch ohne Abfälle mit geringstmöglicher Beeinflussung der natürlichen Umgebung und mit ständiger Optimierung und Anpassung an natürliche Veränderungen.

Von der eingestrahlten Sonnenlichtenergie werden heute

- ca. 30 % vornehmlich an den Wolken ins Weltall reflektiert
- ca. 50 % zur Heizung im Treibhaus Erde absorbiert (Nur mit dieser Menge an Sonnenlicht beheizt, also ohne zusätzliche Wärmerückstrahlung der Treibhausgasmoleküle in der Luft, würde an der Erdoberfläche im globalen Mittel eine Temperatur von ca. −18 °C herrschen.)
- ca. 20 % zur Wasserverdunstung, damit zur ständigen Neubildung von Süßwasser aufgewendet

---

Klaus Heinloth († 15.7.2010)
Physikalisches Institut, Universität Bonn
*Anmerkung des Hrsg.: Die vor der Drucklegung beabsichtigte Aktualisierung dieses Beitrages konnte bedauerlicherweise nicht vorgenommen werden.*

- ca. 1 % zur Photosynthese aller Pflanzen zu Land und zu Meer benötigt. Und dabei wird Sauerstoff, notwendig für das Leben der Fauna, freigesetzt: 5 grüne Bäume decken den Sauerstoffbedarf eines Menschen.

**Abb. 6.1** Entwicklung unseres Lebensraumes Erde: Vergangenheit und Zukunft

Nach der Entstehung der Erde vor ca. 4,6 Mrd. Jahren war diese vor ca. 4 Mrd. Jahren soweit abgekühlt, dass der Wasserdampf der Atmosphäre zum Wasser der Meere kondensierte. Die hohe Temperatur im Treibhaus Erde wurde dann hauptsächlich vom hohen Gehalt der Atmosphäre an Kohlendioxid, das immer wieder aus dem Erdinnern vulkanisch ausgaste, bestimmt. Im Verlauf einiger Jahrmilliarden wurde der Atmosphäre dieses Kohlendioxid weitgehend durch Absorption im Meerwasser, dort Umwandlung zu Kalziumkarbonat und Deponierung als Kalkstein entzogen. Dadurch sank die Temperatur im Treibhaus Erde entsprechend.

Zu Beginn der Bildung lebender Organismen im Meer vor ca. 3,8 Mrd. Jahren lag der Kohlendioxidanteil in der Größenordnung von 30 %, die Temperatur im Treibhaus Erde von der Größenordnung 70 °C. Bis zum Landgang von Flora und Fauna vor ca. 0,4 Mrd. Jahren war der Kohlendioxidgehalt der Atmosphäre auf die Größenordnung 1 %, die Temperatur im Treibhaus Erde auf die Größenordnung 30 °C gesunken.

Innerhalb der letzten 400 Mio. Jahre, seit der Erdzeitalter Devon und Karbon, wurden dann auch aus der zu Land und im Meer unter wechselnden klimatischen und geologischen Bedingungen nachwachsenden Biomasse die fossilen Rohstoffe Kohle, Erdöl, Erdgas und Methanhydrate gebildet. Davon wurde im Mittel pro 1 Mio. Jahre eine Menge gespeichert, entsprechend dem derzeitigen Verbrauch pro 1 Jahr durch die heutige Menschheit. Bis zum Beginn des periodischen Wandels von Warmzeiten und Eiszeiten vor ca. 2 Mio. Jahren sank dabei der Kohlendioxidgehalt der Luft auf ca. 0,3 ‰, die Temperatur auf der Erde auf ca. 15 °C. Abbildung 6.1 veranschaulicht diese Entwicklung im Zeitraffer und projiziert sie in die Zukunft.

## 6.1.2 Homo sapiens

Der Mensch – als Homo sapiens – lebt erst seit einigen 100.000 Jahren. Wo immer auch seine Wiege(n) stand(en), verteilte er sich bald weltweit über alle bewohnbaren Kontinente, wohl auch getrieben von überall immer wieder wechselnden Lebensbedingungen, klimatischen Verhältnissen, nicht zuletzt zwischen Eis- und Warmzeiten. Unter diesen Bedingungen konnte die Erde nur wenige Menschen ernähren, eine Weltbevölkerung von maximal wenigen Millionen Menschen. (Das heißt: Auf einem Gebiet von der Fläche Deutschlands lebten höchstens einige Tausend Menschen.)

Und seit einigen 100.000 Jahren nutzt der Mensch das Feuer, zunächst um das Fleisch seiner Jagdbeute zu braten und um sich zu wärmen. Aber erst nach dem Übergang aus der jüngsten Eiszeit in die heutige Warmzeit, seit ca. 12.000 Jahren, erlaubte das seither außergewöhnlich temperaturstabile Klima dem Menschen erstmals Sesshaftigkeit, Ackerbau und Viehzucht, zuerst wohl im damals weiträumig „fruchtbaren Halbmond" in Vorderasien und in China. „Der Mensch erscheint im Holozän" (Max Frisch) erstmals mit sichtbaren und spürbaren Eingriffen in die Natur und Veränderungen der Natur. Die Sesshaftigkeit mit Ackerbau, Pflanzen- und Viehzucht führte seither bis vor wenigen 100 Jahren zu einer mehr oder minder stetigen, langsamen Entwicklung der Weltbevölkerung (von einigen Millionen Menschen zu Beginn der Warmzeit auf ca. 600 Million vor etwa 300 Jahren) und ihres *Bedarfs an Energie*,

- primär in Form von Nahrung
- und sekundär in Form von Wärme, diese

1. zum Heizen, Braten, Backen, Kochen
2. zum Brennen von Keramikgefäßen schon seit Beginn der Sesshaftigkeit
3. zur Metallverhüttung und -bearbeitung seit ca. 5000 Jahren
4. zu weiteren Annehmlichkeiten wie z. B. zur Warmwasserversorgung von Bädern wie u. a. in Mohenjo-Daro im Industal schon vor 4500 Jahren.

Gedeckt wurde dieser sekundäre Energiebedarf hauptsächlich aus dem Holz der zumindest anfangs in fast allen Siedlungsgebieten üppig ausgedehnten Wälder, und zwar immer solange bis keine Wälder mehr innerhalb zugänglicher Distanz da waren. So wurde vielerorts ursprünglich fruchtbares Land zu Trockengebieten, zu Wüsten, u. a. im Bereich des ursprünglich sehr ausgedehnten „fruchtbaren Halbmonds" in Vorderasien, aber auch in Indien, China und Südeuropa. Und dabei brachen zwischenzeitlich reiche Kulturen wieder zusammen.

Wir hier im mittleren bis nördlichen Europa, die wir in der kulturellen, wirtschaftlichen Entwicklung auf der Erde eigentlich Nachzügler sind, hatten und haben auch (noch) klimatisches Glück: Geheizt von Sonne und Golfstrom und dabei praktisch über das ganze Jahr immer wieder mit ausreichend Niederschlägen versorgt, blieb hier trotz Entwaldung die Bodenfruchtbarkeit ziemlich weitgehend erhalten. Dennoch sind auch wir hier klima- und wetterempfindlich: Ein leichter Temperaturrückgang von nur ca. 0,5 Grad während der sog. kleinen Eiszeit vor wenigen 100 Jahren führte bei uns zu Hungersnöten, zwang viele Menschen zur Auswanderung nach Amerika. Und der Ausbruch des Vulkans Tambora auf der Insel Sumbawa im heutigen Indonesien, 1815, verdunkelte durch den in die hohe Atmosphäre eingetragenen Staub u. a. bei uns ein ganzes Jahr lang das Tageslicht so stark, dass 1816 das „Jahr ohne Sommer" wurde, praktisch alle Ernten ausfielen, eine große Hungersnot wütete.

Dabei war damals der Mensch sich wohl bewusst, in die Natur, in die Wetter- und Klimaverhältnisse eingebunden zu sein, sowohl zu seinem Nutzen als auch gelegentlich zu seinem Schaden. Diese Naturverbundenheit verblasste erst mit dem Einsetzen der Industrialisierung seit gut 200 Jahren, diese angestoßen, ermöglicht durch Erfindungen u. a. von

- *James Watt (1769): die mit Kohle beheizte Dampfmaschine*
- *Werner von Siemens (1866): der Stromgenerator und Elektromotor.*

Die Nutzung dieser Techniken verursacht heute ca. 35 % des Verbrauchs von Kohle, Erdöl und Erdgas.

- *Carl Benz (1888), Rudolf Diesel (1897) und Henry Ford (1903): das Automobil.*

Die Nutzung dieser Techniken verursacht heute ca. 50 % des Verbrauchs von Erdöl.

- *Fritz Haber, Carl Bosch (1909): Ammoniak-Synthese* (Stickstoff-Kunstdünger).

Die Nutzung dieser Technik verursacht heute ca. 25 % des Verbrauchs von Erdgas.

- *Hugo Junkers (1915): das Flugzeug.*

Die Nutzung dieser Technologie verursacht heute fast 10 % des Verbrauchs von Erdöl.

- *John von Neumann (1945): der speicherprogrammierbare Computer*
- *John Bardeen, Walter Brattain, William Shockley (1948): die Transistorelektronik*
- *Karl Ziegler (1953): die Polymerisation von Kunststoffen.*

Die Nutzung dieser Technik verursacht heute ca. 20 % des Verbrauchs von Erdöl.

> Erst seit Beginn der Industrialisierung vor gut 200 Jahren hat sich die *Weltbevölkerung* bereits *verzehnfacht*, der *Energiebedarf* und *Ressourcenbedarf* bereits *verhundertfacht*!

Der im Gleichlauf mit der Verzehnfachung der Weltbevölkerung und des weiteren auch noch durch Erhöhung der Ansprüche in den industrialisierten Ländern entsprechend gestiegene Bedarf an Nahrung konnte von der Landwirtschaft in der Vergangenheit bislang gedeckt werden

1. durch Ausweitung landwirtschaftlicher Anbauflächen (bis ca. 1950 weitgehend alle für landwirtschaftlichen Anbau ausreichend fruchtbaren Böden „unter den Pflug gebracht worden waren", global seither fast gleichbleibend ca. 1400 bis 1500 Mio. ha)
2. durch Industrialisierung der Landwirtschaft
3. durch Einsatz von Mineraldünger und organischer Düngung und von physikalischem, chemischem und biologischem Pflanzenschutz
4. durch künstliche Bewässerung
5. durch Züchtung ertragreicherer, standortoptimaler Sorten und durch optimale Fruchtfolgen.

Diese Entwicklung ist alles andere als selbstverständlich. Sie kann auch nicht einfach aus den in der Vergangenheit erzielten Erfolgen in die Zukunft weiter extrapoliert werden, vor allem nicht die seit 1950 auf seither nahezu gleich groß bleibender Anbaufläche erzielte Steigerung der landwirtschaftlichen Erträge zu ausreichender Deckung des Nahrungsbedarfs der seither um fast das Dreifache gestiegenen Weltbevölkerung. Auch die Annahme gleich gut bleibender klimatischer Bedingungen, Bodenbedingungen und eine ausreichende Verfügbarkeit von Wasser ist höchst fragwürdig. Aber der weltweite Bedarf an Nahrung wird weiter steigen, allein schon weil die Weltbevölkerung von derzeit ca. 6,5 Mrd. Menschen bis zur Mitte dieses Jahrhunderts auf etwa 8 bis 9 Mrd. Menschen anwachsen wird, mehr noch, weil mit zunehmender wirtschaftlicher Entwicklung bevölkerungsreicher Länder, allen voran China und Indien, nicht nur der Nahrungsbedarf pro Person, sondern vor allem der Fleischkonsum pro Person und damit der Bedarf an Futtergetreide drastisch steigen wird.

*Die natürlichen Veränderungen* der Evolution von Flora und Fauna *geschehen relativ langsam*: Selbst bei abrupten Veränderungen der Umweltbedingungen wie z. B. beim großen Meteoriteneinschlag vor 65 Mio. Jahren und der dabei verursachten weitgehenden Auslöschung vieler Arten von Flora und Fauna dauerte der nachfolgende Neuaufbau der Artenvielfalt von Flora und Fauna viele Jahrtausende bis einige Jahrmillionen.

*Die vom Menschen angestoßenen Entwicklungen* in Landwirtschaft, Besiedlung, Industrie und Verkehr *geschehen vergleichsweise sehr schnell*, heute in Zeiträumen von wenigen Jahrzehnten.

Im Verlauf der letzten 10.000 Jahre, seit der Mensch sesshaft geworden ist, Siedlungsbau, Ackerbau, Viehzucht betreibt, hat er den ursprünglichen Naturraum Erde weitgehend zu einem Kulturraum Erde umgestaltet: Dabei wurden die ursprünglichen Waldflächen um etwa ein Drittel reduziert, die entwaldeten Flächen zusammen mit den ursprünglichen Savannen und Steppen größtenteils zu landwirtschaftlich genutzten Flächen und Siedlungsraum umgewandelt. Ein Teil der ursprünglichen Grünflächen wurde dabei auch zu Wüsten.

Dies führte zur derzeitigen Aufteilung der verfügbaren Landflächen der Erde

| | | |
|---|---|---|
| Erdoberfläche | | 510 Mio. km² |
| davon Landflächen | | 149 Mio. km² |
| davon derzeit: | Eisflächen | 23 |
| | Tundren | 4 |
| | Wüsten | 15 |
| | Berge (über 2500 m) | 12 |
| | | ca. 54 Mio. km² |
| | Wälder | |
| | boreal | 12 |
| | gemäßigt | 6 |
| | tropisch und subtropisch | 23 |
| | | ca. 41 Mio. km² |
| | „Grasland" jeglicher Art | ca. 32 Mio. km² |
| | (fast vollständig als Weideland genutzt) | |
| | Landwirtschaftl. Anbauflächen | ca. 15 Mio. km² |
| | Siedlungs- u. Verkehrsflächen | ca. 7 Mio. km² |

Damit entfällt auf jeden der derzeit 6,5 Mrd. Menschen auf der Erde gleichverteilt eine Landfläche von insgesamt ca. $150 \times 150 \,\text{m}^2 = 2{,}2$ ha bzw. beschränkt auf die zugängliche „grüne Erde" (Wälder, Grasland, landwirtschaftliche Anbauflächen und Siedlungsflächen) eine Landfläche von ca. $120 \times 120 \,\text{m}^2 = 1{,}4$ ha.

## 6.2 Deckung unseres Energiebedarfs heute

### 6.2.1 Deckung des Bedarfs an Nahrung

Das auf den Landflächen der Erde ständige photosynthetische Nachwachsen von Biomasse in Höhe von jährlich insgesamt ca. 240 Mrd. t geschieht derzeit

1. zu ca. einer Hälfte in Wäldern aller Art
2. zu ca. einer Hälfte auf aller Art Grünflächen außerhalb der Wälder, also landwirtschaftlicher Anbauflächen und Grasflächen jeglicher Art.

Letztere Hälfte nutzt der Mensch bereits nahezu vollständig zur Bereitstellung fast all der Nahrung für die Weltbevölkerung von derzeit 6,5 Mrd. Menschen. Dabei werden ca. ein Drittel aller Anbauflächen zur Bereitstellung von Viehfutter und die Grasflächen jeglicher Art bereits weitestgehend als Weideland genutzt.

Aus Land- und Viehwirtschaft werden derzeit global jährlich insgesamt ca 5 bis 6 Mrd. t Nahrungsmittel verfügbar gemacht,

davon u. a. ca. 2 Mrd. t Getreide (hauptsächlich – zu etwa gleichen Teilen –
Mais, Reis und Weizen)
ca. 1 Mrd. t Gemüse und Obst
ca. 0,6 Mrd. t Knollenfrüchte
ca. 0,6 Mrd. t Milch
ca. 0,2 Mrd. t Fleisch.

Nur einige wenige Prozent der Nahrung für die Weltbevölkerung werden aus dem Wasser hauptsächlich der Meere gefischt: In den Weltmeeren wird jährlich Biomasse – hauptsächlich Plankton – neu gebildet (und wieder verbraucht und abgebaut) in Höhe von ca. 100 Mrd. t. Aus den Meeren werden von den wenigen 100 Mio. t größerer Fische vom Menschen jährlich ca. 100 Mio. t zur Nahrungsgewinnung gefischt (ca. eine Hälfte aus Fang und ca. eine Hälfte aus Aquakulturen). Des weiteren werden aus den Inlandsgewässern ca. 30 Mio. t Fische gewonnen (ca. 10 Mio. t aus Fang, ca. 20 Mio. t aus Aquakulturen).

Aus dem insgesamt verfügbaren Angebot an Nahrungsmitteln decken die derzeit ca. 6,5 Mrd. Menschen ihren täglichen Nahrungsbedarf (sog. Verzehrkalorien) in Höhe von

- ca. 2800 kcal im weltweiten Mittel
- ca. 3500 kcal in Industrieländern
- ca. 2200 kcal in Entwicklungsländern.

Zurück zur Landwirtschaft: Hier sind alle für Landwirtschaft unter heutigen Anbaumethoden geeigneten Böden bereits weitgehend in Beschlag genommen. Und dabei gehen derzeit Jahr für Jahr ca. 1 % aller landwirtschaftlichen Anbauflächen verloren, etwa zur Hälfte durch stoffliche Belastungen wie Versalzung, Erosion und Wüstenbildung, etwa zur Hälfte durch Umwidmung zu Raum für Siedlungen, Industrie und Verkehr. Die bislang noch nicht für landwirtschaftlichen Anbau genutzten Flächen von derzeitigem Gras- und Buschland mit für moderne Landwirtschaft noch ausreichenden Bodenqualitäten werden für Südamerika, hier speziell für Brasilien auf die Größenordnung von 150 Mio. ha, entsprechend ca. 10 % der derzeitigen weltweiten landwirtschaftlichen Anbauflächen geschätzt. Von ähnlicher Größenordnung könnten die noch für zusätzliche landwirtschaftliche Nutzung im Prinzip verfügbaren Bodenflächen in Afrika sein. Damit könnten also bei optimaler Flächennutzung die weltweiten landwirtschaftlichen Anbauflächen (unter heutigen klimatischen Bedingungen!) noch um größenordnungsmäßig 10 bis 20 % erweitert werden.

Die für die Nahrungserzeugung verfügbaren Landflächen variieren von Land zu Land sehr stark, derzeit

> landwirtschaftliche Anbauflächen
> von 0,8 ha/Person in Nordamerika
> über 0,2 ha/Person im weltweiten Mittel
> bis 0,07 ha/Person in China
> landwirtschaftliche Nutzflächen insgesamt
> von 1,7 ha/Person in Nordamerika
> bis 0,17 ha/Person in Indien

Solange nicht der weitere Verlust landwirtschaftlicher Anbauflächen gestoppt und sowohl eine Rekultivierung degradierter Böden als auch ggf. eine Kultivierung bislang nicht nutzbarer Böden realisiert werden können, ist es höchst fraglich, ob im Lauf der kommenden Jahrzehnte überhaupt noch ausreichend Nahrung für die derzeit immer noch schnell wachsende Erdbevölkerung erzeugt werden kann, dies nicht zuletzt mit Blick auf die *Folgen des sich anbahnenden Klimawandels*, durch welche die *Möglichkeiten für künftige Landwirtschaft* spürbar eingeschränkt werden können.

Mit dem derzeit weltweit verfügbaren Angebot an Nahrung könnten bei Nahrungsansprüchen wie heute in Deutschland höchstens ca. 5 Mrd. Menschen, bei Nahrungsansprüchen wie heute in den USA höchstens ca. 3 Mrd. Menschen ernährt werden.

## 6.2.2 Deckung des Energiebedarfs für Wärme, Strom und Treibstoffe

Die Deckung des seit Beginn der Industrialisierung bereits verhundertfachten Bedarfs an Energie wurde nur möglich, weil eine neue Energiequelle erschlossen wurde, nämlich die fossilen Brennstoffe:

- Kohle seit gut 200 Jahren,
- Erdöl seit ca. 100 Jahren,
- Erdgas seit ca. 50 Jahren,

alle (bislang) höchst ergiebig, ständig verfügbar und – vordergründig immer noch relativ billig. Aber die Vorräte an fossilen Brennstoffen sind begrenzt. Die kostengünstigen Vorräte an Kohle werden in wenigen 100 Jahren, an Erdgas in 50 bis 100 Jahren, an Erdöl bereits in einigen Jahrzehnten weitgehend erschöpft sein. Der Verbrauch an fossilen Brennstoffen ist derzeit bedingt

- zu ca. 10 % als Rohstoff in der Chemie (Herstellung von Kunststoffen und Kunstdünger)
- zu ca. 90 % als Brennstoff für die Bereitstellung von Wärme, Strom und Treibstoffen.

Allein die Begrenzung der Vorräte an den fossilen Energieträgern Kohle, Erdöl und Erdgas vor Augen, wird es höchste Zeit sich zu fragen, aus welchen anderen Quellen wir schon in Bälde sowohl die Unmengen an benötigter Energie als auch die organischen Rohstoffe für Chemie etc. – nicht zuletzt angesichts der schnellen wirtschaftlichen Entwicklung von bevölkerungsreichen Ländern, allen voran China und Indien – verfügbar machen können.

*Global* beläuft sich derzeit (2006) der jährliche Bedarf an primär eingesetzter Energie auf

> ca. 16,8 Mrd. t SKE (**S**tein**k**ohle-**E**inheiten)

das entspricht

> ca. 137.000 Mrd. kWh (Kilowattstunden) Verbrennungswärme.

Anteilig gedeckt wird dieser Bedarf zu

- 76 % aus fossilen Brennstoffen
    - Kohle   3,9 Mrd. t SKE
    - Erdöl   5,5 Mrd. t SKE   entspr. 3,8 Mrd. t Erdöl
    - Erdgas  3,5 Mrd. t SKE   entspr. 3,2 Billionen m³ Erdgas
- 17,5 % aus erneuerbaren Energien
  diese anteilig
    - 9,4 % Biomasse
    - 6,4 % Wasserkraft
    - 1,7 % Sonne, Wind, Erdwärme
- 6,5 % aus Atomkernenergie.

Circa 40 % der fossilen Brennstoffe werden zu etwa gleichen Teilen zur Bereitstellung von *Prozesswärme* (Herstellung von Metallen, Zement, Kunstdünger, ...) und von *Heizwärme* verwendet.

Die *Erzeugung von Strom* in Höhe von 18.000 Mrd. kWh wird gedeckt

zu ca. 2/3 mittels fossil beheizter Kraftwerke (das bedingt etwa 35 % des Verbrauchs der fossilen Brennstoffe)

zu ca. 1/3 jeweils zur Hälfte aus Wasserkraftwerken und aus Atomkraftwerken.

Die *Bereitstellung von Treibstoffen* in Höhe von ca. 2 Mrd. t geschieht fast vollständig aus Erdöl, nur ca. 2 % aus Biomasse (Zuckerrohr, Mais, ...), davon

- ca. 90 % zum Fahren von knapp weltweit 1 Mrd. Kraftfahrzeugen
- ca. 10 % zum Antrieb von Flugzeugen
- nur ca. 2 % für Schienen- und Schiffsverkehr.

Insgesamt bedingt dies etwa 20 % des Verbrauchs der fossilen Brennstoffe.

In *Deutschland* beläuft sich derzeit (2006) der jährliche Bedarf an Energie auf knapp 500 Mio. t SKE (entsprechend eines Anteils von ca. 3 % des globalen Energiebedarfs) anteilig gedeckt durch

1. fossile Energieträger zu ca. 82 %
2. Atomkernenergie zu ca. 12 %
3. erneuerbare Energien zu ca. 6 %

*Von dieser Gesamtmenge an primär eingesetzter Energie werden eingesetzt*
*ca. 44 % für Bereitstellung von 600 Mrd. kWh Strom*

    davon 61 % mit Kohle und Erdgas
        davon   27 % mit Braunkohle
                24 % mit Steinkohle
                10 % mit Erdgas
    27 % mit Kernenergie
    12 % mit erneuerbaren Energien
        davon   5 % mit Windkraft
                4 % mit Wasserkraft
                3 % mit Biomasse
                0,2 % mit Photovoltaik

*ca. 34 % für Bereitstellung von 5 EJ Wärme*

    davon etwa eine Hälfte Prozesswärme
    etwa eine Hälfte Heizwärme
        davon  95 % mit fossilen Brennstoffen
                 5 % mit erneuerbaren Energien
            davon  5 % mit Biomasse
                    0,2 % mit Sonnenlicht
                    0,2 % mit Erdwärme

*ca. 22 % für Bereitstellung von 61 Mio. t Treibstoffen*

    davon 96 % mit fossilen Brennstoffen
            4 % mit erneuerbaren Energien (Biomasse).

In Deutschland werden derzeit ca. 20 % aller landwirtschaftlichen Anbauflächen für Energiepflanzen zur Erzeugung von Treibstoffen und Strom genutzt!

Nur um am Leben zu bleiben braucht der Mensch eine ständige Energiezufuhr mittels Nahrung von – im weltweiten Mittel derzeit – täglich 2800 kcal, entsprechend einer über alle Sekunden eines Tages gemittelten Aufnahme einer Nahrungsleistung von 135 W, wovon nur ein kleiner Teil zum Aufbau des Körpers und zu körperlicher und geistiger Arbeit umgewandelt wird. Der überwiegende Teil, etwa 100 W, wird in Form von „Abwärme" abgestrahlt. Legt man die im jeweiligen Land insgesamt konsumierte Energie (zur Bereitstellung von Wärme, Strom und Treibstoffen) auf die gesamte Bevölkerung – damit auch auf alle Einkommensschichten – des jeweiligen Landes gleichmäßig um, so resultiert daraus ein über das Jahr gemittelter zusätzlicher Leistungsbedarf pro Person von

| | |
|---|---|
| ca. 2100 W | im weltweiten Mittel (also ca. 15mal mehr als der Leistungsbedarf an Nahrung in Höhe von ca. 135 W im weltweiten Mittel) |
| ca. 4000 bis 10.000 W | in Industrieländern |
| ca. 5500 W | in Deutschland |
| ca. 1100 W | in China |
| ca. 400 W | in Indien. |

Die in Deutschland derzeit pro Person im Mittel benötigte Energie bzw. permanente Leistung (durch Einsatz der Energie) in Höhe von 5500 W/Person entspricht also dem mittleren Leistungsbedarf an Nahrung von ca. 40 Menschen. Vor ca. 2500 Jahren mussten in Griechenland, in Sparta für jeden Bürger Spartas im Mittel 6 Heloten, d. h. Sklaven die benötigte Arbeit, hauptsächlich in der Landwirtschaft, tun. Dieses Bild auf heutige Verhältnisse übertragen, arbeiten derzeit für jeden Bürger in Deutschland im Mittel 40 „technische" Sklaven.

Andererseits ist dieser zusätzliche Leistungsbedarf bzw. der Bedarf an Energie pro Person mehr oder minder proportional dem verfügbaren Einkommen der Person: Gemittelt über alle beanspruchten Güter und Dienstleistungen resultiert ein Bedarf an primär eingesetzter Energie pro ausgegebenem Euro

von knapp 2 kWh Energie/1 € in Deutschland
von ca. 4 kWh Energie/1 € im weltweiten Mittel

(Letzterer Wert resultiert aus der relativ zu Deutschland geringeren Effizienz der Energienutzung im weltweiten Mittel.)

Nachfolgend tabellarisch ein paar Facetten unseres Lebensstils mit mehr oder minder hohem Energieaufwand (typische Mittelwerte):

| Für | Energieaufwand |
|---|---|
| 1 kg Brot | 10 kWh |
| 1 kg Buch | 50 kWh |
| 1 kg Auto | 200 kWh |
| 1 kg Laptop | 1000 kWh |
| 1 warme Dusche | 5 kWh |
| 1 h Handytelefonate | 2 kWh |
| 1 h Fernsehen | 3 kWh |
| 1 h Vorlesung/Seminar/Übung/pro Student | 20 kWh |
| 1 h Autofahren | 200 kWh |

Zusammenfassend und mit Ausblick auf den nachfolgenden Abschnitt über die Notwendigkeiten und Möglichkeiten der künftigen Energieversorgung ein tabellarischer Vergleich von Natur und Mensch hinsichtlich des Agierens:

| Natur | Mensch |
|---|---|
| lässt sich immer Zeit | ist immer in Eile |
| komplexe Materialien | möglichst einfache Materialien |
| Kreislaufprozesse | meist lineare Prozesse |
| keine Abfälle | viel Abfall |
| dezentrale Selbstorganisation | zentrale Organisation mit hoher Verständnis- und Arbeitsteilung |
| kontinuierlich Anpassung und Reparatur | wenig Anpassung, Reparatur getrennt von Produktion und Betrieb |
| *bescheidene Ergiebigkeit* | *vordergründig hohe Ergiebigkeit* |
| Beispiel Photosynthese: Brennwert Biomasse ÷ eingestrahlte Lichtenergie = ca. 1% Ergiebigkeit im Mittel ca. 2 kg Biomasse ≈ 10 kWh Brennwert pro m$^2$ und Jahr | Beispiel modernes Kohlekraftwerk auf Fläche von ca. 1 km$^2$: 1 GW Strom × 8000 Stunden pro Jahr durch Verbrennung von 2 Mio. t Kohle mit Umwandlungswirkungsgrad von knapp 50%: 8000 kWh Strom/m$^2$ Kraftwerksfläche |

## 6.3 Aussichten in Zukunft

Wir müssen uns *aktiv fragen, wie wir das Naturland bzw. Kulturland Erde* – und zwar in allen klimatisch und wirtschaftlich so unterschiedlichen Regionen – jeweils *so*, die Fruchtbarkeit in ständiger Anpassung an sich verändernde Klimabedingungen dauerhaft gesund erhaltend und stärkend, *gestalten können, dass auf absehbare Zeit die zu erwartenden 8 bis 9 Mrd. Menschen* überall in ihren Regionen u. a. für ihr Leben *ausreichend Nahrung und Energie haben werden*.

### 6.3.1 Kulturraum Erde

Wollten alle der 8 bis 9 Mrd. Menschen in 50 Jahren unseren heutigen, in Deutschland üblichen Lebensstil verwirklichen, so müsste die grüne Erde doppelt so groß sein und kein Klimawandel diese einschneidend beschränken. Aber ein signifikanter Klimawandel ist bereits unvermeidlich: Die bisherige und zumindest in den kommenden Jahrzehnten unvermeidliche weitere Verbrennung von Kohle, Erdöl und Erdgas hat einen Anstieg des Kohlendioxidgehalts der Atmosphäre und einen entsprechenden Anstieg der Temperatur im Treibhaus Erde zur Folge. Dies wiederum führt in unvermeidlicher Rückkopplung zum Auftauen der Permafrostböden in Sibirien und in Nordamerika mit entsprechender Freisetzung von Methan, einem höchst wirksamen Treibhausgas. Insgesamt wird dies einen Anstieg der Temperatur im Treibhaus Erde im Verlauf der kommenden Jahrzehnte um mindestens einige °C bewirken. Dieser Temperaturhub bedingt einen Klimawandel. Eine Eindämmung ist nur noch partiell möglich, eine Anpassung in entsprechendem Umfang erforderlich.

Folgen des Klimawandels werden u. a. sein

- eine einschneidende Verschiebung der Klimazonen, damit verbunden eine signifikante Veränderung, Beeinträchtigung der Biodiversität von Fauna und Flora mit bedrohlichen Rückwirkungen nicht zuletzt auf Wälder und Landwirtschaft, hier vor allem durch die zu erwartende Ausweitung der subtropischen Trockenzonen in die heute noch fruchtbaren Kornkammern in allen Kontinenten,

- ein Anstieg des Meeresspiegels um bis zu mehrere Meter, möglich noch im Verlauf dieses Jahrhunderts, damit eine Überflutung dicht besiedelter und landwirtschaftlich ergiebig genutzter Küstengebiete aller Kontinente.

Derzeit summieren sich die jährlichen Schäden katastrophaler Folgen des sich anbahnenden Klimawandels, hauptsächlich Sturm- und Hochwasserschäden, bereits auf ca. 1 % des globalen Bruttoinlandsprodukts, d. h. des derzeit weltweiten, von den Bürgern aller Länder auf der Erde erarbeiteten Finanzvolumens. Die Kosten für eine heute hoffentlich noch mögliche Beschränkung des Klimawandels auf das hier skizzierte Ausmaß und eine Anpassung an die Folgen dieses Wandels werden sich über den Zeitraum vieler Jahrzehnte Jahr für Jahr auf die Größenordnung von 5 bis 10 % des globalen Bruttoinlandsprodukts belaufen, dies mit steigender Tendenz.

### 6.3.2 Deckung unseres künftigen Energiebedarfs an Nahrung, Wärme, Strom und Treibstoffen: Notwendigkeiten und Möglichkeiten

#### 6.3.2.1 Nahrung

Um eine ausreichende Deckung des künftigen Bedarfs an Nahrung einer auf 8 bis 9 Mrd. Menschen gestiegenen Weltbevölkerung und deren mit zunehmender Industrialisierung auch gestiegenen Nahrungsansprüche zu erreichen, müssten *zum einen „klassisch", d. h. mit mehr oder minder bekannten Methoden*

- der bislang zu beobachtende stetige Verlust landwirtschaftlicher Anbauflächen gestoppt, bislang nicht optimal genutzte Anbauflächen besser, bodenerhaltend, ertragreicher genutzt und weitere, für landwirtschaftlichen Anbau nutzbare, bislang aber noch nicht genutzte Böden von bisherigem „Grasland" landwirtschaftlich genutzt werden
- mit moderner Bodenbehandlung ggf. inklusive künstlicher Bewässerung zusätzlich Land für landwirtschaftliche Nutzung verfügbar gemacht werden

*Zum anderen bedarf es neuer Ideen, um z. B.*

- durch ausreichend großflächige Aufforstung bisheriger, z. B. meernaher Trockengebiete und dabei zumindest längerfristig zu bewirkender lokaler Klimaänderungen hin zu allmählich ausreichenden natürlichen Niederschlägen weiteres Land z. B. für Agroforstwirtschaft verfügbar zu machen
- ganz neue Wege für zusätzliche Nahrungsbereitstellung gangbar zu machen.

Ich selber kann Ihnen hier keine neuen Ideen anbieten. Aber – um Ihre Vorstellungskraft anzuregen – möchte ich einen Abschnitt aus einer utopischen Erzählung zitieren, „Die Stimme der Delphine", geschrieben 1960 von Leo Szilard, einem der wohl klügsten Physiker des 20. Jahrhunderts, der sich besonders durch Weitsichtigkeit und Verantwortungsbewusstsein ausgezeichnet hat:

> „... Es gelang dem Institut eine Mutationsform einer weit verbreiteten Algenart zu isolieren, die Stickstoff zu binden vermochte und ein sehr wirksames Antibiotikum absonderte. Wegen dieser Eigenschaften konnte man die Algen im Freien züchten, einfach angelegte Wassergräben reichten aus, und keine künstliche Stickstoffzufuhr war erforderlich. Das Eiweiß, das man aus ihnen gewann, hatte einen hohen Nährwert und war sehr bekömmlich. ... Die Eiweißnahrung kam nur auf rund ein Zehntel des Preises von Sojabohnen. ..."

Soweit aus dieser utopischen Erzählung. Ein Körnchen Wahrheit könnte darin verborgen sein.

Hinsichtlich der künftigen landwirtschaftlichen Nutzung der grünen Erde stehen wir gleich vor mehreren Dilemmata:

Die derzeit verfügbaren, künftig durch Folgen des Klimawandels zunehmend eingeschränkt werdenden Flächen für landwirtschaftliche Nutzung reichen nicht aus, den Nahrungsbedarf der noch signifikant wachsenden Erdbevölkerung zu decken.

Des weiteren will man künftig als partiellen Ersatz der fossilen Brennstoffe in zunehmendem Umfang Biomasse aus landwirtschaftlichem Anbau nutzen zur Erzeugung von Biosprit und Strom und als Rohstoff für die Herstellung u. a. von Kunststoffen und von Kunstdünger:

- Wollte man den globalen Bedarf an Treibstoffen in derzeitiger Höhe mittels Biomasse decken, so bräuchte man dazu knapp eine Hälfte der heute global verfügbaren landwirtschaftlichen Anbauflächen.
- Wollte man den globalen Bedarf an Strom in derzeitiger Höhe aus mit Biomasse bzw. Biogas beheizten Kraftwerken decken, so bräuchte man dazu knapp zwei Drittel der heute global verfügbaren landwirtschaftlichen Anbauflächen.
- Wollte man den globalen Bedarf an fossilen Brenn- bzw. Rohstoffen u. a. zur Herstellung von Kunststoffen und Kunstdünger mittels Biomasse decken, so bräuchte man dazu knapp ein Viertel der heute global verfügbaren landwirtschaftlichen Anbauflächen.

### 6.3.2.2 Wärme, Strom und Treibstoffe

*Der künftige Bedarf an Energie in Form von Wärme, Strom und Treibstoffen wird* bei einer weiter signifikant wachsenden Erdbevölkerung, bei einer weiter signifikanten wirtschaftlichen Entwicklung vor allem heutiger Schwellenländer wie u. a. China, Indien und Brasilien, diese mit heute bereits ca. 40 % der Weltbevölkerung – auch unter bestmöglicher Steigerung der Effizienz der Energienutzung noch *signifikant steigen*.

Alle diese von uns benötigten Energieformen sind – sofern entsprechende Umwandlungstechnologien verfügbar sind oder aber im Lauf der nächsten Jahrzehnte erfunden, entwickelt und verfügbar gemacht werden können – in mehr oder minder großem Umfang bereitzustellen aus

- erneuerbaren Energien
  („Wasser- und Windkraft", Biomasse, Sonnenlicht, Erd- und Umgebungswärme)
- Atomkernspaltung
  (Spaltung schwerer Atomkerne (Uran) zu mittelschweren Atomkernen)
- Atomkernfusion
  (Fusion der leichtesten Atomkerne (Wasserstoff) zu Heliumatomkernen)
- fossilen Energieträgern
  (zumindest solange diese noch verfügbar sein werden).

### Bereitstellung von Wärme

Wärme wird derzeit sowohl weltweit als auch in Deutschland benötigt

- zu ca. einer Hälfte als Heizwärme
  (bei relativ niedrigen Temperaturen)

- und zu ca. einer Hälfte als Prozesswärme
  (zum großen Teil bei relativ hohen Temperaturen u. a. zur Herstellung von Metallen, Glas, Kunststoffen, Zement, Kunstdünger).

Dieser Bedarf an Wärme wird derzeit fast ausschließlich mittels Verbrennung von Kohle, Erdöl und Erdgas gedeckt.

Zur künftigen Deckung: Der *künftige Bedarf an Heizwärme* könnte im Prinzip relativ leicht gedeckt werden mittels

- Solarwärme inklusive Wärmespeicherung
- Wärmepumpen aus Wasser, Boden, Luft
- Abwärme, Restwärme aus vielen technischen Quellen in Industrie, Gewerbe und Haushalten.

Dies gilt zumindest dann, wenn der künftige Heizwärmebedarf bei Neubauten und (nach entsprechender Sanierung) auch bei Altbauten mit modernen Methoden und Baumaterialien – fußend auf einer Berechnung des minimierten Energiebedarfs für Heizung und Kühlung mittels einer im Prinzip einfachen, allgemeingültigen Bilanzgleichung – auf ca. ein Drittel bis ein Viertel des heute in Altbauten typischerweise anfallenden Bedarfs reduziert worden ist.

Was die Deckung des *künftigen Bedarfs an Prozesswärme* (bei hohen Temperaturen) betrifft, so ist – abgesehen vom Einsatz von Strom - derzeit kein passabler bezahlbarer Ersatz der fossilen Brennstoffe in großem Umfang in Sicht.

### Deckung mittels *Sonne*nlicht

Wandelt man Sonnenlicht durch Absorption zu Wärme um, so kann man

- ohne Lichtfokussierung Temperaturen bis zu ca. 100 °C
- mit 2-dimensionaler Lichtfokussierung Temperaturen bis zu ca. 400 °C
- mit 3-dimensionaler Lichtfokussierung Temperaturen bis zu ca. 1000 °C, im Extremfall hochpräziser Fokussierung bis zu mehreren 1000 °C, maximal bis zu ca. 5000 °C

erreichen.

Bislang wurde die meist sehr aufwändige Technik der Lichtfokussierung zu Hochtemperatur-Prozesswärme zumeist nur in Versuchanlagen erprobt

- 2- und 3-dimensionale Fokussierung z. B. auf der Plataforma Solar de Almeria, Südspanien
- 3-dimensionale Fokussierung zu Prozesswärme für spezielle Metalloxid-Reduktion z. B. in der Versuchsanlage des PSI in Villigen, Schweiz
- 3-dimensionale höchst präzise Fokussierung zur Erzeugung hochreiner Metallschmelzen z. B. im „Sonnenofen" in Odeillo in den französischen Pyrenäen.

Eine Realisierung solcher Anlagen zur kommerziellen Nutzung ist auf Standorte mit hoher direkter Einstrahlung von Sonnenlicht, also auf äquatornahe Trockenzonen (etwa innerhalb der Breitengrade von 30° S und 30° N, um die Schwankungen der Einstrahlung zwischen Sommer und Winter in erträglichen Grenzen zu halten) beschränkt; und auch hier ist die Nutzung zeitlich beschränkt auf typischerweise ca. 6 Stunden pro Tag mit maximal ca. 6 kWh Lichteinstrahlung pro m$^2$ (auf die Sonne ausgerichteter, fokussierender Spiegel-)Flächen. Hoher technischer Aufwand sowohl für die Fokussierung des Lichts zur Erzielung von Prozesswärmetemperaturen im Bereich von 1000 bis mehreren 1000 °C und die für eine wirtschaftliche Nutzung in durchlaufendem Betrieb unabdingbare Wärmespeicherung bei hohen Temperaturen als auch Standortbeschränkungen dürften auf absehbare Zeit eine kommerzielle Nutzung dieser Technologie sehr eingeschränkt halten.

Eine im Prinzip umgehend realisierbare Anwendung solarer Prozesswärme ist der Parabolspiegel-Solarkocher. Dabei wird das auf einen Parabolspiegel von z. B. 2 m² Spiegelfläche einfallende direkte Sonnenlicht im Bereich des Brennpunkts auf einen Kochtopf fokussiert. Vorteilhaft genutzt werden könnte diese Heiztechnik besonders in äquatornahen Ländern mit hoher direkter Sonnenlichteinstrahlung, wie z. B. in Afrika und Indien, hier zur spürbaren Linderung der akuten Brennholzknappheit. Obwohl die Solarkochertechnik im Prinzip Marktreife erreicht hat, gibt es aber noch keinen Einsatz in spürbar großem Umfang, nicht zuletzt wohl weil dies der bisherigen verständlichen Gepflogenheit, sich der mittäglichen, prallen Sonnenhitze möglichst zu entziehen, entgegengesetzt wäre und weil sogar die bescheidenen Anschaffungskosten den finanziellen Rahmen möglicher, meist sehr armer Nutzer übersteigen.

## Bereitstellung von Strom

### Strom aus erneuerbaren Energien

#### *Wasserkraft*

Die Nutzung von Wasserkraft (üblicherweise mittels *Speicher-* und *Laufwasserkraftwerken* kann *global* sowohl aus Kosten- als auch aus Umweltschutzgründen höchstens etwa verdoppelt werden. Damit würde die prozentuale Deckung des globalen Strombedarfs im Gleichlauf mit dem zu erwartenden Anstieg des Bedarfs prozentual auf heutiger Deckungshöhe bleiben. In *Deutschland* ist die verfügbare Wasserkraft bereits weitestgehend ausgeschöpft.

Weitere Möglichkeiten wie z. B. die Nutzung von Gezeiten, Meereswellen und Meeresströmungen werden zumindest auf absehbare Zeit kaum einen spürbaren Beitrag zur Stromerzeugung erbringen: *Gezeitenkraftwerke*, bislang beschränkt auf eine 240 MW-Anlage an der Rance-Mündung in Frankreich (eine weitere 250 MW-Anlage ist derzeit in Südkorea im Bau) werden sowohl wegen der sehr beschränkten dafür geeigneten Küstengebiete mit dem benötigten hohen Tidenhub als auch wegen der sehr hohen Investitionskosten keinen global spürbaren Beitrag zur Stromerzeugung liefern können. Auch die Nutzung von *Meereswellen* und *Meeresströmungen* - bislang noch im Versuchsstadium – wird durch die voraussichtlich sehr hohen Investitionskosten, begründet in den benötigten hohen mechanischen Festigkeiten und dem aufwändigen Korrosionsschutz, entsprechend eingeschränkt bleiben.

#### *Windkraft*

Ihr Beitrag zur Deckung des Strombedarfs ist *global* bislang vernachlässigbar klein, in *Deutschland* gut 5 % (Abb. 6.2, 6.3). Aber auch an unseren windigen, küstennahen Gebieten bläst der Wind so unstet und zeitlich so beschränkt, dass Stromeinspeisungen aus Windkraftanlagen in unser Netz nur genutzt werden können, wenn Stromeinspeisungen aus schnell zu- und abschaltbaren, häufig mit Erdgas beheizten Kraftwerken die Defizite des Windstromangebots kompensieren können. Dabei

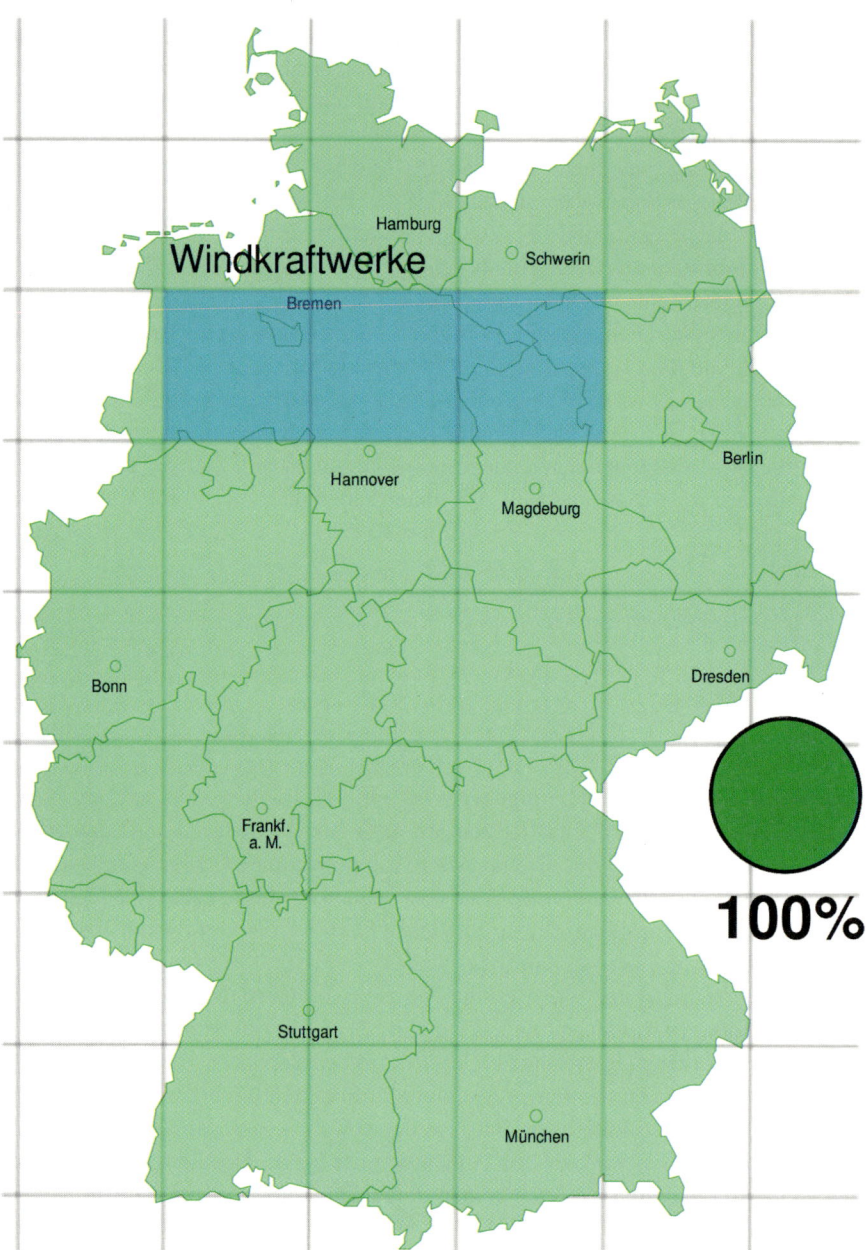

beläuft sich diese Kompensation über ein Jahr summiert bei Einspeisung von 1 Menge Windstrom auf 4 Mengen Strom aus Kompensationskraftwerken. Bei künftig vielleicht verfügbar werdenden „Offshore"-Windkraftanlagen im windreichen Meer würde sich die benötigte Kompensation von 1 Menge Windstrom immer noch auf 2 Mengen Strom aus Kompensationskraftwerken belaufen.

Die Investitionskosten für Windkraftwerke zu Land belaufen sich pro installierte Maximalleistung auf gleiche Höhe wie für heutige Kohlekraftwerke, pro erzeugte kWh an elektrischer Energie allerdings auf das 4-fache des Stroms aus heutigen Kohlekraftwerken. „Off shore"-Windkraftwerke sind etwa doppelt so teuer.

**Abb. 6.2** Flächenbedarf von Windrädern bei vollständiger Deckung des Strombedarfs aus Windenergie.

Ein generelles Problem der Windenergie ist die zeitliche Variabilität der Stromerzeugung. Erst dann, wenn geeignete Stromspeicher ausreichender Kapazität und wirtschaftlicher Anschaffungs- und Betriebskosten in das Stromnetz integriert werden, kann Windenergie zum Grundlastbedarf beitragen (vgl. dazu Abb. 6.3).

**Annahmen**

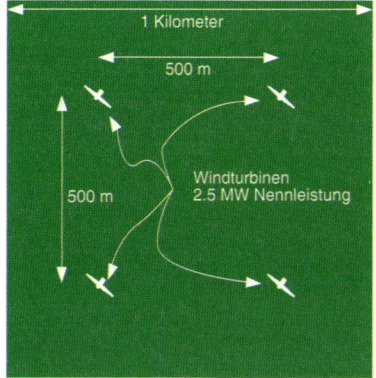

Die Dichte der Windräder wird mit vier Windrädern pro Quadratkilometer angesetzt, wobei die Windräder eine Nennleistung von 2,5 MW besitzen. Die Nennleistung pro Quadratkilometer Windpark-Fläche liegt damit bei 10 MW.
Als durchschnittliche Auslastung werden 20 % der Nennleistung angenommen, die für sehr gute Land-Standorte gelten, etwa in Küstennähe.
Die pro Quadratkilometer und Jahr produzierte Energiemenge liegt unter diesen Annahmen bei 17,5 GWh.
Der jährliche Strombedarf lag im Jahr 2006 nach den Basisdaten der Arbeitsgemeinschaft Energiebilanzen bei 520.000 GWh (= 520 Mrd. kWh).

Um die notwendige Kompensation des Windstromangebots in Deutschland aus anderen in Deutschland verfügbaren Kraftwerken zu reduzieren oder gar zu vermeiden, träumt man derzeit mancherorts in Deutschland von einer weiträumigen Vernetzung aller europäischen Länder und ggf. auch noch darüber hinaus mittels Hochspannungsüberlandleitungen, um so z. B. norwegische Wasserkraftwerke, Windkraftwerke an allen europäischen Küsten und künftig vielleicht einmal verfügbare thermische Solarkraftwerke in Nordafrika zur Kompensation u. a. zeitlich schwankender Windkraftwerke einsetzen zu können.

Die hohen Kosten für entsprechende Stromnetze könnten sich als hinderlich erweisen. Zum Vergleich: In Deutschland belaufen sich die Investitionskosten für die Summe aller Hoch-, Mittel- und Niederspannungsnetze etwa auf gleiche Höhe wie die Investitionskosten für die Summe aller derzeit installierten Kraftwerke jeglicher Art.

Dessen ungeachtet fühlt man sich in Deutschland hinsichtlich der Nutzung von Windenergie derzeit als Weltmeister. Dabei spielen aber zumindest derzeit nur einige wenige Länder auf der Welt in dieser Disziplin bedeutsam mit:

| Weltweit installierte (maximale) Windleistung (2006) | |
|---|---|
| weltweit | ca. 74 GW |
| davon in | |
| Deutschland | 21 GW |
| Spanien | 12 GW |
| USA | 11 GW |
| Indien | 6 GW |
| Dänemark | 3 GW |
| Indien | 3 GW |
| China | 3 GW |

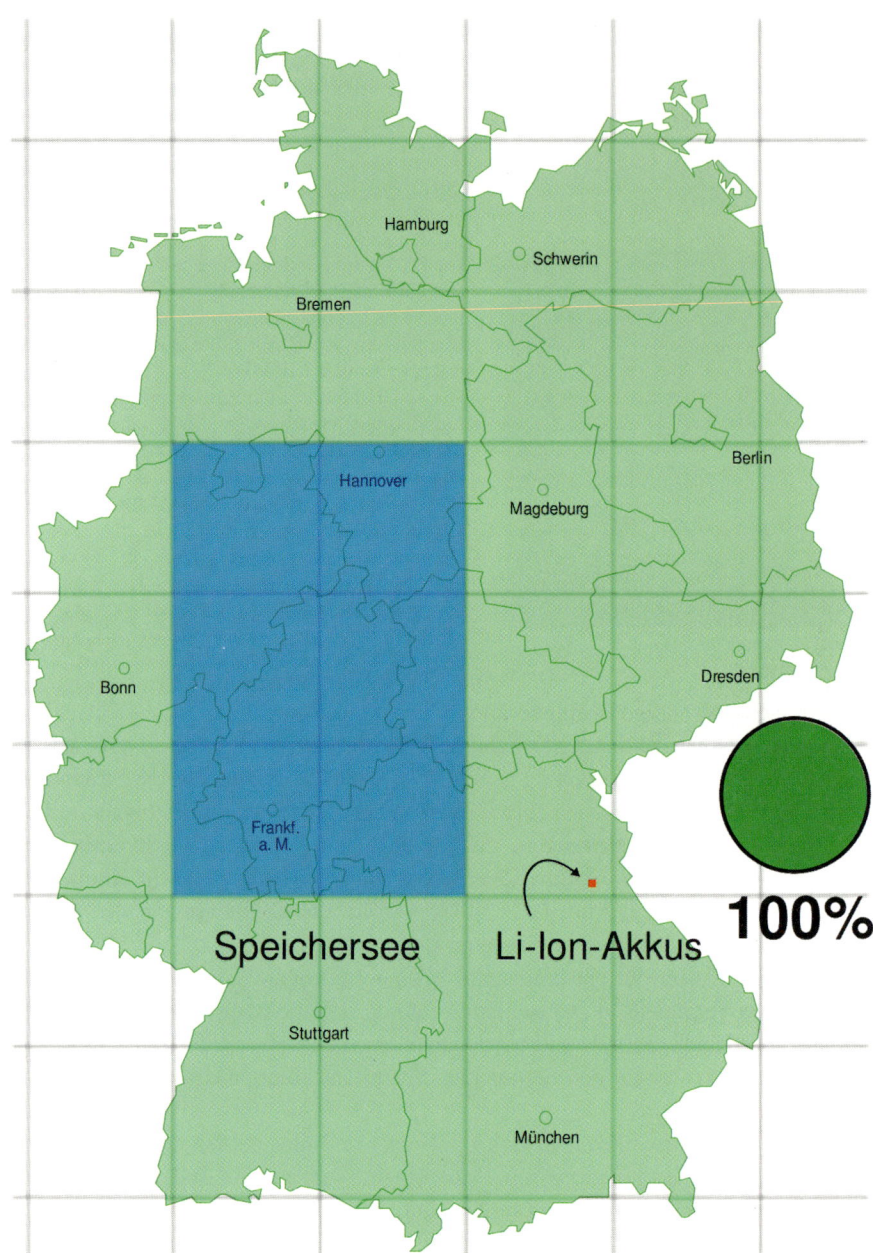

### Sonnenlicht: Strom mittels Photovoltaik/Solarzellen

Die jährliche Einstrahlung von Sonnenlicht auf die Erdkugel entspricht einer Energiemenge, die 10.000 mal so hoch ist wie der derzeitige globale Bedarf der Menschheit an Energie. Dies mutet verführerisch an. Aber der Teufel der Nutzbarmachung, vor allem der Umwandlung zu Strom und zu Treibstoffen, steckt im Detail: In Deutschland summiert sich die Sonnenlichteinstrahlung pro m² Bodenfläche und Jahr auf 1000 kWh, tages- und jahreszeitlich aber stark fluktuierend:

**Abb. 6.3** Flächenbedarf für Stromspeicherung bei vollständiger Deckung des Speicherbedarfs durch Pumpspeicherwerke/Speicherseen bzw. Lithium-Ionen-Akkus.

Die Stromerzeugung aus Wind und Sonne variiert auf zwei Zeitskalen: Es gibt einen Tagesgang und einen Jahresgang. Besonders wegen der jahreszeitlichen Schwankungen des Wind- und Sonnenangebotes muss ein Speicher eine Kapazität von mehreren Monaten des gesamten deutschen Strombedarfs besitzen. Nur dann können Wind und Sonne allein den Strombedarf Deutschlands decken. Zwei alternative Techniken zur Stromspeicherung werden betrachtet:

- *Pumpspeicherwerke/Speichersee*: Mit Strom wird Wasser in ein höhergelegenes Wasserbecken gepumpt. Lässt man das Wasser wieder in das tiefergelegene Wasserbecken laufen, kann man mit einer Turbine Strom erzeugen.
- *Lithium-Ionen-Akkus*: Diese Energiespeicher zeichnen sich durch eine vergleichsweise hohe Energiedichte aus und können – moderne Ausführungen vorausgesetzt – auch eine hohe Zahl von Ladezyklen überstehen. Auch wenn ihr Flächenbedarf viel geringer ist als der für Pumpspeicherwerke mit gleicher Speicherkapazität: Lithium-Ionen-Akkus sind extrem teuer und müssen spätestens nach einigen Jahren wieder ersetzt werden.

**Annahmen**

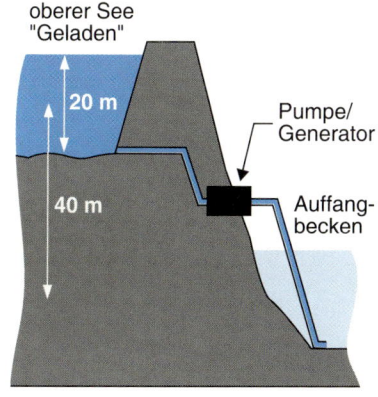

*Pumpspeicherwerke/Speichersee*: 40 m mittlere Höhendifferenz bei 20 m Wassertiefe. Die Speicherkapazität liegt bei 2,2 kWh pro m$^2$ Speichersee-Fläche. In alternativer Darstellung sind dies 2,2 GWh pro km$^2$. Speicherverluste sind dabei nicht berücksichtigt, sie liegen bei etwa 10 % pro Speicherzyklus – also zwischen dem „Aufladen" und „Entladen" des Speichersees. Die benötigte Fläche würde sich durch oberirdische Auffangbecken verdoppeln – es ist nur der Flächenbedarf für die Speicherbecken eingezeichnet!

*Lithium-Ionen-Akkus*: Die Energiedichte hochwertiger Lithium-Ionen-Akkus liegt bei etwa 300 Wh pro Liter Volumen. Nimmt man eine Stapelhöhe von 20 m an, können pro m$^2$ Speicherfläche 6000 kWh elektrischer Energie gespeichert werden. Dies entspricht 6000 GWh pro km$^2$ Flächenbedarf für die Aufstellung der Akkus.

Der jährliche Strombedarf lag im Jahr 2006 nach den Basisdaten der Arbeitsgemeinschaft Energiebilanzen bei 520.000 GWh (= 520 Mrd. kWh).

Es wird angenommen, dass der Speicher etwa 1/4 des Jahresbedarfs an Strom aufnehmen können muss, um die zeitlichen Schwankungen des Angebots an Strom aus Wind- und Photovoltaikkraftwerken aufzufangen. Der Speicher muss daher eine Kapazität von 130.000 GWh besitzen.

- 1 kWh Licht pro m$^2$ und Mittagsstunde im Hochsommer bei praller Sonne und wolkenlosem Himmel (und ohne Flugzeugkondensstreifen)
- 100 bis 50 W pro m$^2$ zu gleicher Zeit bei stark bewölktem Himmel
- 0 W des Nachts, also während der Hälfte der Zeit eines Jahres
- Einstrahlung in den Wintermonaten nur etwa ein Viertel der Einstrahlung während der Sommermonate.

Dagegen verläuft unser Strombedarf kontinuierlich, über Tag und Nacht, über Sommer und Winter, mit ganz anderen zeitlichen Schwankungen als das Sonnenlichtangebot.

Bei Einspeisung von „Solar"strom aus Photovoltaikanlagen (in Bodennähe installiert) ins Stromnetz über ein Jahr summiert zeigt sich, dass nur während 10 % der Zeit eines Jahres eine Stromeinspeisung von mindestens 50 % der installierten

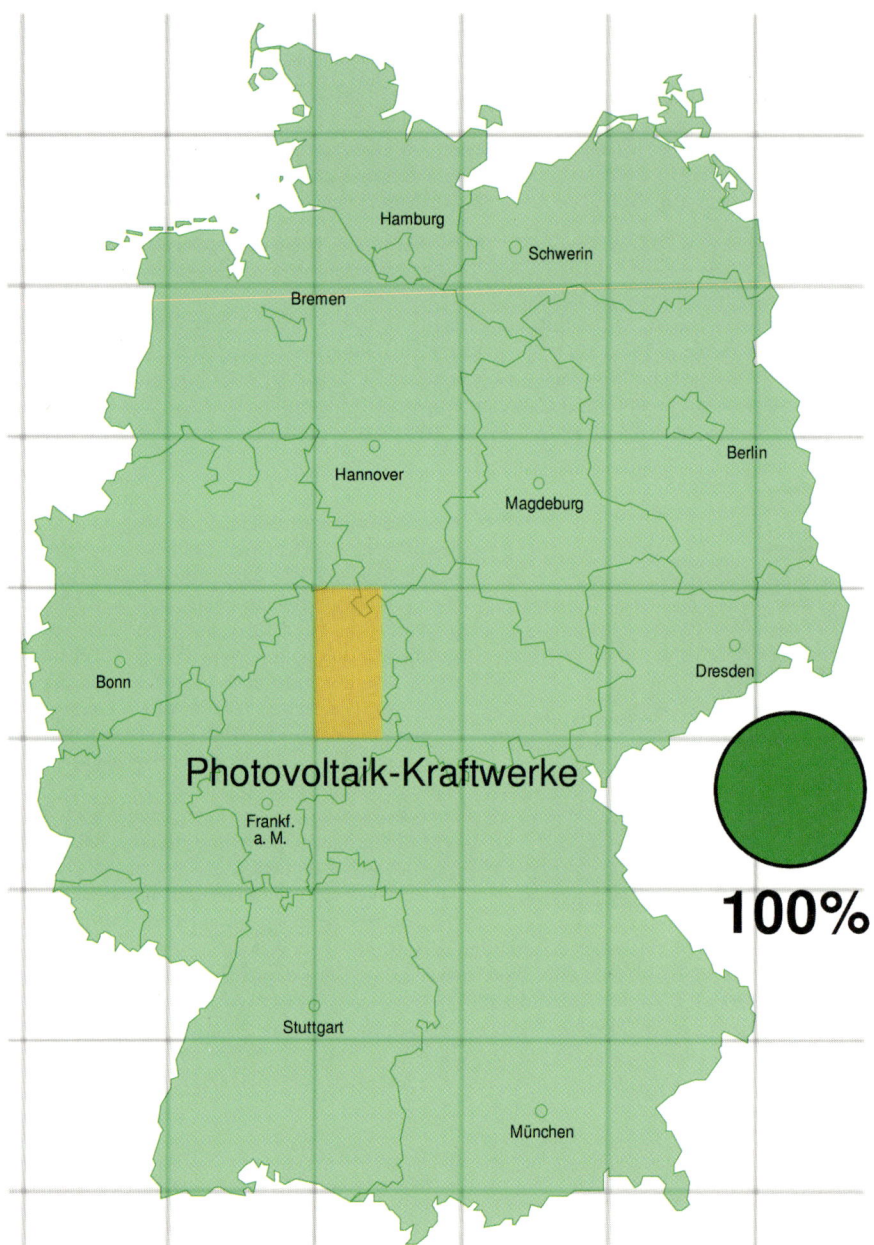

maximalen Leistung gegeben ist, während weiteren 40 % der Zeit eine Einspeisung von wenig bis sehr wenig Leistung, während 50 % der Zeit überhaupt keine Leistung. Wollte man eine Dauerstromleistung in Höhe der installierten Leistung der Photovoltaikanlagen ständig verfügbar halten, so müsste man bei Einspeisung von 1 Menge Solarstrom über ein Jahr summiert 9 Mengen Strom aus anderen Kraftwerken zur Kompensation des Solarstromdefizits ins Netz einspeisen. Dies ist – im Gegensatz zur Windstromkompensation – wegen der allzu häufigen und auch oft noch sehr schnellen Schwankungen der Lichtintensität praktisch nicht möglich. Deshalb ist die Stromerzeugung mittels Photovoltaikanlagen bislang nur in Nischenbereichen, dort immer gekoppelt an Stromspeicherung in relativ teuren Batterien sinnvoll (Abb. 6.4).

**Abb. 6.4** Flächenbedarf von Photovoltaikanlagen bei vollständiger Deckung des Strombedarfs aus Photovoltaik.

Wie bei der Windenergie ist die zeitliche Variabilität der Stromerzeugung aus Photovoltaik ein generelles Problem. Erst dann, wenn geeignete Stromspeicher ausreichender Kapazität und wirtschaftlicher Anschaffungs- und Betriebskosten in das Stromnetz integriert werden, kann Photovoltaik zum Grundlastbedarf beitragen (vgl. Abb. 6.3).

**Annahmen**

Der Wirkungsgrad einer Stromversorgung durch Photovoltaik wurde folgendermaßen abgeschätzt:

| Komponente | Wirkungsgrad |
|---|---|
| Zellenwirkungsgrad | 15 % |
| Systemwirkungsgrad[1] | 12 % |
| Anlagenwirkungsgrad[2] | 10 % |

1: Der Systemwirkungsgrad berücksichtigt Wandler- und Speicherverluste.
2: Der Anlagenwirkungsgrad berücksichtigt den Flächenbedarf für die Aufständerung der Module und Wartungswege.

Das deutsche Sonnen-Aufkommen liegt bei etwa 1000 Vollsonnenscheinstunden. Bei dem Gesamtwirkungsgrad von 10 % kann damit pro Jahr und $m^2$ Anlagenfläche elektrische Energie von 100 kWh erzeugt werden. Bezogen auf ein Jahr und einen $km^2$ sind dies 100 GWh.

Jährlicher Strombedarf (2006) 520.000 GWh (vgl. Abb. 6.2).

Für einen normalen Haushalt wäre diese Methode viel zu teuer: Wollten z. B. meine Frau und ich unseren Strombedarf daheim in unserem kleinen Einfamilienhaus mittels Photovoltaik auf dem Dach und Batteriespeicher im Keller decken, so wäre dies derzeit nur im Prinzip möglich: Die Dachfläche wäre für die benötigte 50 $m^2$-PV-Anlage ausreichend groß. Die Installationskosten dieser PV-Anlage würden sich derzeit auf etwa 30.000 € belaufen. Als Batteriestromspeicher würde man 20.000 Bleiakkus benötigen. Diese würden den Keller voll ausfüllen und Anschaffungskosten in Höhe von ca. 1 Mio. € erfordern.

Auch alle anderen heute technisch verfügbaren Stromspeicher mit relativ großem Speichervermögen wie Pumpwasserspeicher und Luftdruckspeicher vermögen in Deutschland bestenfalls zum Ausgleich eines Teils des Spitzenstrombedarfs für wenige Stunden am Tag zu dienen. Ebenso ist der manchmal empfohlene Umweg indirekter Stromspeicherung über Wasserstoff und Brennstoffzellen also über die Kette

- Wasserstofferzeugung über Elektrolyse mit Solarstrom
- Wasserstoffspeicherung
- bei Bedarf Stromerzeugung mittels Brennstoffzellen, diese gespeist mit Wasserstoff

aller Voraussicht nach viel zu (energie)aufwändig – für 1 kWh Strom aus den Brennstoffzellen werden ca. 4 kWh Strom aus Solarzellen benötigt – und damit auch unbezahlbar teuer. Zur wesentlichen Verbesserung von Brennstoffzellen – aller heute gebauten Typen – bedarf es noch neuer Ideen vor allem hinsichtlich der Elektroden- und Elektrolytmaterialien und auch deren Strukturen.

Also bleibt nur die Möglichkeit, Solarstrom direkt in – *neuartigen* – Batterien/Kondensatoren zu speichern: *Eine Deckung unseres Strombedarfs in spürbar großem Umfang mittels Photovoltaik* wird also *erst dann* möglich werden

- wenn zum einen die Kosten für die Herstellung von neuartigen, noch zu erfindenden Solarzellen um ca. eine Größenordnung, also um einen Faktor 10 gegenüber heutigen Solarzellen gesenkt werden können
  (Vielleicht erreicht man dieses Ziel mit den heute in Entwicklung stehenden organischen Solarzellen)
- und wenn zum anderen – *unabdingbar mit der Nutzung von Solarzellen verknüpft – auch eine ausreichend große und bezahlbare Speicherung des Stroms aus Solarzellen in großem Umfang verfügbar wird*, und zwar über Tages- bis Jahreszeiten. Dies erfordert die Erfindung und Entwicklung völlig neuartiger Technologien von Batterien und/oder Kondensatoren, welche gegenüber heute verfügbaren Batterien eine um mindestens eine Größenordnung höhere Stromspeicherdichte und um etwa zwei Größenordnungen, also einen Faktor 100 niedrigere Herstellungskosten als heutige Batterien aufweisen.

*Dieser Bau innovativer, höchst effizienter Batterie-/Kondensatorstromspeicher sollte rein physikalisch möglich sein.* Dafür gibt es aber meines Wissens bislang nur flüchtige Ideen wie z. B.

- organische Materialien, vielleicht Dendrimere mit Metallionendotierung, oder Aluminiumverbindungen
- Nano-Hohlkugelstrukturen („buckyballs") mit Metallionendotierung im Inneren als quasi Nanokugelkondensatoren
- monomolekulare Schichten (Halbleiter oder organische Materialien) in welchen 1 Elektron pro Molekülvolumen (ca. $4 \times 4 \times 4 \text{ Å}^3$) gespeichert werden könnte, was zu einer Stromspeicherdichte von ca. 1 kWh pro 1 l Volumen führten könnte!

Ob und gegebenenfalls wann solcher Art benötigter durchbruchartiger Erfolge bei den Technologien von Solarzellen und Stromspeichern erzielt werden können, kann heute niemand vorhersehen. Hier hilft auch nicht mehr Geld für entsprechende Forschungs- und Technologieentwicklung. Hier hilft meines Erachtens nur ausreichende Freiheit für brillante kleine Gruppen von Wissenschaftlern und Technikern, ohne die heute üblichen bürokratischen Hürden und ohne die Gängelung mit kurzfristigen Zielvorgaben. Wenn dieses Ziel hoffentlich einmal erreicht werden würde, dann könnte mittels Photovoltaik und Stromspeicherung eine ideale dezentrale Stromversorgung überall auf der Welt verfügbar gemacht werden.

Eine weitere, (noch) utopische Möglichkeit von „Solar"-Stromerzeugung mittels Photovoltaik „rund um die Uhr" sind weltraumgestützte Solarzellenanlagen in geostationärer Umlaufbahn, wobei der ständig erzeugte Strom noch im Satelliten in Mikrowellen umgewandelt wird, diese dann gerichtet zur Erde in großflächige Antennenanlagen eingestrahlt und zu üblichem Wechselstrom umgewandelt werden. So – vordergründig – attraktiv diese Möglichkeit einer permanenten solaren Stromerzeugung in praktisch beliebig großem Umfang erscheinen mag, so ist der dazu benötigte technische Aufwand zumindest bislang noch prohibitiv hoch.

### Sonnenlicht: Stromerzeugung mittels solarthermischer Kraftwerke

Die einzige derzeit schon realisierbare Technologie zur Solarstromerzeugung in spürbarem Umfang sind *solarthermische Kraftwerke*, bei welchen das einfallende direkte Sonnenlicht mit großflächigen Spiegeln fokussiert wird, dann mit dem konzentrierten Licht ein Gas, z. B. Luft, auf eine Temperatur von bis zu ca. 1000 °C aufgeheizt wird und mit dieser Heißluft über einen Gasturbinengenerator Strom erzeugt wird. Um damit auch während der dunklen Tageszeit Strom erzeugen zu können, kann tagsüber Wärme bei hoher Temperatur z. B. durch Erhitzen von Sand gespeichert werden. Allerdings ist der Einsatz von solarthermischen Kraftwerken örtlich beschränkt auf sonnenscheinreiche Gebiete in äquatornahen Trockenzonen wie z. B. in Nordafrika. Diese örtliche Beschränkung stellt bislang ein schier unüberwindli-

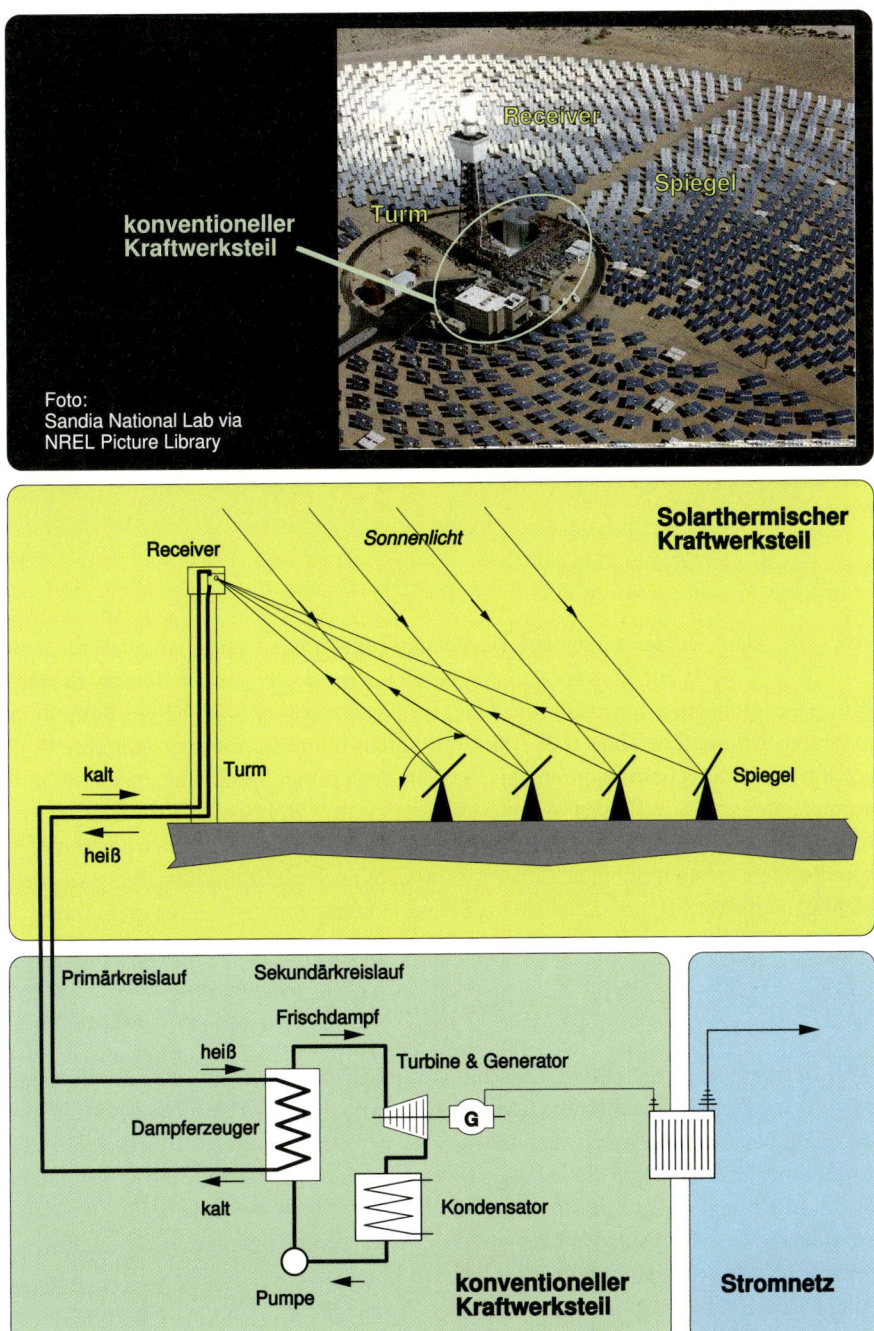

**Abb. 6.5** Solarturmkraftwerk: Foto und Schema

ches Hemmnis dar, auch wenn man Strom im Prinzip mittels Hochspannungsleitungen z. B. aus Nordafrika nach Mitteleuropa übertragen könnte (Abb. 6.5).

Die verschiedenen Technologien solarthermischer Kraftwerke mit 2- und 3-dimensionaler Lichtfokussierung werden seit vielen Jahren vor allem auf der Plataforma Solar bei Almeria in Südspanien weiter erprobt und verbessert. Um einen spürbaren Fortschritt bei der Nutzung dieser (zu einem wesentlichen Teil in Deutschland entwickelten) Technologie zu erreichen, müsste (und könnte) z. B. eine 3-dimensional fokussierende Solarturmkraftwerk-Demonstrations/Pilot-Anlage im Leistungsbereich von ca. 200 MW Stromleistung an einem dafür geeigneten Ort mit ausreichend hoher direkter Sonnenlichteinstrahlung (unverzüglich) gebaut werden, dies zu Investitionskosten pro installierter Leistung etwa 3 bis 4 mal so hoch wie für heutige Kohlekraftwerke.

Eine weitere Art *solarthermischer* Stromerzeugung ist mittels eines sog. *Aufwindkraftwerks* möglich: Hier wird durch ein großflächiges lichtdurchlässiges Glasdach (Ausdehnung mehrere bis viele km$^2$) das eingestrahlte Sonnenlicht am Boden absorbiert, erwärmt so die darüber liegende Luftschicht ähnlich wie in einem Treibhaus und bewirkt damit einen Druckanstieg der Luft. Dieser Überdruck kann sich über einen möglichst hohen Kamin (mehrere bis viele 100 m hoch) entspannen. Die damit verbundene Luftströmung durch den Kamin kann einen Windturbinen-Stromgenerator im Kamin antreiben. Derzeit ist von einem deutschen Ingenieurbüro ein Pilot-Aufwindkraftwerk mit 7 km$^2$ Dachfläche, 750 m hohen Kamin und damit einer Maximalleistung von 30 MW Stromerzeugung – zu bauen in Spanien – in Planung.

### Erdwärme

Wo vorhanden, werden natürliche Heißdampfquellen mit Dampftemperaturen von ca. 120 bis 200 °C zur Stromerzeugung bereits genutzt (derzeitiger Beitrag zur Deckung des globalen Strombedarfs 0,4 %). Im Prinzip könnte auch heißes Gestein in mehreren Kilometern Tiefe (bei einem mittleren Temperaturanstieg von ca. 30 °C pro km Tiefe) angebohrt werden, das Gestein dann durch Sprengung zerklüftet und durch Einpressen von Wasser Wärme über ein zweites Bohrloch als Heißdampf gefördert werden. Diese Methode ist – basierend auf der bisherigen Erfahrung mit entsprechenden Versuchsanlagen – aller Voraussicht nach viel zu aufwändig (und auch nicht ganz risikofrei), um jemals in größerem Umfang genutzt werden zu können.

### Spaltung schwerer Atomkerne: Atomkernkraftwerke

Weltweit werden derzeit (Ende 2006) mittels 437 Kernkraftwerken in 33 Ländern auf der Erde (mit einer installierten Gesamtleistung von 390 GW) ca. 17 % des weltweiten Strombedarfs gedeckt, etwa genausoviel wie mittels Wasserkraftwerken. Derzeit wird in mehreren Ländern die bislang vorgesehene Laufzeit von in Betrieb stehenden Kernkraftwerken von ca. 40 Jahren auf künftig ca. 60 Jahre verlängert. Die in nächster Generation gebaut werdenden Kernkraftwerke werden hauptsächlich Leichtwasserreaktoren (mit weiter verringertem Risiko eines großen Unfalls) sein – ein Beispiel dafür ist der **E**uropean **P**ressure **W**ater **R**eactor, EPR –, dies zu Investitionskosten pro installierter Leistung gut zweimal so hoch wie für heutige Kohlekraftwerke, und Hochtemperaturreaktoren, HTR, – diese frei vom Risiko eines großen Unfalls.

Der HTR kann so gebaut werden, dass er – naturgesetzlich bedingt – frei vom Risiko eines GAU ist: Bei jeder Art von Kernkraftwerken wird nach dem Abschalten (der Atomkernspaltungen) noch über Stunden bis wenige Tage sog. Nachwärme (durch radioaktiven Zerfall der bei Atomkernspaltungen gebildeten kurzlebigen Spaltprodukte) in bedeutsamer Menge freigesetzt. Bei jeder Art von Kernkraftwerken – ausgenommen entsprechend gebaute HTR – muss diese freiwerdende Nachwärme durch Kühlsysteme aus dem Reaktor abgeführt werden, um eine gefährliche Überhitzung zu vermeiden. Aber auch ohne künstliche Kühlung ist die höchstmögliche Temperatur des Reaktors durch die Höhe der maximal freiwerdenden Nachwärme beschränkt: Die von jeder Art heißem Körper, auch einem Reaktor, abgestrahlte (und abgeleitete) Wärme steigt (naturgesetzlich) mit der 4. Potenz der Temperatur des heißen Körpers. Sobald die abgestrahlte Wärme die Höhe der Heizwärme erreicht, kann die Temperatur nicht mehr weiter steigen. (Deshalb kann z. B. eine Heizplatte eines typischen Elektroherdes bei einer Heizleistung von 240 V mit maximal 10 Ampere höchstenfalls 600 °C heiß werden.) Im HTR kann – je nach Bauweise – nach Abschaltung durch die dann noch freiwerdende Nachwärme die Temperatur (von z. B. 1000 °C während des Betriebs) auf maximal z. B. 1400 °C steigen, eine für einen aus keramischem Material gebauten und mittels Heliumgas gekühlten Reaktorkern völlig ungefährliche Temperatur, die keine Notkühlung erforderlich macht. (Zum Temperaturvergleich: Künftige Gasturbinen in Kraftwerken und Flugzeugen, aus amorpher Keramik statt wie heute aus Stahl gefertigt, könnten eine Betriebstemperatur von ca. 1400 °C aufweisen (s. nachfolgend Abschnitt: Strom aus fossil beheizten Kraftwerken).)

Derzeit sind weltweit 30 Kernkraftwerke im Bau, davon 2 (EPR) in Frankreich und Finnland, 11 in China und Indien. Weltweit ist der Bau weiterer 40 Kernkraftwerke in Planung.

Die Verfügbarkeit von Uran ist natürlich beschränkt: Ein Bedarf in derzeitiger Höhe von jährlich etwa 70.000 t Natururan könnte aus irdischen Lagerstätten etwa mehrere 100 Jahre lang, aus Meerwasser einige 10.000 Jahre lang gedeckt werden.

> **! Meerwasser**
>
> Meerwasser enthält (u. a.) 3 mg Uran pro Kubikmeter, gelöst in Form von Uranoxidtricarbonat. Damit sind im Wasser der Weltmeere etwa 4 Mrd. t Uran gelöst. Die Möglichkeit einer kommerziellen Urangewinnung aus Meerwasser wird derzeit in Japan – bereits erkennbar erfolgreich – untersucht.

Statt nun selbst eine Prognose des künftigen Beitrags der Kernenergie zur Stromversorgung zu machen, möchte ich dies Ihnen, dem Leser, anheim stellen, nachdem ich Sie mit fünf Begebenheiten aus der Geschichte der Entwicklung der Kernenergie bekannt gemacht haben werde.

Hier die geschichtlichen Begebenheiten:

1. Nach den beiden Atombomben auf Hiroshima und Nagasaki und nach einem Jahrzehnt nuklearer Aufrüstung in West und Ost plädierten die USA und die damalige Sowjetunion gemeinsam auf einer speziellen *UN-Konferenz in Genf (1955)* zur *friedlichen Nutzung der Kernenergie* für den Bau kommerzieller Kernkraftwerke in möglichst vielen Staaten der Völkergemeinschaft.
2. Zu diesem Ansinnen damals ein Kommentar von Edward Teller, dem sog. Vater der Wasserstoff-Atombombe, sinngemäß: *„Dieses anvisierte Ziel* einer friedli-

chen Nutzung der Kernenergie zur Stromerzeugung überall auf der Erde *bedarf* der Entwicklung völlig neuartiger Kernkraftwerke – frei vom Risiko eines großen Unfalls mit Freisetzung großer Mengen Radioaktivität. Nur wenn solcherart *risikofreie Kernkraftwerke* verfügbar werden, werden die Bevölkerungen unserer Länder eine friedliche Nutzung der Kernenergie auf Dauer akzeptieren."

3. Ungeachtet dieser Meinung von Edward Teller begann man Mitte der 50er Jahre (im 20. Jahrhundert) in vielen Ländern mit der Entwicklung kommerzieller Kernkraftwerke – zumeist basierend auf einem zu damaliger Zeit schon verfügbaren Reaktortyp, dem sog. Leichtwasserreaktor, LWR – eingesetzt zum Antrieb von Atom-U-Booten der USA. Dieser LWR ist aber nicht frei vom Risiko eines großen Unfalls, bedarf entsprechender Sicherheitsvorkehrungen wie Notkühlsysteme, um das Risiko klein zu halten. Auf der Basis dieses schon verfügbaren LWR-Reaktortyps hoffte man und konnte die Stromwirtschaft relativ schnell auf den Markt ins lukrative Geschäft mit LWR-Kernkraftwerken kommen, dies in vielen Ländern.

4. In Deutschland, und zwar in Nordrhein-Westfalen, wurde – getreu der Prämisse von Edward Teller – 1956 die Kernforschungsanlage (KFA) Jülich gegründet, u. a. mit dem ausdrücklichen Auftrag, einen neuartigen Kernreaktor zu erfinden und zu entwickeln, völlig frei vom Risiko eines großen Unfalls. Und genau das gelang Rudolf Schulten und seinen Mitarbeitern an der KFA Jülich auch mit dem sog. Hochtemperatur(HTR)-Kugelhaufen-Reaktor, der nach erfolgreicher Entwicklung und Erprobung Mitte der 80er Jahre – also ein Jahrzehnt später als der Beginn kommerzieller Nutzung von LWR-Kernkraftwerken – schließlich im Prinzip verfügbar wurde, als der Markt vom LWR bereits besetzt und beherrscht war.

5. *Last but not least*: Ein *Blick nach Fernost, nach China*: In China begann die Entwicklung der Atomkernenergie, der Bau von Kernkraftwerken erst mit Beginn der 90er Jahre (des 20. Jahrhunderts). Dazu die Meinung der chinesischen Regierung: Kernkraftwerke sind zur künftigen Stromerzeugung unerlässlich.

Aber die heute verfügbaren LWR-Kernkraftwerke sind nicht in Großstädten, mit Millionen von Menschen besiedelt, zu plazieren, da im Schadensfall eine Evakuierung von Millionen von Menschen nicht erreicht werden kann. Deshalb hat China die Entwicklung des inhärent sicheren HTR-Kugelhaufen-Reaktors aus Jülich gelernt und übernommen: Im zurückliegenden Jahrzehnt wurde erst ein HTR-Kugelhaufenreaktor nachgebaut und erprobt (in Beijing an der Tsinghua Universität). Danach hat man die Entwicklung eines kommerziellen HTR-Modulreaktors begonnen. Die erste 250-MW$_{el}$-HTR-Demonstrationsanlage soll 2011 ans Netz gehen. Danach plant man, zügig weitere HTR in steigender Zahl zu bauen, sowohl für den Eigenbedarf als auch für den Weltmarkt, weil HTR-Kernkraftwerke voraussichtlich deutlich effizienter und billiger sein werden als LWR-Kernkraftwerke.

Inzwischen planen auch weitere Länder künftig HTR-Kernkraftwerke – vor allem wegen des herausragenden Vorteils der inhärenten Betriebssicherheit, frei vom Risiko eines großen Unfalls, aber auch wegen der erkennbar geringeren Investitionskosten – zu bauen, so u. a. Südafrika, Japan, USA.

Soweit die geschichtlichen Begebenheiten. Nun mögen Sie Ihre Prognose zur künftigen Nutzung der Kernenergie in der Welt stellen.

Ich selbst beschränke mich hier auf eine weitere notwendige Aussage zur Nutzung der Kernenergie: Eine Nutzung der Kernenergie mittels Kernkraftwerken erfordert unabdingbar auch eine sichere Endlagerung der unvermeidlich anfallenden hochradioaktiven Abfälle. Was die Entsorgung dieser Abfälle betrifft, so ist – abgesehen von der wahrscheinlich prohibitiv aufwändigen Transmutation hochaktiver, langlebiger Atomkerne mittels Neutronenstrahlen zu kurzlebigen bzw. stabilen Atomkernen – auch eine Endlagerung realisierbar, dies in Lagerstätten, z. B. ähnlich wie in den natürlichen Lagerstätten von Uranerzen (wie z. B. in Deutschland im Schwarzwald), ohne das Risiko der Freisetzung von Radioaktivität in bedrohlichem Umfang, wenn nach der Einbringung der angemessen verpackten radioaktiven Abfälle alle verbliebenen Hohlräume der Lagerstätte mit für Wasser un- bzw. schwer durchlässigem Material dicht verfüllt werden.

Bislang ist aber noch in keinem die Kernenergie nutzenden Land eine sichere Endlagerung der radioaktiven Abfälle realisiert worden, nicht zuletzt wohl weil dadurch die Rendite der Stromerzeugung mit Kernkraftwerken spürbar geschmälert würde.

### Fusion leichter Atomkerne: Fusionskraftwerke (noch ein Zukunftstraum)

Mit Blick auf die Sonne, unseren Lebensspender, erscheint ihre Technik zur Energiegewinnung durch Verschmelzung von Wasserstoffatomkernen zu Heliumatomkernen sehr attraktiv: In der Sonne wird in jeder Sekunde mittels dieser Atomkernverschmelzung eine Menge an Energie wie bei einer Detonation von 100 Mrd. Wasserstoffatombomben freigesetzt und letztlich hauptsächlich in Form von Licht abgestrahlt. Dabei hält dank der riesigen Masse der Sonne die Gravitation den Sonnenofen in Kugelgestalt zusammen. Um den derzeitigen gesamten Strombedarf in Deutschland mittels Atomkernfusionskraftwerken zu decken, müsste man jährlich nur etwa 10 t Wasserstoff zu Helium fusionieren, wenig im Vergleich zu einer Menge an 200 Mio. t Kohle, um mittels Kohlekraftwerken unseren Strombedarf zu decken, und immer noch wenig im Vergleich zu einer Menge an 12.000 t Natururan (bzw. dafür Abbau von ca. 6 Mio. t uranhaltiger Erze), um mittels Kernkraftwerken unseren Strombedarf zu decken.

Derzeit werden in verschiedenen Ländern mehrere unterschiedliche Techniken der Fusion der schweren Wasserstoffatomkerne Deuterium und Tritium zu Heliumatomkernen für künftige Fusionskraftwerke untersucht:

- Zwei Konzepte für eine mehr oder minder kontinuierliche Fusion in einem Deuterium-Tritium-Plasma, eingeschlossen in einem Magnetfeld-Torus verschiedener Konfiguration, Tokamak und Stellarator
- drei Konzepte für gepulste Fusion in Deuterium-Tritium-Tröpfchen bei kurzzeitigem Trägheitseinschluss des Fusionsplasmas, dieses initiiert entweder mittels Röntgenstrahlen, diese erzeugt mittels Laserstrahlen oder kurzzeitiger Strompulse oder mittels Schwerionenstrahlen
- ein Konzept einer myon-katalytischen Fusion mit Myonen, erzeugt mittels Hochenergieprotonen- oder Ionenbeschleunigern.

Dabei türmen sich auf jedem der bislang begangenen sehr aufwändigen Wege bisher noch nicht überwindbare Probleme auf. Vielleicht am weitesten fortgeschritten ist die sog. TOKAMAK-Technologie, bei welcher das heiße Fusionsplasma mit einem riesigen Magnetfeld ganz bestimmter Form zusammengehalten werden soll. Der nächste Versuchsaufbau dieser Technologie, genannt ITER (International

**T**hermonuclear **E**xperimental **R**eactor) wird innerhalb der nächsten 10 Jahre in Cadarache, Südfrankreich, gebaut werden in einer Kollaboration von einigen tausend Wissenschaftlern und Technikern aus der EU, Russland, China, Japan, Südkorea, USA und Indien, um nach Fertigstellung der Anlage über mindestens ein weiteres Jahrzehnt erprobt zu werden. Selbst im günstigsten Fall, nämlich dann, wenn mit dieser Testanlage alle Probleme zufriedenstellend gelöst werden können, bedarf es für jede der bislang verfolgten unterschiedlichen Fusionstechnologien noch insgesamt mindestens drei aufeinanderfolgend zu bauender und zu erprobender Testanlagen – mit einem Zeitbedarf für Bau und Erprobung jeder dieser Anlagen von ca. 20 Jahren, dies mit einem Kostenaufwand für jeden Testschritt von jeweils ca. 10 bis 20 Mrd. € – ehe man beginnen könnte, kommerzielle Fusionskraftwerke zu bauen.

Strom aus Fusionskraftwerken wird also, wenn überhaupt, frühestens im Lauf der 2. Hälfte dieses Jahrhunderts verfügbar werden und dies zu bislang nicht absehbaren Kosten.

### Strom aus fossil – mit Kohle, Erdgas und Erdöl – beheizten Kraftwerken

*Nachdem auf absehbare Zeit sowohl erneuerbare Energien als auch die Atomkernenergie weiterhin nur in mehr oder minder beschränktem Umfang den Strombedarf decken werden können, muss – wohl oder übel – auch weiterhin der Löwenanteil der Stromerzeugung mit fossil – mit Kohle, Erdgas und auch Erdöl – betriebenen Kraftwerken gedeckt werden.* Um dabei trotzdem möglichst bald in möglichst großem Umfang die weitere Freisetzung von Kohlendioxid zu reduzieren, ist es höchst notwendig

- zum einen den Umwandlungswirkungsgrad der Kraftwerke von fossiler zu elektrischer Energie weitestmöglich zu erhöhen
- zum anderen neue Kraftwerkstechnologien zu entwickeln, bei welchen das unvermeidlich entstehende Kohlendioxid nicht wie bislang über den Schornstein in die Atmosphäre geblasen wird, sondern sequestriert und danach langzeitsicher tief im Erdboden deponiert wird, unter dem Festland oder - wie derzeit von Norwegen erprobt – unter dem Meeresboden z. B. in (Salz-)Wasser führenden Schichten oder vielleicht in entleerten Erdöl- und Erdgasfeldern, immer in der Hoffnung auf dauerhaft sicheren und gefahrlosen Einschluss.

Eine signifikante Erhöhung des Umwandlungswirkungsgrads fossil beheizter Kraftwerke – generell fossil beheizter Turbinen, also z. B. auch Antriebsturbinen für Flugzeuge – erfordert eine entsprechende Erhöhung der Betriebstemperatur der Kraftwerksturbinen. Eine Temperaturerhöhung um etwa 200 bis 300 °C könnte in Zukunft mit Turbinen aus thermisch hochbelastbaren, neuartigen amorphen Si-B-N-C-Keramikwerkstoffen – innerhalb der letzten Jahre in Deutschland an einem Max-Planck-Institut für Festkörperphysik entwickelt – anstelle heute üblicher Stahllegierungen erreicht werden. Eine Realisierung dieser attraktiven neuen Technologie erfordert aber noch eine Ausweitung der bisherigen Entwicklung im Labormaßstab auf Weiterentwicklung in großtechnischem Maßstab. Dies wiederum erfordert von entsprechenden Unternehmen unserer Wirtschaft heute und in naher Zukunft Investitionen in Höhe von mehreren 100 Mio. €, wodurch künftig, in ein bis zwei Jahrzehnten dann Gewinne in Höhe von Milliarden € erzielt werden könnten.

## 6 Energie für unser Leben: Nahrung, Wärme, Strom, Treibstoffe

Neue Kraftwerkstechnologien unter fast vollständiger Vermeidung der Freisetzung des bei der Verbrennung entstehenden Kohlendioxids in die Luft, dies durch Sequestrierung, d. h. Abscheidung und Rückhalt von typischerweise ca. 90 % des Kohlendioxids,

- entweder nach der Verbrennung aus dem Rauchgas („post combustion")
- oder vor der Verbrennung nach der Kohlevergasung zu Kohlendioxid und Wasserstoff und Trennung dieser voneinander („pre combustion")
- oder nach der Verbrennung mit reinem Sauerstoff – dieser vorab aus der Luft gewonnen – („oxy fuel combustion")

und nachfolgenden Deponierung des Kohlendioxids werden derzeit in vielen Ländern von China bis Deutschland untersucht und entwickelt: In Deutschland ist ein kleines Versuchskraftwerk (oxy fuel combustion) bereits im Bau, ein größeres Kraftwerk (pre combustion) in Planung.

Eine Realisierung dieser neuen notwendigen Technologien in spürbar großem Umfang wird aber auch erst nach einigen Jahrzehnten Entwicklung und Erprobung im Lauf weiterer Jahrzehnte allmählich möglich werden, dies dann bei einem, bedingt durch den benötigten erhöhten energetischen Aufwand um ca. ein Viertel erhöhten Einsatz an fossiler Primärenergie und bei um ca. 50 % erhöhten Investitionskosten zu doppelt so hohen Stromerzeugungskosten, im Vergleich zu derzeit üblichen fossil beheizten Kraftwerken. Würden weltweit alle fossil beheizten Kraftwerke mit dieser Technik der Kohlendioxidentsorgung ausgerüstet sein, so würde dadurch der globale Kohlendioxidausstoß bei Nutzung fossiler Brennstoffe in derzeitiger Höhe für Bereitstellung von Strom, Wärme und Treibstoffen um knapp 40 % (entsprechend 11 Mrd. t Kohlendioxid pro Jahr) reduziert werden.

Eine Deponierung des Kohlendioxids in tiefen, salzwasserführenden Schichten (sog. salinen Aquiferen) einige km tief unter dem Festland oder unter dem Meeresboden sowie in entleerten Erdgasfeldern wird derzeit anvisiert.

Die weltweit verfügbaren Kohlendioxidspeicherkapazitäten werden

- in salinen Aquiferen auf die Größenordnung der im Lauf der nächsten 100 Jahre zu erwartenden Kohlendioxidmengen
- in entleerten Erdgasfeldern auf die Größenordnung der im Lauf mehrerer Jahrzehnte zu erwartenden Kohlendioxidmengen

aus allen weltweit betriebenen fossil befeuerten Kraftwerken geschätzt. Der Transport des an Kraftwerken sequestrierten Kohlendioxids zu Deponien sollte hauptsächlich via Pipelines, ggf. partiell mit Flüssiggastankschiffen geschehen.

Der Weg zum Ziel einer sicheren Endlagerung des Kohlendioxids ist noch sehr lang und fragwürdig: Bislang werden nur in einigen wenigen Versuchsanlagen, u. a. in der Nordsee, hier seit zehn Jahren, versuchsweise jährlich ca. 1 Mio. t Kohlendioxid (das bei der Reinigung des in der Nordsee geförderten Erdgases anfällt) in eine Salzwasser führende Schicht in einer Tiefe von etwa 1 km unter dem Meeresboden der Nordsee eingepresst und so dort auf Dauer deponiert. Weitere Optionen einer Deponierung von Kohlendioxid u. a. in wasserführenden Schichten tief unter dem Festland und in geleerte Erdöl- und Erdgasfelder werden untersucht. Die Kosten für Transport und Endlagerung des an Kraftwerken sequestrierten Kohlendioxids einschließlich der notwendigen Überwachung und Aufrechterhaltung einer langzeitsicheren Einlagerung werden – wieder bezogen auf die Stromerzeugungskosten – auf die Größenordnung von ca. 1 Cent/kWh geschätzt.

Eine ausreichende Sicherheit solcher Art von $CO_2$-Deponie über viele Jahrhunderte bis Jahrtausende bedarf noch sorgfältiger Untersuchungen (welche auch bereits begonnen wurden).

Aber eine naturnahe Alternative einer $CO_2$-Entsorgung ist sehr wohl denkbar, nämlich eine zusätzliche Entfernung von $CO_2$ aus der Luft durch (zusätzliche) schnell wachsende Pflanzen und Algen: Danach hydrothermale Umwandlung dieser Biomasse zu Kohle, im Prinzip wie natürliche Kohlebildung, durch Zugabe von Katalysatoren, aber millionenfach beschleunigt. Die so erzeugte Biokohle kann man natürlich als direkte Energiequelle nutzen, vor allem kann man sie aber zur drastischen Bodenverbesserung von natürlichen und abgewirtschafteten Karstböden mit der fruchtbaren Schwarzerde einsetzen (übrigens ein Verfahren, das schon vor vielen hundert Jahren die Indios im brasilianischen Urwald erfolgreich genutzt haben). Damit hätte man in Zukunft eine Möglichkeit, die notwendige Verlagerung und Ausweitung landwirtschaftlicher Anbauflächen im benötigten großen Umfang zu erzielen. So ein Unterfangen kann man natürlich nur im globalen Rahmen bewältigen.

## Bereitstellung von Treibstoffen

*Biotreibstoffe* als Alternative können bislang global nur ca. 2 % des Bedarfs decken, in Deutschland ca. 4 % (dank dafür förderlicher politischer Rahmenbedingungen

**Abb. 6.6** Flächenbedarf für die energetische Nutzung von Biomasse zur Herstellung von Treibstoff bei vollständiger Deckung des Treibstoffbedarfs.

Die Grafik visualisiert den Flächenbedarf für die energetische Nutzung von Biomasse zur Treibstoffherstellung. Dabei ist das Verfahren mit dem höchsten Wirkungsgrad vorausgesetzt, welches sich derzeit (2008) in der Erprobung befindet und folgende Stufen durchläuft:

1. Sammeln unspezifischer Biomasse, also Pflanzen und Pflanzenteile unterschiedlichster Art.
2. Umwandlung der Biomasse unter Hitzeeinwirkung in Synthesegas. Synthesegas ist ein Gemisch von Kohlenmonoxid (CO) und Wasserstoff ($H_2$), welches besonders bei Biomasse als Rohstoff stark verunreinigt ist.
3. Reinigung des Synthesegases: Befreiung von Stäben und problematischen chemischen Verbindungen.
4. Erzeugung von Kohlenwasserstoffen (Alkanen) nach dem Fischer-Tropsch-Verfahren bei geeigneten Prozessbedingungen und unter Verwendung spezifischer Katalysatoren.

Die Kohlenwasserstoffe entsprechen den gängigen Kraftstoffen in besonders hoher Reinheit und können Benzin, Kerosin und Diesel direkt ersetzen.

**Annahmen**

Der Flächenertrag wird üblicherweise mit etwa 4500–5000 Litern Kraftstoff pro Hektar Fläche und pro Jahr für die Gewinnung der Pflanzenrohstoffe angegeben. Dies entspricht 0,5 Litern Jahresertrag pro $m^2$ oder 0,5 Millionen Liter pro $km^2$.

Der Jahresbedarf an Treibstoffen in Deutschland lag im Jahr 2006 nach Zahlen der Arbeitsgemeinschaft Energiebilanzen bei den in der Tabelle aufgelisteten Werten:

| Kraftstoff | Jahresbedarf in Mio. Liter |
|---|---|
| Benzin | ca. 26.000 |
| Kerosin | ca. 10.000 |
| Diesel | ca. 33.000 |
| Summe | ca. 69.000 |

werden derzeit aus heimischem Anbau von Energiepflanzen gut 2 Mio. t Biosprit erzeugt; gleichzeitig werden u. a. über 6 Mio. t Ölfrüchte und Pflanzenöle zur Ernährung aus dem Ausland importiert). Angesichts der global insgesamt beschränkten Verfügbarkeit von Biomasse (hoffentlich weiterhin ausreichend für die Deckung des Nahrungsbedarfs, und dies auch noch unter möglichen Beschränkungen durch den sich anbahnenden Klimawandel) wird auch weiterhin bestenfalls nur ein kleiner Teil der benötigten Menge an Treibstoffen aus Biomasse gewonnen werden können (Abb. 6.6).

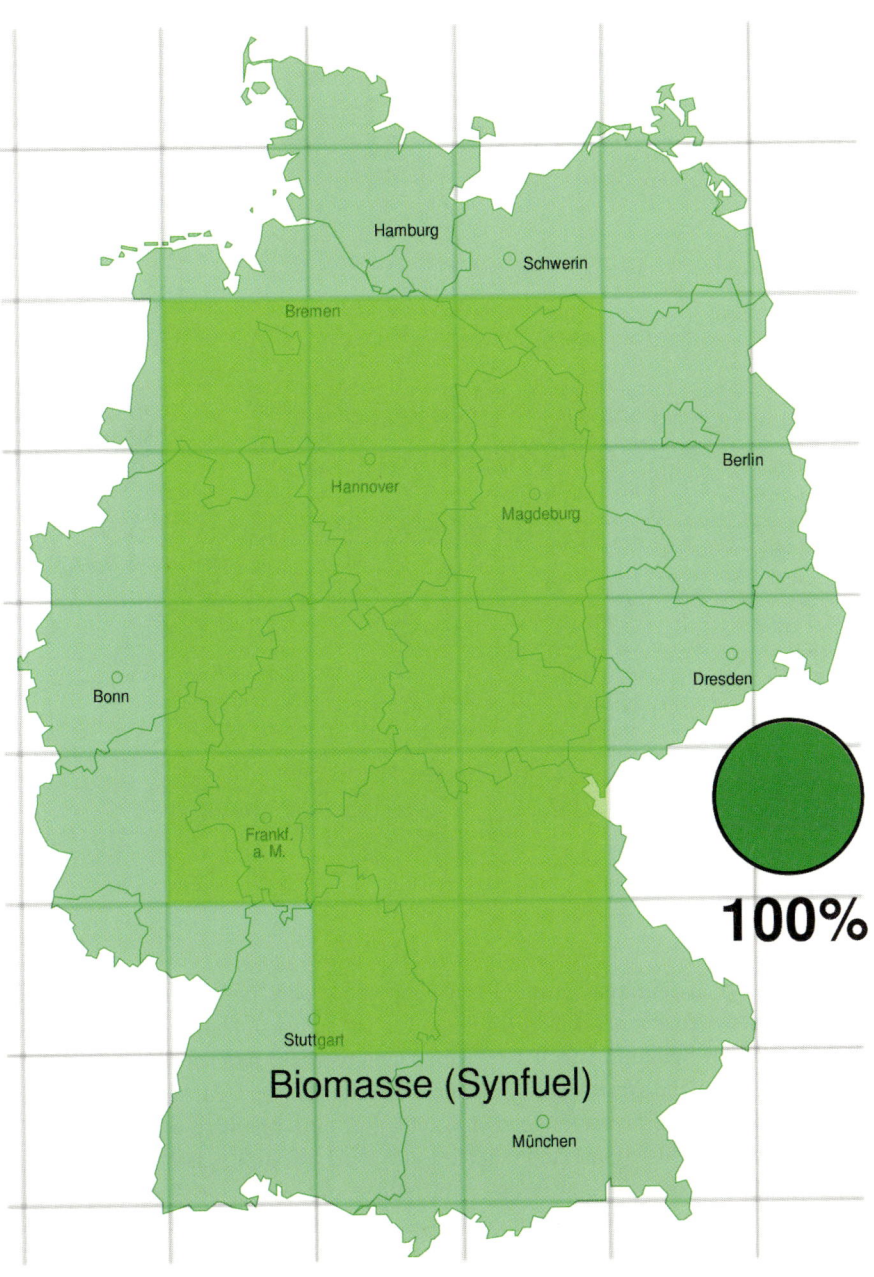

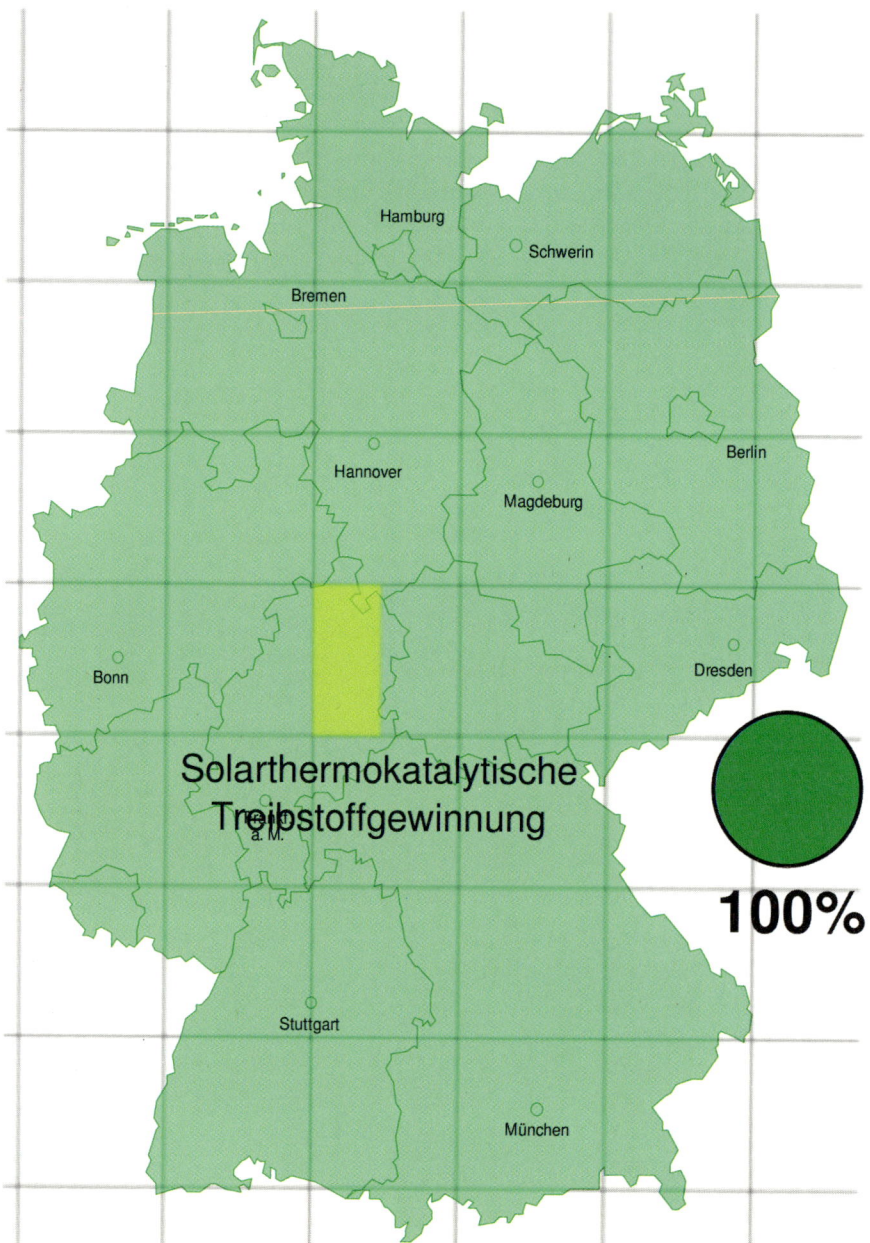

*Wasserstoff* als Alternative muss erst unter mehr oder minder hohem Aufwand an Energie entweder aus fossilen Brennstoffen (wie derzeit hauptsächlich aus Erdgas) oder durch Spaltung von Wasser gewonnen werden. Die heute in relativ kleinem Umfang übliche Wasserspaltung mit elektrischer Energie (Elektrolyse) erfordert für in großen Mengen zu erzeugenden Wasserstoff einschließlich des Strombedarfs für Wasserstoffverflüssigung und -speicherung einen prohibitiv hohen Aufwand an Strom: Wollte man z. B. eine Wasserstoffmenge mit einem gesamten Brennwert der Menge der jährlich in Deutschland (bzw. auch global) verbrauchten Treibstoffe entsprechend über Elektrolyse bereitstellen, so bräuchte man dazu eine Menge an

**Abb. 6.7** Flächenbedarf von Anlagen zur solarthermokatalytischen Wasserspaltung bei vollständiger Deckung des Treibstoffbedarfs durch Wasserstoff, gewonnen aus Wasserspaltung mit Hilfe von Sonnenlicht.

Die solarthermokatalytische Wasserspaltung dient zur Wasserstofferzeugung aus Sonnenlicht. Dabei wird Sonnenlicht auf Reaktionszellen konzentriert, in denen durch die Energie des Lichts einerseits Wärme erzeugt wird, ein anderer Teil des Lichts dient dazu, Wassermoleküle zu spalten. Katalysatoren ermöglichen die Spaltung bei moderaten Temperaturen und mit ausreichend hoher Reaktionsrate.
Dieser Prozess kann derzeit (2008) im Labormaßstab untersucht werden, ist aber von einer großtechnischen Umsetzung noch weit entfernt.

**Annahmen**

Als Wirkungsgrade für die solarthermokatalytische Spaltung von Wasser wurden folgende Wirkungsgrade angenommen:

| Schritt | Wirkungsgrad |
|---|---|
| Fokussierung des Sonnenlichts | 80 % |
| katalytischer Prozess | 20 % |
| Anteil aktiver Fläche | 90 % |
| Gesamtwirkungsgrad | ca. 15 % |

Bei dem angenommenen Wirkungsgrad von 15 % können bei 1000 Vollsonnenscheinstunden pro Jahr 150 kWh Energie in Form von Treibstoff pro $m^2$ Anlagenfläche gewonnen werden. Diese Energiemenge entspricht – 10 kWh Energie pro Liter Kraftstoff angenommen – 15 Litern Kraftstoff. Bezogen auf die Flächeneinheit $km^2$ können pro Jahr 15 Millionen Liter Treibstoff pro $km^2$ Anlagenfläche gewonnen werden.

Die Vollsonnenscheinstunden bezeichnen die jährlichen Stunden Sonnenschein normiert auf 1 kW pro $m^2$ Leistung. 1000 Vollsonnenscheinstunden entsprechen dem typischen Wert für Deutschland – in sonnenreichen Gegenden des Mittelmeerraums liegt der Wert bei etwa 2000 Vollsonnenscheinstunden pro Jahr.

Zum Jahresbedarf an Treibstoffen in Deutschland (2006) vgl. Abb. 6.6.

Strom entsprechend des Doppelten der derzeitig insgesamt benötigten Strommenge in Deutschland (bzw. auch global).

Auch eine – als Alternative zur Elektrolyse – photobiologische oder thermochemische katalytische Wasserspaltung ist zumindest derzeit noch prohibitiv aufwändig.

Erst weitere Forschung und Entwicklung können erweisen, ob wenigstens eine dieser Methoden der Wasserstofferzeugung überhaupt und gegebenenfalls wann in großem Umfang realisiert werden kann, und ob dann gegebenenfalls dieser Wasserstoff mit Kohlendioxid – aus der Luft entnommen – auch noch zu einem leicht handhabbaren, benzinähnlichen synthetischen Treibstoff umgewandelt werden kann.

In der photobiologischen Wasserspaltung hofft man von der Natur zu lernen: Bei der Photosynthese geschieht die Wasserspaltung an Membranoberflächen, mit sehr komplizierten und sehr kurzlebigen Metallproteinen als Katalysatoren. Dabei erzielt die Natur auf einer „grünen Fläche" von 1 $m^2$ im Laufe eines Jahres eine Erzeugung von Wasserstoff bzw. Biomasse mit dem Brennwert von ca. 1 l Benzin, angesichts unseres heute sehr hohen Treibstoffbedarf ein äußerst bescheidenes Resultat.

Wird der homo sapiens mit dieser Methode jemals ein weit ergiebigeres Resultat erzielen können? Eine Alternative für eine wesentlich ergiebigere Wasserstofferzeugung ist vielleicht eine thermisch-katalytische Wasserspaltung, weil dieser chemische Prozess nicht in einer belichteten dünnen Schicht, sondern in einem ausreichend heißen Volumen stattfindet, heute noch entweder bei sehr hohen Temperaturen von ca. 2000 °C im „Solarofen" in einem sehr aufwändigen 2-Stufen-Prozess, oder bei Temperaturen im Bereich 400 bis 900 °C in einem chemisch sehr aufwändigen Prozess mit Schwefelsäure und Jod als Katalysatoren. Meine Hoffnung für die Zukunft – Jugend forscht – ist ein noch zu erfindendes Verfahren im Temperaturbereich von einigen 100 °C in einem technisch einfachen 2- oder 3-Stufenprozess mit letztlich billigen Katalysatoren (Abb. 6.7).

Solange kein Durchbruch z. B. bei der Technik der thermokatalytischen Wasserspaltung zu Wasserstoff (und Sauerstoff) erzielt worden ist, bleibt – wohl oder übel – nur eine Alternative zur Treibstoffgewinnung aus Erdöl und Erdgas, nämlich die *Kohleverflüssigung (Benzinsynthese)* mittels des Fischer-Tropsch-Verfahrens für Steinkohle (bzw. des Bergius-Verfahrens für Braunkohle). Das Fischer-Topsch-Verfahren wurde in Deutschland entwickelt zur Treibstoffversorgung im 2. Weltkrieg. Es wurde nachher kommerziell in großem Umfang nur in Südafrika genutzt. Beim heutigen Preis von Erdöl ist Kohleverflüssigung mit Erzeugungskosten von etwa 30 US $/Barrel im Prinzip kommerziell rentabel. Aber der Aufbau ausreichend hoher Produktionskapazitäten dauert wohl Jahrzehnte. China hat damit bereits begonnen und hat schon eine große Anlage in Betrieb.

Vor allem bei der Kohleverflüssigung bzw. Kohlevergasung – aber im Prinzip auch bei der Umwandlung von Erdöl und Erdgas zu Treibstoffen – könnte wie im Kraftwerkssektor der primärseitig eingesetzte fossile Rohstoff zu Kohlendioxid und Wasserstoff aufgetrennt werden, das Kohlendioxid wie im Kraftwerkssektor künftig sequestriert und deponiert werden, der Wasserstoff als Treibstoff im Verkehrssektor eingesetzt werden.

Noch fehlt eine realisierbare Wasserstofftechnologie zum Antrieb im Verkehrssektor sowohl via Verbrennungsmotoren als auch via Brennstoffzellen und Elektromotoren und zur Speicherung im Kraftfahrzeug. Speziell hinsichtlich eines künftig vielleicht möglich werdenden Ersatzes von Verbrennungsmotoren durch Brennstoffzellen und Elektromotoren zum Antrieb von Kraftfahrzeugen bedarf es noch der Entwicklung wesentlich kostengünstigerer und langlebigerer Brennstoffzellensysteme.

Auch fehlt noch eine realisierbare Infrastruktur zu Speicherung, Transport und Verteilung von Wasserstoff im Verkehrssektor.

Schließlich könnte – in heute noch nicht absehbarer Zukunft – nach Erfindung und Entwicklung neuartiger Batterie-/Kondensatorstromspeicher mit Speicherdichten von vielleicht 1 bis 2 kWh pro kg bzw. Liter Speichermaterial (zum Vergleich: Speicherdichte derzeitiger Bleiakkus ca. 50 Wh/kg und Lithium-Ionen-Batterien von ca. 200 Wh/kg) auch die Möglichkeit rein elektrisch betriebener Kraftfahrzeuge realisiert werden.

Um diese Möglichkeit in großem Umfang realisieren zu können, müssten noch zwei weitere Probleme gelöst werden: Das erste Problem betrifft die erforderliche Kapazität an Kraftwerksleistung; wollte man den Straßenverkehr in heutigem Umfang mit elektrischem Antrieb ermöglichen, so müßte man z. B. hier in Deutschland ca. 70 GW Kraftwerksleistung zubauen, d. h. die heute in Deutschland verfügbare Kraftwerkskapazität fast verdoppeln. Das zweite Problem betrifft die Ladezeit der Stromspeicher an heute üblichen Steckdosen (mit z. B. 230 V und maximal 16 A); hier würde das Laden eines hypothetischen Stromspeichers eines PKW mit 100 kWh Kapazität, ausreichend für eine Fahrt über 500 km $1\frac{1}{2}$ Tage dauern! Will man die Autos an „Stromtankstellen" sehr schnell aufladen, werden entsprechend leistungsfähige Hochspannungs- oder Hochstromanschlüsse benötigt. Um die „Stromtankstellen" wiederum mit elektrischer Energie zu versorgen, ist zudem ein aufwändiger und teurer Ausbau des Stromnetzes erforderlich.

*Zusammenfassend und ausblickend* meine (zumindest noch) utopische Vorstellung einer künftigen – in mehr oder minder ferner Zukunft hoffentlich möglichen – Bereitstellung von ausreichend Nahrung und ausreichend Energie:

*Ausreichend Nahrung*
- zum einen durch verbesserte „klassische" landwirtschaftliche Methoden
- zum anderen durch die Verwirklichung ganz neuer Ideen.

*Ausreichend Energie* in Form von Wärme, Strom und Treibstoffen:

Der *derzeitige Löwenanteil in Form fossiler Brennstoffe* **muss** über kurz oder lang *ersetzt werden*

- angesichts der zu vermutenden Begrenzung des weiteren Ausbaus der Kernkraftwerkskapazitäten nicht zuletzt wegen des relativ zu üblichen Kohlekraftwerken hohen Aufwands für Bereitstellung, Nutzung und sicherer Entsorgung
- und angesichts der Fragwürdigkeit, ob Kerfusionskraftwerke überhaupt, und wenn, dann frühestens im Lauf der 2. Hälfte dieses Jahrhunderts verfügbar gemacht werden können, dies mit vermutlich deutlich höherem Aufwand im vergleich zu Kernkraftwerken

*künftig*, in hoffentlich nicht zu ferner Zukunft, *mittels eines Löwenanteils durch Nutzung von Sonnenlicht*, dies

- zur Erzeugung von Strom mittels neuartiger Solarzellen und neuartiger Stromspeicher (um Strom in immer ausreichender Menge wetterunabhängig, bei Tag wie bei Nacht, im Sommer wie im Winter verfügbar zu haben)
- und zur Erzeugung von Treibstoffen, dies in zwei Schritten, erst Erzeugung von Wasserstoff mittels solarthermisch-katalytischer Wasserspaltung, dann Synthese des Wasserstoffs mit Kohlendioxid aus der Luft zu einem synthetischen Benzin
- und – last but not least – auch zur Deckung unseres heute durch Einsatz von Kohle, Erdöl und Erdgas gedeckten Rohstoffbedarfs zur Herstellung chemischer und technischer Produkte durch Einsatz von Biomasse (dies in Konkurrenz zu ihrem Einsatz zur Deckung des Nahrungsbedarfs und zur partiellen Deckung unseres Energiebedarfs).

**Wie könnte dieses oder anderes Wunschdenken von heute hinsichtlich der Deckung unseres künftigen Bedarfs an Nahrung und an Energie zur Wirklichkeit von morgen werden?**

Dies sind nicht zuletzt *Herausforderungen der modernen Naturwissenschaft*

- zum einen Land- und Forstwirtschaft in kontinuierlicher Anpassung an den Klimawandel und seine Folgen wie z. B. die durch steigenden Meeresspiegel notwendige Verlagerung von Landwirtschaftsflächen auf heute noch wenig ertragreiche Böden gesund und ausreichend ertragreich zu gestalten
- zum anderen – beispielsweise
  - mit einem neuartigen Kondensator/Batterie-Stromspeicher mit einer Speicherdichte von bis zu einigen kWh Strom pro Liter Speichervolumen eine ausreichende Versorgung mit Solarstrom rund um die Uhr überall auf der Erde

- und mit einer neuartigen thermisch-katalytischen Wasserspaltung Wasserstoff als Basis für eine ausreichend Treibstoffversorgung kostengünstig zu realisieren.

Nicht zuletzt die beiden genannten Innovationen auf dem Energiesektor könnten hoffentlich realisiert werden über die wissenschaftliche Verflechtung von Chemie, Mathematik, Informatik, Physik und Biologie:

- *Theoretische Chemie* mit der Berechnung komplexer Elektronenstrukturen und Reaktivitäten von Molekülen
- dies nicht zuletzt dank der neuen Möglichkeiten in *Mathematik*, *Informatik* und *Computertechnologie*
- *Physik*-Messtechniken, z. B. Abtasten von atomaren/molekularen Oberflächenstrukturen mit Raster-Tunnel-Mikroskopen und mit modernen Elektronen-Mikroskopen (mit Auflösungen von Bruchteilen atomarer Distanzen), Ausloten von molekularen Strukturen und Bindungen mit Laserpulsen, Synchrotronstrahlung und Neutronenstrahlen,
- Lernen von der Natur, z. B. Verständnis der Strukturen und der Porendynamik von Zellwänden mit den Methoden der *Mikrobiologie*, *Biochemie* und *Biomedizin*.

> *Um dieses höchst notwendige wissenschaftliche Ziel* hoffentlich auch noch rechtzeitig zu erreichen, bedarf es eines geistigen Aufschwungs, mit Mut zu neuen Ideen und Freiheit zur Forschung.

Dazu ein Zitat von A. de Saint Exupéry: „Jeder mäßige Student der Maschinenbauschule weiß heute mehr von der Natur und ihren Gesetzen als Descartes und Pascal wussten. Ist er aber des geistigen Aufschwungs dieser Großen fähig?"

Ich stelle mir – etwas jenseits unserer heute meist üblichen Forschungs- und Entwicklungslandschaft – kleine Teams wirklich herausragender, brillanter Forscher vor, die – nicht eingeengt in die Grenzen jeweiligen wissenschaftlichen Disziplinen –

*Mut zu neuen Ideen*

haben – hier zu den angesprochenen Themenfeldern Nahrung und Energie. Und zur möglichen Realisierung ihrer Ideen bedarf es für sie ausreichender

*Freiheit der Forschung,*

denn man kann nicht von vornherein am Schreibtisch, am Bildschirm, im Labor eng zielgerichtet z. B. einen neuartigen Stromspeicher oder vielleicht eine „neuartige Eiweißnahrung" erfinden. Und wir müssen konzedieren, dass auch bei diesen „Spitzenforscher-Teams" ungeachtet der hoch zu schätzenden hohen Qualität aller nur wenige von vielen den von uns erwünschten, sichtbaren, konkreten Erfolg haben werden; denn wie in der Vergangenheit, so werden auch in der Zukunft beim Auftun neuer Wege in der Wissenschaft Zufall und Intuition oft eine entscheidende Rolle spielen. Trotzdem, besser: gerade deswegen sollten wir den „Spitzenforscherteams" wirklich freie Forschung ermöglichen

1. ohne lähmende Bürokratie
2. ohne zeitliche Zielvorgaben
3. ohne ständige Evaluierung

4. ohne Einengung ihrer Arbeit u. a. durch Zwang zu häufigen Publikationen
5. ohne vorschnelle Gängelung seitens an einer kommerziellen Nutzung des wissenschaftlichen Erfolgs interessierter Unternehmen.

Vielerorts in der Welt, hoffentlich auch bei uns, werden kluge Köpfe immer wieder die Möglichkeit zu freier Entfaltung bei Forschung und Entwicklung bekommen.

## Anregende, weiterführende Literatur

**Ludwig**, Karl-Heinz
„Eine kurze Geschichte des Klimas von der Entstehung der Erde bis heute"
Beck'sche Reihe, München, 2007

**Tallack**, Peter (Hrsg.)
„Meilensteine der Wissenschaft – Eine Zeitreise"
Spektrum Akademischer Verlag, Heidelberg-Berlin, 2002

**Landolt-Börnstein**
Group VIII Advanced Materials and Technologies
Volume 3: Energy Technologies
Editor K. Heinloth
Subvolume A: Fossil Energy 2002
Subvolume B: Nuclear Energy 2004
Subvolume C: Renewable Energy 2006
Springer Publ. Co, Berlin, Heidelberg, New York
www.landolt-boernstein.com

**IUPAP** „Report on Research and Development of Energy Technologies"
edited by the **I**nternational **U**nion of **P**ure and **A**pplied **P**hysics Working Group on Energy, October 6, 2004
http://www.iupap.org/wg/energy/report-a.pdf

# 7 Strukturentstehung im Kosmos*

Günther Hasinger

## 7.1 Einleitung

Nach den neuesten Erkenntnissen der Kosmologie ist das Universum aus dem „Nichts" entstanden, nur dass dieses „Nichts" völlig andere Eigenschaften hat, als wir gemeinhin annehmen. Nach den Gesetzen der Quantenmechanik kann jeder Energiezustand nur bis auf eine gewisse Unschärfe genau festgelegt werden. Dies gilt insbesondere für den Energiezustand „Null", den man auch als Vakuum bezeichnet. Wenn man aus einem Raum sämtliche Luft abpumpt und auch noch seine Wände auf den absoluten Nullpunkt abkühlt, sollte er weder Teilchen, noch Strahlung enthalten. Dennoch sagt uns die Quantenmechanik, dass sein Energieinhalt bei jeder Messung um einen kleinen Betrag schwankt – gewissermaßen plus/minus Epsilon. Das Vakuum fluktuiert.

Man kann sich diese Fluktuationen des Vakuums als so genannte Virtuelle Teilchen veranschaulichen: für eine kurze Zeit leiht sich ein Teilchenpaar – jeweils ein Elementarteilchen und sein exakt spiegelbildliches Antiteilchen – Energie aus dem Nichts, existiert für ein winziges Zeitintervall nebeneinander, um sich dann wieder gegenseitig zu vernichten und die geliehene Energie dem Vakuum zurückzugeben. So lange das virtuelle Teilchenpaar die Heisenberg'sche Unschärferelation einhält, ist ein derartig bizarres Verhalten nicht nur erlaubt, sondern sogar gefordert, um die Gesetze der Quantenmechanik zu erfüllen.

Das Vakuum erhält auf diese Weise eine endliche Energie, die so genannte Nullpunktsenergie. Die Quantenfluktuationen des Vakuums können sogar gemessen werden! Der holländische Physiker Jan Hendrik Casimir postulierte Mitte des 20. Jahrhunderts, dass das Vakuum auf zwei parallele Metallplatten eine Kraft ausüben sollte. Das liegt daran, dass außerhalb der Platten Vakuumfluktuationen jeder beliebigen Größe existieren können, während zwischen den beiden Metallplatten nur Fluktuationen existieren, die kleiner sind als der Abstand der beiden Platten. Diese Kraft aus dem Nichts, die unter anderem auch für die Dickflüssigkeit von Ketchup verantwortlich ist, konnte im Jahr 2002 das erste Mal experimentell nachgewiesen werden. Diese, als Casimir-Effekt bezeichnete Kraft wächst mit kleinerem Abstand

* Dieser Beitrag verwendet Filme zur Visualisierung. Sie finden diese auf extras.springer.com

---

Günther Hasinger (✉)
Max-Planck-Institut für Plasmaphysik, Boltzmannstraße 2, 85748 Garching bei München
E-mail: guenther.hasinger@ipp.mpg.de

stark an und wird unterhalb von einem Mikrometer zur stärksten Kraft zwischen zwei Körpern. Sie hat inzwischen sogar schon Eingang in die Technik gefunden.

Quantenfluktuationen des Vakuums sind ebenfalls für die so genannte Hawking-Strahlung von Schwarzen Löchern verantwortlich. Schwarze Löcher – extreme Verdichtungen und Verkrümmungen der Raumzeit – können mit ihrer gigantischen Gravitationskraft ja bekanntlich alles anziehen und verschlucken, was sich in ihrer Nähe befindet, auch das Licht. Befindet sich ein virtuelles Teilchenpaar in der Nähe eines Schwarzen Loches, so kann es passieren, dass einer der beiden Partner in das Schwarze Loch hineingezogen wird und der andere Partner plötzlich niemanden mehr hat, mit dem er sich wieder vernichten kann. Wie von Geisterhand ist aus dem Nichts ein echtes, reelles Teilchen entstanden, das das Gravitationsfeld des Schwarzen Loches gerade noch überwinden kann und in den Raum entflieht. Das Schwarze Loch muss allerdings für diesen Energieverlust bezahlen und wird bei diesem Vorgang ein wenig kleiner. Wenn man sehr lange wartet – bei stellaren Schwarzen Löchern von z. B. 10 Sonnenmassen dauert das etwa $10^{67}$ Jahre – verliert das Schwarze Loch auf diese Weise seine gesamte Masse. Bei winzig kleinen Schwarzen Löchern, wie sie möglicherweise der Large Hadron Collider (LHC) am CERN eines Tages erzeugen könnte, würde das ganze im Bruchteil einer Sekunde passieren (also keine Angst vor CERN!).

Die Hawking-Strahlung bei Schwarzen Löchern ist ein schönes Beispiel für die Verbindung von Phänomenen der Quantentheorie – den Vakuumfluktuationen – mit denen von Einstein's Relativitätstheorie – den Schwarzen Löchern. Beide Theorien haben unser Verständnis von Raum und Zeit erschüttert: wenn man es wie in der Relativitätstheorie mit extrem großen Geschwindigkeiten oder sehr großen Massen zu tun hat, wird der Raum verkürzt, beziehungsweise gekrümmt, die Zeit wird verbogen, und Uhren laufen langsamer. Stößt man umgekehrt zu sehr kleinen Dimensionen in das Reich der Quantenmechanik vor, verlieren Raum und Zeit ebenfalls ihre Alltagsform und nehmen eine Art „wabernde" Struktur an, die nur noch durch quantenmechanische Gesetze beschrieben werden können. In der Quantenmechanik gilt: je kleiner ein Objekt ist, desto größer ist seine Energie beziehungsweise seine Masse. Deshalb gibt es eine kleinste Größe, die sogenannte Planck-Länge, unterhalb derer sich physikalische Vorgänge nicht mehr sinnvoll beschreiben lassen. Jedes Objekt, das kleiner ist als die Planck-Länge (etwa $10^{-35}$ m), wäre automatisch ein Schwarzes Loch. Analog dazu gibt es die Planck-Zeit (etwa $10^{-43}$ s), die angibt, wie lange ein Lichtstrahl benötigt, um die Planck-Länge zu durchqueren. Die Planck-Zeit stellt deshalb den frühesten Zeitpunkt dar, zu dem sich das Universum beschreiben lässt. Der Planck-Länge, Planck-Zeit und Planck-Masse entspricht ebenfalls eine Planck-Temperatur, die etwa $10^{32}$ K beträgt.

Wenn man genau hinschaut, passen allerdings an ihrer Nahtstelle Plancks Quantenmechanik und Einsteins Allgemeine Relativitätstheorie nicht zusammen. Seit Jahrzehnten suchen einige der besten Physiker der Welt nach einer Verbindung der beiden Theorien, der so genannten Quantengravitationstheorie – bisher leider vergeblich. Wie dramatisch die beiden Theorien auseinander klaffen, hat als erster Wolfgang Pauli herausgefunden, der sich überlegte, ob die Energie aus den Nullpunktschwingungen des Vakuums eine Gravitationskraft ausüben könnte. Er kam damals zu dem Schluss, dass falls das so wäre, der Radius des gesamten Universums „nicht mal bis zum Mond reichen" dürfe. Danach ist diese wichtige Frage zunächst lange Jahrzehnte von der Bildfläche der Physik verschwunden. Erst als Ende des 20. Jahrhunderts die Kosmologen die Existenz der „Dunklen Energie" bestätigten, die die

Fluchtbewegung der Galaxien kontinuierlich beschleunigt, kam das Thema wieder auf die Tagesordnung. Berechnet man die aus der Quantenmechanik erwartete Nullpunktsenergie des Vakuums, so ist diese um etwa 120 Zehnerpotenzen größer, als die kosmologisch gemessene „Dunkle Energie" (siehe unten). Diese Diskrepanz ist größer, als jede andere vernünftige Zahl im Universum (so ist z. B. die gesamte Zahl aller Atome im bekannten Universum etwa $10^{80}$; die Lebensdauer der größten bekannten Schwarzen Löcher etwa $10^{100}$ Jahre) und zeigt, wie weit wir noch von einem fundamentalen Verständnis des frühen Universums entfernt sind.

Trotz dieser eigentlich deprimierenden Ausgangslage können wir aus der Astrophysik und der Kosmologie bereits sehr präzise Aussagen über den Beginn des Universums und die Entstehung seiner Strukturen ableiten. Es beginnt mit der Inflation.

## 7.2 Die Inflation

Die Inflationstheorie wurde ursprünglich erfunden, um einige Probleme der Elementarteilchentheorie zu lösen. Sie hat sich aber als extrem erfolgreich herausgestellt, um einige der bisher unverstandenen kosmologischen Rätsel zu lösen. Nach der Inflationstheorie gab es am Anfang des Universums eine kurze Phase in der sich ein winzig kleines Saat-Volumen von der Größe weniger Planck-Längen, im Bruchteil einer Sekunde etwa bis zu der Größe eines Fußballs aufgebläht hat. Dieses Inflationsereignis hatte dramatische Konsequenzen: die virtuellen Teilchenpaare der Quantenfluktuationen des ursprünglichen Saat-Volumens wurden durch die dramatische Ausdehnung des Raumes plötzlich so weit auseinandergerissen, dass sich die jeweiligen Partner nicht mehr wiederfanden und sich deshalb auch nicht mehr vernichten konnten. Instantan wurde in diesem Ereignis, das später als „Urknall" verballhornt wurde, auf diese Weise ein ganzer Zoo von Elementarteilchen aus dem Nichts gerissen, zum Beispiel Lichtquanten, Neutrinos, Quarks, Bosonen und ihre jeweiligen Antiteilchen, aber auch Teilchen, die wir noch gar nicht kennen und vielleicht erst in Zukunft entdecken werden. Die dadurch am Anfang unseres Universums entstandene „Ursuppe" hatte eine Temperatur von etwa $10^{27}$ K. Bei dieser gigantischen Hitze können sich spontan sämtliche Teilchenarten ineinander umwandeln, gegenseitig vernichten und wieder neu entstehen. Je weiter sich die heiße Ursuppe ausdehnt, desto kälter wird sie. Ja, in erster Näherung kann die weitere Geschichte des Universums als eine ewige Abkühlung verstanden werden. Je kälter es wird, desto mehr Strukturen können aus dieser Ursuppe „ausfrieren", die bei höheren Energien nicht überleben würden.

Die Inflationstheorie hat einige Vorhersagen gemacht, die in jüngster Zeit durch astrophysikalische und kosmologische Messungen wunderbar bestätigt wurden. Die erste Vorhersage war, dass die Fluktuationen des Vakuums in der ursprünglichen, vorinflationären Saat-Zelle durch die Inflation eingefroren wurden und der fußballgroßen heißen Ursuppe eine Struktur aufgeprägt haben, die auch im heutigen Kosmos noch sichtbar sein sollte. Tatsächlich zeigt das Baby-Bild des Universums, das von NASA-Satelliten in der Mikrowellen-Hintergrundsstrahlung vermessen wurde (Film 7.1) Fluktuationen, die genau denjenigen entsprechen, die von der Inflationstheorie vorhergesagt wurden. Für diese Messung wurde im Jahr 2006 der Physik-Nobelpreis vergeben.

Eine weitere Vorhersage ist, dass das gesamte, uns zugängliche Universum nur einen winzig kleinen Ausschnitt aus einem viel größeren Volumen darstellt, das

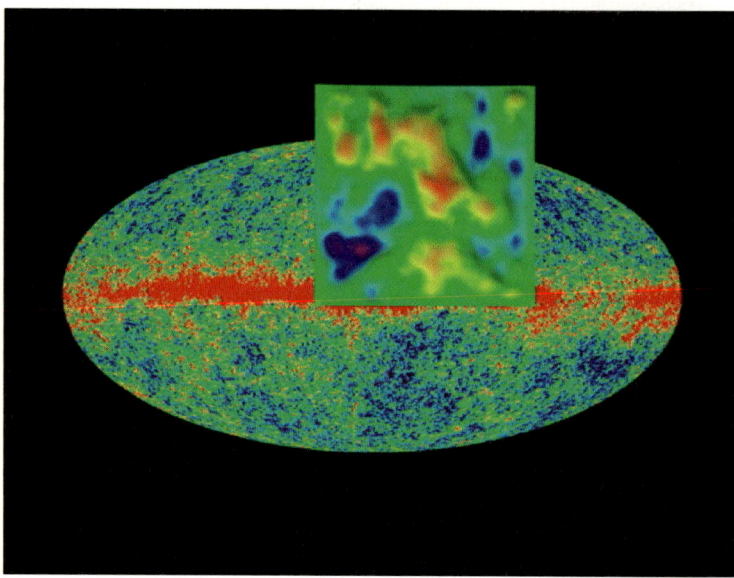

**Film 7.1** Fluktuationen im Mikrowellen-Hintergrund des frühen Universums, die in der Inflation aus den Quantenfluktuationen entstanden sind. (© NASA, WMAP Science Team http://map.gsfc.nasa.gov/media/030658/index.html)

von der Inflation aufgebläht wurde. Man kann sich diese Aussage veranschaulichen, wenn man sich an einen einsamen Meeresstrand versetzt und an den Horizont blickt. Während sich die Menschen früher noch Gedanken gemacht haben, was wohl hinter dem Horizont liegt und ob man wohl am Ende der Welt hinten runter fällt, wissen wir heute, dass der Horizont nur eine optische Täuschung ist. Wenn wir mit einem Schiff zum Horizont fahren, finden wir dort – wieder Horizont. Tatsächlich kann man aus der Krümmung des Horizonts auf die Größe der Erde schließen: Wären wir der kleine Prinz aus Saint-Exupérys Geschichte, wäre unser Horizont stark gekrümmt und wir wüssten, dass wir auf einem ziemlich kleinen Planeten leben. Der Horizont auf der Erde ist nur ein winziger Ausschnitt der gesamten Erdoberfläche. Die Inflationstheorie sagt voraus, dass das für uns sichtbare Universum ebenfalls durch einen Horizont begrenzt ist, der sich durch die endliche Laufzeit der Lichtstrahlen seit dem Urknall (13,7 Milliarden Jahre) ergibt. Die Theorie sagt ebenfalls voraus, dass der Horizont unseres Universums extrem flach sein soll, weil durch die Inflation sämtliche vorher vorhandenen Strukturen dramatisch auseinander gezogen und damit geglättet wurden. Tatsächlich zeigen die Messungen des Mikrowellenhintergrundes (Film 7.1) einen bis auf etwa 1 % flachen Horizont – wiederum eine exzellente Bestätigung der Inflationstheorie.

## 7.3 Dunkle Materie und Dunkle Energie

Das von der Inflation vorhergesagte, und in der Mikrowellen-Hintergrundstrahlung so wunderbar bestätigte „Flache Universum" hat eine Energie- und Materiedichte, die genau der „kritischen Dichte" entspricht. Wenn man diese Dichte allein auf Materie umrechnet, entspricht sie dem winzigen Wert von etwa 6 Wasserstoffatomen

# 7 Strukturentstehung im Kosmos

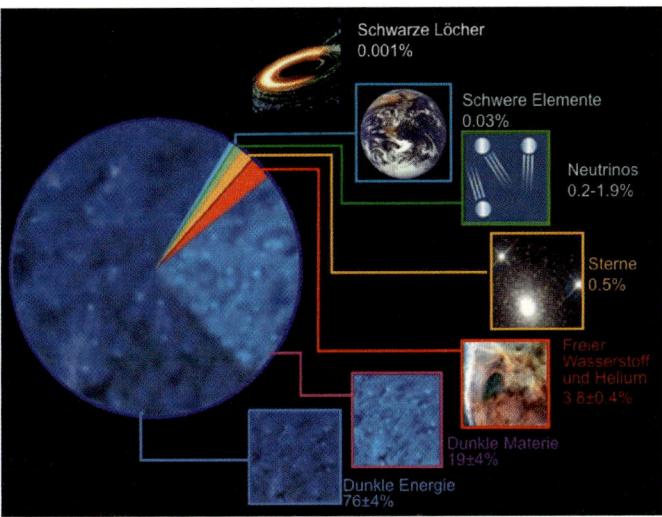

**Abb. 7.1** Zusammensetzung der Energie/Materie-Dichte des Universums

pro Kubikmeter Weltraum. Wenn die Energiedichte im Universum nur aus Materie bestehen würde, wäre das die Dichte, die gerade ausreichen würde, um die Fluchtgeschwindigkeit der Galaxien so weit zu verlangsamen, dass die sich Expansion des Universums irgendwann in unendlicher Zukunft dem Wert Null annähern würde.

Allerdings ist die Geschichte nicht so einfach. Aus der Häufigkeit der leichten Elemente aus dem frühen Universum und auch aus der Mikrowellenhintergrundstrahlung kann man ableiten, dass die normale Materie, aus der wir alle bestehen, nur etwa 5 % dieser kritischen Dichte ausmacht (siehe Abb. 7.1). Die normale Materie verteilt sich auf die schweren Elemente, aus denen zum Beispiel die Planeten bestehen, die normalen Sterne, aber auch die Schwarzen Löcher (siehe später), vor allem aber auf die freien Wasserstoff- und Heliumwolken, die direkt im Urknall entstanden sind und aus denen immer wieder neue Sterne entstehen.

Aus der Bewegung der Sterne in den Galaxien, aber auch der Galaxien in den Galaxienhaufen (siehe unten) kann man ableiten, dass die normale Materie nur einen Bruchteil der gesamten Materie ausmacht. Der Rest muss in der sogenannten „Dunklen Materie" versteckt sein. Dabei handelt es sich sehr wahrscheinlich um eine Sorte von Elementarteilchen, die wir bisher noch nicht entdeckt haben, weil sie kein Licht aussenden können. Die Neutrinos, eine ähnliche Sorte von Geisterteilchen, wurden vor etwa 80 Jahren ebenfalls postuliert, um ein bis dahin unverstandenes Experiment zu erklären. Sie wurden 25 Jahre später tatsächlich entdeckt und wir wissen heute, dass sie einen kleinen Teil zur Dunklen Materie beitragen. Dieser reicht allerdings bei weitem nicht aus, um das Phänomen zu erklären. Deshalb ist man weiterhin auf der Suche nach dem Teilchen der dunklen Materie und hofft, es bald an dem größten Teilchenbeschleuniger der Welt, dem LHC beim CERN in Genf zu entdecken.

Aber auch die Dunkle Materie reicht bei weitem nicht aus, um die beobachtete Energiedichte und damit die Flachheit des Universums zu erklären. Es war eine große Überraschung, als um die Jahrtausendwende mehrere Forschergruppen völlig unabhängig voneinander Hinweise auf eine abstoßende Kraft im Universum entdeckten, die „Dunkle Energie". Insbesondere Messungen von Supernova-Explosionen in sehr weit entfernten Galaxien lassen den Schluss zu, dass die Fluchtbewegung der Galaxien, anstatt sich zu verlangsamen tatsächlich beschleunigt wird. Die Galaxien fliegen morgen schneller auseinander, als heute. Die Energiedichte der Dunklen Energie dominiert heute das Universum, sie beträgt über 70 % der gesamten Materie/Energiedichte (siehe Abb. 7.1). Wie oben beschrieben, könnte die Dunkle Energie mit den geheimnisvollen Quantenfluktuationen des Raumes zusammenhängen, aber leider haben wir heute noch keinen blassen Schimmer, auf welche Weise.

## 7.4 Die Entstehung der normalen Materie

Der heiße Feuerball der Ursuppe kühlt sich in winzigen Bruchteilen von Sekunden so weit ab, dass die Energie nicht mehr ausreicht, spontan beliebige neue Elementarteilchen zu erzeugen. Immer häufiger kommt es vor, dass sich ein Teilchen und ein Antiteilchen der gleichen Sorte begegnen und sich gegenseitig vernichten – gleichsam die Geschichte der virtuellen Teilchen in den Fluktuationen des Vakuums vor der Inflation fortsetzen. Eigentlich sollte es ja von jeder Sorte genau so viele Teilchen wie Antiteilchen geben, so dass zum Schluss nichts mehr übrig bleiben würde. Aber durch einen bisher noch nicht verstandenen Webfehler in der Geschichte – eine so genannte Symmetriebrechung – bleiben am Ende von einer Milliarde Quark-Antiquark-Paaren und einer Milliarde Elektronen-Positronen-Paaren gerade jeweils ein Teilchen übrig. Aus diesen Teilchen entsteht unsere normale Materie. Die Neutrinos und die Photonen nehmen nicht an dieser gegenseitigen Vernichtung teil, so dass am Ende einer Milliarde Photonen und Neutrinos ein Elektron und drei Quarks gegenüberstehen.

Die Atome der normalen Materie sind, wie wir wissen aus positiv geladenen Protonen und neutralen Neutronen im Atomkern sowie den negativ geladenen Elektronen in der Atom-Hülle aufgebaut. Fast die gesamte Masse des Atoms ist im sehr kompakten Kern versammelt, während die Elektronenhülle seine Größe bestimmt. Mitte der Siebziger Jahre stellte sich heraus, dass die ursprünglich als unteilbare Elementarteilchen angesehenen Protonen und Neutronen ihrerseits wieder aus jeweils drei Quarks aufgebaut sind. Die drei Quarks werden durch die Gluonen, die Teilchen mit denen die Kernkräfte übertragen werden, zusammengehalten. Im frühen Urknall fliegen Quarks und Gluonen frei herum, weil die Kernkräfte nicht ausreichen, die Hitze des heißen Feuerballs zu überstehen. Je weiter die Quark-Suppe jedoch abkühlt, desto mehr überwiegen die Kernkräfte und die ersten komplizierteren Strukturen – Neutronen und Protonen – können „ausfrieren".

Interessant ist die Betrachtung der Masse der beteiligten Elementarteilchen. Die beteiligten Quarks haben eine etwa 8 beziehungsweise 16 Mal größere Masse als ein Elektron. Proton und Neutron hingegen haben eine Masse, die etwa 2000 Mal größer ist, als die des Elektrons. Woher stammt der Massenunterschied? Der größte Teil der Protonen- und Neutronen-Masse ist nicht durch die Ruhemasse der Quarks gegeben, sondern liegt in der Bewegungsenergie der ursprünglich freien Quarks, die bei ihrer Verbindung zu Neutronen und Protonen nahezu erhalten blieb, sowie in der Kraft der Gluonen, welche die Quarks zusammen halten. Das, was wir als Gewicht der Materie empfinden ist zum großen Teil „eingefangene Urknall-Energie". Dies ist ein schönes Beispiel für angewandte Relativitätstheorie: $e = mc^2$! Protonen und Neutronen werden übrigens zusammen als „Baryonen" bezeichnet, nach dem griechischen Wort für „Schwere".

## 7.5 Kernfusion

Am Anfang war ja Nichts da! Deshalb musste alles erst hergestellt werden. Das gilt insbesondere für die Elemente des Periodensystems. Während die schweren Elemente, Kohlenstoff, Stickstoff, Sauerstoff bis hinauf zum Eisen in den Mägen von Sternen durch Kernfusionsprozesse erbrütet werden und die noch schweren Elemente erst durch Supernovaexplosionen massereicher Sterne zusammengeschweißt werden, sind die leichtesten Elemente, z. B. Wasserstoff, Deuterium und Helium, zum Teil auch Lithium und Beryllium direkt im Urknall entstanden. Die Häufigkeit der leichten Elemente ist sogar ein wesentlicher Pfeiler für das Urknallmodell. Kernfusion gibt es dann, wenn die Dichte und Temperatur eines Plasmas[1] so hoch ist, dass sich zwei Kernteilchen durch Zusammenstöße so nahe kommen, dass sie durch die starke Wechselwirkung, die nur eine sehr kurze Reichweite ($10^{-15}$ m) hat, aneinander gebunden werden. Im Fall zweier Protonen, die ja beide positiv geladen sind, muss außerdem noch die elektrostatische Abstoßung – der Coulomb-Wall – überwunden werden.

[1] Ein Plasma ist ein Gas, das so hoch erhitzt ist, dass die Elektronen aus den Atomen herausgerissen werden.

Etwa 1 s nach dem Urknall ist die Temperatur des heißen Feuerballs so weit abgesunken, dass sie nun vergleichbar wird mit der Hitze der Kernfusionsöfen im Inneren der Sterne. Im Unterschied zu den Sternen gibt es jedoch noch freie Neutronen. Tatsächlich stellt sich die Geschichte der primordialen Elemententstehung als ein Wettlauf zwischen der begrenzten Lebensdauer der Neutronen und der Geschwindigkeit der Fusion dar. Freie Neutronen haben eine um etwa ein Promille minimal größere Masse als Protonen. Dieser winzige Unterschied ist jedoch sehr bedeutsam, denn Neutronen haben deshalb eine Lebensdauer von nur 11 min, während Protonen fast unendlich lang leben. In der Hitze des Urknalls können sich Neutronen und Protonen ohne weiteres ineinander umwandeln, aber je kühler es wird, desto weniger Neutronen und desto mehr Protonen entstehen.

Neutronen und Protonen verschmelzen häufig zu Deuterium (ein Neutron und zwei Protonen), das aber sehr instabil ist, und durch die energiereichen Lichtquanten leicht wieder getrennt werden kann. Damit können noch keine schwereren Kerne, insbesondere Helium aufgebaut werden. Erst wenn die Uhr auf 3 min und 40 s steht, ist die Temperatur des heißen Feuerballs so weit abgesunken, dass das Deuterium stabil bleibt. Zu diesem Zeitpunkt beträgt das Verhältnis zwischen Neutronen und Protonen etwa 12 zu 88 %. Glücklicherweise werden alle verbleibenden Neutronen jetzt schnell über weitere Zusammenstöße in die Kerne von Tritium, Helium-3 und Helium-4 eingebaut und damit für die Nachwelt zum weiteren Aufbau der lebenswichtigen schwereren Elemente aufbewahrt. Es hätte auch anders kommen können: wenn die Dichte und Temperatur des Feuerballs etwas anders gewesen wäre, hätte es leicht passieren können, dass alle freien Neutronen zerfallen, bevor sie zu schwereren Kernen fusioniert wären. Unsere Existenz hängt im wahrsten Sinne des Wortes von der Fusion ab.

## 7.6 Akustische Oszillationen

Nach der primordialen Nukleosynthese besteht das Universum im Wesentlichen aus Protonen und Heliumkernen, sowie genau der Anzahl von freien Elektronen, die dazu nötig ist, das Plasma des heißen Feuerballs elektrisch neutral zu halten. (Als

Plasma wird ein Materiezustand bezeichnet, in dem elektrisch geladene Teichen, also z. B. Elektronen und Protonen bzw. Ionen frei herumfliegen.) Weiterhin gibt es die später noch wichtig werdenden Teilchen der Dunklen Materie, die zusammen mit den Neutrinos bereits vom Rest des Universums entkoppelt sind und nun ein Eigenleben führen. Zahlenmäßig dominieren allerdings die Neutrinos und die Photonen. Wie wir im vorletzten Kapitel gesehen haben, gibt es etwa eine Milliarde mal mehr Neutrinos und Photonen als Baryonen und Elektronen. Die Photonen spielen weiterhin die Hauptrolle, deshalb bezeichnet man diesen Zustand des Universums auch als „strahlungsdominiert". Trotz ihrer relativ geringen Anzahl machen die Elektronen den Photonen das Leben schwer. Ihr Streuquerschnitt – also die Fläche mit der sie sich den Photonen als Hindernis entgegenstellen – ist dermaßen groß, dass für die Lichtstrahlen kein Durchkommen ist. Immer wieder werden sie an Elektronen abgelenkt. Das Universum ist deshalb so undurchsichtig wie ein dichter Nebel. Wegen der kurzen freien Weglänge, die ihnen zur Verfügung steht, sind die Photonen in diesem Zustand fest an die Elektronen gekoppelt, die ihrerseits die Protonen und Heliumkerne wiederum durch die elektromagnetischen Anziehungskräfte fest an sich binden. Die Photonen und die Baryonen bilden deshalb eine Art gemeinsame Flüssigkeit, das Baryonen-Photonen-Fluid.

Der Film 7.2 illustriert, dass es in diesem Plasma Schallwellen gibt. Links ist ein Schwimmbecken mit Wasser dargestellt und rechts ein entsprechender Ausschnitt aus dem heißen Feuerball des Urknalls. Lässt man jeweils einen Stein in diese Flüssigkeiten fallen, schlägt er Wellen. Im Gegensatz zu den Wellen auf dem Wasser, die Oberflächenwellen sind und sehr schnell weggedämpft werden, schwingt im rechten Bild das ganze Photon-Baryon-Fluid. Ein überdichtes Gebiet im frühen Universum hat einen etwas größeren Druck und damit eine höhere Temperatur als seine Umgebung. Dadurch verstärkt sich der Strahlungsdruck, der wiederum auf die Materie zurückwirkt und versucht, den Materieüberschuss wegzudrücken, bis das Spiel wie bei einer Schaukelbewegung von neuem beginnt. Die Schallgeschwindigkeit im heißen Feuerball des Urknalls beträgt allerdings etwa 57 % der Lichtgeschwindigkeit!

In der nächsten Filmszene wird nicht ein einzelner Stein, sondern eine ganze Menge an Steinen in den heißen Feuerball geworfen. Dies symbolisiert die Vakuumfluktuationen, die der heißen Quark-Suppe in der anfänglichen Inflationsphase

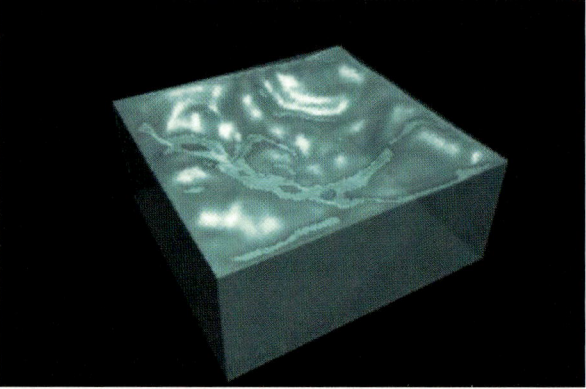

**Film 7.2** Schallwellen im Heißen Feuerball (© NASA, WMAP Science Team)
http://map.gsfc.nasa.gov/media/030658/030658_720.mov

aufgeprägt wurden. Wie Trommelschläge breiten sich die Druck- und Temperaturänderungen als Schallwellen in dem heißen Feuerball aus und geben dem strahlungsdominierten Universum einen eigenen „Klang". Ähnliche Phänomene kennen wir von den Schwingungen der Sonne oder von anderen Sternen, anhand derer man sehr genau die innere Zusammensetzung und Dichte der Sterne bestimmen kann.

In diesem Plasmazustand bleibt der Kosmos eine sehr lange Zeit, ziemlich genau 380.000 Jahre, während derer er sich weiter ausdehnt und gleichzeitig abkühlt. Am Ende der Filmsequenz, als das junge Universum noch etwa 1100 mal kleiner ist als heute, hat es sich auf 3000 K abgekühlt. Diese Temperatur ist vergleichbar der Sonnenoberfläche (5500 K) oder dem Innern der heißesten Flammen. Bei dieser Temperatur durchläuft das Universum wieder eine Art „Einfrierungsprozess", der sein Aussehen dramatisch verändert. Sobald die Temperatur unter 3000 K abfällt, können sich Protonen und Elektronen zu Wasserstoffatomen und wenig später Helium-Kerne mit Elektronen zu Helium-Atomen zusammenschließen. Der Streuquerschnitt der Atome ist wesentlich kleiner als der eines Elektrons. Schlagartig wird damit die Bahn frei für die Photonen. Diese können sich seither ungehindert durch den Weltraum bewegen – der Nebel klart auf und das Universum wird durchsichtig. Die Materie und das Photonenbad haben sich seither ohne wesentliche Wechselwirkung entwickelt. Der Strahlungskosmos ist in die Ära des Materie-Kosmos übergetreten.

Diesen Phasenübergang können wir ganz einfach im täglichen Leben an einer Kerzenflamme beobachten. Eine Kerze ist zwar kein besonders gutes Modell des heißen Feuerballs im frühen Universum vor allem deshalb weil es sich dabei um ein staubiges mit Rußpartikeln verschmutztes Plasma bei niedrigeren Temperaturen handelt. Trotzdem ist der entscheidende Phasenübergang zwischen dem Plasma und dem neutralen Gas sehr ähnlich. Wenn man die Hand oder ein Streichholz weit über eine Kerzenflamme hält, erkennt man deutlich, dass das Phänomen der Kerze nicht nur aus der leuchtenden Flamme besteht, sondern dass darüber hinaus das heiße, verbrannte Gas nach oben hin abströmt. Die Kerzenflamme selbst ist nur der Plasma-Teil des Gasstromes, in dem es freie Elektronen gibt. Die scharfe Grenze der Kerzenflamme ist durch den Übergang zwischen dem undurchsichtigen Plasma- und dem durchsichtigen, heißen Gaszustand gegeben. Das Ende des obigen Filmes 7.3 symbolisiert dieses „Aufklaren" des Universums. Jedes Atom im damaligen Universum war Teil der heißen Kerzenflamme und unmittelbar danach des heißen durchsichtigen Gases. In den letzten Lichtstrahlen, welche den undurchsichtigen Feuerball verlassen haben, ist die damalige Struktur des Universums eingefroren. Allerdings benötigte dieses Licht eine lange Zeit (etwa 13,7 Milliarden Jahre), um zu uns zu kommen. Während dieser langen Zeit hat sich das Universum um das etwa 1100-fache ausgedehnt. Wenn wir heute in die Tiefen des Weltraums blicken sehen wir immer noch die heiße Feuerwand des Urknalls, allerdings ist ihr Licht, das ursprünglich im sichtbaren Bereich des elektromagnetischen Spektrums ausgesandt wurde, durch die Ausdehnung des Universums inzwischen bis in den Radiobereich beziehungsweise Mikrowellen-Bereich verschoben. Die Temperatur der kosmischen Hintergrundstrahlung beträgt heute etwa 2,7 K. Für die Entdeckung und genaue Untersuchung der Mikrowellen-Hintergrundstrahlung wurden die Physik-Nobelpreise in den Jahren 1978 und 2006 verliehen.

Der Film 7.2 endet mit dem spektakulären Bild des Baby-Universums, das der NASA-Satellit WMAP vor einigen Jahren aufgenommen hat. Bereits in den Siebziger Jahren des 20. Jahrhunderts hatten Astrophysiker und Kosmologen vorher gesagt, dass in dem Signal der kosmischen Hintergrundstrahlung auf einer Winkelskala von etwa einem Grad periodische Fluktuationen versteckt sein sollen, die aus dem Grundton der akustischen Oszillationen des Universums stammen. Es war deshalb ein Triumph der Kosmologie, als diese Schwingungen 30 Jahre später wirklich beobachtet und genau vermessen werden konnten. Die Temperaturfluktuationen auf der kosmischen Hintergrundstrahlung sind winzig klein, etwa ein Hunderttausendstel der mittleren Temperatur von 2,7 K. Aus dem Ton der Schwingungen kann man aber sehr genau die Schallgeschwindigkeit und damit die Dichte des heißen Feuerballs berechnen. Wie bereits oben erwähnt stimmt diese Dichte auf etwa 1 % genau mit der von der Inflationstheorie vorhergesagten Dichte eines flachen Universums überein. Damit schließt sich der Kreis zum inflationären Beginn.

## 7.7 Das kosmische Netz

Nach der Entkopplung von Strahlung und Baryonen beginnt die Dunkle Materie, die Geschichte des Kosmos zu dominieren. Wir wissen zwar noch nicht genau, um welche Teilchen es sich dabei handelt, aber wir können gut abschätzen, dass die Dichte der Dunklen Materie etwa fünf Mal größer ist, als die der normalen baryonischen Materie. Die Teilchen der Dunklen Materie haben vermutlich ähnliche Eigenschaften wie die Neutrinos. Diese Geisterteilchen haben sich in den letzten Jahren als massebehaftet herausgestellt, aber sie sind viel zu leicht und bewegen sich viel zu schnell, um die gesamte Dunkle Materie zu erklären. Alle Welt wartet gespannt auf die Ergebnisse des LHC am CERN in Genf, der durchaus die Chance hat, die Teilchen der Dunklen Materie zu entdecken.

Die minimalen Fluktuationen der Mikrowellen-Hintergrundsstrahlung bilden die winzigen Dichteunterschiede im Universum zum Zeitpunkt der Entkopplung zwischen Strahlung und Materie ab. Diese Unterschiede sind ihrerseits aus den Quantenfluktuationen der Inflation entstanden und stellen somit die ersten sichtbaren großräumigen Strukturen im Kosmos dar. Letztendlich sind es winzig kleine Dichteunterschiede der Materie, die sich unter der Wirkung der Schwerkraft zunächst linear verstärken und später die nichtlinearen großräumigen Strukturen des kosmischen Netzes bilden. Da die Gravitationskraft durchweg anziehend ist, reicht ein kleiner Materieüberschuss an einer Stelle aus, um mehr Materie aus der Umgebung anzuziehen, wodurch sich der Dichtekontrast und die Anziehungskraft noch verstärken.

Bereits in der Bibel steht: „Denn wer hat, dem wird gegeben, und er wird im Überfluss haben; wer aber nicht hat, dem wird auch noch weggenommen, was er hat." (Matthäus-Evangelium, Kapitel 25, Vers 29). Das trifft auch auf die Gravitationskraft zu, die ähnlich kapitalistisch agiert. Winzig kleine Materieüberschüsse ziehen auf diese Weise langsam die gesamte Materie in ihrer Umgebung an. Für die normale baryonische Materie allein würde dies allerdings wesentlich mehr Zeit beanspruchen als ihr nach der Entkopplung aus der Baryon-Photon-Flüssigkeit 380.000 Jahre nach dem Urknall im jungen Universum zur Verfügung steht. Die Dunkle Materie hingegen, hat sich zusammen mit den Neutrinos bereits wesentlich früher entkoppelt als die Baryonen und kann deshalb genügend schnell kollabieren. Auf diese Weise hat sie bereits zum Zeitpunkt der Entkopplung die ersten Filamente geformt. Da die Massendichte der Dunklen Materie diejenige der Baryonen bei Weitem überwiegt, werden letztere bei dem Kollaps einfach mitgerissen. Die Summe aus Dunkler Materie und normaler baryonischer Materie ist für den Gravitationskollaps und die Abbremsung der kosmischen Ausdehnung verantwortlich, während die Dunkle Energie im weiteren Verlauf die kosmische Ausdehnung wieder beschleunigt.

Das weitere Schicksal des frühen Universums lässt sich zwar nicht unmittelbar beobachten, kann aber auf modernen Supercomputern nachgebildet werden. Die Simulation der kosmischen Strukturentstehung ist deshalb ein wichtiges Werkzeug, um die Beobachtung der Strahlung aus dem fast homogenen, heißen Feuerball mit den komplexen Gebilden im heutigen Universum in Einklang zu bringen. Der Film 7.4 zeigt eine Simulation, bei der nur die Entwicklung der Dunklen Materie betrachtet wird. Dazu wird ein würfelförmiger Ausschnitt des Universums simuliert, der mit der richtigen Materie- und Energiedichte belegt ist und in dem der Materiedichte das entsprechende Spektrum der primordialen Fluktuationen aufgeprägt ist. Dieser Würfel hat eine Kantenlänge von 140 Millionen Lichtjahren (heute) und enthält zwei Millionen Materieteilchen, die dem freien Lauf ihrer Gravitationskräfte überlassen werden. Eine typische Galaxie besteht aus etwa 700 Teilchen, von denen der Übersichtlichkeit halber hier nur 10 % dargestellt sind. Die Zahl in der linken oberen Ecke des Filmes stellt die zugehörige Rotverschiebung und damit in etwa das Alter des Universums zum jeweiligen Zeitpunkt dar: $z = 28{,}62$ entspricht ca. 100 Mio. Jahren, $z = 8$ ca. 900 Mio. Jahren, bis $z = 0$, was dem heutigen Universum, etwa 13,7 Mrd. Jahre nach dem Urknall entspricht. Wie von Geisterhand entstehen aus der zunächst fast gleichmäßig verteilten Materie innerhalb relativ kurzer Zeit die ersten Kondensationskeime größerer Strukturen, fast wie die Schaumkronen sich brechender Wellen. Danach bilden sich Filamente aus, an denen die Galaxien wie an Perlenschnüren aufgereiht sind, sowie große Leerräume fast ohne Galaxien. Am Kreuzungspunkt von Filamenten entstehen dichte Gebiete mit Tausenden von Galaxien – die Galaxienhaufen und Superhaufen.

Im Film 7.4 sieht man einen wesentlich kleineren Ausschnitt aus der Simulation von Film 7.3, dafür aber mit allen Teilchen und besserer Auflösung gezeigt. Am Anfang der Simulation sieht man gut, wie die Teilchen zunächst fast gleichmäßig, aber

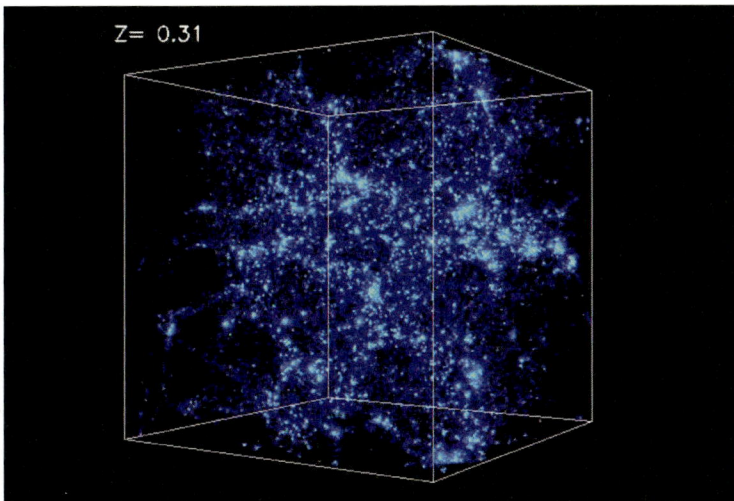

**Film 7.3** Supercomputer-Simulationen der Dunklen Materie (© Kravtsov, Klypin, Gottlöber, Astrophysikalisches Institut Potsdam)
http://cosmicweb.uchicago.edu/images/mov/s02_full.mpg

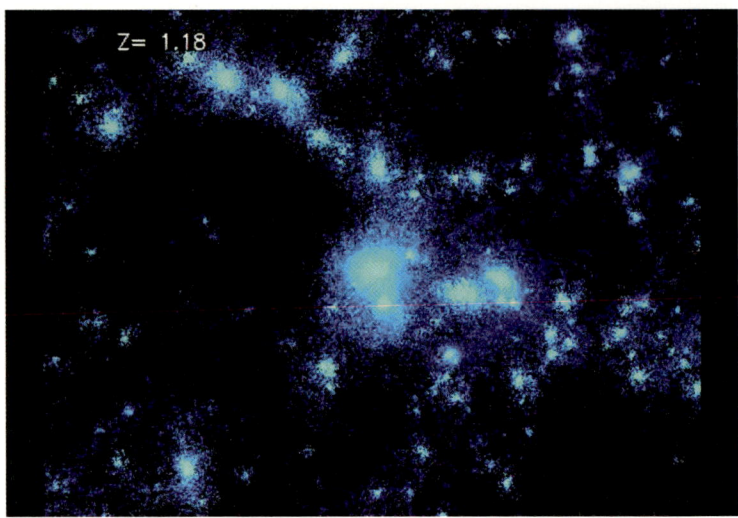

**Film 7.4** Ein höher aufgelöster Ausschnitt aus der Supercomputer-Simulation von Film 7.3 (© Kravtsov, Klypin, Gottlöber, Astrophysikalisches Institut Potsdam) http://cosmicweb.uchicago.edu/images/mov/r1c1_full2.mpg

mit leichten Schwankungen in der Box verteilt wurden. Der Ausschnitt ist zentriert auf eine Region, in der zwei Galaxienhaufen entstehen, die sich zum Schluss miteinander vereinigen. Besonders in diesen dichten Gebieten kommt es sehr häufig zur Wechselwirkung und Verschmelzung mehrerer Galaxien zu immer größer werdenden Gebilden.

In den letzten Jahren ist die Rechenleistung der Supercomputer weltweit dramatisch angestiegen. Trotzdem stellen die riesigen Simulationen des Universums nach wie vor eine sehr große Herausforderung dar, die nur durch den Zusammenschluss mehrerer, international führender Gruppen gemeistert werden kann. Das VIRGO-Konsortium ist eine internationale Gruppierung von Wissenschaftlern, die Supercomputer-Simulationen der Entstehung von Galaxien, Galaxienhaufen, der großräumigen Struktur und der Entwicklung des intergalaktischen Mediums durchführt. Vor einigen Jahren hat das VIRGO-Konsortium die größte jemals durchgeführte kosmologische Simulation veröffentlicht. Der so genannte „Millenium Run" benützte mehr als 10 Milliarden Teilchen, um die Entwicklung der Materieverteilung in einem Würfel mit einer Kantenlänge von mehr als 2 Milliarden Lichtjahren zu verfolgen. Die Simulation beschäftigte den Supercomputer des Rechenzentrums der Max-Planck-Gesellschaft in Garching für mehr als einen Monat.

Film 7.5 zeigt eine dreidimensionale Visualisierung der Millennium Simulation des VIRGO-Konsortiums. Der Film begleitet uns auf eine Reise durch das simulierte Universum. Auf dem Weg wird ein sehr massereicher Galaxienhaufen besucht und umkreist. Die Reisestrecke beträgt etwa 2,4 Milliarden Lichtjahre. Das simulierte Universum ähnelt inzwischen in frappierender Weise der wirklich am Himmel gemessenen dreidimensionalen Verteilung der Galaxien so dass die Entwicklung der kosmischen Struktur eine weitere wichtige Säule im Verständnis der Kosmologie darstellt.

Wenn man sich den Film 7.6 genauer anschaut, hat man zunächst das Gefühl, auf eine Art dreidimensionale Straßenkarte zu schauen. Die Klumpen (Halos) der

# 7 Strukturentstehung im Kosmos

**Film 7.5** Flug durch die „Millenium Simulation" des VIRGO-Konsortiums (© Volker Springel, Max-Planck-Institut für Astrophysik) http://www.mpa-garching.mpg.de/galform/data_vis/millenium_fast.avi

Dunklen Materie fahren wie Autos auf Straßen entlang der Filamente in die Großstadt, allerdings mit dem Unterschied, dass die Verkehrswege gleichfalls in die Stadt hineingezogen werden. Je stärker der ganze Haufen zusammenklumpt, desto schnel-

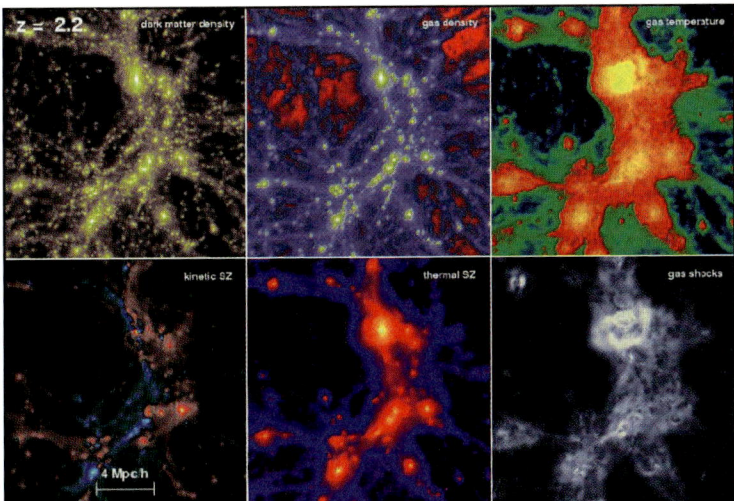

**Film 7.6** Sehr hoch aufgelöste Simulation der Entstehung und Entwicklung eines massereichen Galaxienhaufens. In drei verschiedenen Bildern der oberen Reihe ist die Verteilung der Dunklen Materie (*oben links*), der normalen baryonischen Materie (*oben Mitte*) und die Temperatur der baryonischen Materie (*oben rechts*) angegeben. Die Temperaturskala ist farbcodiert und umfasst Werte bis zu 10 Millionen Grad. Die *ersten beiden Bilder der unteren Reihe* stellen kompliziertere Effekte dar, auf die hier nicht weiter eingegangen werden soll. *Unten rechts* sind die Effekte von Schocks im intergalaktischen Medium dargestellt. (© Volker Springel, Max-Planck-Institut für Astrophysik) http://www.mpa-garching.mpg.de/galform/data_vis/S2_960x640.avi

ler bewegen sich die Teilchen der Dunklen Materie. Die normale baryonische Materie wird, wie gesagt, zunächst mitgerissen und hat deshalb fast die gleiche Verteilung wie die Dunkle Materie. Sieht man allerdings genauer hin, stellt man fest, dass im Gas die Strukturen etwas geglättet sind. Im Gegensatz zur Dunklen Materie, die nur der Schwerkraft folgt, gehorchen die Gaspartikel auch der elektromagnetischen Wechselwirkung, können also insbesondere strahlen und kühlen. Bei der Betrachtung der dritten Darstellung oben rechts stellt man fest, dass sich die Materie in den dichten Gebieten immer stärker aufheizt. Sie beginnt im Röntgenlicht zu strahlen. Während die Materie zunehmend nach innen sinkt, führt die Erhöhung der Geschwindigkeit der Teilchen dazu, dass sich die Temperatur über Schockwellen (siehe unten rechts) nach außen ausbreitet und das Gas des Galaxienhaufens auf so hohe Temperaturen aufheizt, dass der Haufen zu einer mehrere Millionen Grad heißen Röntgenquelle wird.

Im heutigen Universum sollen bereits mehr als die Hälfte der Baryonen heißer als 100.000 K sein; sie lassen sich deshalb nur noch mit Ultraviolett- und Röntgenteleskopen beobachten. In besonders dichten Gebieten können sich die Baryonen-Wolken effizient abkühlen, zum Beispiel dadurch, dass sie Strahlung aussenden. Sie können dann unter ihrer eigenen Schwerkraft zusammenstürzen und entkoppeln sich von der Dunklen Materie. Die kühlen, dichten Phasen der Baryonischen Materie beginnen, erste Sterne, Schwarze Löcher und Protogalaxien zu bilden. Das „Erste Licht" im Universum entsteht möglicherweise schon bei einer Rotverschiebung von etwa 10 bis 20, also ganz am Anfang der obigen Simulationen.

## 7.8 Der Flug zum Virgo-Haufen

Im Film 7.5 konnten wir einen Flug durch das simulierte dreidimensionale Universum des VIRGO-Konsortiums erleben. Dem Astronom Brent Tully in Hawaii ist es gelungen, durch eine Zusammensetzung modernster astronomischer Bilder, insbesondere vom Hubble-Weltraumteleskop unter Verwendung von Methoden zur genauen Abstandsbestimmung von Galaxien, einen realistischen Flug durch unser lokales Universum bis hin zum Virgo-Haufen, dem uns am nächsten gelegenen Galaxienhaufen, zu animieren.

Der Film 7.7 beginnt mit einem Blick an den sternenübersäten Nachthimmel. Im Hintergrund sehen wir das leuchtende Band der Milchstraße mit ihren dunklen Wolken aus Gas und Staub den Himmel überspannen. Das prächtige Winter-Sternbild des Himmelsjägers Orion mit seinen drei Gürtelsternen und dem daran hängenden Schwert ist rechts vom Zentrum des Bildes sichtbar. Sobald der Film lebendig wird, realisieren wir, dass die Sternbilder nur Projektionen am Himmelszelt sind. Wir fliegen in Richtung des Schwertes von Orion, das sich bald als der farbenprächtige große Nebel im Orion herausstellt, eine Art Kreißsaal in dem ständig junge Sterne entstehen. Den Orion-Nebel werden wir uns später noch einmal genauer anschauen. In etwa 1500 Lichtjahren Abstand von der Erde fliegen wir vorbei an dem berühmten Pferdekopf-Nebel und kurz darauf durch den Rosetten-Nebel, wo leuchtkräftige junge Sterne eine Hülle aus heißem Gas erleuchten. Wie die Schneeflocken in einen Wintersturm stieben die Sterne unserer Milchstraße an uns vorbei. Bald fliegen wir am Crab-Nebel vorbei, der Explosionswolke einer Supernova aus dem Jahr 1054.

# 7 Strukturentstehung im Kosmos

**Film 7.7** Flug durch das lokale Universum zum Zentrum des Virgo-Haufens (© Brent Tully, Institute for Astronomy, Hawaii) http://www.ifa.hawaii.edu/~tully/outreach/vv1a_9-25.mpg

Wenn man genau hinschaut, sieht man in ihrem Zentrum den Crab-Pulsar aufblitzen, einen Neutronenstern, der sich 30 Mal in der Sekunde um seine Achse dreht.

Kurz danach sehen wir am Horizont das Galaktische Zentrum auftauchen und verlassen die Ebene der Milchstraße. Eine wunderschöne, riesige Spiralgalaxie aus 100 Milliarden Sternen liegt nun vor uns. Wenn wir genau hinschauen, stellen wir fest, dass die Milchstraße rotiert, und zwar innen schneller als außen. Schon schweben die beiden Magellan'schen Wolken an uns vorbei, die manchen von uns schon am Südhimmel beeindruckt haben, sowie andere Zwerggalaxien die unsere Milchstraße begleiten. Dann kommen die beiden anderen großen Galaxien unserer lokalen Gruppe ins Bild, der Andromeda-Nebel im Hintergrund und die Spiralgalaxie Messier 33 im Vordergrund. Wir fliegen durch einen Nebel in einem Spiralarm von M33, durch ein Loch das vermutlich durch eine Sternexplosion gerissen wurde und mit heißem Gas gefüllt ist. Inzwischen haben wir uns etwa 2 Millionen Lichtjahre von der Erde entfernt.

Im Hintergrund sind inzwischen viele andere schwache Lichtflecken aufgetaucht, alles Galaxien unserer Nachbarschaft. Wir sehen, dass sie nicht gleichmäßig am Himmel verteilt sind, sondern einem kosmischen Netz von Filamenten und Leerräumen aufgereiht sind. Kurz taucht ein auffälliger Klumpen von Galaxien am linken Bildrand auf: das ist der Virgo-Haufen, das Ziel unserer Reise. Wir fliegen allerdings nicht direkt dorthin, sondern besuchen einige andere berühmte Exemplare von Galaxien im Vorbeiflug: Wir sehen das enge Galaxienpaar mit M81 und der stark gestörten Galaxie M82, wir fliegen an der majestätischen Spiralgalaxie M100 vorbei und begegnen dann der wunderschönen Whirlpool-Galaxie M51 und ihrem Begleiter im Sternbild der Jagdhunde. Jetzt sind wir etwa 50 Millionen Lichtjahre von zu Hause entfernt und so wie vorher die Sterne wie Schneeflocken an uns vorbei stoben, fliegen wir jetzt an Hunderten von Galaxien vorbei in das Zentrum des Virgo-Haufens. Dort sitzt, wie eine Spinne im kosmischen Netz die gigantische Elliptische Galaxie Messier 87, das Zentrum des Haufens. Diese Galaxie enthält etwa 1000 Mal mehr Sterne als unsere Milchstraße und muss wohl im Laufe ihres Lebens bereits eine ganze Menge anderer Galaxien verschluckt haben. Das auffälligste an M87 ist ein nadelfeiner Materiestrahl, in dem Teilchen fast mit Lichtgeschwindigkeit über viele Millionen Lichtjahre in den Raum hinaus geschleudert werden. Dieser Strahl wird durch ein supermassereiches Schwarzes Loch im Zentrum von M87 gefüttert – doch davon später.

## 7.9 Die Entstehung von Galaxien

In den großräumigen kosmologischen Simulationen entstehen Galaxien als lokalisierte Klumpen dunkler Materie, die sich wie Perlen einer Kette in ein kosmisches Netz aus Filamenten und Galaxienhaufen mit riesigen Leerräumen dazwischen einreihen. Doch wie entstehen die vielfältigen Formen und Farben von Galaxien, die wir in Brent Tully's Film gesehen haben? Inzwischen ist es mit noch höher aufgelösten Simulationen gelungen, im Modell ab initio, also aus den kosmologischen Anfangsbedingungen im frühen Universum heraus, Spiralgalaxien und Elliptische Galaxien entstehen zu lassen und deren Entwicklung und Verwandlung im Verlauf der kosmischen Evolution zu verfolgen. Galaxien machen allerdings nur einen kleinen Bruchteil der Gesamtmasse des Universums aus. Deshalb können wir sie als eine Art von „Schaumkronen" betrachten, die auf dem Ozean des heißen Gases und der Dunklen Materie schwimmen. Schaumkronen entstehen im Wasser immer dort, wo die Wellenberge und Täler so steil werden, dass die Welle in sich zusammenbricht. Dies stellt einen chaotischen, nichtlinearen Prozess dar, der physikalisch nur sehr schwer zu beschreiben ist. Die Entwicklung der Galaxien können wir uns ähnlich vorstellen. Es handelt sich um ein dermaßen komplexes Phänomen, dass wir es bisher nur in Ansätzen verstehen. Neben der reinen Gravitationsphysik, die die Entwicklung der kosmischen Strukturen auf den größten Skalen sehr gut beschreibt, müssen wir bei den Galaxien die Physik des Gases, die Entstehung von Sternen und Schwarzen Löchern, die Rückwirkung der Sterne auf das Gas, etwa durch die Ultraviolett-Strahlung, die Sternwinde, Supernovaexplosionen und die Effekte Schwarzer Löcher, unter Umständen auch Magnetfelder berücksichtigen. Da die Galaxien in den riesigen Leerräumen des Kosmos beheimatet sind, aber ihre kosmische Entwicklung von einem großen Teil des sie umgebenden Raumes beeinflusst wird, würde ihre Simulation eine derart hohe numerische Auflösung und Genauigkeit voraussetzen, dass selbst die neuesten und größten Supercomputer damit auf dramatische Weise überfordert wären.

Um diesen Anforderungen auch nur in Ansätzen gerecht zu werden, haben sich mein Kollege Matthias Steinmetz und sein Team in Potsdam einen Trick ausgedacht. Sie führen zunächst eine großräumige Simulation der Dunklen Materie durch – ähnlich wie die oben diskutierten VIRGO-Berechnungen, jedoch längst nicht so aufwändig. Aus dem im Groben simulierten Volumen schneiden sie das Gebiet, in dem sie eine Galaxie entdeckt haben, aus und verfolgen es in der Geschichte des Kosmos zurück, schauen also nach, woher die einzelnen Masseteilchen der Galaxie ursprünglich stammen. Dann simulieren sie diesen Teil des virtuellen Universums mit der entstehenden Galaxie noch einmal, jedoch unter Verwendung von wesentlich mehr Teilchen sowie der gesamten notwendigen Physik des baryonischen Gases, also der Sternentstehung, Gasdynamik und so weiter. Darüber hinaus berücksichtigen sie aus der vorherigen großräumigen Simulation alle wichtigen Einflüsse von außerhalb des kleinräumigen Galaxienvolumens, also die Gravitations- und die Gezeitenfelder der großräumigen kosmischen Struktur. Dadurch gelingt es ihnen, die Details der Galaxien und ihre gesamte kosmische Geschichte zu reproduzieren. Indem sie auf diese Weise mehrere verschiedene Galaxien simulieren, bekommen sie einen guten Überblick über die verschiedenen Entwicklungsgeschichten des Galaxien-Zoos. Allerdings sollte man wissen, dass selbst in diesen aufwändigen Simulationen die detaillierte Physik des Gases, der Sternentstehung, des Staubes, der Rückwirkung der Sterne etc. nur sehr rudimentär behandelt werden können. Die ursprünglich in Arizona und seitdem in Potsdam simulierten Galaxien reichen deshalb bei weitem noch nicht an die Schönheit der wirklichen Galaxien am Himmel heran.

Der Film 7.8 zeigt eine Simulation, in der aus einer Ansammlung von Protogalaxien, die sich sukzessive miteinander vereinigen, eine schöne Spiralgalaxie entsteht, die sich später mit einer anderen Spirale zu einer großen elliptischen Galaxie vereinigt und danach langsam wieder eine Scheibe aufbaut. Die beiden Abbildungen zeigen die Simulation jeweils von oben und von der Seite beim jeweiligen Zeitschritt, der durch die Rotverschiebung des ausgesandten Lichtes angegeben ist. Das frische, primordiale Gas direkt aus dem Urknall ist grün, die ersten jungen Sterne sind hellblau, etwas ältere dunkelblau, und die Sterne in einem Alter von mehr als einer Milliarde Jahre sind rot dargestellt. Diese Farbgebung liegt darin begründet, dass die massereichsten Sterne hauptsächlich im blauen und ultravioletten Bereich sehr hell strahlen und nur sehr kurz leben. Die blauen Gebiete in den Galaxien zeigen deshalb die jungen Sternpopulationen. Wenn die Sternpopulation insgesamt älter wird, sterben sehr schnell die hellen, blauen Sterne, und es bleiben in der Mehrzahl die grünen, gelben und orangen Sterne übrig. Bei sehr alten Sternpopulationen sind dann selbst die sonnenähnlichen, gelben Sterne verglüht, und es bleiben nur noch die schwachen, aber sehr lange lebenden roten Sterne übrig.

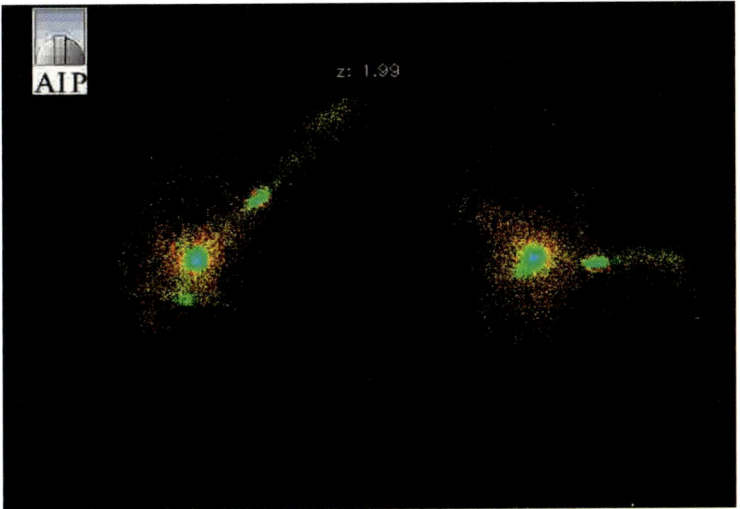

**Film 7.8** Entstehung und Entwicklung von Galaxien ab initio. Die *linke* Sequenz zeigt die Simulation von oben, die *rechte* von der Seite. Primordiales Gas ist *grün*, junge Sterne *blau* und alte Sterne *rot* dargestellt. (© Matthias Steinmetz, Astrophysikalisches Institut Potsdam) http://www.aip.de/People/MSteinmetz/Movies/MPEG/spiral.mpg

Bei einer Rotverschiebung von $z = 7$ – das entspricht einem Alter des Kosmos von etwa 0,8 Milliarden Jahren – sind in den Knotenpunkten der kosmischen Filamente die ersten jungen, hellblauen Sterne entstanden; die meisten Gasteilchen der Simulation befinden sich aber noch in jungfräulichem Zustand. Bei einer Rotverschiebung von $z = 4,0$ und damit einem kosmischen Alter von 1,5 Milliarden Jahren, haben sich bereits viele Sternklumpen zu zwei irregulären, blauen Protogalaxien vereinigt, die sich bei $z = 2,3$ in einem ersten Zusammenstoß zu einer elliptischen Galaxie vereinigen. Bei $z = 2,7$ bildet sich eine schöne „Grand Design" Spiralgalaxie, die im linken Bild kreisrund, aber im rechten Bild scheibenförmig erscheint. Etwa bei $z = 1,5$ wird die Scheibe durch den Vorbeiflug einer mittelgroßen anderen Galaxie gestört und es bildet sich ein Balken aus, der im Zentrum der Galaxie wie ein Quirl herumrührt. Die Balkenspirale nimmt im weiteren Verlauf eine Reihe von kleineren Galaxien in sich auf.

Bei $z = 0,7$ beginnt ein dramatisches Ereignis: eine andere, gleich große Spiralgalaxie hat sich unserer Galaxie so weit genähert, dass sie diese deutlich aus der Bahn wirft und durch Gezeitenkräfte verzerrt. Innerhalb kürzester Zeit vereinigen sich die beiden Spiralgalaxien und bilden eine schöne Elliptische Galaxie, die von oben und von der Seite aus betrachtet etwa gleich aussieht. Wenn man genau hinschaut, sieht man im Zentrum der elliptischen Galaxie immer noch Reste des Balkens der ursprünglichen Spiralgalaxie herumrotieren. Kontinuierlich werden nun kleinere Galaxien und Gasfetzen aus der Umgebung des kosmischen Netzwerkes aufgesammelt und bei der Rotverschiebung $z = 0.5$, etwa 8,6 Milliarden Jahre nach dem Urknall, hat sich um die große elliptische Galaxie wieder eine kleine Scheibe aus frischem, grünen Gas, vermutlich auch Staub gelegt. Dies könnte in etwa den Entwicklungszustand der berühmten Sombrero-Galaxie in darstellen. Wir können deshalb festhalten: Die Bilder, die wir am Himmel von den Galaxien erhalten, sind nur Momentaufnahmen in einem immerwährenden kosmischen Reigen der Transformation, des Werdens und Vergehens.

## 7.10 Schwarze Löcher bei der Hochzeit von Galaxien

Wir haben gesehen, dass Galaxienvereinigungen im Universum an der Tagesordnung sind. Auch unsere eigene Milchstraße wird in absehbarer Zukunft, in etwa 3–4 Milliarden Jahren ein ähnliches Schicksal erleiden, wenn sie sich mit dem Andromeda-Nebel vereinigen wird. Inzwischen sind die modernen Supercomputer-Simulationen von Galaxienzusammenstößen immer aufwändiger und detailreicher geworden. Außerdem haben die Astrophysiker realisiert, dass die massereichen Schwarzen Löcher, die sich im Zentrum fast jeder größeren Galaxie finden eine dramatisch wichtige Rolle in der Geschichte der Galaxien spielen. Diese Erkenntnis wurde angeregt durch die Entdeckung eines „Schwarzen Doppelloches" in der Galaxie NGC 6240. Diese Galaxie befindet sich mitten in einem Vereinigungsprozess und hat in ihrem Zentrum zwei aktive massereiche Schwarze Löcher, die sich vermutlich in den nächsten 100 Millionen Jahren unter großem Gravitationswellengetöse ebenfalls miteinander vereinigen werden

Wie bereits bei der obigen Diskussion um den Materiestrahl der Galaxie M87 im Zentrum des Virgo-Haufens angesprochen, haben massereiche Schwarze Löcher die bisher noch nicht vollkommen verstandene Fähigkeit, Materiestrahlen auf relativis-

**Film 7.9** Animation der Akkretion von Materie auf das Schwarze Loch in der Galaxie 3C120. Wenn der Materiefluss im Zentrum der Akkretionsscheibe instabil wird, wird ein Teil der akkretierten Materie in einem dünnen, relativistischen Teilchenstrahl nach außen beschleunigt. Dadurch entsteht die charakteristische, intermittierende Struktur der Radio-Jets. (© Wolfgang Steffen, Universität von Guadalajara, Mexico) http://www.bu.edu~/blazars/X-ray/steffen3c120_hires.avi

tische Geschwindigkeiten zu beschleunigen und dabei erhebliche Energien aus dem Zentrum der Galaxie herauszutransportieren. In dem Film 7.9 wird eine Animation (keine Simulation!) dargestellt, wie man sich diesen Prozess vorstellen könnte. Fazit ist, dass gut gefütterte Schwarze Löcher, insbesondere während einer Galaxienvereinigung einen erheblichen Einfluss auf ihre Muttergalaxien und deren Umgebung ausüben können. Diese Erkenntnis haben theoretische Astrophysiker in ihre modernen Computersimulationen eingebaut und dabei erstaunliche Erkenntnisse gewonnen.

Wie man in den beiden Filmen 7.10 sieht, werden bei der Wechselwirkung zweier Galaxien zunächst die Sterne und das Gas in gleicher Weise durch Gezeitenkräfte

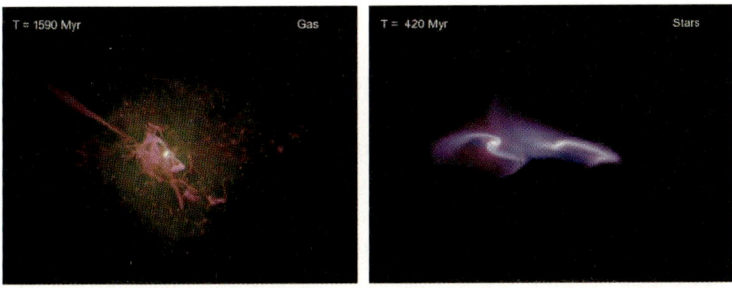

**Film 7.10** Moderne Supercomputer-Simulation einer Galaxienvereinigung mit Rückwirkung der zentralen Schwarzen Löcher. *Links* ist das Gas der beiden Galaxien dargestellt, *rechts* die Sterne (© Volker Springel, Max-Planck-Institut für Astrophysik).
http://www.mpa-garching.mpg.de/galform/data_vis/colliding_galaxies_with_BH.avi

dramatisch umverteilt. Lange Gezeitenschwänze werden aus den Galaxien herausgezogen und transportieren einen Teil des Drehimpulses nach außen. Das führt wiederum dazu, dass die Sterne und das Gas in den Zentren der beiden Galaxien stark komprimiert werden. Im Lauf der Zeit sieht man jedoch deutliche Unterschiede im Verhalten von Sternen und Gas.

Die Sterne sind in den Galaxien so dünn verteilt, dass bei der Vereinigung praktisch kein einziger Stern mit einem anderen kollidiert. Nach der Vereinigung sind die Sterne der beiden Ausgangsgalaxien komplet in eine fast kugelförmige Konfiguration umverteilt, eine elliptische Galaxie. Im Gegensatz zu den Sternen kann das Gas der beiden Galaxien stark wechselwirken. Durch die Verdichtung in den Galaxienzentren kann es dort stark abkühlen, unter seiner eigenen Schwerkraft zusammenstürzen und dabei neue Sterne bilden. Gleichzeitig wird ein Teil des kalten Gases den beiden Schwarzen Löchern in den Galaxienzentren zugeführt und füttert diese, so dass sie dramatisch anwachsen. Die Rückwirkung der beiden Schwarzen Löcher auf ihre Umgebung führt wiederum dazu, dass ein Teil der akkretierten Masse in Form von Jets, starken Winden und Strahlung Energie auf das Gas der Galaxien überträgt und dieses gleichsam fort bläst. Diese Rückwirkung ist besonders dramatisch in dem Moment, in dem sich die beiden Galaxien und auch ihre beiden Schwarzen Löcher endgültig vereinigen. Dann bricht sich das Licht eines so genannten Quasars, eines extrem hell leuchtenden zentralen Schwarzen Loches Bahn durch die Gas- und Staubwolken im Zentrum der Galaxie und bläst diese komplett hinweg. Am Ende der Vereinigung bleibt eine annähernd sphärische Konfiguration aus alten Sternen übrig, aber ohne jegliches kaltes Gas, aus dem sich neue Sterne bilden könnten – eine rote und tote elliptische Galaxie, in deren Mitte ein massereiches Schwarzes Loch schläft und wartet, bis wieder einmal Materie vorbei kommt.

## 7.11 Sternentstehung

Wir haben inzwischen gelernt, wie Galaxien entstehen und auch, dass diese aus Sternen bestehen, haben aber noch nicht darüber gesprochen, wie Sterne selbst entstehen. Die Sternentstehung ist ein extrem komplizierter Vorgang, der in seinem Detail noch nicht vollkommen verstanden ist. Wir müssen insbesondere unterscheiden zwischen der Sternentstehung ganz am Anfang des Universums, zu einer Zeit, als es noch keinerlei schwere Elemente im Kosmos gab, und der Sternentstehung im modernen Universum, wie wir sie zum Beispiel im Orion-Nebel beobachten.

Unmittelbar nach der Entkopplung von Strahlung und Materie hatte das Gas der Wasserstoff- und Heliumatome eine Temperatur von 3000 K und der Horizont war eine heiße, rötlich glühende Feuerwand. Im Laufe der Zeit wurde durch die Expansion des Kosmos die Hintergrundstrahlung immer kühler und dunkler. Die 200 bis 300 Millionen Jahre andauernde Phase bevor die ersten Sterne das Licht ins Universum brachten, werden auch als „Dark Ages" bezeichnet. Im Untergrund setzte jedoch die Dunkle und die normale Materie ihr Werk der Zusammenballung und Verklumpung in das oben beschriebene kosmische Netzwerk fort. Prägalaktische Objekte – lokale Verklumpungen der Materie – wuchsen aufgrund der Gravitations-Instabilität aus den primordialen Dichtefluktuationen. Je mehr Materie in diese „Badewannen" hineinströmte, desto schneller bewegten sich die Materieteilchen darin umher. Während sich das Universum als Ganzes ausdehnte und abkühlte, ereignete sich in den durch ihre höhere Dichte privilegierten Gebieten des Kosmos gerade das Gegenteil: Die Materie strömte zusammen und heizte sich dadurch auf. Wie wir in den großräumigen kosmologischen Simulationen gesehen haben, hält dieser Prozess bis heute an und wird auch in Zukunft noch weitergehen, allerdings mit dem Unterschied, dass mittlerweile Strukturen der Größe von Galaxienhaufen und Superhaufen mit etwa $10^{14}$ bis $10^{15}$ Sonnenmassen zusammenstürzen und sich auf Temperaturen von Millionen Grad aufheizen, während damals im frühen Universum Gebiete zusammenstürzten, die gerade mal so groß wie ein Kugelsternhaufen waren (etwa $10^5$ bis $10^6$ Sonnenmassen).

Das normale baryonische Gas aus Wasserstoff- und Heliumatomen wurde zunächst von der Dunklen Materie in die dichteren Gebiete mit hineingerissen und heizte sich dadurch auf. Im Gegensatz zur Dunklen Materie kann jedoch die normale Materie wesentlich kompaktere Objekte formen. Falls in einer derartigen Gaswolke der durch die Gravitationskraft verursachte Druck größer als der durch die Temperatur verursachte Gasdruck wird, kann die Wolke unter ihrer eigenen Schwerkraft zusammenstürzen und damit die Saat für Sterne liefern. Dazu muss sie allerdings eine Möglichkeit finden, sich abzukühlen. Wir wissen ja, dass sich Gas, das komprimiert wird, stark aufheizt, wie man am Beispiel der Luftpumpe und des Fahrradreifens sehen kann. Um ein kompaktes Gebilde, wie einen Stern zu formen, ist es deshalb notwendig, dass sich die durch die Schwerkraft komprimierte Gaswolke effizient abkühlen kann. Bei der baryonischen Materie wird das dadurch möglich, dass sie Strahlung aussendet. Im Gegensatz dazu kann die Dunkle Materie nie zu einem kompakten Objekt zusammenstürzen, weil sie keine elektromagnetische Strahlung aussendet und deshalb nicht kühlen kann.

Im frühen Universum gab es allerdings ein Problem mit der Strahlung. Da damals ja keinerlei schwerere Elemente existierten, sondern nur Wasserstoff- und Helium-Atome, die nicht besonders gut strahlen können, konnte das Gas nicht richtig abkühlen, ergo gab es auch keine Sterne. Das Universum musste auf einen weiteren „Einfrierungsprozess" warten: Erst als es sich auf frostige Temperaturen von etwa 100 K abgekühlt hatte, 200 bis 300 Millionen Jahre nach dem Urknall, schlossen sich Wasserstoff-Atome zu den ersten $H_2$-Molekülen zusammen. Diese Moleküle können durch Rotationen und Vibrationen starke Infrarotstrahlung erzeugen und damit die oben betrachtete Gaswolke sehr effizient abkühlen, die dadurch ihrer eigenen Schwerkraft folgt und in der Mitte ihres Mutter-Halos aus Dunkler Materie ein sehr kompaktes Objekt bildet. Noch während die Gaswolke kollabiert, erreicht sie in ihrem Zentrum so hohe Temperatur- und Druck-Werte, dass der Kernfusionsofen zündet – ein Stern ist geboren. Alle Spezialisten sind sich einig, dass die erste Generation von Sternen, die aus der primordialen Ursuppe von jungfräulichem Wasserstoff und Helium entstand, sehr große Massen im Bereich von 100 bis 1000 Sonnenmassen gehabt haben muss. Bei diesen Sternen geht die Verbrennung von Wasserstoff zu schwereren Elementen, Helium, Kohlenstoff, Stickstoff, Sauerstoff bis hinauf zum Eisen sehr schnell. Bereits nach wenigen Millionen Jahren explodiert ein derartiger Stern in einer gigantischen Supernova oder gar einer Hypernova. Durch den großen Druck in ihrem Zentrum werden die dort bereits erbrüteten Atome der schwereren Elemente zu noch schwereren, teilweise radioaktiven Elementen wie etwa Blei oder Uran zusammengeschweißt. Die Explosionswolke eines solchen Sterns rast mit Geschwindigkeiten von 10.000 km/s und mehr durch das umgebende Material und fegt so unter Umständen einen großen Teil des Gases aus seiner ursprünglichen Protogalaxie heraus. Gleichzeitig „verschmutzt" der Stern seine Umwelt mit den gesamten schweren Elementen, die er in seinem Innern gebildet hat. Mit dieser „Umweltverschmutzung" ermöglicht er erst das Leben der ganzen ihm nachfolgenden Generationen von Sternen, Planeten und letztendlich auch der Menschen. Höchstwahrscheinlich wird bei dieser Stern-Explosion auch das erste Schwarze Loch erzeugt. Es ist gut möglich, dass das bizarre Schwarze Loch im Zentrum der Monster-Galaxie M87 im Virgo-Haufen das älteste Objekt in unserer kosmischen Nachbarschaft darstellt.

Nachdem die erste Generation von Sternen in rasender Geschwindigkeit ihre kosmische Nachbarschaft mit schweren Elementen verschmutzt hatte, konnte vermutlich die weitere Sternentstehung so ablaufen, wie wir sie im modernen Universum beobachten – zum Beispiel im Orion-Nebel. Der wesentliche Unterschied besteht darin, dass schwere Elemente bei höheren Temperaturen deutlich besser abstrahlen können und deshalb bereits kleinere Gaswolken effizienter kühlen und zu leichteren Sternen kollabieren können. Masseärmere Sterne, wie zum Beispiel unsere Sonne, leben Milliarden Jahre, sehr viel länger als massereiche Sterne, und stellen deshalb den Hauptbestandteil normaler Galaxien dar. Der genaue Vorgang der Sternentstehung im modernen Universum ist allerdings bis heute nicht vollständig verstanden. Im Gegensatz zu den sehr einfachen Bedingungen im frühen Universum, in dem es nur Wasserstoff und Helium und keinerlei Licht gab, herrscht in den aktiven Sternentstehungsregionen im heutigen Universum ein chaotisches Tohuwabohu aus heißen und kaltem Gas, Molekülwolken mit komplexer chemischer Zusammensetzung, Staubwolken, Ultraviolettstrahlung, Magnetfeldern und durch Supernova-Explosionen verursachten Turbulenzen.

Mit modernen Supercomputern ist es jedoch gelungen die Bedingungen der Sternentstehung in einem Sternhaufen, ähnlich wie dem Orion-Nebel, anzunähern. Die Simulation im Film 7.11 modelliert den Kollaps und die Fragmentation einer Gaswolke mit 500 Sonnenmassen und einem Durchmesser von etwa 2,6 Lichtjahren (das ist weniger als der Abstand der Sonne vom nächsten Fixstern, Proxima Centauri!).

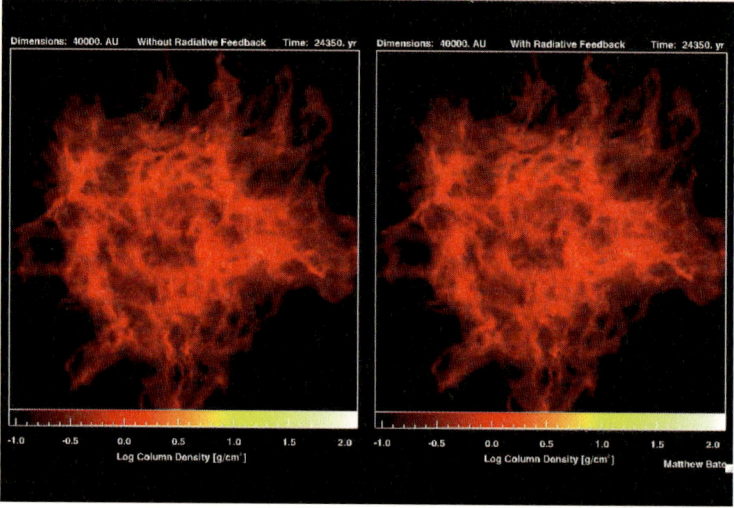

**Film 7.11** Moderne Supercomputer-Simulation der Sternentstehung in einer Gaswolke von 500 Sonnenmassen mit einem Durchmesser von etwa 2,6 Lichtjahren. Die Simulation läuft über 285.000 Jahre. Das Ende entspricht in etwa dem Orion-Nebel. (© Mathew Bate, Universität von Exeter) http://www.astro.ex.ac.uk/people/mbate/Cluster/Animations/BB2005_RTcomp_264.mov

Die Freifallzeit, also die Zeit, die die Wolke benötigen würde um vollständig zu kollabieren, ist etwa 190.000 Jahre und die Simulation läuft 285.000 Jahre. Die Wolke hat am Anfang künstlich aufgeprägte Dichte- und Geschwindigkeitsfluktuationen, die in etwa der Turbulenz im interstellaren Medium entsprechen. Die Simulation dauerte ungefähr 100.000 CPU-Stunden auf 16 Prozessoren der United Kingdom Astrophysical Fluids Facility (UKAFF).

Zunächst entstehen aus den Dichte- und Geschwindigkeitsunterschieden in der Wolke die charakteristischen Filamente, die wir bereits aus den großräumigen kosmologischen und den Galaxien-Simulationen kennen, allerdings hier auf viel kleineren Skalen. Schockwellen bilden sich aus und dämpfen die turbulenten Geschwindigkeiten in der Wolke. Nach 152.000 Jahren, etwa in der Mitte der Simulation haben sich die dichten Gebiete der Wolke so weit abgekühlt, dass der Gravitationskollaps erste kompakte Kerne erzeugt. Nach 190.000 Jahren bilden sich in diesen kompakten Kernen die ersten Sterne und Braunen Zwerge (das Auflösungsvermögen reicht noch nicht aus, um Planeten zu erzeugen). Nach etwa 210.000 Jahren beginnen Sterne und Braune Zwerge miteinander zu wechselwirken und durch Zentrifugalkräfte werden viele von ihnen aus der Wolke geworfen. Am Ende der Simulation sind etwa 1250 Sterne entstanden. Viele von ihnen sind in große Entfernungen von ihrem ursprünglichen Geburtsort hinausgeschleudert worden.

## 7.12 Protoplaneten im Orion-Nebel

Ein Gefühl für die Komplexität und wilde Romantik, die in einer modernen Sternentstehungsregion herrscht, kann man aus den faszinierenden Bildern in jedem Astronomie-Kalender gewinnen. Besonders beeindruckend ist der Orion-Nebel, den wir ja auf dem Flug zum Virgo-Haufen bereits kennen gelernt haben. Er ist etwa 1500 Lichtjahre von der Sonne entfernt und eine der aktivsten Sternentstehungsregionen in Sonnennähe. Im Zentrum des Nebels stehen vier junge, massereiche heiße Sterne, die das so genannte „Trapez" bilden. Mit ihrer enormen Leuchtkraft und ihren Sternwinden haben diese Sterne das Innere der enormen Gas- und Staubwolke ausgehöhlt und an einer Stelle komplett durchbrochen, so dass man von der Erde aus in das Innere dieses Sternen-Kreißsaals blicken kann. Aus Bildern des Hubble Space Teleskops, des Chandra-Röntgenobservatoriums und von bodengebundenen Sternwarten ist es Astronomen gelungen, ein echtes dreidimensionales Modell dieser Sternentstehungsregion zu entwickeln. Durch Aufnahmen im Infrarot- und im Röntgenlicht konnten etwa 1500 schwächere Sterne und Braune Zwerge identifiziert werden, die gerade aus dieser Sternenwiege geboren wurden. Außerdem kann man vor der Kulisse des hellen Nebels dunkle Flecken erkennen, als würde man von der Seite die Schatten von Scheiben sehen. In der Mitte jeder einzelnen dieser „Silhouetten-Scheiben", die wesentlich größer sind, als unser gesamtes Sonnensystem, sieht man im Infrarotlicht jeweils ein Sternen-Baby im Alter von etwa einer Million Jahren. Man nennt diese Objekte „protoplanetare Scheiben" oder „Proplyds" (vom englischen „protoplanetary disks"). Die Nahaufnahmen des Hubble-Teleskops zeigen außerdem kometenähnliche beziehungsweise kaulquappenförmige Strukturen, die daher rühren, dass die vier bereits voll entwickelten massereichen Trapez-Sterne im Zentrum des Nebels mit ihrer starken Ultraviolettstrahlung und ihren Stern-Winden das Material um die Proplyds herum wegblasen. Um die Scheiben herum bildet sich

**Film 7.12** Dreidimensionale Rekonstruktion des Orion-Nebels, die das San Diego Supercomputer Center für das Hayden Planetarium in New York angefertigt hat. Der Flug durch den Nebel zeigt die faszinierenden Phänomene der Sternentstehung im Zentrum dieses Sternen-Kreißsaals. (© D. Nadeau, J. Genetti, SDSC; C. Emmart, E. Wesselak, Hayden Planetarium; B. O'Dell, Zheng Wen, Rice University) http://www.scivee.tv/node/3071

auf diese Weise eine Überschall-Strömung, eine so genannte Schock-Front, die das Gas so stark aufheizt, dass es zu leuchten beginnt.

Film 7.12 zeigt die dreidimensionale Rekonstruktion des Orion-Nebels, die das San Diego Supercomputer Center mit modernsten Rendering-Methoden für das Hayden Planetarium in New York angefertigt hat. Tatsächlich hat der Nebel sehr große Ähnlichkeiten mit der Simulation von Mathew Bate in Film 7.11. Jedoch sind die Phänomene im Zentrum des Nebels viel realistischer und facettenreicher als es selbst die besten Computersimulationen zeigen können. Die helle Ultraviolettstrahlung der Trapezsterne dringt ein Stück weit in die Oberfläche der dunklen Gas- und Staubwolken des Nebels ein und bringt diese durch ionisierende Effekte in charakteristischen türkisblauen und bräunlichen Farben zum Leuchten. Je näher wir den Trapez-Sternen kommen, desto deutlicher sehen wir die kaulquappenähnlichen Strukturen der Schockfronten um junge Sterne und Proplyds. Wie die Kometen in der Nähe der Sonne weisen ihre Schweife alle weg von den hellen Sternen in der Mitte, weil sie von deren zerstörerischer Strahlung und ihren Sternwinden „abgefräst" werden.

Ein besonders faszinierendes Objekt taucht in der ersten Hälfte des Filmes auf und fliegt in Großaufnahme durch das Bild. Es ist das Orion Proplyd mit dem Namen „HST-10". Im Innern des flaschenartigen Gebildes ist eine grüne Scheibe um einen Baby-Stern zu sehen. Senkrecht zu dieser Scheibe wird ein Gasstrahl herausgeschossen, der das Material in der Schockfront in Flugrichtung des Proplyds zusätzlich zum Leuchten anregt, während er sich stromaufwärts noch weiter ausbreiten kann. Das Phänomen einer bipolaren Ausströmung ist von einer Reihe von Sternenembryos bekannt. Es handelt sich um eng gebündelte Gasströme von jungen Sternen, die mit Überschallgeschwindigkeit in das umgebende Medium hinausgeschossen werden. Die Achse dieses Jets steht dabei senkrecht auf der protostellaren Scheibe, was darauf hindeutet, dass die Rotation des Sterns beziehungsweise der Scheibe für diesen Jet verantwortlich ist. Ein ähnlicher Jet ist uns ja schon bei dem massereichen Schwarzen Loch in der Galaxie M87 begegnet.

Die Scheibe und der Jet zeigen uns, wie die Natur mit dem Problem des Drehimpulses fertig wird und deuten gleichzeitig auf die Entstehung von Planeten hin. Die sich zu einem Stern zusammenballende Molekülwolke dreht sich am Anfang langsam. Bei ihrem Zusammensturz muss sie deshalb ihren Drehimpuls loswerden. Wenn eine Schlittschuhläuferin bei einer Pirouette die Arme anzieht, dreht sie sich immer schneller. Der kollabierenden Gaswolke ergeht es ähnlich. Je stärker sie sich kontrahiert, desto schneller rotiert sie. Die Frage, wie sie letztlich ihren Drehimpuls los wird, ist gegenwärtig ein Schwerpunkt intensiver Forschung. Eine mögliche Lösung ist die Bildung von Doppel- oder Mehrfachsternen, die zum Teil anschließend aus ihrer Wolke herausgeschleudert werden, wie wir im Film 7.11 gesehen haben. Etwa die Hälfte aller Sterne befindet sich in Doppel- oder Mehrfachsystemen. Eine andere Möglichkeit ist die Bildung einer Staubscheibe, aus der am Ende ein Planetensystem hervorgeht. In unserem Sonnensystem stecken etwa 90 % des Drehimpulses in den Planeten, während umgekehrt 90 % der Masse im Zentralgestirn versammelt sind. Das Planetensystem entsteht aus einer dünnen Scheibe, die den Ringen des Saturn ähnelt, aber viel dichter ist. Derartige, so genannte *Akkretionsscheiben* werden im Kosmos immer dann gebildet wenn ein rotierendes Objekt unter seiner eigenen Schwerkraft zusammenstürzt. In der Äquatorebene hält ab einer gewissen Rotationsgeschwindigkeit die Zentrifugalkraft der Schwerkraft die Waage, während entlang der Rotationsachse der Schwerkraft zunächst nichts entgegenwirkt. Rotierende, unter ihrer eigenen Schwerkraft zusammenfallende Gaswolken werden deshalb automatisch zu dünnen Scheiben geformt, ähnlich wie der Pizzabäcker durch Rotation einen Teigklumpen in einen Pizzaboden verwandelt. Solche Scheiben kennen wir aus der Stern- und Planetenentstehung, von der „Akkretion" von Materie auf einen kompakten Sternüberrest, beispielsweise einen Weißen Zwerg, einen Neutronenstern oder ein Schwarzes Loch, oder in gigantischem Maßstab von den galaktischen Scheiben der Spiralgalaxien.

Der entstehende Stern löst sein Drehimpulsproblem dadurch, dass er gleichsam „seine Arme abwirft", also die Scheibe zurücklässt und sich auf diese Weise in deren Zentrum weiter komprimieren kann. Numerische Simulationen zeigen, dass in diesen Scheiben Materie nach innen und Drehimpuls nach außen transportiert wird. Aus der *Akkretionsscheibe* entstehen dann durch Aufsammeln der zunächst nur mikrometergroßen Staubteilchen und durch das weitere Zusammenballen von „Staubflusen" und „Wollmäusen" zu immer größeren Materieklumpen langsam die Planeten. Das faszinierende Objekt HST-10 könnte also gut und gerne ein Modell der Frühphase unseres eigenen Planetensystems darstellen, zu einer Zeit, als die Sonne noch im Wochenbett ihrer Mutterwolke lag und sich gerade von der Plazenta abgelöst hatte.

## 7.13 Ausblick

Die Geschichte ist damit natürlich noch längst nicht zu Ende. Im Gegenteil, für andere Fachgebiete, wie die Geologie, Früh-Biologie, Biochemie, Archäologie, Soziologie, Religions- und Politikwissenschaft beginnt sie gerade erst. Wenn man die

Geschichte des Kosmos in ein Jahr einteilt, dann entsteht die Sonne und mit ihr die Erde Anfang September. Bereits Ende September gibt es auf der Erde einfachste Lebensformen – Cyanobakterien, die für viele Milliarden Jahre die Geschichte der Erde bestimmen. Erst Mitte Dezember entstehen in einer Art Urknall der Evolution eine große Menge verschiedener Lebewesen, sämtliche Baupläne der heutigen Flora und Fauna der Erde werden innerhalb kürzester Zeit entwickelt. Am 25. Dezember entstehen die Säugetiere und am 29. Dezember sterben die Dinosaurier aus. Die Vorfahren des Menschen betreten am Silvester-Abend zur Tagesschau die Bühne. Der moderne Mensch, Homo Sapiens, entsteht 6 min vor Mitternacht. Das Christentum und sämtliche anderen großen Weltreligionen entstehen in den letzten 10 s und unser eigenes Leben entspricht in diesem Maßstab 0,23 s – ein Wimpernschlag in der Geschichte des Kosmos.

Bevor wir jetzt aus lauter Verzweiflung über unsere Unwichtigkeit den Kopf in den Sand stecken, sollten wir uns klar machen, dass die Geschichte des Kosmos einzigartig ist und dass sie auf eine bisher noch völlig unverstandene Weise in einem extrem fein abgestimmten System merkwürdiger Zufälle zu unserer Existenz geführt hat. Wir haben bisher noch keinen Planeten gefunden, der auch nur annähernd ein Leben ermöglichen würde, wie auf der Erde. Gleichzeitig operieren wir aber in globalen Maßstab an dem fein abgestimmten Klima-Gleichgewicht der Erde herum und beschleunigen derzeit die globale Erwärmung um mehr als das Hunderttausendfache im Vergleich zu der astronomischen Erwärmung durch die stetig größer werdende Sonne. Wir müssen deshalb weiter versuchen, zu verstehen woher wir kommen und wohin wir gehen, um den nachfolgenden Generationen dieselben, üppigen Lebensbedingungen zu erhalten, die wir vom Kosmos geschenkt bekommen haben. Und ja, wir müssen neue saubere Energiequellen entwickeln. Wenn uns das gelingt, spricht nichts dagegen, dass die Menschheit die sechs Minuten, die sie bisher existiert vielleicht auf Tage, Wochen und Monate in der Zukunft ausdehnen kann. Dann könnten unsere Nachfolger vielleicht im Frühjahr der Hochzeit unserer Milchstraße mit dem Andromeda-Nebel zusehen.

# 8 Endzustände der Materie im Kosmos*

Joachim Trümper

## 8.1 Einleitung

Der Kosmos ist nach den heutigen Vorstellungen vor etwa 13,7 Milliarden Jahren im „Urknall" entstanden und seitdem in ständiger Expansion begriffen, als deren Folge die Dichte der Materie kontinuierlich abnimmt. Am Anfang, als die Elementarteilchen entstanden, haben unvorstellbar große Dichten und Temperaturen (10 Billionen Kelvin) geherrscht. Inzwischen ist infolge der Expansion die Temperatur auf 2,7 K und die mittlere Dichte auf äußerst geringe Werte abgefallen: Denkt man sich die derzeit vorhandene Materie gleichmäßig über den Raum verteilt, so befindet sich in einem Kubikmeter weniger als ein Wasserstoff-Atom. Diese Teilchen-Dichte ist um viele Größenordnungen geringer als im besten Höchst-Vakuum des irdischen Labors.

Nun ist die Materie im Kosmos keineswegs gleichmäßig verteilt, sondern in Galaxien versammelt (Abb. 8.1), die durch die Wirkung der Gravitation aus kosmischen Gaswolken entstanden sind. Darüber berichtet Günther Hasinger in diesem Buch. In dem mit modernen Teleskopen erfassbaren Teil des Kosmos gibt es viele Milliarden solcher Galaxien, und unsere Milchstraße ist eine von ihnen. Sie ist etwa 10 Milliarden Jahre alt und umfasst etwa 100 Milliarden Sterne, zu denen auch unsere Sonne gehört – ein durchaus mittelmäßiger Stern; denn es gibt solche, die etwa hundert mal mehr Masse besitzen, während andere mit weniger als einer zehntel Sonnenmasse auskommen müssen. Mit unbewaffnetem Auge sind nur die hellsten 6000 Sterne unserer Galaxie am Himmel zu sehen (Abb. 8.2a), während das Licht der schwächeren Objekte das diffuse Licht der „Milchstraße" erzeugt, die sich in einer klaren, dunklen Nacht als schwach leuchtendes Band am Himmel abzeichnet. Sterne in anderen Galaxien sind mit dem Auge überhaupt nicht auflösbar. Seit vor genau 400 Jahren Galileo Galilei zum ersten Mal ein Teleskop an den Himmel richtete und damit seine epochalen Entdeckungen machte, ist die Astronomie mit immer größeren Teleskopen immer weiter in den Kosmos vorgestoßen. Das Very Large Telescope (VLT) der Europäischen Südsternwar-

\* Dieser Beitrag verwendet Filme zur Visualisierung. Sie finden diese auf extras.springer.com

Joachim Trümper (✉)
Max-Planck-Institut für Physik und Astrophysik, Karl-Schwarzschild-Straße 1,
85748 Garching b. München
E-mail: jtrumper@mpe.mpg.de

**Abb. 8.1** Der Andromeda-Nebel in 2 Millionen Lichtjahren Entfernung ist eine Spiralgalaxie wie unsere Milchstraße und hat wie diese zwei kleinere Galaxien als Begleiter. (Copyright: NASA)

te ESO – das derzeit größte seiner Art – gestattet es, Objekte zu erfassen, die einige hundert Millionen mal schwächer sind als die schwächsten jener 6000 Sterne. Nicht weniger bedeutsam ist die Ausdehnung der astronomischen Beobachtungen vom sichtbaren Licht, das eine Oktave in Wellenlängen umfasst, auf das ganze Spektrum der elektromagnetischen Strahlung. Die Radio-, Submillimeter-, Infrarot-, Ultraviolett-, Röntgen- und Gamma-Astronomie zusammengenommen umfassen etwa 80 Oktaven in Wellenlänge. In jedem dieser Bereiche sieht der Himmel verschieden aus, und deshalb hat die Ausweitung der Beobachtungsmöglichkeiten sehr viele neue Erkenntnisse, auch grundlegender Art, erbracht. Beigetragen dazu haben auch die Neutrino-Astronomie und die Messungen an der Kosmischen Partikelstrahlung, die bereits vor über hundert Jahren von Viktor Hess entdeckt wurde, aber erst in den letzten Jahrzehnten voll in das astrophysikalische Weltbild integriert wurde. In der Zukunft erwarten wir weitere fundamentale Erkenntnisse von der Gravitationswellen-Astronomie, die sich derzeit im statu nascendi befindet. Um die Entwicklung des Kosmos und seiner Materiezustände immer besser zu verstehen, müssen wir die Informationen aus allen Bereichen zusammennehmen und physikalisch interpretieren. Dabei ist das Wechselspiel zwischen Theorie und Beobachtung, die sich gegenseitig anstoßen und befruchten, von entscheidender Bedeutung.

8 Endzustände der Materie im Kosmos

a

**Abb. 8.2** **a)** Dies ist ein Ausschnitt von $50 \times 75°$ Größe des Sternhimmels über München im Winter. Der helle Stern am linken Rand ist Sirius A, der hellste Stern am Himmel. Auch der Orion (*Mitte*), die Hyaden und Plejaden (*rechts oben*) sind im Bild. Die *helle gelbe Quelle oben* ist der Mond. (Copyright: MPE)

Für das Thema dieses Artikels ist die Röntgenastronomie von besonderer Bedeutung. Wie verschieden der Röntgenhimmel von dem im sichtbaren Licht ist, zeigt Abb. 8.2b.

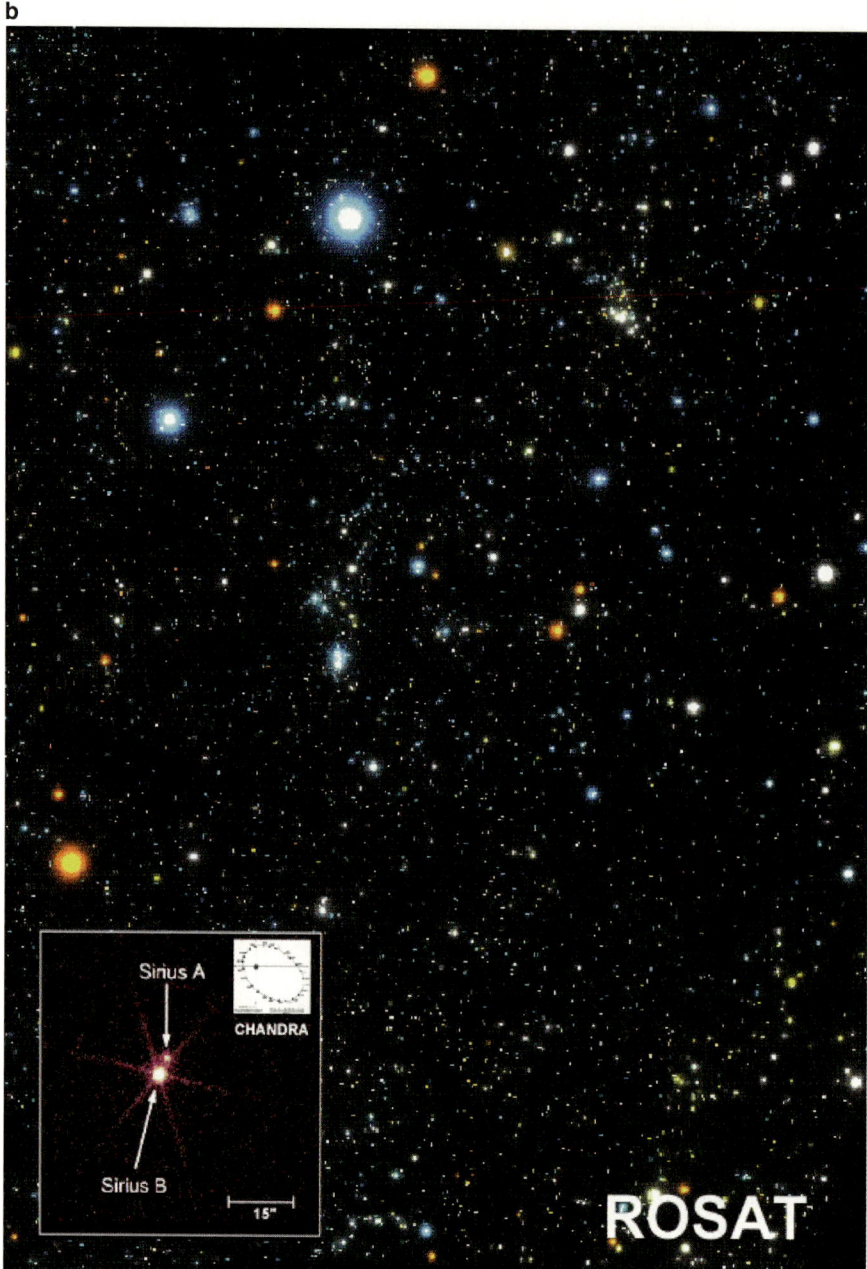

**Abb. 8.2 b)** Dieser Ausschnitt des ROSAT-Röntgenhimmels entspricht genau dem von Abb. 8.2a. Der helle Stern *am linken Bildrand* ist der Weiße Zwerg Sirius B, der Sirius-A umkreist und wegen seiner hohen Temperatur eine helle Röntgenquelle ist. Hellste Quelle ist der Crabnebel. Auch der Mond, einige Sterne des Orion, die Hyaden und Plejaden sind sichtbar. Etwa 40 % aller schwächeren Objekte sind Quasare. (Copyright: MPE)

## 8.2 Geburt, Leben und Tod der Sterne

Wir wissen heute, dass die so genannten „Fixsterne" weder im Raum noch in der Zeit fixiert sind: Sie werden geboren, sie leben und sie sterben. Und sie bewegen sich im Gravitationsfeld ihrer Galaxie. So braucht die Sonne etwa 200 Millionen Jahre, um einen Umlauf um das Milchstraßenzentrum zu vollenden. Seit der Entstehung des Sonnensystems vor 4,5 Milliarden Jahren hat sie also bereits über 20 Runden gedreht. Die Geburt eines Sterns ist ein langsamer Vorgang, den Günther Hasinger in seinem Essay bereits beschrieben hat. Ausgangspunkt ist eine Gas- und Staubwolke, die sich infolge ihrer Eigen-Gravitation zusammenzieht (Abb. 8.3). Dabei steigt aufgrund der wachsenden Kompression die Temperatur im Zentrum laufend an, bis bei Werten von etwa 10 Millionen Grad die Kernfusion zündet und die damit verbundene Druckentwicklung die Kontraktion stoppt. In einer ersten Brennstufe wird Wasserstoff in Helium umgewandelt („verbrannt"), und nach dem Verbrauch des Wasserstoffs werden bei massereicheren Sternen bei höheren Temperaturen weitere Brennstufen gezündet. So werden immer schwerere Elemente gebildet. Allerdings ist spätestens beim Eisen Schluss, denn dies ist das nuklear stabilste Element, bei dessen nuklearer Verbrennung keine Energie freigesetzt, sondern verbraucht würde. Bei masseärmeren Sternen wie der Sonne erlischt die Fusion bereits, bevor der Kern bis zum Eisen durchgebrannt ist. Das Leben der Sterne besteht also im Prinzip aus einem ständigen Wechsel und Nebeneinander von Kontraktion und Kernfusion. Die im Laufe eines Sternlebens abgestrahlte Energie stammt streng genommen nicht nur aus der Kernfusion, denn auch bei der Kontraktion wird Energie frei – nämlich Gravitationsenergie. Die nukleare Entwicklung eines Sterns ist theoretisch weitgehend verstanden und wird seit den fünfziger Jahren des letzten Jahrhunderts in immer feineren Details im Computer nachvollzogen. Was nach dem Erlöschen der Kernfu-

**Abb. 8.3** Die Aufnahmen des Hubble Space Telescopes zeigt den Adler-Nebel, eine riesige dichte Gas- und Staubwolke in der Milchstraße. In solche Wolken befinden sich die Geburtsstätten vieler Sterne. (Copyright: NASA)

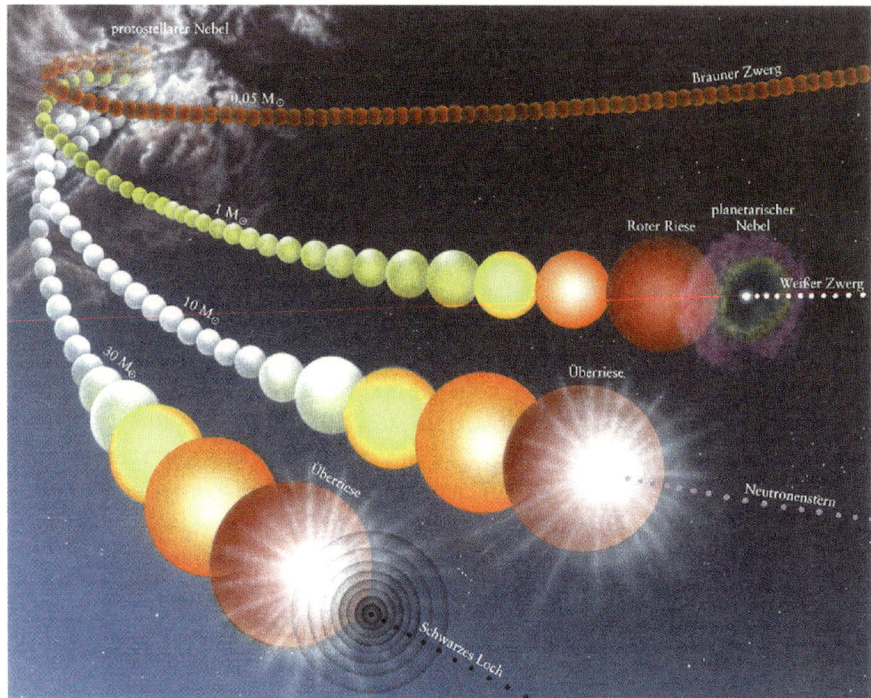

**Abb. 8.4** Übersicht über die Entwicklungswege und Endstadien der Sterne und ihre Abhängigkeit von der Sternmasse (in Einheiten der Sonnenmasse). (M. Begelmann, M. Rees: Schwarze Löcher im Kosmos, Spektrum Verlag)

sion aus einem Stern wird, hängt sehr von seiner Masse am Beginn der nuklearen Entwicklung ab. Massearme Sterne kontrahieren langsam zu Weißen Zwergen, bei massereicheren Sternen kollabiert der ausgebrannte Kern zu einem Neutronenstern oder einem Schwarzen Loch. Die Masse der Sterne bestimmt auch ihre Lebenserwartung. Die Entwicklung etwa unserer Sonne bis zum Weißen Zwerg dauert etwa 6 Milliarden Jahre, während sehr massereiche Sterne bereits nach wenigen Millionen Jahren als Schwarzes Loch enden. Eine Übersicht über die Entwicklungswege gibt die Abb. 8.4.

## 8.3 Endstadien der Sternentwicklung – Braune Zwerge

Bei Sternen, die weniger als etwa 7 % der Sonnenmasse besitzen, kommt die normale Kernfusion überhaupt nicht in Gang, weil die nötigen Temperaturen nicht erreicht werden. Diese Objekte verbrennen im Kern bei relativ niedrigen Temperaturen nur die leichten, im Urknall entstandenen Elemente – die Wasserstoffisotope Deuterium und Tritium, sowie das Helium 3 und das Lithium 7. Nach diesem Strohfeuer erkalten sie langsam und werden immer leuchtschwächer. Der Übergang zwischen ihnen und den Planeten ist fließend.

## 8.4 Die Magnetfelder und Rotationsperioden kompakter Sterne

Unsere Sonne besitzt ein magnetisches Dipolfeld mit einer Polfeldstärke von etwa einem hundertstel Tesla. In den Sonnenflecken treten lokale Felder bis etwa einem Tesla auf, was der Stärke eines sehr kräftigen Elektromagneten entspricht. Der Dynamo-Mechanismus, der für die Erzeugung dieser Felder verantwortlich ist, wirkt in fast allen Sternen, ebenso wie manchen Planeten und sogar in den Spiralarmen der Galaxien. Beim Übergang in die kompakten Endstadien der Sterne werden diese Magnetfelder verstärkt. Dies liegt daran, dass sie in dem hoch-leitfähigen stellaren Plasma eingefroren sind und bei der Kontraktion bzw. beim Kollaps mitgerissen werden. Dabei bleibt nach den Gesetzen der Elektrodynamik der magnetische Fluss, also das Produkt aus Magnetfeldstärke und Querschnitt der magnetischen Flussröhre erhalten. Das führt dazu, dass die Magnetfeldstärke in dem Maße ansteigt wie das Quadrat des Sternradius abnimmt. So ergeben sich bei den Weißen Zwergen, die etwa Erdgröße haben, Magnetfeldstärken von 10 bis 10 000 Tesla während sie bei den Neutronensternen (Radius $\sim$ 10 km) von 10 000 bis mehr als 10 Milliarden Tesla betragen, was durch die Beobachtungen vielfach bestätigt ist.

Beim Übergang in das Endstadium spielt noch eine weitere Erhaltungsgröße eine große Rolle – der Drehimpuls. Auf die Verkleinerung seines Radius und damit des Trägheitsmoments reagiert der Stern mit einer Zunahme seiner Rotationsfrequenz. Infolge des gigantischen Pirouetteneffekts betragen die Rotationsperioden bei neugeborenen Weißen Zwergen und Neutronensternen Minuten beziehungsweise Millisekunden.

## 8.5 Weiße Zwerge

Sterne, die nach ihrer Geburt Massen von weniger als 8 Sonnenmassen besitzen, zu denen also unsere Sonne gehört, kontrahieren nach dem Ende der nuklearen Verbrennung, bis im Kern Dichten von etwa einer Tonne pro Kubikzentimeter(!) erreicht werden. Dann verhindern die Elektronen eine weitere Kompression der Materie, weil sie nach den Gesetzen der Quantenphysik („Pauli-Verbot") auf eine zunehmende Verdichtung mit einer Druckentwicklung reagieren („Fermi-Druck"). Die Elektronen bilden gewissermaßen eine dichteste Packung, die den Stern stabilisiert. Dies ist der gleiche Effekt, der die Elektronenhülle eines Atoms daran hindert, in den winzigen Atomkern zu stürzen. So entsteht aus dem Stern ein „Weißer Zwerg", der einen Radius von einigen Tausend Kilometer besitzt und damit etwa die Größe der Erde aufweist, aber wegen seiner großen Masse ein viel stärkeres Gravitationsfeld als diese aufweist. Der Übergang in dieses Endstadium verläuft relativ langsam und ist von Explosionen begleitet, bei denen Hüllen abgestoßen werden, die als „Planetarische Nebel" – wundersam geformte und farbenprächtige Himmelsobjekte – bekannt sind.

**Historisches**: Der wohl bekannteste Weiße Zwerg ist der Sirius-Begleiter (Sirius B), dessen Existenz 1834 von dem berühmten Mathematiker und Astronomen Friedrich Wilhelm Bessel postuliert wurde, um die von ihm entdeckte Schlangenlinie, mit der sich Sirius am Himmel bewegt, zu erklären. Sie ist eine Folge der Kreisbewegung beider Sterne um ihren gemeinsamen Schwerpunkt. Erst 1862 gelang es dem englischen

> Astronomen Clark, Sirius B als schwaches Sternchen direkt auszumachen. Nach der Messung seines Spektrums und der Bestimmung der Temperatur durch Adams (1914) wurde klar, dass dieser Stern etwa hundertmal kleiner ist als ein normaler Stern, und Adams gelang es auch, erstmals die Rotverschiebung der Fraunhoferlinien zu bestimmen, die dadurch zustande kommt, dass die Lichtquanten beim Entweichen aus dem starken Gravitationsfeld einen Energieverlust erleiden. Aus den Messungen ergibt sich für Sirius-B eine Masse von 1,05 Sonnenmassen und ein Radius von 4000 km. Für die kleinen Radien und die entsprechend großen Dichten dieser Sterne gab es zunächst keine physikalische Erklärung, bis dann 1926 das Rätsel mit Hilfe der gerade erstandenen Quantenmechanik gelöst wurde.

Die quantitative Theorie des Aufbaus von Weißen Zwergen wurde Anfang der dreißiger Jahre von Chandrasekhar aufgestellt, indem er Gravitationstheorie und Quantenmechanik miteinander kombinierte. Seine Theorie, für die er über 50 Jahre später den Nobelpreis für Physik (1983) bekam, ergab, dass diese Sterne eine obere Massengrenze von etwa 1,4 Sonnenmassen besitzen. Wird diese Chandrasekhar-Masse genannte Grenze überschritten, so gewinnt die Gravitation die Oberhand über den Fermi-Druck der Elektronen, und der Weiße Zwerg bricht in weniger als einer Sekunde in sich zusammen und geht in einen Neutronenstern über. Dies passiert in massereichen Sternen, in deren Kern sich durch die Kernfusion quasi ein Weißer Zwerg bildet. Wir werden darauf im Kapitel über Supernovae und Neutronensterne zurückkommen.

Ein anderes Szenario für das Ende eines Weißen Zwergs ergibt sich, wenn er in einem engen Doppelsternsystem (Abb. 8.5) soviel Masse von einem Begleiter empfängt, dass die Chandrasekhar-Grenze überschritten wird. In diesem Stadium ist der stellare Kern in der Regel bis zum Kohlenstoff oder Sauerstoff durchgebrannt, und diese Elemente verbrennen dann schlagartig. Das Ergebnis ist eine gewaltige Explosion, welche den Weißen Zwerg vollständig zerreißt. Es gibt also in diesem Fall in der Regel keinen stellaren Überrest. Derartige Supernova-Explosionen vom Typ Ia stellen sehr helle „Einheitskerzen" dar, die sich vorzüglich für Entfernungsbestimmungen im Kosmos eignen. Sie haben in letzter Zeit für Furore gesorgt, weil sich aus den Messungen ergibt, dass die Expansion des Kosmos durch die Wirkung einer mysteriösen Dunklen Energie beschleunigt abläuft.

## 8.6 Tanzende Sterne I: Weiße Zwerge in Doppelsternsystemen

Die Mehrheit aller Sterne in der Milchstraße befindet sich in Doppelsternsystemen, ein kleiner Teil sogar in Systemen mit mehr als einem Partner. In engen Doppelsternsystemen verläuft die Entwicklung oft sehr kompliziert, weil sich die Partner je nach Masse verschieden schnell entwickeln und es dabei auch zum Massenaustausch kommt. Enge Systeme aus einem massearmen, nuklear brennenden Stern und einem Weißen Zwerg sind relativ häufig. Ihre Zahl in der Milchstraße wird auf etwa eine Million geschätzt, von denen etwa 1600 katalogisiert sind. Beim Massentransfer (Akkretion) auf den Weißen Zwerg (Abb. 8.5), verbrennt der frisch akkretierte Wasserstoff an der Oberfläche, was entweder explosiv oder in Form eines über längere Zeit stationären Brennens erfolgen kann. Das letztere ist dann der Fall, wenn der Weiße Zwerg gerade soviel Materie akkretiert, wie er stationär verbrennen kann.

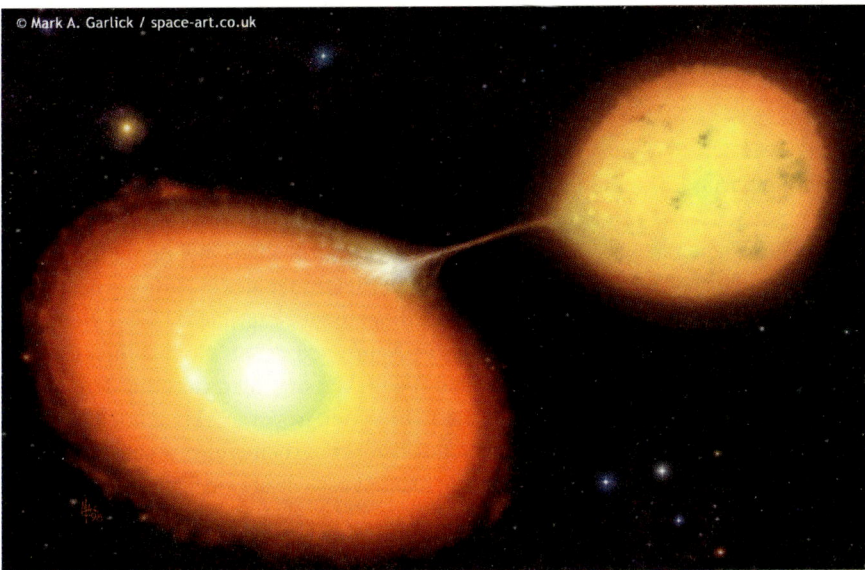

**Abb. 8.5** Doppelsternsysteme, bei denen Materie von dem normalen (nuklear brennenden) Stern auf den kompakten Begleiter übergeht, der ein Weißer Zwerg, ein Neutronenstern oder ein Schwarzes Loch sein kann, sind helle Röntgenquellen. (Copyright: Mark Garlick, space-art.co.uk)

Derartige Fusionsreaktoren auf der Oberfläche eines Sterns sind zum ersten Mal Anfang der neunziger Jahre als intensive Quellen weicher Röntgenstrahlung („supersoft sources") mit dem Röntgensatelliten ROSAT zweifelsfrei nachgewiesen worden, lange nachdem ihre Existenz von theoretischen Astrophysikern vorhergesagt waren.

Ist das Magnetfeld des Weißen Zwergs relativ klein, kleiner als etwa 100 Tesla, so erfolgt der Massentransfer über eine Akkretionsscheibe (Abb. 8.5). Besitzt der Weiße Zwerg dagegen ein starkes Magnetfeld, etwa 10 000 Tesla, so wird der Akkretionsstrom vom Magnetfeld kanalisiert und erzeugt an den Magnetpolen heiße Flecken, die intensive Röntgenstrahlung abgeben. Aufgrund der vielen verschiedenen Möglichkeiten, die sich hinsichtlich der Sternmassen, ihrer Abstände, der Massenübergangsraten und der Magnetfelder der Weißen Zwerge ergeben, ist die Phänomenologie dieser Objekte, die unter dem Namen „Kataklysmische Variable" zusammengefasst werden, außerordentlich vielfältig. Es gibt sogar zwei Systeme, bei denen offenbar zwei Weiße Zwerge im Minutentakt umeinander kreisen. Dies sind die kompaktesten Doppelsternsysteme, die man überhaupt kennt. Bei ihnen sind die beiden Partner aufgrund der hohen Fliehkräfte stark verformt. Die Gesamtzahl solcher Systeme in der Milchstraße wird auf mehr als 10 Millionen geschätzt. Ihrer Bahnbewegung wird durch die Emission von Gravitationswellen Energie entzogen, was dazu führt, dass sie sich in einer Spiralbewegung einander nähern und am Ende nach einem wilden Tanz miteinander verschmelzen. Dies könnte zu einer Supernova-Explosion vom Typ Ia führen, die allerdings deutlich lichtschwächer sein sollte als die „normalen" Explosionen dieser Art, bei denen ein einzelner Weißer Zwerg über die Chandrasekhar-Grenze getrieben und durch die explosive Fusion von Kohlenstoff und Sauerstoff zerrissen wird.

## 8.7 Supernovae und Neutronensterne

Neutronensterne bilden das Endstadium von Sternen, deren Anfangsmassen zwischen etwa 8 und 25 Sonnenmassen liegen. Bei diesen Sternen brennt die Kernfusion im Kern bis zum Eisen durch. Überschreitet die Masse des Eisenkerns, der physikalisch praktisch nichts anderes ist als ein Weißer Zwerg im Inneren des normalen Sterns, die Chandrasekhar-Grenze, so kommt es zum Kollaps, bei dem ein Neutronenstern entsteht (Abb. 8.6). Dabei werden die Elektronen in die Atomkerne hineingepresst und verbinden sich dort mit den Protonen zu Neutronen, wobei Neutrinos emittiert werden ($e^- + p \rightarrow n + \nu_e$). Für Neutronen gelten die gleichen Gesetze der Quantenmechanik wie für Elektronen (Pauli-Verbot), allerdings mit dem Unterschied, dass ihre dichteste Packung wegen ihrer viel größeren Masse noch ungleich dichter ist: Die zentralen Dichten von Neutronensternen betragen etwa eine Milliarde Tonnen pro Kubikzentimeter! Im Grunde handelt es sich um riesige Atomkerne mit einem Atomgewicht von $10^{57}$. Allerdings ist ihre Materiedichte im Zentrum etwa 4–6mal größer als die der normalen Atomkerne, weil die Gravitation eine zusätzliche Kompression bewirkt. Bei diesen Dichten treten neben den Neutronen auch Protonen und massereichere, angeregte Zustände dieser Teilchen auf. Da für jede einzelne dieser Teilchensorten das Pauli-Verbot gilt, ist es kernphysikalisch möglich, mehr Masse in einem Kubikzentimeter unterzubringen als bei normaler Kernmaterie. Wegen ihrer großen Masse und geringen Radius haben Neutronensterne ungeheure Gravitationsfelder. Die Schwerebeschleunigung ist etwa 200 Milliarden Mal größer als auf der Erde. Auf einem Neutronenstern wäre ein Mensch platt wie eine Briefmarke.

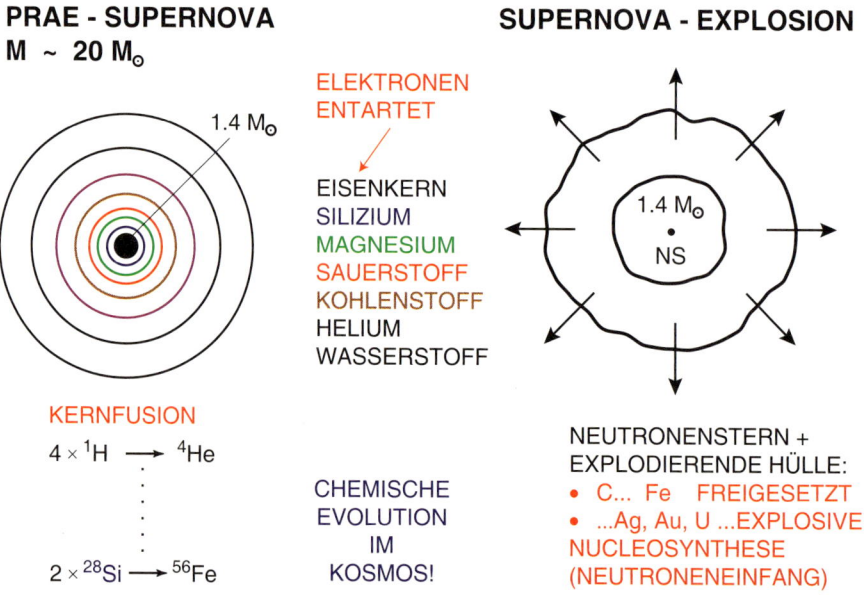

**Abb. 8.6** Aufbau eines Sterns von 20 Sonnenmassen kurz vor dem Kollaps des Eisenkerns (*links*), bei dem ein Neutronenstern entsteht und die Hülle des Sterns in einer gewaltigen Explosion fortgeschleudert wird (*rechts*). Derartige Supernova-Explosionen schütten nuklear angebranntes Material aus und sorgen für die chemische Entwicklung im Universum. (Copyright: MPE)

**Historisches:** Der sowjetische Physiker Lev Landau, der Anfang der dreißiger Jahre als Erster über die Existenz von Sternen mit Atomkerndichten nachdachte, soll sie in einer Diskussion mit Niels Bohr, „unheimliche Sterne" genannt haben, weil sie wegen ihres kleinen Radius ($\sim 10$ km) wohl nie gesehen werden könnten. Er spekulierte, dass sie sich vielleicht dadurch bemerkbar machen, dass sie beim Zusammenstoß mit einem normalen Stern diesen zur Explosion bringen und damit eine Supernova auslösen würden, deren enorme Energieabstrahlungen bis dahin unverstanden waren. Astronomisch gesehen war diese Hypothese allerdings von vornherein unhaltbar, weil Zusammenstöße von Sternen viel zu selten sind. Im Jahre 1934 stellten der deutsche Astrophysiker Walter Baade und sein Schweizer Kollege Fritz Zwicky in Kalifornien eine weittragende Hypothese auf, ohne etwas von den Überlegungen Landaus zu wissen. Sie schlugen vor, dass überdichte Objekte, die sie Neutronensterne tauften, beim Kollaps eines normalen Sterns entstehen und dass dabei die Hülle des Sterns in einer gewaltigen Explosion fortgeschleudert wird, welche als Supernova in Erscheinung tritt. Diese kühne Hypothese hat sich seitdem in vielfacher Weise bestätigt.

Im Jahre 1967 registrierten die Studentin Jocelyn Bell und ihr Doktorvater Anthony Hewish mit einem Radioteleskop periodische Signale, als deren Quelle man zunächst die Zündkerzen vorbeifahrender Autos im Verdacht hatte. Als feststand, dass die Quelle am Sternhimmel fixiert war, dachte man an Signale außerirdischer Zivilisationen (LMG, „little green men"). Aber dann wurde bald klar, dass es sich bei der Quelle um einen schnell-rotierenden hoch-magnetischen Neutronenstern handelt, der wie ein Leuchtfeuer einen Radiostrahl aussendet (Abb. 8.7). Für diese Entdeckung wurde Hewish mit dem Nobelpreis für Physik belohnt, seine Studentin ging leer aus. Heute kennen wir etwa 1500 Radiopulsare, und man hat durch ihre Beobachtungen viel über Neutronensterne gelernt. Unter anderem erlauben Messungen der Pulsarbremsung, ihre Magnetfelder abzuschätzen. Dabei ergeben sich gigantische Werte von $10^4$ bis $10^9$ Tesla.

Beim Kollaps zum Neutronenstern wird auf einen Schlag etwa soviel Energie freigesetzt wie der Stern während seiner ganzen, viele Millionen Jahre dauernden nuklearen Entwicklung abgestrahlt hat. Die freiwerdende Energie sorgt dafür, dass die gesamte Hülle des Sterns, also die gesamte Materie außerhalb des zurückbleibenden Neutronensterns, abgesprengt wird. Derartige Supernova-Explosionen vom Typ II haben unterschiedliche Lichtkurven, je nach Masse und Drehimpuls des explodierenden Sterns.

Aus der Statistik der jährlich in fernen Galaxien registrierten Supernovae kann man schließen, dass in der Milchstraße etwa alle dreißig bis hundert Jahre ein Stern explodieren muss. In der Tat gibt es aus den letzten tausend Jahren eine Reihe von historischen Berichten über „Gaststerne" (wie sie in China genannt wurden) oder „Novae" (in Europa), bei denen es sich um Supernovae gehandelt haben muss. Die Unterscheidung zwischen Novae und den Supernovae, die um etliche Zehnerpotenzen in ihren Energieumsätzen differieren, wurde erst im zwanzigsten Jahrhundert möglich, nachdem die Entfernungen der Ereignisse bestimmt werden konnten. Auf den ersten Blick ist verwunderlich, dass die letzte Supernova in der Milchstraße von Johannes Kepler im Jahr 1604 beobachtet wurde. Dies kann auf einer statistischen Schwankung beruhen, liegt aber auch an der Lichtabsorption innerhalb der Milchstraße durch Staubwolken, die z. B. den Blick auf die Zentralregion der Milchstraße erheblich behindert. Dieser Effekt dürfte auch dafür verantwortlich sein, dass die Supernova im Sternbild Cassiopeia (Cas A, siehe Abb. 8.10), die um das Jahr 1680 explodiert sein muss, nicht auf der Erde wahrgenommen wurde. Ihr Alter ist wie das

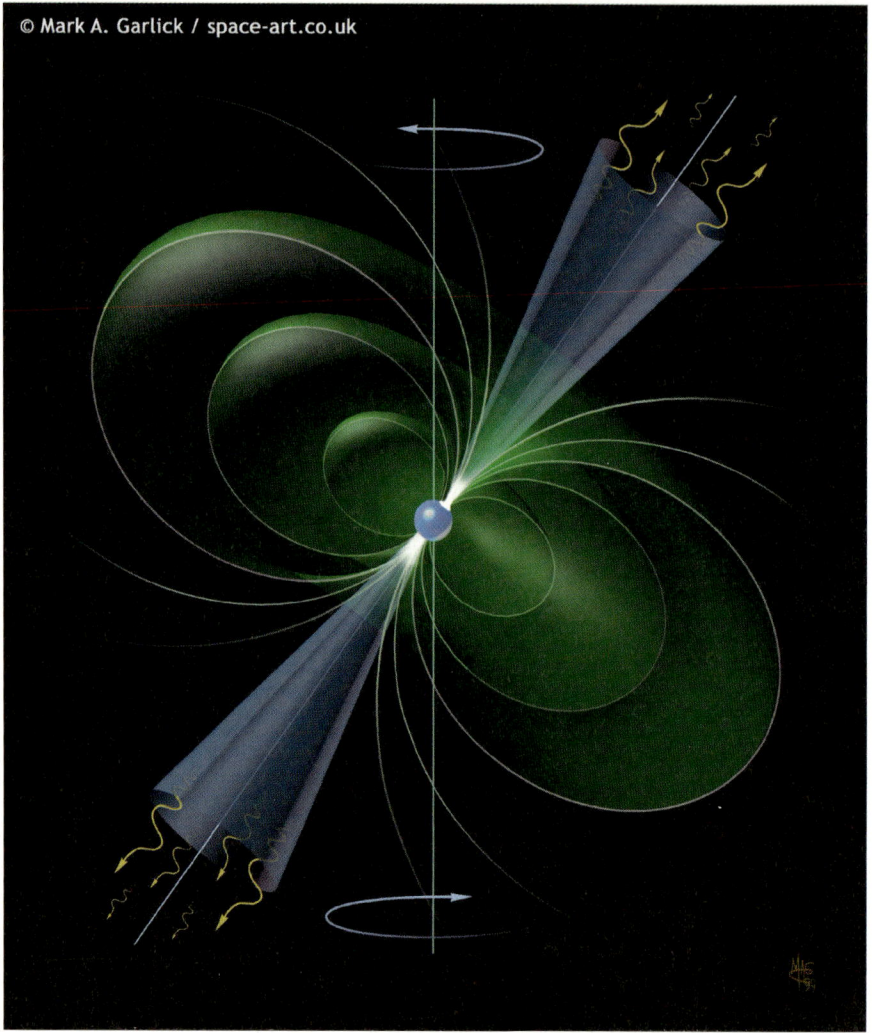

**Abb. 8.7** Prinzip eines Radio-Pulsars. Der Pulsarstrahl wird in Richtung der Achse des magnetischen Dipolfeldes ausgestrahlt, die gegen die Rotationsachse geneigt ist. (Copyright: Mark Garlick, space-art.co.uk)

von etlichen anderen Supernovae mit einem Fehler von wenigen Jahren bestimmbar, indem man die beobachtete Expansion der Explosionswolke zurück extrapoliert. Mit Hilfe von Röntgenmessungen ist bestätigt worden, dass vor dieser Supernova (Cassiopeia A) eine sehr dichte Staubwolke liegt.

Weil Supernova-Explosionen so selten sind, war es eine Sensation, als sich am 24. Februar 1987 am Südhimmel eine sehr helle Supernova beobachtet wurde (Abb. 8.8). Dieses Ereignis fand zwar nicht innerhalb der Milchstraße statt, aber in der Großen Magellan'schen Wolke, die wie ihre kleinere Schwester ein Trabant der Milchstraße ist, ähnlich wie die beiden Galaxien in der Umgebung des Andromeda-Nebels (Abb. 8.1). Die Entfernung zur Supernova 1987A, betrug „nur" 155 000 Lichtjahre und bot damit zum ersten Mal in der Geschichte der Astronomie die Möglichkeit, ein solch spektakuläres Ereignis aus der Nähe mit dem ganzen Arsenal moderner Instrumente – vom Radio- bis in den Gammastrahlenbereich zu untersu-

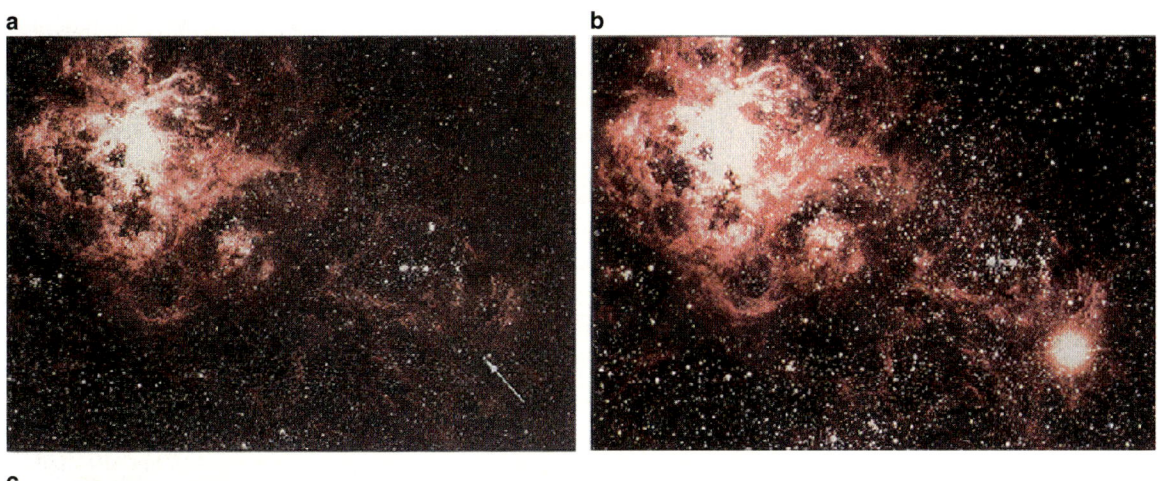

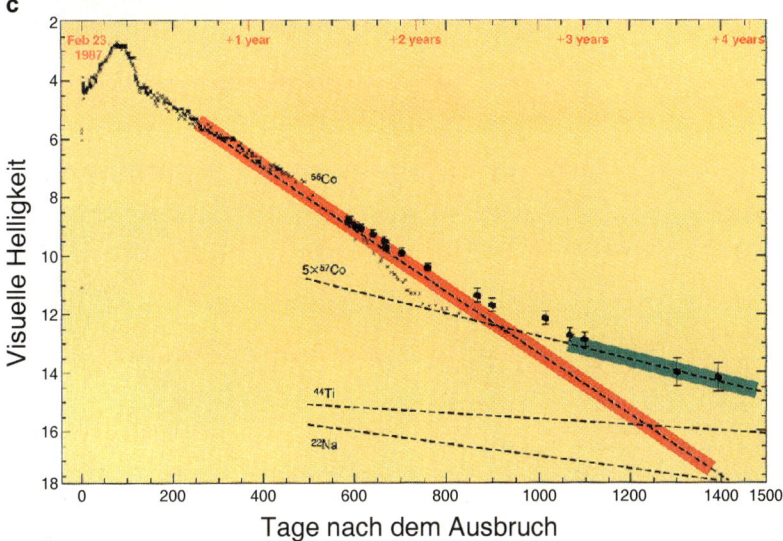

**Abb. 8.8a–c** Ausschnitt der Großen Magellan'schen Wolke vor (**a**) und nach der Explosion von Supernova 1987A (**b**). Die optische Lichtkurve der Supernova (**c**) weist nach dem Maximum einen exponentiellen Abfall auf, der dem Zerfall von Cobalt 56 entspricht. Die Expandierende Hülle wird in dieser Phase durch den Zerfall des in der Explosion erzeugten Cobalt 56 geheizt. (Copyright: ESO)

chen. Auch konnte erstmals auf älteren Aufnahmen der Stern identifiziert werden, der explodiert war. Es war ein blauer Überriese von mehr als 20 Sonnenmassen. Abbildung 8.6 zeigt schematisch den Schalen-Aufbau des Sterns vor der Explosion, bei der über 18 Sonnenmassen „nuklear angebranntes" Material abgesprengt wurden.

Dieses Ereignis erwies sich als eine wahre Goldgrube. Zum ersten Mal konnten die Neutrinos beobachtet werden, die beim Übergang zum Neutronenstern emittiert werden. Da die Wechselwirkung von Neutrinos mit jeder Art von Materie äußerst gering ist, müssen die Detektoren für ihren Nachweis riesig sein. Aus denselben Gründen sind diese Teilchen sehr durchdringend. Die Wahrscheinlichkeit, dass ein Neutrino beim Durchgang quer durch die Erde absorbiert wird, ist von der Größenordnung ein Milliardstel! Um Signale von der kosmischen Strahlung auszuschalten, werden die Neutrino-Detektoren in tiefen Bergwerken betrieben. Das Neutrino-Signal der Supernova 1987A wurde von drei Detektoren registriert, allen voran von dem japanischen Neutrino-Detektor Kamiokande, wofür der Initiator und Leiter dieses Experiments, Matatoshi Koshiba 2002 den Nobelpreis für Physik erhielt – zusammen mit Raymund Davies für die weiter zurückliegende Entdeckung der solaren Neutrinos und Riccardo Giacconi für die Entdeckung der ersten kosmischen Röntgenquellen. Die Ausbeute von Kamiokande bestand zwar nur aus einem Dutzend Neutrinos. Aber sie kamen innerhalb weniger Sekunden zur richtigen Zeit, kurz vor dem optischen Ausbruch. Und ihre Zahl entsprach ziemlich genau dem, was man bei der Entstehung des Neutronensterns erwartete. Eine weitere Bestätigung der theoretischen Vorstellungen kam von der optischen Beobachtung der Lichtkurve, die nach dem Maximum über viele Monate einen Abfall zeigte, welcher der Zerfallszeit von Kobalt 56 entsprach: Die bei dem Zerfall dieses Produkts der explosiven Nukleosynthese freigesetzte Energie heizt in der ersten Phase die expandierende Hülle (Abb. 8.8)

Es war ein Glücksfall, dass Anfang März 1987 nach jahrelangen Vorbereitungen ein Röntgendetektor, der von unseren Teams am Max-Planck-Institut für Extraterrestrische Physik (MPE) in Garching und am Astronomischen Institut der Universität Tübingen (IAAT) als Nachfolger eines Ballonexperiments entwickelt worden

**Abb. 8.9** Die weiche Röntgenstrahlung der Supernova 1987A wächst mit der Zeit rasch an. Sie stammt von der Stoßwelle, die nach der Explosion mit einer Geschwindigkeit von etwa 10 000 km/s in das interstellare Medium hineinläuft und dieses auf Temperaturen von Millionen Grad aufheizt. (Copyright: MPE)

war, auf der sowjetischen Raumstation Mir installiert wurde. Damit wurde im Sommer 1987 die harte Röntgenstrahlung der Supernova 1987a entdeckt und für einige Monate gemessen werden, die ihren Ursprung im Nickel 56 hat, einem radioaktiven Isotop, das sich im Kollaps aus Silizium 28 bildet und dann über Kobalt 56 in Eisen 56 zerfällt. Die dabei entstehenden Gammaquanten können im Gegensatz zu den Neutrinos nicht durch die expandierende Hülle entweichen und erleiden durch Vielfachstreuung an Elektronen Energieverluste, so dass sie zu harten Röntgenquanten werden. Etwa 15 Jahre später gelang es mit ROSAT, erstmalig die weiche Röntgenstrahlung nachzuweisen, die dadurch entsteht, dass die Stoßwelle mit der die expandierende Hülle mit Geschwindigkeiten von einigen hundert Kilometern pro Sekunde auf das umgebende interstellare Medium prallt und dies auf Temperaturen von Millionen Grad aufheizt. Die Temperatur dieser Strahlung beträgt einige Millionen Grad. Seit diesen frühen Beobachtungen wächst die Röntgenhelligkeit rasch an, was mit den Nachfolgern von ROSAT – XMM-Newton und Chandra – weiter verfolgt werden konnte (Abb. 8.9). Das Hubble Space Telescope und Chandra mit seinem hochauflösenden Bilddetektor konnten im Jahr 2000 erstmals die Explosionswolke räumlich auflösen (Abb. 8.9). Sie weist eine Schalenstruktur auf, wie sie für junge Supernova-Überreste typisch ist. Von dem Neutronenstern, der im Zentrum der Schale sitzen sollte, ist bisher weder im Radio- noch im Röntgenbereich etwas zu sehen. Dies mag daran liegen, dass uns seine Strahlungskeule verfehlt.

## 8.8 Supernova-Explosionen und die chemische Evolution im Kosmos

Supernovae spielen **eine** entscheidende Rolle für die chemische Entwicklung im Kosmos. Nur die leichtesten Elemente wie die Wasserstoff- und Heliumisotope sowie das Lithium 7 stammen aus dem Urknall. Die mittelschweren Elemente vom Kohlenstoff bis hin zum Eisen, die in den Sternen bei der Kernfusion synthetisiert werden, werden durch Supernova-Explosionen freigesetzt und an das interstellare Medium zurückgegeben. Aber auch die Elemente jenseits des Eisens, bis zum Uran am Ende des Periodischen Systems der Elemente, stammen aus Supernova-Explosionen. In ihnen herrschen sehr große Flüsse von Neutronen und durch ihr Bombardement werden die Atomkerne von Eisen, Kobalt, Nickel und anderen Elementen mit Neutronen angereichert. Diese neutronenreichen Kerne sind allerdings instabil und gehen durch Beta-Zerfälle, d.h. die Emission von Elektronen sukzessive in langlebige Kerne über. Weil bei Supernovae Elemente aller Art freigesetzt werden, spielen sie für die chemische Evolution im Kosmos eine entscheidende Rolle. So zeugen das Gold und andere schwere Elemente auf der Erde davon, dass unser Planet vor 4,5 Milliarden Jahren zusammen mit der Sonne samt Planeten und Monden aus Material entstand, das bereits mehrfach durch das Innere eines Sterns hindurchgegangen war. Es ist einer der großen Triumphe der modernen Astrophysik, dass die Entstehung des Periodischen Systems der Elemente auf diese Weise quantitativ erklärt werden kann.

Supernova-Explosionswolken besitzen Temperaturen von etlichen Millionen Grad, die entstehen, wenn die Stoßwelle der Explosion mit Geschwindigkeiten von Tausenden von Kilometern pro Sekunde(!) in das umgebende interstellare Medium hineinläuft. Wegen der hohen Temperaturen strahlt die expandierende Wolke

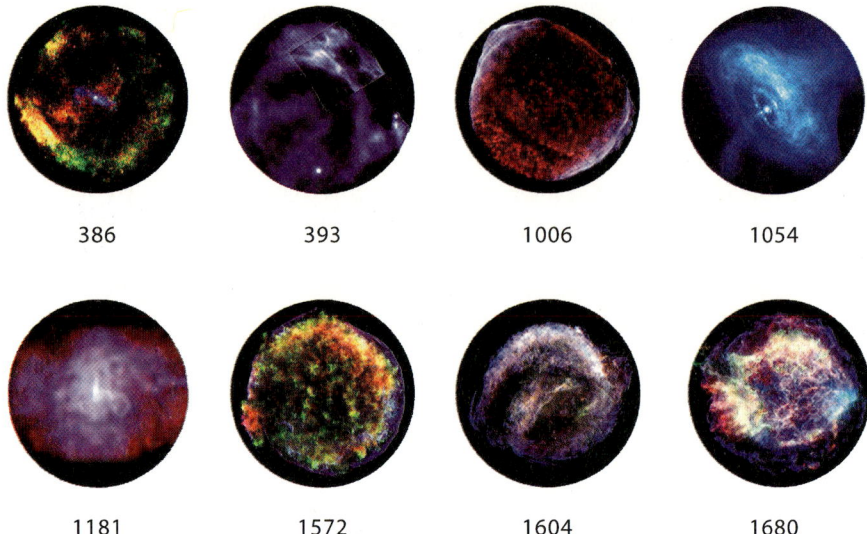

**Abb. 8.10** Röntgenaufnahmen der Explosionswolken von „historischen" Supernovae, bei denen der Zeitpunkt der Explosion durch Beobachtungen dokumentiert ist (oder begründet vermutet wird). Die Aufnahmen stammen vom Röntgensatelliten Chandra (Copyright: NASA)

vorwiegend im Röntgenbereich, während ihre Leuchtkraft im optischen Bereich relativ gering ist. Relativ junge Explosionswolken – mit Altern von einigen hundert oder tausend Jahren – weisen eine kugelschalenförmige Struktur auf, welche die Stoßfront markiert. Abbildung 8.10 zeigt die Röntgenbilder aller historisch datierten Supernova-Explosionen, die mit dem Röntgensatelliten Chandra gemacht wurden.

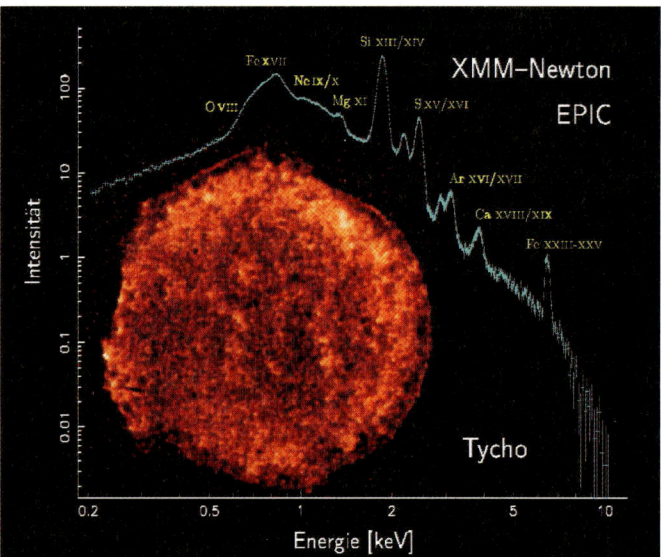

**Abb. 8.11** Röntgenaufnahme der Supernova-Explosion, die Tycho de Brahe im Jahre 1572 beobachtete. Ihr Durchmesser beträgt heute einige Lichtjahre, die Temperatur etwa 10 Millionen Grad. Das Röntgenspektrum zeigt Emissionslinien verschiedener Elemente vom Sauerstoff bis zum Eisen. (Copyright: MPE)

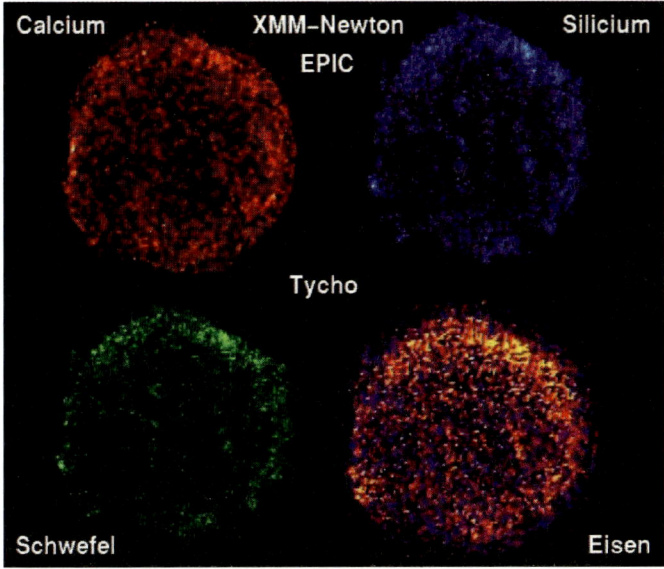

**Abb. 8.12** Röntgenaufnahme der Tycho-Supernova-Explosionswolke im Lichte der Linienemission verschiedener Elemente. (Copyright: MPE)

Ein Parade-Beispiel der Schalenstruktur findet sich bei Tycho de Brahe's Supernova, die 1572 explodierte (Abb. 8.11). Ihr Röntgenspektrum, aufgenommen mit XMM-Newton, zeigt viele charakteristische Linien von schweren Elementen, bis hin zum Eisen, aus denen man die chemische Zusammensetzung des strahlenden Materials bestimmen kann. Dabei ist die Intensität in den einzelnen Linien groß genug, um erstmals Bilder der Explosionswolke getrennt für verschiedene Elemente aufzunehmen (Abb. 8.12).

Ein ganz anderes Erscheinungsbild ergibt sich, wenn in der Supernova-Explosion ein rasch-rotierender hoch-magnetischer Neutronenstern geboren wurde, der ein effektiver Teilchenbeschleuniger ist. In diesem Fall wird die Emission von der Synchrotronstrahlung geprägt, die durch die hochenergetischen Elektronen und Positronen im Nebel produziert wird. Prototyp dieser Objekte ist der berühmte Crab-Nebel, in dem der Crabpulsar sitzt, auf den wir gleich zu sprechen kommen.

## 8.9 Pulsare und andere einzelne Neutronensterne

Heute sind etwa 1500 Radiopulsare bekannt, deren Rotationsperioden im Bereich von 1,6 ms bis einige Sekunden liegen. Dabei handelt es sich um rotierende magnetische Neutronensterne – kosmische Leuchtfeuer, die einen Radiostrahl in Richtung der magnetischen Achse emittieren, wobei diese gegenüber der Rotationsachse geneigt ist (Abb. 8.7). Ihre Rotation wird gebremst, das heißt, die Puls-Perioden nehmen mit der Zeit zu. Nimmt man vereinfachend an, dass die Bremsung durch den Energieverlust eines im Vakuum rotierenden Hertz'schen Dipols verursacht wird, so kann man aus der beobachteten Periode und Periodenänderung das magnetische Dipolmoment berechnen und daraus wiederum die Polfeldstärke des Magnetfeldes. Dabei ergeben sich Polfeldstärken, die im Bereich von zehntausend bis Milliarden

Tesla liegen. Gleichzeitig kann man mit dem Dipol-Modell das „Bremsalter" des Pulsars abschätzen. Einer der berühmtesten Pulsare ist der Crab-Pulsar.

> **Historisches**: Der Crabnebel ist eines der Schlüsselobjekte der Astrophysik, dessen Entstehung am 5. Juli 1054 von chinesischen und japanischen Astronomen beobachtet wurde. 1731 wurde er von dem englischen Physiker und Amateurastronomen John Bevis wiederentdeckt und 1844 von John Ross wegen seiner Form Crabnebel getauft. Er war das erste galaktische Objekt, das mit einer Radioquelle (1948) und mit einer Röntgenquelle (1963) identifiziert wurde. 1953 schlug der sowjetische Astrophysiker Shklovsky vor, dass seine optische und Radio-Emission durch Synchrotronstrahlung hochenergetischer Elektronen produziert wird, deren Herkunft aber rätselhaft blieb. Diese Theorie wurde kurze Zeit später (1954) durch den Nachweis starker Polarisation des optischen Lichts bestätigt. Kurz nach der Entdeckung des ersten Pulsars wurde dann der Crab-Pulsar im Radiobereich (1968) und anschließend seine Pulse im optischen, Röntgen- und Gammabereich entdeckt. Dieser Stern war bereits Walter Baade 1941 wegen seines völlig strukturlosen optischen Spektrums aufgefallen. Er konnte nicht ahnen, dass sein Licht 30 mal in der Sekunde an und ausgeht. Mit dem Pulsar war auch der lange gesuchte Beschleuniger der Elektronen gefunden.

Er besitzt derzeit (am 15. Mai 2009) eine Pulsperiode von 33,403 347 409 7... ms und wird am Tag etwa 36,4 ns langsamer. Daraus ergibt sich ein „Bremsalter" von etwa 1300 Jahren, was einigermaßen mit dem tatsächlichen Alter übereinstimmt. Dies ist sehr genau bekannt, weil die Stern-Explosion am 4. Juli 1054 von dem chinesischen Astronomen Yang-Wei-Te als „Gaststern" beobachtet wurde, der den Kaiser astrologisch beriet. Für das Magnetfeld des Pulsars ergibt sich nach dem Dipold-Modell ein Wert von etwa 100 Millionen Tesla. Die Bremsverlustleistung des Pulsars ist mit $10^{30}$ Watt etwa 5000-fache mal größer als die Strahlungsleistung der Sonne. Diese gewaltige Leistung wird im Wesentlichen in Form von hochenergetischen Elektronen und Positronen abgegeben und in den Crabnebel injiziert. Obwohl der Beschleunigungs- und Strahlungsmechanismus noch nicht genau aufgeklärt ist, ist klar, dass es sich hier um einen kosmischen Teilchenbeschleuniger handelt, der hinsichtlich der Teilchenenergien, die bis 100 000 GeV reichen, irdische Elektronen-Beschleuniger wie Petra bei DESY in Hamburg (900 GeV) weit in den Schatten stellt. Auch die Effizienz des Beschleunigungsprozesses ist im Vergleich mit irdischen Maschinen sehr hoch: Bei Crabpulsar werden zig Prozent der Rotationsenergie in Teilchenenergie umgewandelt. In den Magnetfeldern des Crabnebels, die etwa 1/10 Mikrotesla betragen, rufen die vom Pulsar beschleunigten Elektronen und Positronen durch Synchrotronstrahlung das diffuse blaue Leuchten des Nebels hervor. Bereits lange vor der Entdeckung des Crab-Pulsars wusste man, dass im Zentrum des Nebels eine Energiequelle sitzen muss, welche ständig die dafür notwendigen hochenergetischen Elektronen nachliefert. Denn deren Lebensdauer beträgt infolge der Synchrotronstrahlungsverluste nur Wochen oder Monate, viel weniger als das Alter des Crabnebels. Die Bewegung des relativistischen Plasmas vom Crab-Pulsars weg ist sehr schön in Film 8.1 zu sehen.

Relativ junge Pulsare, z. B. der Crab-und der Vela-Pulsar, zeigen neben der stetigen Bremsung auch gelegentlich Periodensprünge, bei denen sich schlagartig ihre Rotationsperiode verringert, um Mikrosekunden oder Bruchteile davon. Diese „glitches" (Ausrutscher) sind eine Folge des komplizierten Aufbaus der Neutronensterne. Sie besitzen unter einer sehr dünnen Atmosphäre eine mehr oder weniger di-

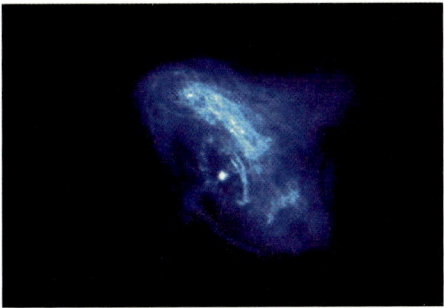

**Film 8.1** Film des Crabnebels, aufgenommen mit dem Röntgensatelliten Chandra. Der Pulsar (*Bildmitte*), der eine Periode von 33 ms besitzt, beschleunigt hochenergetische Elektronen, die in seiner Magnetosphäre gepulste Radio-, optische, Röntgen- und Gammastrahlen erzeugen. Dieselben Elektronen bringen den räumlich ausgedehnten Nebel durch Synchrotronstrahlung zum Leuchten. Der Film zeigt, wie vom Pulsar beschleunigtes relativistisches Plasma nach außen strömt, wobei die Geschwindigkeiten fast Lichtgeschwindigkeit erreichen. (Copyright: NASA)

cke Kruste, unter welcher sich eine Super-Flüssigkeit befindet, die hauptsächlich aus Neutronen besteht. Infolge der schnellen Rotation bilden die Körper junger Pulsare Ellipsoide, die mit zunehmender Bremsung und abnehmender Fliehkraft immer kugelförmiger werden. Dies aber ist wegen der festen Kruste nur in diskontinuierlicher Weise möglich. Die Kruste bricht ab und zu ein, was zu einer Verringerung des Stern-Radius führt. Diese sorgt über einen winzigen Pirouetten-Effekt für eine schlagartige Beschleunigung der Rotation. Selbst wenn die Änderung des Radius nur im Bereich von Mikrometern liegt, kann der glitch wegen der enormen Genauigkeit der Periodenmessung gemessen werden. Die meisten, kleineren glitches werden einem anderen Effekt zugeschrieben, der sich aus der Wechselwirkung zwischen Kruste und der super-flüssigen Neutronenmaterie ergibt. Diese beiden Komponenten rotieren im Gleichgewicht approximativ mit derselben Geschwindigkeit. Wenn die magnetischen Bremskräfte die Rotation der Kruste verlangsamen, rotiert die Super-Flüssigkeit mit gleicher Geschwindigkeit weiter. Übersteigt der Unterschied der Geschwindigkeiten eine gewisse Größe, so wird die Flüssigkeit schlagartig gebremst, und ihr Drehimpuls nimmt ab. Wegen der Drehimpulserhaltung, die für den gesamten Neutronenstern gilt, muss die Rotationsgeschwindigkeit der Kruste ebenso schlagartig ansteigen.

Neben den „normalen" Pulsaren, die mit Perioden von Millisekunden geboren und dann gebremst werden, gibt es eine andere Klasse von Radio-Pulsaren, die sogenannten Millisekunden-Pulsare. Sie haben einen anderen Lebenslauf: Sie entstehen in engen Doppelsternsystemen und werden durch den Materiestrom, der vom Begleiter auf sie übergeht und Drehimpuls mitbringt, in ihrer Rotation beschleunigt. Einige der beobachteten Systeme wechseln zwischen Akkretionsphasen, in denen sie helle Röntgenquellen sind und keine Radiostrahlung abgeben, und Bremsphasen, in denen sie als Radiopulsar in Erscheinung treten. Am Ende der Entwicklung kann das Doppelsternsystem aufbrechen und ein einzelner Millisekundenpulsar entstehen. Der schnellste Millisekundenpulsar besitzt eine Periode von 1,6 ms, d. h. er rotiert mit etwa 36 000 Umdrehungen pro Minute, so schnell wie ein sehr schneller Moped-Motor. Aufgrund der großen Fliehkräfte muss er stark abgeplattet sein. Nur einen Faktor drei schneller, und er würde auseinanderfliegen. Wie bereits erwähnt, kann man die Rotationsperioden sehr genau messen, und es gibt eine ganze Reihe von Pulsaren, die genauer gehen als die Atomuhren der Physikalisch-Technischen Bundesanstalt, die für unsere bürgerliche Zeit verantwortlich ist – von der miserablen Ganggenauigkeit der Erde ganz zu schweigen.

Schnell-rotierende und junge normale Pulsare wie auch die alten, aber energetischen Millisekunden-Pulsare zeigen neben der Radioemission auch eine Emission im Röntgen- und Gammastrahlen-Bereich. Ihre Strahlung im Hochenergiebereich entsteht durch Wechselwirkungsprozesse der beschleunigten Elektronen und Positronen in den Magnetosphären der Neutronensterne. Diese Strahlung ist nicht-thermisch und wie ein Leuchtfeuer gebündelt. Sie erstreckt sich bis in den harten Gammastrahlenbereich. Im Vergleich mit dieser Röntgen- und vor allem der Gamma-Emission, deren Leistung bis zu 10% der Bremsverlustleistung betragen kann, spielt die Radioemission energetisch keine Rolle. Sie ist sehr leistungsschwach, was gleichwohl durch die große Sammelfläche und Empfindlichkeit der Radioteleskope mehr als ausgeglichen wird und so den Radiobeobachtungen keinen Abbruch tut.

## 8.10 Strahlung von der heißen Oberfläche der Neutronensterne

Allgemein erwartet man von einem jungen Neutronenstern drei Strahlungskomponenten im Röntgenbereich (Abb. 8.13): Die gebündelte nicht-thermische Pulsarstrahlung aus der Magnetosphäre, die wir nur dann sehen können, wenn der Leuchtfeuerstrahl die Erde überstreicht, und die thermische Strahlung von der heißen Oberfläche, die praktisch isotrop ist, also von allen Seiten gesehen werden

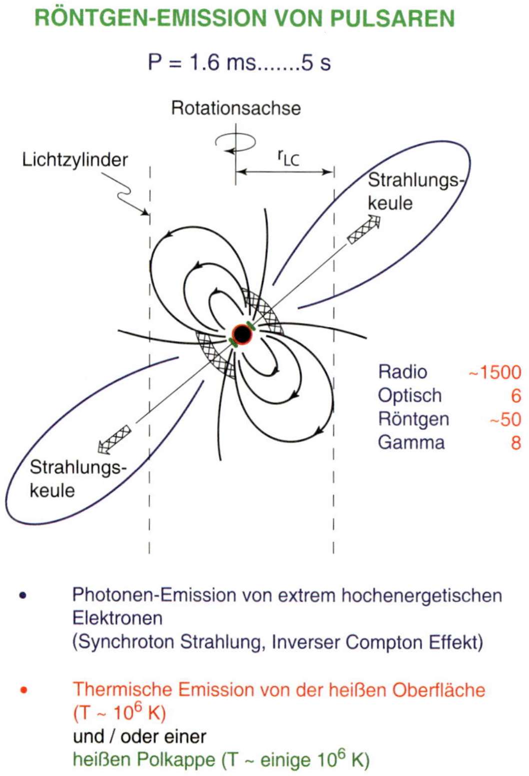

**Abb. 8.13** Die Röntgenemission eines Pulsars besteht im Allgemeinen aus drei Komponenten (1) der nicht-thermischen, gebündelten Strahlung aus der Magnetosphäre, (2) der thermischen Strahlung von der heißen Oberfläche und (3) thermischer Strahlung von den Polkappen

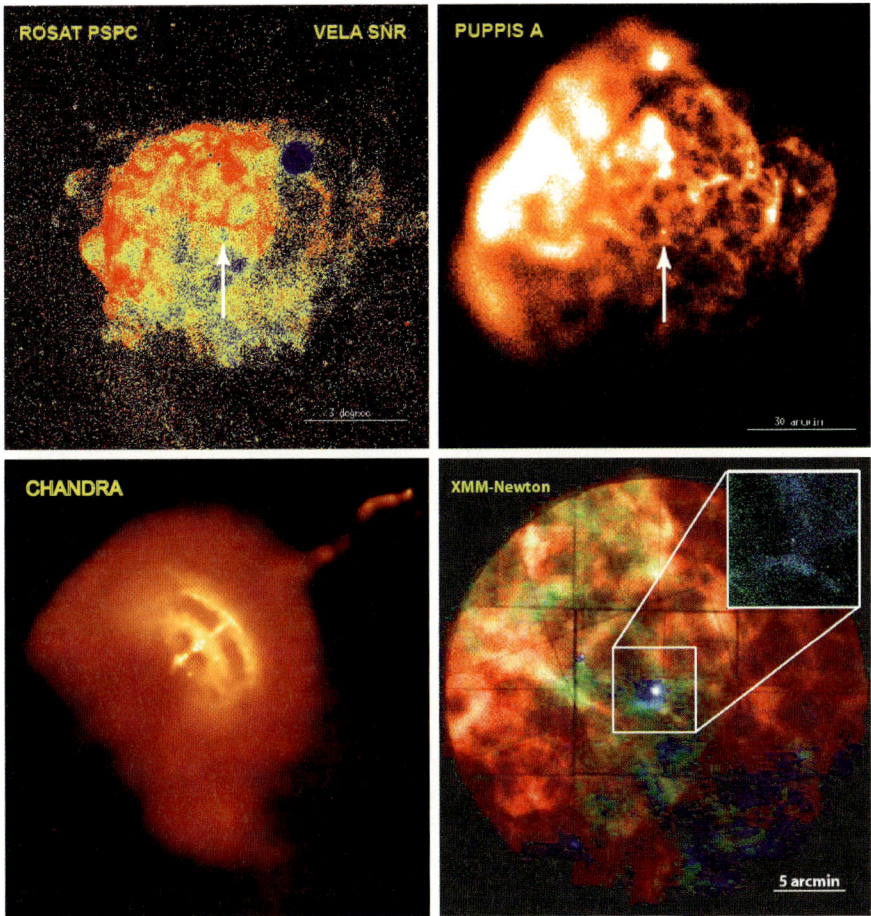

**Abb. 8.14** Die Supernova-Überreste im Sternbild Vela und in Puppis sind alte Explosionswolken, die beide einen Neutronenstern enthalten (obere Bilder von ROSAT, MPE). Der Vela-Pulsar zeigt neben stark gepulster nicht-thermischer Emission auch thermische Strahlung von seiner Oberfläche. Der Pulsar in Puppis A weist nur thermische Emission auf, die infolge einer anisotropen Temperaturverteilung auf seiner Oberfläche periodisch moduliert ist (*untere Bilder* von Chandra (*links*, Copyright: NASA) bzw. XMM-Newton (*rechts*, Copyright: ESA)

kann. Außerdem sollte es eine Komponente geben, die von den heißen Polkappen stammt, welche durch das Teilchenbombardement aus der Magnetosphäre geheizt werden. Alle drei Komponenten werden mit modernen Röntgenteleskopen beobachtet. Die thermische Abstrahlung von der gesamten Oberfläche ist ziemlich schwach und konnte erstmals mit ROSAT bei einer Reihe von Neutronensternen nachgewiesen werden. Mit dieser Entdeckung war in Erfüllung gegangen, was Landau für unmöglich gehalten hatte, dass nämlich Neutronensterne in derselben Weise zu sehen sind wie normale Sterne - einfach, weil sie heiß sind! Abbildung 8.14 zeigt eine Konstellation, in der alle drei Varianten der Emission zu sehen sind: Der Vela-Pulsar (Alter ca. 20 000 Jahre) sitzt in einer thermisch strahlenden Supernova-Explosionswolke. Beim Vela-Pulsar blicken wir in den Pulsarstrahl, sehen aber zusätzlich zwei thermische Komponenten von der heißen Polkappe und der etwas weniger heißen Oberfläche. Darüber hinaus zeigt das hoch-aufgelöste Röntgenbild des Vela-Pulsars, dass er von einem Synchrotron-Nebel wie beim Crab umgeben ist.

Im Unterschied dazu registriert man bei der Punktquelle im Zentrum der benachbarten Explosionswolke Puppis A nur die thermische Emission des Neutronensterns, während der Pulsarstrahl wahrscheinlich die Erde verfehlt.

**Historisches**: Da Röntgenstrahlung in der Atmosphäre der Erde vollständig absorbiert wird, ist die Astronomie mit Röntgenstrahlen eine Errungenschaft der Raumfahrttechnik. Die Röntgenemission der heißen Sonnenkorona (eine ca. 2 Millionen Grad heiße Schicht über der kühleren Sonnenatmosphäre) wurde 1948 in den USA mit Hilfe eines Geiger-Müller-Zählers auf einer erbeuteten V-2-Rakete nachgewiesen. Die erste kosmische Röntgenquelle (Scorpius X-1) wurde 1962 von Riccardo Giacconi und Mitarbeitern ebenfalls mit einem Raketenexperiment entdeckt. Später folgten dann Satellitenexperimente, die erheblich längere Beobachtungszeiten als Raketenflüge (ca. 5 min) ermöglichten. Besonders erfolgreich war Anfang der siebziger Jahre der legendäre Uhuru-Satellit, der die erste Himmelsdurchmusterung im Röntgenlicht (bei Quantenenergien von 3-6 keV) machte und dabei über 300 Quellen entdeckte. Ein weiterer Meilenstein war Anfang der achtziger Jahre das Einstein-Observatorium der NASA, bei dem zum ersten Mal ein abbildendes Röntgenteleskop auf einem Satelliten zum Einsatz kam. Es besaß eine Winkelauflösung von 10 Bogensekunden und konnte hundertmal schwächere Quellen als Uhuru registrieren. Riccardo Giacconi wurde für seine Pionierrolle bei dieser Entwicklung 2002 mit dem Nobelpreis für Physik ausgezeichnet. Das optische Prinzip abbildender Röntgenteleskope war bereits 1951/52 von dem Kieler Physiker Hans Wolter erfunden worden. Noch viel früher, in den zwanziger Jahren wusste man, dass Röntgenstrahlen von polierten Oberflächen reflektiert werden, wenn sie streifend einfallen. Jedoch besitzt ein Parabolspiegel unter den Bedingungen des streifenden Einfalls katastrophale Bildfehler. Wolter erkannte, dass man diese Fehler vermeiden kann, wenn hinter das Paraboloid ein Hyperboloid gesetzt wird, an dem die Röntgenstrahlung ein zweites Mal reflektiert wird. Er wirkt sozusagen als Korrekturspiegel, der die Bildfehler eliminiert. In Deutschland begann die Röntgenastronomie 1971 mit einem Raketenexperiment des Astronomischen Instituts in Tübingen (IAAT), mit dem die Sonnenkorona mit Hilfe von Fresnel-Zonenplatten abgebildet wurde. Ebenfalls 1971 begann das IAAT mit einem Stratosphärenballon-Programm, um mit Szintillations-Spektrometern die neuentdeckten Uhuru-Quellen im harten Röntgenbereich (20–200 keV) zu beobachten. Dabei gelang unter anderem zum ersten Mal die direkte Messung eines Neutronenstern-Magnetfelds. Eine Weiterentwicklung des Detektors wurde von 1987 bis 2001 auf der sowjetischen Raumstation Mir geflogen. Eine 1972 ebenfalls in Tübingen begonnene Entwicklung von Röntgenspiegeln führte schließlich zum deutschen Röntgensatelliten ROSAT, der von 1990 bis 1998 unter der wissenschaftlichen Leitung des MPE im Orbit war. 1999 wurden die Röntgensatelliten Chandra (NASA) und XMM-Newton (ESA) gestartet, die bis heute hervorragend funktionieren (Abb. 8.15). An der Instrumentierung und Nutzung beider Satelliten waren bzw. sind die deutschen Wissenschaftler am MPE und IAAT beteiligt.

Mit ROSAT wurden auch sieben Neutronensterne entdeckt, die weder Radiopulsare sind, noch eine nichtthermische Emission im Röntgen- und Gammabereich zeigen. Auch wurden bei diesen „Glorreichen Sieben" trotz intensiver Suche keine Supernova-Explosionswolken gefunden. Ihre rein thermische Emission ist schwach gepulst, was auf eine anisotrope Temperaturverteilung schließen lässt. Die Pulsperioden sind relativ lang, und liegen im Bereich von 2 bis 10 s. Wahrscheinlich sind diese Objekte alle zu alt (etwa eine Million Jahre), um noch als Radiopulsare aktiv zu sein, und ihre Supernova-Explosionswolken haben sich inzwischen aufgelöst. Das

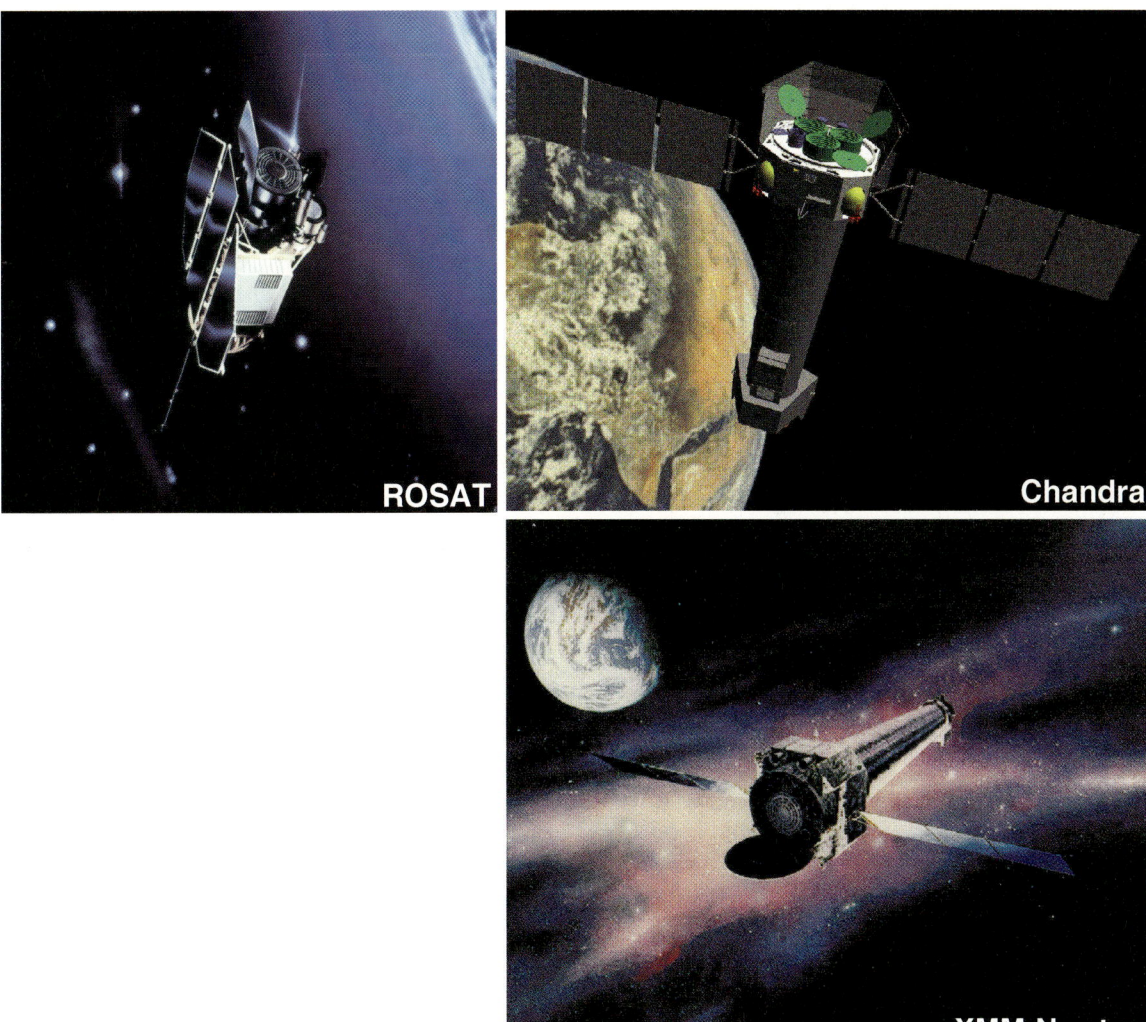

**Abb. 8.15** Mit dem Röntgensatelliten ROSAT (DLR/MPE) wurde 1990 die erste Himmelsdurchmusterung mit einem Röntgenteleskop gemacht. Anschließend wurden in 8 Jahre viele Beobachtungen ausgewählter Quellen gemacht. Im Bild zu erkennen ist die Apertur des Wolterteleskops mit den Sternsensoren, der Solargenerator sowie die Dipolantenne, mit der die Messdaten an die DLR-Bodenstation in Weilheim/Oberpfaffenhofen gefunkt wurden und über die der Satellit seine Steuerkommandos empfing. Der Röntgensatellit Chandra (NASA, seit 1999) besitzt eine hohe räumliche Auflösung (0,5 Bogensekunden) und hoch-auflösende Spektrometer. XMM-Newton (ESA, ebenfalls seit 1999) weist eine sehr große Sammelfläche, was für die Messung von schnellen Zeitvariationen und hoch-aufgelösten Spektren wichtig ist. Beide Satelliten sind derzeit (2009) noch aktiv

hellste dieser Objekte, RXJ 1856-37, besitzt eine Temperatur von etwa 600 000 Grad und konnte anhand der genauen ROSAT-Position durch das Hubble Space Telescope mit einem sehr schwachen optischen Sternchen identifiziert werden. Mit Hubble gelang es auch, seine Entfernung astrometrisch zu bestimmen: Sie beträgt etwa 360 Lichtjahre. Diese Messungen ergaben darüber hinaus, dass sich der Stern mit hoher Winkelgeschwindigkeit an der Sphäre bewegt. Die entsprechende Geschwindigkeit beträgt 185 km/s, was ein durchaus typischer Wert für Neutronensterne ist.

Er wird durch den Impuls erklärt, den der Stern bei seiner Geburt im Gravitationskollaps erfährt. Extrapoliert man die Eigenbewegung zurück, so stößt man auf eine bekannte Sternentstehungsregion im Sternbild Skorpion, in der der Neutronenstern vor etwa 500 000 Jahren entstanden sein dürfte. Mit dem vom MPE für Chandra beigesteuerten Gitter-Spektrometer wurde ein hochaufgelöstes Röntgen-Spektrum gewonnen, das überraschenderweise keinerlei spektrale Strukturen aufweist, sondern durch ein Planck'sches Strahlungsgesetz mit einer Temperatur von 600 000 Grad wiedergegeben wird. Auch das Spektrum der schwachen optischen Emission gehorcht einer Planckverteilung im Rayleigh-Jeans-Teil des Spektrums. Kennt man die Temperatur eines Schwarzen Körpers und seine Entfernung, so ergibt sich mit Hilfe des Planck'schen Strahlungsgesetzes die Größe der strahlenden Fläche und damit der Radius des Sterns. Im vorliegenden Fall beträgt er 13,4 km, wobei dies eine Mindestgröße ist, da jeder reale Strahler pro Quadratmeter seiner Oberfläche weniger abstrahlt als ein Schwarzer Körper gleicher Temperatur. Es ist interessant, dieses Messergebnis mit den Vorhersagen theoretischer Modelle des Aufbaus von Neutronensternen zu vergleichen: Diese weisen eine große Streubreite auf (Radien von 8 bis 16 km), weil die Kompressibilität der Kernmaterie bei den extremen Dichten, die im Zentrum eines Neutronensterns herrschen, empirisch aus der Kern- und Elementarteilchenphysik nicht bekannt ist. Da der Radius von RXJ 1856-37 am oberen Ende des Streubereichs liegt, folgt, dass die Kernmaterie weniger kompressibel ist als bisher gemeinhin angenommen wurde. Und ein Stern aus der (hypothetischen) reinen Quarksmaterie, über den im Zusammenhang mit diesem Objekt heftig spekuliert wurde und der erheblich kleiner wäre, ist ganz und gar auszuschließen.

## 8.11 Tanzende Sterne II: Neutronensterne in Doppelsternsystemen

Die hellsten Röntgenquellen am Himmel, die bereits von den ersten Raketenexperimenten entdeckt und dann von Uhuru genauer untersucht wurden, sind enge Doppelsternsysteme, bei denen Materie des normalen Begleiters auf einen Neutronenstern oder ein Schwarzes Loch übergeht, wie in Abb. 8.5 dargestellt. Im Fall eines schwach-magnetischen Neutronensterns erstreckt sich die Akkretions-Scheibe bis an seine Oberfläche. Dort erreicht die Kepler-Geschwindigkeit der einwärts spiralenden Materie zig Prozent der Lichtgeschwindigkeit. In diesem inneren Bereich läuft die Scheibe gewissermaßen heiß und emittiert bei Temperaturen von vielen Millionen intensive Röntgenstrahlung. Beim Auftreffen auf die Oberfläche wird die Bewegung gestoppt und das angesammelte Material verbrennt alle paar Stunden explosiv, was Röntgen-Ausbrüchen („Bursts") führt, die kurz ($\sim 10$ s) und heftig sind. Besitzt der Neutronenstern ein starkes Magnetfeld, so kann das überströmende Material aus der Akkretionsscheibe nur entlang der polaren Magnetfeldlinien auf den Stern herunterfallen (Abb. 8.16). Dies ist ähnlich wie bei der Erde, wo die niederenergetischen Teilchen des Sonnenwindes entlang der Pol-Feldlinien in tiefere Atmosphärenschichten vordringen und dort die Polarlichter hervorrufen. Aber auf einem Neutronenstern erfolgt der freie Fall der Materie wegen der enormen Gravitation mit zig Prozent der Lichtgeschwindigkeit. Eins der bekanntesten dieser Doppelsternsysteme besteht aus dem „normalen" Stern HZ Herculis und dem Röntgenstern Hercules X-1. Mit Uhuru wurde 1972 entdeckt, dass Hercules X-1 mit einer Periode von 1,24 s pulsiert, eine

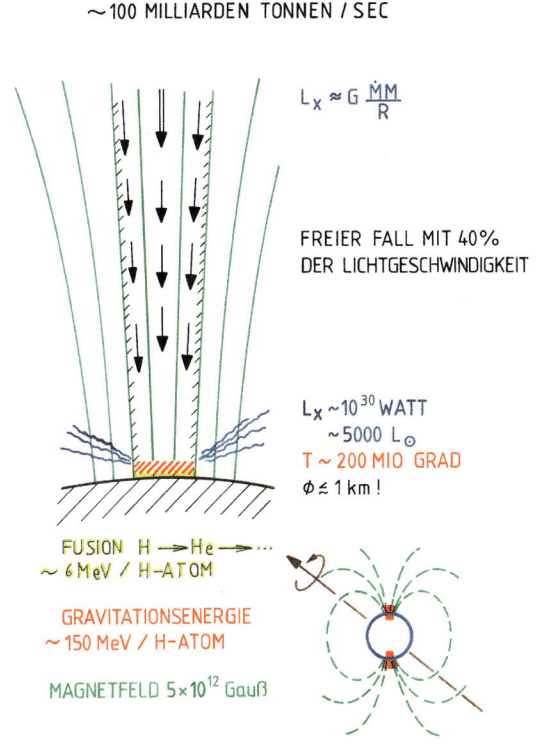

**Abb. 8.16** Bei Hercules X-1, einem Neutronenstern, der den Stern HZ Herculis umkreist, wird die Materie durch das superstarke Magnetfeld auf die Polregion fokussiert. Dort entsteht ein sehr heißer Brennfleck, der sehr intensive Röntgenstrahlung emittiert (Copyright: MPE)

Folge der Rotation des Neutronensterns. Außerdem schaltet sich die Röntgenquelle alle 1,7 Tage für einige Stunden ab, weil sie bei ihrem Umlauf von dem Partner im Doppelsternsystem abgedeckt wird. Im selben Takt – mit 1,7 Tagen Periode – schwankt die 1,24 s-Pulsperiode infolge des Dopplereffekts, der mit der Bahnbewegung verbunden ist. Dazu gibt es eine interessante Vorgeschichte: In den dreißiger Jahren hatte der Sonneberger Astronom Kuno Hofmeister im Sternbild Hercules einen Stern entdeckt, der scheinbar irreguläre Helligkeits- und Farbvariationen zeigte und von ihm als „irregulärer Variabler" den Namen HZ Herculis erhielt. 40 Jahre später, als man die zahlreichen optischen Messungen von ihm und anderen Beobachtern im Takte der von Uhuru entdeckten Bahnperiode ordnete, wurde klar, dass die Helligkeits- und Farbvariationen streng periodisch sind. Sie kommen dadurch zustande, dass die Atmosphäre von HZ Herculis auf der Seite, die dem Neutronenstern zugewandt ist, durch dessen intensive Röntgenbestrahlung um einige Tausend Grad heißer ist als auf der „kühlen" Schattenseite.

Bei Hercules X-1 prasseln etwa 100 Milliarden Tonnen pro Sekunde herunter, und zwar mit 30–40 % der Lichtgeschwindigkeit. Am Fuß des polaren Kanals wird die Materie gestoppt und ihre kinetische Energie in Wärme-Energie umgewandelt. In dieser Zone, deren Ausdehnung von der Größenordnung eines Kilometers sein dürfte, herrschen Temperaturen von etwa 200 Millionen Grad. Im Grunde ist das Ganze nichts anderes als eine kosmische Röntgenröhre, bei der die Gravitation die Rolle der Beschleunigungsspannung übernimmt. Die emittierte Röntgenstrahlung besitzt eine Leistung wie etwa 5000 Sonnen! Mit der Leistung, die aus einer winzigen Teilfläche von etwa 20 Mikrometer Durchmesser abgestrahlt wird, könnte man den Primärenergiebedarf der Bundesrepublik (500 Millionen Tonnen „Steinkohleneinheiten") decken. Eine wesentliche Rolle spielt dabei das superstarke Magnetfeld, das die Materie bei ihrem Fall kanalisiert. Wir haben 1976 mit Hilfe eines Ballon-getragenen Röntgenspektrometers im harten Röntgenspektrum von Hercules X-1 erstmals eine Spektrallinie entdeckt, die wegen ihrer großen Energie ($\sim 40$ keV) und Intensität keinen atomaren Ursprung haben kann. Sie stammt von den Elektronen des heißen polaren Plasmas, deren Energiezustände im Magnetfeld quantisiert sind. Ihre charakteristische Energie ist die Zyklotron-Energie, die proportional zur Magnetfeldstärke ist. Durch diese Messung wurde zum ersten Mal das Magnetfeld eines Neutronensterns quantitativ bestimmt. Es ergab sich eine Polfeldstärke von 500 Millionen Tesla, ein Wert, der weit jenseits der Grenzen des irdischen Labors (etwa 10 Tesla) liegt. Heute gibt es mehr als zwei Dutzend Neutronensterne, bei denen die superstarken Magnetfelder auf diese Weise gemessen wurden. In derartigen Magnetfeldern werden Atome, die normalerweise rund sind, durch die Lorentzkraft zu nadelförmigen Gebilden zusammengequetscht, mit dramatischen Folgen für ihre physikalischen Eigenschaften.

## 8.12 Doppel-Neutronensterne

Von ganz besonderer Bedeutung sind Doppelsternsysteme, die aus zwei Neutronensternen bestehen. Das erste dieser Systeme wurde 1974 von Hulse und Taylor entdeckt. Bei ihm umkreisen der Pulsar PSR B1913+16 und sein Begleiter den gemeinsamen Schwerpunkt in 7,751 939 106 Stunden, was aus der periodisch variierenden Dopplerverschiebung der Pulsperiode, die 0,059 029 997 929 88 s beträgt, ergibt. Die Bahnperiode hat seit der Entdeckung stetig abgenommen und ist heute mehr als eine halbe Minute kürzer als 1974. Der zeitliche Verlauf entspricht genau dem, was aufgrund der Gravitationswellen-Abstrahlung nach der Einstein'schen Relativitätstheorie zu erwarten ist. Für ihre Entdeckung bekamen Hulse und Taylor 1993 den Nobelpreis für Physik.

Da die Bahn des Pulsars leicht elliptisch ist, kann die Drehung des Periastrons mit großer Genauigkeit bestimmt werden. Sie beträgt etwa 4,2 Grad pro Jahr. Auch die Massen der beiden Neutronensterne sind mit großer Genauigkeit bestimmbar. Sie liegen mit 1,441 bzw. 1,387 Sonnenmassen dicht bei der Chandrasekhar-Grenze für Weiße Zwerge. Die besondere Bedeutung dieses Systems liegt in der Tatsache begründet, dass die beiden Sterne praktisch Punktmassen sind, und einer von beiden sogar eine extrem genaue Uhr in Form seiner Rotation mit sich herumträgt. Dies ermöglicht, die Effekte der Relativitätstheorie „in Reinkultur" und mit großer Präzision zu messen. Ein früher Triumph der Einstein'schen Theorie war gewesen, dass sie die bis dahin unverstandene Abweichung der Perihel-Drehung des Merkur von dem Newton'schen Wert, erklären konnte. Dieser relativistische Effekt beträgt 43,11 Bogensekunden pro Jahrhundert. Bei PSR B1913+16 ist er 1,5 Millionen Mal größer!

Ein weiterer Glücksfall war die Entdeckung des Systems PSR J0737-3039, bei dem sich zwei Pulsare alle 2,4 Stunden in doppelten Abstand Erde-Mond umkreisen. Die beiden Pulsare besitzen Perioden von 2,7 s und 22 ms. Die Daten erlauben es, die allgemein relativistischen Effekte mit noch größerer Präzision als beim Hulse-Taylor-Pulsar zu überprüfen. Eine andere glückliche Besonderheit dieses Systems ist, dass die Bahnebene genau in der Sichtlinie des irdischen Beobachters liegt.

Deshalb geht der Radiostrahl des Millisekunden-Pulsars durch die Magnetosphäre des Sekunden-Pulsars hindurch und wird dabei absorbiert. Unter Ausnutzung dieses Effekts wurde es zum ersten Mal möglich, die relativistische Präzession eines Neutronensterns nachzuweisen: Seine Rotationsachse taumelt mit einer Periode von 75 Jahren, was wiederum mit den Voraussagen der allgemeinen Relativitätstheorie übereinstimmt, die damit einen weiteren Test bestanden hat. Die Präzision all dieser Tests beträgt derzeit 0,02 %(!), und wird sich mit fortschreitenden Messungen nochmals um einen Faktor zwei verbessern lassen. Auch hier ist ein Vergleich mit dem Sonnensystem interessant: Bei der Erde ist die Präzessionsperiode von 26 000 Jahren im Wesentlichen durch die Gezeitenwirkung bestimmt. Der relativistische Anteil allein würde zu einer Periode von etwa 67 Millionen Jahren führen und ist damit unmessbar klein. An der Entdeckung und den Beobachtungen von PSR J0737-3039 war Michael Kramer, seit kurzem Direktor am MPI für Radioastronomie in Bonn, wesentlich beteiligt.

Die Absorption der Pulsarstrahlung durch die Magnetosphäre des Begleiters erlaubt es auch, die Teilchendichte in der Pulsar-Magnetosphäre zu messen, die bisher nur aus theoretischen Modellen bekannt war. Ein weiterer interessanter Punkt ist, dass der Millisekundenpulsar eine Röntgenquelle ist, die im Takt der Umdrehung mit einem Modulationsgrad von 70 % variiert. Die Spektren lassen sich durch eine Kombination von nicht-thermischer Emission von der Magnetosphäre und thermischer Emission von der Polkappe des Neutronensterns erklären – in guter Übereinstimmung mit dem, was man von weniger prominenten Pulsaren weiß. Aus der zeitlichen Abnahme der Bahnperiode kann man abschätzen, dass die beiden Neutronensterne in etwa 100 Millionen Jahren miteinander kollidieren. Die dabei freiwerdenden Energien sind so groß wie bei einer Supernova-Explosion. Ein solches spektakuläres Ereignis ist mit einem Ausbruch von Röntgen- und Gammastrahlung verbunden. Mit solchen, über kosmologische Distanzen sichtbaren Ereignissen, werden die kurzen Gamma-Ray Bursts erklärt, auf die wir unten zurückkommen.

## 8.13 Schwarze Löcher

Bei besonders massereichen Sternen gebiert der Endkollaps ein Schwarzes Loch. Das hängt damit zusammen, dass auch Neutronensterne eine maximale Masse besitzen, deren genauer Wert zwar noch nicht bekannt ist, der aber bei etwa 3 Sonnenmassen liegen dürfte. Besitzt der kollabierende Kern eine größere Masse, so überwältigt die Gravitation auch den Fermi-Druck der Neutronen (genauer gesagt der Baryonen), und es gibt kein Halten mehr: Es entsteht ein Schwarzes Loch, d.h. ein Gebilde, dessen Gravitation so stark ist, dass selbst Licht nicht entweichen kann.

**Historisches**: Die Fluchtgeschwindigkeit beträgt bei der Erde bekanntlich 11,2 km/s. Das ist die Geschwindigkeit, die eine Rakete haben muss, um das Schwerefeld der Erde zu verlassen. Bereits 1784, etwa hundert Jahre nach der Veröffentlichung von Newton's Principia dachte der Brite John Mitchel über Objekte nach, bei denen die Fluchtgeschwindigkeit größer als die Lichtgeschwindigkeit, bei denen also die Lichtkorpuskeln zurückfallen würden. Nach den Gesetzen der Newton'schen Mechanik besitzt ein solcher Körper einen Radius $R$, der seiner Masse $M$ proportional ist ($R = 2GM/c^2$,

> wobei $G$ die Newton'sche Gravitationskonstante und $c$ die Lichtgeschwindigkeit ist). Mitchel schloss, dass derartige Objekte unsichtbar wären und nur entdeckt werden könnten, wenn sie um sichtbare Sterne kreisen (so wie Bessel auf Sirius-B schloss). Wenig später, 1795, befasste sich der berühmte französische Physiker und Mathematiker Pierre Simon Laplace unabhängig von Mitchel mit demselben Problem. Er fragte, welche Radius und Masse ein Körper mit der Dichte der Erde haben muss, damit das Licht nicht entweichen kann. Dabei ergibt sich ein Radius größer als die Entfernung Erde-Sonne und eine Masse von 100 Millionen Sonnenmassen. Beide Voraussagen sind durch die Entdeckung der stellaren Schwarzen Löcher in Doppelsternsystemen und der supermassiven Schwarzen Löcher in Galaxienkernen bestätigt worden.

Die moderne Beschreibung der Schwarzen Löcher bedient sich der Allgemeinen Relativitätstheorie. Ihr zufolge erfährt ein Lichtquant, das am sogenannten Schwarzschild-Radius startet, beim Verlassen des Gravitationsfeldes eine unendliche Rotverschiebung. Das bedeutet, dass es bei einem Beobachter in sehr großer Entfernung mit der Energie Null ankommt, also nicht registriert werden kann. Bemerkenswerterweise ergibt sich bei der relativistischen Betrachtungsweise derselbe Zusammenhang zwischen dem Schwarzschildradius $R_s$ und der Masse wie in der Newton'schen Mechanik ($R_s = 2GM/c^2$).

Im Gegensatz zu den Neutronensternen, die viele beobachtbare Eigenschaften haben, sind ihre kompakten Brüder relativ einfach strukturiert. Man sagt „ein Schwarzes Loch hat keine Haare". Es ist nämlich vollständig durch drei Eigenschaften charakterisiert: Masse, Drehimpuls und Ladung. Hinzu kommt, dass ein rotierendes, elektrisch geladenes Schwarzes Loch ein magnetisches Dipolmoment besitzt, das parallel zur Spinachse gerichtet ist. Damit ähneln sie in ihrer Einfachheit den Elementarteilchen. In diesem Zusammenhang sei bemerkt, dass die drei Endstadien der Sternentwicklung in gewisser Weise drei Stadien der Mikrophysik entsprechen:

Weiße Zwerge – Atome,
Neutronensterne – Atomkerne,
Schwarze Löcher – Elementarteilchen.

Wie extrem Schwarze Löcher sind, macht folgende Betrachtung deutlich: Um die Erde in ein Schwarzes Loch zu verwandeln, müsste sie auf einen Radius von knapp neun Millimetern(!) zusammengedrückt werden. Bei der Sonne sind es drei Kilometer. Die Natur schafft das Kunststück mit Hilfe der Sternentwicklung. Im Prinzip könnten Schwarze Löcher geringer Masse auch im Urknall entstehen, denn dort herrschen in den frühen Phasen extrem hohe Dichten. Ob dies wirklich passiert ist, wird jedoch von der Theorie für eher unwahrscheinlich gehalten, denn dazu wären extreme Fluktuationen der Materiedichte nötig.

Schwarze Löcher in Doppelsternsystemen werden wie Neutronensterne zu sehr hellen Röntgenquellen, wenn Materie vom Begleiter auf sie hinüber strömt. Wir kennen in unserer Milchstraße und nahen Galaxien insgesamt etwa ein Dutzend Röntgen-Doppelsterne, bei denen das röntgenstrahlende kompakte Objekt eine Masse von 5–15 Sonnenmassen hat und somit kein Neutronenstern sein kann. Dazu gehört die bereits erwähnte Quelle Cygnus X-1, die sich bald nach ihrer Entdeckung als Schwarzes Loch entpuppte. Schwarze Löcher in Doppelsternsystemen unterscheiden sich hinsichtlich der abgestrahlten Leistung nicht sehr von Neutronensternen. In beiden Fällen wird beim Materie-Einfall in das Gravitationsfeld etwa 10 % der Ruhenergie ($E = mc^2$) in Strahlungsenergie verwandelt. Alles, was man an Strahlung sieht, wird von der Materie abgestrahlt, bevor sie im Schwarzen Loch verschwindet – gewissermaßen als Todesschrei der Materie. Im Gegensatz zu Neutronensternen haben Schwarze Löcher keine feste Oberfläche, auf die die Materie prallt. Vielmehr verschwindet sie bei wachsender Rotverschiebung im Schwarzen Loch. Auch gibt es bei Schwarzen Löchern keine Begrenzung der Masse nach oben. Bei Masse-Zufuhr steigt einfach der Schwarzschild-Radius proportional zur Masse an. So können supermassive Schwarze Löcher mit Massen von Millionen bis Milliarden Sonnenmassen entstehen, die für die starke Aktivität der Quasare und anderer „aktiver Galaxien" verantwortlich gemacht werden.

**Historisches**: In den Anfängen der Radioastronomie wurden Objekte entdeckt, die im sichtbaren Licht punktförmig wie Sterne aussahen, die aber eine extrem starke Radiostrahlung aufwiesen: Quasistellare Radioquellen oder kurz Quasare. 1962 machte der Astrophysiker Maarten Schmidt an dem hellsten Quasar 3C273 eine bedeutende Entdeckung: Dieses Objekt zeigte ein Spektrum das um 16 % zu langen Wellen hin verschoben war. Interpretierte man dies als Hubble'sche Rotverschiebung aufgrund der kosmischen Expansion, so musste sich 3C273 in sehr großer Entfernung befinden (2 Milliarden Lichtjahre) und eine mehrere tausendmal größere Energieabstrahlung als eine normale Galaxie aufweisen. Außerdem zeigte sich, dass 3C273 und ähnliche Objekte nicht nur im sichtbaren Licht und Radiobereich, sondern noch stärker auch im Infrarot-, Röntgen- und Gammabereich strahlen. Ein weiteres Indiz dafür, dass hinter dem Quasar-Phänomen etwas besonderes steckte, war die Beobachtung von starker Variabilität auf Zeitskalen von Monaten, Wochen oder gar Tagen. Dies bedeutet, dass die räumliche Ausdehnung der Objekte nicht größer sein kann als Lichtmonate, Lichtwochen oder Lichttage. Zur Erklärung brauchte man also eine Quelle, die nicht größer ist als unser Planetensystem, aber soviel Energie ausstrahlt wie 100 Billionen Sonnen. Eine solche Quelle ist ein Schwarzes Loch, das allerdings eine sehr große Masse besitzen muss. Bei 3C273 sind 100 Millionen Sonnenmassen nötig, und das Monster muss etwa eine Erdmasse pro Sekunde fressen, um seinen Energiebedarf zu decken!

## 8.14 Supermassive Schwarze Löcher

Die Hypothese der Supermassiven Schwarzen Löcher in Galaxienkernen, die am Anfang als verwegene Spekulation erschien, und sich dann zu einer respektablen Theorie entwickelte, ist inzwischen praktisch zur Gewissheit geworden. Dazu hat nicht zuletzt beigetragen, dass im Zentrum unserer Milchstraße mit Hilfe von Infrarotmessungen von Reinhard Genzel und seiner Gruppe am MPE ein Schwarzes Loch von etwa 4 Millionen Sonnenmassen nachgewiesen wurde, und zwar durch die Vermessung der Keplerbahnen von Sternen in seinem Gravitationsfeld. Auch in den Zentren naher Galaxien befinden sich Supermassive Schwarze Löcher, die wie das Objekt im Zentrum der Milchstraße sehr wenig Energie abstrahlen. Das heißt sie hungern, im Gegensatz zu den Quasaren, deren Schwarze Löcher quasi im Schlaraffenland leben. Für die starke Fütterung der Quasare sind offenbar Zusammenstöße zwischen Galaxien verantwortlich, und weil diese in dem viel kleineren frühen Universum viel häufiger waren als „heute", haben die Quasare ihre Blütezeit vor etwa 10 Milliarden Jahren gehabt. Die Rotverschiebung des älteste bekannte Quasar ($z = 6,4$) entspricht einer Epoche von etwa einer Milliarde Jahren nach dem Urknall, und es ist nicht klar, ob er in dieser kurzen Zeit durch Akkretion aus einem stellaren Schwarzen Loch entstanden sein kann. Denn das Fressvermögen eines Schwarzen Loches, d. h. die Menge an Materie, die es maximal schlucken kann, ist proportional zu seiner Masse und damit begrenzt. Das bedeutet, dass ein dauernd maximal akkretierendes Schwarzes Loch etwa 1 Milliarde Jahre braucht, um ein sehr massereicher Quasar zu werden. Ein Prozess, der möglicherweise ein rascheres Wachstum zulässt, ist die Vereinigung von Schwarzen Löchern. In diesem Zusammenhang ist interessant, dass 2002 Stefanie Komossa vom MPE mit Chandra den ersten Doppel-Quasar (in der Galaxie NGC 6240) entdeckt hat. Allerdings brauchen in diesem Fall die beiden Schwarzen Löcher, die noch etwa 3000 Lichtjahre voneinander entfernt sind, hunderte Millionen von Jahren, bevor sie sich infolge der Abstrahlung von Gravitationswellen auf ihrer Spiralbahn soweit genähert haben, dass es zu der spektakulären Vereinigung kommt.

## 8.15 Gammastrahlen-Ausbrüche und Hypernovae – die Geburt von Schwarzen Löchern

Im Jahr 1963 hatten die Amerikaner damit begonnen, Satelliten zu starten, mit denen die Einhaltung des Moratoriums für die Einstellung der Kernwaffentests in der Atmosphäre überwacht werden sollte. Vor allem mit den Megatonnen-Tests ihrer Wasserstoffbomben hatten die Sowjetunion und die USA jahrelang die Stratosphäre radioaktiv verschmutzt. Soweit man weiß, haben die Vela-Satelliten glücklicherweise keine Verstöße gegen das Moratorium festgestellt, dafür aber am 2. Juli 1967 eine aufregende Entdeckung gemacht, die wegen des militärischen Charakters der Missionen jahrelang geheim gehalten wurde. An diesem Tag hatten die Gamma-Detektoren der Vela-Satelliten, einen Ausbruch registriert, der offensichtlich nicht aus der irdischen Atmosphäre, sondern aus den Tiefen des Kosmos kam. Die Veröffentlichung darüber erfolgte erst 1973. Bis dahin waren bereits 16 dieser mysteriösen Ereignisse gefunden worden, die natürlich die Phantasie der Astrophysiker herausforderten. Im Jahr 1993 wurden 135 Modelle für die Erklärung des Phänomens gezählt, mehr als die Zahl der zu diesem Zeitpunkt gemessenen Gammastrahlen-Ausbrüche („Gamma-Bursts"). Dazu gehörten Asteroiden-Einschläge auf Neutronensternen, Kollisionen von Kometen und Anti-Kometen, Ausbrüche von Quasaren, Zerstrahlung von Mini-Schwarzen Löchern aus dem Urknall, Kriege ferner Zivilisationen und vieles andere mehr. Einen wesentlichen Fortschritt brachte das Compton-Observatorium (CGRO) der NASA, an dem das MPE wesentlich beteiligt war. Die etwa 2700 von CGRO registrierten Ereignisse ergaben eine sehr isotrope Verteilung, in der sich die Milchstraße nicht abhob. Dies deutete auf eine sehr nahe oder eine kosmologische Population der Quellen hin. Allerdings war eine Identifikation der Gamma-Bursts mit bekannten Objekten wegen der relativ ungenauen Positionen nicht möglich. Den Durchbruch brachte der italienisch-niederländische Satellit BeppoSAX (1996–2002). Mit ihm wurde festgestellt, dass die Gamma-Ausbrüche von einem Nachglühen im Röntgenbereich begleitet sind. Mit dem Röntgenteleskop des Satelliten (an dessen Entwicklung das MPE beteiligt war) konnte bei dem Burst vom 28. Februar 1997 erstmals die Position so genau gemessen werden, dass dem niederländischen Astrophysiker Jan van Paradijs und seinem Team die Identifikation mit einer Galaxie gelang, welche eine Rotverschiebung von $z = 0{,}695$ aufweist. Seitdem

**Film 8.2** Der Film zeigt die Entstehung des Jets in der Hypernova-Explosion eines sehr massiven Sterns

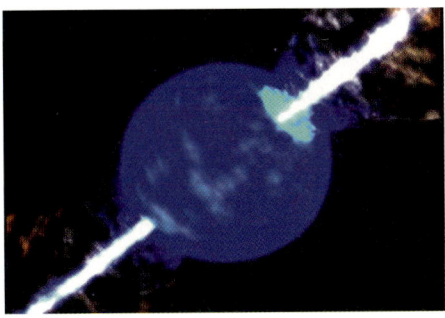

sind viele Bursts in fernen Galaxien identifiziert worden. Aus den gemessenen Intensitäten und Entfernungen ergeben sich unter der Annahme einer isotropen Ausstrahlung für die abgestrahlten Energien ungeheuer große Werte, die um einige Größenordnungen höher sind als die von Supernova-Explosionen. Die Beobachtungen zeigen auch, dass es zwei Arten von Bursts gibt: Lange, mit typisch 10–100 s Dauer, und kurze, die nur 0,01–1 s währen. Bei der Interpretation der langen Bursts hat sich die Vorstellung durchgesetzt, dass es sich um die Explosionen sehr massiver Sterne handelt („Hypernovae"), bei denen eine Schwarzes Loch entsteht und ein Großteil der Energie in einem Jet in Richtung der Rotationsachse abgestrahlt wird (Film 8.2). Die kurzen Bursts werden wahrscheinlich durch das Verschmelzen von zwei Neutronensternen (oder einem Neutronenstern und einem Schwarzen Loch) erzeugt, die sich in einem engen Doppelsternsystem befinden. Simulationen zeigen, dass auch in diesem Fall die Abstrahlung hochgradig anisotrop sein sollte – in Form eines Jets in Richtung der Bahnachse des Systems. Die Konsequenzen der Anisotropie sind, dass die Energie-Abstrahlungen in Größenordnungen kommen, wie man sie von Supernovae kennt. Andererseits folgt, dass die Intensität der Gamma-Bursts stark von dem Winkel abhängt, unter dem der Jet gesehen wird. Damit hat sich die ursprünglich gehegte Hoffnung zerschlagen, dass diese Ereignisse Einheitskerzen darstellen, mit denen absolute Entfernungsmessungen möglich sind wie bei den Supernovae Ia. Außerdem folgt daraus, dass ein Großteil dieser Ereignisse unbeobachtbar ist. Gleichwohl kommt den Gamma-Bursts eine große kosmologische Bedeutung zu. Denn sowohl die Hypernovae wie auch das Verschmelzen von zwei kompakten Sternen sollten von intensiver Emission von Gravitationswellen begleitet sein. Denn vor dem Verschmelzen tanzen die beiden Sterne mit immer kürzer werdender Periode umeinander (Film 8.3), und ein solches Ereignis wird in den Gravitationswellenantennen ein charakteristisches Zirpen hervorrufen, dass bis in den Kilohertz-Bereich reicht.

**Film 8.3** Der Film zeigt die Vereinigung zweier Neutronensterne in einem engen Doppelsternsystem

Die Registrierung solcher kosmischer Katastrophen ist deshalb eine der Hoffnungen der Wissenschaftler, welche seit Jahren die Gravitationswellen-Antennen LIGO (USA) und Geo 600 (D-UK) in der Nähe von Hannover betreiben.

Der bisherige Entfernungsrekord, der von einem Quasar mit einer Rotverschiebung von $z = 6{,}4$ gehalten wurde, ist jüngst von einem Gamma-Burst überboten worden, der am 24. März 2009 von dem NASA-Satelliten SWIFT und dem MPE-Instrument GROND registriert wurde. Mit $z = 8{,}4$ markiert er das entfernteste und damit älteste Objekt, das bisher überhaupt gefunden wurde. Die Explosion hat vor 13 Milliarden Jahren oder 600 Millionen Jahre nach dem Urknall stattgefunden und beweist, dass in dieser frühen Epoche bereits Sterne existiert haben. Damit sind die Gamma-Bursts zu einem wichtigen Hilfsmittel der modernen Kosmologie geworden.

## 8.16 Zusammenfassung und Ausblick in die sehr ferne Zukunft

Auf kosmischen Skalen dominiert die Gravitation und sorgt dafür, dass Anfangsschwankungen in der Dichteverteilung der Materie zu Kondensationen in Form von Galaxien führen. In diesen wiederum kondensiert das Gas zu Sternen, die als überdichte Objekte – Weiße Zwerge, Neutronensterne und Schwarze Löcher – enden. Dabei wird ein Teil der Materie durch Sternwinde, Nova- und Supernova-Explosionen in den Kreislauf zurückgegeben, wodurch die chemische Evolution kosmischer Materie vorangetrieben wird. Die Materie, die einmal in den kompakten Objekten gebunden ist, ist dagegen dem Kreislauf entzogen. Es bleiben am Ende also im Wesentlichen Weiße Zwerge, Neutronensterne und Schwarze Löcher übrig, abgesehen von Braunen Zwergen, Gas, Staub sowie Planeten und anderen Überresten von Planetensystemen.

Nach den neuesten Erkenntnissen der Kosmologie geht die Expansion des Kosmos stetig weiter und scheint sich durch die Wirkung der Dunklen Energie sogar zu beschleunigen. Das wirft die Frage nach dem langfristigen Schicksal der Materie auf. Es gibt Voraussagen der Elementarteilchentheorie, dass nach etwa $10^{35}$ Jahren die Protonen und damit auch alle anderen Baryonen zerfallen sind. Dem würden die Neutronensterne, die Weißen und Braunen Zwerge, sowie die Planeten und alle übrige „normale Materie" zum Opfer fallen, indem sie sich in Strahlung sowie Elektronen und Positronen auflösen, wobei diese dann auch zerstrahlen. Übrig bleiben dann nur die Schwarzen Löcher, aber auch diese werden nicht ewig existieren. Steven Hawking und andere haben herausgefunden, dass Schwarze Löcher nicht nur alles schlucken, sondern auch ständig ein klein wenig Energie in Form von Planck'scher Strahlung abgeben sollten. Es ist ein Effekt der Quantenphysik, der es erlaubt, dass etwas Strahlung über den Ereignishorizont entweicht. Die Temperatur dieser Strahlung ist sehr gering und bisher völlig unbeobachtbar. Ein stellares Schwarzes Loch von 10 Sonnenmassen besitzt eine Temperatur von nur einem hundert Millionstel ($10^{-8}$) K und braucht mehr als $10^{67}$(!) Jahre, um auf diese Weise zu zerstrahlen. Bei einem Supermassiven Schwarzen Loch in einem leuchtkräftigen Quasar ist die Temperatur noch viel niedriger und der Zerfall dauert sogar etwa $10^{100}$ Jahre. Dies sind sehr, sehr lange Zeiträume, wenn man bedenkt, dass der Kosmos erst gut $10^{10}$ Jahre alt ist. Aber am Ende ist, wenn diese Theorie richtig ist, sämtliche „normale" Materie verschwunden und hat sich gemäß der Einstein'schen Beziehung $E = mc^2$ in Strahlung – Photonen, Neutrinos und Gravitonen – umgewandelt, deren Energiedichte aufgrund der fortschreitenden Expansion gegen Null konvergiert. Allerdings sollte man bei alledem bedenken, dass beim gegenwärtigen Stand der Forschung weder die physikalische Natur der Dunklen Materie noch die der Dunklen Energie bekannt ist, die 95 % des Materie- und Energie-Inhalts des Universums ausmachen sollen. Ob man bei einer derart großen Unwissenheit Sicheres über Endzustände aussagen kann, bleibt zweifelhaft. Mit Überraschungen durch neue Beobachtungen und theoretische Einsichten ist in diesem Zusammenhang zu rechnen. Astrophysik und Kosmologie, die in den letzten Jahrzehnten eine goldene Ära erlebt haben, indem sie viele Fragen beantwortet, aber auch neue aufgeworfen haben, werden auch in der absehbaren Zukunft spannend bleiben!

# 9 Elementarteilchen – oder woraus bestehen wir?

Herwig Schopper

*„So lösen wir dem Himmel und der Natur in den folgenden Seiten die Zunge und lassen ihre Stimme lauter erschallen: und niemand zeihe uns darob der Eitelkeit oder unnützer Mühe."*

Johannes Kepler, Widmung des Mysterium Cosmographicum, 1596

## 9.1 Gibt es letzte Bausteine der Materie?

Beim Blick zum gestirnten Himmel stellt sich wohl jedem die Frage „Was leuchtet da?" Das unendlich Kleine erschließt sich nicht so unmittelbar unserem Auge, aber jedes Kind versucht herauszufinden, ob man ein Stück Materie immer weiter zerteilen kann. Gibt es eine Grenze für das Zerlegen? Wenn ja, gibt es ewig beständige Bausteine der Materie, aus denen alles besteht – die Erde, die Sterne und auch wir Menschen?

Seit der Antike beschäftigt diese Frage die Menschheit, wobei verschiedene Möglichkeiten diskutiert wurden. Empedokles (500–430 v. Chr.) glaubte alles auf vier Elemente zurückführen zu können – Feuer, Wasser, Erde und Luft, zwischen denen zwei Urkräfte wirken sollten, Liebe und Hass. Demokrit (460–371 v. Chr.) führte die unzerteilbaren Atome ein[1]. Ganz anders Plato (427–347 v. Chr.), der von materiellen Materieklötzchen nichts wissen wollte und die eigentliche Wirklichkeit im Reich der Ideen, der immateriellen Wesenheiten, sah. Auch Plato ging von den vier Elementen des Empedokles aus, ordnete sie aber den regelmäßigen Körpern zu (Feuer – Tetraeder, Wasser – Ikosaeder, Erde – Würfel, Luft – Oktaeder), die durch ihre Symmetrien ausgezeichnet sind. Diese geschichtlichen Reminiszenzen erwähne ich, weil die fundamentale Frage, ob materielle Bausteine oder immaterielle ‚Ideen' die Grundlage unseres Verständnisses von der Materie, ja von allen Naturerscheinungen im Mikrokosmos, bilden, in der modernsten Elementarteilchenforschung wieder eine ganz entscheidende Bedeutung bekommen.

In der Antike und noch zum größten Teil im Mittelalter basierte die Naturforschung auf Spekulationen. Galileo Galilei lehrte uns, dass nur Beobachtungen uns

[1] Von der Antike bis in das hohe Mittelalter beschäftigten sich die Philosophen nicht nur mit der Teilbarkeit der Materie. Der heilige Augustin stellte auch die Frage, ob es eine kleinste unteilbare Zeiteinheit gibt, ein ganz aktuelles Problem in der modernen Physik. Damals wurden auch ‚Atome' für die Mathematik (die Zahl ‚1') und die Sprache (der Buchstabe) diskutiert.

Herwig Schopper (✉)
CERN, Building 32, 3. floor, C17, 1211 Genève, Switzerland
E-mail: Herwig.Schopper@cern.ch

ein tieferes Verständnis ermöglichen. Aber noch Newton postulierte letzte unzerstörbare, „unendlich harte Kügelchen" als Bausteine der Materie, ohne dafür experimentelle Anhaltspunkte zu haben. Zwischen diesen sollten die Kräfte als eine Art von Spiralfedern wirken. Die Materiebausteine symbolisierten dabei das Ewig Beständige, während mit Hilfe der Kräfte diese Bausteine zu komplizierten Gebilden zusammengefügt werden können, deren Entstehen und deren Auflösung zum ständigen Wandel in der Natur führen.

Der Fortschritt in den letzten zwei Jahrhunderten bestand vor allem darin, dass man immer kleinere Bausteine der Materie identifizieren konnte: Die Chemiker erklärten die Reaktionen verschiedener Substanzen mit Hilfe der zunächst hypothetischen Existenz von Atomen, die zu verschiedenartigen Molekülen gebunden werden. Die Beobachtung der Brown'schen Bewegung lieferte einen ersten Hinweis auf ihre Existenz. Außerdem gelang es den Chemikern im ‚Periodischen System der Elemente' eine systematische Ordnung in die Welt der Atome zu bringen, wenn auch zunächst mit einigen Lücken. Mit Hilfe spektroskopischer Methoden konnten die Physiker die genauen Eigenschaften der Atome festlegen, und die Quantenmechanik mit ihren erstaunlichen Forderungen der Komplementarität zwischen Teilchen und Welle und der Heisenberg'schen Unschärferelation lieferte das gedankliche Werkzeug für ein tieferes Verständnis. Die Streuversuche von Teilchen an den Atomen zeigte dann, dass die Masse des Atoms in seinem Kern konzentriert ist, der von einer Elektronenwolke umgeben wird. In der Kernphysik wurde gezeigt, dass die Atomkerne ihrerseits aus Protonen und Neutronen bestehen, und mit Hilfe großer Teilchenbeschleuniger konnte nachgewiesen werden, dass in deren Innerem Quarks herumschwirren. Außerdem bekam das Elektron einige ‚Brüder', die unter dem Namen Leptonen zusammengefasst werden (Abb. 9.1).

Diese Fortschritte beim Vordringen zu immer kleineren Dimensionen wurden durch die technische Entwicklung von immer leistungsfähigeren Beschleunigern ermöglicht. Dies lässt sich auf zwei Weisen verstehen. Die Optik lehrt uns, dass die Wellenlänge des verwendeten Lichts eine Grenze für die Auflösung der kleinsten noch zu beobachtenden Objekte bedingt. In der Teilchenphysik verwendet man Teilchen als Sonden, und ihre Materie-Wellenlänge ist umgekehrt proportional zu ihrem Impuls – also braucht man hohe Energien. Eine alternative Betrachtungsweise beruht auf der Heisenberg'schen Unschärferelation. Auf je kleineren Raum ein Teilchen be-

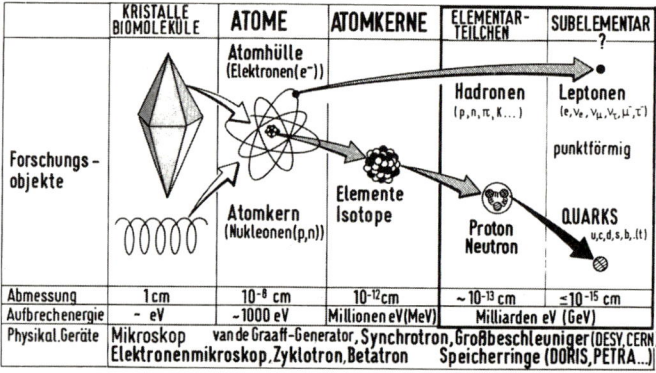

**Abb. 9.1** Die Entdeckung immer kleinerer Bausteine der Materie mit Hilfe immer größerer Beschleuniger (die größten sind LEP für Elektron-Positron-Kollisionen und LHC für Proton-Proton-Stöße mit 27 km Umfang)

grenzt wird, um so unschärfer ist sein Impuls, d. h. aber auch um so größere Werte kann er annehmen. Je kleiner die Objekte sind, um so größere Bindungsenergien sind also erforderlich, um ihre Teile beisammen zu halten. Anders ausgedrückt – je kleiner die Bausteine der Materie sind, um so ‚härter' sind sie und um so höhere Energien braucht man, um sie zu zerlegen. Daher kommt das Streben nach immer leistungsfähigeren ‚Atomzertrümmerern'!

Nun stellt sich die Frage: Kann die Zerlegung der fundamentalen Bausteine der Materie in immer kleinere Teile fortgesetzt werden oder gibt es eine prinzipielle Grenze? Dabei stoßen wir auf ein Paradoxon, das schon Immanuel Kant erwähnt hat. Entweder die Teilchen sind elementar, d. h. punktförmig, dann ist es schwierig zu verstehen, wie ein mathematischer Punkt eine Masse besitzen und Ladung oder Spin tragen kann. Besitzen andererseits die Teilchen eine räumliche Ausdehnung, dann ist es nicht verständlich, warum es nicht möglich sein soll, sie weiter zu zerlegen. Dies bedeutet aber auch, dass die Frage nach dem, was ein ‚Elementarteilchen' eigentlich ist, sinnlos ist.

Wenn man in der Physik auf solche Paradoxa stößt, ist dies stets ein Hinweis darauf, dass man eine falsche Frage gestellt hat. Lange Zeit ist man von dem Paradigma ausgegangen, dass man die Natur mit Hilfe von letzten Bausteinen der Materie zwischen denen Kräfte wirken, beschreiben kann. Um das Paradoxon zu vermeiden, sind wir gezwungen, dieses alte Bild aufzugeben und neue Erklärungsweisen einzuführen. In den Medien macht häufig die Entdeckung eines neuen Teilchens Schlagzeilen. Dies ist sicher meist ganz interessant, aber von dem konzeptionellen Umbruch, der ziemlich lautlos vor sich geht, wird dagegen kaum Notiz genommen. Dieser wird aber langfristig viel wesentlichere Auswirkungen auf unser Verständnis von der Natur und unsere Denkweise haben und gehört daher auch in den Unterricht der Schule.

Wir müssen begreifen, dass die Vorstellung von ‚harten' Materieklötzchen und ihren Kräften für manche Betrachtungen zwar ganz nützlich sind, dass sie aber nicht ein vollständiges, einheitliches Naturverständnis liefern können. Dies vermögen erst die tiefer liegenden Symmetrien und ihre Verletzungen (‚Brechung', wie die Physiker sagen) – immaterielle Ideen, die die neuen Paradigmen der Naturforschung darstellen. Um es verkürzt zu sagen: Weg von Demokrit – hin zu Plato!

Als neue „first principles" setzt sich in der Physik immer mehr der Symmetriebegriff durch: Naturgesetze sollen bei gewissen Symmetrieoperationen unverändert bleiben. So sollte eine Vertauschung aller elektrischen positiven und negativen Ladungen zu keiner Änderung der Naturgesetze führen, da die Natur ja nicht „weiß", wie wir die Bezeichnungen für plus und minus willkürlich gewählt haben. Ähnlich verhält es sich bei einer Vertauschung von Materie mit Antimaterie. Darüber hinaus gibt es abstrakte sogenannte „Eichsymmetrien", durch die die Eigenschaften der verschiedenen Kraftfelder bestimmt werden. Man stellt jedoch fest, dass in der Natur die Symmetriegesetze nicht streng befolgt werden, man spricht dann von Symmetriebrechungen.

## 9.2 Das Standardmodell der Teilchenphysik und seine Symmetrien

Wie immer in den Naturwissenschaften werden Fortschritte durch eine enge Zusammenarbeit zwischen Experimentatoren und Theoretikern erzielt. In harter und geduldiger Kleinarbeit wurde von Tausenden von Physikern durch experimentelle Beobachtungen in vielen Labors und durch theoretische Überlegungen das ‚Standardmodell der Elementarteilchenphysik' (SM) entwickelt, das sich durch eine verhältnismäßige Einfachheit auszeichnet. Es wird als ‚Modell' bezeichnet, obwohl es alle bisherigen Messdaten einordnen kann. Von einer ‚Theorie' verlangt man aber, dass sie von wenigen Grundannahmen ausgeht und nur eine kleine Zahl von freien Parametern enthält, die nur durch das Experiment festgelegt werden können. Das SM enthält jedoch mehr als 18 freie Parameter und ist nicht in der Lage, einige fundamentale Fragen zu beantworten. So bleibt sowohl der Ursprung der Teilchenmassen und die relative Stärke der Kräfte im Dunkeln und ob Vereinigung aller Kräfte zu einer ‚Urkraft' möglich ist, kann nicht beantwortet werden.

Hier ist nicht der Platz, um das SM im Einzelnen zu erläutern. Es sollen in den folgenden Kapiteln einige der Grundbegriffe in Erinnerung gebracht und seine Grenzen aufgezeigt werden. Das SM ist die Quantenfeldtheorie des Aufbaus der Materie und der in ihr wirkenden Kräfte. Es geht von Symmetrien aus, die der Materie innewohnen, wobei es sich nicht um Symmetrien der visuellen, sondern der mathematischen Strukturen handelt. Symmetrien sind der Ausdruck für eine Invarianz der Naturgesetze gegenüber bestimmten Operationen.

Aus der klassischen Physik kennen wir die aus der Homogenität von Raum und Zeit folgende Invarianz der Naturgesetze gegenüber kontinuierlichen raumzeitlichen Transformationen. Aus diesen Invarianzen lassen sich die fundamentalen Erhaltungssätze für Energie, Impuls und Drehimpuls ableiten. Weiterhin gibt es die ‚Spiegelungen', die räumliche Spiegelung, die Vorzeichenänderung der Ladung (Ladungskonjugation) und die Zeitumkehr. Die Invarianz gegenüber diesen Spiegelungen hat nur in der Quantenmechanik Auswirkungen, nämlich die Erhaltung der Parität, die Vertauschbarkeit von Materie und Antimaterie und gewisse Regeln für Reaktionen und ihre Umkehr.

Im Jahr 1957 machten Frau C.S. Wu und Mitarbeiter die völlig unerwartete Entdeckung[2], dass bei der schwachen Wechselwirkung die Erhaltung der Parität P und der Ladungskonjugation C vollständig verletzt ist. Diese Tatsache verletzt ein ‚a priori'-Prinzip: Da die Natur nicht ‚weiß', ob wir sie direkt oder durch einen Spiegel beobachten, müsste die Spiegelungsinvarianz gelten. Die Natur ‚weiß' auch nicht, welche Ladung wir als positiv oder negativ bezeichnen – eine willkürliche historische Entscheidung. Deshalb sollte auch die Ladungskonjugation gelten. Kurz nach ihrer Entdeckung haben daher diese Verletzungen von fundamentalen Invarianzen einiges Aufsehen erregt. Man hat sich dann etwas beruhigt, da es schien, dass für die kombinierte Operation PC die Invarianz gilt. Später wurde experimentell gefunden, dass auch diese Operation geringfügig verletzt ist. Dies ergab einen interessanten Zusammenhang zwischen Teilchenphysik und Kosmologie. Nach dem Big Bang sollten eigentlich wegen der geltenden Symmetrie zwischen Materie und Antimaterie gleiche Mengen von beiden erzeugt worden sein. In einer späteren Periode sollten diese sich aber wieder vollständig zu Strahlung vernichtet haben. Man würde daher erwarten, dass das Weltall heute keine Materie enthält. Astrophysikalische Messungen zeigen jedoch, dass ein winziger Bruchteil (Größenordnung $10^{-9}$) von Materie übrig blieb. Die PC-Verletzung bedeutet ein Ungleichgewicht zwischen Materie und Antimaterie und könnte vielleicht eine Erklärung für den Materieüberschuss liefern. Quantitativ ist dies bisher aber nicht möglich gewesen, und warum dies geschah und wir deshalb überhaupt existieren bleibt ein großes Rätsel.

---

[2] Dieses Experiment wurde zwar von den Theoretikern T.D. Lee und C.N. Yang angeregt, aber nach einem Seminar im Jahre 1957, das von A. Salam gehalten wurde, entschuldigte sich W. Pauli bei ihm dafür, dass er ihn überredet hatte, seine paritätsverletzende 2-Komponenten-Theorie der Neutrinos nicht zu veröffentlichen. Pauli hielt eine Verletzung der Spiegelungssymmetrie für völlig ausgeschlossen.

Obwohl man bisher keinerlei Verständnis für die Verletzungen der genannten Symmetrien entwickeln konnte, hat man diese Probleme in gewissem Maße verdrängt (außer der PC-Verletzung)! Es passiert gelegentlich in der Geschichte der Wissenschaften, dass zu schwierige Probleme beiseite gelegt werden und man darauf wartet, dass sie eines Tages neu aufgegriffen und gelöst werden. Das SM wurde allerdings so konstruiert, dass alle erwähnten Symmetrieverletzungen erlaubt sind – ohne dass man weiß wieso!

Neben diesen ‚äußeren' Symmetrien gibt es auch ‚innere' Symmetrien, bei denen es sich um Verallgemeinerungen der von der elektromagnetischen Wechselwirkung bekannten Phasentransformation $\psi \to \psi \exp(i\alpha Q)$ handelt, wobei $\alpha$ eine reelle Zahl und $Q$ die elektrische Ladung sind. Die verallgemeinerten Phasentransformationen werden durch $\alpha$ charakterisiert. Fordert man, dass eine solche ‚Eichinvarianz' an allen Orten gilt (lokale Eichinvarianz), dann lässt sich daraus mit Hilfe des Hamilton-Mechanismus für die betrachteten Felder die Wechselwirkung eindeutig bestimmen.

Beim SM geht man von der Gruppe $U(1) \times SU(2) \times SU(3)$ aus, wobei $U(1) \times SU(2)$ die elektroschwache Wechselwirkung und $SU(3)$ die Kernkraft beschreiben. Ohne auf die Details der Gruppentheorie einzugehen, kann man erraten, dass diese Gruppe keine vollständige Vereinigung der Kräfte darstellt. Die verschiedenen Wechselwirkungen sind mehr oder weniger aneinander ‚geklebt'. Eine vereinigende ‚Urkraft' müsste durch eine höhere einheitliche Gruppe dargestellt werden.

Durch eine eindrucksvolle Vielzahl von Messungen in verschiedenen Laboratorien, vor allem aber am LEP Speicherring bei CERN, konnte das Standardmodell, mit großer Genauigkeit bestätigt werden. Es konnten wegen der großen erreichten Genauigkeiten selbst ‚Effekte höherer Ordnung' (Strahlungskorrekturen) quantitativ bestätigt werden, wodurch bewiesen wurde, dass es sich beim Standardmodell um eine renormierbare Quantenfeldtheorie handelt. Ein analoges Experiment bei der Quantenelektrodynamik (der Lamb-Effekt) war einen Nobelpreis wert, beim Standardmodell gingen die Experimentatoren jedoch leer aus, da mehrere Experimente mit vielen Physikern beteiligt waren. Aber zwei holländische Theoretiker wurden ausgezeichnet, G. Veltman und G. t'Hooft!

## 9.3 Das Periodische System der Elementarteilchen

Alle Teilchen, die wir als Grundbausteine der Materie betrachten, sind Fermionen, d. h. sie besitzen den Spin $1/2$ und es gilt für sie das Pauli-Prinzip. Zu jedem Fermion gibt es ein Antiteilchen, dessen Ladungen umgekehrte Vorzeichen tragen. Sie können als einzelne Teilchen weder erzeugt noch vernichtet werden, denn dann würde das Gesetz von der Erhaltung der Ladung verletzt werden. Fermionen besitzen so einen gewissen Ewigkeitswert und werden als Grundbausteine der Materie betrachtet. Dieser gilt aber nur sehr eingeschränkt! Trifft ein Teilchen auf ein Antiteilchen, dann können sie sich gegenseitig vernichten, da ihre entgegengesetzten Ladungen sich aufheben. Es muss aber nicht nur die Ladungserhaltung gelten, sondern auch die Energiebilanz muss stimmen. Entsprechend der Einstein'schen Formel werden die Teilchenmassen $m$ in die Energie $E = m \cdot c^2$ verwandelt. Umgekehrt kann mit Hilfe von genügend Energie ein Paar von Teilchen-Antiteilchen sozusagen ‚aus dem

Nichts' erzeugt werden. Glücklicherweise fand man bis jetzt keine großen Ansammlungen von Antimaterie im Weltraum, sodass eine Vernichtung unserer Erde nicht droht!

Wir kennen zwei Familien von Fermionen: die Quarks, die der starken Wechselwirkung unterliegen, und die Leptonen, die diese Kraft nicht fühlen.

Die sechs verschiedenen **Quarks**[3] lassen sich in eine Art „Periodisches System" der Elementarteilchen einordnen (Abb. 9.2), das wesentlich einfacher ist als das Periodische System der chemischen Elemente. Die verschiedenen Quark-Sorten werden gekennzeichnet durch verschiedene Ladungen, die den drei bekannten Kräften[4] zugeordnet sind.

Quarks tragen elektrische Ladungen $Q$, wobei die in der oberen Zeile stehenden Teilchen sich von denen darunter um eine elementare Ladungseinheit (= Ladung des Elektrons) unterscheiden. Allerdings tragen Quarks Ladungen, die Vielfache eines Drittels der Elementarladung betragen[5]. Die nebeneinander stehenden vertikalen Teilchenpaare werden charakterisiert durch ein „schwache" Ladung, die ‚Flavour' genannt wird, und die die Kopplung zur schwachen Kraft bewirkt. Es gibt drei Flavours. Schließlich tragen die Quarks noch eine ‚Farbladung', die mit der starken Kernkraft verbunden ist. Im Gegensatz zur elektrischen Ladung, die nur Plus und das dazugehörige Minus kennt, gibt es drei verschiedene Kernkraft-Ladungen, die durch Farbbezeichnungen unterschieden werden. Daher tritt jedes Quark in drei ‚Farben' auf, wobei die Wahl willkürlich ist. Man nimmt zum Beispiel wie im Fernsehen drei Grundfarben Rot, Grün und Blau.

Die Farbbezeichnung für die Ladungen der starken Kernkraft wurde nicht willkürlich gewählt. Bisher ist es in keinem Experiment gelungen, Quarks (oder andere Teilchen, die Farbe tragen, z. B. Gluonen) als freie Teilchen zu erzeugen. Für farbige Teilchen gilt offenbar ein Gesetz für ihren Einschluss (‚confinement'), dessen

[3] Der Name Quark wurde von dem amerikanischen Theoretiker Gell-Mann gewählt. Um zu zeigen wie literarisch bewandert er war, wird kolportiert, dass der Name aus Finnegans Wake von James Joyce stammt, wo es heißt ‚Three quarks for muster mark'. Gell-Mann verstand aber sehr gut Deutsch, und als ich ihn einmal fragte, ob der Name nicht etwas mit ‚alles Quark' zu tun habe, wies er dies natürlich zurück. Allerdings gab er zu, dass er zunächst selbst nicht an die Existenz von Quarks glaubte, als er sie für seine Theorie vorschlug.

[4] Die Gravitation ist im Vergleich zu den anderen Kräften so schwach, dass sie im Bereich der Elementarteilchen vernachlässigt werden kann.

[5] Eine etwas symmetrischere Bezeichnungsweise der Quarks und Leptonen erhält man, wenn man anstelle der elektrischen Ladung einen ‚schwachen Isospin' einführt, d. h. übereinanderstehende Teilchen werden durch die dritte Komponente $I_3 = 1/2$ bzw. $-1/2$ dieses Isospins gekennzeichnet. Weiterhin wird allen Quarks die Hyperladung $Y = 1/3$ und allen Leptonen die Hyperladung $-1$ zugeordnet. Für die elektrische Ladung eines Teilchens gilt dann $Q = I_3 + Y/2$.

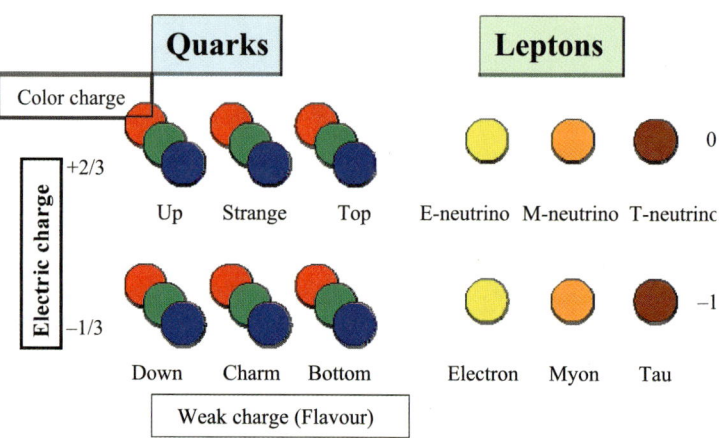

**Abb. 9.2** Das periodische System der Elementarteilchen

Ursprung noch nicht recht verstanden ist[6]. In der Natur werden nur ‚weiße', farblose Teilchen gefunden. Nun lehrt uns die Farbenlehre, dass ein weißer Zustand durch Mischung der drei Grundfarben erzeugt werden kann. Dies findet man nun tatsächlich auch bei den Quarks. Die Zusammensetzung von drei Quarks mit drei verschiedenen Farben gibt einen weißen Zustand, der dann beobachtbar wird. Allerdings muss auch die Summe der elektrischen Ladungen ganzzahlig sein. Dies erreicht man z. B. durch Zusammenfügen von 2 up- und 1 down-Quark, was ein Proton mit der elektrischen Ladung $+1$ ergibt. In ähnlicher Weise kann man ein elektrisch neutrales Neutron zusammensetzen aus 1 up- und 2 down-Quarks. Alle Teilchen, die aus drei Quarks bestehen, nennt man Nukleonen, und in vielen Experimenten wurden tatsächlich alle möglichen Dreier-Kombinationen von Quarks nachgewiesen. Nun lässt sich aber wie bei der elektrischen Ladung ein neutraler, ‚weißer' Zustand auch durch die Kombination einer Ladung mit ihrer Antiladung erzeugen. So gibt ein rotes Quark zusammen mit einem anti-roten Antiquark einen farbneutralen Zustand, der beobachtbar sein muss. In der Tat gibt es Teilchen, die aus einem Quark und einem Antiquark bestehen und man nennt sie Mesonen. Wiederum wurden alle möglichen Zweier-Kombinationen in der Natur gefunden. Alle Teilchen, die aus Quarks bestehen, nennt man Hadronen. Systeme aus zwei oder drei Quarks können auch in einen energetisch angeregten Zustand gebracht werden, und die Untersuchung der daraus resultierenden Teilchenspektren gab Anlass für viele Doktorarbeiten. Aus diesen durch die starke Kernkraft bedingten Teilchenspektren lassen sich dann Rückschlüsse auf die Eigenschaften dieser Kraft ziehen, ähnlich wie dies die Atomspektren für die Quantenelektrodynamik lieferten.

Die Teilchenpaare sind in dem Schema der Abb. 9.2 so angeordnet, dass ihre Massen von links nach rechts zunehmen. Die experimentelle Bestimmung der Quarkmassen ist gar nicht so einfach, da sie ja nur in gebundenen Zuständen auftreten. Insbesondere ergibt sich die Masse von Proton und Neutron nicht einfach aus der Summe der drei Quarks, aus denen sie bestehen, da außer den Quarkmassen auch die Bindungsenergien eine wesentliche Rolle spielen. Dies trifft nicht mehr zu für Teilchen, die aus den sehr schweren Quarks (bottom und top) zusammengesetzt sind, bei denen die Bindungsenergien relativ klein sind, sodass die Quarkmassen relativ genau bestimmt werden können.

Die up- und down-Quarks sind am leichtesten, während das top-Quark die Masse eines mittelschweren Atomkerns besitzt. Für das Verständnis des Massenspektrums der Quarks fehlt noch jede Grundlage. Die dem SM zugrunde liegende Symmetrie $SU(2) \times U(1)$ würde sogar verlangen, dass die Quarks masselos sind. Dass von Null verschiedene Massen überhaupt möglich sind, wird durch eine ‚spontane' Symmetriebrechung erklärt. Der gegenwärtig am meisten bevorzugte Mechanismus dafür beruht auf der Existenz eines oder mehrer Higgs-Teilchen mit Spin 0. Ob dies die richtige Erklärung liefert, kann nur das Experiment zeigen, und alle Augen sind auf die Detektoren am LHC Collider bei CERN gerichtet, die in den nächsten Jahren relevante Ergebnisse liefern sollten.

Eine Komplikation ergibt sich dadurch, dass die Quarks in der Natur nicht nur als quantenmechanische Zustände, die der $SU(2) \times U(1)$-Symmetrie entsprechen, auftreten und daher masselos sein sollten, sondern es können auch Zustände, die den physikalischen Massen entsprechen, benutzt werden. Der Übergang von einer Darstellung in die andere wird durch eine unitäre $3 \times 3$-Matrix mit vier freien Parametern

[6] Ein ähnliches Verhalten findet man bei Magneten. Wenn man einen magnetisierten Eisenstab in der Mitte zerbricht, erhält man nicht einen getrennten Nord- bzw. Südpol, sondern an den Bruchenden sind zwei neue Pole entstanden. Es gibt keine isolierten Magnetpole, sogenannte Monopole. Versucht man das in einem Meson enthaltene Quark vom Antiquark zu trennen, so entsteht an der ‚Bruchstelle' ein Antiquark-Quark-Paar, sodass man zwei Mesonen erhält. Zur Erzeugung der neuen Magnetpole bzw. Quark-Paare ist natürlich Energie erforderlich, die beim ‚Zerbrechen' geliefert wird.

erreicht, der Cabbibo-Kobayashi-Maskawa-Matrix, für deren Einführung der Nobelpreis des Jahres 2008 verliehen wurde. Dies bedeutet aber, dass eine Mischung von Quarks auftreten kann. Üblicherweise geht man davon aus, dass die unteren drei Quarks gemischt werden[7]. Die Werte für die Elemente dieser Mischungsmatrix können vom SM nicht vorhergesagt werden, und ihre genaue Bestimmung beschäftigt bis heute viele Experimentatoren. Die durch diese Matrix beschriebene Quark-Mischung ist von grundsätzlicher Bedeutung. Nur sie eröffnet die Möglichkeit, dass die kombinierte PC-Symmetrie (Parität und Ladungsvorzeichenumkehr) in der Natur verletzt sein kann, was wie Experimente zeigten in der Tat der Fall ist. Wie bereits erwähnt, liefert diese Verletzung vielleicht ein Verständnis dafür, warum im Kosmos die Materie gegenüber der Antimaterie überwiegt.

Das ‚Periodische System' der Elementarteilchen enthält außer der Familie der Quarks eine zweite Familie, die der **Leptonen**. Sie unterscheiden sich dadurch, dass Quarks der Kernkraft unterliegen, während Leptonen diese nicht fühlen. Die Familie der Leptonen enthält das wohlbekannte Elektron und zwei weitere elektrisch geladene Teilchen, das Myon und das Tau-Teilchen. Sie stimmen in allen ihren Eigenschaften mit denen des Elektrons überein, außer dass ihre Massen um einen Faktor 207 bzw. 3536 größer sind als diejenige des Elektrons. Zu jedem elektrisch geladenen Lepton gehört ein neutraler Partner, ein Neutrino, das Elektron-, Myon- und Tau-Neutrino. Man unterscheidet entsprechend den drei Quarkpaaren auch für die drei Leptonpaare verschiedene Flavour-Ladungen.

Die Neutrinos sind recht merkwürdige Gesellen. Da sie nur die schwache Kernkraft ‚fühlen', können sie ohne Schwierigkeit große Massen, selbst Himmelskörper, durchdringen, z. B. die Erde oder auch die Sonne. Sie liefern daher die Möglichkeit, etwas über die Zustände im Sonnenkern zu erfahren. Trotz ihrer außerordentlichen Durchdringungskraft ist es mit Hilfe einer raffinierten Experimentierkunst möglich, diese Teilchen nachzuweisen und mit ihnen im Labor Experimente durchzuführen.

In der ursprünglichen Form des SM ging man davon aus, dass die Neutrinos masselose Teilchen sind, denn in vielen Experimenten konnten nur obere, und zwar sehr kleine Schranken für die Neutrinomassen festgestellt werden (mindestens 500.000 mal kleiner als die Elektronenmasse). Es war daher eine große Überraschung (und einen Nobelpreis wert) als man feststellte, dass sich Neutrinos einer Sorte in solche einer anderen Sorte verwandeln können (sogenannte Oszillationen). Diese Oszillationen wurden zum ersten Mal bei den Neutrinos beobachtet, die aus dem Weltraum (z. B. von Supernovae oder der Sonne) zu uns kommen, und schließlich konnte man auch Messungen im Labor durchführen. Aus solchen Experimenten konnte man Massendifferenzen zwischen jeweils zwei Neutrinosorten bestimmen und fand, dass diese extrem klein sind (etwa kleiner als $10^{-2}$ eV/$c^2$). Die Tatsache, dass die Neutrinos eine entgegen der ursprünglichen Annahme von Null verschiedene Masse besitzen, hat zur Folge, dass auch bei den Neutrinosorten Mischungen möglich sind, ähnlich wie bei den Quarks[8]. Die noch weitgehend offene Frage nach dem Ursprung der Neutrinomassen ist nicht nur für die Elementarteilchenphysik aufregend, sondern hat auch interessante Konsequenzen für die Kosmologie, da eine große Zahl von Neutrinos im Weltall herumschwirren und ihre Massen einen Beitrag zur Dunklen Materie liefern könnten.

[7] Genausogut könnte man die oberen Quarks mischen. Die beiden Möglichkeiten können ineinander transformiert werden.

[8] Dies hat zur Folge, dass im SM sieben weitere freie Parameter vorhanden sind, drei Neutrinomassen und vier Parameter der Mischungsmatrix.

## 9.4 Am Anfang war die Kraft

Das Bibel-Wort ‚im Anfang war das Wort' wird manchmal übersetzt mit ‚im Anfang war die Kraft'. In der Tat muss man für ein tieferes Verständnis der Struktur der Materie und der Eigenschaften der Elementarteilchen die Kräfte, die zwischen ihnen wirken, in die Betrachtungen mit einbeziehen. Wir kennen heute vier Kräfte (Abb. 9.3a), von denen die elektromagnetische Kraft und die Gravitation seit längerem bekannt sind. Zwei andere wurden aber erst im letzten Jahrhundert entdeckt, und es ist nicht ausgeschlossen, dass die Natur weitere Überraschungen für uns bereit hält. Es gibt kein Argument, warum es keine weiteren Kräfte geben könnte.

Eine zunächst rätselhafte Frage betrifft den Mechanismus, mit dessen Hilfe sich die Kraftfelder im leeren Raum fortpflanzen können. Der Lichtäther wurde ja durch die Einstein'sche Relativitätstheorie abgeschafft, da er ein absolutes Bezugsystem darstellte. In der klassischen Physik postulierte man eine immediate Fernwirkung der Kräfte, die allerdings mit der endlichen Ausbreitungsgeschwindigkeit der elektromagnetischen Wellen im Widerspruch stand. Wie erreichen uns die Strahlen der Sonne, wenn es kein Medium gibt, in dem sie sich fortpflanzen könnten? Erst die sogenannte Quantenfeldtheorie lieferte folgende Erklärung: Die Kraftfelder besitzen wie die Materie eine Art körnige Struktur, sie enthalten Feldquanten. Dies ist für das Licht ja seit längerem bekannt, wobei es aber weniger gebräuchlich ist, die Photonen auch für eine Kraftübertragung verantwortlich zu machen. Im Prinzip sind aber die Photonen in jedem elektromagnetischen Feld wirksam, auch in einem Elektromotor. Meistens treten die Feldquanten aber nicht explizit in Erscheinung und man spricht dann von virtuellen Teilchen.

Die Kraftübertragung durch Feldquanten kann man sich anschaulich vorstellen. In einer Art Ballspiel senden und empfangen die Elementarteilchen die Quanten der Kraftfelder, wobei durch den Rückstoß beim Senden und Empfangen eine Kraftwirkung zustande kommt (Abb. 9.3b). Allerdings erhält man in diesem Modell nur eine abstoßende Kraft. Um eine Anziehung zu erzeugen, müssten die Feldquanten wie ein Bumerang eine Kurve beschreiben und von hinten gefangen werden. Aber Modelle haben eben ihre Begrenzungen! Man kann natürlich fragen, warum es bei manchen Kräften nur eine Anziehung (z. B. Gravitation) bei anderen sowohl eine Abstoßung wie eine Anziehung (bei elektrischen Ladungen je nach ihrem Vorzeichen) gibt. Dies

**a**

THE FORCES IN NATURE

| TYPE | INTENSITY OF FORCES (DECREASING ORDER) | BINDING PARTICLE (FIELD QUANTUM) | OCCURS IN: |
|---|---|---|---|
| STRONG NUCLEAR FORCE | ~1 | GLUONS (NO MASS) | ATOMIC NUCLEUS |
| ELECTRO-MAGNETIC FORCE | $\sim \frac{1}{1000}$ | PHOTON (NO MASS) | ATOMIC SHELL ELECTROTECHNIQUE |
| WEAK NUCLEAR FORCE | $\sim \frac{1}{100000}$ | BOSONS $Z^0, W^+, W^-$ (HEAVY) | RADIOACTIVE BETA DESINTEGRATION |
| GRAVITATION | $\sim 10^{-38}$ | GRAVITON ? | HEAVENLY BODIES |

**b**

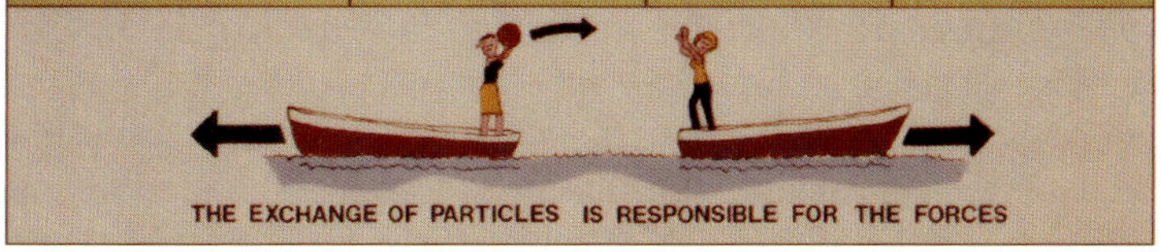


**Abb. 9.3** *Oben*: die bekannten Kräfte und ihre Träger, *Unten*: Mechanismus der Übertragung

ist eine nicht ganz einfache Frage, deren Beantwortung ein tieferes Eindringen in die Quantenfeldtheorie erfordern würde. Bei den drei der Quantenmechanik unterliegenden Kräften stoßen sich gleichnamige Ladungen ab, eine Anziehung kommt dann zustande, wenn eine Ladung mit ihrer Antiladung in Wechselwirkung tritt. Für die Gravitation kennen wir noch keine Quantentheorie. An die Stelle der Ladung tritt die Masse, die aber nicht wie die Ladungen gequantelt ist und daher beliebige Werte annehmen kann. Bei der Gravitation herrscht stets Anziehung, da es keine Anti-Masse gibt.

Die vier bekannten Kraftfelder unterscheiden sich vor allem in der Art ihrer Feldquanten. Das Photon ist der Träger der elektromagnetischen Kraft. Es ist seit Beginn des letzten Jahrhunderts und aus vielen Anwendungen gut bekannt. Die starke Kernkraft wird durch das Gluon übertragen. Photon und Gluon sind beide elektrisch neutral und besitzen keine Masse. Gluonen tragen die Farbladungen der starken Kernkraft und sind daher, wie weiter oben erläutert wurde, nicht als freie Teilchen nachweisbar. Trotzdem konnte ihre Existenz 1976 bei DESY (Hamburg) mit Hilfe des PETRA-Speicherrings erstmals nachgewiesen werden[9]. Ein bestimmtes Gluon trägt sowohl eine Farbladung und eine Antifarbladung und bei drei verschiedenen Farbladungen gibt es acht verschiedene Kombinationen und daher auch acht Gluon-Sorten (Es gibt natürlich neun Kombinationen, aber eine fällt aus Symmetriegründen weg!). Eine Besonderheit der starken Kernkraft besteht darin, dass die Gluonen wegen ihrer Farbladung miteinander wechselwirken können, was bei Photonen nicht der Fall ist. Es könnte daher gebundenen Zustände geben, also Teilchen, die nur aus Gluonen bestehen (‚glue balls'). Danach wird seit vielen Jahren eifrig geforscht und manche Experimentatoren glauben Hinweise dafür gefunden zu haben. Aber hier ist das letzte Wort wohl noch nicht gesprochen.

Die schwache Kernkraft besitzt zwei Sorten von Bindeteilchen, die elektrisch geladenen W- und die neutralen Z-Teilchen. Sie besitzen große Massen, die derjenigen eines mittelschweren Atomkerns entsprechen und deshalb sind für ihre Erzeugung hohe Energien nötig. Die W- und Z-Teilchen, wurden 1983 bei CERN in Proton-Antiproton-Stößen entdeckt, wobei zunächst nur etwa ein Duzend Teilchen erzeugt werden konnten, was allerdings für einen Nobelpreis reichte. In den 1990er Jahren konnten mit Hilfe von LEP bei CERN Millionen dieser Kraftträger erzeugt und damit ihre genauen Eigenschaften festgestellt werden.

Auch für die Gravitation wird die Existenz eines bisher nicht nachgewiesenen Trägerteilchens, des masselosen Gravitons, postuliert. Bisher ist es nicht gelungen, Gravitationswellen nachzuweisen, deren Feldquanten die Gravitonen wären. Obwohl alle Alltagserfahrung zeigt, dass man sich bei einem Sturz schwer verletzen kann, ist die Gravitation so schwach, dass sie nur bei der Wechselwirkung von großen Massen, d. h. bei Himmelskörpern, eine Rolle spielt. Gegenwärtig wird mit großen interferometrischen Anlagen sowohl auf der Erde als auch im Weltraum versucht, Gravitationswellen nachzuweisen. Bis zur Entdeckung von Gravitonen wird es allerdings noch länger dauern.

Das Ball-Modell in Abb. 9.3b liefert auch ein anschauliches Verständnis für die Beziehung zwischen der Masse der Feldquanten und der Reichweite der Kraft. Je leichter die Feldquanten sind, um so weiter können sie ‚geworfen' werden, d. h. um so größer ist die Reichweite der Kraft. So besitzen die elektromagnetische Kraft und die Gravitation eine ‚unendliche' Reichweite, wobei die Kraft proportional mit dem Quadrat des Abstandes (wegen der Zunahme der Kugeloberfläche) abnimmt. Die schwache Kernkraft hat dagegen wegen der großen Massen von W und Z nur eine

---

[9] Es ist das einzige Kraftträger-Teilchen für dessen Entdeckung kein Nobelpreis vergeben wurde. Dies liegt daran, dass die Experimente von großen Kollaborationen durchgeführt werden und das Nobel Komitee maximal nur drei Wissenschaftler auszeichnet.

extrem kurze Reichweite und sie spielt daher nur im Mikrokosmos eine Rolle[10]. Bei der Kernkraft führt die Wechselwirkung zwischen den Gluonen zu einer sehr kurzen Reichweite trotz ihrer verschwindenden Masse.

Die Theorie verlangt, dass es sich bei den Feldquanten um Bosonen handelt, d. h. um Teilchen mit ganzzahligem Spin. In der Tat konnte in Experimenten explizit gemessen werden, dass alle Feldquanten den Spin 1 besitzen (außer den Gravitonen für die ein Spin 2 vorhergesagt wird). Damit ergibt sich ein fundamentaler Unterschied zwischen Materieteilchen und Feldquanten: Materieteilchen sind Fermionen (Spin 1/2), die nur als Teilchen-Antiteilchen-Paar erzeugt oder vernichtet werden können. Feldquanten sind Bosonen (Spin 1), die einzeln oder in beliebiger Zahl emittiert oder absorbiert werden können, wobei natürlich die Erhaltung aller Ladungen gewährleistet sein muss. Eine Lampe kann viele Photonen aussenden, und bei einem Teilchen-Zusammenstoß kann eine beliebige Zahl von Gluonen emittiert werden.

Die Kräfte unterscheiden sich wesentlich in ihrer Stärke, die durch die Ladungen der Elementarteilchen bedingt sind (Abb. 9.3a). Da diese Elementarladungen die Stärke der jeweiligen Kraft bestimmen, spricht man auch von ‚Kopplungskonstanten'. Das SM kann über ihre Größe keine Aussage machen, sie müssen durch Experimente bestimmt werden. Allerdings ist der Ausdruck ‚Kopplungskonstante' irreführend, denn es zeigte sich, dass sich die Stärke der Kräfte mit der Energie, bei der ein Prozess stattfindet, ändert. Diese Tatsache ist ein wesentliches Element für die Vereinigung der Kräfte zu einer ‚Urkraft', ein Thema, das später besprochen werden soll.

[10] Eine ‚wissenschaftlichere' Erklärung für den Zusammenhang zwischen Reichweite und Masse des Feldquants liefert die Heisenberg'sche Unschärfe-Relation. Um eine Kraftübertragung zu bewirken, brauchen die Feldquanten nicht explizit erzeugt zu werden, sondern sie können im Verborgenen (‚virtuell') wirken. Die Quantenmechanik lehrt aber, dass ein virtuelles Teilchen mit der Masse $m$ nur für eine kurze Zeit $t$ erzeugt werden kann, wobei diese durch die Beziehung $E \cdot t = h/2\pi$ begrenzt ist ($E = m \cdot c^2$, $h$ Planck'sche Konstante). Umso schwerer es ist, um so kürzer ist die Zeit, die es fliegen kann (maximal mit Lichtgeschwindigkeit), um die Kraft zu übertragen.

## 9.5 Was kommt nach dem Standardmodell?

Wir befinden uns in einer merkwürdigen Situation: Einerseits beschreibt das SM alle bisher gemachten Beobachtungen, auf der anderen Seite lässt es eine ganze Reihe von eminent fundamentalen Fragen offen und daher kann es nur einen Schritt zum Verständnis des Mikrokosmos darstellen, aber es kann nicht die endgültige Antwort sein. Es wurden daher enorme experimentelle Anstrengung unternommen, um Abweichungen von diesem Modell zu finden, bisher allerdings vergeblich!

Zum Glück könnte man sagen, denn hätten wir eine alles umfassende Theorie, dann wäre unsere Forschung am Ende. In welcher Weise der unbefriedigende Zustand verbessert werden kann, ist gegenwärtig schwierig zu sagen. Ch. Lichtenberg sagte schon, dass es schwierig ist, Vorhersagen zu machen, vor allem wenn sie die Zukunft betreffen. Es gibt eine große Zahl von Theorien, die versuchen einige der offenen Fragen zu beantworten, aber keine von ihnen konnte bisher experimentell bestätigt werden. Von der theoretischen Seite herrscht daher eine gewisse Ratlosigkeit und alle Hoffnung liegt nun bei dem neuen Collider LHC bei CERN, der Zugang zu einem neuen Energiegebiet gibt und der seit dem Jahr 2010 Daten liefert.

In welcher Richtung ein möglicher Fortschritt erzielt werden könnte, lässt sich vielleicht am besten erraten, wenn wir die Entwicklung zum SM verfolgen, sie zu extrapolieren versuchen und die offenen Fragen erörtern.

Zu den großen Fortschritten im Verständnis der Naturerscheinungen gehörte die Vereinigung von Kräften. Schon im 19. Jahrhundert wurden zwei zunächst getrennte Kräfte, die elektrische und die magnetische, zu einer einzigen Kraft, der elektromagnetischen, verschmolzen. Zunächst beruhten sie auf vollständig getrennten Phänomenen. Auf der einen Seite Magnete, die zu einer Ausrichtung von Magnetnadeln benutzt werden konnten, auf der anderen Seite geriebene Katzenfelle und später elektrische Ströme. Die Entdeckung, dass elektrische Ströme ein Magnetfeld erzeugen, lieferte einen wichtigen Hinweis für die Vereinigung beider Kräfte, die nicht nur zur Entwicklung der Maxwell'schen Theorie der Elektrodynamik führte, sondern die zur Grundlage unserer heutigen Elektro- und Informationstechnik wurde. Ein ähnlicher Durchbruch wurde neuerdings durch die Vereinigung der elektromagnetischen und der schwachen Kernkraft zur „elektroschwachen Kraft" erzielt. Der Nachweis der W- und Z-Teilchen war dazu ein entscheidender Schritt. In gewissem Maße konnte auch die starke Kernkraft im SM in diese Vereinigung einbezogen werden, allerdings wurde sie bisher nur mehr oder weniger an die elektroschwache Kraft ‚angeklebt'. Gibt es eine ‚echte' Vereinigung aller Kräfte zu einer ‚Urkraft', bei der z. B. das Verhältnis der verschiedenen Stärken der Kräfte erklärt würde?

Eine weitere fundamentale Frage: Warum gibt es im Periodischen System der Elementarteilchen gerade zwei Familien, die Quarks und die Leptonen und warum enthält jede Familie gerade drei Paare von Teilchen. Mit Hilfe des Kollisionsrings LEP bei CERN war es möglich, zu zeigen, dass es nur die drei Leptonen-Paare gibt, und wegen der Symmetriebeziehungen zwischen den beiden Familien folgt daraus, dass mit den drei Quark-Paaren dieses Schema vollständig ist. Völlig offen ist die Frage, welche Massen die Teilchen haben sollten und wie ihre Beziehungen zueinander sein könnten (Massenspektrum).

Damit in einer Theorie mit Eichsymmetrie die Teilchen überhaupt endliche Massen besitzen können, muss eine Brechung der Symmetrie zusätzlich eingeführt werden. Dies kann auf verschiedene Weisen erfolgen, wobei gegenwärtig die ‚**spontane Symmetriebrechung**' in Mode ist. Man spricht dann von einer spontanen Symmetriebrechung, wenn das Wechselwirkungspotential (die ‚Lagrange-Dichte') nach wie vor der Symmetrie genügt, aber der quantenmechanische Grundzustand die Symmetrie bricht. Ein klassisches Analagon wäre ein auf der Spitze stehender Bleistift, der die Symmetrie der Schwerkraft nicht verletzt. Wenn er aber umfällt, wird eine Richtung ausgezeichnet, die aber beliebig und nicht vorhersehbar ist, also ‚spontan' gewählt wird (Abb. 9.4a). Der Begriff der „spontanen Symmetriebrechung" geht auf Nambu (Nobelpreis 2008) zurück und lässt sich noch besser an folgendem mechanischen Beispiel erläutern. Legen wir in eine Schale mit der Form des Bodens einer Champagnerflasche (Abb. 9.4b) genau in die Mitte eine Kugel, so besitzt dieses System zunächst eine vollständige Rotationssymmetrie um die Mittelachse. Durch eine winzige Störung wird die Kugel aber vom zentralen Buckel in irgendeine Richtung herabrollen – die (Rotations)-Symmetrie ist spontan gebrochen! Durch Schütteln des Gefäßes könnten wir die Kugel zum Herumspringen veranlassen, und im zeitlichen Mittel wäre die Symmetrie dann wieder hergestellt. Dieses Beispiel erläutert auch die spontane Magnetisierung eines Stücks weichen Eisens. Vor der Magnetisierung ist im Raum keine Richtung ausgezeichnet, es herrscht volle Symmetrie. Nach der Magnetisierung ist eine Richtung ausgezeichnet, die jedoch bei Abwesenheit äußerer Felder nicht vorhergesagt werden kann. Oberhalb der Curie-Temperatur wird durch die Wärmebewegung die Symmetrie wieder hergestellt.

Eine spontane Symmetriebrechung kann im SM auf verschiedene Weisen eingeführt werden. Die gängigste Methode ist die Annahme eines zusätzlichen Feldes, dessen Feldquanten den Spin 0 besitzen (skalares Feld) und dessen Potential die Form der Champagnerflasche besitzt. Der Grundzustand kann also irgendwo in der Rinne des Potentials liegen. Ein solches Feld wird Higgs-Feld genannt, nach

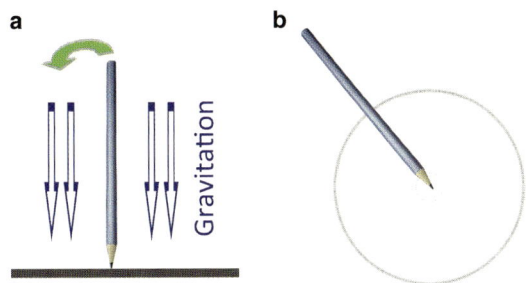

**Abb. 9.4** Ein Bleistift als Modell für spontane Symmetriebrechung. (**a**) Bleistift und Gravitation sind rotationssymmetrisch, (**b**) der Bleistift fällt in willkürliche Richtung, die Symmetrie des Zustandes ist gebrochen, obwohl das Gravitationspotential immer noch symmetrisch ist

dem britischen Theoretiker Peter Higgs, der zu den ersten gehörte, die eine spontane Symmetriebrechung diskutierten. Die elektrisch ungeladenen Feldquanten der Kräfte können dann eine endliche Masse besitzen, wobei die Theorie für ihren Wert keine Vorhersagen machen kann. Bei einer hohen Energie (d. h. Temperatur, entsprechend dem Schütteln) soll eine bestimmte Symmetrie gelten, während beim Übergang zu einer niedrigeren Energie diese Symmetrie ‚spontan gebrochen' wird. Die Existenz eines Higgs-Feldes würde eine fundamentale Frage beantworten, den Ursprung der Teilchenmassen – ein bisher völlig ungelöstes Problem.

An allen großen Collidern wurde nach dem Higgs-Teilchen frenetisch gesucht, bisher allerdings ohne Ergebnis. Die LEP -Experimente konnten die höchste untere Grenze für seine Masse feststellen, nämlich $\geq 115\,\text{GeV}/c^2$. Indirekt konnte auch seine obere Massengrenze abgeschätzt werden, die bei etwa 400 bis $500\,\text{GeV}/c^2$ liegt. Daher bestehen beste Aussichten, das Higgs-Teilchen mit dem LHC zu finden – wenn es überhaupt existiert! Es gibt ferner die Möglichkeit, dass es in einem erweiterten SM mehrere Higgs-Teilchen geben könnte, darunter auch elektrisch geladene (s. unten, SUSY Theorien). Mit großer Ungeduld werden daher die Ergebnisse der LHC-Experimente erwartet.

Keinerlei Vorhersagen macht das Standardmodell über die Stärke der Kräfte, sowohl was ihren absoluten Wert angeht, noch ihr Verhältnis zueinander. Die Gravitation entzieht sich bisher einer Quantelung und sie kann daher überhaupt nicht in das Standardmodell integriert werden. Auch die Frage wieviele Kräfte es gibt, bleibt offen, und die Entdeckung neuer Kräfte ist durchaus möglich. Auf die aufregende Frage, ob es möglich ist, eine echte Vereinigung der Kräfte zu einer ‚Urkraft' zu erreichen, kommen wir später zurück.

Wir haben gesehen, dass es eine Symmetrie zwischen den Quarks und den Leptonen gibt (Abb. 9.2), d. h. eine Symmetrie innerhalb der Familien der Materieteilchen, der Fermionen (Spin 1/2). Daneben gibt es die Familie der Bosonen, bestehend aus Feldquanten (Spin 1) und gegebenenfalls ein Higgs-Teilchen (Spin 0). In den ‚**Supersymmetrien**' **SUSY** wird nun eine neue Symmetrie zwischen Materieteilchen und Kraftträgern postuliert, eine kühne Idee, welche die Unterscheidung zwischen Materie und Kräften aufheben würde. Dazu wird jedem Teilchen des SM ein Partner zugeteilt, dessen Spin um 1/2 verschieden ist. Diese Partner erhalten neue Namen, wobei die supersymmetrischen Partner der Fermionen ein ‚s' vor ihre Namen gesetzt bekommen. Zu jedem Quark gehört also ein Squark mit Spin 1, und analog zum Elektron ein Selektron, zum Neutrino ein Sneutrino. Den Namen der Partner der Feldquanten wird ein ‚-ino' angehängt. So gehört zum Photon ein Photino mit Spin 1/2, zum Z und W ein Zino und Wino, zum Gluon ein Gluino. Mit einem Schlag wird also die Zahl der Elementarteilchen verdoppelt. Dem Higgs-Teilchen des SM würden sogar mehrere Shiggs entsprechen, die auch elektrisch geladen sein können. Der Vorteil einer solchen Theorie wäre eine bessere Vereinigung der elektromagnetischen und der schwachen Kraft, und in der Tat könnte sie das Verhältnis der beiden Kopplungsstärken vorhersagen, eine Vorhersage, die mit den Messungen ungefähr übereinstimmt.

Wie alle anderen vorgeschlagenen Theorien kann allerdings auch die SUSY keine Aussage über die Teilchenmassen machen. Man hat vermutet, dass es unter den zahlreichen SUSY-Teilchen auch einige besonders leichte geben sollte, und nach ihnen wurde bei LEP und am TEVATRON Collider in den USA intensiv gesucht, allerdings ohne Erfolg. Falls solche Teilchen existieren, sind sie zu schwer, um mit existierenden Maschinen erzeugt zu werden. Alle Erwartungen richten sich daher auch in diesem Fall auf LHC.

## 9.6 Gibt es eine ‚Urkraft'?

Schon in der Mitte des vergangenen Jahrhunderts erregte die ‚Weltformel' von Heisenberg auch in der Öffentlichkeit einiges Aufsehen. Bei dieser Theorie handelte es sich um nichts anderes als um eine Vereinigung aller vier bekannten Kräfte. Dies war ein kühner Versuch, insbesondere da es selbst bis heute nicht gelang, eine Quantentheorie der Gravitation zu formulieren, was notwendig wäre, um diese mit den anderen ‚quantenmechanischen' Theorien zu vereinen. Inzwischen sind wir bescheidener geworden und man versucht die Kräfte schrittweise zusammen zu fassen. Das SM stellt einen entscheidenden Schritt auf diesem Weg dar. Die SUSY-Theorien könnten die nächsten Etappe bilden, allerdings wäre selbst dann die starke Kraft noch nicht völlig integriert.

Viele hunderte, wenn nicht tausende Theoretiker verwenden in aller Welt ihre Mühe darauf, sogenannte ‚String'-Theorien zu entwickeln. Wie weiter oben bereits ausgeführt wurde, müssen wir die Vorstellung von punktförmigen harten Kugeln als Elementarteilchen aufgeben, aber selbst als abstrakte virtuelle Teilchen verursachen punktförmige Objekte in der mathematischen Formulierung der Theorien größte Schwierigkeiten, da sie zu Divergenzen führen. In den String-Theorien versucht man diese Probleme dadurch zu vermeiden, dass man nicht von punktförmigen elementaren Objekten ausgeht, sondern von linearen Elementen (Fäden, ‚Strings') oder sogar Membranen. Dies führt aber immer noch zu enormen mathematischen Schwierigkeiten und trotz großer Fortschritte hat sich bisher keine überzeugende Theorie herauskristallisiert. Im Gegenteil, es gibt eine fast unüberschaubare Zahl von Alternativen und es fehlen Kriterien, um zwischen ihnen zu wählen. Wie immer in der Physik, müssen Experimente dazu dienen, Theorien zu bestätigen oder zu falsifizieren. Natürlich sind alle diese Theorien so konstruiert, dass sie als Grenzfall das SM enthalten, aber es gibt bisher keinen experimentellen Hinweis zugunsten einer dieser weiterführenden Überlegungen.

Hier stellt sich allerdings eine fundamentale Frage. Soll man überhaupt nach einer ‚Theory of Everything', wie sie oft genannt wird, suchen? Alle Anzeichen sprechen dafür, dass eine solche ‚Weltformel' nur mit einem sehr großen mathematischen Aufwand und das heißt, mit einer ungewöhnlichen Abstraktion zu erreichen wäre. Den normalen Bürger schaudert es aber bekanntlich vor der schrecklichen Abstraktion, der ‚horror abstracti' (Hegel) oder den ‚Eisigen Höhen der Abstraktion, den schrecklichen Formel-Ungetümen' (Der Mathematik-Verführer, von Christoph Drösser). Andererseits gewöhnt man sich an Abstraktionen. Als die Maxwell'schen Gleichungen aufgestellt wurden, erschienen sie den Zeitgenossen sicherlich als etwas schwer Begreifliches. Abgesehen von der Mathematik, wie sollte man Verschiebungsströme im Vakuum verstehen? Heute beherrscht jeder Ingenieur die Maxwell'sche Theorie und sie erscheint als etwas durchaus alltägliches (s. Kap. 10). Für mich ist entscheidend, ob es experimentelle Hinweise auf eine ‚große' Vereinigung der Kräfte gibt, und in der Tat, sowohl theoretische wie experimentelle Entwicklungen deuten auf eine solche hin. Wie wir hörten, wird die Stärke einer Kraft durch eine Elementarladung oder wie der professionellere Ausdruck lautet, durch eine ‚Kopplungskonstante' beschrieben. Nun zeigte es sich, dass diese Kopplungskonstanten nicht konstant sind, sondern von der Energie abhängen, bei der eine Wechselwirkung erfolgt. Dies erscheint vom Standpunkt der klassischen Physik als absurd, denn die Stärke der elektromagnetischen Kraft wird durch die Elementarladung $e$ oder als dimensionslose Zahl durch die Feinstrukturkonstante $\alpha = e^2/2\varepsilon_0 hc$ (mit der Dieelektrizitätskonstanten des Vakuums $\varepsilon_0$, der Planck'schen Zahl $h$ und der Lichtgeschwindigkeit $c$) bestimmt. Sie ist für niedere Energien mit Hilfe des Quanten-Hall-Effekts sehr genau bestimmt worden zu $1/\alpha = 137{,}035\,989$. Die LEP Experimente lieferten dagegen bei Energien von etwa 90 GeV (entsprechend der Masse des Z) einen Wert von $1/\alpha = 127{,}88 \pm 0{,}09$, eine deutliche Abnahme. Die Kopplungskonstante für die starke Kraft ändert sich sogar noch viel stärker (Abb. 9.5).

Im Rahmen einer quantenmechanischen Feldtheorie lässt sich dieses erstaunliche Verhalten erklären. Das Vakuum in einer solchen Theorie ist nicht leer, sondern erfüllt von ‚Vakuum-Szintillationen'. Aufgrund der Unschärferelation können sich kurzzeitig Teilchen-Antiteilchen-Paare bilden, die gleich wieder verschwinden. Je höhere Energien zur Verfügung stehen, um so mehr Paare können erzeugt werden und Paare mit umso schwereren Teilchen können auftreten. Diese virtuellen Paare erzeugen in der Umgebung einer Ladung eine Abschirmung, und die effektive Ladung (und damit die Kopplungskonstante) ändert sich daher mit der Wechselwirkungs-

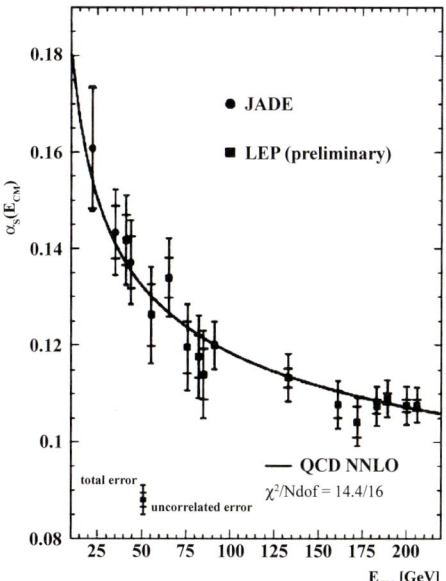

**Abb. 9.5** Die Abhängigkeit der Kopplungskonstanten $\alpha_s$ der starken Kraft von der Wechselwirkungsenergie

energie. Nach der Theorie sollte die Beziehung gelten $1/\alpha_i = S_i \ln Q$, wobei $Q$ die Wechselwirkungsenergie und $i$ die jeweilige Kraft bezeichnen. Die Konstante $S_i$ hängt davon ab, welche Teilchen an der Wechselwirkung teilnehmen, d. h. welche die jeweilige Kraft ‚fühlen'. Zur elektromagnetischen Wechselwirkung können offenbar nur elektrisch geladenen Teilchen beitragen und zur Kernkraft nur Teilchen mit einer Farbladung. An der schwachen Kraft beteiligen sich alle Teilchen.

Die lineare Abhängigkeit $1/\alpha_i \sim \ln Q$ kann man nun benutzen, um die bei niederen Energien gemessenen Kopplungskonstanten zu höheren Energien zu extrapolieren und man erhält ein erstaunliches Resultat. Wie die Abb. 9.6a zeigt, laufen die Kopplungskonstanten aufeinander zu und nehmen bei einer Energie von etwa $10^{19}$ GeV fast denselben Wert an. Dies ist ein Hinweis darauf, dass bei dieser allerdings sehr hohen Energie die drei Kräfte gleich stark werden, also zu einer einzigen Kraft verschmelzen. Es gibt aber einen weiteren Grund für Erstaunen: diese Energie fällt zusammen mit der sogenannten Planck-Energie, die man aus der Newton'schen Gravitationskonstanten ableiten kann: $E_{\text{planck}} = c^2(hc/2\pi G_N)^{1/2} = 1{,}22 \times 10^{19}$ GeV. Dies kann als Hinweis dafür angesehen werden, dass bei einer solchen Energie auch die Gravitation in die Vereinigung einbezogen werden kann. Diese Resultate lassen die Hoffnung auf eine große Vereinigung nicht als leeres Hirngespinst erscheinen, sondern dürften auf einen grandiosen und einfachen Plan der Natur hinweisen.

Die in Abb. 9.6a gezeigten Daten liefern aber ein weiteres interessantes Ergebnis. Bevor LEP genaue Ergebnisse für die Kopplungskonstanten geliefert hat, schnitten sich die drei Geraden der Abb. 9.6a innerhalb der Messfehler in einem Punkt. Mit den genauen Messungen ergibt sich aber, dass dies nicht mehr der Fall ist. Dies

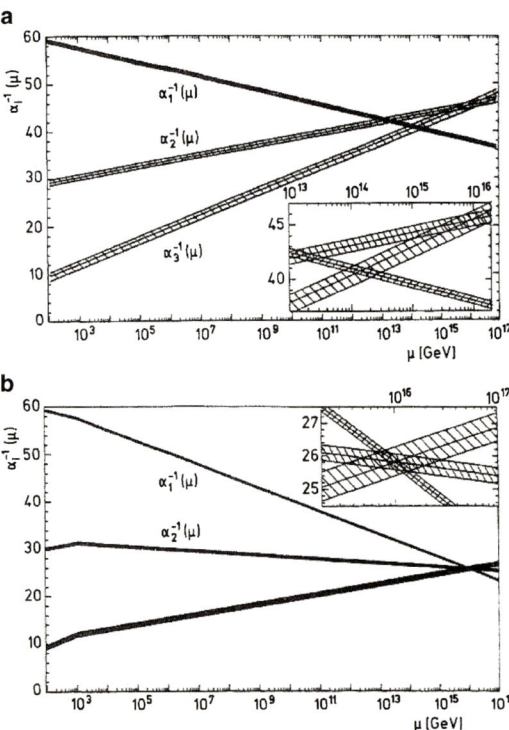

**Abb. 9.6** Das Inverse der Kopplungskonstanten als Funktion des Logarithmus der Wechselwirkungsenergie $\mu$ (**a**) im Standardmodell, (**b**) mit der Existenz von SUSY-Teilchen mit Massen von etwa $2\,\text{GeV}/c^2$

kann bedeuten, dass eine große Vereinigung der Kräfte nicht möglich ist oder dass das SM modifiziert werden muss, was als sehr plausibel erscheint. Die Steigung der Geraden $S_i$ hängt, wie bereits erwähnt, von der Zahl der Teilchen ab, die der Kraft unterliegen, und in Abb. 9.6a wurden nur die im SM vorkommenden Teilchen berücksichtigt. In einer erweiterten Theorie gäbe es vermutlich mehr Teilchen, wodurch die Steigungen geändert würden. Da wir gegenwärtig noch nicht wissen, welche Theorie das SM eines Tages ersetzen wird, können wir umgekehrt folgende Überlegung anstellen. Angenommen die Vereinigung der Kräfte ist möglich, welche Massen müssten dann zusätzliche Teilchen besitzen, um den erforderlichen gemeinsamen Schnittpunkt zu ermöglichen? Nimmt man etwa die in den SUSY-Theorien geforderten Teilchen, dann müssten ihre Massen bei etwa $2\,\text{GeV}/c^2$ liegen. Überschreitet die Wechselwirkungsenergie einen solchen Wert, dann nehmen die SUSY-Teilchen an der Wechselwirkung teil und $S_i$ ändert sich. Man erhält einen Knick in den Steigungen und ein gemeinsamer Schnittpunkt wird ermöglicht (Abb. 9.6b). Dies ist der bisher einzige experimentelle Hinweis, der auf eine Erweiterung des SM hindeutet. Die vorhergesagten Massen sind so hoch, dass diese Teilchen nicht mit bisherigen Collidern erzeugt werden konnten, aber LHC wäre dazu in der Lage. Eine weitere faszinierende Erwartung!

Der letzte Schritt, auch die Gravitation in die Vereinigung einzubeziehen, stellt noch große Schwierigkeiten dar, was nicht zuletzt daran liegt, dass die Schwerkraft verglichen mit den anderen Kräften so außerordentlich schwach ist und sie daher im Bereich des Mikrokosmos keine Rolle spielt. Man hat versucht, Theorien zur Vereinigung aller vier Kräfte zu entwickeln. Da solche Theorien alle Kräfte und damit auch alle Elementarteilchen zu beschreiben versuchen, spricht man manchmal halb scherzhaft von der „Theory of Everything", TOE. Wenn es sie gäbe, wäre unsere Wissenschaft vermutlich zu einem Ende gelangt, und es wurde schon mehrmals in der Geschichte erklärt, dass wir dieses Ende erreicht hätten. Die Natur erwies sich aber stets als einfallsreicher als die Menschen es sich vorstellen konnten!

## 9.7 Materieerzeugung statt Atomzertrümmerung

Das immer weitere Vordringen in den Mikrokosmos erfordert Übermikroskope – Beschleuniger, Speicherringe und komplizierte experimentellen Nachweismethoden. Hier ergibt sich eine erstaunliche Berührung zwischen abstrakter Grundlagenforschung und neuen praktischen Anwendungen. Wir haben es mit der eigenartigen Situation zu tun, dass zur Untersuchung der kleinsten Bausteine der Materie große und komplexe Beschleuniger und Nachweisgeräte benötigt werden, deren Entwicklung und Bau neueste Technologien erfordern. Daraus ergibt sich eine gegenseitige erfolgreiche Befruchtung von Grundlagenforschung und technologischer Entwicklung, auf die in einem späteren Kapitel eingegangen werden soll.

Der Mikrokosmos bietet uns leider nicht so faszinierende Bilder wie der Sternenhimmel. Mit dem Auge ist unmittelbar nichts zu sehen und auch Lupe und Mikroskop helfen nicht viel weiter, was leicht zu einer gewissen Enttäuschung führen kann. Phantasie und Vorstellungsvermögen sind gefragt, wenn es darum geht, die Geheimnisse des Mikrokosmos zu ergründen. Andererseits ist heutzutage die Arbeitsweise der Astrophysiker nicht so verschieden von derjenigen der Elementarteilchenphysiker. Beide benutzen nicht mehr das freie Auge, sondern komplexe Detektoren, die auf neuesten Techniken basieren und deren Daten mit umfangreichen Rechnerprogrammen ausgewertet werden.

Eine ungefähre Vorstellung über die Dimensionen, in denen sich die Ereignisse des Mikrokosmos abspielen, kann man aber durch ein sehr einfaches Experiment erhalten. Ein Tropfen Öl breitet sich auf einer genügend großen, ruhigen Wasserfläche solange aus, bis die Ölschicht nur noch eine Molekülllage dick ist. Bestimmt man vorher das Volumen des Öltröpfchens und dann die Fläche des Ölflecks auf dem Wasser, dann erhält man die Schichtdicke einfach als Quotient der beiden. Ein kleines Tröpfchen hat etwa ein Volumen von 0,1 mm$^3$, der sich auf etwa 1 m$^2$ ausbreitet. Daraus folgt eine Dicke von etwa $10^{-8}$ cm, die die Größe der Moleküle angibt. Objekte dieser Größe kann man nicht mehr direkt beobachten.

Wenn man einen Bereich erforschen will, den man nicht unmitelbar sichtbar machen kann, dann benutzt man Sonden. In einem mit Nebel erfüllten Volumen kann man mit einem Stock herumstochern. Etwas vornehmer ist es, Kugeln oder Bälle hindurchzuschießen, aus deren Ablenkung man auf den Inhalt schließen kann. Dies genau ist es, was man bei Streuexperimenten ausnutzt. So konnte Rutherford mit Hilfe der Streuung von $\alpha$-Teilchen zeigen, dass die Atome zum größten Teil leer sind und ihre Masse fast vollständig im Atomkern konzentriert ist. Später bevorzugte man Elektronen als Sonden, die sich gut beschleunigen lassen und deren Energie je nach Bedarf gewählt werden kann. Wegen der Teilchen-Wellen-Komplementarität entspricht eine Elektronenenergie einer bestimmten Wellenlänge, die mit wachsender Energie abnimmt. Um sehr kleine Strukturen aufzulösen, müssen die Elektronen daher auf hohe Energien beschleunigt werden. Mit Hilfe solcher Elektronen[11]-Streuexperimente gelang es, zunächst die Ausdehnung von Atomkernen zu messen und später Schlüsse über das Innere der Protonen und Neutronen und auch über die Eigenschaften der Quarks und Gluonen zu erlangen. Die leistungsfähigste Anlage für solche Experimente war bis 2007 HERA bei DESY in Hamburg, die inzwischen stillgelegt wurde. Dort wurden Elektronen und Protonen in Magnetringen gespeichert und dann gegeneinander geschossen, da bei einer frontalen Kollision (wie jedem Autofahrer bekannt) die effektive Energie höher (und damit die Wellenlänge kürzer) ist als beim Auftreffen auf ein ruhendes Objekt.

Eine alternative Methode den Mikrokosmos zu erforschen, besteht in der Suche nach seinen kleinsten Bausteinen. Dabei ging es darum, das was man als letzten Baustein der Materie betrachtete, darauf zu untersuchen, ob er nicht doch in kleinere Teile zerlegt werden kann. Wie weiter oben bereits ausgeführt wurde, sind die Teilchen um so ‚härter' je kleiner sie sind und um so größere Energien sind nötig, um sie zu zerlegen. Die Suche nach immer kleineren Bausteinen der Materie ist daher verknüpft mit der Entwicklung immer leistungsfähigerer Teilchenbeschleuniger, die als ‚Atomzertrümmerer' bekannt wurden. Eine immer weitere Zerlegung führt aber wie bereits erläutert wurde zu prinzipiellen Schwierigkeiten.

Anstatt die Materie immer weiter zu zerlegen, richtet sich daher das Interesse darauf, neue Materieformen zu erzeugen. Dazu bedient man sich der Entdeckung, dass es zu jedem Elementarteilchen ein Antiteilchen gibt, das in gewissem Sinne sein Spiegelbild (alle Ladungen besitzen entgegengesetzte Vorzeichen) ist. So besitzt jedes Teilchen der Abb. 9.2 sein Antiteilchen. Die Existenz von Antimaterie ist heute für Elementarteilchenphysiker eine Alltagserscheinung.

Treffen Teilchen und Antiteilchen aufeinander, dann vernichten sie sich, wobei die Massen vollständig in Energie umgewandelt werden. Umgekehrt kann aus Energie ein Teilchen-Antiteilchen-Paar erzeugt werden, vorausgesetzt, die Energie $E$

[11] Außer Elektronen werden auch Neutrinos für Streuexperimente benutzt. Man kann diese nicht direkt beschleunigen, sondern sie müssen als Zerfallsprodukte von Mesonen in sekundären Strahlen erzeugt werden. Da sie nur die schwache Kraft fühlen, liefern sie komplementäre Informationen zu den Elektronen-Streuexperimenten.

# 9 Elementarteilchen – oder woraus bestehen wir?

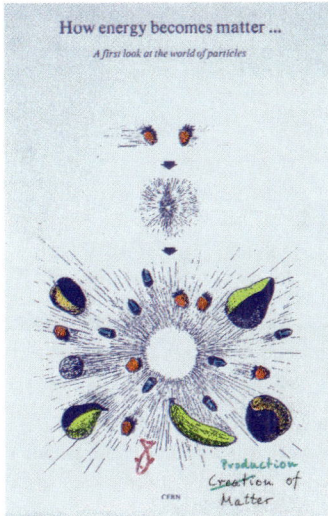

**Abb. 9.7** Bei der Vernichtung von Materie und Antimaterie entsteht eine hohe Konzentration von Energie, eine Art Mini-Urknall. Daraus entsteht neue Materie. Der Papst bestand darauf, dass sie ‚produziert' und nicht ‚erschaffen' wird

reicht aus, um nach der berühmten Einstein'schen Formel $E = m \cdot c^2$ ein Teilchen und ein Antiteilchen mit jeweils der Masse $m$ zu erzeugen ($c$ = Lichtgeschwindigkeit). Materie verliert damit ihre Qualität von etwas Ewigem, Unzerstörbarem und benötigt eine abstrakte Definition. Bei einer Materie-Antimaterie-Vernichtung entsteht für einen winzigen Augenblick eine hohe Konzentration von Energie, eine Art Mini-Feuerball. Sofort anschließend wandelt sich diese Energie wieder in Materie zurück, wobei Teilchen erzeugt werden, die nicht Bruchstücke der ursprünglich kollidierenden Teilchen sind und sogar schwerer als diese sein können. Besonders interessant ist es natürlich, wenn noch unbekannte Teilchen entstehen. Die Feuerbälle stellen dabei eine Art Mini-Urknall dar, bei dem es gelingt Materiezustände im Labor zu erzeugen und zu untersuchen, wie sie kurze Zeit nach dem kosmischen Urknall existierten. Abbildung 9.7 zeigt eine populäre Version dieses erstaunlichen Vorganges und ich benutzte sie, um dem Papst Johannes Paul II bei einem Besuch bei CERN diese Vorgänge zu erklären. Ich sagte dabei, dass wir bei den Teilchenzusammenstößen neue Materie *erschaffen*, worauf er erwiderte, dass für ‚Erschaffung' er zuständig sei und wir höchstens Materie ‚erzeugen' könnten. Ich strich daher unter seinen Augen das Wort ‚creation' durch und ersetzte es durch ‚production'.

## 9.8 Kollisionsmaschinen ersetzen Beschleuniger

Die klassische Untersuchungsmethode besteht darin, beschleunigte Teilchen auf ruhende Objekte (‚targets' im Jargon der Physiker) zu schießen, um entweder aus ihrer Streuung Aufschluss über die Struktur der Objekte (normalerweise Atomkerne) zu erhalten oder um sie aufzubrechen. Man spricht dann von ‚fixed target' – Experimenten. Allerdings gibt es keinen Klebstoff, der die beschossenen Atomkerne festhalten könnte, es gibt keine ‚fixed targets'. Ein großer Nachteil besteht bei dieser Methode

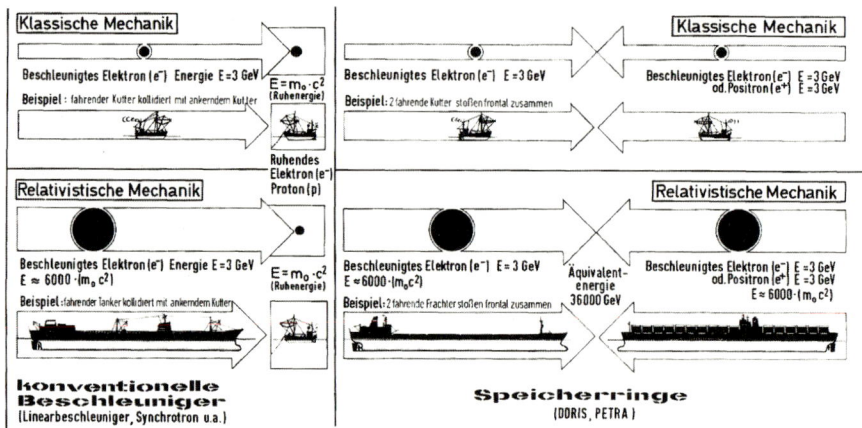

**Abb. 9.8** Der Zusammenstoß von Teilchen bei klassischer und relativistischer Kinematik

darin, dass beim Zusammenstoß die Targets nachgeben, wodurch ein Teil der Bewegungsenergie der Geschosse verloren geht. In der Sprache der Physik: Es kommt auf die Schwerpunktsenergie des Systems an und nicht auf die Energie der Geschosse im Labor.

Eine Abhilfe liegt nahe: Man schieße zwei in entgegengesetzter Richtung fliegende Teilchen frontal aufeinander, wobei ihre gesamte Bewegungsenergie zur Wirkung kommt. Der Unterschied ist jedem Autofahrer wohlbekannt: Die Unfallfolgen bei dem Rammen eines anderen Fahrzeugs im Stillstand sind lange nicht so schlimm wie bei einem frontalen Zusammenstoß. Dieser Unterschied wirkt sich aber noch viel krasser bei sehr hohen Kollisionsenergien aus, nämlich dann wenn man relativistische Kinematik statt Newton'scher benutzen muss. Wenn die Geschwindigkeit von Teilchen in die Nähe der Lichtgeschwindigkeit kommt, dann nimmt die Masse der bewegten Teilchen zu, sodass ein sehr schweres Objekt mit einem verhältnismäßig leichten (falls in Ruhe) kollidiert. Die Schwerpunktsenergie $E_s$ nimmt im relativistischen Bereich bei fixiertem Target nur mit der Quadratwurzel der Laborenergie zu $E_s \sim \sqrt{E_{\text{lab}}}$, während man bei einer frontalen Kollision einfach die Summe, im Symmetriefall die doppelte Schwerpunktsenergie erhält $E_s = 2 \times E_{\text{lab}}$. Der Unterschied zwischen der klassischen und der relativistischen Mechanik ist anschaulich in Abb. 9.8 für die beiden Fälle, Stoß gegen ruhendes Objekt und Stoß zweier aufeinander zulaufender Objekte, gezeigt. Die Verwendung von Schiffen als Beispiel deutet darauf hin, dass diese Abbildung aus meiner Zeit bei DESY in Hamburg stammt.

Der Gedanke läge nahe, einfach zwei Linearbeschleuniger gegeneinander zu richten, was jedoch zunächst zu keinem Erfolg führen würde. Die Teilchen sind so klein und ihre Konzentration in den Strahlen normalerweise so gering, dass die meisten ohne Zusammenstoß aneinander vorbeifliegen würden, und die Zahl der beobachtbaren Ereignisse wäre viel zu gering. Aus Gründen, die gleich noch zu besprechen sind, wird dieser Weg neuerdings für Elektronenkollisionen für die höchsten erreichbaren Energien aber doch verfolgt. Dazu ist es erforderlich, die Teilchenkonzentrationen in den Strahlen der Linearbeschleuniger drastisch zu erhöhen, was einen enormen Aufwand an technischer Entwicklung sowohl des Beschleunigers als auch der Strahlfokussierung kurz vor dem Zusammenstoß erfordert. Eine internationale Kollaboration International Linear Collider ILC mit starker Beteiligung von DESY erforscht die Möglichkeit eine supraleitende Beschleunigungsstruktur (vorgeschla-

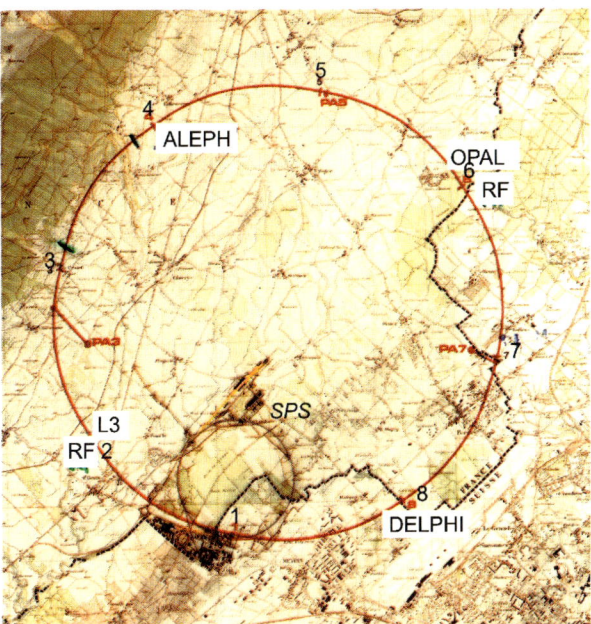

**Abb. 9.9** Plan von LEP. *Gestrichelte Linie* ist die Grenze zwischen der Schweiz und Frankreich. SPS Protonsynchrotron (dient jetzt als Vorbeschleuniger)

gen von DESY als TESLA) zu verwenden, und eine Gruppe bei CERN untersucht eine alternative Methode CLICK mit neuartigen Beschleunigungskavitäten bei hohen Frequenzen. Eine Entscheidung, ob diese Entwicklungen brauchbar sein werden und welche den Vorzug erhalten wird, kann erst in einigen Jahren getroffen werden, wenn Ergebnisse des LHC vorliegen.

Mit einem Trick lassen sich hohe Schwerpunktsenergien mit geringerem Aufwand erreichen, die **Speicherringe**, im Englischen treffender ‚Collider', d. h. Kollisionsmaschinen genannt (Es sei mir daher die Verwendung des neudeutschen Wortes ‚Collider' erlaubt). Man speichert Teilchen bei der gewünschten Energie in zwei Magnetringen, die sich an einer oder mehreren Stellen überschneiden, in entgegengesetzter Richtung. An den Schnittpunkten treffen die Teilchen dann frontal aufeinander. Der Vorteil besteht darin, dass die Teilchen nicht nur *eine* Chance haben zusammenzustoßen, sondern bei jedem Umlauf ergibt sich diese von neuem. Da die Teilchen viele Millionen Male pro Sekunde umlaufen, wird die Stoßwahrscheinlichkeit dramatisch erhöht. Ein solcher Collider für Protonen mit einer Energie von 30 GeV, das ISR, wurde zum ersten Male 1973 bei CERN in Betrieb genommen. An die Präzision der Magnetfelder und das Vakuum in den Röhren, in denen die Teilchen umlaufen, mussten allerdings höchste Anforderungen gestellt werden, denen nur mit technologischen Weiterentwicklungen Genüge geleistet werden konnte. Es gelang, Protonen (später auch Antiprotonen) während Tagen und sogar Wochen ohne große Verluste zu speichern. Diese Anlage, die nach mehr als 10-jährigem erfolgreichen Betrieb stillgelegt wurde, stellte seinerzeit einen Meilenstein in der Beschleunigerentwicklung dar.

Die Entwicklung der Instrumente der Teilchenphysik erfordert zwar einen erheblichen Aufwand, aber am Beginn der Entwicklungen standen immer geniale Ideen, ohne die ein Fortschritt auch mit beträchtlichen Mitteln nicht möglich gewesen wäre.

Eine solche Idee betrifft die Verwendung von Teilchen und Antiteilchen in einem Speicherring. Wegen der Symmetriebeziehungen zwischen Teilchen und Antiteilchen sorgen die Naturgesetze dafür, dass sie in magnetischen oder elektrischen Feldern genau die gleichen Bahnen durchlaufen, aber in entgegengesetzter Richtung. Schießt man daher beide Teilchensorten in entgegengesetzter Richtung in einen Magnetring ein, dann treffen sie sich automatisch überall auf ihrer mehr oder weniger kreisförmigen Bahn. Bei einem solchen Collider benötigt man nur einen Ring, eine Ersparnis um einen Faktor 2! Allerdings ist man gar nicht daran interessiert Zusammenstöße entlang des ganzen Ringumfanges zu erhalten, da die Detektoren für die Beobachtung der Zusammenstöße nur an wenigen Stellen aufgebaut werden. Deshalb füllt man nicht den ganzen Umfang mit Teilchen, sondern konzentriert diese in wenigen Paketen, die meist nur wenige cm lang sind. Wenn diese zeitlich richtig gesteuert werden, dann treffen sie sich genau dort, wo die Detektoren stehen. Die dazu erforderliche Genauigkeit von weniger als einer Nanosekunde stellt heutzutage keine technische Schwierigkeit dar.

Die praktischen Grenzen bei einem Ein-Ring-Collider liegen an anderer Stelle, nämlich an der Verfügbarkeit von Antiteilchen. Antimaterie existiert nicht in unserer Umgebung und muss daher künstlich durch Paarerzeugung hergestellt werden. Dies ist verhältnismäßig einfach für Positronen, da diese eine kleine Masse besitzen und daher für die Erzeugung von Elektron-Positron-Paaren nur eine Energie von etwa 1 MeV benötigt wird. Sendet man einen intensiven Strahl von Elektronen mit einer Energie von einigen MeV auf ein Target aus Schwermetall, dann erzeugen die Elektronen zunächst harte Röntgenstrahlung mit Quantenenergien von mehr als 1 MeV, die ihrerseits Elektron-Positron-Paare im selben Target erzeugen. Es bildet sich eine ganze Kaskade und das Resultat ist eine beträchtliche Zahl von Positronen, die in Magnetfeldern gefangen und beschleunigt werden können.

Der Bau der ersten Ein-Ring-Collider begann daher für Elektron-Positron-Stöße und fand in den Laboratorien in Frascati bei Rom statt. Die ersten Anlagen passten noch auf einen Labortisch. Eine rasche weitere Entwicklung fand in Europa, den USA und Japan statt mit einer Reihe von immer größeren Anlagen, die im Verlauf der letzten 60 Jahre zu wesentlichen Instrumenten der Teilchenphysik wurden.

Collider für Protonen gegen Antiprotonen sind wesentlich schwieriger zu realisieren, da sich Antiprotonen nicht so leicht in genügender Menge gewinnen lassen. Um Antiproton–Proton-Paare zu erzeugen, benötigt man z. B. Protonen mit Energien von vielen GeV (bei CERN etwa 30 GeV). Dann besitzen aber auch die erzeugten Antiprotonen Energien von einigen GeV, und zwar verteilt über ein breites Spektrum. Außerdem werden die Antiprotonen in verschiedenen Richtungen ausgesandt. In diesem Zustand können die Antiprotonen nicht als Quelle für einen Speicherring dienen, die Verteilung ihrer Richtungen und ihrer Energien (d. h. im Phasenraum) ist zu inhomogen. Von einem mitbewegten mittleren Teilchen aus gesehen bedeutet dies aber eine hohe Temperatur. Um solche Teilchen in die enge Vakuumkammer eines Speicherrings injizieren zu können, müssen ihre Richtungen und Energien homogenisiert werden, man kann sagen, sie müssen gekühlt werden.

Dazu wurden zwei geniale Verfahren vorgeschlagen und realisiert. Eine Gruppe in Novosibirsk ließ den zu kühlenden Teilchenstrahl auf einer Wegstrecke von etwa einem Meter gemeinsam, d. h. überlappend, und in Wechselwirkung mit einem zweiten Strahl aus Elektronen treten, der aus einheitlicheren, d. h. ‚kühleren' Teilchen bestand. Wie aus der Thermodynamik bekannt, kühlte sich dabei der wärmere Strahl auf Kosten des kühleren ab, d. h. seine Teilchen erhielten einheitlichere Richtungen und Energien.

Das alternative Verfahren ist noch erstaunlicher, denn es scheint eine Verwirklichung des Maxwell'schen Dämons zu sein. Maxwell diskutierte, ob man ein Gas dadurch erwärmen könnte, dass man durch ein kleines Loch in der Gefäßwand nur kalte Teilchen entwischen lässt, wodurch sich die Temperatur erhöht. Da dies dem 2. Hauptsatz widerspricht, lässt sich damit leider nicht das Haus heizen! Simon van der Meer hat aber ein Verfahren entwickelt, das dem Dämon recht ähnlich sieht, aber in umgekehrter Richtung funktioniert. In einem Magnetring mit genügend weiter Vakuumkammer und Magnetquerschnitten läuft der zu kühlende Strahl um. An einer Stelle seines Umfangs wird eine Sonde angebracht, die z. B. die Energie eines Teilchens misst. An der entgegengesetzten Seite des Magnetringes befindet sich ein Element, das Teilchen beschleunigen oder verzögern kann. Je nach dem empfangenen Signal wird nun eine Korrektur vorgenommen, sodass die Energien vereinheitlicht werden. Die Zeit, die das Teilchen braucht, um von der Sonde zum Beschleunigungselement zu fliegen, genügt um ein Korrektursignal zu erzeugen. Wie in einem speziellen Speicherring LEAR gezeigt werden konnte, funktioniert dieses Verfahren, wenn die Theorie im einzelnen auch komplizierter ist. Der 2. Hauptsatz wird natürlich nicht verletzt, da das System nicht abgeschlossen ist, sondern ihm durch die Korrekturimpulse Energie zugeführt wird.

Dieses ,stochastische' Strahlkühlungsverfahren wurde bei CERN dazu benutzt, um einen Protonen-Beschleuniger für 300 GeV, das SPS, zu einem Proton-Antiproton-Collider umzubauen. Dies war die Grundlage für die Entdeckung der W- und Z-Teilchen. Simon van der Meer teilte sich dafür mit Carlo Rubbia den Nobelpreis 1983.

Nachdem sich die Antiprotonenquelle bei CERN als großer Erfolg erwiesen hatte, wurde eine ähnliche Quelle am Fermilab in den USA gebaut und für den TEVATRON-Speicherring benützt. Diese Anlage erlaubte die Untersuchung von Proton-Antiproton-Stößen bei $2 \times 1$ TeV, den höchsten Kollisionsenergien, die bis vor kurzem auf der Erde erzeugt werden konnten. Sie wurden im Herbst 2009 erstmals durch den LHC bei CERN übertroffen, der nach voller Inbetriebnahme Energien von $2 \times 7$ TeV erzielen wird.

Die Antiprotonenquelle bei CERN wird aber inzwischen für andere Untersuchungen benutzt. Wenn man Antiprotonen etwa während eines Tages in einem Speicherring ansammelt, dann kann man Antiprotonenströme mit Stärken von etwa 1 Ampere speichern. Eine der interessantesten Fragen betrifft das Verhalten von Antimaterie im Vergleich zur Materie. Zu diesem Zweck gelang es, Anti-Wasserstoff-Atome zu erzeugen, die aus einem Antiproton und einem Positron bestehen. In spektroskopischen Messungen konnte festgestellt werden, dass sich ein Anti-Wasserstoff-Atom genauso wie ein normales Wasserstoff-Atom verhält. Gegenwärtig laufen Experimente, in denen untersucht wird, ob Antimaterie der gewöhnlichen Gravitation unterliegt oder ob an den Science Fiction Visionen etwas daran sein könnte, nämlich dass es eine mysteriöse Antigravitation gibt. Im Prinzip stünde diese nicht im Widerspruch mit bestehenden Quanten-Feldtheorien.

Welche Vor- und Nachteile gibt es beim Vergleich zwischen Collidern mit Elektronen gegen Elektronen und Protonen gegen Protonen (und gegebenenfalls mit ihren Antiteilchen)? Wenn Elektronen mit Positronen kollidieren, dann erhält man sehr saubere Ereignisse, die leicht zu interpretieren sind, da Elektronen selbst keine innere Struktur besitzen. Beim Stoß von Protonen gegen Protonen (oder Antiprotonen) sind die Verhältnisse viel komplizierter. Diese Teilchen enthalten mehrere Quarks und viele Gluonen und der elementare Stoß findet daher zwischen zwei von diesen Teilchen statt. Viele weitere Teilchen verhalten sich mehr oder weniger als Zuschauer, müssen aber erst als solche in den Daten identifiziert werden. Dies hat zur Folge, dass weder die Stoßpartner noch die eigentliche Stoßenergie unmittelbar bekannt sind. Dies gibt eine wesentliche Unsicherheit bei der Deutung der Ereignisse. Auf der anderen Seite haben Elektronen den Nachteil, dass sie wegen der Synchrotronstrahlungsverluste in Kreisbeschleunigern nicht auf so hohe Energien wie Protonen beschleunigt werden können. Die beiden Arten von Collidern sind daher komplementär. Können die wissenschaftlichen Fragestellungen bei niedrigeren Energien untersucht werden, dann sind Elektronen-Collider vorzuziehen, und es gibt viele kleinere Maschinen, die damit zu großen Fortschritten in der Teilchenphysik geführt haben. Will man dagegen zu den höchsten Energien vorstoßen, dann werden Elektronen-Collider sehr groß (siehe den nächsten Abschnitt LEP) oder man muss die Nachteile der komplizierten Protonen-Struktur in Kauf nehmen (siehe Abschn. 9.10).

## 9.9 LEP – der größte Ring

Die großen Anlagen der Teilchenphysik werden manchmal von Journalisten mit den Kathedralen des Mittelalters verglichen, ein Vergleich, der stark hinkt. Die Kathedralen dienten religiösen Zwecken, was für Teilchen-Collider sicher nicht gilt. Andererseits ging es in beiden Fällen darum, einen beträchtlichen Teil des Volkseinkommens für wirtschaftlich nicht unmittelbar nützliche Projekte zu verwenden, die den Zeitgeist in mancher Beziehung repräsentieren. Es ist daher wohl von Interesse und gerechtfertigt, hier das größte Projekt der Teilchenphysik näher zu beschreiben.

Es soll der größte $e+e-$ Speicherring, LEP, und der größte Proton-Proton-Speicherring, LHC, vorgestellt werden. Beide sind nicht unabhängig voneinander, sondern derselbe Tunnel nahm erst LEP auf, das nun durch LHC ersetzt wurde. Dabei soll auch stellvertretend für viele andere, wenn auch kleiner Projekte, gezeigt werden, was durch geniale Innovationen und durch zähen Fleiß erreicht werden kann.

Die größte Anlage für Teilchenkollisionen und auch das größte je gebaute Forschungsinstrument war die Kollisionsmaschine LEP bei CERN, die in den 80er Jahren des vergangenen Jahrhunderts verwirklicht wurde. Fälschlich wird manchmal argumentiert, dass LEP einfach eine ‚aufgeblasene' Version früherer Elektronen-Speicherringe war, was nicht richtig ist, denn zu seiner Realisierung mussten neue Techniken entwickelt werden.

In einer kreisförmigen Vakuumröhre mit einem Umfang von fast 27 km (Abb. 9.10) laufen Elektronen und ihre Antiteilchen, die Positronen, geführt von mehr als 3000 Magneten in entgegengesetztem Sinn um. Das Eindrucksvolle ist dabei aber nicht die Größe der Anlage, sondern diese kombiniert mit der erforderlichen Präzision. Damit LEP wie vorgesehen funktionierte, durfte die Abweichung von dem geplanten Umfang der Teilchenbahn nicht mehr als 2,5 cm betragen. Dies erforderte die Positionierung der einzelnen Magnete im Tunnel mit einer Genauigkeit von Bruchteilen eines Millimeters über Entfernungen von etwa 10 km. Nach Inbetriebnahme der Anlage stellte sich heraus, dass die Abweichungen von dem Sollumfang nur etwa 8 mm betrugen. Die Empfindlichkeit des Speicherrings ist so groß, dass sich selbst die Gezeiten der Erdkruste bemerkbar machen (Abb. 9.11).

9 Elementarteilchen – oder woraus bestehen wir?

**Abb. 9.10** Luftbild von LEP/LHC. Tunnel 27 km Umfang, etwa 100 m unter Erde. LEP Elektron-Positron-Collider, gebaut 1980–89, stillgelegt 2000. LHC Proton-Proton-Collider, erster Strahl 10. September 2008, Betriebsbeginn November 2009

Bevor ein endgültiger Entwurf für LEP vorgelegt werden konnte, musste eine grundlegende Frage geklärt werden: gerade oder kreisförmig? Wie oben bereits erwähnt wurde, kann man Zusammenstöße mit Elektronen erzielen, indem man entweder zwei Linearbeschleuniger gegeneinander richtet oder einen kreisförmigen Speicherring wählt. Abgesehen von den unterschiedlichen technischen Schwierigkeiten sind natürlich die Kosten entscheidend. Geht man davon aus, dass die pro Meter zu erzielende Beschleunigung durch die Technik vorgegeben ist (heutzutage etwa 40 MeV/m), dann nimmt die Länge der beiden Linearbeschleuniger proportional mit der Energie zu und erreicht 10 bis 20 km für Energien von einigen hundert GeV. Bei

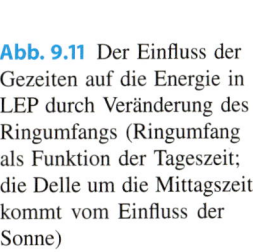

**Abb. 9.11** Der Einfluss der Gezeiten auf die Energie in LEP durch Veränderung des Ringumfangs (Ringumfang als Funktion der Tageszeit; die Delle um die Mittagszeit kommt vom Einfluss der Sonne)

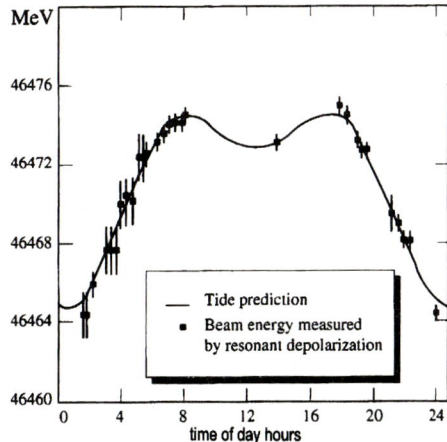

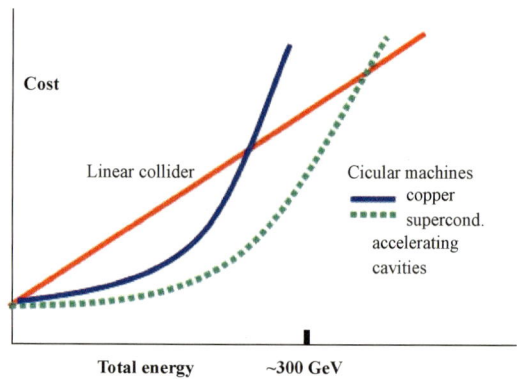

**Abb. 9.12** Vergleich von linearen und ringförmigen Collidern für Elektronen

einem Speicherring wird die erzielbare Energie begrenzt durch die Emission von sogenannter Synchrotronstrahlung. Wenn Elektronen auf einem Kreis umlaufen, erfahren sie eine zentripetale Beschleunigung, die zur Aussendung von elektromagnetischer Strahlung führt. Diese Strahlungsverluste nehmen mit $E^4/R$ zu, wobei $E$ die Energie der umlaufenden Elektronen und $R$ der Bahnradius bedeuten. Dies bedeutet, dass die Strahlungsverluste überproportional mit der Energie anwachsen und um sie zu begrenzen muss der Radius sehr groß gewählt werden. Die Strahlungsverluste müssen laufend durch ein Hochfrequenz-Beschleunigungssystem ersetzt werden. Eine Optimierung der Kosten zeigt, dass der Radius etwa mit dem Quadrat der Energie anwachsen muss. Unter Zugrundelegung der möglichen Technologien ergibt sich ein Bild wie in Abb. 9.12. Es ergibt sich ein Schnittpunkt bei einer Energie von etwa 300 GeV oberhalb der zwei Linearbeschleuniger günstiger sind als ein Speicherring. LEP sollte eine maximale Energie pro Strahl bis zu 100 GeV ermöglichen und daher war die Antwort klar: eine runde Maschine. Anderseits ergibt sich daraus, dass LEP der letzte große Speicherring für Elektronenkollisionen bleiben wird, der je gebaut wurde.

Als diese Diskussionen im Gang waren, besuchte Frau Margret Thatcher CERN und stellte mir die Frage, „warum rund und nicht linear"? Es erstaunte mich, dass eine Premier Ministerin eine so spezielle Frage stellen konnte, aber Frau Thatcher bestand darauf, als wissenschaftlicher Kollege und nicht als Regierungschef behandelt zu werden. Mit den eben angeführten Argumenten konnte ich sie aber leicht überzeugen, dass unsere Wahl richtig war. Sie fragte dann aber noch, wie groß der nächste Ring sein würde, den CERN bauen wird. Meine Antwort war, dass der LEP-Tunnel der letzte Ringtunnel sein würde. Sie erwiderte, dass einer meiner Vorgänger als Generaldirektor, John Adams, ihr vor einigen Jahren beim Bau des SPS Beschleunigers auch schon diese Antwort gegeben habe und diese war falsch. Warum sollte sie mir mehr trauen? Meine Antwort war, dass der Tunnel genügend groß geplant ist, um auch eine spätere Maschine beherbergen zu können, was in der Tat mit dem LHC nun der Fall ist.

Will man zu noch höheren Energien für Elektron-Elektron-Kollisionen vordringen (wobei weniger als ein Faktor 5 kaum von Interesse ist), dann muss man Linearbeschleuniger benutzen, bei denen keine Synchrotronstrahlungsverluste auftreten. Bei den heutigen Technologien für die Beschleunigung würden solche Linearbeschleuniger (bis zu 100 km) allerdings sehr lang und teuer werden. Aus diesen und anderen Gründen (Fokussierung der Strahlen vor der Kollision) müssen daher neue technische Wege gefunden werden. Dies wird in einer internationalen Kollaboration ILC versucht und eine Gruppe bei CERN arbeitet an alternativen Techniken CLICK. Man hofft, in einigen Jahren ein entscheidungsreifes Projekt vorstellen zu können, zu einer Zeit, wenn Ergebnisse von LHC vorliegen, die zeigen werden, ob ein neues Projekt von der Physik her zu rechtfertigen ist.

Eine Kostenoptimierung nach den oben genannten Kriterien führte dazu, dass LEP einen Umfang von etwa 30 km besitzen musste, um Strahlenergien von etwa 100 GeV zu ermöglichen. Manchmal wurde behauptet, dass LEP einfach eine größere Version vorhergehender Elektronen-Speicherringe war. Dazu gehörten PETRA, das 1975/79 während meiner Zeit bei DESY gebaut wurde, einen Umfang von 2,3 km hatte und Strahlenergien von 20 GeV lieferte[12]. Der größte Speicherring vor LEP war TRISTAN mit einem Umfang von 3 km, Strahlenergie 32 GeV, der 1986 stillgelegt wurde. Verglichen damit war LEP etwa 10 mal größer, was eine ganz neue Strategie für den Bau der Anlage und die Verwendung neuer Technologien verlangte.

[12] PETRA ist heute noch in Betrieb und wurde kürzlich zu einer der leistungsfähigsten Synchrotronstrahlungsquellen umgewandelt.

Bei einem Protonen-Ring wird die Energie durch das Produkt von Magnetfeld mal Radius begrenzt. Bei einem Elektronen-Ring braucht das Magnetfeld nicht hoch zu sein, da die Synchrotronstrahlung das begrenzende Element ist. Um sie klein zu halten, muss nicht nur der Radius groß sein, sondern abrupte Biegungen müssen vermieden werden, da sie zu beträchtlichen Verlusten führen. Es ging also darum, den Umfang von LEP möglichst gleichmäßig mit einem recht niedrigen Magnetfeld (0,135 T bei 100 GeV) zu überdecken. Normale Eisenmagnete hätten zu untragbaren Kosten geführt. Daher wurden ‚Betonmagnete' entwickelt, die aus 1,5 mm dicken Eisenlamellen im Abstand von 4 mm bestanden. Die Zwischenräume wurden mit einem Spezialbeton ausgefüllt, damit die Magnete die notwendige mechanische Stabilität erlangten.

Mehr als 3300 solcher Magnete, jeder 5,75 m lang, waren nötig, um den LEP-Umfang zu überdecken. Das Risiko bestand darin, dass nicht bekannt war, ob die Magnete die geforderten Eigenschaften über viele Jahre behalten würden. Es zeigte sich, dass dies in der Tat der Fall war, und Hochbaufirmen konnten aus diesen Erfahrungen für eisenbewehrte Betonbauteile interessante Kenntnisse gewinnen. Normalerweise besitzen Elektromagnete eine Spule, um das Magnetfeld zu erregen. Wegen des niedrigen Feldes hätte für alle LEP-Magnete eine einzige gemeinsame Schleife genügt. Diese hätte aber ein geometrisch weit ausgedehntes Feld (Durchmesser mehr als 10 km) an der Erdoberfläche erzeugt, und wir fürchteten, dass dies die Farben von Fernsehern in den Dörfern gestört haben könnte. Deshalb wurde ein weiterer Leiter um die Magnete hinzugefügt, wodurch eine Spule mit einer Windung hergestellt und damit das Magnetfeld örtlich begrenzt wurde. Ein zusätzlicher Leiter am Umfang von LEP verursacht aber Kosten von mehreren 100.000 CHF und dies zeigt eine wie sorgfältige Kostenoptimierung wegen der Größe von LEP erforderlich war.

Das Beschleunigungssystem erforderte ebenfalls neue Ideen und Technologien. Wie bereits erwähnt, wird die maximale Elektronenenergie begrenzt durch die erheblichen Synchrotronstrahlungsverluste, die laufend durch zylindrische Beschleunigungs-Kavitäten ersetzt werden müssen. Die hochfrequenten Beschleunigungsfelder (Frequenz 500 MHz) können am effektivsten mit Hilfe von supraleitenden Kavitäten erzeugt werden. Bei Betriebsbeginn von LEP standen solche noch nicht zur Verfügung und daher mussten Kupferkavitäten verwendet werden. Die ohmschen Verluste in den Wänden der Kavitäten sind aber enorm und gemeinsam mit möglichen elektrischen Überschlägen begrenzen sie die Beschleunigungsfelder auf etwa 1,5 MV/m. Um die Verluste und damit die beträchtlichen Stromkosten zu verringern, wurde folgender genialer Trick benutzt. Die Elektronen sind nicht gleichmäßig über den LEP-Ring verteilt, sondern in mehreren Zentimeter langen Paketen (4 Pakete Elektronen und 4 Pakete entgegengesetzt laufende Positronen) konzentriert. Dies bedeutet aber, dass die Beschleunigungskavitäten die meiste Zeit im Leerlauf arbeiten und nur während des kurzen Paketdurchgangs benutzt werden. Die hohen Hochfrequenzleistungen lassen sich aber leider nicht so kurzfristig schalten, dass man die Kavitäten erst kurz vor Eintreffen eines Teilchenpakets einschaltet. Ein ähnlicher Effekt wurde aber folgendermaßen erzielt. Die eigentlichen Beschleunigungskavitäten wurden gekoppelt mit einer kugelförmigen, verlustarmen Speicherkavität (Abb. 9.13). Es ist wohlbekannt, dass bei zwei gekoppelten Pendeln die Energie zwischen den beiden Pendeln hin- und herpendelt. Die Anlage wurde nun so eingerichtet, dass sich die Hochfrequenzenergie im Moment eines Teilchendurchgangs in der Beschleunigungskavität befindet und dazwischen in der Speicherkavität. Dadurch konnten im Jahr mehrere Millionen CHF an Stromkosten gespart werden. Dies reichte in der ersten Betriebsphase von LEP (Erzeugung von Z-Teilchen) bei Energien von etwa 50 GeV aus. Um in der zweiten Phase die maximalen Energien von 100 GeV (Erzeugung[13] von W-Teilchen) zu erreichen, musste aber ein anderer Weg eingeschlagen werden.

[13] W-Teilchen sind nicht wesentlich schwerer als Z-Teilchen, aber sie sind geladen und können daher nur in Paaren erzeugt werden

Bei tiefen Temperaturen verlieren manche Metalle den ohmschen Widerstand (Sprungpunkt), sie werden supraleitend. Dies gilt allerdings nur für Gleichstrom. Bei Wechselströmen mit hohen Frequenzen bleibt ein, wenn auch geringer Widerstand, der mit der Temperatur auch unterhalb des Sprungpunktes abnimmt, bestehen. Supraleitende Beschleunigungs-Kavitäten standen Anfang der 1980er Jahre nicht mit der benötigten Qualität zur Verfügung und mussten erst gemeinsam mit der Industrie entwickelt werden. Dabei wurden zwei Wege verfolgt: Kavitäten aus reinem Niob, das ein guter Supraleiter ist, oder Kupferkavitäten, die innen mit einer dünnen Niobschicht belegt wurden. Letztere erwiesen sich als vorteilhafter, da das Kupfer bei tiefen Temperaturen eine bessere Wärmeleitung aufweist und daher die im Niob auftretenden Verluste besser abgeführt werden konnten. Damit konnten Beschleunigungsfelder von bis zu 7 MV/m erreicht werden, eine wesentliche Verbesserung gegenüber Kupferkavitäten. Im Endstadium waren 288 supraleitende Kavitäten in LEP eingebaut, die eine Beschleunigungsspannung von mehr als 3500 MV erzeugen konnten, d. h. im LEP war einer der größten supraleitenden Linearbeschleuniger ‚versteckt'.

**Abb. 9.13** Die Hochfrequenz-Beschleunigungskavitäten mit kugelförmigen Speicherkavitäten aus Kupfer von LEP

Eine weitere Komponente, die erhebliche technologische Entwicklungen verlangte, war die Vakuumkammer, in der die Teilchen umliefen. Damit möglichst wenige Teilchen durch Zusammenstöße mit Luftmolekülen verloren gehen, musste auf dem gesamten Ringumfang ein extremes Hochvakuum erzeugt werden. Dies wird dadurch erschwert, dass die Synchrotronstrahlung ständig auf die Kammerwand auftrifft, diese erhitzt und dadurch ein ‚Ausgasen' bewirkt. Es musste ein Druck von etwa $10^{-10}$ Torr hergestellt werden, was zwar in kleinen Laborgefäßen üblich war, aber vorher nicht in einer 27 km langen Kammer erzielt wurde. Dazu wurde gemeinsam mit Industriefirmen ein Verfahren mit einem neuem Gettermaterial (84 % Zirkonium, 16 % Aluminium) entwickelt, das inzwischen viele weitere Anwendungen gefunden hat. Die eigentliche ‚Pumpe' bestand aus einem Band aus Gettermaterial, das etwa 3 cm breit und 10 km lang war. Bevor das ‚Gettern' beginnen konnte, musste ein genügend gutes Vorvakuum hergestellt werden, wozu etwa 3000 Pumpen verschiedener Art installiert wurden – das vielleicht komplizierteste Vakuumsystem, das je verwirklicht wurde.

Bevor Elektronen und Positronen in den Hauptring eingeschossen werden können, müssen sie in mehreren Stufen vorbeschleunigt werden. Zu allererst müssen die Positronen in genügender Menge erzeugt und angesammelt werden. Dies trifft auch auf die Elektronen zu, wobei deren Erzeugung in einer Glühkathode keine Probleme aufwirft. Das Injektionssystem begann mit einer Quelle für Positronen, die durch harte Röntgenstrahlung als Elektron-Positron-Paare erzeugt werden. Anschließend werden Positronen und Elektronen in einem Linearbeschleuniger auf 600 MeV gebracht und in einen speziellen kleinen Speicherring[14] (EPA Electron-Positron-Accumulator) injiziert. Dort werden innerhalb einiger Sekunden genügend Teilchen in Paketen angesammelt, die dann in den alten Proton-Beschleuniger PS eingeschossen und auf 3,5 GeV beschleunigt werden. Als weiterer Schritt erfolgt ein Transfer in das SPS, wo die Teilchen auf 20 GeV gebracht werden und dann können sie endlich in den Hauptring injiziert werden. Dieses ganze Injektionssystem stellt eine äußerst komplizierte Herausforderung an die Ingenieure dar. Es müssen ja alle einzelnen Teile funktionieren, damit LEP genügend Zusammenstöße erzeugen kann. Die ‚Lebensdauer' der Teilchen im Hauptring beträgt einige Stunden, sodass eine neue Füllung mit Elektronen und Positronen in solchen Abständen erfolgen muss. Dazwischen können das PS und SPS für andere Programme benutzt werden, was die Anforderung an ihre Flexibilität weiter steigert.

Das wohl schwierigste Problem beim Bau von LEP betraf die Herstellung des Tunnels. Durch eine Reihe von Probebohrungen wurde der Untergrund in der Umgebung von Genf untersucht. Es zeigte sich, dass eine Sandsteinformation, die Molasse, einen großen Teils des Gebietes zwischen Genfer See und Jura ausfüllt (Abb. 9.14). Dieses Gestein eignet sich sehr gut für die Tunnelung mit Hilfe einer großen Bohrmaschine, was bereits vom Tunnel des SPS bekannt war. Allerdings fand man, dass die Obergrenze dieses Gesteins zum See hin abfällt und unterhalb des Genfer Flugplatzes fast 100 m tief liegt. Darüber befindet sich die Ablagerung einer Moräne, die für das Tunneln äußerst schlecht geeignet ist. Noch viel schlimmer erwies sich die Situation auf der Seite des Jura. Der Jura besteht aus Kalkstein mit vielen Spalten und Kavernen, die zum Teil mit Wasser unter hohem Druck gefüllt sind. Tief unter dem Gipfel des Jura gibt es sogar Gesteinsformationen, die plastisch sind und daher für die Aufnahme eines Tunnels vollkommen ungeeignet sind. Geologen warnten uns, dass wir mit großen Unfällen rechnen müssten, die das ganze Projekt stark verzögern und verteuern würden oder seine Fertigstellung vollkommen verhindern könnten.

[14] Um Kosten zu sparen wurde das Gebäude für den Linearbeschleuniger aus alten Abschirmblöcken aus Beton zusammengebaut. Es musste allerdings so positioniert werden, dass eine der wichtigsten Straßen in CERN blockiert wurde. Aber dies sollte ja alles nur eine vorübergehende Lösung sein, die allerdings bis heute existiert!

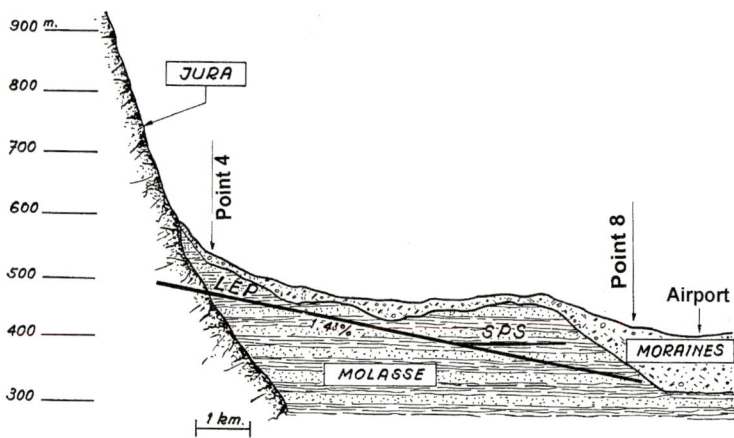

**Abb. 9.14** Geologischer Querschnitt mit der schiefen Ebene von LEP

Wir standen daher vor der sehr diffizilen Entscheidung, wie groß der Tunnel sein sollte und wo er platziert werden könnte. Hinzu kam noch der Umstand, dass er auf jeden Fall die schweizer-französische Grenze mehrmals überschreiten musste, was politische Probleme mit sich brachte, die aber relativ leicht gelöst wurden und auf die daher nicht näher eingegangen werden soll. Der ursprüngliche Vorschlag eines Tunnels mit einem Umfang von 30 km musste sehr bald aufgegeben werden. Er wäre tief unter den Jura zu liegen gekommen, was aus den genannten geologischen Gründen ein zu großes Risiko beinhaltet hätte. Von verschiedenen Seiten war ich dem Druck ausgesetzt, den Umfang auf 20 km zu reduzieren, um den Kalkstein im Jura vollkommen zu vermeiden. Ein solcher Umfang hätte für die Zwecke des LEP gerade noch ausgereicht. Ich war mir jedoch bewusst, dass der Tunnel die einzige Komponente von LEP ist, die nicht geändert werden kann. Im Hinblick auf einen Proton-Proton-Collider, der damals bereits diskutiert wurde, entschied ich schließlich gemeinsam mit dem Projektleiter Emilio Picasso, dass der Tunnel einen Umfang von 27 km haben sollte, eine Entscheidung, die sich in der Tat für das LHC-Projekt sehr günstig auswirkte. Die bittere Konsequenz war jedoch, dass etwa 3 km des Tunnels in dem gefährlichen Kalkstein des Jura verlaufen musste. Ferner erwies es sich als notwendig, LEP auf eine schiefe Ebene mit einer Neigung von 1,4 % zu setzen (Abb. 9.14). Dadurch war es möglich, in der Nähe des Flugplatzes in der Molasse zu bleiben und andererseits unter dem Jura nicht tiefer als 140 m zu gehen, was im Fall eines größeren Unfalls eine Intervention von der Oberfläche erlaubt hätte. Eine so geringe Neigung erscheint nebensächlich, bei einem Ringdurchmesser von 10 km bedeutet sie aber einen Druckunterschied des Kühlwassers von 15 atm, was bei der Konstruktion nicht vernachlässigt werden darf.

Wie von den Geologen vorausgesagt wurde, erwies sich die Tunnelei als ein aufregendes Abenteuer. Hier kann nur erwähnt werden, das es beim Tunnel unter dem Jura einen Wassereinbruch gab, der die Fertigstellung des Tunnels um ein Jahr verzögerte. Durch ein flexibles Management konnte aber die Verzögerung des Gesamtprojektes klein gehalten werden. Hinterher kann man mit Befriedigung feststellen, dass die Inkaufnahme der Risiken nicht nur für LEP, sondern vor allem für das spätere LHC-Projekt gerechtfertigt war.

Es soll hier nur ganz kurz auf die administrativen und personellen Schwierigkeiten, die bei jedem Projekt auftreten, hier aber durch besondere Umstände hervorgerufen wurden, eingegangen werden. Für das Projekt war eine einstimmige Zustimmung der damaligen 12 Mitgliedstaaten von CERN erforderlich. Dies war nur durch eine manchmal mühselige oder sogar schmerzliche Prozedur zu erreichen. Endlich am 31. Oktober 1981 stimmten alle Mitgliedsländer für den Bau von LEP. Allerdings waren die Bedingungen so hart, dass die Vertretung des CERN-Personals mich aufforderte, sie nicht anzunehmen, sondern lieber zurückzutreten. Dies tat ich allerdings nicht, denn mir war bewusst, dass die Teilchenphysik bereits große Mittel bekam und im Hinblick auf die Förderung anderer neuer Wissensgebiete eine weitere Budget-Erhöhung kaum zu vertreten war. Die härteste Bedingung war, dass LEP mit einem konstanten Budget gebaut werden musste, d. h. ohne zusätzliche finanzielle Mittel, mit der Konsequenz, dass viele laufende Programme mit hunderten von auswärtigen Nutzern beendet werden mussten. Die zweite Bedingung war, dass kein zusätzliches Personal eingestellt werden konnte. Das für LEP benötigte Personal musste also durch interne Mobilität gefunden werden. Etwa ein Drittel des CERN-Personals erhielt neue Aufgaben, was in einer Organisation, die über 25 Jahre alt war und in der sich starke menschliche Bindungen gebildet hatten, nicht leicht zu verkraften war. Die CERN-Mitarbeiter bewiesen aber eine erstaunliche Einsatzbereitschaft, sodass das Projekt innerhalb des Kostenvoranschlags und mit nur wenigen Monaten Verzögerung, die durch die Schwierigkeiten beim Tunnelbau entstanden, fertiggestellt werden konnte.

## 9.10 LHC – die Weltmaschine

Schon während des Baus von LEP wurde diskutiert, den Tunnel und seine Infrastruktur, die etwa die Hälfte der Kosten von LEP ausmachten, für ein Nachfolgeprojekt zu nutzen. Dafür kam nur ein Protonen-Collider in Betracht. Allerdings versuchten die USA die Führung in der Teilchenphysik zurückzugewinnen, und es wurde mit dem Bau eines Protonen-Colliders SSC (Superconducting Super Collider) mit einem Umfang von 80 km in Texas begonnen. Um mit einer solchen Maschine einigermaßen konkurrieren zu können, musste der Umfang des LEP-Tunnels so groß als möglich gemacht werden und wie oben geschildert wurde, nahmen wir das mit einem Umfang von 27 km verknüpfte Risiko in Kauf. Dazu muss bemerkt werden, dass bei einer Protonen-Maschine die höhere Energie teilweise durch eine höhere Stoßrate kompensiert werden kann. Außerdem wählten wir den Tunnelquerschnitt genügend weit, um oberhalb des LEP-Magnetringes einen weiteren Magnetring für Protonen unterbringen zu können, wodurch auch Zusammenstöße zwischen Elektronen und Protonen möglich gewesen wären. Eine solche Anordnung wäre eine Fortsetzung von HERA bei DESY gewesen. Dies erwies sich später allerdings nicht als praktisch und die LEP-Magnete wurden entfernt. Dies geschah im Jahre 2000 als nach 11 Jahren Betrieb die Möglichkeiten von LEP im Wesentlichen erschöpft waren. Neuerdings wird aber wieder diskutiert, ob man einen Elektronen-Ring im Tunnel installieren soll.

Im Jahre 1995 wurde ein neues Projekt bei CERN genehmigt, der Large Hadron Collider, LHC, bei dem mit Hilfe von supraleitenden Magneten Protonen mit Protonen zur Kollision gebracht werden. Für die Genehmigung war entscheidend, dass der LEP-Tunnel mit einem großen Teil seiner Infrastruktur zur Verfügung stand und dass auch das System für die Teilcheninjektion und Vorbeschleunigung weitgehend vorhanden war. Nicht zuletzt war natürlich auch die Kompetenz der CERN-Mitarbeiter Ausschlag gebend. An diesem Projekt beteiligen sich die inzwischen auf 25 angewachsenen europäischen Mitgliedstaaten und viele nicht-europäische Staaten. Eine starke US-Beteiligung ergab sich dadurch, dass der US-Kongress das SSC-Projekt stoppte, da die ursprünglichen Mittel weit überschritten wurden und eine wirkliche internationale Beteiligung nicht zustande gekommen war. Aber auch Russland, Japan, China, Indien und viele weitere Staaten beteiligen sich, sodass LHC ein wirkliches partnerschaftliches Weltprojekt wurde. Im September 2008 gelang es zum ersten Male Teilchen in Umlauf zu bringen. Innerhalb einer Stunde gelang es, die Teilchen in einer Richtung durch die enge 27 km-lange Röhre zu fädeln. Dies war möglich, da hunderte von Sensoren entlang des Ringes die Lage des Teilchenstrahls feststellten, die Messergebnisse wurden sofort an einen Computer gesandt und dieser korrigierte innerhalb von Sekunden die Ströme in den Magneten, um den Strahl auf die richtige Bahn zu bringen. Es dauerte kaum länger, um auch die Teilchen in der entgegengesetzten Richtung einzufädeln. Anschließende weitere Tests bewiesen, dass sowohl das Grundkonzept als auch die Auslegung der einzelnen Komponenten richtig sind.

Dann trat leider eine im Prinzip triviale Panne auf. Beim Hochfahren der Ströme in den supraleitenden Magneten, trat infolge einer schlechten Lötung der Verbindung zwischen zwei Ablenkmagneten ein Lichtbogen auf, der ein Loch in die Vakuumkammer brannte. Daraufhin verdampfte das superflüssige Helium explosionsartig, beschädigte einige Magnete und riss andere aus ihren Befestigungen heraus. Inzwischen wurden eine Reihe von Maßnahmen getroffen, um einen solchen Vorfall in Zukunft zu vermeiden. Bei einer Anlage, deren Komponenten auf extrem niedere Temperaturen gekühlt werden, ergibt sich allerdings die Schwierigkeit, dass Reparaturen eine lange Zeit benötigen. Allein das Aufwärmen von vielen hundert Tonnen Stahl benötigt einige Wochen und das Abkühlen nach der Reparatur noch eine längere Zeit. Innerhalb eines Jahres gelang es jedoch, nicht nur die Reparaturarbeiten auszuführen, sondern auch zusätzliche Sicherheitseinrichtungen zu installieren, die einen ähnlichen Unfall in Zukunft verhindern sollen. Im November 2009 kreisten wieder zwei Strahlen, und im Laufe des Jahres 2010 wurde eine Energie von $2 \times 3,5$ TeV erreicht, die höchste Energie, die jemals in einem Labor erzielt wurde. Nur allmählich soll die Energie und die Zahl der Protonen im Strahl erhöht werden. Die im Strahl gespeicherte Energie entspricht mehreren kg Sprengstoff, und eine Panne würde die Maschine mehrere Monate stilllegen. Erst im Jahre 2013 soll dann die geplante Energie von $2 \times 7$ TeV erreicht werden.

## 9.11 Elektronische Kammern ersetzen Nebelkammern

Da man die Struktur und die Vorgänge im Mikrokosmos nicht direkt sehen kann, müssen sie indirekt erschlossen werden. Es gilt also, die bei den Kollisionen auftretenden Teilchen nachzuweisen, ihre Art zu bestimmen und wenn möglich ihre Energie zu messen. Dazu wurden früher Nebel- oder Blasenkammern benutzt, in denen geladene Teilchen in übersättigten Dämpfen oder unterkühlten Flüssigkeiten Spuren hinterließen. Diese lieferten zwar recht anschauliche und manchmal ästhetisch schöne Bilder, aber Millionen von Aufnahmen mussten von ganzen Heeren von Auswertepersonal durchmustert und vermessen werden. Hinzu kam, dass die Aufnahmen bei jedem Zusammenstoß ‚blind' gemacht werden mussten, d. h. die meisten von ihnen enthielten keine interessanten Ereignisse und mussten weggeworfen werden. Heute werden Blasenkammern oder auch photografische Emulsionen nur noch in ganz speziellen Fällen verwendet, wenn es z. B. darauf ankommt, eine besonders gute räumliche Auflösung zu erhalten.

Heute werden fast ausschließlich ‚elektronische Kammern' benutzt. Mit Hilfe eines außerordentlichen Einfallsreichtums und erfindungsreichen technischen Entwicklungen wurden verschiedene Typen von Kammern entwickelt, die an spezielle Zwecke angepasst sind. Einer der am häufigsten verwandten Detektortypen ist die Vieldraht-Kammer, für deren Entwicklung es sogar einen Nobelpreis gab. Das Prinzip ist einfach: Man spannt eine große Zahl von parallelen Drähten (viele Tausende) in einem mit Gas erfüllten Volumen. Wenn ein geladenes Teilchen in der Nähe eines Drahtes vorbeifliegt, erzeugt es dort einen kleinen elektrischen Impuls, der von einer geeigneten Elektronik ausgelesen werden kann. Wenn man genügend viele Drähte benutzt, die in mehreren Ebenen angeordnet sind, erhält man ein Spurenbild, das fast so genau wie dasjenige einer Blasenkammer ist. Zusätzlich bringt man Detektoren an, die beim Durchgang eines geladenen Teilchens einen extrem kurzen Lichtblitz erzeugen, mit dessen Hilfe man den Zeitpunkt des Durchgangs des Teilchens ohne Schwierigkeiten auf etwa $10^{-9}$ s feststellen kann. Dies ermöglicht die Messung von Laufzeiten von Teilchen.

Die elektronischen Bilder zusammen mit den Informationen aus den Laufzeiten haben einen enormen Vorteil. Sie können unmittelbar einem elektronischen Auswertesystem zugeführt werden, das innerhalb von weniger als einer millionstel Sekunde eine Entscheidung treffen kann, ob es sich um ein interessantes Ereignis handelt oder nicht. Falls dies zutrifft, werden die Daten des Ereignisses für die spätere detaillierte ‚off-line' Auswertung gespeichert, im entgegengesetzten Fall werden sie sofort verworfen. Mit Hilfe eines solchen ‚Trigger-Systems' ist es möglich, sehr seltene Ereignisse aus Milliarden von Untergrundereignissen herauszufiltern, d. h. die Nähnadel im Heuhaufen zu finden.

Um die Impulse der Teilchen zu bestimmen, wird in der Umgebung des Kollisionspunktes meistens ein Magnetfeld hergestellt, sodass die Teilchen (im einfachsten Fall) auf Kreisbahnen abgelenkt werden. Aus dem Krümmungsradius lässt sich dann ihr Impuls bestimmen. Um die Genauigkeit in der Spurenmessung zu verbessern, macht man sich häufig die Fortschritte in der Halbleitertechnik zunutze. Statt Drähten können sehr feine Halbleiterstrukturen nebeneinander und in mehreren Lagen um den Kollisionspunkt angeordnet werden, die beim Durchgang eines Teilchens ein elektronisches Signal abgeben. Damit kann man Ortsgenauigkeiten bis herab zu Mikrometer erzielen.

Alles bisher Gesagte bezieht sich auf den Nachweis von elektrisch geladenen Teilchen. Bei den Kollisionen werden aber auch viele energetische Photonen oder Neutronen erzeugt. Photonen kann man dadurch nachweisen, dass man sie in einem Kristall absorbiert, wobei eine ganze Kaskade aus sekundären Elektronen und Positronen und Photonen entsteht. Diese erzeugen Lichtblitze, deren Intensität der Energie des primären Photons proportional ist. Für die Entwicklung geeigneter Kristalle wurde ein großer Aufwand getrieben. Die Kristalle sollen energetische Photonen (Gamma- oder Röntgen-Quanten) samt ihrer elektromagnetischen Kaskade gut absorbieren, gleichzeitig aber gute und schnelle Lichtblitze ergeben. Da die Absorption stark mit der Kernladungszahl zunimmt, bevorzugt man Kristalle mit schweren Elementen, ein Beispiel sind Kristalle aus Wismut-Germanium-Oxid. Aber auch dann müssen die Kristalle etwa 20 bis 30 cm lang sein, um die Kaskaden fast vollständig zu absorbieren. Da man neben der Energie der Photonen gleichzeitig auch ihre Richtung bestimmen will, müssen Tausende von Kristallen mit einer Querschnittsfläche von einigen cm² um den Kollisionspunkt aufgebaut werden. Man spricht dann von einem ‚elektromagnetischen Kalorimeter'. Dies ist leider ein sehr missverständlicher Ausdruck, da er zwar andeuten soll, dass die Gesamtenergie gemessen wird, allerdings hat eine solche Messung überhaupt nichts mit Wärmemessungen zu tun. Von diesen Entwicklungen für den Nachweis energiereicher Photonen hat die medizinische Diagnostik sehr profitiert, da solche Kristalle bei Scannern in Krankenhäusern eingesetzt werden.

Eine andere Methode muss zum Nachweis von Neutronen eingesetzt werden. Energiereiche Neutronen erzeugen beim Zusammenstoß mit Atomkernen geladene Teilchen und Rückstoßionen, die ihrerseits nachgewiesen werden können. Man erhält so eine ganze Nukleonen-Kaskade, deren Gesamtenergie proportional zur Energie des einfallenden Neutrons ist. Ein wesentlicher Unterschied zu den elektromagnetischen Kaskaden besteht allerdings darin, dass die Absorptionslängen dieser nuklearen Kaskaden sehr viel länger sind, von der Größenordnung von Metern. Die Verwendung von Kristallen ist daher unmöglich. Man kann sich mit einem Trick helfen. Man benutzt zum Nachweis ein Sandwich aus relativ dicken Platten aus einem stark absorbierenden Material (z. B. Eisen), zwischen denen sich dünnere Platten eines ladungsempfindlichen Zählers (z. B. Scintillationszähler oder Ionisationskammern) befinden. In diesen wird zwar nur ein Teil der von der nuklearen Kaskade erzeugten Ionisation gemessen, aber bei geeigneter Auslegung des Instrumentes ist die gemessene Ionisation proportional der Energie des einfallenden Teilchens. Solche ‚Hadron-Kalorimeter'[15] findet man man in allen Experimenten an Collidern. Sie sind deshalb besonders interessant, weil Quarks und Gluonen nicht als freie Teilchen erzeugt werden, sondern als nukleare Jets erscheinen. Solche Jets können mit einem Hadron-Kalorimeter direkt beobachtet und ihre Energie bestimmt werden.

Schließlich möchte man auch noch Daten über Neutrinos, die bei der Kollision erzeugt wurden, gewinnen. Um Neutrinos in Detektoren nachzuweisen, benötigt man wegen ihres äußerst geringen Streuquerschnittes viele hundert Tonnen von Absorbermaterial. Diese in der Umgebung der Kollisionszone eines Colliders unterzubringen ist praktisch unmöglich. Man kann sich nur dadurch etwas helfen, dass man von allen anderen Teilchen Impuls und Energie misst und dann unter Heranziehung von Impuls- und Energiesatz die Eigenschaften von nicht direkt beobachtbaren Teilchen berechnet. Dazu ist es erforderlich, dass der Detektor den gesamten Raumwinkel um den Kollisionspunkt so gut als möglich abdeckt, damit die Kinematik auch voll erfasst werden kann. Man spricht dann von einem ‚hermetischen' Detektor.

Auf weitere Detektortypen, wie z. B. Cherenkov-Zähler oder Übergangsstrahlungs-Detektoren, die vorwiegend zur Unterscheidung verschiedener Teilchenarten dienen, kann hier nicht eingegangen werden.

[15] Ein solches Hadron-Kalorimeter wurde vom Autor entwickelt und zum ersten Male in Experimenten zur Neutronenstreuung eingesetzt. Ich schlug die Bezeichnung ‚Sampling Total Absorption Counter' STAC vor, da dies der Wirkungsweise besser entspricht. Als Minister Riesenhuber, ursprünglich Chemiker, eines Tages CERN besuchte, erklärte ihm ein Mitarbeiter die Wirkungsweise eines Hadron-Kalorimeters. Am Ende bemerkte Herr Riesenhuber: ‚Ich sehe aber gar kein Thermometer!' Leider werden oft für Laien irreführende Bezeichnungen verwendet.

## 9.12 Große Detektoren und internationale Zusammenarbeit

Die optimalen Bedingungen für den Nachweis verschiedener Teilchen können nicht gleichzeitig erfüllt werden. Die Experimente unterscheiden sich daher dadurch, welche Kompromisse eingegangen wurden, um einem idealen Detektor möglichst nahe zu kommen und auf welche Sorte von Ereignissen besonderes Gewicht gelegt wurde. Obwohl natürlich alle Experimente versuchen, möglichst alle physikalischen Fragestellungen und auch unerwartete Ergebnisse abzudecken, gibt es keinen idealen Allzweckdetektor. Die Konstruktion mehrerer Detektoren für einen Collider ist daher gerechtfertigt, auch schon um die Ergebnisse eines einzelnen Experimentes zu überprüfen.

Die berechtige Frage stellt sich, warum nicht nur die Collider, sondern auch die Detektoren so groß sein müssen. Haben wir es mit einem Hang zum Gigantismus zu tun? Dies ist natürlich nicht der Fall. Wissenschaftler bevorzugen möglichst kleine Apparaturen, nicht nur aus Kostenersparnis, sonder wegen der effizienteren Arbeitsbedingungen. Was bestimmt nun die Größe von Detektoren? Das wichtigste Argument ist die Messung des Impulses von geladenen Teilchen, da die genaue Kenntnis der Impulse für die Rekonstruktion der Kinematik eines Ereignisses entscheidend ist. Die Impulse werden durch die Ablenkung in einem Magnetfeld gemessen, wobei die maximal erreichbaren Felder selbst bei Verwendung supraleitender Spulen bei einigen Tesla liegen. Will man eine Impulsgenauigkeit von besser als 1 % bei Impulsen von vielen GeV/$c$ erreichen, dann benötigt man Weglängen für die Ablenkung von mehr als 1 m selbst bei den besten erzielbaren Ortsmessungen für die Spuren. Die Größe eines solchen Magnetspektrometers nimmt offensichtlich linear mit den höchsten zu messenden Impulsen zu, d. h. aber mit der Maximalenergie des Colliders.

Anders verhält es sich bei den Kalorimetern. Die Längen sowohl der elektromagnetischen als auch der hadronischen Kaskaden nehmen nur etwa mit dem Logarithmus der Energie zu. Allerdings müssen Kristalle für elektromagnetische Kaskaden etwa 20 bis 30 cm tief sein, um ein brauchbares Auflösungsvermögen zu erzielen. Bei hadronischen Kaskaden betragen die Dicken der Kalorimeter bis zu etwa 1 m.

Um alle Aspekte eines Ereignisses zu erfassen, müssen mehrere dieser Detektoranordnungen kombiniert werden, wobei sie fast wie bei einer Zwiebel ineinander geschachtelt werden. Die Kunst beim Entwurf eines neuen Experimentes besteht darin, die Kombination verschiedener Detektortypen und ihre räumliche Anordnung so zu wählen, dass sie die Beobachtung bestimmter Ereignisse, die von der Theorie vorhergesagt werden, ermöglichen, gleichzeitig aber genügend vielseitig sind, dass sie unerwartete Ereignisse nicht übersehen. Abbildung 9.15 zeigt als Beispiel ATLAS am LHC, das größte bisher verwirklichte Experiment an einem Collider.

Nachdem durch die komplexen Triggersysteme bestimmte Ereignisarten ausgewählt wurden, werden die sehr umfangreichen Rohdaten auf Speichermedien geschrieben. Die Auswertung der Daten gleicht einer wahren Detektivarbeit. Aus den Spuren der Teilchen und sonstigen Daten muss darauf zurückgeschlossen werden, was bei einem bestimmten Ereignis wirklich passiert ist. Diese Aktivität soll aber an den Heimat-Universitäten oder -Instituten erfolgen, und zu diesem Zweck muss eine schnelle Verbindung zwischen den Datenbanken am Collider und den auswärtigen Nutzern geschaffen werden. Für die LEP-Experimente wurde dafür das World Wide Web WWW erfunden, das vor Kurzem seinen 20. Geburtstag feierte. Als es für den ‚Hausgebrauch' bei CERN entwickelt wurde, hatte niemand seinen ungeheuren Erfolg außerhalb der Teilchenphysik vorhergesehen. Für die inzwischen angefangenen LHC-Experimente, bei denen wegen der komplexeren Ereignisse eine noch größere Datenmenge beherrscht werden muss, wurde das GRID mit Unterstützung der Europäischen Kommission entwickelt. Die Experimente haben bereits eine große Zahl von erstaunlich sauberen Ereignissen geliefert und viele interessante Ergebnisse

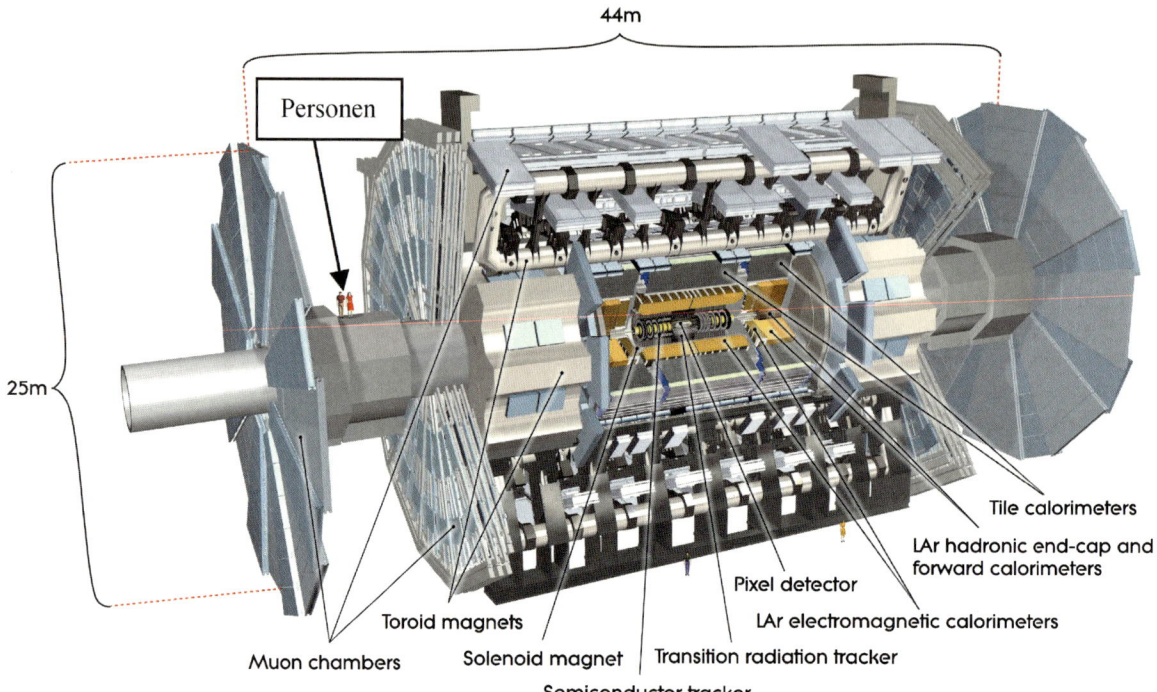

**Abb. 9.15** ATLAS-Detektor am LHC

wurden bereits erhalten. Sensationen, wie die Entdeckung des Higgs-Teilchens benötigen allerdings noch etwas Zeit.

Der Bau und Betrieb dieser Detektoren erfordert außerordentliche Bemühungen nicht nur in Bezug auf die Teilchenphysik, sondern es müssen Techniken erlernt werden, die dann auch außerhalb der Teilchenphysik von großem Nutzen sein können. Dazu gehört der Umgang mit Magneten, der Supraleitung, den verschiedenen erwähnten Detektortypen, die Simulation von Ereignissen mit sogenannten Monte-Carlo-Programmen, die Benutzung von Computern und Netzwerken, etc. An den Experimenten beteiligten sich bei LEP mehre Hundert Wissenschaftler, und bei den noch komplizierteren LHC-Experimenten stieg diese Zahl auf jeweils 1000 bis 2000 Physiker pro Experiment aus aller Welt. Dies ist ein Musterbeispiel für internationale Zusammenarbeit, bei der wissenschaftliche, organisatorische, finanzielle und nicht zuletzt auch menschliche Probleme gelöst werden müssen.

## 9.13 Teilchenphysik und Kosmologie

Es ist faszinierend, dass die bei der Erforschung des Mikrokosmos erhaltenen Resultate nicht nur für sein Verständnis, sondern auch für die neuesten Modelle des kosmologischen Geschehens von Bedeutung sind. Die Voraussetzung dafür besteht darin, dass im Kosmos überall dieselben Gesetze gelten wie auf der Erde, und in der Tat, alle Beobachtung im Weltraum haben keine Hinweise für eine Verletzung dieser Annahme geliefert. Es spricht alles dafür, dass wir aus ‚Sternenstaub' bestehen.

Es gibt eine Reihe von Fragestellung in der Teilchen- und Astrophysik, die eng miteinander verflochten sind. Die Neutrinophysik und insbesondere die Oszillationen zwischen verschiedenen Neutrinosorten, die ja an kosmischen Neutrinos entdeckt wurden, sind von großer Bedeutung sowohl für die Teilchen- wie für die Astrophysik, und Fortschritte stammen von Experimenten auf der Erde wie von astrophysikalischen Beobachtungen. Die Frage woraus die Dunkle Materie im Kosmos besteht, betrifft ganz unmittelbar die Teilchenphysik, da es sich z. B. um SUSY-Teilchen handeln könnte. Die Hoffnung besteht, dass die Experimente am LHC eine Antwort darauf finden. Ja selbst die geheimnisvolle Dunkle Energie könnte durch Überlegungen in der Teilchenphysik eine Aufklärung erhalten, da sie mit einem skalaren Feld, verwandt mit dem Higgs-Feld, verknüpft sein könnte.

Abgesehen von solchen konkreten Einzelfragen gibt es aber einen großen allgemeinen Zusammenhang. Die verschiedenen Stufen der Symmetriebrechungen in der Teilchenphysik lassen sich in ein Schema bringen, in eine „Hierarchie der Symmetrien", die sich in der zeitlichen Entwicklung des Kosmos wiederfindet. Dies rührt daher, dass die verschiedenen Symmetriebrechungen bei unterschiedlichen Energien (Temperaturen) erfolgen, und diese Stadien werden bei der Ausdehnung und Abkühlung des Kosmos nach dem Urknall durchlaufen. Bei sehr hohen Energien (hohen Temperaturen) herrscht die vollständigste Symmetrie, die alle Kräfte vereinigt. Bei abnehmender Energie wird durch eine erste Symmetriebrechung die Schwerkraft abgespalten, durch eine weitere Symmetriebrechung wird die Kernkraft abgetrennt und schließlich wird die Vereinigung von schwacher und elektromagnetischer Kraft aufgehoben. Dieses grandiose Szenario wurde bis auf Zeiten von Bruchteilen von Sekunden nach dem Urknall durch Experimente bestätigt. Durch immer leistungsfähigere Beschleuniger und Collider hat man sich im Laufe der letzten Jahrzehnte immer näher an den Urknall herangearbeitet. Die Energien, die bei Zusammenstößen in LEP und LHC erreicht werden, entsprechen den Temperaturen, wie sie etwa $10^{-10}$ s nach dem Urknall geherrscht haben, und man kann so die Materieeigenschaften zu diesen Zeiten untersuchen. Ob es je eine Theory of Everything geben wird, bei der alle vier Kräfte vereinigt sind, bleibt offen. In einem gewissen Erfolgsrausch verkünden einige Theoretiker, dass bald das Ende der Physik in Sicht sei, da mit einer solchen Theorie alle Fragen gelöst wären. Zu oft aber wurde schon das Ende der Physik vorausgesagt und die Natur erwies sich stets als einfallsreicher als unser Menschenverstand sich dies träumen ließ. Viele fundamentale Fragen sind offen, wie z. B. warum es drei räumliche und eine Zeitdimension gibt. Es gibt Theorien, die davon ausgehen, dass es mehr räumliche Dimensionen gibt, von denen einige ‚aufgewickelt' sind, so dass man sie nicht unmittelbar beobachtet. Und wir verstehen immer noch nicht das Wesen der Zeit mit Vergangenheit, Gegenwart und Zukunft? Der heilige Augustinus bekannte in seinen Konfessionen: „Was ist Zeit? Wenn mich niemand fragt, dann weiß ich es. Aber wenn ich es dem der fragt erklären soll, weiß ich es nicht." Wir befinden uns immer noch in diesem Zustand!

## 9.14 Physik, Philosophie und Religion

Neugier treibt uns dazu, die Natur, in die wir eingebettet sind, zu erforschen. Noch tiefer ist unser Bedürfnis, nach einem Sinn unseres Daseins zu suchen. Voraussetzung für einen Sinn aber ist es, dass in der Natur nicht Chaos, sondern Ordnung herrscht. Wir betrachten eine Ordnung dann als besonders sinnvoll, wenn sie auf Einheit zurückgeht. Dass wir eine solche Ordnung in der Natur mit unserem Intellekt erfassen können, muss wohl als eines der größten Wunder gelten. Gibt es eine ‚Weltformel'? Von einer endgültigen Theorie des Mikrokosmos sollte man auch Antworten auf Fragen, die über die engere Teilchenphysik hinausgehen, erwarten. Warum gibt es drei Raumdimensionen, weshalb hat die Zeit eine Richtung, einen Zeit-Pfeil? Gibt es eine kleinste Länge und eine kleinste Zeit, d. h. sind Raum und Zeit gequantelt?

Eine Frage, die über die eigentliche Physik hinausgeht, betrifft die Existenz von Naturgesetzen. Wieso gibt es überhaupt Naturgesetze, die sogar überall im Kosmos gelten? Als portugiesische Missionare nach China kamen und den Chinesen Naturgesetze beibringen wollten, wurden sie ausgelacht. Sie wurden gefragt, welche Autorität denn diese Gesetze erlassen habe und ihre Einhaltung durch Strafen überwache? Dies führt natürlich auf die Frage, was wir in den Naturwissenschaften als ‚wahr' anerkennen, ein Problem, das häufig in Debatten zwischen Natur- und Sozialwissenschaftlern auftaucht.

Während der letzten zwei Jahrhunderte hat sich die Physik, wie die anderen Naturwissenschaften, zu einer empirischen Wissenschaft entwickelt. Letzten Endes entscheidet das Experiment, ob eine theoretische Vorstellung richtig ist oder nicht. Spekulationen mögen manchmal helfen, ein neues Gebiet zu erschließen, aber die endgültige Entscheidung trifft das Experiment. Dies hat zur Folge, dass es in der Physik keine persönlichen Autoritäten gibt. Der jüngste, unerfahrenste Student kann einen Nobelpreisträger durch ein Experiment widerlegen. Die Ergebnisse von Experimenten müssen reproduzierbar sein, d. h. sie müssen an jedem Ort zu jeder Zeit wiederholbar sein. Daher entzieht sich ein Wunder, das definitionsgemäß nur einmal geschieht, jeder naturwissenschaftlichen Kritik.

Natürlich sind die zwischenmenschlichen Beziehungen kompliziert, und manchmal dauert es ein Weile, bevor sich eine neue Entwicklung durchsetzt. Dabei stellt das Falsifizieren von Theorien eine wichtige Methode im Fortschritt der Naturwissenschaften dar. Eine Theorie wird dann als richtig akzeptiert, wenn sie ausnahmslos alle Beobachtungen erklären kann und darüber hinaus Voraussagen über weitere Experimente macht, die eine Überprüfung ermöglichen. Gibt es mehrere Theorien, die diese Bedingungen erfüllen, dann wird diejenige bevorzugt, die von einfacheren Axiomen ausgeht.

Dieser Wahrheitsbegriff in der Physik unterscheidet sich fundamental von demjenigen in den Religionen. Diese gehen von Erleuchtungen aus, die sich jeder Überprüfung durch naturwissenschaftliche Methoden entziehen. Als Papst Johannes Paul II im Jahr 1983 CERN besuchte, hatte ich Gelegenheit, diese Unterschiede im Wahrheitsbegriff mit ihm zu diskutieren. Auf meine Frage, was zu tun sei, wenn wir in der Physik etwas finden, was der Religion widerspricht, antwortete er mit einem Zitat von Galileo Galilei: Gott hat zwei Bücher geschrieben, die Natur und die heilige Schrift, und da kann es keinen Widerspruch geben. Wir waren uns einig, dass die verschiedenen Wahrheitsbegriffe zwei unterschiedliche Zugänge zur Wirklichkeit ermöglichen, die manchmal zu scheinbaren Widersprüchen führen. Sie können mit verschiedenen Projektionen eines Gegenstandes verglichen werde. Der senkrechte Schattenwurf eines Tellers ergibt einen Kreis, während ein horizontaler etwa zu einer Linie führt. Erst beide Projektionen zusammen lassen uns die Wirklichkeit erahnen. Als ich einige Zeit danach ähnliche Diskussionen mit dem Dalai Lama führte, kamen wir zum gleichen Ergebnis. Als ich darüber mein Erstaunen ausdrückte, erklärte er mir, dass er sich mit dem Papst öfter beim Dinner träfe und dabei hätten sie sich geeinigt.

Eine ähnliche prinzipielle Übereinstimmung konnte ich auch bei Diskusionen mit islamischen Gelehrten feststellen. Allerdings ergab sich hier ein neues Problem. Der Islam hat anscheinend große Schwierigkeiten, die Darwin'sche Evolutionslehre zu akzeptieren, mit dem Argument, dass Gott den Menschen geschaffen hat und er nicht durch einen Zufallsprozess entstanden sein kann. Tritt hier der berühmte Ausspruch ‚Gott würfelt nicht' in neuer Gestalt auf?

So stellt sich die Frage: Ist es Zufall, dass es in unserem Universum Leben gibt? Um diese Frage systematisch zu beantworten, wird sie gelegentlich als Prinzip formuliert und die daraus sich ergebenden Folgerungen mit der Realität verglichen. Die (schwache) Formulierung dieses ‚anthropischen Prinzips' lautet: ‚*Weil es in diesem Universum Beobachter gibt, muss es Eigenschaften besitzen, die die Existenz dieser Beobachter zulassen*'. Dieses Prinzip (und eine noch stärkere Formulierung) wurden auf die klassische Physik, die Quantenmechanik, die Teilchenphysik und auf die kosmische Entwicklung angewendet und daraus Schlüsse gezogen, die sich aus der Physik selbst nicht ergeben. So ergeben sich Bedingungen für die Stabilität der Materie oder die zeitliche Entwicklung des Kosmos.

In allen physikalischen Theorien treten gewisse Konstanten auf, deren Zahlenwerte nur dem Experiment entnommen werden können und die nicht aus der Theorie folgen. Es wurde in einem früheren Kapitel erklärt, dass das Standardmodell der Teilchenphysik noch keine endgültige Theorie sein kann, weil dort noch zu viele solche Konstanten auftreten. Zu ihnen gehören die Kopplungskonstanten für die vier Kräfte. Fordert man, dass die Atome und Moleküle, also die Materie, stabil sein sollen, dann ergibt sich ein relativ kleiner Spielraum für die Werte dieser Konstanten. Selbst geringfügige Änderungen würden dazu führen, dass der Kosmos und damit das menschliche Leben nicht existieren könnten. Die Notwendigkeit des anthropischen Prinzips für das Verständnis der Naturerscheinungen wurde vielfach diskutiert, ohne dass eine endgültige Antwort gefunden wurde. Dies bestätigt, dass die Naturwissenschaften nicht alle letzte Fragen beantworten können – es bleibt ein metaphysischer Bereich voller Geheimnisse und Wunder.

In diesem Zusammenhang sei auf ein Missverständnis hingewiesen, das durch die Art und Weise wie die Physik und ihr wichtigstes Werkzeug, die Mathematik, in der Schule gelehrt werden, erzeugt oder zumindest verstärkt wird. Es wird oft der Eindruck erweckt, dass die Erforschung der Natur ein mehr oder weniger automatischer Prozess sei, etwa dem Wegziehen eines Vorhangs vor einem fertigen Bild vergleichbar. Dieser Vergleich stimmt jedoch keineswegs. Ich behaupte, dass die Erforschung der unbelebten Natur und ihrer Gesetze nie zu einem Ende kommen wird. Dafür sprechen nicht nur viele historische Anekdoten, in denen berichtet wird wie große Physiker behaupteten, dass nach ihrem Werk die Physik nun am Ende sei. Durch neue Beobachtungsmethoden und die Bildung neuer Begriffe konnten immer wieder völlig neue Bereiche der Natur erschlossen werden. Insbesondere die Definition neuer Begriffe gehört zu den kreativsten menschlichen Tätigkeiten. Erst dadurch ist die Formulierung neuer Naturgesetze möglich. Es sei zum Beispiel nur an die Entdeckung des Erhaltungssatzes der Energie erinnert. Zunächst herrschte eine ziemliche Verwirrung der Begriffe Kraft und Energie. Erst als diese Begriffe klar definiert waren konnte der Energiesatz formuliert werden.

Zugegebenermaßen ist der Zugang zur Physik mühsamer als zu manchen anderen kulturellen Tätigkeiten, da zunächst das ‚Handwerk', die Grundlagen, sauber erlernt werden müssen. Man kann nicht in die aufregenden Fragestellungen der modernen Physik und Kosmologie einsteigen, ohne die klassische Physik voll verstanden zu haben. Der Lohn für die Mühe ist aber nachher um so größer! Um eine Beethoven-Symphonie zu genießen braucht es eine schwierigere Vorbereitung als für einen Strauß-Walzer.

## 9.15 Die Physik von heute, die Technik von morgen

Die Erforschung der Natur ist ein integraler Teil der menschlichen Kultur, obwohl die Unterscheidung von ‚zwei Kulturen' noch immer nicht überwunden ist. Unsere heutige Sicht der Welt, unser ‚Weltbild', basiert zum Teil unbewusst auf den Ergebnissen der Naturforschung und vor allem auch auf denen der Physik. Auf der anderen Seite hat die Physik unverzichtbare Grundlagen für die moderne Technik geliefert. Ohne sie gäbe es nicht den heutigen Wohlstand und sozialen Fortschritt der Gesellschaft, sondern der größte Teil der Bevölkerung würde die meiste Zeit damit verbringen, das Nötigste für Nahrung und Schutz zu erzeugen, und eine Teilnahme an Kultur und öffentlichem Leben wäre wie in alten Zeiten auf eine dünne Gesellschaftsschicht begrenzt.

Insofern ist die manchmal so hitzig geführte Diskussion über die Priorität zwischen Grundlagen- und angewandter Forschung, bzw. technischer Entwicklung schwer zu verstehen. Allerdings ist sie keineswegs neu. Schon vor etwa 200 Jahren schrieb der Göttinger Physiker und Philosoph Georg Christoph Lichtenberg in sein Sudelbuch: „Ein untrügliches Mittel wider das Zahnweh zu erfinden, wodurch es in einem Augenblick gehoben würde, möchte wohl soviel wert sein und mehr, als noch einen Planeten zu entdecken... (Aber) Ich weiß den diesjährigen Calender mit keinem wichtigeren Gegenstand zu eröffnen, als mit einer Nachricht von dem neuen Planeten". Es handelte sich um die Entdeckung des Uranus, der vor einigen Jahren mit Hilfe der Voyager-Sonde genauer untersucht wurde. Raumsonden oder lieber Mittel gegen Zahnweh? Große Beschleuniger für die Kern- und Elementarteilchenphysik, wenn uns dringende Probleme, wie etwa Umweltgefahren, auf den Nägeln brennen? Können wir uns „zwecklose" Grundlagenforschung leisten, oder sollten wir uns ganz auf angewandte Forschung, auf Technologie-Transfer und neue Techniken konzentrieren, um unsere Wettbewerbsfähigkeit zu verbessern? Das Konträre der beiden Haltungen wird gekennzeichnet durch die beiden Aussagen „Grundlagenforschung heißt, man weiß nicht was man tut" und das Postulat von C. F. von Weizsäcker „Grundlagenforschung ist genau deshalb der Ursprung unabsehbar vieler Anwendungen, weil ihr ursprüngliches Ziel nicht die Anwendung ist". Die Entdeckung neuer Phänomene führt bei den Anwendungen zu unerwarteten und nicht planbaren Technologien, zu technischen ‚Quantensprüngen'. Die historische Entwicklung von ‚nutzloser' Erkenntnis der Grundlagenforschung zu neuen Technologien soll mit Hilfe der folgenden Pyramide (Abb. 9.16) gezeigt werden.

In der Abbildung ist dargestellt, wie die Grundlagenforschung im Laufe der Zeit stets die Basis für die Technik von Morgen geliefert hat. Sie begann damit, Objekte von menschlichen Dimensionen zu erforschen, drang dann aber einerseits in den Kosmos und andererseits in den Mikrokosmos vor. So wurde die Basis der Pyramide ständig erweitert, wobei sich darauf aufbauend (nach oben in der Abbildung) neue Technologien entwickelten. Die klassische Physik lieferte die Grundlage für

9 Elementarteilchen – oder woraus bestehen wir?

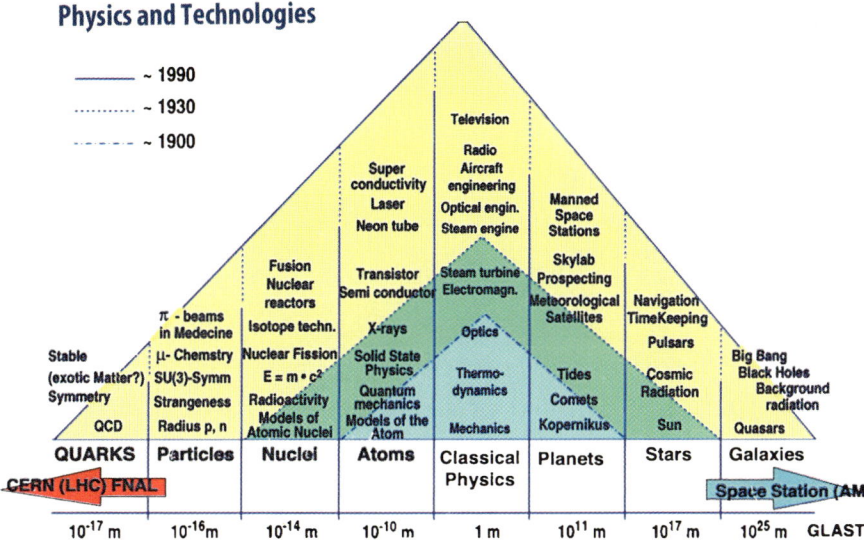

**Abb. 9.16** Die zeitliche Entwicklung von Anwendungen auf der Basis von Grundlagenerkenntnissen

die Dampfmaschine, Elektrotechnik, Radio, Fernsehen, Eisenbahn und Flugzeug. Die Atomphysik und Quantenmechanik waren die Voraussetzung für neue Materialien, Halbleiter, Transistoren, Neonlampen, Laser und die gesamt Computer- und Nachrichtentechnik. Die Welt des Atomkerns lieferte neue, vermutlich in der Zukunft unentbehrliche Energiequellen mit der Kernspaltung und eines Tages mit der Fusion. Aus der Kernphysik wuchs aber auch die Isotopentechnik heraus mit ihren vielfältigen Anwendungen in der Medizin und der zerstörungsfreien Materialprüfung. Selbst aus der manchmal für ‚nutzlos' gehaltenen Teilchenphysik ergaben sich schon viele Anwendungen. Die Verwendung der Antimaterie in Form von Positronen findet in der Elektron-Positron-Diagnostik in der Medizin und Technik manche Anwendungen. Beschleuniger, die zunächst für die Teilchenphysik entwickelt wurden finden heute Verwendung als Synchrotronstrahlungsquellen oder für die Therapie mit Hadronen. In ähnlicher Weise entstanden (rechte Hälfte der Pyramide) aus der Astronomie und Astrophysik Anwendungen wie die genaue Zeitmessung, die Ortsbestimmung auf der Erde, die mannigfaltigen Satellitenbeobachtungen und das GPS-Navigationssystem. Es gibt keinen Grund anzunehmen, dass die Pyramide nicht auch in Zukunft wachsen wird.

Die von Neugier getriebene Grundlagenforschung findet sich stets in den beiden äußersten Ecken der Pyramidenbasis und erscheint daher zunächst weit von unserem Alltag entfernt. Erst nach einiger Zeit, und dies mag manchmal Jahrzehnte dauern, wachsen Anwendung daraus hervor, mit denen dann die Öffentlichkeit in breitem Maße bekannt wird. Zunächst esoterisch erscheinende Ergebnisse werden nun vertraute Erscheinungen im täglichen Leben, sie können in den Schulen gelehrt werden und werden begreifbar.

# 10 Bundesweite Förderung der Physik in Deutschland

Hermann Schunck

Ein effizientes Forschungssystem ist heute eine unverzichtbare Voraussetzung für die wirtschaftliche, gesellschaftliche und kulturelle Entwicklung unseres Landes. Derzeit erleben wir weltweit die Transformation klassischer Industriegesellschaften zu Wissensgesellschaften. Die Erneuerung und Verbreiterung der Wissensbasis unserer Gesellschaft und ihre sinnvolle Nutzung sind ohne kontinuierliche Forschung und Entwicklung nicht denkbar, von der Grundlagenforschung bis zur Anwendung in Industrie und Dienstleistung. Dies begründet gesamtstaatliche Aktivitäten im Bereich der Förderung von Forschung und die Schaffung von Rahmenbedingungen für den Innovationsprozess. Zudem stehen Europa und auch Deutschland im Wettbewerb mit den USA und den sich rasch entwickelnden Staaten Asiens, insbesondere des Fernen Ostens. Die Länder der Europäischen Union hatten in Barcelona 2002 beschlossen, bis 2010 ihren Anteil der Forschungs- und Entwicklungsausgaben am Bruttoinlandprodukt (F- und E-Intensität) auf 3 % zu erhöhen und damit den Anschluss an die Konkurrenten wieder herzustellen.

Die Bundesrepublik Deutschland hatte in den 80er Jahren einen Spitzenplatz der F- und E-Intensität gemeinsam mit den USA und Japan. Die finanziellen Folgen der deutschen Vereinigung führten jedoch zu einer Verschlechterung der deutschen Position bei den Forschungsausgaben. Vor allem die skandinavischen Länder Schweden und Finnland, aber auch Japan, Korea, die Schweiz und die USA haben Deutschland überholt und einen internationalen Spitzenplatz errungen (vgl. Abb. 10.1). Weitere Länder in Asien wie Taiwan, Singapur, und neuerlich vor allem China und Indien machen beeindruckende Fortschritte. Damit Deutschland wieder zur Spitzengruppe aufrückt, ist eine deutliche Erhöhung sowohl der staatlichen als auch der privaten Forschungsausgaben notwendig. Allerdings stagniert die F- und E-Intensität 2006 bis 2008 bei 2,6 %. Das Ziel, die Forschungsausgaben in Deutschland auf 3 % des Bruttoinlandproduktes zu steigern, wird vor 2015 kaum erreichbar sein.

Hermann Schunck (✉)
Heinrich-Heine-Straße 17, 53225 Bonn
E-mail: hermann.schunck@web.de

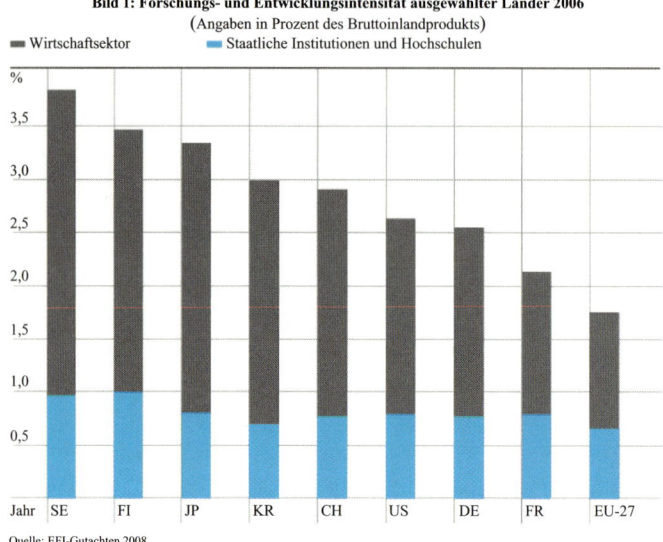

**Abb. 10.1** Forschungs- und Entwicklungsintensität ausgewählter Länder 2006

## 10.1 Physik in Deutschland

### 10.1.1 Physik – ein Fach mit großen Chancen

Physik ist eine exemplarische Wissenschaft; sie wird auch in den kommenden Jahrzehnten die wichtigsten Basisinnovationen für neue Produkte und Dienstleistungen liefern – trotz der unbestreitbaren Fortschritte und teilweise spektakulären Erfolge der Lebenswissenschaften. Die physikalische Forschung in Deutschland hat nach wie vor einen hervorragend Stand. Das wird unterstrichen durch die Vergabe des Nobelpreises in der Physik an 10 deutsche Wissenschaftler seit 1985, zuletzt an Theodor W. Hänsch (2005) und Peter Grünberg (2007) – auch der ebenfalls 2007 an Gerhard Ertl verliehene Nobelpreis für Chemie darf hier erwähnt werden. Man darf aber nicht übersehen, dass einige der deutschen Preisträger dauerhaft in den USA leben und dort wissenschaftlich arbeiten.

Die Beschäftigung mit Physik ist also eine aktuelle Herausforderung. Wer an einer Hochschule in Deutschland Physik studiert, wird allerdings ein wenig Selbstdisziplin aufbringen müssen. Der Einstieg in das Studium, vor allem auch die notwendige Beherrschung mathematischer Fertigkeiten, ist für die meisten Studenten mühsam. Aber die intellektuelle Befriedigung ist entsprechend hoch, wenn man zum ersten Mal den Gehalt der Maxwell-Gleichungen verstanden hat oder den Sinn der Transformationsgleichungen der Speziellen Relativitätstheorie. Und wer auf Symmetrie als durchgängiges physikalisches Grundprinzip stößt, ahnt etwas von dem ästhetischen Rausch, dem Physiker gelegentlich erliegen. Für die Lebensplanung eines jungen Menschen ist es sicher beruhigend zu erfahren, dass das Studium der Physik nicht nur anspruchsvoll und intellektuell befriedigend ist, sondern dass ein Staatsexamen, Diplom oder demnächst Master in Physik eine sehr gute Grundlage für ein erfolgreiches Berufsleben ist.

Wissenschaftler, die aus dem Ausland zurückkehren, bestätigen immer wieder, dass die Physikausbildung in Deutschland keinen Vergleich zu scheuen braucht. Das ist doppelt erfreulich, einmal natürlich für den Wissenschafts- und Technologiestandort Deutschland, und dann auch für die jungen Wissenschaftler, die sich in einer internationalen Disziplin, die die Physik immer war und ist, im Wettbewerb entwickeln und bewähren wollen. Vor allem ist die Feststellung der Wettbewerbsfähigkeit der Physikausbildung ein großes Kompliment an die deutschen Hochschulen und die an ihnen lehrenden Wissenschaftler, die mit ihrem Engagement nicht nur in der Forschung, sondern auch in der Lehre und Ausbildung dieses Ergebnis erzielen – trotz der erheblichen Defizite und objektiven Wettbewerbsnachteile, die deutsche Hochschulen im Vergleich mit den besseren Hochschulen etwa in den USA, dem Vereinigten Königreich oder auch der Schweiz leider immer noch ertragen müssen.

Nicht nur Ingenieure und Informatiker, sondern auch gute Physiker werden immer wieder händeringend gesucht. Der Fehlbestand an Ingenieuren und Naturwissenschaftlern kann leicht zu einer ernsthaften Schranke unserer wirtschaftlichen Entwicklung werden – eigentlich eine nicht hinnehmbare Erkenntnis für ein Land, das im internationalen Wettbewerb wenig mehr als seine ideenreichen Wissenschaftler und seine gut ausgebildeten und motivierten Arbeitnehmer einbringen kann. Aber für junge Menschen bedeutet dies, dass eine Ausbildung in den Naturwissenschaften und natürlich gerade auch in der Physik eine hervorragende Investition in die eigene Zukunft darstellt. Es gibt zwar – anders als in der Chemie – keine „Physikalische Industrie". Rund 80.000 Arbeitsplätze von Physikern sind breit über eine ganze Reihe von Branchen in Industrie und Dienstleistung, sowie in Forschungseinrichtungen und Hochschulen gestreut, was den Arbeitsmarkt aber insgesamt flexibler gestaltet als den der gerade genannten Chemie. Die Arbeitslosenrate von Physikern betrug 2008 weniger als 2 % – Arbeitsmarktexperten nennen das praktisch Vollbeschäftigung; auch ein Hinweis auf die guten beruflichen Chancen von Physikern.

### 10.1.2 Eine komplexe Landschaft der Förderung der Physik

Physikalische Forschung findet in Deutschland an Hochschulen, in Forschungseinrichtungen außerhalb der Hochschulen und in der Industrie statt. Physikalische Forschung an den Universitäten Berlin und Göttingen und an den Instituten der Kaiser Wilhelm-Gesellschaft hatte vor dem Dritten Reich weltweit eine Spitzenstellung. Aber auch an anderen Universitäten wie etwa Heidelberg, Leipzig und München arbeiteten hervorragende Physiker. Industrieunternehmen wie *Siemens*, *Zeiss*, *Bosch* oder *auch Heraeus* behaupten seit ihrer Gründung im 19. Jahrhundert bis heute Spitzenplätze in physikalischer Forschung und Entwicklung. In Instituten der *Max-Plack-Gesellschaft* (MPG), in Forschungszentren der *Helmholtz-Gemeinschaft* (HGF) und auch der *Leibniz-Gemeinschaft* (WGL) wird eine vielfältige und leistungsstarke physikalische Forschung betrieben, ergänzt noch durch anwendungsorientierte Forschung und Entwicklung in Instituten der *Fraunhofer-Gesellschaft* (FhG).

Die (staatlichen) Hochschulen werden entsprechend der föderalen Struktur der Bundesrepublik allein von den Bundesländern finanziert, die genannten Forschungsorganisationen als Träger außeruniversitärer Forschung gemeinsam vom Bund und von den Ländern. Die Hochschulen könnten allerdings allein mit ihrer institutionellen Finanzierung durch die Bundesländer nur sehr eingeschränkt Forschung betreiben, besonders in einem Fach wie der Physik, das eine aufwändige Ausstattung mit Geräten benötigt. So wird die physikalische Forschung an den Hochschulen weitgehend erst durch Drittmittel möglich, die aus unterschiedlichen Quellen stammen: von privaten Stiftungen, aus Bundesmitteln, zusätzlichen Landesmitteln, mehr und mehr auch aus Programmen der Europäischen Union und schließlich der *Deutschen Forschungsgemeinschaft* (DFG), dem größten Drittmittelgeber der Hochschulen, die ebenfalls vom Bund und von den Ländern gemeinsam finanziert wird.

Wir haben es mit einer recht komplexen Landschaft der Förderung der Physik zu tun, sowohl bezüglich der Institutionen, an denen physikalische Forschung zu Hause ist, als auch bezüglich ihrer Finanzierungsquellen. Diese Landschaft ist nach dem Zweiten Weltkrieg schrittweise entstanden – weitgehend parallel zur Wiedererlangung eigener Staatlichkeit. Bereits 1948 wurde die *Max-Planck-Gesellschaft* neu und 1949 kurz nach Gründung der Bundesrepublik die *Deutsche Forschungsgemeinschaft* (wieder) gegründet. Der Bund übernahm erstmals 1955 mit dem *Bundesministerium für Atomfragen* Verantwortung in der Forschung, nachdem alliierte Vorbehalte gegenüber der Kernforschung aufgehoben waren. 1961 kam dann noch die Weltraumforschung hinzu, etwas später die Datenverarbeitung. So war das *Bundesministerium für Wissenschaftliche Forschung*, wie es ab 1962 hieß (heute das *Bundesministerium für Bildung und Forschung*), von Beginn an auf Großtechnik ausgerichtet, wovon es sich nur sehr zögerlich hat lösen können. Der Bund hatte ab 1962 in breiterem Umfang auch Zuständigkeiten für Forschung und Entwicklung an sich gezogen, für die es im Grundgesetz ursprünglich keine klare Grundlage gab.

Bis in die späten 60er Jahre war staatliche Förderung der Physik dadurch bestimmt, den durch die Nazizeit und den Krieg entstandenen Wissensrückstand wettzumachen und die allgemeine, damals in Europa insgesamt empfundene technologische Lücke gegenüber den USA zu schließen. Vor allem die Kerntechnik beflügelte die öffentliche Phantasie und wurde von allen politischen Lagern als Heilsbringer begrüßt. So entstanden noch in den 50er Jahren einige der Großforschungseinrichtungen, die heute unter dem Dach der Helmholtz-Gemeinschaft zusammengefasst sind: bereits 1956 das (heutige) *Forschungszentrum Karlsruhe* (FZK, ab 2009 vereinigt mit der Universität als *Karlsruher Institut für Technologie*, KIT) und das (heutige) *Forschungszentrum Jülich* (FZJ) als Reaktorstationen bzw. Kernforschungsanlagen sowie das *GKSS-Forschungszentrum Geesthacht* als Projektverantwortlicher für den nuklear getriebenen Frachter *Otto Hahn*. 1957 wurde der erste *Münchener Forschungsreaktor*, das sog. Garchinger Atomei, in Betrieb genommen. Erkennbar wirkten bei diesen Gründungen die während des Krieges in den USA entstandenen Großforschungsanlagen als Vorbild. Auch das *Deutsche Elektronen-Synchrotron* (DESY) in Hamburg, ursprünglich allein auf Kern- und Teilchenphysik ausgerichtet, heute ein weltweit führendes Forschungszentrum mit einem breiten Themenspektrum, wurde bereits 1959 gegründet. Das *Max-Planck-Institut für Kernphysik* in Heidelberg, das lange Zeit eine herausgehobene Stellung in der Kernphysik einnahm, wurde 1958 gegründet.

Eine Sonderstellung nimmt die bereits 1887 von Hermann von Helmholtz gegründete *Physikalisch-Technische Bundesanstalt (PTB)* in Braunschweig und Berlin ein, die als Bundesoberbehörde gesetzliche Aufgaben wahrnimmt, vor allem im Bereich der Bestimmung von Fundamental- und Naturkonstanten. Der Öffentlichkeit ist die PTB durch den Betrieb von Atomuhren und die Synchronisation von Uhren über Funk bekannt (s. hierzu den Beitrag von Ernst O. Göbel).

**Abb. 10.2** Das Garchinger Atomei

Quelle: FRM II, Technische Universität München

Die Entwicklung in der DDR verlief durchaus ähnlich. Von Beginn an war die *Akademie der Wissenschaften* (ADW) Träger außeruniversitärer Forschung. Bereits 1957 wurde in Rossendorf bei Dresden ein Forschungsreaktor in Betrieb genommen, ganz parallel zum Garchinger Atomei. In einigen physikalischen Instituten der ADW fand unter schwierigen Bedingungen Forschung von internationalem Rang statt, etwa im Bereich der Laserforschung. Nach der Vereinigung Deutschlands evaluierte eine Arbeitsgruppe des Wissenschaftsrates 1990/91 die physikalische Forschung der Akademie der Wissenschaften in der DDR und gab Empfehlungen für die Neuordnung der Forschung. Die nach Empfehlung des Wissenschaftsrates neu gegründeten Einrichtungen haben sich in der Zwischenzeit auf der Grundlage der in der DDR geleisteten Forschung zu international wettbewerbsfähigen Forschungszentren entwickelt, wie beispielsweise das *Max-Born-Institut* in Berlin-Adlershof, das *Astrophysikalische Institut Potsdam* oder auch das *Forschungszentrum Dresden-Rossendorf* – überwiegend unter dem Dach der Leibniz-Gemeinschaft.

### 10.1.3 Ein Exkurs: die Entwicklung der Kerntechnik und die Rolle der Physik

Für die Entwicklung der Physik ist die kerntechnische Priorität der Forschungspolitik der 50er und 60er Jahre in mehrfacher Weise von Bedeutung: die Physiker in Deutschland waren – wie auch in vielen anderen Ländern – weitgehend von den wissenschaftlichen Herausforderungen der sog. *Grundlagenkernforschung,* der Kern- und Teilchenphysik, fasziniert, die dann auch eine großzügige Förderung mit öffentlichen Mitteln erfuhr, in den staatlichen Forschungszentren wie auch an den Hochschulen.

Allerdings verlief die Entwicklung der Kerntechnik in der Bundesrepublik anders, als es die staatlichen Planer, beraten von der Deutschen Atomkommission, vorhergesehen hatten. Keine der vom Bund geförderten Reaktorlinien, sondern letztlich die von Siemens-KWU auf der Grundlage von US-Lizenzen entwickelten Druckwasserreaktoren setzten sich zur Stromerzeugung in Deutschland durch. Auch die beiden Hauptprojekte der sog. fortgeschrittenen Reaktorlinien, der Schnellbrutreaktor *SNR 300* und der Hochtemperaturreaktor *THTR 300*, scheiterten noch nach ihrer Fertigstellung (SNR 300 1991) bzw. Inbetriebnahme (THTR 300 1989). Im Nachhinein ist erkennbar, dass beide Projekte technisch zu ehrgeizig waren und bei ihrer Fertigstellung auf ein dramatisch verändertes wirtschaftliches und politisches Umfeld trafen. Es war nur folgerichtig, dass schließlich auch der Bau einer Wiederaufarbeitungsanlage in Wackersdorf 1990 endgültig scheiterte. Siemens hat dann 2001 seine kerntechnischen Kapazitäten als Reaktion auf den Ausstiegsbeschluss der rot-grünen Bundesregierung als Minderheitenbeteiligung in ein französisches Unternehmen eingebracht. Lediglich die gemeinsame britisch-niederländisch-deutsche *URENCO* ist als Anbieter von Urananreicherungsarbeit erfolgreich am Weltmarkt tätig. So sind die kühnen Träume der 60er Jahre weitgehend und mit hohen Kosten gescheitert.

Die mit Kernforschung und Kerntechnik beschäftigten deutschen Forschungszentren hatten bereits in den 70er Jahren ihren Gründungsauftrag im Wesentlichen verloren. Es kam zu einer thematischen Diversifizierung der Forschungszentren, die ihren Abschluss erst mit Einführung der sog. *Programmorientierten Förderung* nach Gründung der *Helmholtz-Gemeinschaft* fand. Einzig das *Forschungszentrum Karlsruhe* hat auch heute noch nennenswerte nukleare Aktivitäten, speziell im Bereich der Reaktorsicherheitsforschung. Geblieben sind aber langwierige Aufgaben beim Rückbau kerntechnischer Anlagen in den Forschungszentren, insbesondere der *Wiederaufarbeitungsanlage Karlsruhe (WAK),* die noch lange den Forschungshaushalt erheblich belasten werden.

Eigentlich hätte eine breite Förderung der Grundlagenkernforschung bzw. der später aus ihr entstandenen Bereiche von der *Deutschen Forschungsgemeinschaft* (DFG) übernommen werden können. Tatsächlich gab es aber bereits in den späten 50er Jahren eine Absprache zwischen dem damaligen Atomministerium und der DFG, nach der diese Förderung der Physik vom Forschungsministerium übernommen wurde, eine Absprache, die mit gewissen Änderungen bis heute gültig ist. So war eine gezielte und großzügige Förderung von Universitäts- und auch Max-Planck-Gruppen in der Grundlagenkernforschung, der Kern- und Teilchenphysik, von Beginn an eine Kernaufgabe des Forschungsministeriums, in Abstimmung mit der DFG und mit Duldung der Bundesländer. Die finanzverfassungsrechtliche Grundlage dieser Förderung im engeren Sinne war eher unsicher, auch nach Aufnahme der Forschungsförderung als Gemeinschaftsaufgabe in das Grundgesetz durch die erste Große Koalition. Es entwickelte sich aber durch langjährige Übung eine ungeschriebene Kompetenz des Bundes für diese Förderung.

Der bereits in den 50er Jahren eingeschlagene gemeinsame Weg von Kerntechnik und Physik war zumindest in Bezug auf die physikalische Forschung eine Zeitlang sehr erfolgreich. In den 70er Jahren haben sich dann die Wege von Kerntechnik und Kernphysik wieder getrennt. War die Physik zunächst Trittbrettfahrer der in die Kerntechnik gesetzten Hoffnungen, so litt sie später eine Zeitlang unter der dann nicht mehr erwünschten Verbindung.

## 10.1.4 Vom unendlich Kleinen zum unendlich Großen

Andere Bereiche der Physik, vor allem die *Festkörperforschung*, konnten sich nur langsam aus einem Schattendasein befreien. Anfang der 70er Jahre des vorigen Jahrhunderts änderte sich dies, als die Bedeutung von Festkörperphysik für Schlüsseltechnologien wie die Mikroelektronik oder die Lasertechnik offenkundig wurde. Erstmals ging 1981 mit der Berliner Synchrotronstrahlungsquelle BESSY (heute Teil des Helmholtz-Zentrums für Materialien und Energie, Berlin) ein größeres Gerät allein für Festkörperphysik und prozesstechnische Anwendungen in der Mikroelektronik in Betrieb. Vorher war Synchrotronstrahlung nur durch „parasitäre" Nutzung von Speicherringen anwendbar, die der Teilchenphysik dienten – das Wort „parasitär" spricht Bände.

Die Abbn. 10.3 und 10.4 demonstrieren den weiten thematischen Bogen physikalischer Forschung vom „unendlich Kleinen" bis zum „unendlich Großen" über insgesamt 39 Größenordnungen hinweg – und natürlich auch zum „ganz Vielen", der Physik der Festkörper sowie schließlich auch dem Komplexen: nichtlinearen, chaotischen Phänomenen, die in allen Größenordnungen auftreten (s. hierzu den Beitrag von Siegfried Großmann).

Teilchenphysik stößt mit immer größeren Beschleunigern zu immer kleineren Teilchen vor – es ist offen, ob es eine grundsätzliche oder nur eine praktische Grenze bei diesem Vorstoß in ganz kleine Dimensionen gibt (s. hierzu den Beitrag von Herwig Schopper). In der Kosmologie und der Astrophysik ist das gesamte Universum und die es ausfüllenden Galaxien Gegenstand der Forschung. Und beide Bereiche,

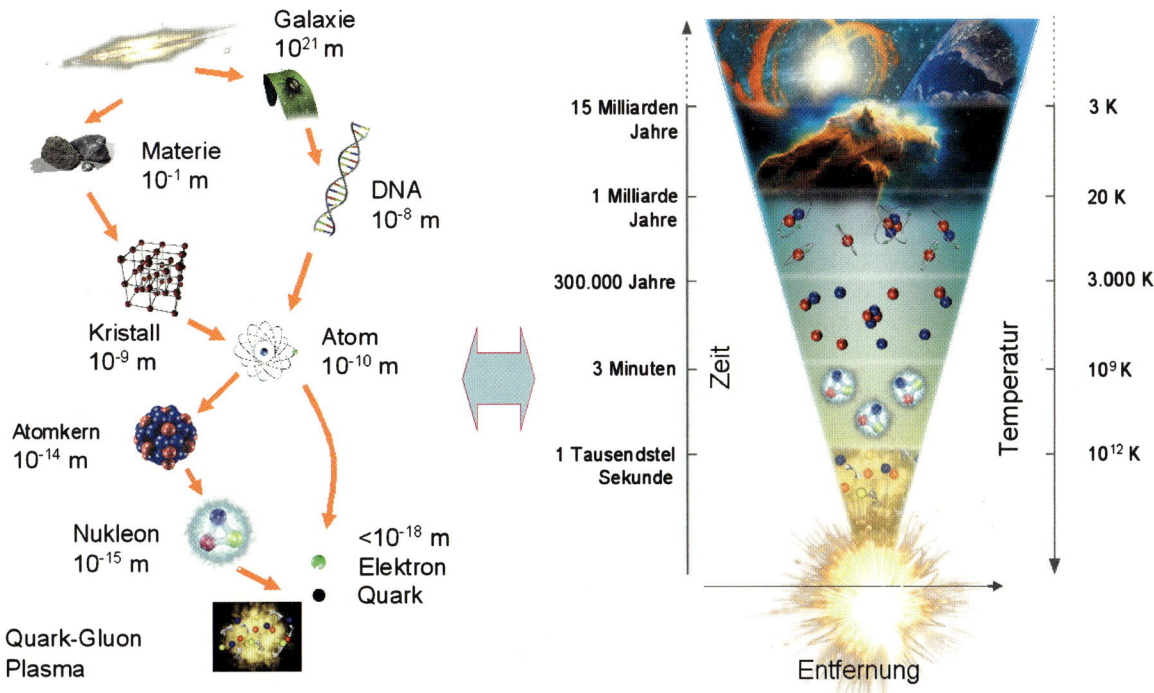

Quelle: Helmholtz-Gemeinschaft

**Abb. 10.3** Der hierarchische Aufbau der Materie spiegelt die Evolution des Universums

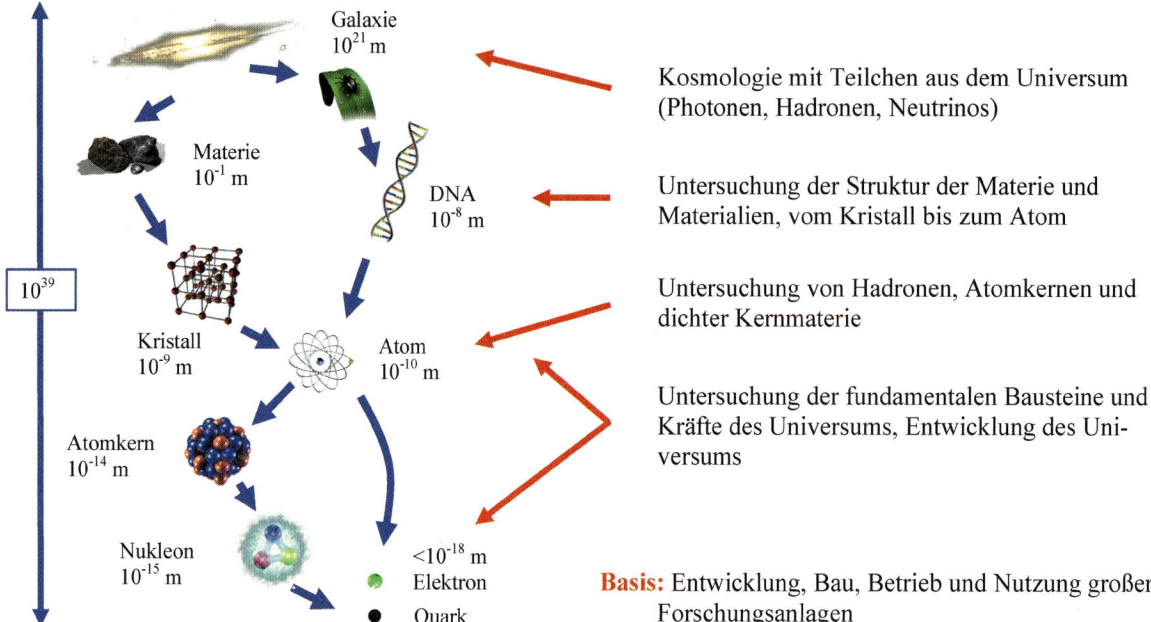

**Abb. 10.4** Schwerpunkte physikalischer Forschung

die Physik des Kleinen und die des Großen, berühren und ergänzen sich zumindest bei dem Versuch, die Anfänge des Universums unmittelbar nach dem Urknall und die dann folgende Entwicklung zu verstehen (s. hierzu die Beiträge von Günther Hasinger und Joachim E. Trümper).

Festkörper liegen mit ihren Dimensionen auf halber Strecke zwischen dem ganz Großen und dem ganz Kleinen, nicht all zu weit entfernt von den Größenordnungen, die für uns Menschen erfahrbar sind – Festkörper entsprechen unserer natürlichen Umgebung. Das mag ein Grund sein, warum die Physik der Festkörper bzw. der Kondensierten Materie zahlreiche Anwendungen gefunden hat, von Halbleitern zu Lasern und zu optoelektronischen Bauelementen, von Massendatenspeichern zu Mikrosensoren oder zu Oberflächen mit Lotuseffekt (s. zu einigen dieser Themen die Beiträge von Dieter Bimberg und Marius Grundmann sowie von Markus Schwoerer). Dieses große Anwendungspotenzial wird sich auch in den kommenden Jahrzehnten kaum ändern. Vielleicht erleben wir noch, dass die Hochtemperatur-Supraleitung keine physikalische Kuriosität bleibt, sondern tatsächlich eine breite Anwendung findet. Wenn wir in hoffentlich nicht zu ferner Zukunft einen guten Teil unseres Stromes photovoltaisch erzeugen, wird dies ein Erfolg der Festkörperforschung sein. Festkörperphysik ist im Übrigen auch die Grundlage moderner Materialwissenschaften, vor allem bei den Bemühungen, von der Struktur eines Materials auf ihre Eigenschaften zu schließen und entsprechend maßgeschneiderte Materialien zu entwickeln. Auch die Nanotechnologie mit breiten Anwendungen in Materialwissenschaften, Chemie und Biologie beruht auf einem festkörperphysikalischen Verständnis von Atomen, Molekülen und Clustern.

Festkörperphysik ist heute an den meisten Hochschulen gut repräsentiert, aber auch in Instituten der Max-Planck-Gesellschaft und der Helmholtz-Gemeinschaft.

Vor allem das *MPI für Festkörperforschung* in Stuttgart und das Departement *Institut für Festkörperforschung* des Forschungszentrums Jülich stehen für weltweit beachtete Festkörperforschung. Beide Institute sind Anfang der 70er Jahre des vorigen Jahrhunderts gegründet worden und zählen je einen Nobelpreisträger zu ihren Wissenschaftlern, Klaus von Klitzing in Stuttgart (1985 für den Quanten Hall Effekt) und Peter Grünberg in Jülich (2007 für den Riesenmagnetwiderstand).

## 10.2 Förderung der Physik in Deutschland

### 10.2.1 Eine Milliarde Euro für die Physik – Warum?

Jahr für Jahr werden in der Bundesrepublik Deutschland deutlich mehr als eine Milliarde Euro öffentlicher Mittel zur Förderung der Physik aufgewandt. Das ist eine außerordentlich hohe Summe, die immer wieder öffentlich gerechtfertigt werden sollte – eine Summe, auf die Vertreter anderer Disziplinen gelegentlich neidisch schauen. Immerhin vergibt beispielsweise die Deutsche Forschungsgemeinschaft für die Physik mehr Fördermittel als für die gesamten Geisteswissenschaften, aber doch deutlich weniger als etwa für die Biologie.

Natürlich kann und darf man physikalische Grundlagenforschung, die der Befriedigung menschlicher Neugier und der Vermehrung unseres Wissens dient, als Teil unserer Kultur ansehen. Es sind ja auch keine trivialen Fragen, denen Physiker nachgehen, wenn sie etwa versuchen, den Zustand des Universums unmittelbar nach dem Urknall zu verstehen. Fragen nach der Einbettung des Menschen in seine Umwelt beschäftigten die menschliche Phantasie von Urzeiten an, wie wir aus den ältesten überlieferten Mythen wissen. Manche Physiker sprechen von ihren großen Beschleunigern als den Kathedralen des 21. Jahrhunderts. Solche pseudo-religiösen Formulierungen schützen aber keineswegs vor ganz einfachen Fragen wie: "Warum finanzieren wir den Beschleuniger xy und nicht das Kunstmuseum z?" Oder: "Wie vergleiche ich den Wert einer physikalischen Arbeitsgruppe mit der Arbeit am Grimm'schen Wörterbuch?" Tatsächlich sind solche Vergleiche nicht wirklich möglich und werden in der Praxis der Vergabe von Fördermitteln auch nicht ernsthaft angestellt; sie lauern aber im Hintergrund allzu naiver Begründungen für ein neues physikalisches Projekt. Es taucht dann auch leicht die umgekehrte Frage auf: "welche Nachteile erleidet die Menschheit eigentlich, wenn sie die Existenz des Higgs-Teilchens zehn Jahre später erfährt, als Physiker träumen?"

Schon für den Vergleich mehrerer physikalischer Projekte miteinander gibt es kein einfaches Rezept, allenfalls Kriterienkataloge, wie sie etwa der Wissenschaftsrat bei seiner Begutachtung von Großgeräten aufgestellt hat. Dabei spielt immer die Frage nach der wissenschaftlichen Qualität und Originalität die wichtigste Rolle. Bei größeren Geräten wird man versuchen, das Entdeckungspotenzial des Gerätes abzuschätzen. Auch die Frage nach der Größe der wissenschaftlichen Gemeinschaft, die dieses Gerät nutzen wird, kann von Bedeutung sein. Wissenschaftsverwaltungen werden diese Fragen Gutachterausschüssen vorlegen, deren Urteil hohes Gewicht hat, aber nicht abschließend sein kann. Letzlich werden bei Förderentscheidungen politische Werturteile gefällt, bei größeren Projekten gelegentlich von einem Ausschuss des zuständigen Parlamentes. Ein wichtiger pragmatischer Indikator für die

Qualität eines größeren Projektes liefert oftmals auch die einfache Frage, ob ein bekannter Wissenschaftler mit seinem Namen für das Projekt einsteht und bereit ist, Jahre seines wissenschaftlichen Lebens mit dem Erfolg oder Misserfolg des Projektes zu verbinden.

Bei anwendungsnahen Entwicklungsprojekten spielt neben wissenschaftlicher Qualität und Originalität natürlich auch die Frage eine Rolle, welchen Beitrag das Projekt zum technischen oder wirtschaftlichen bzw. innovationspolitischen Ziel des zugehörigen Förderprogramms leisten wird. Sind dessen Ziele allzu vordergründig formuliert oder sind die Ergebnisse des Projekts grundsätzlich bereits vor Beginn bekannt, ist Misstrauen erlaubt. Forschung bedeutet immer auch Wagnis, enthält die Möglichkeit des Scheiterns. Sicher muss eine Forschungsverwaltung im Falle des Scheiterns eines Projektes dessen Gründen nachgehen; nicht nur um einen leichtfertigen Umgang mit öffentlichen Mitteln zu verhindern – sie kann für ihre eigene künftige Urteilsfähigkeit daraus lernen.

Etwa seit den 70er Jahren des vergangenen Jahrhunderts war nicht mehr die Furcht einer technologischen Lücke zu den USA Hauptmotiv der Förderung von Forschung. Unter dem Eindruck der ersten Erdölpreiskrise 1973 entwickelte sich in den meisten Industrieländern unter Federführung der OECD die Überzeugung, die Förderung von Forschung und Technologie sei ein wesentlicher Bestimmungsfaktor der wirtschaftlichen Entwicklung eines Landes und seines Platzes im internationalen Wettbewerb. Mit leicht unterschiedlichen ordnungspolitischen Schlussfolgerungen ist diese Überzeugung in Deutschland bis heute vorherrschend und hat zu einem differenzierten innovationspolitischen Instrumentarium geführt.

### 10.2.2 Großgeräte der naturwissenschaftlichen Grundlagenforschung

Physikalische Experimente sind heute vielfach außerordentlich kostspielig. Bis zum Zweiten Weltkrieg gab es in der Physik in der Regel Laborexperimente, die auf einem Tisch aufgebaut werden konnten, wie etwa die berühmte Versuchsanordnung, mit der Otto Hahn, Lise Meitner und Fritz Straßmann 1938 die Kernspaltung entdeckten. Auch die ersten funktionierenden Beschleunigermodelle hatten auf einem Tisch Platz. Lediglich in der Astronomie gab es schon länger Instrumente, die durchaus als Großgeräte gelten können, wie etwa der Große Refraktor auf dem Telegraphenberg in Potsdam.

Mit dem ersten Forschungsreaktor, dem Garchinger Atomei, beginnt dann in Deutschland die Ära der Großforschung. Auch die ersten Teilchenbeschleuniger wurden in den vergangenen Jahrzehnten auf Grund einer einfachen physikalischen Gesetzmäßigkeit rasch größer: will man immer kleinere Objekte in einem „Mikroskop" mit (Teilchen-)Strahlen beobachten und vermessen, benötigt man dazu Strahlen mit immer kleinerer Wellenlänge – und das bedeutet mit immer höheren Energien, die sich nur in immer längeren Beschleunigern erreichen lassen. Mit 27 km Umfang hat der Large Hadron Collider (LHC) am CERN in Genf wohl eine praktische Grenze erreicht. Auch um immer härteres Röntgenlicht zu erzeugen, wächst der Umfang der dazu benötigten Speicherringe; hatte die erste dedizierte Synchrotronstrahlungsquelle in Deutschland, BESSY I in Berlin, noch einen Umfang von 60 m, so beträgt der Umfang der Europäischen Synchrotronstrahlungsquelle ESRF

Quelle: Deutsches Museum München

**Abb. 10.5** Arbeitstisch von Otto Hahn

in Grenoble bereits 800 m und der von PETRA III bei DESY in Hamburg mehr als 2 km. Schließlich haben auch die Nachweisgeräte an den Beschleunigern mittlerweile kaum vorstellbare Größen erreicht: mehr als 2500 Wissenschaftler z. B. der ATLAS-Kollaboration am LHC bauen einen Detektor von mehr als zwölftausend Tonnen Gewicht auf.

**Abb. 10.6** Der LHC-Tunnel von CERN vor dem Genfer See

Es ist offensichtlich, dass einzelne Universitäten nur noch in seltenen Ausnahmefällen Bauherr oder Betreiber eines solchen Großgerätes sein können. Nationale oder internationale Großforschungseinrichtungen bieten dafür den geeigneten Rahmen. Auch die Finanzierung von Bau und Betrieb derartiger Geräte ist in der Regel nur als gesamtstaatliche oder gar als internationale Aufgabe möglich. Physikalische Forschung wird damit – jedenfalls in einigen Bereichen – zu Reisephysik. Auch die Finanzierung der auswärtigen Arbeiten an einem wissenschaftlichen Großgerät übersteigt die finanziellen Möglichkeiten einer Hochschule. Das Forschungsministerium (BMBF) hat in Fortentwicklung der Förderung der *Grundlagenkernforschung* für alle drei Aufgaben – Bau und Betrieb von Großgeräten sowie die Förderung der Nutzung der Geräte – eine Schlüsselrolle übernommen.

Das BMBF hatte die *Grundlagenkernforschung* ursprünglich als ein Vehikel der Kerntechnik gefördert; heute fördert es unter dem Dach der *Verbundforschung an Großgeräten* Wissenschaftlergruppen aus Hochschulen, die für ihre Arbeiten in der naturwissenschaftlichen Grundlagenforschung Großgeräte einsetzen, in der Regel für Grundlagenforschung. Die Verbundforschung konzentriert sich als Bundesförderung auf Großgeräte von überregionaler oder internationaler Bedeutung und auf Anlagen an internationalen Forschungseinrichtungen, an denen der Bund Miteigentümer ist. Ein wichtiges Kriterium ist außerdem, dass Nutzer aus verschiedenen Hochschulen an den Großgeräten kooperieren oder sich überregionale und internationale Verbünde bilden. Angesichts sowohl der Komplexität als auch der Kosten ist eine solche Kooperation notwendig, um im Wettbewerb um Mess- und Beobachtungszeiten bestehen zu können.

Der Bund fördert Hochschulgruppen in vier Bereichen:

- Elementarteilchenphysik (Struktur und Wechselwirkung fundamentaler Teilchen),
- Hadronen- und Kernphysik,
- Erforschung kondensierter Materie (mit Synchrotronstrahlung und Neutronen) sowie
- Astronomie und Astroteilchenphysik.

In Absprache mit der DFG liegt heute der Schwerpunkt der Förderung in der Verbundforschung in der Entwicklung neuer Methoden und neuer Instrumente an den Großgeräten. Hochschulen können neue Ideen realisieren, technische Entwicklungen betreiben und erhalten erhebliche Mittel für Investitionen zum Bau von Instrumenten und Detektoren, gerade auch wenn diese letztlich nicht an der eigenen Hochschule eingesetzt werden. Die Förderung erfolgt in enger Verbindung mit nationaler und internationaler Planung der Großgeräte und bietet Mitwirkung an strategischen Entwicklungen aus der Sicht der Nutzer. Insgesamt werden für die Förderung von Hochschulgruppen in den o. g. Bereichen vom Forschungsministerium 2009 wie auch 2008 etwa 65 Mio. € aufgewandt. Dazu kommen 2008 noch ca. 110 Mio. € für Investitionen in neue Großgeräte, 2009 sogar ca. 200 Mio €.

Das Forschungsministerium veröffentlicht in dreijährigem Rhythmus Ausschreibungen zu den vier o. g. Förderbereichen, zu denen es je einen Gutachterausschuss gibt. So ist eine vergleichende Begutachtung der Qualität der eingereichten Fördervorschläge möglich und bei größeren Projekten, an denen sich Gruppen aus mehreren Hochschulen beteiligen, auch eine sinnvolle Zusammenfügung der für die Projekte notwendigen Ressourcen. Die Auswahl der Projekte und des Umfangs der

Förderung stützt sich auf Empfehlungen von Gutachterausschüssen; die Förderung wird über selbständig handelnde Projektträger abgewickelt.

2007 schrieb das Forschungsministerium in Fortentwicklung der o. g. Kriterien ein neues Förderinstrument „BMBF-Forschungsschwerpunkt" aus, zunächst um die großen Detektoren am neuen CERN-Beschleuniger *Large Hadron Collider* (LHC) und um den neuen Freie Elektronen Laser *FLASH* bei DESY. Ziel ist „die Bildung von Forschungsnetzwerken, die Ausnutzung von Synergien, die Förderung hoher wissenschaftlicher Exzellenz und Stärkung internationaler Sichtbarkeit". 2008 wurde dies ergänzt durch eine „CERN-Nutzungsinitiative", die vor allem die personale Präsenz am CERN verstärken soll.

Während sich die ersten drei der o. g. Bereiche sich aus der Grundlagenkernforschung entwickelt haben, ist der Bereich „Astronomie und Astroteilchenphysik" (Astrophysik) unabhängig davon später entstanden. Er wurde in die Verbundforschung aufgenommen, nachdem eine *Denkschrift Astronomie* der DFG 1987 Schwachstellen in der Förderung der Astronomie und Astrophysik aufgezeigt hatte. Astrophysikalische Forschung ist traditionell an Hochschulen und in der Max-Planck-Gesellschaft zu Hause. Nachdem astrophysikalische Geräte – boden- oder weltraumbasiert – sich mehr und mehr zu echten Großgeräten entwickelten, war die Bildung eines entsprechenden Förderbereiches für die Hochschulforschung notwendig geworden. Weltraumbasierte Geräte werden im Übrigen aus dem nationalen Weltraumprogramm und aus dem Wissenschaftsprogramm der europäischen Weltraumagentur ESA finanziert. Eine neue *Denkschrift Astronomie* wies 2003 auf drohende Defizite bei der Finanzierung von Großgeräten wie einem neuen Röntgensatelliten und auch auf eine schmaler werdende personelle Basis vor allem an den Hochschulen hin. In den letzten Jahren sind gerade in der Astrophysik eine ganze Reihe grundlegender Fragen aufgeworfen worden, wie etwa nach der Natur der sog. Dunklen Materie. Ein Fadenriss der Forschungsmöglichkeiten wäre hier deshalb besonders bedauerlich.

Die Fachgemeinschaften („Communities") in den Förderbereichen des Forschungsministeriums haben sich in fünf Komitees organisiert:

- Komitee für Elementarteilchenphysik,
- Komitee für Hadronen- und Kernphysik,
- Komitee Forschung mit Synchrotronstrahlung,
- Komitee Forschung mit Neutronen und
- Komitee für Astroteilchenphysik.

In diesen Komitees mit ihren jeweils mehreren hundert Mitgliedern werden die wissenschaftlichen und fördertechnischen Probleme von allen Wissenschaftlern des Bereichs diskutiert, Empfehlungen und Denkschriften formuliert sowie Wünsche an die Geldgeber artikuliert. Sie bieten auch eine Plattform für einen engen Erfahrungsaustausch mit den Förderorganisationen und deren Gutachtern.

### 10.2.3 Helmholtz-Gemeinschaft

In den 90er Jahren des vergangenen Jahrhunderts haben sich die Großforschungseinrichtungen zu einem Verein, der *Helmholtz-Gemeinschaft Deutscher Forschungszentren* (HGF), zusammengeschlossen, eine Initiative des langjährigen Vorstandsvorsitzenden des Forschungszentrums Jülich und späteren Präsidenten der Internationalen

*Jacobs Universität Bremen*, Joachim Treusch. Die HGF ist die größte deutsche Forschungsorganisation mit einem Jahresetat von gut 2,8 Mrd. €. *„Sie vergibt"*, wie ihr Präsident Jürgen Mlynek stolz feststellt, *„basierend auf den Finanzempfehlungen international bestellter Gutachtergruppen, als einzige deutsche Forschungsorganisation ihre gesamten Forschungsmittel wettbewerblich."*

Die Einführung dieses Verfahrens, der *Programmorientierten Förderung* (POF), durch das BMBF 2003 unter Bundesministerin Edelgard Bulmahn kam einer Revolution gleich. Waren die Forschungseinrichtungen vorher gewohnt, ihre jährlichen Zuwendungen unmittelbar mit dem Forschungsministerium und dem jeweiligen Sitzland auszuhandeln, so müssen sich die Einrichtungen seither einem Wettbewerb und einer strengen vergleichenden strategischen Begutachtung stellen. Zwar hatte es auch vorher regelmäßige Begutachtungen gegeben, aber letztlich ohne eine unmittelbare Auswirkung auf die zur Verfügung stehenden Mittel. Das neue Verfahren führt zu einer Schärfung des Profils der Zentren; es belohnt im Übrigen die Kooperation sowohl der Helmholtz-Zentren untereinander als auch mit anderen Einrichtungen, vor allem mit Hochschulen. Es ist allerdings offen, ob sich aus der Gründung der Helmholtz-Gemeinschaft und der Einführung der Programmorientierten Förderung schrittweise wirklich eine neue Organisation mit einem einheitlichen Erscheinungsbild und auch einem geschlossenen Auftreten entwickelt.

Bau, Betrieb und Einsatz von Großgeräten ist eine der zentralen Aufgaben der Helmholtz-Gemeinschaft: Teilchenbeschleuniger, Synchrotronstrahlen- und Neutronenquellen werden für eine breite Nutzergemeinde aus dem In- und Ausland bereitgehalten, vor allem für Wissenschaftler aus deutschen Universitäten, die für die Nutzung der Großgeräte durch die Verbundforschung gefördert werden.

Die Helmholtz-Gemeinschaft hat sich in sechs Forschungsbereichen organisiert: *Energie, Erde und Umwelt, Gesundheit, Schlüsseltechnologien, Struktur der Materie sowie Verkehr und Weltraum*. Physik bildet mit dem Forschungsbereich *„Struktur der Materie"* einen Schwerpunkt der Arbeit der HGF. Darüber hinaus liefern Ergebnisse physikalischer Forschung wichtige Grundlagen für die Arbeit anderer Forschungsbereiche, vor allem der Forschungsbereiche *„Schlüsseltechnologien"* und *„Energie"*. Dies unterstreicht noch einmal die Schlüsselrolle, die die Physik im Forschungs- und Innovationssystem einnimmt.

Fünf Programme bilden gemeinsam den Forschungsbereich *„Struktur der Materie"*, nicht zufällig weitgehend identisch mit den o. g. Förderbereichen der Verbundforschung des Forschungsministeriums:

- Elementarteilchenphysik,
- Astroteilchenphysik,
- Physik der Hadronen und Kerne,
- Kondensierte Materie und
- Großgeräte für Forschung mit Photonen, Neutronen und Ionen.

Die Forschungsbereiche entwickeln über Zentrengrenzen hinweg Vorschläge für ihr künftiges Forschungsprogramm, das in fünfjährigem Rhythmus durch internationale Gutachtergruppen evaluiert wird. Die Evaluationsergebnisse der sechs Forschungsbereiche bilden dann die Grundlage für die Mittelzuweisungen an die Forschungszentren.

2007 betrugen die Kosten für die Programmorientierte Förderung (POF) der Helmholtz-Gemeinschaft insgesamt 2.433 Mio. €, davon 1.673 Mio. € für die Durchführung von Forschung und Entwicklung sowie 538 Mio. € für Infrastruktur

**Tabelle 10.1** Kosten der Helmholtz-Gemeinschaft 2007 (in Mio. €)

|  | DESY | FZJ | FZK | GKSS | GSI | HMI | restl. Zentren | Zentren insg. |
|---|---|---|---|---|---|---|---|---|
| **Kosten für F und E** | | | | | | | | |
| Struktur der Materie | 126 | 58 | 33 | 14 | 80 | 32 | 0 | 343 |
| Schlüsseltechnologie | 0 | 47 | 44 | 17 | 0 | 0 | 0 | 108 |
| übrige Bereiche | 0 | 108 | 123 | 23 | 3 | 19 | 946 | 1222 |
| **Summe F und E** | 126 | 213 | 200 | 54 | 83 | 51 | 946 | 1673 |
| **Infrastruktur** | 68 | 113 | 61 | 13 | 28 | 22 | 233 | 538 |
| **Sonderaufgaben** | 2 | 11 | 41 | 12 | 1 | 4 | 151 | 222 |
| **Summe insgesamt** | 196 | 337 | 302 | 79 | 112 | 77 | 1330 | 2433 |

Quelle: Helmholtz-Gemeinschaft

und 222 Mio. € für Sonderaufgaben (u. a. für nukleare Entsorgung). In Tabelle 10.1 findet sich die Aufteilung dieser Kosten für die Zentren, die an den Bereichen „Struktur der Materie" und auch „Schlüsseltechnologien" beteiligt sind.

Nimmt man beide Bereiche (Struktur der Materie und Schlüsseltechnologien) zusammen, so sind DESY und das *Forschungszentrum Jülich* die mit Abstand wichtigsten Forschungszentren für die Physik und ihre unmittelbaren Anwendungen in den Schlüsseltechnologien, gefolgt von der GSI (*Gesellschaft für Schwerionenforschung*, Darmstadt), dem *Forschungszentrum Karlsruhe* und schließlich dem HMI (*Hahn-Meitner-Institut*, ab 2009 vereinigt mit BESSY zum *Helmholtz-Zentrum Berlin für Materialien und Energie*). Diese Zentren sind im Übrigen auch Betreiber von Großgeräten, Forschungsreaktoren, Beschleunigern und Speicherringen, die der Forschung in Deutschland insgesamt zur Verfügung stehen.

Ein Beispiel für die Unterstützung der Hochschulforschung durch HGF-Zentren ist die 2007 gegründete Helmholtz-Allianz „Physics at Terascale", zu der sich die deutschen Hochschulinstitute der Hochenergiephysik mit DESY sowie dem Forschungszentrum Karlsruhe zusammengeschlossen haben. Mit zusätzlichem Geld des Forschungsministeriums wurden u. a. ein nationales Analysezentrum und ein Detektorlabor eingerichtet.

### 10.2.4 Deutsche Forschungsgemeinschaft

„*Die DFG dient der Wissenschaft in allen ihren Zweigen durch die finanzielle Unterstützung von Forschungsaufgaben und durch die Förderung der Zusammenarbeit unter den Forschern*" so wird das Ziel der Deutschen Forschungsgemeinschaft (DFG) in ihrer Satzung festgehalten. Forschung an den deutschen Hochschulen ist heute allein aus deren institutioneller Grundausstattung durch die Bundesländer kaum noch möglich: Die Hochschulen sind auf Drittmittel, vor allem der DFG, angewiesen. Für die Wahrnehmung ihrer Aufgaben in der normalen Forschungsförderung stehen der DFG 2009 rund 1,7 Mrd. € zur Verfügung; dazu kommen noch 490 Mio. € für Förderungen aus Sonderzuwendungen, u. a. für die von der DFG betreute Exzellenzinitiative.

Die Deutsche Forschungsgemeinschaft versteht sich als die zentrale Selbstverwaltungsorganisation der Wissenschaft in Deutschland; Mitglieder der DFG sind Hochschulen und Forschungsorganisationen. Die Mittelvergabe der DFG orientiert sich allein an der Qualität der Projektanträge. Die mit Förderempfehlungen befassten Gremien der DFG, die Fachkollegien, werden durch Urwahl aller Wissenschaftler in Deutschland gebildet. So ist sichergestellt, dass die Förderentscheidungen der DFG durch peer review, durch Begutachtung unabhängiger, gewählter Fachkollegen, vorbereitet werden. Die Unabhängigkeit der DFG in ihren Programm- und Förderentscheidungen wird von der Politik nicht nur respektiert, sondern als zentrales Element der deutschen Wissenschaftspolitik geschützt. International gilt die DFG mit ihrer Organisation, ihrer Unabhängigkeit und ihren Verfahren als vorbildlich. Nicht ohne Grund orientiert sich auch der im Aufbau befindliche *European Research Council* (ERC) an der DFG.

Die Mittel der DFG für die physikalische Forschung an Hochschulen sind in den letzten Jahren erfreulich gewachsen; sie betragen jetzt etwa 230 Mio. € (2008). Die DFG ist damit größter Drittmittelgeber der Physik, trotz der oben beschriebenen besonderen Rolle der BMBF-Förderung für den Bau, Betrieb und die Nutzung der Großgeräte. Die DFG fördert Physik über die gesamte Breite des Faches. Für die Bewertung der Anträge, die zunächst von zwei Einzelgutachtern begutachtet werden, sind fünf Fachkollegien eingerichtet:

- Physik der kondensierten Materie,
- Optik, Quantenoptik, Physik der Atome, Moleküle und Plasmen,
- Teilchen, Kerne und Felder,
- Statistische Physik und nichtlineare Dynamik und
- Astrophysik und Astronomie.

Größter Einzelbereich der DFG-Förderung in der Physik ist dabei die Physik der kondensierten Materie (Festkörperphysik).

Die DFG hat in den letzten Jahren nicht nur auf Grund wachsender Fördermittel für die Physik an Bedeutung gewonnen, sondern auch weil ihr differenziertes Förderinstrumentarium an die unterschiedlichen Situationen von Hochschulinstituten und Projekten angepasst ist. Bemerkenswert ist das relativ gut Abschneiden der Physik nicht nur im Normalverfahren, sondern auch in den sog. koordinierten und strukturbildenden Programmen der DFG. Hier zeigt sich, dass Physiker gewohnt sind, in größeren Strukturen zu kooperieren. Es gibt 2008 über 38 Sonderforschungsbereiche (SFB) und 25 Graduiertenkollegs in der Physik (von jeweils ca. 300 insgesamt). In diesen Graduiertenkollegs erhalten junge Physiker die Chance zu einer Promotion im Rahmen eines maßgeschneiderten Studienprogramms. Hervorzuheben ist, dass die DFG im Rahmen von Sonderforschungsbereichen auch Verantwortung für Betrieb und Nutzung von drei universitären Beschleunigersystemen übernommen hat: ELSA in Bonn, dem S-DALINAC in Darmstadt und MAMI in Mainz. Bei den bislang fünf sog. Forschungszentren ist die Physik mit „Funktionellen Nanostrukturen" (Karlsruhe) vertreten.

Die DFG hat 2007 – als ein Ergebnis der Neuaufteilung der Zuständigkeiten zwischen Bund und Ländern im Rahmen der Föderalismusreform – ein neues Programm „Forschungsgroßgeräte" aufgelegt, durch das Großgeräte von Hochschulen bis zu einer Anschaffungssumme von 5 Mio. € zur Hälfte gefördert werden können. Der Bund stellt hierfür 85 Mio. € zur Verfügung, die restliche Hälfte muss vom Sitzland der Hochschule aufgebracht werden.

Ein schönes Beispiel für die Flexibilität der Forschungsförderung in Deutschland und insbesondere auch der DFG ist der Aufbau und Betrieb des Gravitationswellendetektors GEO 600 des Max-Planck-Institutes für Gravitationsphysik

(Albert-Einstein-Institut) in Hannover – eines großen Laserinterferometers, das auch kleinste, von Gravitationswellen verursachte metrische Veränderungen des Raumes anzeigen soll. Gravitationswellen werden von der Allgemeinen Relativitätstheorie vorhergesagt; ein unmittelbarer Nachweis ist bislang nicht gelungen. Der Aufbau des Detektors unter Leitung von Karsten Danzmann gelang durch eine gemeinsame Anstrengung der Max-Planck-Gesellschaft, der Volkswagen-Stiftung, des Landes Niedersachsen, des Bundesforschungsministeriums und britischer Partner. Seit 2007 ist auch die DFG an dem Projekt beteiligt und unterstützt vor allem die Einbindung in einen breiten internationalen Verbund, der dieses letzte von Albert Einstein gestellte Rätsel lösen will.

Eine Initiative von Bundesforschungsministerin Edelgard Bulmahn führte 2005 zu der wichtigsten Innovation der Förderung von Hochschulen in Deutschland der letzten Jahrzehnte, der sog. *Exzellenzinitiative*, durch die Spitzenforschung an den Hochschulen gefördert und der Hochschul- und Wissenschaftsstandort Deutschland nachhaltig gestärkt werden soll. Für drei Förderlinien – Graduiertenschulen, Exzellenzcluster und Zukunftskonzepte – stehen bis 2012 1,9 Mrd. € von Bund und Ländern zusätzlich zur Verfügung. Anträge von Hochschulen (und mit ihnen gemeinsam auch außeruniversitären Einrichtungen) werden im Wettbewerb von einer von DFG und Wissenschaftsrat gemeinsam berufenen und international besetzten Kommission bewertet. Die ersten zwei Runden der Exzellenzinitiative haben 2006 und 2007 stattgefunden. Bei den Exzellenzclustern war die Physik in den ersten zwei Runden mit fünf Clustern erfolgreich, davon drei in München; dazu kamen noch drei zusätzlichen Graduiertenschulen. Bund und Länder haben 2009 die Exzellenzinitiative bis 2017 verlängert und dafür 1,7 Mrd. € Verfügung gestellt.

Auch Forschungszentren der Helmholtz-Gemeinschaft beteiligten sich zusammen mit umliegenden Hochschulen an dem Wettbewerb der Exzellenzinitiative. Entstanden sind daraus enge fachliche Partnerschaften für Forschung und Lehre wie zwischen dem Forschungszentrum Jülich und der RWTH Aachen als *Jülich-Aachen Research Alliance* und im Fall Karlsruhe sogar der Zusammenschluss von Forschungszentrum und Universität als *Karlsruhe Institut für Technologie* (KIT), das sich Hoffnungen machen darf, in Bereichen wie Energieforschung und den Nanowissenschaften internationale Spitzenplätze zu erreichen. Bei der neuen Programmorientierten Förderung der HGF wie bei der Exzellenz-Initiative spielen Wettbewerb eine herausragende Rolle. Zudem konnte die oft beklagte Versäulung des deutschen Forschungssystems erstmals aufgebrochen werden.

## 10.2.5 Nachwuchsförderung

Eine umfassende und praxisnahe Ausbildung von jungen Wissenschaftlern war bereits in der Aufholphase der 50er und 60er Jahre ein wesentliches Motiv der Förderung der Grundlagenkernforschung durch das Forschungsministerium. Dies war natürlich besonders wichtig in einer Zeit, als es nur wenig Fördermöglichkeiten für junge Wissenschaftler als Doktoranden oder Postdoktoranden gab. In der Verbundforschung an Großgeräten werden heute etwa 500 junge Wissenschaftler gefördert. Das sind etwas weniger als etwa in den achtziger Jahren. Doch es gibt heute eine Reihe neuerer Maßnahmen der Nachwuchsförderung wie etwa die Doktorandenprogramme und Graduiertenkollegs der DFG oder auch der Max-Planck-Gesellschaft, der Helmholtz-Gemeinschaft sowie der Leibniz-Gemeinschaft, die eine Promotion im Rahmen eines zugehörigen Fachprogramms ermöglichen, immer in Verbindung mit einer Hochschule, die über Promotionsrecht verfügt. Vor allem die DFG hat mit Unterstützung des Forschungsministeriums darüber hinaus ein breites Instrumentarium zur Förderung des wissenschaftlichen Nachwuchses auch nach der Promotion entwickelt. Schließlich bieten auch die Förderlinien der Exzellenzinitiative zugleich hervorragende Möglichkeiten zur Nachwuchsförderung.

Ein Beispiel zur Bedeutung der Forschungszentren und der von ihnen bereitgestellten Forschungsinfrastruktur für die Ausbildung insgesamt: auf dem Gelände von DESY in Hamburg befinden sich etwa 1000 junge Menschen in Ausbildung, vom Industriekaufmann bis zum Strukturbiologen. Aber wichtiger noch als die reinen Zahlen ist die Qualität der Ausbildung. So arbeiten in den Kollaborationen etwa des LHC von CERN vom Entwurf der Detektoren bis zur Datennahme und Auswertung über zwei Jahrzehnte jeweils mehrere tausend Wissenschaftler und Ingenieure zusammen. Wer als junger Wissenschafter daran teilnimmt und dabei wissenschaftliche Verantwortung für einen Teil des Detektors oder der Datennahme hat, lernt arbeitsteilig in internationalem Kontext zu arbeiten, sich dabei an enge Zeit- und Kostenrahmen zu halten; in der Regel wird er ganz nebenbei Experte auf ein oder zwei Technologiefeldern, wie etwa der Tiefsttemperatur- und Vakuumtechnik, der Supraleitung, der Magnettechnik, der Mikroelektronik oder der Informationsverarbeitung. Sollte dieser junge Wissenschaftler nicht in eine wissenschaftliche Laufbahn streben, ist ihm eine Anstellung in der Industrie oder auch im Dienstleistungsbereich sicher.

### 10.2.6 Physikförderung im internationalen Vergleich

Sowohl die Organisation der Förderung der Physik als auch die organisatorische Struktur der Forschung selbst ist in Deutschland recht komplex. Offenbar hat sich die kooperative Arbeitsteilung, die dieser Struktur zu Grunde liegt, bewährt. Jedenfalls spricht die gute internationale Stellung der Physik in Deutschland für diese Feststellung. Strukturell sind natürlich auch andere Arbeitsteilungen als in Deutschland vorstellbar. Deshalb mag ein Blick über die Landesgrenzen interessant sein, auch um auf diesem Wege Kriterien für eine sinnvolle Organisation von Forschung und ihrer Förderung aufstellen zu können.

In *Großbritannien* ist die Forschung wesentlich stärker auf die Universitäten konzentriert als in Deutschland. Ihre Förderung wird durch Research Councils durchgeführt; für Physik ist der *Engineering and Physical Sciences Research Council* (EPSRC) zuständig; Großgeräte werden vom *Science and Technology Facilities Council* (STFC) betreut, der auch die internationalen Beteiligungen wahrnimmt. In *Frankreich* wird die Förderung und Durchführung physikalischer Forschung, soweit sie nicht an Hochschulen stattfindet, über zwei große Organisationen kanalisiert: das *Commissariat à l'Energie Atomique* (CEA) und das *Centre Nationale de la Recherche Scientifique* (CNRS). In *Italien* wird die Förderung der Kern- und Teilchenphysik über das *Instituto Nazionale di Fisica Nucleare* (INFN) abgewickelt, das zugleich Träger von Forschungseinrichtungen ist. So gibt es schon in Europa recht unterschiedliche Modelle der Förderung von Forschung und insbesondere der Physik.

Durchaus vergleichbar mit Deutschland ist die Situation in den *Vereinigten Staaten*. Dort hat das *Department of Energy* (DOE) ähnliche Verantwortung für die

National-Laboratorien und für Großgeräte wie das Bundesforschungsministerium in Deutschland. Ergänzt wird die Arbeit des DOE durch die *National Science Foundation* (NSF) – vergleichbar mit der Deutschen Forschungsgemeinschaft. Allerdings sind die Regelungsdichte und der Durchgriff des DOE unvergleichlich größer als es die Forschungseinrichtungen in Deutschland gewohnt sind. So haben wir die paradoxe Situation, dass für unsere Hochschulen die Universitäten in den USA zwar vielfach als Vorbild gelten wegen deren besserer Finanzausstattung und größeren Unabhängigkeit, während die Forschungseinrichtungen etwa der Helmholtz-Gemeinschaft wesentlich unabhängiger arbeiten können als ihre amerikanischen Schwestereinrichtungen – ganz zu schweigen von der Selbstverwaltung und Unabhängigkeit der Max-Planck-Gesellschaft.

Vergleicht man die unterschiedlichen Organisationsformen der Forschungsförderung in Deutschland und den o. g. Partnerländern, so fällt vor allem eins auf: in einigen Ländern ist die Förderung der Physik streng von der Organisation der Forschung in Forschungsorganisationen und -instituten getrennt, so in den USA, Deutschland und Großbritannien. In einigen anderen Ländern sind Forschungsorganisationen gleichzeitig sowohl für die Durchführung der Forschung als auch für deren Förderung verantwortlich, wie etwa in Frankreich und Italien. Diese Mischform, so lässt sich mit gebotener Vorsicht festhalten, kann zu suboptimalen Entscheidungen führen, weil die Versuchung groß ist, bei Förderentscheidungen zunächst einmal die Interessen der eigenen Institute und Wissenschaftler zu berücksichtige, wie es gelegentlich durchaus zu beobachten ist.

Auch Entscheidungen für neue Großgeräte werden eher durch getrennte Organisationsformen begünstigt: die USA und Deutschland haben mit Abstand die beste Forschungsinfrastruktur mit Großgeräten; Frankreich nutzt vor allem seine Rolle als Gastland wichtiger Einrichtungen, zuletzt mit dem internationalen Fusionsprojekt ITER. Eine kontinuierliche Erneuerung der Forschungsinfrastruktur wird offensichtlich auch durch einen unmittelbaren Zugang zur Politik begünstigt, wie die Organisation der Forschungsförderung in den USA und in Deutschland zeigt. Erfolgreiche Forschungsförderung im Bereich der Physik muss Kommunikationsstrukturen im Dreieck *Wissenschaft – Politik – Verwaltung* aufbauen. Die Beziehungen in diesem Dreieck sind in Deutschland eng genug, um Aufmerksamkeit für besondere Probleme und Chancen der Physik zu erreichen.

Natürlich sind die Rahmenbedingungen in Politik und Öffentlichkeit von zu Land unterschiedlich. In *Italien* ist die öffentliche Wahrnehmung der Physik und ihrer führenden Vertreter relativ hoch. In *Frankreich* gelingt es immer wieder, für herausragende Projekte die Unterstützung der höchsten Instanzen des Staates zu organisieren; wenn nötig wird sich auch der Staatspräsident für wichtige Standort- oder Personalentscheidungen international einsetzen. In den *USA* werden *strategic projects* auch außerhalb des militärischen Bereiches mit Nachdruck verfolgt und gefördert, falls diese eine Schlüsselrolle für die technologische und wirtschaftliche Entwicklung einnehmen könnten. So hat jedes Land seine eigene Kultur der Forschungspolitik.

Es lässt sich festhalten, a) dass eine durchgängige Trennung der Organisation von Forschung und ihrer Förderung vorteilhaft ist, und b) dass es möglich sein muss, in dem jeweiligen politischen System genug Aufmerksamkeit zu erzielen, um die Zuweisung auch zusätzlicher Ressourcen zu erreichen, wie sie für Großprojekte in der Regel notwendig sind. Gemessen an diesen einfachen Kriterien ist das System der Förderung der Physik in Deutschland gut aufgestellt. Größere Änderungen der Struktur dieses Systems sind – jedenfalls *at face value* – nicht notwendig.

## 10.3 Großgeräte und Infrastruktur

### 10.3.1 Großgeräte auf dem Prüfstand

1991 verabschiedete der Wissenschaftsrat „*Empfehlungen zur Zusammenarbeit von Großforschungseinrichtungen und Hochschulen*". Fast zeitgleich berief das BMFT die *Kommission Grundlagenforschung* unter Vorsitz von Siegfried Großmann. Beide Gutachten unterstrichen die Bedeutung der Nutzung von Großgeräten in den Großforschungszentren durch Wissenschaftler aus den Hochschulen. Die Vernetzung zwischen universitärer und außeruniversitärer Forschung an Großgeräten durch die Förderung der Verbundforschung wurde als vorbildlich bezeichnet. Auch die Rolle der Großgeräte selbst wurde von der Großmann-Kommission äußerst positiv gewürdigt:

„*Großgeräte bilden Kondensationskerne für lebendige wissenschaftliche Aktivitäten ...(und) fördern Inter- und Multidisziplinarität.*" Und weiter: „*Generell gilt: Geräteinvestitionen schaffen Kreativität, setzen sie frei.*" Und zur Verbundforschung hieß es: Sie „*vervielfacht den wissenschaftlichen Impuls eines Gerätes.*"

Dreimal ließ sich das Forschungsministerium in den vergangenen vier Jahrzehnten beim Ausbau der Forschungsinfrastruktur beraten und dabei Projektvorschläge aus der Wissenschaft für die Vorbereitung seiner Entscheidungen begutachten. Eine erste Kommission unter Vorsitz von Heinz Maier-Leibnitz, dem Präsidenten der DFG, verabschiedete 1975 ihre Empfehlungen. Die wichtigsten positiv bewerteten Projekte waren PETRA (ein Elektron-Positron-Speicherring bei DESY), ein deutsch-französisches Radioteleskop sowie der Röntgensatellit ROSAT der Max-Planck-Gesellschaft. Die Empfehlungen der *Maier-Leibnitz-Kommission* wurden im Nachhinein mehr als bestätigt; die drei Projekte wurden verwirklicht und haben teilweise bahnbrechende Forschungsergebnisse ermöglicht.

1981 veröffentlichte eine neue Kommission unter Vorsitz von Klaus Pinkau umfassende Empfehlungen, die in der Folge von Forschungsminister Heinz Riesenhuber weitgehend umgesetzt wurden. So wurden im folgenden Jahrzehnt u. a. der Elektron-Proton Speicherring HERA bei DESY in Hamburg, die Schwerionenanlage SIS-ESR bei der *Gesellschaft für Schwerionenforschung* (GSI) in Darmstadt und der Ausbau des Forschungsreaktors BER II am *Hahn-Meitner-Institut* (HMI) in Berlin verwirklicht.

Forschungsministerin Edelgard Bulmahn bat 2000 den Wissenschaftsrat um „*Stellungnahme zu neun Großgeräten der naturwissenschaftlichen Grundlagenforschung und zur Weiterentwicklung der Investitionsplanung von Großgeräten*", die 2002 veröffentlicht wurde. Es war sicher richtig, nicht wieder eine ad-hoc Kommission, sondern den Wissenschaftsrat hiermit zu beauftragen, schließlich tangieren die auf den Empfehlungen aufbauenden Entscheidungen das ganze Wissenschaftssystem, wie der Vorsitzende des Wissenschaftsrates in seinem Vorwort zu den Empfehlungen betonte. Der Wissenschaftsrat bekräftigte in seiner Stellungnahme seine früheren Feststellungen zu Grundlagenforschung und zu der Bedeutung von Großgeräten: „*Naturwissenschaftliche Grundlagenforschung nimmt weltweit für die Zukunftsgestaltung eine Schlüsselstellung ein. Wissenschaftliche und technische Entwicklungen für Wirtschaft und Gesellschaft haben oftmals ihren Ausgangspunkt in Ergebnissen der Grundlagenforschung. Sie prägen entscheidend die Identität der heutigen Gesellschaft mit und beeinflussen Kulturgut und kulturelles Verständnis.*"

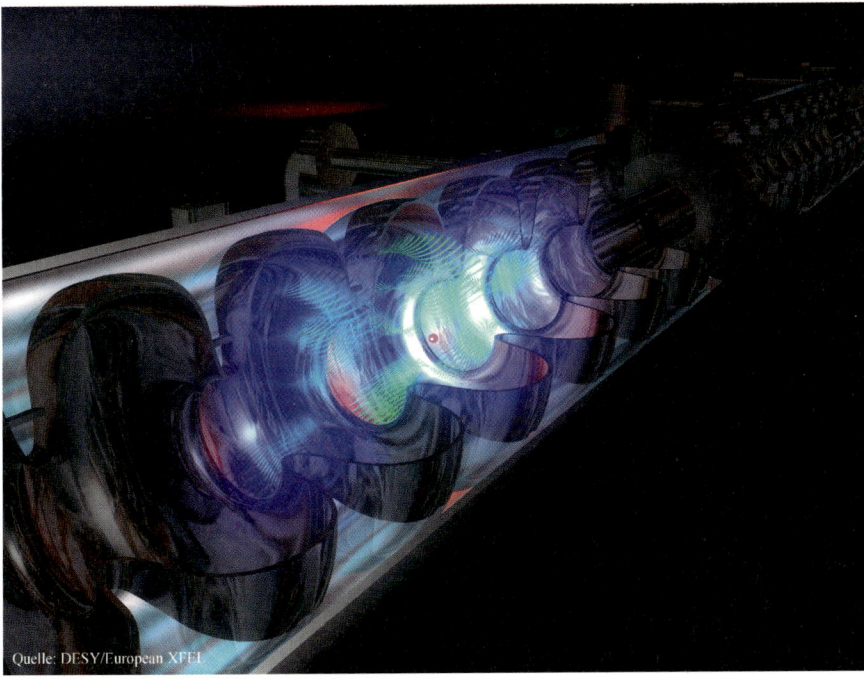

**Abb. 10.7** Supraleitende Hohlraumresonatoren des XFEL-Beschleunigers

Und weiter: *„Die Eröffnung bzw. Erschließung ganz neuer Forschungsgebiete korreliert eng mit der Verfügbarkeit von neuen, spezifischen Großgeräten."*

Nach dem Regierungswechsel von 2005 hat sich die neue Leitung des BMBF unter Bundesministerin Anette Schavan die Empfehlungen des Wissenschaftsrates und die daraus folgenden Entscheidungen ihrer Vorgängerin zu Eigen gemacht. So haben wir gute Aussichten, dass insbesondere mit dem Bau neuer Großgeräte in Hamburg und Darmstadt, dem Röntgenlaser European XFEL und der neue Antiprotonen- und Schwerionenanlage FAIR, wieder in ganz neue Dimensionen vorgestoßen werden kann. Beide Projekte sollen in internationalen Einrichtungen verwirklicht werden und erfordern Aufwendungen in Höhe von je rund 1 Mrd. €, in die sich auf deutscher Seite das Forschungsministerium und die Sitzländer Hamburg und Schleswig-Holstein (XFEL) sowie Hessen (FAIR) teilen.

Bereits 2006 gründeten die Max-Planck-Gesellschaft, die Universität Hamburg und DESY das *Center for XFEL-Studies (CFEL)*, das auf die wissenschaftliche Nutzung des XFEL ausgerichtet ist – ein schöner Beleg für ein Großgerät als Kondensationskern wissenschaftlicher Zusammenarbeit. Der Wissenschaftsrat hat 2008 den Ausbau des CFEL gemeinsam durch den Bund und das Land Hamburg mit 29 Mio. € empfohlen. Außerdem haben das Europäische Labor für Molekularbiologie (EMBL) sowie Forschungszentren der Helmholtz-Gemeinschaft und Institute der Max-Planck-Gesellschaft Außenstellen auf dem Gelände von DESY zur Nutzung der dort vorhandenen physikalischen Geräte eingerichtet.

Nicht alle Wünsche der physikalischen Gemeinschaft nach neuen Großgeräten sind in den vergangenen Jahren in Erfüllung gegangen. So ist ein zweimaliger Anlauf des Forschungszentrums Jülich gescheitert, eine Spallationsneutronenquelle zu bauen, zuletzt mit der Begutachtung des Wissenschaftsrates 2002, die keine vorbehaltlose Empfehlung zu diesen weit reichenden Neubauplänen ergeben hatte. Immerhin wurden die Forschungsmöglichkeiten mit Neutronen durch den Neubau des Münchener Reaktors gestärkt. Auch Hoffnungen der Gemeinschaft deutschen Hochenergiephysiker, am Standort Hamburg das nächste Großgerät der Teilchenphysik von weltweiter Bedeutung zu bauen, scheiterten. Zwar hatte der Wissenschaftsrat 2002 den Bau des 30 km langen Linearbeschleunigers TESLA, eines Elektron-Positron-Colliders, in internationaler Zusammenarbeit befürwortet; das Forschungsministerium sah angesichts der damals schon auf fast 4 Mrd. € geschätzten Kosten keine Realisierungsmöglichkeit für dies Projekt. Lediglich der ursprünglich als Teil des TESLA-Projektes vorgeschlagene Röntgenlaser XFEL wurde seinerzeit unter der Bedingung einer angemessenen internationalen Beteiligung genehmigt.

### 10.3.2 Eine wettbewerbsfähige Forschungsinfrastruktur

Als Ergebnis dieser verschiedenen Modernisierungsrunden stehen im Inland heute der Forschung an Großgeräten die Synchrotronstrahlungsquellen BESSY II in Berlin, DORIS III sowie PETRA III (eine besonders brillante Strahlungsquelle) in Hamburg und ANKA in Karlsruhe zur Verfügung, ferner FLASH in Hamburg, der weltweit erste Freie Elektronen-Laser im Vakuum UV-Bereich, und als Neutronenquellen die Forschungsreaktoren BER II in Berlin, der FRM II in Garching und bis 2010 der FRG-1 in Geesthacht. Für die Forschung in der Hadronen- und Kernphysik gibt es Anlagen in Jülich und Darmstadt, für die Fusionsforschung ASDEX Upgrade in Garching und Wendelstein 7-X in Greifswald (im Bau). Das ist eine beeindruckende Liste von Forschungsmöglichkeiten, die hinsichtlich Umfang und Qualität international keinen Vergleich zu scheuen braucht. Diese Anlagen werden – bis auf den Münchner Reaktor – durchweg von Helmholtz-Zentren betrieben. Sie stehen als Nutzereinrichtungen in der Regel allen Forschern unabhängig von ihrer Herkunft offen, allein auf Grund der Beurteilung der wissenschaftlichen Qualität ihrer Forschungsprojekte.

Hinzu kommen einige europäische Forschungszentren mit ihren Forschungsanlagen, an denen Deutschland beteiligt ist, wie das *Europäische Zentrum für Teilchenphysik* CERN (gegründet 1953) in Genf mit dem *Large Hadron Collider* (LHC), der 2009 schrittweise in Betrieb gegangen ist, die *Europäische Südsternwarte* ESO (gegründet 1962) in Garching bzw. Chile mit dem *Very Large Telescope* (VLT) und dem Mikrowelleninterferometer ALMA (im Bau), sowie das *Institut Laue-Langevin* (ILL, gegründet 1967) mit seinem Hochflussreaktor und die *Europäische Synchrotronstrahlungsanlage* ESRF (gegründet 1988), beide in Grenoble.

Schließlich gibt es noch einige größere astrophysikalische Experimente, die in internationalen Kollaborationen mit deutscher Beteiligung errichtet worden sind, wie das *Pierre-Auger-Observatorium* in Argentinien zur Beobachtung hochenergetischer kosmischer Strahlung und das Neutrinoteleskop AMANDA und dessen Nachfolger *IceCube* am Südpol.

Um die internationalen Einrichtungen mit ihren Forschungsgeräten haben sich besonders erfolgreiche Netzwerke von Spitzenforschung entwickelt. Die technischen Parameter und die Forschungsmöglichkeiten dieser Großgeräte sind weltweit unübertroffen. Durch unterschiedliche Sichtweisen und Fragestellungen der verschiedenen Communities aus den Mitgliedsländern entstehen Synergien weit über die

**Abb. 10.8** Speicherring BESSY II in Berlin-Adlershof

einfache Kostenteilung hinaus. Beispielsweise nutzen Festkörperphysiker aus Frankreich, Großbritannien und Deutschland die Möglichkeiten des ILL-Reaktors in Grenoble. Aus Deutschland kommt darüber hinaus eine lebendige kernphysikalische Community nach Grenoble, aus Großbritannien eine Chemie-orientierte. So ergeben sich Kommunikationsmöglichkeiten über Fachgrenzen hinweg, die es ohne das gemeinsame Gerät nicht gäbe. Für diese internationalen Einrichtungen (CERN, ESO, ESRF und ILL) beträgt der deutsche Beitrag 2009 insgesamt etwa 200 Mio. €.

Der Zugang zu den Großgeräten in diesen europäischen Zentren ist entscheidend durch die Qualität der Forschungsvorschläge und nicht durch nationale Quoten bestimmt. So hat sich in den letzten Jahrzehnten eine einzigartige europäische Forschungslandschaft entwickelt und auch ein pragmatischer Geist des Interessenausgleiches der beteiligten nationalen Forschungsverwaltungen – insgesamt ein Modell für den europäischen Einigungsprozess. Gelegentlich ist eine gewisse Geduld erforderlich, die wesentlichen Entscheidungen, etwa für den Bau eines neuen Gerätes, einstimmig zu erreichen; aber der bisherige Erfolg rechtfertigt die Geduld.

Auch die Großgeräte in Deutschland stehen für ausländische Wissenschaftler weitgehend offen. Der Wissenschaftsrat stellt dazu zu Recht fest: *„In gleichem Maße wie deutschen Wissenschaftlern Großgeräte im Ausland offen stehen, sollte auch ausländischen Wissenschaftlern der Zugang zu Großgeräten in Deutschland ermöglicht werden."* Das Forschungsministerium hat sich über Jahrzehnte bemüht, deutschen Wissenschaftlern im Gegenzug den Zugang zu den weltweit besten Forschungsmöglichkeiten zu öffnen, zuletzt beispielsweise durch den Aufbau einer eigenen Forschungsstation (eines Instrumentes) an der 2006 in Betrieb gegangenen Spallationsneutronenquelle in Oak Ridge und eines eigenen Instrumentes an dem 2009 in Betrieb gegangenen Röntgenlaser LCLS in Stanford (beide USA).

Die Großgeräte in deutschen wie europäischen Forschungszentren dienen überwiegend der Grundlagenforschung. Nicht übersehen werden darf aber, dass viele Verfahren und Geräte in ganz anderen Bereichen auf apparativen Entwicklungen der Physik beruhen, wie etwa die bildgebenden Verfahren der Medizin, von der Röntgentechnik bis zur Kernspin-Tomographie, und auch alle Verfahren der Strahlentherapie. Im Übrigen geht die Nutzung der physikalischen Großgeräte, vor allem jener der Festkörperforschung, weit über die Physik hinaus; Biologie, Chemie, Materialforschung und Geowissenschaften nutzen zunehmend Synchrotronstrahlungs- und auch Neutronenquellen. Eine gewichtige Motivation des Forschungsministeriums für die hohen zur Zeit laufenden Investitionen in neue Strahlungsquellen im harten Röntgenbereich (PETRA III und XFEL in Hamburg) ist die wachsende Bedeutung der Aufklärung der Struktur großer Moleküle in den Lebenswissenschaften, der Strukturbiologie, mit diesen Quellen.

Es gibt immer wieder ganz unerwartete Ergebnisse physikalischer Grundlagenforschung wie die Entwicklung des world wide web (www) am CERN auf Grund von internen Kommunikationsbedürfnissen der internationalen Wissenschaft. Diese Entwicklung ist mehr als nur eine zusätzliche Rechtfertigung der Förderung der Hochenergiephysik in Genf. Die Detektoren des LHC am CERN werden jährlich die fast unvorstellbare Datenmenge von 15 Petabyte produzieren. Um mit diesen Daten umgehen zu können, wird zusammen mit Partnern aus aller Welt das *World Wide Computing Grid* aufgebaut, die wohl wichtigste weltweite Initiative für ein System verteilten Rechnens. In Deutschland ist das Forschungszentrum Karlsruhe Hauptknotenpunkt des Systems. Bedürfnisse des Forschungsbetriebs und ehrgeizige Parameter neuer Forschungsgeräte werden so zu Technologietreibern. In den wenigsten Fällen gibt es bereits industrielle Standardlösungen; die Arbeit experimenteller Physiker besteht oft darin, eigene Lösungen an der Grenze des Machbaren zu finden, aus denen sich dann später industrielle Standards entwickeln können.

### 10.3.3 Europäisierung und Internationalisierung

Physik war in den letzten hundert Jahren – wie auch schon früher – eine internationale Wissenschaft. Diese Tendenz hat sich in den letzten Jahrzehnten noch verstärkt, wie es die Biografien der meisten Physiker belegen ebenso wie die zunehmende Veröffentlichung von Forschungsergebnissen in internationalen Zeitschriften, häufig gemeinsam mit Fachkollegen aus europäischen Nachbarländern oder den USA. Die Politik folgt und unterstützt diesen Trend. In den ersten vier Jahrzehnten nach dem zweiten Weltkrieg wurde die Zusammenarbeit in der Wissenschaft in Europa immer enger. Dies bezieht sich nicht nur auf den Kontakt einzelner Wissenschaftler und Institute, sondern auch der Regierungen. Ein entscheidender neuer Schritt war die Gründung gemeinsamer europäischer Forschungseinrichtungen, allen voran CERN, dann ESO, ILL und ESRF, aber auch die Europäische Weltraumagentur ESA.

Seit der Auflösung der bipolaren Weltordnung in den 80er und 90er Jahren gab es verstärkt Bemühungen um eine weltweite Abstimmung der nationalen Forschungspolitiken, oft mit der Physik und mit physikalischen Großgeräten als Schwerpunkt. Bereits zur Zeit des eisernen Vorhanges waren wissenschaftliche Kooperationen häufig Vorreiter späterer politischer Kontakte und trugen zur Vertrauensbildung bei. So waren Wissenschaftler aus damaligen Ostblockländern bereits seit den 70er Jahren in Kollaborationen um Großgeräte eingebunden, beispielsweise von DESY, der GSI oder des Forschungszentrums Jülich.

Der seit 2006 in Frankreich im Bau befindliche große internationale Fusionsreaktor ITER ist eine späte Frucht der Gipfeldiplomatie der 80er Jahre, ein Versuch der Staatschefs Gorbatschow, Reagan und Mitterand, über Blockgrenzen hinweg gemeinsame (Forschungs-) Interessen zu finden. Seither versuchen die Forschungsminister bzw. Wissenschaftsbeauftragten der sieben großen (westlichen) Industrieländer als G7 und später unter Einschluss von Russland als G8 in regelmäßigen Gipfeltreffen ihre Politiken zu koordinieren.

Unter dem Dach der OECD gab es zwei Anläufe, Chancen und Hindernisse internationaler Kooperation systematisch aufzuarbeiten und den Mitgliedsländern Empfehlungen für ihre Forschungspolitik zu geben. Von 1992 bis 1998 erarbeitete das *Mega-Science Forum* der OECD in verschiedenen Arbeitsgruppen Szenarien zu Entwicklung einzelner Fachgebiete, überwiegend aus der Physik, mit besonderer Betonung der Chancen internationaler Kooperation. Das Forum verabschiedete auch Empfehlungen zu Querschnittspolitiken wie dem offenen Zugang zu Großgeräten. Besonders die Arbeitsgruppe *Neutronenquellen* hatte mit ihrer Empfehlung, in Amerika, Europa und dem Fernen Osten je eine leistungsfähige Spallationsneutronenquelle zu errichten, Einfluss auf entsprechende Bauentscheidungen in den USA und in Japan. Die Arbeit des *Mega-Science Forums* wurde 1999 von dem *Global Science Forum* der OECD fortgesetzt unter Ausweitung der Themen auf Großgeräte, Instrumente, Datenbanken, Forschungsnetzwerke und Programme. Vor allem die Ergebnisse von Arbeitsgruppen zu Kernphysik, zu Astro- und Astroteilchenphysik sowie zu Hochenergiephysik und zu High-intensity Lasern sind für die künftige Zusammenarbeit in der Physik von Bedeutung. Die halbjährigen Treffen von Spitzenbeamten und Wissenschaftlern der Mitgliedsländer haben über ihre konkreten Empfehlungen an die Ministerkonferenz hinaus erhebliche Bedeutung als Foren informellen Gedankenaustausches gewonnen.

Es ist sicher nicht überraschend, dass in Europa besondere Anstrengungen zur Koordinierung und Internationalisierung der Forschungspolitik unternommen werden. Bilaterale und multilaterale Treffen der Forschungsminister auch außerhalb der regelmäßigen Treffen des Forschungsministerrates in Brüssel (heute ein Teil des sog. Wettbewerbsrates) bieten dazu eine feste Basis. Seit langem arbeitet die *European Science Foundation (ESF)*, ein Dachverband nationaler Forschungsförderungsorganisationen, als Diskussionsforum der europäischen Wissenschaft, die wichtige Entscheidungen immer wieder mit Denkschriften begleitet. 2005 wurde der *European Research Council (ERC)* als unabhängiges Beratungsgremium der Europäischen Kommission gegründet, das zugleich rund 1 Mrd. € jährlicher Fördermittel für Grundlagenforschung aus dem laufenden Rahmenprogramm der Europäischen Gemeinschaft auf der Basis gutachterlicher Vorschläge vergibt; Generalsekretär des ERC wurde der frühere DFG- Präsident Ernst-Ludwig Winnacker.

Einige Fachbereiche sind tatsächlich weitgehend europäisiert, so etwa die Fusionsforschung; in anderen Gebieten gibt es Anstrengungen auf freiwilliger Basis. Eine wichtige Rolle spielt dabei das 2002 gegründete *European Strategy Forum on Research Infrastructures (ESFRI)*, das aus einem ursprünglich losen Zusammenschluss von einigen Spitzenbeamten aus den größeren Mitgliedsländern entstanden ist. ESFRI, an dem heute 32 Länder beteiligt sind, setzt sich mit der Frage auseinander, welche Infrastrukturen die europäische Forschung – von den Sozialwissenschaften bis zur Physik – benötigt, um international wettbewerbsfähig zu sein. ESFRI benutzt einen Infrastrukturbegriff, der deutlich über die klassischen Großgeräte hinausgeht, also auch Datensammlungen, Biodatenbanken, Rechnersysteme o. ä. umfasst. In einer Roadmap hat ESFRI 2006 die ehrgeizigsten und aussichtsreichsten Infrastrukturprojekte für die verschiedenen Fachbereiche aufgeführt, die von interessierten europäischen Ländern gemeinsam und teilweise mit Unterstützung der Kommission verwirklicht werden sollten. Eine überarbeitete Version der Roadmap ist 2008 erschienen.

Die beiden unter deutscher Federführung mittlerweile in Angriff genommenen Großgeräte European XFEL und FAIR erfreuten sich von Anfang an breiter Unterstützung im ESFRI Forum. Das hat dazu geführt, dass die Europäische Kommission die Planungsphase der beiden neuen Geräte mit jeweils zweistelligen Millionen-Beträgen unterstützt hat. Weiter empfiehlt die Roadmap im Bereich der Physik u. a. ein neues Teleskop (*Extremely Large Telecope* ELT) und ein neues Radioteleskop (*Square Kilometre Array* SKA) sowie die Verwirklichung einer Europäischen Spallationsneutronenquelle, der *European Spallation Neutron Source* (ESS). Nach dem Scheitern früherer Bemühungen um den Bau einer Spallationsneutronenquelle in Jülich bieten Schweden, Spanien und Ungarn einen Standort für die ESS an. Es wird eine Nagelprobe für die europäische Zusammenarbeit sein, ob es gelingt, die ESS und auch die astrophysikalischen Vorschläge gemeinsam zu verwirklichen. Eine Entscheidung im Fall der ESS ist dringlich, weil Europa auf diesem Feld – einst lange Zeit führend – mittlerweile hinterherhinkt, und auch weil der gemeinsame Reaktor in Grenoble nicht unbegrenzt zur Verfügung stehen wird.

Bei einigen Projekten wird nicht nur eine europäische, sondern eine globale Kooperation angestrebt, weil die Komplexität und die Kosten der Projekte dies nahe legen. Ein Beispiel ist der *International Linear Collider* (ILC) der Teilchenphysiker. Wissenschaftler aus Amerika, Asien und Europa haben sich in einer globalen Organisation zusammengeschlossen. Der erste Schritt war eine Verständigung der Physiker auf die unter Führung von DESY entwickelte supraleitende Technologie für den geplanten Beschleuniger, wobei alternative Entwicklungsarbeiten in den USA und Japan aufgegeben wurden. Auch die nationalen Forschungsverwaltungen bildeten ebenfalls ein gemeinsames Gremium, um die Entwicklung dieses Projektes in weltweiter Partnerschaft zu verfolgen. Ein Baubeschluss wird kaum vor Mitte des kommenden Jahrzehnts möglich sein, nicht nur aus fiskalischen Gründen. In die Begründung einer solchen Entscheidung werden u. a. die Ergebnisse der Experimente des LHC in Genf einfließen müssen.

## 10.4 Nutzen und Neugier

### 10.4.1 Von der Forschung zum Produkt

Physik erfreut sich nicht nur wegen ihrer kulturellen Funktion einer erheblichen öffentlichen Förderung. Physikalische Forschung wird auch die nächsten Jahrzehnte wie schon früher die wichtigsten Basisinnovationen für die technische und wirtschaftliche Entwicklung der Industrieländer stellen. Das rechtfertigt eine Förderung der Vertiefung der physikalischen Wissensbasis ebenso wie staatliche Förderprogramme für anwendungsnahe Entwicklungen. Deutschland verfügt in der Physik – wie auch in einigen anderen Gebieten – über eine hervorragende Wissensbasis und über eine wettbewerbsfähige Forschung. Die großen Lücken, die die Naziherrschaft und der Krieg hinterlassen haben, sind mittlerweile weitgehend geschlossen.

Veröffentlichungen deutscher Physiker in internationalen Zeitschriften sind häufiger und gewichtiger als der Durchschnitt von Veröffentlichungen deutscher Wissenschaftler insgesamt. Das ist außerordentlich erfreulich, ist aber nur eine Seite der Medaille. Denn die industrielle Umsetzung dieser physikalischen Wissensbasis in Produkte und Dienstleistungen entspricht nicht dem wissenschaftlichen Spitzenplatz.

Die Liste von Produkten, die auf wissenschaftlichen Ergebnissen deutscher Forscher beruhen, aber nicht in Deutschland entwickelt und vermarktet worden sind, ist lang; sie reicht vom Faxgerät bis zu Datenspeichern, die den von Grünberg entdeckten Riesenmagnetwiderstand nutzen. Auch die unterdurchschnittliche Anmeldung von Patenten in Bereichen, die unmittelbar auf physikalischer Forschung aufbauen, wie Optik, Elektronik, DV-Geräte, Fernsehtechnik sowie optische und fotografische Geräte, verdeutlicht das Umsetzungsdefizit.

Die Expertenkommission Forschung und Innovation (EFI), die der Bundesregierung einen jährlichen Bericht vorlegt, stellt in ihrem *Gutachten zu Forschung, Innovation und Technologischer Leistungsfähigkeit* 2008 fest: *„Deutschlands Innovationen sind hauptsächlich auf etablierte Industrien ausgerichtet. Wachstumspotenziale in Zukunftsmärkten werden derzeit noch nicht in ausreichendem Maß erschlossen, obwohl die Forschung in Deutschland dafür gute Grundlagen bietet. Forschung und Innovation in der Spitzentechnologie muss stärker gefördert werden. Hemmnissen für wachstumsorientierte Gründungen und deren Finanzierung sind abzubauen."*

Umsetzungsdefizite sind keineswegs etwa für die Physik und die auf ihr aufbauenden Unternehmungen kennzeichnend, sondern betreffen das deutsche Innovationssystem insgesamt. Die Forschungs- und Innovationspolitik des Bundes – heute auf das *Bundesministerium für Bildung und Forschung* sowie das *Bundesministerium für Wirtschaft und Technologie* konzentriert – versucht seit langem gegenzusteuern. So haben sich Wissenschaft wie Politik von zu einfachen Innovationsmodellen verabschiedet, etwa nach dem Muster: Grundlagenforschung – Anwendungsforschung – Produktentwicklung – Markteinführung. Das Innovationssystem wird als komplexes System mit vielen Akteuren begriffen, die auf vielfältige Weise aufeinander einwirken und miteinander kooperieren und konkurrieren.

Wichtig ist in jedem Fall, dass die die Akteure des Innovationsprozesses frühzeitig und kontinuierlich zusammenarbeiten, um so die offenbar gelegentlich vorhandenen Gräben zwischen Forschung, Entwicklung und Markteinführung zu schließen oder gar nicht erst aufreißen zu lassen. Das soll in der staatlichen Forschungsförderung durch Verbundprojekte zwischen Hochschul-, Forschungsinstituten und Industrieunternehmen bzw. durch regionale oder thematische Cluster als Innovationsnetzwerken erreicht werden. Die großen Forschungszentren versuchen durch Kooperationsverträge Unternehmen für ihre Forschungsthemen und deren Ergebnisse zu interessieren. Auch physikalische Hochschulinstitute suchen mehr und mehr Kooperationsbeziehungen mit Unternehmen. Durch solche Kooperationsbeziehungen zwischen öffentlicher Forschung und privaten Unternehmen wird nicht nur der Innovationsprozess erleichtert, es entstehen auch Brücken, die für junge Wissenschaftler auf der Suche nach Berufsmöglichkeiten nützlich sind.

Anwendungen der Physik haben in der Förderung des Forschungsministeriums immer eine wichtige Rolle gespielt. Bereits Ende der 60er Jahre gab es ein Förderprogramm „Physikalische Technologien". Seit den 70er und vor allem den 80er Jahren wurden die Mikroelektronik und ihre Anwendungen erheblich gefördert. So gelang die Wiederbelebung eines fast schon verlorenen Industriezweiges mit großer Dynamik und harter internationaler Konkurrenz. Die Förderung der Mikroelektronik als Basistechnologie war erfolgreicher als die vorangegangene Förderung der Datenverarbeitung in mehreren Förderprogrammen. Erfolgreich waren auch ein in den 80er Jahren gestartetes Förderprogramm „Lasertechnologie" und später der „Optoelektronik". In den 90er Jahren folgte dann eine umfangreiche Förderung der „Mikrosystemtechnik" und der „Nanotechnologie" und schließlich der „Optischen Technologien". Der Umfang der verschiedenen Förderprogramme des Forschungsministeriums für Innovationen durch neue Technologien umfasst 2009 deutlich mehr als 500 Mio. € Das Forschungsministerium bemüht sich bei dieser Förderung um möglichst große Hebeleffekte für Wachstum und Beschäftigung.

Die meisten dieser Förderprogramme waren im Übrigen seit den 80er Jahren auf die besondere Rolle „Kleiner und Mittlerer Unternehmen" mit hoher Spezialisierung in der deutschen Industrielandschaft ausgerichtet. Viele dieser Unternehmungen sind als „hidden champion" Weltmarktführer in einer Marktnische. Das Forschungsministerium hat mit seiner Förderung zum Erfolg dieser Unternehmen beitragen können und so immer wieder industriepolitische Weichen gestellt – in der Regel ohne ordnungspolitische Skrupel und unabhängig von der politischen Zusammensetzung der Bundesregierung. In der Ausrichtung der Förderpolitik setzte sich mehr und mehr die Erkenntnis durch, dass es nicht allein auf die Förderung einer interessanten Technologie ankommt, sondern mindestens ebenso sehr auf die Schaffung eines günstigen Innovationsumfeldes.

Schließlich soll das Problem der Umsetzung von Forschungsergebnissen am Beispiel des Riesenmagnetwiderstandes erläutert werden, das in mancherlei Hinsicht lehrreich ist. Peter Grünberg entdeckte diesen Effekt 1988 im Forschungszentrum Jülich bei Grundlagenuntersuchungen an dünnen magnetischen Schichten. Sein Institutsleiter erkannte rasch das Anwendungspotenzial der Entdeckung von Grünberg und unterstützte ihn bei der Anmeldung eines Patentes – was vor einer Veröffentlichung geschehen muss und daher von manchen Wissenschaftlern übersehen wird. Es gelang allerdings nicht, deutsche Unternehmen für die Anwendung der Entdeckung von Grünberg zu interessieren. So nahm schließlich die IBM nach vergeblichen Versuchen, das Grünberg-Patent durch eigene Forschungen zu umgehen, eine Lizenz und verhalf der Anwendung des von Grünberg entdeckten Effektes in Massendatenspeichern zum Durchbruch. Das Forschungszentrum Jülich erzielt seither Lizenzeinnahmen in zweistelliger Millionenhöhe und natürlich hat auch Grünberg aus seiner Entdeckung Nutzen ziehen können. Für seine wissenschaftliche Leistung wie auch für den Innovationserfolg ist Peter Grünberg mit einer Vielzahl von Preisen ausgezeichnet worden, mit dem Nobelpreis an der Spitze.

### 10.4.2 Das Jahr der Physik

Die Entdeckung der Quantenwelt durch Max Planck im Jahr 1900 war sicher ein guter Anlass, im Jahr 2000 auf die Erfolge der Physik des 20. Jahrhunderts zurückzublicken und zugleich öffentlich deutlich zu machen, dass Physik eine Zukunft hat, und dass die Entwicklung der Gesellschaft und Wirtschaft ohne Physik nicht denkbar ist und schließlich, dass Physik spannend und faszinierend ist. Mitarbeiter des Förderbereichs Physik des Forschungsministeriums schlugen 1999 gemeinsam mit dem Präsidium der *Deutschen Physikalischen Gesellschaft* (DPG) der Forschungsministerin Edelgard Bulmahn vor, unter ihrer Schirmherrschaft im Jahr 2000 ein *Jahr der Physik* durchzuführen. Ohne ein Vorbild – zumindest in Deutschland – war dies durchaus ein Wagnis. Doch die Begeisterung der Beteiligten war groß; die Zusammenarbeit zwischen der DPG mit ihren Präsidenten Alex Bradshaw und Dirk Basting, Physikern aus Hochschulen und Forschungsinstituten sowie dem Forschungsministerium war vorbildlich. Das *Jahr der Physik* wurde ein klarer Erfolg. In zentralen Veranstaltungen in Berlin und Bonn sowie in rund 200 Satellitenveranstaltungen wurden über 200.000 Neugierige angelockt; das Medienecho war erstaunlich breit und positiv. Als wichtigstes Ergebnis sind die Zahlen der Studienanfänger in Physik seither von rund 6000 auf 9000 Studenten angestiegen, bemerkenswert vor allem an den Hochschulorten, an denen es besondere Anstrengungen im „Jahr der Physik" gegeben hatte.

Wir haben im internationalen Vergleich in Deutschland immer noch zu niedrige Studentenzahlen in den Naturwissenschaften – aber die Anstrengung der Physiker, aus dem Elfenbeinturm herauszutreten, haben gezeigt, dass das potenzielle Interesse an Naturwissenschaften größer ist als vorher vermutet, es muss allerdings geweckt werden. Die großen Wissenschaftsorganisationen haben, ermutigt durch dies Beispiel, die *Wissenschaftsjahre* seither unter dem Dach *„Wissenschaft im Dialog"* zu einer festen Einrichtung gemacht; 2001 war das *„Jahr der Lebenswissenschaften"*, 2008 das *Jahr der Mathematik*. Und auch die Deutsche Physikalische Gesellschaft hat seither jedes Jahr an wechselnden Orten gemeinsam mit dem Forschungsministerium ein Wissenschaftsfestival *Highlights der Physik* veranstaltet – in der Regel mit einem Thema komplementär zu dem jeweiligen Wissenschaftsjahr; 2008 in Halle unter dem Motto *„Quantensprünge"*, um die enge Verbindung von Mathematik und theoretischer Physik zu demonstrieren. 2009 hat die UNESCO ein *Internationales Jahr der Astronomie* ausgerufen, 400 Jahre nach epochalen Beobachtungen und Erkenntnissen von Galileo Galilei und Johannes Kepler. Deutsche Astronomen beteiligen sich an diesem Jahr der Astronomie mit einer Vielzahl von Veranstaltungen, u. a. mit einer Woche der Schulastronomie. Auch die *Highlights der Physik* beschäftigen sich 2009 mit der Astronomie.

Als zweite Säule einer Strategie zur Förderung des Interesses an den Naturwissenschaften und insbesondere an der Physik wird seit einigen Jahren das Internetportal www.weltderphysik.de als Gemeinschaftsvorhaben der DPG und des BMBF angeboten. Es wurde 2007 als beste deutsche Webseite im Bereich e-Science ausgezeichnet. Dort sind auch Hinweise auf aktuelle Veranstaltungen zu finden.

Schließlich gibt es praktische Angebote an Schulen, wo Physik oftmals als schwierig, unanschaulich und langweilig gilt. Es ist offenbar nicht einfach, die Faszination, die von Physik ausgehen kann, und auch ihre besondere Rolle für die gesamten Naturwissenschaften zu vermitteln. In den letzten Jahren sind zahlreiche Schülerlabore gegründet worden, die die Vermittlungsbemühungen der Schulen durch anschauliche und lebendige Veranstaltungen unterstützen. Mit Experimentiertagen in Schülerlaboren können, wie Untersuchungen zeigen, Neugier und Aufgeschlossenheit von Schülerinnen und Schülern für Naturwissenschaften nachhaltig geweckt werden. Schülerlabore werden u. a. getragen von Hochschulen, Forschungseinrichtungen, Museen und der Industrie. Es gibt sie mittlerweile fast überall in Deutschland. Sie arbeiten unter dem Dach der Initiative „Lernort Labor" und werden wissenschaftlich begleitet von dem Kieler *Institut für die Pädagogik der Naturwissenschaften*. Informationen und Anmeldemöglichkeiten finden sich im Internet unter www.lernort-labor.de oder auch im Portal Welt der Physik.

## 10.5 Der Münchner Forschungsreaktor II – ein besonderer Fall

Forschungspolitik in Deutschland kann sich in der Regel auf Konsensbereitschaft der unterschiedlichen Akteure stützen, der politischen Parteien ebenso wie der gesellschaftlichen Gruppen. Bund und Länder können vielfach größere Projekte nur gemeinsam verwirklichen und sind vor allem bei der Ko-Finanzierung der großen Forschungsorganisationen aufeinander angewiesen. Es gibt nur wenige Themen, die politisch grundsätzlich umstritten sind. So wird die Nutzung embryonaler Stammzellen quer durch die Parteien kontrovers bewertet. Sinn und Nutzen bemannter Raumfahrt war in den neunziger Jahren umstritten; auch die Deutsche Physikalische Gesellschaft hatte 1991 eine kritische Stellungnahme abgegeben.

Ein besonderer Fall ist die friedliche Nutzung der Kernenergie. Sie wird seit Mitte der siebziger Jahre immer kritischer beurteilt. Das ursprüngliche Heilsversprechen der Kerntechnik wandelte sich in eine konkret empfundene Bedrohung und führte schließlich zu dem Ausstiegsbeschluss der rot-grünen Bundesregierung. Kerntechnik sei beherrschbar und vorteilhaft, sowohl hinsichtlich der $CO_2$-Bilanz im Vergleich mit fossilen Energiequellen als auch hinsichtlich der Sicherheit der Versorgung, so die Verfechter dieser Technologie. Keineswegs, so die Entgegnung der Kritiker, Kerntechnik sei prinzipiell nicht beherrschbar und könne schließlich auch waffentechnisch missbraucht werden.

Der Münchner Forschungsreaktor II (FRM II), Ersatz für das alte Garchinger Atomei, war von Beginn an umstritten. Verschiedene Gutachtergremien hatten sich in den 80er Jahren mit der Situation von Neutronenquellen auseinandergesetzt; die Großmann-Kommission sprach 1991 gar von einer drohenden „Neutronen-Versorgungslücke". So wurde die Absicht der Bayerischen Staatsregierung, an der Technischen Universität München (TUM) einen neuen Hochflussreaktor zu errichten, von den im Komitee „Forschung mit Neutronen" zusammengeschlossenen Wissenschaftlern mit Erleichterung aufgenommen. Der FRM II dient – wie auch die übrigen Forschungsreaktoren in Deutschland – keineswegs der Fortentwicklung der Kerntechnik selbst, sondern ist mit seinen durch Kernspaltung erzeugten Neutronen als Sonden ein Forschungsinstrument mit sehr breitem Anwendungsspektrum, vor allem in der Festkörper- und Materialforschung, aber auch in der Chemie und Makromolekülphysik. Aber – und hier liegt das Problem – der FRM II wird mit hochangereichertem Uran (HEU mit 93 % $^{235}$U) betrieben, um so einen besonders hohen Neutronenfluss bei kompakter Bauweise und damit auch bei vertretbaren Kosten zu erreichen. Das Konzept des FRM II ist eine Fortentwicklung des Brookhavener und des Grenobler Forschungsreaktors mit einem kompakten Brennelement. Die Nutzung von hochangereichertem Brennstoff im FRM II, der auch in Kernwaffen verwandt wird, hat zu einer lang andauernden Kontroverse in Politik und Wissenschaft geführt.

Die Bundesrepublik Deutschland ist Mitglied des Nichtverbreitungsvertrages (NVV, Atomwaffensperrvertrag). Der NVV enthält keineswegs eine Ächtung waffengrädiger Materialien, er sichert vielmehr den Nichtwaffenstaaten das Recht auf friedliche Nutzung und Forschung ausdrücklich zu. Der 1976 neu gewählte US-Präsident Jimmy Carter ergriff eine Initiative zu einer mehrjährigen Konferenz (1977–1980) zur Überprüfung des nuklearen Brennstoffkreislaufes (International Fuel Cycle Evaluation, INFCE). Im Abschlussdokument von INFCE gibt es auch ein Kapitel über Forschungsreaktoren, das die Umrüstung dieser Reaktoren von dem damals durchweg gebräuchlichen hoch- auf niedrig angereichertes Uran (LEU mit

**Abb. 10.9** Der Münchner Forschungsreaktor mit dem Atomei

weniger als 20 % $^{235}$U) empfiehlt, nicht allerdings ohne eng umgrenzte Ausnahmetatbestände. Deutschland hat an der Umsetzung der INFCE-Empfehlungen aktiv mitgewirkt, mit der Entwicklung des für diese Umrüstung erforderlichen neuen „hochdichten" Brennstoffs und schließlich mit der schrittweisen Umrüstung vorhandener Reaktoren (in Geesthacht und Berlin). Explizite Empfehlungen für den Neubau von Forschungsreaktoren wie dem FRM II enthalten die INFCE- Dokumente nicht. Der FRM II blieb aber weltweit der einzige Neubau mit hochangereichertem Uran seit Abschluss der INFCE-Konferenz.

Der Münchner Reaktor nutzt nun genau diesen hochdichten Brennstoff, der eigentlich entwickelt wurde, um die Nutzung von hochangereichertem Uran zu vermeiden, für ein besonders kompaktes HEU-Brennelement. Der FRM II verletzt damit keineswegs internationales Recht, und kaum jemand sieht eine ernsthafte unmittelbare Verbreitungsgefahr von ihm ausgehen. Aber die Nutzung eines technischen Prinzips (hochdichter Brennstoffe), das eigentlich zum Zweck der Abreicherung entwickelt wurde, provoziert den Widerspruch von Kritikern. Sie befürchten vor allem, dass mit dem FRM II ein Präzedenzfall für solche Staaten entstanden ist, die Forschungsreaktoren nur als Vorwand für eine waffentechnische Nutzung der Kerntechnik einsetzen, und dass die Nichtverbreitungspolitik insgesamt an Glaubwürdigkeit verliert.

Der neue Münchner Reaktor FRM II war ein Projekt der Bayerischen Staatsregierung, unter Ministerpräsident Franz-Josef Strauß in Angriff genommen, später ein „Leuchtturmprojekt" von Ministerpräsident Edmund Stoiber. Die wissenschaftliche und technische Vorbereitung lag in den Händen eines Teams der Technischen Universität München unter Leitung von Wolfgang Gläser. 1992 befürwortete der Wissenschaftsrat das Projekt nachdrücklich. 1996 erhielt der FRM II die 1. Teilerrichtungsgenehmigung mit dem sog. positiven Gesamturteil als Voraussetzung für den Baubeginn. Der Bau des Reaktors wurde von Siemens als Generalunternehmer zu einem Festpreis abgewickelt. Die Gesamtkosten betrugen 400 Mio. €. Das Bundesforschungsministerium unter den Ministern Riesenhuber und Rüttgers leistete einen Zuschuss zu den Baukosten von schließlich 80 Mio. €. Dabei war es für die Durchsetzung bayerischer Interessen gegenüber dem Bund durchaus hilfreich, dass der seinerzeitige CSU-Vorsitzende Theo Waigel gleichzeitig Bundesfinanzminister war.

Das Projekt war im Inland umstritten, die USA nahmen allerdings während der republikanischen Präsidentschaft keinen Anstoß. Das sollte sich unter der demokratischen Clinton-Administration ab 1993 ändern. Die USA versuchten durch diplomatischen Druck den Bau des Reaktors zu verhindern. Zweimal bat das State Departement die Bundesregierung zu Gesprächen, die 1994 in Washington und 1995 in Deutschland am Tegernsee stattfanden. Diese Gespräche blieben letztlich ohne Ergebnis, nicht zuletzt weil die USA strikt auf einer Senkung des Anreicherungsgrades auf unter 20 % bestanden. Das hätte allerdings ein völlig anderes Projekt mit einem neuen Genehmigungsverfahren und einer entsprechenden erheblichen Zeitverzögerung und Kostensteigerung bedeutet. Es gab dann eine Zeitlang eine informelle Zusammenarbeit zwischen US-Stellen und der seinerzeitigen Opposition in Bonn gegen das Reaktorprojekt. Jahre später signalisierten Vertreter der USA, man werde sich zu dem Projekt nicht mehr äußern.

Die Bundestagswahl 1998 und die Bildung der rot-grünen Koalition bedeuteten für das Projekt FRM II eine schwere Krise. Der Bau war keineswegs beendet; die Erste und die Zweite Teilerrichtungsgenehmigung waren zwar erteilt, es fehlte aber vor allem die Betriebsgenehmigung. Es gelang der Bayerischen Staatsregierung, noch unmittelbar nach der Wahl im Herbst 1998 aus Russland hochangereichertes Uran als Brennstoff für den Reaktor für eine Laufzeit von 15 Jahren zu beziehen, auf der Grundlage von Verhandlungen und Verträgen der alten Bundesregierung. Die neu gebildete rot-grüne Bundesregierung sah sich mit dem halbfertigen Reaktor mit einem für sie schwierigen Problem konfrontiert. Es war deutlich, dass einerseits keine Investitionsruine erwünscht war, auf der anderen Seite war das Projekt nicht nur dem grünen Koalitionspartner zuwider, der mit dem Bundesumweltministerium für die Betriebsgenehmigung zuständig war, es widersprach auch den Grundüberzeugungen und früheren politischen Stellungnahmen und Aktivitäten der neuen Leitung des Forschungsministeriums. Es war der neuen Leitung allerdings auch bewusst, dass der Forschungsreaktor angesichts des fortgeschrittenen Genehmigungsverfahrens allein mit rechtlichen Mitteln nicht mehr zu stoppen war.

In der Koalitionsvereinbarung der rot-grünen Koalition heißt es 1998: *„Der Einsatz von waffenfähigem Uran in Forschungsreaktoren ist hoch problematisch und außenpolitisch bedenklich. Deshalb wird die neue Bundesregierung überprüfen, ob Möglichkeiten einer Umrüstung des Forschungsreaktors München II vom Betrieb mit hochangereichertem auf niedrig angereichertes Uran bestehen."* Um diesen Prüfauftrag abzuarbeiten, berief die Bundesregierung 1999 eine Expertenkommission unter Leitung des Parlamentarischen Staatssekretärs des Forschungsministeriums, Wolf-Michael Catenhusen, mit Vertretern sehr unterschiedlichen Hintergrundes bzw. unterschiedlicher Haltung zu dem Problem der HEU-Nutzung. Die Expertenkommission untersuchte verschiedene Umrüstungsvarianten. Die Varianten unterschieden sich im Wesentlichen darin, ob die Umrüstung vor oder nach der Fertigstellung des Reaktors erfolgen sollte. Eine Umrüstung, das war eine klare Feststellung des Kommissionsberichtes, würde in jedem Fall die Neuentwicklung eines Brennstoffes mit einem Zeitbedarf von mehreren Jahren erforderlich machen. Eine Umrüstung auf niedrig angereichertes Uran (LEU) würde sogar den Neubau des Forschungsreaktors zur Folge haben. Eine Umrüstung auf niedriger angereichertes Uran würde dagegen die Neuentwicklung eines Brennstoffes mit mittlerem Anreicherungsgrad erforderlich machen.

Auf der Grundlage der Ergebnisse der Expertenkommission fanden dann Gespräche der Bundesregierung mit der Bayerischen Staatsregierung statt, die in Verhandlungen zwischen Staatsminister Hans Zehetmair für Bayern und Staatssekretär Catenhusen für den Bund ihren Abschluss fanden. Mittlerweile war der Reaktor fertig gestellt und wartete – aus Sicht der Neutronen-Community und der Bayerischen Staatsregierung – dringend auf die Betriebsgenehmigung. Es bestand Einigungszwang zwischen Bund und Land; keine Seite konnte der anderen ihre Haltung aufzwingen. Die Bundesregierung wollte einen proliferationspolitischen Fortschritt ohne irreparablen wissenschaftlichen Schaden erreichen. Im Ergebnis wurde 2001 eine Verwaltungsvereinbarung zwischen Bund und Bayern unterzeichnet, die den Weg für die Dritte Teilerrichtungsgenehmigung im Mai 2003 freimachte. Damit war eine Inbetriebnahme zunächst mit hochangereichertem Uran möglich, aber eine spätere Umrüstung auf niedriger angereichertes Uran zwingend verabredet – allerdings mit einem Brennstoff (mit einem Anreicherungsgrad von etwa 40 bis 50 %), der noch entwickelt werden muss. Als Zeithorizont für die Umrüstung war 2010 vorgesehen. Mittlerweile ist allerdings klar, dass die Entwicklung dieses Brennstoffes, deren Kosten sich Bund und Bayern teilen, und seine Zulassung deutlich mehr Zeit erfordern werden.

Der neue Münchner Reaktor FRM II hat sich rasch zu einer bundesweit und international breit genutzte Forschungseinrichtung entwickelt, auch dank einer sehr modernen Instrumentierung. Folgerichtig beteiligt sich das Bundesforschungsministerium an den Betriebskosten des Reaktors und seiner Instrumente. Auch die Forschungszentren der Helmholtz-Gemeinschaft betreiben eigene Instrumente am FRM II. Insbesondere hat das Forschungszentrum Jülich nach Aufgabe seines eigenen Forschungsreaktors 2006 eine Außenstelle am FRM II aufgebaut. Diese Konzentration der Forschung mit Neutronen in Deutschland auf ein modernes, leistungsfähiges Großgerät führt im Übrigen auch zu einer deutlichen Bündelung intellektueller Ressourcen.

Insgesamt lässt sich feststellen, dass das deutsche Forschungssystem und die Forschungspolitik die Herausforderung durch den FRM II bislang gut gemeistert haben, und dass das komplexe System kooperativer Entscheidungsfindung, das für eine Reihe von Politikbereichen in Deutschland kennzeichnend ist, auch bei zunächst kaum auflösbaren Gegensätzen zu einer fairen Lösung geführt hat.

## 10.6 Ist Alles gut wie es ist? – Bilanz und Ausblick

Im Ganzen darf man mit der Situation der Physik in Deutschland zufrieden sein: Sie ist international wettbewerbsfähig und übt auf junge Menschen durchaus Anziehung aus. Es gibt flexible Fördermöglichkeiten aus unterschiedlichen Quellen, durch die auch ausgefallene und kostspielige Projekte finanziert werden können – wenn auch natürlich immer Wünsche offen bleiben. Die verschiedenen Förderorganisationen ergänzen sich gut mit ihren unterschiedlichen Fördermöglichkeiten. Die für die Förderung der Physik Verantwortlichen haben immer wieder hinreichende Kooperationsfähigkeit bewiesen, um gemeinsam Projekte zu verwirklichen, die sie allein nicht hätten anpacken können.

Auch die finanzielle Ausstattung war in den vergangenen Jahren angemessen. Allein die Deutsche Forschungsgemeinschaft und das Bundesforschungsministerium stellen 2009 zusammen rund 300 Mio. € für die Physik an den Hochschulen zur Verfügung, ohne die anwendungsnahen Programme des Forschungsministeriums, an denen sich auch Hochschulphysiker beteiligen. Das Forschungsministerium hat sich überdies in den letzten Jahrzehnten durchweg für die kontinuierliche Erneuerung der Forschungsinfrastruktur mit Großgeräten verantwortlich gefühlt. Weder die Max-Planck-Gesellschaft noch die Helmholtz-Gemeinschaft könnten ohne Unterstützung des Forschungsministeriums Investitionen in hoch dreistelligen Größenordnungen leisten. So könnte man schließlich meinen, es gälte die schöne Regel aus dem Sport: „Never change a winning team".

Schaut man etwas genauer hin, stößt man gleichwohl auf Probleme. Vor allem die allgemeine Lage an den Hochschulen ist labil. Die Hochschulen stehen insgesamt vor einer erheblichen Ausweitung der Studentenzahlen. Im internationalen Vergleich ist dies durchaus erwünscht; ob aber es zu der dazu notwendigen Erhöhung der Mittel für die Hochschulen kommt, ist mehr als fraglich. Der von den Ländern in der Föderalismusreform von 2006 erzwungene weitgehende Rückzug des Bundes aus der Hochschulpolitik erschwert eine Mitfinanzierung der Hochschulen durch den Bund erheblich, insbesondere in der Lehre. Möglich sind nur Einzelmaßnahmen wie der 2007 zwischen Bund und Ländern vereinbarte *Pakt für Hochschulen*, mit dem die Hochschulen auf den erwarteten Anstieg der Studentenzahlen vorbereitet werden sollen. Trotz des Paktes hält der Wissenschaftsrat allerdings mehr als 1 Mrd. € jährlich zusätzlich erforderlich, um die Lehre an den Hochschulen zu verbessern; die Hochschulrektorenkonferenz nennt sogar einen deutlich höheren Betrag. Immerhin wurden im Sommer 2009 unter Druck der nahen Bundestagswahl drei Vereinbarungen zwischen Bund und Ländern bis 2015 verlängert, neben dem *Pakt für Hochschulen* die *Exzellenzinitiative* und der *Pakt für Forschung* für die Hochschulen und die außeruniversitäre Forschung.

Eine tatsächliche Ausweitung der Mittel für Bildung, Wissenschaft und Forschung insgesamt sowohl durch die öffentliche Hand als auch durch den privaten Sektor wird angesichts der im Herbst 2008 einsetzenden und seither andauernden schweren Finanz- und Wirtschaftskrise außerordentlich schwer fallen. Es ist zu befürchten, dass zumindest die privaten Aufwendungen für Forschung und Entwicklung stagnieren oder gar zurückgehen werden. Die Bundesregierung hat als Bestandteil ihrer Maßnahmen zur Stützung der Konjunktur Anfang 2009 Mittel für Investitionen im Bereich der Hochschulen und der Forschung zur Verfügung gestellt. An dem dramatischen Zustand der Hochschulen ändert dies allerdings nichts. Schließlich besteht nicht nur an den Hochschulen, sondern auch an den Schulen nach mittlerweile verbreiteter Überzeugung Handlungsbedarf mit entsprechendem Finanzierungsdruck.

An den Hochschulen gibt es im Übrigen durch die Ablösung von Staatsexamen und Diplom durch Bachelor- und Masterabschlüsse, ausgelöst durch den europaweiten Bolognaprozess, zumindest Übergangsprobleme. Manche Physiker fürchten um den guten Ruf vor allem des Physikdiploms. Aber es liegt schließlich in der Hand der Physiker an den Hochschulen, mit überzeugenden Curricula und Lehrangeboten den Standard des Faches zu halten, soweit der Ressourcenrahmen dies zulässt.

Für die Förderung der physikalischen Forschung hat sich die kooperative Arbeitsteilung zwischen den verschiedenen Forschungsorganisationen und Forschungsförderern, vor allem dem Bundesforschungsministerium und der Deutschen Forschungsgemeinschaft, in den letzten Jahrzehnten bewährt. Die Bedeutung der Deutschen Forschungsgemeinschaft für die Physik ist in den letzten Jahren deutlich gewachsen. Schließlich muss die besondere Rolle der großen Forschungsorganisationen – Max-Planck-Gesellschaft, Helmholtz-Gemeinschaft und

Leibniz-Gemeinschaft – gerade für die physikalische Forschung beachtet werden. Die Organisation von Forschung ist in Deutschland von der Forschungsförderung getrennt: so werden suboptimale Entscheidungsstrukturen vermieden.

In den letzten Jahrzehnten besaß das Bundesforschungsministerium einen dreifachen Zugang zu den Bereichen der Physik, die auf Großgeräte angewiesen sind. Zum einen ist das Forschungsministerium verantwortlich für die Großforschungseinrichtungen, die Großgeräte betreiben. Zum anderen sind Vertreter des Forschungsministeriums Mitglieder der Aufsichtsgremien der internationalen Forschungszentren wie CERN oder ESRF. Schließlich verfügt das BMBF, beraten von Gutachterausschüssen, mit der Verbundforschung über die Fördermittel, die Hochschulforschern die Nutzung der Großgeräte ermöglichen. Dieser dreifache Zugang bietet eine Chance für die Formulierung und Durchsetzung einer kohärenten Politik im Bereich der Großgeräte. Mit der Einführung der Programmorientierten Förderung der Helmholtz-Zentren zeichnet sich eine Änderung in diesem System ab. Sollte sich das BMBF noch weiter aus der Steuerung der einzelnen Zentren zurückziehen, etwa durch einen durchgängigen Verzicht auf den Vorsitz der Aufsichtsgremien, wofür es konkrete Anzeichen gibt, könnte sich eine Situation entwickeln, in der nicht mehr überwiegend das BMBF, sondern die *Helmholtz-Gemeinschaft* (HGF) mit ihrem Forschungsbereich *Struktur der Materie* für die Forschungsinfrastruktur unmittelbar verantwortlich ist. Der Einfluss des BMBF wäre dann eher mittelbar und natürlich über seine Investitionshilfen für die Großgeräte weiterhin gegeben. Es würde sich dann aber die Frage stellen, ob die HGF eine durchgängige Verantwortung für die Forschungsinfrastruktur unter Berücksichtigung deren Einbettung in die europäische Forschungslandschaft wirklich wahrnehmen kann, ohne auch an den internationalen Zentren beteiligt zu sein. Eine wenigstens teilweise Übertragung der Verantwortung für die internationalen Forschungszentren auf die HGF wäre dann eine folgerichtige Fortsetzung der insgesamt erfolgreichen Einführung der Programmorientierten Förderung und einer unterstellten Stärkung der Rolle der Helmholtz-Gemeinschaft.

Allerdings liefe bei einer solchen Änderung die Verbundforschung Gefahr, ein isolierter und möglicherweise gefährdeter Förderbereich im BMBF zu werden. Hochschulforscher betonen überdies immer wieder, wie wichtig ihnen die Vergabe der Fördermittel der Verbundforschung unabhängig von den Betreibern der Großgeräte ist. Eine Übertragung auch dieser Aufgabe auf die Helmholtz-Gemeinschaft könnte also das Gleichgewicht zwischen universitärer und außeruniversitärer Forschung empfindlich stören. Eine andere Möglichkeit bestünde in einer Übertragung der Verbundforschung auf die Deutsche Forschungsgemeinschaft, die sich ja vor allem den Hochschulen verpflichtet fühlt. Es hat in den vergangenen Jahren zumindest informell mehrfach Angebote in dieser Richtung gegeben. Die DFG hat aber bislang bei diesen Diskussionen sehr zurückhaltend reagiert – wohl zu Recht, weil die Verbundforschung mit ihrer teilweise sehr langfristigen Bindung an einzelne Großgeräte schwerlich in die Verfahren der DFG zu integrieren wäre. So ist wohl allenfalls eine vorsichtige Neujustierung der Verantwortlichkeiten für die Großgeräte insgesamt zwischen dem Forschungsministerium und der Helmholtz-Gemeinschaft vernünftig.

Bei den anwendungsnahen Programmen des Forschungsministeriums ist ganz überwiegend eine Stärkung der Wirtschaftskraft das Motiv von Forschungsförderung. Allzu leicht kann dabei allerdings der Aspekt zu kurz kommen, dass die wichtigste Funktion im Wissenschafts- und Forschungssystem den Hochschulen und Universitäten zukommt. Ihre Ausbildungsleistung entscheidet über die Qualität unserer

Wissenschaftler und Ingenieure, auch in der privaten Wirtschaft. Die Förderung auch anwendungsnaher Programme und Projekte sollte daher immer auch das Ziel verfolgen, die Forschungsfähigkeit und Forschungsleistung der Hochschulen und letztlich auch die Qualität der Lehre zu fördern und so die Ausbildung der nächsten Generation junger Wissenschaftler zu unterstützen. Das kann gelegentlich wichtiger sein als kurzfristige Erfolge von Technikanwendungen.

Es ist im Übrigen für die Physik durchaus hilfreich, den Dialog mit sinnstiftenden Geistes- und Sozialwissenschaften nicht ganz zu vernachlässigen, um sich der eigenen Position in der Gesellschaft wie auch der internationalen menschlichen Gemeinschaft zu versichern. Die Physiker müssen ihre Arbeiten und die dafür notwendigen Aufwendungen öffentlich rechtfertigen, da gibt es durchaus eine Bringschuld. Schließlich hat die Physik spätestens mit der Entwicklung von Nuklearwaffen ihre Unschuld verloren. Jeder Physiker sollte sich seither über die möglichen Folgen seiner Arbeit auch außerhalb der Forschung Rechenschaft ablegen. Grundlagenforschung ist nicht mehr im Elfenbeinturm zu Hause. Sie findet mitten in dieser Welt statt und muss sich dem stellen.

## Literatur

- Empfehlungen des Gutachterausschusses Großinvestitionen in der Grundlagenforschung, berufen vom Bundesminister für Forschung und Technologie (Maier-Leibnitz-Kommission). Bonn, im November 1975
- Empfehlungen des Gutachterausschusses Großprojekte in der Grundlagenforschung, berufen vom Bundesminister für Forschung und Technologie (Pinkau-Kommission). Bonn, im Februar 1981
- Hans Dembowski: Entstehung der Förderung der Grundlagenkernforschung von Hochschul- und MPI-Gruppen durch den Bund (Verbundforschung), Manuskript. Bielefeld, 1987
- Förderung der Grundlagenforschung durch den Bundesminister für Forschung und Technologie, Empfehlungen der Kommission Grundlagenforschung (Großmann-Kommission). Bonn, Dezember 1991
- Wissenschaftsrat: Stellungnahme zu neun Großgeräten der naturwissenschaftlichen Grundlagenforschung und zur Weiterentwicklung der Investitionsplanung von Großgeräten. Köln, 2002
- Deutsche Forschungsgemeinschaft (Hrsg.), Status und Perspektiven der Astronomie in Deutschland 2003–2011, Denkschrift Astronomie. Weinheim 2003
- Deutsche Physikalische Gesellschaft: Physik wird öffentlich – physic goes public. Bad Honnef, 2005
- Peter Weingart und Niels C. Taubert: Das Wissensministerium. Ein halbes Jahrhundert Forschungs- und Bildungspolitik in Deutschland. Göttingen, 2006
- Bundesministerium für Bildung und Forschung: Bundesbericht Forschung 2006. Bonn, Berlin, 2006
- Deutsche Forschungsgemeinschaft: Jahresbericht 2006, Aufgaben und Ergebnisse. Bonn, 2007
- European Strategy Forum on Research Infrastructures, ESFRI: European Roadmap for Research Infrastructures, Report. Brüssel, 2006

- Deutsche Forschungsgemeinschaft: Perspektiven der Forschung und ihrer Förderung, 2007–2011. Weinheim, 2007
- Hermann von Helmholtz-Gemeinschaft Deutscher Forschungszentren e.V., Geschäftsbericht 2007. Bonn, 2007
- Expertenkommission Forschung und Innovation (EFI): Gutachten zu Forschung, Innovation und technologischer Leistungsfähigkeit. Berlin, 2008
- Bundesministerium für Bildung und Forschung: Bundesbericht Forschung und Innovation 2008, Berlin 2008
- European Strategy Forum on Research Infrastructures, ESFRI: European Roadmap for Research Infrastructures, Report. Brüssel, 2008
- Deutsche Forschungsgemeinschaft: Jahresbericht 2007, Aufgaben und Ergebnisse. Bonn, 2008
- Expertenkommission Forschung und Innovation (EFI): Gutachten zu Forschung, Innovation und technologischer Leistungsfähigkeit. Berlin, 2009
- Deutsche Forschungsgemeinschaft: Jahresbericht 2008, Aufgaben und Ergebnisse. Bonn, 2009

# Herausgeber und Autoren

## Herausgeber

**Professor Dr. Dr. h. c. Werner Martienssen (†)**

**Werner Martienssen** wurde am 23.1.1926 in Kiel geboren und besuchte dort die Grundschule und das Humanistische Gymnasium, bis er als 17-Jähriger einberufen wurde. Nach Kriegsende studierte er an den Universitäten Würzburg und Göttingen Physik, wo er 1952 bei R. W. Pohl promovierte und sich 1959 habilitierte. Nach einer Gastprofessur an der Cornell University, USA wurde er 1960 auf den Lehrstuhl für Strahlenphysik an der TH Stuttgart und 1961 auf den Lehrstuhl für Experimentalphysik an der Universität Frankfurt berufen. Ihr blieb er trotz zahlreicher ehrenvoller Rufe aus anderen Hochschulen und außeruniversitären Institutionen bis zur Emeritierung treu.

Seine Arbeitsgebiete waren allgemeine Experimentalphysik sowie Festkörperphysik, Chaosforschung und Optik, insbesondere Quantenoptik und Kohärenzphysik. Er war von 1969 bis 1986 Sprecher des Darmstadt/Frankfurter Sonderforschungsbereiches „Festkörperspektroskopie" und Mitbegründer des Sonderforschungsbereichs „Nichtlineare Dynamik".

Martienssen hat in wichtigen Gremien der Forschungsförderung und der Bildungspolitik als Berater und Gutachter mitgewirkt. Unter anderem war er von 1974 bis 1977 Mitglied des Wissenschaftsrates, von 1972 bis 1978 Mitglied in Senat und Fachausschüssen der Deutschen Forschungsgemeinschaft, von 1976–1978 Vizepräsident der Europäischen Physikalischen Gesellschaft. 1990 wurde er Mitglied einer Arbeitsgruppe des Wissenschaftsrates, die den Auftrag hatte, eine gutachtliche Stellungnahme zu den außeruniversitären physikalischen Forschungseinrichtungen in der ehemaligen DDR vorzubereiten.

Gemeinsam mit A. Lüderitz gründete er 1969 an der Universität Frankfurt die Gruppe „Liberale Hochschulreform", welche die hochschulpolitische Entwicklung der Universität Frankfurt wesentlich beeinflusste.

1988 wurde Martienssen das Verdienstkreuz Erster Klasse des Verdienstordens der Bundesrepublik Deutschland verliehen und er wurde zum Mitglied der Deutschen Akademie der Naturforscher Leopoldina gewählt. 1991 verlieh ihm die Universität Dortmund den Ehrendoktortitel.

Er war Mitglied des Beirats der Wilhelm und Else Heraeus-Stiftung.

Martienssen, der am 29. Januar 2010 verstarb, hinterlässt Frau Rosalind und fünf Kinder. Seine Lieblingsbeschäftigungen in der Freizeit waren Musik, Bergwandern, Wintersport und Tanz.

Zwei seiner Studenten wurden später mit dem Nobelpreis für Physik ausgezeichnet: Gerd Binnig 1986 und Horst L. Störmer 1998. Werner Martienssen wird als großartiger Hochschullehrer in Erinnerung bleiben.

**Professor Dr. Dieter Röß**

**Dieter Röß** wurde am 6.4.1932 in Würzburg geboren. Er besuchte Volksschulen in Partenstein und Lohr und Oberschulen in Feldafing und Marktbreit. Sein Jahrgang erreichte 1951 als letzter das Abitur nach acht Klassen Gymnasium. Er studierte an der Universität Würzburg Physik, mit Diplom 1957 und Promotion 1959 bei Helmuth Kulenkampff. 1960 begann er eine Laufbahn als Industriephysiker. Nach deren Abschluss wurde er 1991 zum Honorarprofessor der Universität Marburg berufen und entwickelte auf den Gebieten der Unternehmensführung, der Spieltheorie und der Strategie Konzepte und Workshops für Studierende der Naturwissenschaften mit Vorlesungen an den Universitäten Marburg, Gießen, Würzburg und München.

1960 trat Röß in das Zentrallaboratorium der Siemens & Halske AG ein, um einen rauscharmen MASER-Verstärker für die Satellitenstation Raisting zu entwickeln. Als bekannt wurde, dass gerade der erste LASER demonstriert worden war, baute er zusätzlich eine schnell wachsende Forschungsgruppe auf den Gebieten LASER und Holographie auf. In dieser Zeit entstanden zahlreiche Patente und Veröffentlichungen, darunter zwei Lehrbücher: „Laser-Lichtverstärker und -Oszillatoren" und „Einführung in die Technik der Holographie" (mit Horst Kiemle).

Nach Ausbildung an der Harvard Business School wechselte er 1971 ins technische Management und wurde Entwicklungsleiter für Einzelhalbleiter, Leistungshalbleiter und Integrierte Schaltungen und schließlich Direktor der weltweiten Halbleitertechnik mit Entwicklungsgruppen in München und Regensburg und Fertigungsstätten in Deutschland, Österreich, Italien, Singapur und Malakka/Malaysia. 1978 wurde er Geschäftsführer der Siemens-Tochtergesellschaft Vakuumschmelze GmbH, 1979 Geschäftsführer der Erwin Sick Optoelektronik GmbH und 1981 bis 1989 Geschäftsführer bei der Heraeus Holding GmbH.

Er war Präsident der Nachrichtentechnischen Gesellschaft im VDE, Aufsichtsrat oder Beirat in Industriefirmen und staatlichen Forschungseinrichtungen. Nach 1990 war er als Unternehmensberater tätig; 1993 entstand daraus das Buch „Forschungsmanagement".

Seit 1985 ist er Vorstandsvorsitzender der Wilhelm und Else Heraeus-Stiftung.

2011 erschien sein digitales Lehrbuch „Mathematik mit Simulationen lehren und lernen – plus 2000 Beispiele aus der Physik".

Er ist verheiratet und hat mit seiner Frau Doris vier Kinder und sechs Enkel. Liebhabereien sind fremdsprachige Literatur und aktive Jazzmusik (Piano und Tenorsaxophon).

## Beteiligte Autoren

PROF. DR. DIETER BIMBERG
Technische Universität Berlin
Institut für Festkörperphysik
Hardenbergstraße 36
10623 Berlin
bimberg@physik.TU-Berlin.de

PROF. DR. WOLFGANG FRÜHWALD
Römerstädter Straße 4k
86199 Augsburg
wolfgang.fruehwald@v-w-fruehwald.de

PROF. DR. ERNST O. GÖBEL
Physikalisch-Technische Bundesanstalt
Bundesallee 100
38116 Braunschweig
Ernst.O.Goebel@ptb.de

PROF. DR. SIEGFRIED GROSSMANN
Cölber Weg 18
35094 Lahntal
grossmann@physik.uni-marburg.de

PROF. DR. GÜNTHER HASINGER
Max-Planck-Institut für Plasmaphysik
Boltzmannstraße 2
85748 Garching bei München
guenther.hasinger@ipp.mpg.de
Institute for Astronomy
University of Hawaii

PROF. DR. KLAUS HEINLOTH (†)
Friesenstraße 143
53913 Swisttal-Odendorf

PROF. DR. UDO POHL
Technische Universität Berlin
Institut für Festkörperphysik
Hardenbergstraße 36
10623 Berlin
pohl@physik.TU-Berlin.de

DR. SVEN RODT
Technische Universität Berlin
Institut für Festkörperphysik
Hardenbergstraße 36
10623 Berlin
srodt@sol.physik.tu-berlin.de

PROF. DR. HERWIG SCHOPPER
CERN
Building 32, 3. floor, C17
1211 Genève, Switzerland
Herwig.Schopper@cern.ch

MINDIR DR. HERMANN SCHUNCK
Heinrich-Heine-Straße 17
53225 Bonn
hermann.schunck@web.de

PROF. DR. MARKUS SCHWOERER
Universität Bayreuth
Universitätsstraße 30
95440 Bayreuth
markus.schwoerer@uni-bayreuth.de

PROF. DR. JOACHIM TRÜMPER
Max-Planck-Institut für Physik und Astrophysik
Karl-Schwarzschild-Straße 1
85748 Garching b. München
jtrumper@mpe.mpg.de

**Professor Dr. Dieter Bimberg**

**Dieter Bimberg** wurde am 1.7.1942 in Schrozberg (Hohenlohe) geboren. Am Schickart-Gymnasium in Stuttgart legte er 1961 sein Abitur ab. Nach einem sechsmonatigen feinmechanischen Praktikum bei Zeiss-Ikon begann er in Tübingen das Studium von Mathematik, Philosophie und Physik. Nach dem Vordiplom 1964 wechselte er zur Universität Franfurt/Main, wo er 1968 bei Werner Martienssen sein Diplom in Physik und 1971 bei Hans-Joachim Queisser und Manfred Pilkuhn die Promotion erhielt. Von 1972 bis 1979 war er wissenschaftlicher Mitarbeiter am MPI für Festkörperforschung in Grenoble und in Stuttgart. 1979 wurde er Professor am Institut für Halbleitertechnik der elektrotechnischen Fakultät der RWTH Aachen. Seit 1981 ist er Inhaber des Lehrstuhls für Angewandte Physik an der TU Berlin, seit 1990 Geschäftsführender Direktor des Instituts für Festkörperphysik, seit 2004 Direktor des Zentrums für Nanophotonik. 2006 wurde er zum Vorstandsvorsitzenden der Arbeitsgemeinschaft der Nanotechnologie-Kompetenzzentren Deutschlands gewählt. Er ist Autor bzw. Mitautor zahlreicher Veröffentlichungen und Patenten sowie von Monographien über Anwendungen von Lasern.

Seine Forschung konzentriert sich z. Z. auf die Physik und Technologie von Nanostrukturen, photonische Bauelemente basierend auf Quantenpunkten wie Lasern, Verstärkern, Einzelphotonen-Emittern, Nano-Speichern und ultraschnelle Photonik.

2001 erhielt er den russischen Staatspreis für Wissenschaft und Technologie und 2006 den Max-Born-Preis des IOP und der DPG. Zum Fellow der APS bzw. des IEEE wurde er 2004 bzw. 2009 gewählt. Seit 2004 ist er gewähltes Mitglied der Deutschen Akademie der Wissenschaften, Leopoldina. Er hielt u. a. Gastprofessuren am Technion in Haifa, an der UC Santa Barbara und den Hewlett-Packard Research Labs in Palo Alto.

Dieter Bimberg ist verheiratet, hat zwei erwachsene Söhne und liebt es, im Sommer einen Katamaran zu segeln und im Winter Ski zu fahren. Darüber hinaus bekocht er mit großer Freude seine internationalen Gäste selbst und glaubt daran, dass Völkerverständigung im Privaten beginnt.

**Professor Dr. phil. Dr. h. c. mult. Wolfgang Frühwald**

Wolfgang Frühwald wurde am 2.8.1935 geboren. Er studierte 1954–1958 Germanistik, Geschichte, Geographie und Philosophie an der Universität und der Technischen Hochschule München. Auf das Staatsexamen 1958 folgte 1961 die Promotion zum Dr. phil. und 1969 die Habilitation für das Fach Neuere Deutsche Literaturgeschichte. 1970 wurde er Professor für Neuere Deutsche Literaturwissenschaft an der Universität Trier-Kaiserslautern. Seit 1974 gehört er der Universität München an, wo er im September 2003 emeritiert wurde. 1985 war er Gastprofessor an der Indiana-University (Bloomington, USA), 1999 an der Fakultät für Chemie der Universität Frankfurt, 2003 Gutenberg-Stiftungsprofessor an der Universität Mainz.

Seine durch eine große Zahl von Publikationen belegten Hauptarbeitsgebiete sind *Geistliche Prosa des Mittelalters, deutsche Literatur der Klassik und*

*Romantik, moderne Literatur* sowie *Wissenschaftsorganisation und Wissenschaftsgeschichte*. Neuere Buchveröffentlichungen: *Das Talent, Deutsch zu schreiben. Goethe – Schiller – Thomas Mann*, Köln 2005; *Goethes Hochzeit*, Frankfurt am Main 2007; *Wie viel Wissen brauchen wir? Politik, Geld und Bildung*, Berlin 2007; *Das Gedächtnis der Frömmigkeit*. Religion, Kirche und Literatur in Deutschland, Frankfurt am Main 2008; *Wie viel Sprache brauchen wir?* Berlin 2010.

Wolfgang Frühwald war in zwei Amtszeiten 1992–1997 Präsident der Deutschen Forschungsgemeinschaft; 1999–2007 war er Präsident der Alexander von Humboldt-Stiftung und ist seit 2008 deren Ehrenpräsident.

Er ist u. a. Ehrendoktor (Dr. phil. h. c.) der Universitäten Dublin (Irland), Bristol (UK), Sofia und der Hebrew University of Jerusalem sowie Ehrendoktor (Dr. theol. h. c.) der Katholisch-Theologischen Fakultät der Universität Münster in Westfalen. Er ist korrespondierendes Mitglied der Akademien der Wissenschaften in Göttingen und Düsseldorf, außerordentliches Mitglied der Berlin-Brandenburgischen Akademie der Wissenschaften, Ausländisches Mitglied der Turiner und der Polnischen Akademie der Wissenschaften, Ehrenmitglied der Slowakischen Akademie der Wissenschaften und Mitglied der Deutschen Akademie der Naturforscher Leopoldina in Halle.

Er wurde vielfach ausgezeichnet, u. a. mit dem Großen Verdienstkreuz mit Stern des Verdienstordens der Bundesrepublik Deutschland, dem Bayerischen Maximiliansorden für Wissenschaft und Kunst, dem Alfried-Krupp-Wissenschaftspreis (2002), dem Hans-Olaf-Henkel-Preis für Wissenschaftspolitik (2009).

Wolfgang Frühwald ist seit 1958 verheiratet mit Viktoria Frühwald, sie haben fünf Kinder und elf Enkelkinder.

**Professor Dr. Ernst O. Göbel**

Ernst O. Göbel wurde 1946 in Seelbach, Hessen, geboren. Er besuchte das Gymnasium Philippinum in Weilburg/Lahn und legte dort 1966 sein Abitur ab. Nach dem Studium der Mathematik und Physik an der Universität Frankfurt wechselte er 1970 an das Physikalische Institut der Universität Stuttgart, wo er 1973 zum Dr. rer. nat. promovierte und sich 1979 habilitierte. Danach wechselte Ernst Göbel an das Max-Planck-Institut für Festkörperforschung in Stuttgart, bevor er 1985 eine Berufung auf den Lehrstuhl für Experimentelle Festkörperphysik an der Philipps-Universität Marburg erhielt. Hier waren vor allem die elektronischen und optischen Eigenschaften von anorganischen und organischen Festkörpern, insbesondere Halbleitern, Gegenstand seiner Untersuchungen. Unter seiner wesentlichen Mitwirkung entstand in Marburg ein interdisziplinäres Zentrum für Materialforschung, in dem Wissenschaftler aus Physik und Chemie erfolgreich zusammenarbeiten.

Seit dem 1.4.1995 ist Ernst O. Göbel Präsident der Physikalisch-Technischen Bundesanstalt und Honorarprofessor an der Philipps-Universität in Marburg und an der Technischen Universität Braunschweig.

Ernst Göbel erhielt für seine wissenschaftlichen Arbeiten, die ihn auch zu Gastaufenthalten ins Ausland, z.B. bei den Bell Laboratories in Holmdel, USA, führten, hohe Anerkennung. Hier sind besonders der 1990 verliehene Max-Born-Preis der Deutschen Physikalischen Gesellschaft und des Institute of Physics, London, sowie der ihm 1991 zuerkannte Gottfried-Wilhelm-Leibniz-Förderpreis der Deutschen Forschungsgemeinschaft zu erwähnen. Ernst Göbel ist außerordentliches Mitglied der Berlin-Brandenburgischen Akademie der Wissenschaften, Mitglied der Deutschen Akademie der Technikwissenschaften (acatech), ausländisches Mitglied der Akademie der Wissenschaften der Ukraine, Mitglied der Russischen Akademie für Metrologie, seit 1997 Mitglied des *Comité International des Poids et Mesures* (CIPM) und seit 2004 dessen Präsident.

Ernst Göbel ist verheiratet und hat zwei Kinder. Er ist Mitglied des Beirats der Wilhelm und Else Heraeus-Stiftung.

**Professor Dr. Dr. h. c. Siegfried Großmann**

Siegfried Großmann wurde am 28. Februar 1930, in Quednau/Königsberg, Ostpreußen geboren. Nach dem 1948 in Berlin bestandenen Abitur entschied er sich für das Lehramtsstudium an der Pädagogischen Hochschule Berlin und war nach der Lehrerprüfung 1951 als Schulamtsanwärter in Grund-, Haupt- und Realschulen tätig. Ab 1952 studierte er daneben Physik und Mathematik an der Freien Universität Berlin. Nach den Staatsexamina 1956 war er bis 1959 Referendar und Assessor am Gymnasium bevor er als wissenschaftlicher Assistent an die FU wechselte. Er promovierte 1960 bei Günther Ludwig und habilitierte sich 1962 mit einem Thema aus der Quantenmechanik. 1964 wurde er (inzwischen in München) zum a.o. Professor für Mathematische Physik, 1966 zum Professor für Theoretische Physik an der Philipps-Universität Marburg berufen. Bei zahlreichen ehrenvollen Rufen aus anderen Hochschulen und Großforschungseinrichtungen blieb er der Universität Marburg treu.

Großmanns Arbeitsgebiete umfassen: Statistische Physik, insbesondere die realer Gase und Fluide, Transporttheorie, Phasenübergänge, nichtlineare und chaotische Dynamik komplexer Systeme, Nichtgleichgewichts-Statistik, Strukturbildungsprozesse, Strömungsphysik, Turbulenz, thermische Konvektion, Scherströmungen, Spezielle Gebiete der Mathematik, insbesondere Funktionalanalysis. Er ist Autor einer großen Zahl von Originalarbeiten aus diesen Arbeitsgebieten der theoretischen Physik, allein oder zusammen mit Schülern und Kollegen.

Darüber hinaus ist er Autor von drei hochgeschätzten Lehrbüchern „Funktionalanalysis 1 und 2" und „Mathematischer Einführungskurs für die Physik". Er erwarb sich große Verdienste als Herausgeber (Zeitschrift für Physik, The European Physical Journal B, Zeitschrift für Naturforschung A, Physikalische Blätter bzw. Physik Journal, Welt der Physik).

Sein Rat wurde von maßgebenden wissenschaftlichen und wissenschaftspolitischen Gremien gesucht (u. a. DFG, Bundesministerium für Forschung und Technologie, Studienstiftung, European Science Foundation, Helmholtz-Gemeinschaft, MPG, Minerva Center Israel, DESY, Evaluierungs- und Akkreditierungskommissionen für Lehramtsausbildung und Studiengänge). Er erhielt zahlreiche Auszeichnungen und Ehrungen, darunter die Max-Planck-Medaille der Deutschen Physikalischen Gesellschaft, das Große Verdienstkreuz des Verdienstordens der Bundesrepublik Deutschland und den Karl-Küpfmüller-Ring.

Nach seiner Emeritierung – für ihn wahrlich kein Ruhestand – setzte sich Großmann leidenschaftlich für eine Neustrukturierung der Lehrerausbildung in Physik zu einem an der Lehrtätigkeit ausgerichteten Fachstudium „sui generis" ein. Sein Beitrag über Chaos in diesem Band ist ein Baustein dazu.

Mit seiner Frau Marga hat er drei Kinder mit fünf Enkelkindern.

**Professor Dr. Günther Hasinger**

**Günther Hasinger** wurde 1954 in Oberammergau geboren. Er besuchte das Max-Planck-Gymnasium in München-Pasing. Nach dem Physikstudium, in dem seine akademischen Lehrer Joachim Trümper und Rudolf Kippenhan ihn für die Astrophysik begeisterten, promovierte er 1984 an der Universität in München und am Max-Planck-Institut für extraterrestrische Physik (MPE) in Garching. Als wissenschaftlicher Mitarbeiter des MPE beschäftigte er sich anschließend mit den Röntgensatelliten EXOSAT, GINGA und ROSAT. Als kurze Zeit nach dem ROSAT-Start die Lageregelung des Satelliten ausfiel, entwickelte er mit einem Industrie- und Wissenschaftler-Team ein neuartiges Regelsystem; die Bordcomputer wurden vom Boden aus entsprechend umprogrammiert. Damit gelang es, den teuren Satelliten zu retten und die Mission viele Jahre erfolgreich weiter zu führen. 1995 habilitierte sich Günther Hasinger an der LMU München und übernahm nach Forschungsaufenthalten in den USA 1994 einen Lehrstuhl an der Universität Potsdam. Zugleich wurde er als Direktor an das Astrophysikalische Institut Potsdam (AIP) berufen; ab 1998 war er dessen Vorstandssprecher.

2001 wurde er zum Wissenschaftlichen Direktor der Röntgen- und Gammagruppe an das MPE in Garching berufen. Mit ROSAT konnte er zeigen, dass die lange Zeit rätselhafte kosmische Röntgen-Hintergrundstrahlung von massereichen Schwarzen Löchern in den Zentren weit entfernter Galaxien ausgesandt wird. Schwarze Löcher sind Saatkeime der Galaxien und Motoren für ihre Entwicklung – diese Erkenntnis beruht maßgebend auf Forschungen, für die Günther Hasinger 2005 mit dem Leibniz-Preis der Deutschen Forschungsgemeinschaft ausgezeichnet wurde. Federführend beteiligt war er seither an der Entwicklung künftiger Röntgen-Observatorien wie eROSITA und XEUS/IXO. Seit 2002 ist er Mitglied der Berlin-Brandenburgischen Akademie der Wissenschaften, seit 2003 Honorarprofessor an der TU München. Er ist der Verfasser zahlreicher wissenschaftlicher Veröffentlichungen; 2007 erschien von ihm ein populärwissenschaftliches Buch über die Entwicklung des Universums.

2008 folgte Günther Hasinger einer Berufung zum Wissenschaftlichen Mitglied und Direktor an das Max-Planck-Institut für Plasmaphysik (IPP) und wechselte damit von der Kosmologie und Röntgenastronomie zur Fusionsforschung. Dort war es sein Ziel, in globaler Kooperation die Fusionsenergie als eine wichtige Säule eines zukünftigen Energiemixes für die zweite Hälfte des Jahrhunderts zu etablieren.

Seit Januar 2011 leitet er das Institut für Astronomie der Universität Hawaii, das auf Hawaii das größte Observatorium der Welt betreibt.

Er ist Mitglied des Beirats der Wilhelm und Else Heraeus Stiftung.

Günter Hasinger ist verheiratet und hat zwei Söhne. Er ist mit Querflöte und Elektrobass aktiver Rock- und Pop-Fan.

### Professor Dr. Klaus Heinloth (†)

**Klaus Heinloth** wurde 1935 in Weilheim/Oberbayern geboren und besuchte dort Grundschule und Gymnasium. Von 1954–1961 studierte er Physik an der TH München (Diplom und Promotion). Sein besonderes Interesse galt in dieser Zeit den möglichen Strukturen der Nukleonen und Leptonen und der Umwandlung von hochenergetischen Lichtquanten in Teilchen. 1961 stieg er voll in die Teilchenphysik ein. Er führte 1961–1973 Experimente am Elektronenbeschleuniger DESY in Hamburg durch. 1972 erfolgte die Habilitation an der Universität Hamburg, 1973 wurde er Professor am Physikalischen Institut der Universität Bonn mit Vorlesungen u. a. über Teilchenphysik und im Grundkurs Physik. Parallel dazu führte er weiter Experimente am Elektronenbeschleuniger in Bonn, am CERN in Genf und am Elektron-Proton-Collider HERA in Hamburg durch.

Ab 1978 konzentrierte sich sein Interesse, angeregt durch Fragen seiner Studenten zur Kernenergie, zunehmend auf das Energieproblem, beginnend mit einer Vorlesung „Physikalische Grundlagen der Gewinnung, Umwandlung und Nutzung von fossilen, nuklearen und allen erneuerbaren Energien".

1983 wurde er Mitarbeiter im **A**rbeitskreis **E**nergie der **D**eutschen **P**hysikalischen **G**esellschaft zur wertneutralen Information von Politik und Öffentlichkeit über alle Energieformen. Nach der Vorstellung das Memorandums des AKE der DPG „Warnung vor einer drohenden Klimakatastrophe" 1986, wurde er 1987–1994 wissenschaftlich sachverständiges Mitglied der zwei Enquete-Kommissionen des Deutschen Bundestages „Vorsorge zum Schutz der Erdatmosphäre" und 1988–1996 Mitglied im IPCC der UN als „Lead author" in der Arbeitsgruppe „Mitigation and Adoption Options".

1996 wurde ihm ein Wilhelm und Else Heraeus-Preis für den Forschungsauftrag „Verträgliche Bereitstellung und Nutzung von Energie" verliehen, dessen Ergebnisse in dem Buch „Die Energiefrage" veröffentlicht wurden. 1998–2006 war er Herausgeber von drei Bänden „Energy Technologies" (Fossil; Nuclear: Fission and Fusion; Renewable) in der Landolt-Börnstein-Handbuch-Serie.

Nach seinem Eintritt in den (Un-)Ruhestand an der Uni Bonn 2000 wurde er 2003–2005 Chairman der IUPAP Working Group on Energy, deren „Reports der IUPAP WG on Energy" er 2005 vorstellte. Seit 1998 ist er Mitglied der NRW-Akademie der Wissenschaft und der Künste.

Klaus Heinloth war verheiratet mit Gerda Heinloth, geb. Weiß. Sie haben drei Kinder und sechs Enkelkinder.

Klaus Heinloth verstarb am 15. Juli 2010.

## Professor Dr. Udo W. Pohl

**Udo W. Pohl** wurde 1955 in Düsseldorf als Sohn des Architekten Egon Pohl und seiner Frau Lore Pohl geboren. Nach der Grundschule in Düsseldorf besuchte er das Albert-Einstein-Gymnasium in Kaarst sowie das Alexander-von-Humboldt-Gymnasium in Neuss. Sein Amateurfunkhobby führte ihn zur Physik, die er bis zum Vordiplom an der RWTH in Aachen, anschließend an der Freien Universität und an der Technischen Universität in Berlin studierte. Am Institut für Festkörperphysik der TU Berlin arbeitete er an der Spektroskopie flacher und tiefer Störstellen in Halbleitern bei Immanuel Broser und Hans-Eckart Gumlich, bei dem er 1983 das Diplom und 1988 seinen Doktortitel erhielt. 1989 übernahm er die Leitung des Materiallabors am Institut für Festkörperphysik. Heute leitet er zusammen mit Dieter Bimberg das 2004 gegründete Zentrum für Nanophotonik.

Udo Pohl wurde im Jahr 2000 Privatdozent und 2009 zum außerplanmäßigen Professor für das Fachgebiet Experimentalphysik ernannt. Er ist Autor und Mitautor zahlreicher Veröffentlichungen und von Beiträgen zu Büchern. Der Schwerpunkt seiner Forschung liegt auf dem Gebiet der Physik und Technologie niederdimensionaler Halbleiterstrukturen. Neben der Bildung von Quantenpunkten interessieren ihn insbesondere ihre elektronischen Eigenschaften und ihre Nutzung in Bauelementen wie Laser und Einzelphotonen-Emitter.

In seiner Freizeit erkundet er gerne mit seiner Frau Christiane Reiseziele in Nah und Fern, mit der Videokamera im Handgepäck.

## Dr. Sven Rodt

Sven Rodt wurde 1974 in Berlin-Charlottenburg geboren. Er besuchte die Victor-Gollancz-Grundschule in Berlin-Frohnau, die Gustav-Dreyer-Grundschule in Berlin-Hermsdorf und das Georg-Herwegh-Gymnasium, wo er sich für die naturwissenschaftlichen Fächer, vor allem für Chemie und Physik, zu begeistern begann. Nach einigen Informationsveranstaltungen in den Studienrichtungen Chemie und Physik an der Technischen Universität Berlin (TU Berlin) machte schließlich die Physik das Rennen. Diese studierte er dann an der TU Berlin und diplomierte 2000 in der Arbeitsgruppe von Prof. Bimberg am Institut für Festkörperphysik. In der darauf folgenden Doktorarbeit an der TU Berlin vertiefte er seine Forschungen zu Nanostrukturen für optoelektronische Anwendungen. 2005 promovierte er zum Dr. rer. nat. Danach blieb er als Postdoc am Institut für Festkörperphysik und wurde 2007 Geschäftsführer der Arbeitsgemeinschaft der Nanotechnologie-Kompetenzzentren Deutschlands.

Er ist Autor und Mitautor zahlreicher Veröffentlichungen. 2002 erhielt er den Young Author Best Paper Award der International Union for Pure and Applied Physics und 2006 den Nanowissenschaftspreis des Kompetenzzentrums HanseNanoTec mit Förderung durch das Bundesministerium für Bildung und Forschung.

In seiner Freizeit kocht er gerne, fährt Fahrrad und kümmert sich um seine Wüstenrennmäuse und Kaninchen. Gerade hat er das Improvisationstheater für sich entdeckt, das eine tolle Ergänzung zum wissenschaftlichen Berufsleben darstellt.

## Professor Dr. Dr. h. c. mult Herwig F. Schopper

**Herwig F. Schopper** wurde am 28. Februar 1924 in Landskron (Böhmen) geboren. Dort besuchte er das Realgymnasium, wo das Schwergewicht auf Mathematik und Naturwissenschaften lag. Trotzdem wurden zwei moderne Fremdsprachen und Latein gelehrt, daneben aber auch Fächer wie Mittelhochdeutsch.

Nach Wehrdienst und Gefangennahme in der Nähe von Hamburg 1945 Studium der Physik an der dortigen Universität, wobei der Lebensunterhalt durch Dolmetschen bei der britischen Militärregierung verdient werden musste. Diplomprüfung 1949 und Dr. rer. nat. 1951 mit Arbeiten in der Optik dünner Schichten. Dann begann eine Universitätslaufbahn mit Habilitation in Erlangen 1957, Extraordinariat an der Universität Mainz und Direktor des Instituts für Kernphysik; ab 1961 Ordinarius an der Universität Karlsruhe und Direktor des Instituts für Experimentelle Kernphysik der Technischen Hochschule und des Kernforschungszentrums Karlsruhe. 1973 Ruf an die Universität Hamburg und Vorsitzender des Direktoriums von DESY. Ab 1989 Prof. emeritus der Universität Hamburg.

Dazwischen verschiedene Forschungsaufenthalte bei Lise Meitner an der TH Stockholm (1950/51), bei O. R. Frisch an der Universität Cambridge, UK (1956/57), bei R. R. Wilson an der Cornell University, USA (1960/61) und bei CERN (1966/67).

In seiner Forschungstätigkeit vollzog er einen Übergang zu immer höheren Energien: von der Optik zur Kernphysik und schließlich zu den Elementarteilchen. Außer vielen wissenschaftlichen Arbeiten veröffentlichte er Bücher (z. B. Materie und Antimaterie, Piper 1989; LEP – The Lord of Collider Rings at CERN 1980–2000, Springer 2009) und zahlreiche Artikel über Wissenschaft und Ethik sowie zur Popularisierung der Wissenschaft.

Von den verschiedenen ausgeübten Managementfunktionen waren die wichtigsten: Präsident der Deutschen Physikalischen Gesellschaft und der Europäischen Physikalischen Gesellschaft, Direktor von DESY, Hamburg und Generaldirektor des Europäischen Zentrums für Kernphysik CERN, Genf.

Von zahlreichen Auszeichnungen seien genannt: Ehrendoktoren verschiedener Universitäten (Erlangen, Moskau, Genf, London, Joint Institute of Nuclear Research (Dubna) und Institute of High Energy Physics (Protvino)); Mitglied verschiedener Akademien (z. B. Leopoldina), Großes Bundesverdienstkreuz, King of Jordan Grand Cordon of the Order of Independence; UNESCO Albert-Einstein-Goldmedaille.

Zu seinen liebsten Hobbys gehören Klavierspielen (vor allem Music Minus One) und Gartenarbeiten.

## Dr. Dr. h. c. Hermann Schunck

Hermann Schunck wurde 1940 in Detmold geboren und studierte nach dem Schulbesuch in seiner Heimatstadt an den Universitäten Freiburg, Kiel und Ann Arbor Mathematik, Physik sowie Sozial- und Wirtschaftswissenschaften. 1966 promovierte er an der Universität Kiel in Mathematik mit einer gruppentheoretischen Arbeit. Nach dem Studium arbeitete er einige Jahre als Mathematiker im Bereich der Sozial- und Verwaltungswissenschaften. Ab 1973 arbeitete er im Bundesministerium für Forschung und Technologie (heute Bundesministerium für Bildung und Forschung), zunächst im Leitungsstab. Von 1982 bis 1987 lebte er zusammen mit seiner Familie in Tokyo als Leiter des Wissenschaftsreferates der Deutschen Botschaft. Er konnte dort den Aufstieg Japans zu einer erstrangigen Wirtschafts- und Wissenschaftsnation beobachten.

Zurückgekehrt in das Forschungsministerium, war er bis zu seiner Pensionierung 2005 für die Förderung der Naturwissenschaftlichen Grundlagenforschung zuständig, zunächst als Referatsleiter, ab 2000 als Ministerialdirektor und Abteilungsleiter für Grundlagenforschung. Er war Vorsitzender der Aufsichtsgremien (bzw. Bundesvertreter) von acht Helmholtz-Zentren (AWI, DESY, FZJ, FZK, GFZ, GSI, HMI, IPP) und Vizepräsident des CERN-Rates. Er hat sich für eine europaweite Kooperation der Forschung und die freie Nutzung von Großgeräten eingesetzt.

Hermann Schunck war Stipendiat des American Field Service und der Studienstiftung des Deutschen Volkes. 2005 erhielt er das Ehrendiplom des Vereinigten Instituts für Kernforschung (VIK Dubna) und 2006 den Ehrendoktor des Fachbereichs Physik der Universität Dortmund.

Hermann Schunck ist verheiratet mit Renbarte Schunck; er genießt es, mit seinen zwei erwachsenen Söhnen auf der Ostsee zu segeln; mit seiner Frau nutzt er die Freiheit der jetzigen Lebensphase für gemeinsame Reisen in Europa.

## Professor Dr. Markus Schwoerer

**Markus Schwoerer** wurde 1937 geboren. Als Kind war er Bastler und mochte als Schüler vor allem Mathematik und Physik. Nach dem Abitur wollte er Ingenieur werden. Aber der damals berühmte Physikprofessor Hans Kopfermann sagte ihm bei einer zufälligen Begegnung: „Studieren Sie Physik, junger Mann, dann lernen Sie Ihr ganzes Leben lang Neues". Nach seinem Studium an der Technischen Hochschule Stuttgart und an der Eidgenössischen Technischen Hochschule Zürich forschte und promovierte er bei Prof. Hans Christoph Wolf in Stuttgart. Mit Entdeckungen zur Dynamik der Exzitonen und des Elektronenspins in organischen Einkristallen fand er früh fruchtbare Kontakte zu Forschern aus Europa und Amerika.

1975 wurde er als einer der ersten zehn Professoren an die damals neu eröffnete Universität Bayreuth (UBT) berufen und gestaltete diese von Anfang an mit. Er war Initiator und erster Sprecher ihres ersten Sonderforschungsbereichs, in dem Physiker und Chemiker zwölf Jahre lang eine enge Kooperation pflegten und mit dem ein Forschungsschwerpunkt an der UBT begründet wurde, der bis heute erfolgreich und weltweit bekannt ist. Bei verlockenden Rufen einer anderen Hochschule, der Max-Planck-Gesellschaft und der Industrie blieb er der UBT treu. Er ist Autor zahlreicher wissenschaftlicher Veröffentlichungen und zusammen mit Hans Christoph Wolf Autor des Lehrbuchs „Organic Molecular Solids".

Schwoerer hat sich in wichtigen Ehrenämtern, darunter besonders in der Deutschen Physikalischen Gesellschaft (DPG) engagiert; 1996–1998 war er deren Präsident. Für das „Jahr der Physik 2000" war er der Initiator und verantwortlicher Herausgeber der „DPG-Denkschrift". Er war langjähriges Mitglied des Wissenschaftlichen Beirats der Wilhelm und Else Heraeus-Stiftung. Auch als Emeritus (2005) widmet er sich weiterhin begeistert seinen Projekten „Mit Schülern zur Wissenschaft", die von dieser Stiftung unterstützt werden.

Er ist ordentliches Mitglied der Bayerischen Akademie der Wissenschaften und Ehrenmitglied der DPG. Er wurde mit dem Bundesverdienstkreuz, dem Bayerischen Verdienstorden und der Auszeichnung *Pro meritis scientiae et litterarum* des Freistaats Bayern gewürdigt.

Seit 1962 ist er mit der Kunsterzieherin und Oberstudienrätin i. R. Hannelore Schwoerer-Buck verheiratet. Sie haben drei Kinder und sieben Enkel.

**Professor Dr. Dr. h. c. Joachim Trümper**

Joachim Trümper wurde 1933 in Haldensleben geboren. Er verbrachte seine Jugendzeit in Haldensleben, Wernigerode und Bernburg, wo er 1951 das Abitur machte. Nach einer kurzen Lehre als Elektromechaniker studierte er ab 1952 an den Universitäten Halle, Hamburg und Kiel. Für seine Dissertation (1956–1959) entwickelte Joachim Trümper eine frühe Version der Funkenkammer und wandte sich dann Messungen der Kosmischen Strahlung bei sehr hohen Energien zu ($10^{14}$–$10^{17}$ eV).

Nach der Entdeckung der Pulsare (1967) befasste sich Trümper mit Modellen für die Strahlung dieser Neutronensterne und entwickelte Pläne für die Röntgenastronomie. 1971 wurde er zum Direktor des Astronomischen Instituts der Universität Tübingen berufen und begann mit dem Aufbau der Röntgenastronomie in Deutschland. Mit von Stratosphären-Ballonen getragenen Spektrometern wurden Röntgenquellen im Energiebereich von 20–200 keV untersucht. Nach seiner Berufung zum Direktor am Max-Planck-Institut für extraterrestrische Physik (MPE) in Garching (1975) wurde dieses Programm gemeinsam mit Tübingen mit der „Ballon-HEXE" fortgesetzt. Ein Höhepunkt war die Entdeckung der Zyklotronresonanz im Spektrum von Hercules X-1, womit erstmals das gigantische Magnetfeld eines Neutronensterns ($4 \times 10^8$ Tesla) gemessen wurde. Von 1987 bis 2001 wurden mit der Garching-Tübinger „MIR-HEXE" auf der sowjetischen Raumstation MIR zahlreiche Messungen durchgeführt. Dabei gelang die Entdeckung harter Röntgenstrahlung der Supernova 1987A, welche aus dem Zerfall von Radionukliden, insbesondere von $Ni_{60}/Co_{60}$, entsteht.

Ab 1972 entwickelte Trümpers Arbeitsgruppe abbildende Teleskope für die Röntgenastronomie, die auf Raketen eingesetzt wurden. 1975 schlug er dem

Bundesministerium für Forschung und Technologie den Bau eines Satelliten vor, der mit einem großen Röntgenteleskop ausgerüstet werden sollte. Daraus entwickelte sich unter seiner Leitung ROSAT, der 1990 gestartet wurde. Durch die ROSAT-Himmelsdurchmusterung stieg die Zahl der bekannten Quellen von etwa 4000 auf 125.000. Anschließend fanden 1991–1998 etwa 8000 Einzelbeobachtungen statt, die eine Fülle neuer Erkenntnisse über astrophysikalische Objekte und Prozesse erbrachten. Im Anschluss an ROSAT beteiligte sich Trümper an Messungen mit den Röntgenobservatorien Chandra der NASA und XMM-Newton der ESA, zu deren Entwicklung und Instrumentierung seine Arbeitsgruppe seit Mitte der achtziger Jahre beigetragen hatte.

Joachim Trümper, der 1987–89 Präsident der Deutschen Physikalischen Gesellschaft war, hat eine große Zahl von Ehrungen erfahren. Seit 2001 ist er als Emeritus am MPE tätig. Er und seine Frau Jutta, mit der er seit 1960 verheiratet ist, haben drei Kinder und ein Enkelkind. Sein Hobby ist Segeln, das er auf der Kieler Förde erlernte und heute auf dem Chiemsee genießt.

# Personenregister

**A**

Adenauer, Konrad 22
Augustinus 361

**B**

Babbage, Charles 10
Bardeen, John 145, 230
Basov, N. G. 214
Bate, Mathew 288
Bénard, Henri 51
Benz, Carl 230
Berzelius, Jöns Jakob 10
Bessel, Friedrich Wilhelm 297
Bevis, John 308
Biermann, Ludwig 11
Bloembergen, N. 214
Blumenberg, Hans 28
Bohr, Niels 11, 14, 16, 33–35, 301
Born, Max 22
Börner, Gerhard 38
Bosch, Carl 230
Brahe, Tycho de 307
Brattain, Walter 145, 230
Brecht, Bertolt 20, 24
Broglie, Louis de 14
Bulmahn, Edelgard 383, 386

**C**

Carter, Jimmy 396
Casimir, Jan Hendrik 265
Chu, S. 214
Clausius, Rudolf 6
Cohen-Tannoudji, C. 214
Coover, Robert 27
Cornell, E. A. 214

**D**

Dalai Lama 362
Davies, Raymund 304
Delambre, Jean-Baptiste Joseph 196
Demelt, H. G. 214
Diesel, Rudolf 230
Doctorow, Edgar Lawrence 27
Drösser, Christoph 339
Dürrenmatt, Friedrich 27, 29, 30
Dyson, Freeman J. 15

**E**

Einstein, Albert 14, 39
Empedokles 325
Ertl, Gerhard 368
Euler, Leonhard 58

**F**

Fatou, Pierre 89
Feynman, Richard 141
Fischer, Ernst Peter 15, 33
Ford, Henry 230
Fraunhofer, Joseph 5, 9
Frayn, Michael 27, 33
Freud, Sigmund 15
Frisch, Otto 23
Fuchs, Klaus 28

**G**

Galilei, Galileo 24, 25, 325, 362
Gauß, Carl Friedrich 4, 5, 39
Gell-Mann, Murray 330
Genzel, Reinhard 319
Giacconi, Riccardo 304, 312
Gläser, Wolfgang 397
Goethe, Johann Wolfgang von 3
Großmann, Siegfried 386
Grünberg, Peter 368, 375, 394

**H**

Haber, Fritz 20, 230
Habermas, Jürgen 15, 32
Haeckel, Ernst 19
Hahn, Otto 22, 23, 25, 28, 30, 376
Hall, J. L. 214
Hänsch, Theodor W. 214, 368
Hawking, Stephen 15, 37
Heeger, Alan 167
Heil, Oskar 145, 191
Heisenberg, Werner 8, 11, 12, 14, 16, 17, 33, 34, 39, 40
Helfrich, Wolfgang 145
Helmholtz, Hermann von 6, 8, 9, 18, 196, 370
Hensel, Sebastian 9
Herter, Ernst 18
Hertz, Heinrich 13, 19
Hess, Viktor 292
Hewish, Anthony 301
Higgs, Peter 337
Hofmannsthal, Hugo von 20
Hölderlin, Friedrich 3
Houellebecq, Michel 23, 35
Hulse, Russell 316
Humboldt, Alexander von 1–3, 5, 9

Humboldt, Wilhelm von   3

**I**

Immerwahr, Clara   20

**J**

Jahnn, Hans Henny   27, 28
Johannes Paul II   362
Jonas, Hans   38
Josephson, Brian   205
Joule, James   6
Joy, Bill   37
Julia, Gaston   89
Jungk, Robert   31
Junkers, Hugo   230

**K**

Kant, Immanuel   327
Kästner, Erich   27
Kepler, Johannes   301, 325
Ketterle, W.   214
Kibble, B.   217
Kipphardt, Heinar   27
Kitaigorodskii, Isaak   153
Klitzing, Klaus von   207, 375
Koshiba, Matatoshi   304
Kramer, Michael   317

**L**

Landau, Lev   301
Landua, Robert   21
Laplace, Pierre-Simon, Marquis de   7, 48, 318
Laue, Max von   22
Leibniz, Gottfried Wilhelm   48
Lenard, Philipp   13
Libchaber, Albert   86
Lichtenberg, Georg Christoph   48, 335, 364
Lorenz, Edward N.   48, 53, 70, 72, 86
Lyapunov, Aleksander   57

**M**

Maier-Leibnitz, Heinz   386
Mandelbrot, Benoît   89, 92
Mann, Frido   35
Mann, Thomas   35
Maurer, Jean   86
May, Robert   87

Mayer, Robert   6, 18
McDiarmid, Alan   167
Méchain, Pierre   196
Meitner, Lise   23, 25, 376
Mendelssohn Bartholdy, Felix   11
Mendelssohn, Fanny   7, 11
Mendelssohn, Joseph   9, 10
Mitchel, John   317

**N**

Naarmann, Herbert   166, 167
Neumann, John von   230
Newton, Isaac   326

**O**

Oersted, Hans Christian   10
Oppenheimer, J. Robert   26
Ossietzky, Carl von   13

**P**

Paradijs, Jan van   320
Paul, W.   214
Pauli, Wolfgang   40
Phillips, W. D.   214
Pinkau, Klaus   386
Planck, Max   6, 8, 12, 14, 31, 394
Plato   325
Pochettino, Alfredo   145
Poincaré, Henri   48, 57
Pope, Martin   145
Prokhorov, A. M.   214

**R**

Ramsey, N. F.   214
Rees, Martin   37
Rosenberg, Alfred   13
Ross, John   308
Ruelle, David   53

**S**

Saltzman, Barry   48, 70, 72
Savigny, Friedrich Carl von   3
Schawlow, A. L.   214
Schiller, Friedrich   3, 47
Schmidt, Maarten   319
Schnabel, Franz   18
Schneider, E. G.   145
Schneider, Reinhold   31

Schrödinger, Erwin   14, 16, 31
Schulten, Rudolf   252
Sennett, Richard   37
Shirakawa, Hideki   166
Shockley, William B.   145, 230
Siemens, Werner von   9, 19, 196, 230
Sommerfeld, Arnold   12, 13
Stark, Johannes   12
Steiner, George   20, 40
Stoiber, Edmund   397
Straßmann, Fritz   23, 376
Strauß, Franz-Josef   397
Szent-Györgyi, Albert   167
Szilard, Leo   238

**T**

Takens, Floris   53
Taylor, Richard E.   316
Teller, Edward   251
Thales von Milet   48
Thelen, Albert Vigoleis   29
Townes, C. H.   214

**V**

Verhulst, P. F.   87
Verne, Jules   20
Virchow, Rudolf   1

**W**

Watt, James   230
Weber, Wilhelm   6
Weizsäcker, Carl Friedrich von   8, 11, 17, 39, 364
Wiemann, C. E.   214
Wittgenstein, Ludwig   16
Wolter, Hans   312
Wu, C.S.   328

**Y**

Yang-Wei-Te   308

**Z**

Zeilinger, Anton   15
Ziegler, Karl   230
Zuckmayer, Carl   27, 28
Zweig, Stefan   19
Zwicky, Fritz   301

Printing and Binding: Stürtz GmbH, Würzburg